用三角、解析几何等计算解来自俄罗斯的几何题

Using Trigonometry, Analytic Geometry and so on to Solve Geometry Problems From Russia

◎ 谢彦麟　编著

尝得春秋，披览不倦。凡大家之手迹，古典之珍品，
莫不采撷其华实，探涉其源流，钩纂枢要而编节之，改岁钥而成书。

香港凤凰卫视评论员梁文道先生说：我们常把经典和畅销书对立起来，
觉得后者虽能红极一时，终究是过眼云烟；而前者面世初时光华内敛，却能长明不息。
写书出书，当以铸经典为职志。

在罗马的贵族家庭会聘请启蒙师傅来带孩子们背诵、阅读和理解经典。
教师们的任务不是兜售自己的知识，而是忠实地教会孩子们读通经典。

内 容 简 介

本书用三角、解析几何等计算分别对来自俄罗斯的平面几何证明题、平面几何计算题、轨迹题及其他问题、解立体几何题等进行了解答,每道题后都配有详细的习题解答,思路简洁明了,讲解细致规范,富有启发性.

本书适合中学师生及几何学习者参考阅读.

图书在版编目(CIP)数据

用三角、解析几何等计算解来自俄罗斯的几何题/谢彦麟编著.
—哈尔滨:哈尔滨工业大学出版社,2019.11
ISBN 978-7-5603-8094-0

Ⅰ.①用… Ⅱ.①谢… Ⅲ.①几何课-中学-竞赛题 Ⅳ.①G634.635

中国版本图书馆 CIP 数据核字(2019)第 061617 号

策划编辑	刘培杰 张永芹
责任编辑	张永芹 刘家琳
封面设计	孙茵艾
出版发行	哈尔滨工业大学出版社
社　　址	哈尔滨市南岗区复华四道街 10 号 邮编 150006
传　　真	0451-86414749
网　　址	http://hitpress.hit.edu.cn
印　　刷	哈尔滨市工大节能印刷厂
开　　本	787mm×1092mm 1/16 印张 42.75 字数 815 千字
版　　次	2019 年 11 月第 1 版　2019 年 11 月第 1 次印刷
书　　号	ISBN 978-7-5603-8094-0
定　　价	88.00 元

(如因印装质量问题影响阅读,我社负责调换)

◎ 前言

哈尔滨工业大学出版社分别于 2011 年,2015 年出版了作者的拙著《计算方法与几何证题》《用三角、解析几何、复数与向量计算解数学竞赛几何题》.后者实为前者之续集,旨在对用纯几何分析推理方法难解决的几何证明题、计算题、求轨迹题等改用三角、解析几何等计算求解.如对证明题,在题目图中设定 n 个基本量(线段或角),相互独立(即无函数关系,且可用以表示图中其余数量),把所要证明的结论先归结为几个量的等式,再把这些量都分别用基本量表示,于是所证结论成为基本量的待证恒等式,验证它成立即可.作者其后又从来自俄罗斯的一些文献中发现其中许多题目的最优解法较有"综合性"——即用纯几何分析推理,结合三角、解析几何等计算之最为快捷方便,故又把这些题目解法整理为本拙著发表.为节省篇幅,对上两拙著中,对用此法解各类题目的基本步骤、要领、补充的公式、定理不再重复.读者如有疑问请参阅上两拙著.

沿用两拙著的记号:对面坐标系(含斜坐标系)中任一点 P 的坐标记之为 (x_P, y_P),对复平面上任一点 P 所表示的复数记之为 z_P.对空间坐标系(含斜坐标系)中任一点 P 的坐标记之为 (x_P, y_P, z_P).

华南师范大学数学科学学院
谢彦麟
2019 年 2 月

目录

第1章 平面几何证明题 //1

1 题解 //1

2 练习 //116

第2章 平面几何计算题、轨迹题及其他问题 //122

1 题解 //122

2 练习 //420

第3章 立体几何题 //454

第1章 平面几何证明题

1 题 解

1.1 矩形 $ABCD$ 内接正 $\triangle APQ$，AP，AQ 的中点分别为点 P_1，Q_1，求证：$\triangle BQ_1C \backsim \triangle CP_1D$.

证 只要证 $\angle ADP_1 = \angle DCQ_1$（从而 $\angle CDP_1 = \angle BCQ_1$，同理 $\angle DCP_1 = \angle CBQ_1$，…）.

不妨设 $AQ = QP = PA = 2$，角 α, β 如图 1.1 所示，有
$$AD = 2\cos\alpha, AP_1 = 1$$
$$\tan\angle ADP_1 = \frac{AP_1 \sin(60°+\alpha)}{AD - AP_1\cos(60°+\alpha)}$$
$$= \frac{\sin(60°+\alpha)}{2[\cos\alpha - \cos 60°\cos(60°+\alpha)]}$$
$$= \frac{\sin(60°+\alpha)}{2\sin 60°\sin(60°+\alpha)} = \frac{1}{\sqrt{3}}$$

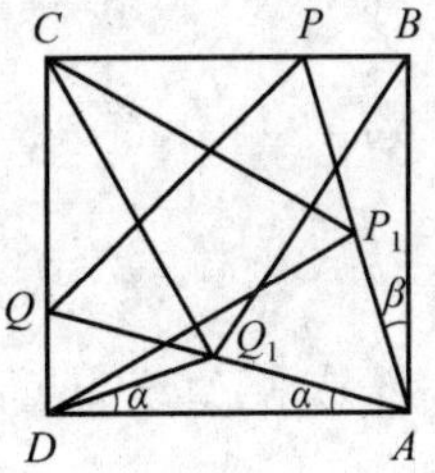

图 1.1

$CD = AB = 2\cos\beta, DQ_1 = 1, \angle CDQ_1 = 90° - \alpha$
$$\tan\angle DCQ_1 = \frac{DQ_1 \sin(90°-\alpha)}{CD - DQ_1\cos(90°-\alpha)}$$
$$= \frac{\cos\alpha}{2\cos\beta - \sin\alpha}$$
$$= \frac{\cos\alpha}{2[\cos(30°-\alpha) - \sin 30°\sin\alpha]}$$
$$= \frac{\cos\alpha}{2\cos 30°\cos\alpha}$$
$$= \frac{1}{\sqrt{3}} = \tan\angle ADP_1$$

故 $\angle DCQ_1 = \angle ADP_1$，下略.

用三角、解析几何等计算解来自俄罗斯的几何题

1.2 △ABC 中,在 $\angle BAC$ 平分线上任取一点 P,且点 P 在 BC,CA,AB 上的射影分别是点 A_1,B_1,C_1,直线 A_1P 与 B_1C_1 交于点 R,求证:直线 AR 平分边 BC.

证 设 $AC=b$,$AB=c$,角 θ,α,β 及取坐标轴如图 1.2 所示,设 $P(p,0)$,则

$$\tan\beta=\frac{c\sin 2\theta}{b-c\cos 2\theta}$$

$$\alpha=90°-(\theta+\beta)$$

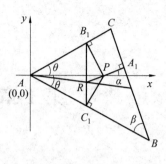

图 1.2

则

$$\tan\alpha=\frac{1}{\tan(\theta+\beta)}$$

$$=\frac{1-\tan\theta\tan\beta}{\tan\theta+\tan\beta}$$

$$=\frac{1-\dfrac{\sin\theta}{\cos\theta}\cdot\dfrac{c\sin 2\theta}{b-c\cos 2\theta}}{\dfrac{\sin\theta}{\cos\theta}+\dfrac{c\sin 2\theta}{b-c\cos 2\theta}}$$

$$=\frac{b\cos\theta-c\cos\theta}{b\sin\theta+c\sin\theta}=\frac{b-c}{b+c}\cdot\frac{\cos\theta}{\sin\theta}$$

易见,直线 B_1C_1 的方程为

$$x=p\cos^2\theta$$

直线 PA_1 的方程为

$$y=(x-p)\frac{b-c}{b+c}\cdot\frac{\cos\theta}{\sin\theta}$$

联合解得交点 R

$$x_R=p\cos^2\theta$$

$$y_R=\frac{p(c-b)}{b+c}\sin\theta\cos\theta$$

直线 AR 的斜率为

$$k_{AR}=\frac{y_R}{x_R}=\frac{c-b}{c+b}\cdot\frac{\sin\theta}{\cos\theta}$$

又 $B(c\cos\theta,-c\sin\theta)$,$C(b\cos\theta,b\sin\theta)$,故 BC 的中点

$$M\left(\frac{c+b}{2}\cos\theta,\frac{b-c}{2}\sin\theta\right)$$

从而直线 AM 的斜率为
$$k_{AM}=\frac{b-c}{b+c}\cdot\frac{\sin\theta}{\cos\theta}=k_{AR}$$
故直线 AR,AM 重合,AR 平分 BC.

1.3 过 $\odot O$ 上点 P 作二直线 $l\perp m$,过 $\odot O$ 上点 Q 作切线与 l,m 分别相交,使切点为交点连线的中点,这样的点 Q 可求得三个,求证:它们组成正三角形的三顶点.

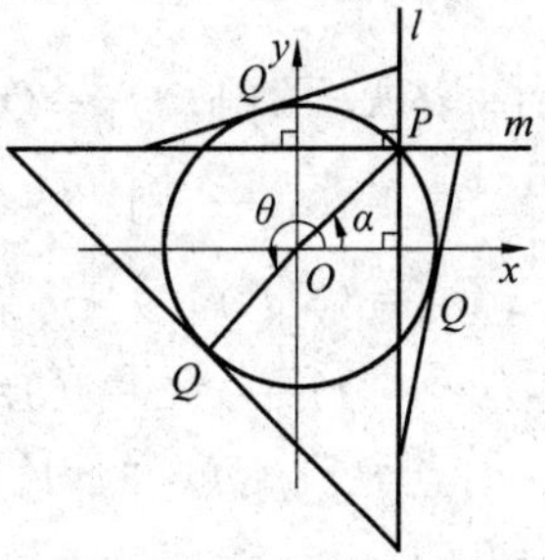

证 取坐标轴如图 1.3 所示,不妨设 $OP=1$,设有向角 α,θ 如图 1.3 所示(θ 待定),则 $Q(\cos\theta,\sin\theta)$ 过点 Q 的切线方程为
$$x\cos\theta+y\sin\theta=1$$
直线 l 的方程为
$$x=\cos\alpha$$
其与切线的交点为 $(\cos\alpha,\dfrac{1-\cos\alpha\cos\theta}{\sin\theta})$.

直线 m 的方程为
$$y=\sin\alpha$$
其与切线的交点为 $\left(\dfrac{1-\sin\alpha\sin\theta}{\cos\theta},\sin\alpha\right)$.

根据题设点 Q 为两交点连线的中点得
$$\cos\alpha+\frac{1-\sin\alpha\sin\theta}{\cos\theta}=2\cos\theta$$
$$\cos(\alpha+\theta)+1=2\cos^2\theta$$
$$\cos(\alpha+\theta)=\cos 2\theta$$
$$\alpha+\theta=2n\pi\pm 2\theta \quad (n\in\mathbf{Z})$$
在 $[0,2\pi)$ 内解得
$$\theta=\alpha(\text{即 }Q\text{ 为点 }P,\text{舍去})$$
$$\theta=-\frac{\alpha}{3}+\frac{2}{3}\pi,-\frac{\alpha}{3}+\frac{4}{3}\pi,-\frac{\alpha}{3}+2\pi$$
故所得三个点 Q 正好组成正三角形的三顶点.

图 1.3

1.4 三个等圆 $\odot O_1$,$\odot O_2$,$\odot O_3$ 两两外切,又都与 $\odot O$ 内切,在 $\odot O$

上取位于 $\angle O_1OO_2$ 内一点 P，求证：点 P 到 $\odot O_1$，$\odot O_2$ 切线长之和等于点 P 到 $\odot O_3$ 的切线长.

证 由对称性，不妨设 $\theta = \angle O_1OP \leqslant 60°(= \frac{1}{2}\angle O_1OO_2)$. 又不妨设 $\odot O_1$，$\odot O_2$，$\odot O_3$ 的半径为 $\sqrt{3}$，则 $OO_1 = OO_2 = OO_3 = 2$，$\odot O$ 的半径 $OP = \sqrt{3} + 2$，则

$$PO_1^2 = (2+\sqrt{3})^2 + 2^2 - 2(2+\sqrt{3}) \cdot 2\cos\theta$$
$$= 11 + 4\sqrt{3} - (8+4\sqrt{3})\cos\theta$$

点 P 到 $\odot O_1$ 的切线长为

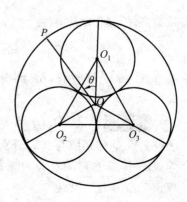

图 1.4

$$\sqrt{PO_1^2 - (\sqrt{3})^2} = \sqrt{(8+4\sqrt{3})(1-\cos\theta)}$$
$$= \sqrt{(16+2\sqrt{48})\sin^2\frac{\theta}{2}}$$
$$= (\sqrt{4}+\sqrt{12})\sin\frac{\theta}{2} = (2+2\sqrt{3})\sin\frac{\theta}{2}$$

同理（因 $\angle O_2OP = 120° - \theta$）点 P 到 $\odot O_2$ 的切线长为

$$(2+2\sqrt{3})\sin\frac{120°-\theta}{2} = (2+2\sqrt{3})\sin(60°-\frac{\theta}{2})$$

（因 $\angle O_3OP = 120° + \theta$）点 P 到 $\odot O_3$ 的切线长为 $(2+2\sqrt{3})\sin(60°+\frac{\theta}{2})$.

因为

$$\sin\frac{\theta}{2} + \sin(60°-\frac{\theta}{2}) = 2\sin 30°\cos(30°-\frac{\theta}{2}) = \sin(60°+\frac{\theta}{2})$$

所以题目结论得证.

1.5 $\odot O_1$，$\odot O_2$ 交于点 A, B，过点 A 作直线与 $\odot O_1$，$\odot O_2$ 分别交于点 M, N，过点 A 作 $\odot O_1$，$\odot O_2$ 的切线与 BN，BM 分别交于点 P, Q，求证：$PQ \parallel MN$.

证 取坐标轴如图 1.5 所示，设角 α, β 如图 1.5 所示，设 $A(0, h)$，则切线

AP 的方程为①

$$x\cos\alpha + (y-h)\sin\alpha = 0$$

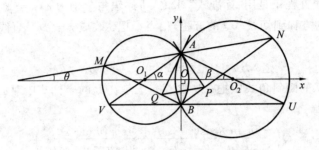

图 1.5

即

$$x\cos\alpha + y\sin\alpha = h\sin\alpha$$

切线 AQ 为

$$x\cos(\pi-\beta) + (y-h)\sin(\pi-\beta) = 0$$

即

$$-x\cos\beta + y\sin\beta = h\sin\beta$$

设直线 MN 的倾斜角为 θ，延长 AO_2 交 $\odot O_2$ 于点 U，联结 BU. 易见直线 BN 的倾斜角为

$$\angle UBN = \angle UAN = \theta + \beta$$

于是直线 BN 的方程为

$$y = -h + x\tan(\beta + \theta)$$

直线 BN 与切线 AP 的方程联合解得交点为

---

① 直线标准式方程的推广（易证）：如图，设直线 l 过点 $N(x_N, y_N)$ 的法线垂足为 Q，向量 $\overrightarrow{NQ}$ 的方向角（从点 N 起取 x 轴正向之射线至射线 NQ 的有向角）为 α，$|NQ| = p$，则直线 l 的方程为
$$(x - x_N)\cos\alpha + (y - y_N)\sin\alpha = p$$

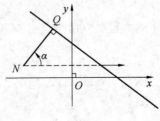

$$P\left(\frac{2h\sin\alpha\cos(\theta+\beta)}{\cos(\alpha-\theta-\beta)},\frac{-h\cos(\theta+\beta+\alpha)}{\cos(\alpha-\theta-\beta)}\right)$$

前面求两切线方程正是用"标准式"求之,所述辐角分别为 $\alpha,\pi-\beta$,从上述求得的切线 AP 的方程到切线 AQ 的方程,相当于把 α 改成 $\pi-\beta$,又直线 BM 的倾斜角为

$$-\angle NBV = -\angle NAV = -(\alpha-\theta) = \theta-\alpha$$

相当于在 BN 的倾斜角式中把 β 改成 $-\alpha$,于是在 P 的坐标式中对 α,β 作上述变换得 Q 的坐标式

$$Q\left(\frac{-2h\sin\beta\cos(\theta-\alpha)}{\cos(\alpha-\theta-\beta)},\frac{-h\cos(\theta-\alpha-\beta)}{\cos(\alpha-\theta-\beta)}\right)$$

于是斜率为

$$k_{QP} = \frac{y_P - y_Q}{x_P - x_Q} = \frac{-\cos(\theta+\beta+\alpha)+\cos(\alpha-\theta+\beta)}{2\sin\alpha\cos(\theta+\beta)+2\sin\beta\cos(\theta-\alpha)}$$

$$= \frac{2\sin(\alpha+\beta)\sin\theta}{2\sin(\alpha+\beta)\cos\theta} = \tan\theta = k_{MN}$$

得 $PQ \parallel MN$.

1.6 正方形 $ABCD$,在边 AB,AD 上分别取点 K,N,使 $AK \cdot AN = 2BK \cdot ND$,$BD$ 与 CK,CN 分别交于点 L,M,求证:点 A,K,L,M,N 共圆.

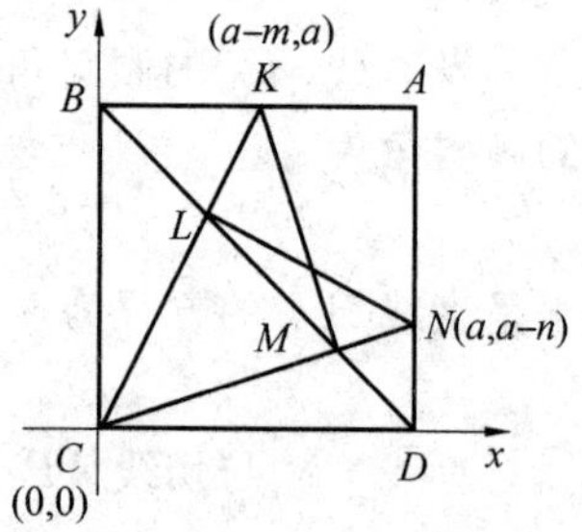

证 取坐标轴如图 1.6 所示,设正方形边长为 a,$AK = m$,$AN = n$,得 K,N 的坐标如图 1.6 所示. 只要证 $\angle KMN = 90°$ 即可,从而 K,M,N,A 共圆,同理 K,L,N,A 共圆.

直线 CN 的方程为

$$\frac{y}{a-n} = \frac{x}{a}$$

直线 BD 的方程为

$$x + y = a$$

将直线 CN 与直线 BD 的方程联立解得交点 $M\left(\dfrac{a^2}{2a-n},\dfrac{a^2-an}{2a-n}\right)$,则

$$\vec{MK} \cdot \vec{MN} = (x_K - x_M)(x_N - x_M) + (y_K - y_M)(y_N - y_M)$$

$$= \left(a - m - \frac{a^2}{2a-n}\right)\left(a - \frac{a^2}{2a-n}\right) + \left(a - \frac{a^2-an}{2a-n}\right)\left(a - n - \frac{a^2-an}{2a-n}\right)$$

图 1.6

第 1 章　平面几何证明题
DIYIZHANG　PINGMIAN JIHE ZHENGMINGTI

$$= \frac{1}{(2a-n)^2}[(a^2-2am-an+mn)(a^2-an)+a^2(a-n)(a-n)]$$

$$= \frac{a(a-n)}{(2a-n)^2}(2a^2-2am-2an+mn)$$

由假设得
$$mn = 2(a-m)(a-n)$$

即
$$2a^2 - 2am - 2an + mn = 0$$

得 $\vec{MK} \cdot \vec{MN} = 0$，则 $\angle KMN = 90°$，下略.

1.7　已知 $\square ABCD$，$\triangle ABD$ 的边 BD 的旁切圆与直线 BA，AD 分别相切于点 M，N，直线 MN 与直线 CD，BC 分别交于点 P，Q，求证：P，Q 在 $\triangle BCD$ 的边 CD 的旁切圆上.

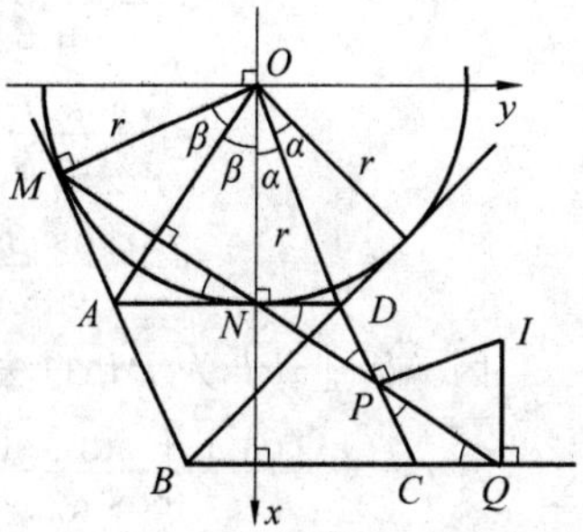

证　取坐标轴如图 1.7 所示，设半径 r 及角 α，β 如图 1.7 所示，易见 $D(r, r\tan \alpha)$. 作 $PI \perp CD$，$QI \perp BC$，则直线 BA 的方程为

$$x\cos(-2\beta) + y\sin(-2\beta) = r$$

直线 BD 的方程为

$$x\cos 2\alpha + y\sin 2\alpha = r$$

解得直线 BA 与直线 BD 的交点 B 为

$$x_B = r\frac{\cos(\alpha-\beta)}{\cos(\alpha+\beta)} = x_Q$$

图 1.7

直线 MN 为

$$x\cos(-\beta) + y\sin(-\beta) = r\cos\beta$$

因为点 Q 在直线 MN 上，所以

$$y_Q = \frac{\cos\beta}{\sin\beta}(x_Q - r) = \frac{2r\cos\beta\sin\alpha}{\cos(\alpha+\beta)} = y_I$$

直线 CD[①] 为

$$(x-r)\cos(-2\beta) + (y - r\tan\alpha)\sin(-2\beta) = 0$$

---

① $OM \perp CD$ 为 CD 的法线向量，其方向角为 -2β，取 1.5 题注 ① 图中法线上点 N 为这里的点 D，点 O 一般不在直线 CD 上.

即
$$x\cos 2\beta - y\sin 2\beta = \frac{r\cos(\alpha+2\beta)}{\cos\alpha}$$

解出 MN, CD 的交点 P 为

$$x_P = \frac{r}{-\sin\beta}\left(-\sin 2\beta\cos\beta + \sin\beta\frac{\cos(\alpha+2\beta)}{\cos\alpha}\right)$$

$$= \frac{r}{\cos\alpha}(2\cos^2\beta\cos\alpha - \cos(\alpha+2\beta))$$

$$= \frac{r}{\cos\alpha}(\cos\alpha + \sin\alpha\sin 2\beta)$$

$$y_P = \frac{r}{-\sin\beta}\left(-\cos 2\beta\cos\beta + \frac{\cos\beta\cos(\alpha+2\beta)}{\cos\alpha}\right)$$

$$= \frac{r\cos\beta}{-\sin\beta} \cdot \frac{-\sin\alpha\sin 2\beta}{\cos\alpha}$$

$$= \frac{2r\cos^2\beta\sin\alpha}{\cos\alpha}$$

因 $AB \perp PI$ 为 PI 的法线向量,易见其方向角为 $90° - 2\beta$,故直线 PI 为

$$\left[x - \frac{r(\cos\alpha+\sin\alpha\sin 2\beta)}{\cos\alpha}\right]\sin 2\beta + \left(y - \frac{2r\cos^2\beta\sin\alpha}{\cos\alpha}\right)\cos 2\beta = 0$$

点 I 在其上,故

$$x_I = \frac{r(\cos\alpha+\sin\alpha\sin 2\beta)}{\cos\alpha} + \left(y_I - \frac{2r\cos^2\beta\sin\alpha}{\cos\alpha}\right)\frac{\cos 2\beta}{\sin 2\beta}$$

$$= \frac{r(\cos\alpha+\sin\alpha\sin 2\beta)}{\cos\alpha} + \frac{2r\cos 2\beta\cos\beta\sin\alpha}{\sin 2\beta\cos\alpha\cos(\alpha+\beta)}(\cos\alpha - \cos\beta\cos(\alpha+\beta))$$

$$= r + r\sin\alpha\,\frac{\sin 2\beta\cos(\alpha+\beta)-\cos 2\beta\sin(\alpha+\beta)}{\cos\alpha\cos(\alpha+\beta)}$$

$$= r\,\frac{\cos\alpha\cos(\alpha+\beta)-\sin\alpha\sin(\alpha-\beta)}{\cos\alpha\cos(\alpha+\beta)}$$

$$= \frac{r\cos 2\alpha\cos\beta}{\cos\alpha\cos(\alpha+\beta)}$$

点 I 到 BC 的距离为

$$x_Q - x_I = \frac{r}{\cos\alpha\cos(\alpha+\beta)}(\cos(\alpha-\beta)\cos\alpha - \cos 2\alpha\cos\beta)$$

$$= \frac{r\sin\alpha\sin(\alpha+\beta)}{\cos\alpha\cos(\alpha+\beta)}$$

直线 BD 的方程为

$$x\cos 2\alpha + y\sin 2\alpha = r$$

点 I 到 BD 的距离为

$$|x_I\cos 2\alpha + y_I\sin 2\alpha - r| = \left|r\frac{\cos^2 2\alpha + \sin^2 2\alpha}{\cos\alpha\cos(\alpha+\beta)}\cos\beta - r\right|$$

$$= \frac{r\sin\alpha\sin(\alpha+\beta)}{\cos\alpha\cos(\alpha+\beta)}$$

与点 I 到 BC 的距离相同. 又从几何易见 I 到 CD,CB 等距, 故 I 为旁心, P,Q 分别为旁切圆与直线 CD,CB 的切点.

1.8 $\odot O$ 内接 $\triangle ABC$, $\angle BAC = 60°$, BD, CE 为 $\triangle ABC$ 的高, 求证: 点 O 在 BD, CE 的一个交角平分线上.

证 只要证点 O 到 BD, CE 距离相等即可.

取 x, y 轴如图 1.8 所示, 设 $\angle COA = 2\alpha$, $\angle BOA = 2\beta$, 不妨设 $\odot O$ 半径为 1, 易见 $B(\cos(-60°), \sin(-60°))$. 从 x 正半轴到射线 BD 的有向角, 即 x 正半轴到射线 OM 的有向角为 $60° + \alpha$, 故直线 BD 的方程为
$$y - \sin(-60°) = (x - \cos(-60°))\tan(60° + \alpha)$$
即

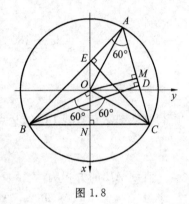

图 1.8

$$x\sin(60° + \alpha) - y\cos(60° + \alpha) = \sin(120° + \alpha)$$

点 $O(0,0)$ 到 BD 的距离为 $|\sin(120° + \alpha)|$.

从 x 正半轴到射线 CE 的有向角为 $-60° - \beta$, 故同理(α 改 $-\beta$, $60°, 120°$ 变号), 点 O 到 CE 的距离为 $|\sin(-120° - \beta)|$.

因易见 $\alpha + \beta = 120°$, 故
$$(120° + \alpha) - (-120° - \beta) = 240° + \alpha + \beta = 360°$$
即 $\sin(120° + \alpha) = \sin(-120° - \beta)$, 得到点 O 到 BD, CE 的距离相等, 下略.

1.9 $\odot O$ 内接四边形 $ABCD$, $AB = BD$, 过点 A 的切线与直线 BC 交于点 Q, 直线 AB, CD 交于点 R, 求证: $RQ \parallel AD$.

证 易见 $BO \perp AD$, 取坐标轴如图 1.9 所示, 不妨设半径为 1, 角 2θ, 有向角 2φ 如图 1.9 所示, 则切线 AQ 的方程为
$$x\cos 2\theta + y\sin 2\theta = 1$$
直线 BC 的方程为

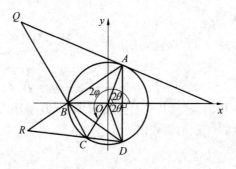

图 1.9

$$x\cos\frac{2\varphi+180°}{2}+y\sin\frac{2\varphi+180°}{2}=\cos\frac{2\varphi-180°}{2}$$

即

$$-x\sin\varphi+y\cos\varphi=\sin\varphi$$

解得直线 AQ 与直线 BC 的交点 Q 为

$$x_Q=\frac{\cos\varphi-\sin 2\theta\sin\varphi}{\cos(2\theta-\varphi)}$$

直线 AB 的方程为

$$x\cos(90°+\theta)+y\sin(90°+\theta)=\cos(90°-\theta)$$

即

$$-x\sin\theta+y\cos\theta=\sin\theta$$

直线 CD 的方程为

$$x\cos\frac{(360°-2\theta)+2\varphi}{2}+y\sin\frac{(360°-2\theta)+2\varphi}{2}=\cos\frac{(360°-2\theta)-2\varphi}{2}$$

即

$$x\cos(\varphi-\theta)+y\sin(\varphi-\theta)=\cos(\varphi+\theta)$$

解得直线 AB 与直线 CD 的交点 R 为

$$x_R=\frac{\sin\theta\sin(\varphi-\theta)-\cos\theta\cos(\varphi+\theta)}{-\cos(2\theta-\varphi)}=\frac{\sin 2\theta\sin\varphi-\cos\varphi}{-\cos(2\theta-\varphi)}=x_Q$$

又因 $x_A=x_D$,故得 $QR \parallel AD$.

1.10 $\odot O$ 内接 $\triangle ABC$,$\overset{\frown}{AB},\overset{\frown}{BC},\overset{\frown}{CA}$ 的中点分别为点 D,E,F,DE 与 BC 交于点 M,DF 与 AC 交于点 N,求证:$MN \parallel BA$.

证 取坐标轴如图 1.10 所示(y 轴与 AB 平行),不妨设 $\odot O$ 半径为 1,有向角 $2\alpha,-2\alpha,2\beta$ 如图所示,则点 E 的辐角为 $\alpha+\beta$.

第1章 平面几何证明题

直线 BC 的方程为
$$x\cos(\beta+\alpha)+y\sin(\beta+\alpha)=\cos(\beta-\alpha)$$
直线 DE 的方程为
$$x\cos\frac{\alpha+\beta}{2}+y\sin\frac{\alpha+\beta}{2}=\cos\frac{\alpha+\beta}{2}$$

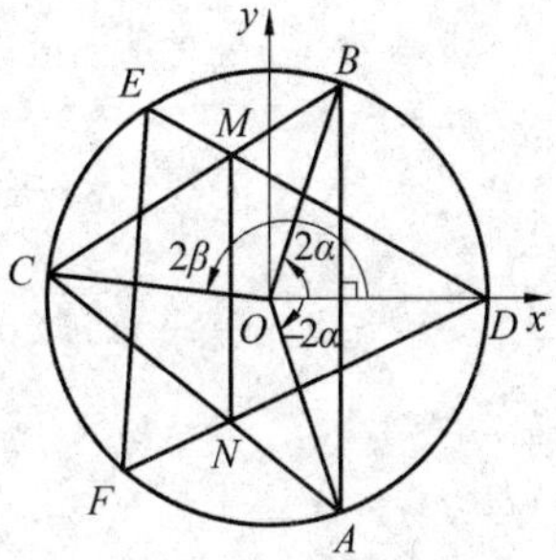

解得直线 BC 与直线 DE 的交点 M 为

$$x_M=\frac{\sin(\alpha+\beta)\cos\frac{\alpha+\beta}{2}-\sin\frac{\alpha+\beta}{2}\cos(\beta-\alpha)}{\sin\frac{\alpha+\beta}{2}}$$

$$=2\cos^2\frac{\alpha+\beta}{2}-\cos(\beta-\alpha)$$

$$=1+\cos(\alpha+\beta)-\cos(\beta-\alpha)$$

$$=1-2\sin\alpha\sin\beta$$

图 1.10

以 x 轴为对称轴把 $\triangle ABC$ 进行轴反射变换,则点 A 变成辐角为 2α 的点 B,点 C 变成 $\odot O$ 上辐角为 $2\pi-2\beta=2(\pi-\beta)$ 的点 C',点 N 变成其关于 x 轴对称的点 N',易见 $x_{N'}=x_N$ 不变,于是同理(把 β 改成 $\pi-\beta$)得

$$x_N=x_{N'}=1-2\sin\alpha\sin(\pi-\beta)=1-2\sin\alpha\sin\beta=x_M$$

又因 $x_B=x_A$,故得 $MN\,//\,BA$.

1.11 如图 1.11 所示,$\triangle ABC$ 的周长为 p,其外接圆、内切圆的半径分别为 R,r,其垂足三角形的周长为 l,求证:$\dfrac{p}{l}=\dfrac{R}{r}$.

证 $BA'=AB\cos B=2R\sin C\cos B$. 又因 BH 为四点 B,A',H,C' 共圆的直径,故

$$A'C'=BH\sin B=\frac{BA'}{\sin C}\sin B$$

$$=\frac{2R\sin C\cos B}{\sin C}\sin B=R\sin 2B$$

图 1.11

同理
$$B'C'=R\sin 2A,\quad B'A'=R\sin 2C$$

则
$$l=R(\sin 2A+\sin 2B+\sin 2C)$$
$$=2R[\sin(A+B)\cos(A-B)-\sin C\cos(A+B)]$$
$$=4R\sin C\sin A\sin B$$

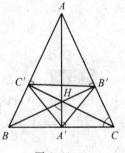

$$p = 2R(\sin A + \sin B + \sin C) = 4R\left(\sin\frac{A+B}{2}\cos\frac{A-B}{2} + \sin\frac{C}{2}\cos\frac{C}{2}\right)$$

$$= 4R\left(\cos\frac{C}{2}\cos\frac{A-B}{2} + \cos\frac{A+B}{2}\cos\frac{C}{2}\right)$$

$$= 8R\cos\frac{C}{2}\cos\frac{A}{2}\cos\frac{B}{2}$$

则

$$\frac{p}{l} = \frac{1}{4\sin\frac{A}{2}\sin\frac{B}{2}\sin\frac{C}{2}}$$

则 $\triangle ABC$ 的面积为

$$S_{\triangle ABC} = \frac{1}{2}ab\sin C = \frac{1}{2} \cdot 2R\sin A \cdot 2R\sin B \cdot \sin C$$

$$= 2R^2\sin A \cdot \sin B \cdot \sin C$$

$$\frac{R}{r} = \frac{\dfrac{abc}{4S_{\triangle ABC}}}{\dfrac{2S_{\triangle ABC}}{a+b+c}} = \frac{abc(a+b+c)}{8S_{\triangle ABC}^2}$$

$$= \frac{8R^3\sin A\sin B\sin C \cdot 8R\cos\frac{A}{2}\cos\frac{B}{2}\cos\frac{C}{2}}{32R^4\sin^2 A\sin^2 B\sin^2 C}$$

$$= \frac{2}{8\sin\frac{A}{2}\sin\frac{B}{2}\sin\frac{C}{2}} = \frac{p}{l}$$

1.12 在 $\triangle ABC$ 中,$CA = CB$,AB 上一点 D,$\triangle CAD$ 的边 AD 的外旁切圆半径等于 $\triangle CDB$ 的内切圆半径,求证:此半径等于 $\triangle CAB$ 的边 CB 上的高的 $\dfrac{1}{4}$.

证 如图 1.12 所示,设所述旁切圆、内切圆圆心分别为 O',O,不妨设 $CA = CB = 1$,角 2α,2θ 如图 1.12 所示,易见

$$OB = \frac{1 \cdot \sin(\theta + \alpha)}{\sin\left(\theta + \alpha + \dfrac{90° - 2\alpha}{2}\right)} = \frac{\sin(\theta + \alpha)}{\sin(\theta + 45°)}$$

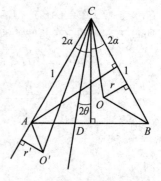

图 1.12

第 1 章　平面几何证明题
DIYIZHANG　PINGMIAN JIHE ZHENGMINGTI

所述内切圆半径
$$r = \frac{\sin(\theta+\alpha)}{\sin(\theta+45°)}\sin(45°-\alpha)$$

$$O'A = \frac{1 \cdot \sin(\alpha-\theta)}{\sin\left\{(\alpha-\theta)+\left[(90°-2\alpha)+\dfrac{90°+2\alpha}{2}\right]\right\}}$$

$$= \frac{\sin(\alpha-\theta)}{\sin(135°-\theta)}$$

所述旁切圆半径
$$r' = \frac{\sin(\alpha-\theta)}{\sin(135°-\theta)}\sin(45°+\alpha)$$

由 $r = r'$ 得
$$\sin(\theta+\alpha)\sin(45°-\alpha) = \sin(\alpha-\theta)\sin(45°+\alpha)$$
$$\cos(\theta+2\alpha-45°) - \cos(\theta+45°) = \cos(45°+\theta) - \cos(45°+2\alpha-\theta)$$
$$\cos(\theta+2\alpha-45°) + \cos(45°+2\alpha-\theta) = 2\cos(45°+\theta)$$
$$\cos 2\alpha \cos(\theta-45°) = \cos(45°+\theta)$$
$$\cos 2\alpha(\cos\theta+\sin\theta) = \cos\theta - \sin\theta$$
$$\sin\theta\cos^2\alpha = \cos\theta\sin^2\alpha \qquad ①$$

只要证
$$\frac{\sin(\theta+\alpha)}{\sin(\theta+45°)}\sin(45°-\alpha) = \frac{1}{4} \cdot 1 \cdot \sin 4\alpha$$

即证(可反推)
$$4\sin(\theta+\alpha)\sin(45°-\alpha) = \sin 4\alpha \sin(\theta+45°)$$

即证
$$4\sin(\theta+\alpha)(\cos\alpha - \sin\alpha) = \sin 4\alpha(\sin\theta + \cos\theta)$$

即证
$$\sin\theta\cos^2\alpha - \sin\theta\cos\alpha\sin\alpha + \sin\alpha\cos\theta\cos\alpha - \sin^2\alpha\cos\theta$$
$$= \sin\alpha\cos\alpha\cos 2\alpha\sin\theta + \sin\alpha\cos\alpha\cos 2\alpha\cos\theta$$

即证
$$\sin\theta\cos^2\alpha - \sin^2\alpha\cos\theta = 2\sin\theta\cos\alpha\sin\alpha\cos^2\alpha - 2\sin\alpha\cos\alpha\cos\theta\sin^2\alpha$$

即证
$$\sin\theta\cos^2\alpha(1-\sin 2\alpha) = \sin^2\alpha\cos\theta(1-\sin 2\alpha)$$

由式 ① 知上式成立.

1.13 Rt△ABC 斜边上的高 CD，△ACD，△BCD 的内切圆分别为 $\odot P,\odot Q$，两圆的另一外公切线与 CA,CD,CB 分别交于 M,K,N. 求证：

(1) △CNM ∽ △CAB；

(2) $KC=KM=KN=KP=KQ$，且都等于 △ABC 的内切圆半径.

证 取坐标轴如图 1.13 所示，设 $CD=h$，角 $2\alpha,2\beta$ 如图 1.13 所示，$\alpha+\beta=45°$. 作 $QT\perp CB$ 于 T，作所述二外公切线与连心线交于 S，点 U,V 如图 1.13 所示，则

$$x_Q+y_Q=TQ+TC$$
$$=\frac{h+BD-CB}{2}+\frac{h+CB-DB}{2}=h$$

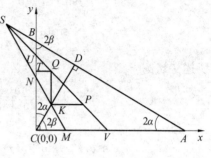

图 1.13

同理

$$x_P+y_P=h$$

故知直线 PQ 的方程为

$$x+y=h$$

从而

$$\angle CUV=\angle CVU=45°, \angle NSQ=\angle BSQ=2\beta-45°$$
$$\angle MNC=\angle BNS=45°-(2\beta-45°)=90°-2\beta=2\alpha$$

于是(1)得证，从而 $KN=KC=KM$（同理）.

又直线 AB 的方程为 $x\cos 2\beta+y\sin 2\beta=h$，与 PQ 的方程联合解得交点

$$S\left(\frac{h(1-\sin 2\beta)}{\cos 2\beta-\sin 2\beta},\frac{h(\cos 2\beta-1)}{\cos 2\beta-\sin 2\beta}\right)$$

故得直线 MN 的方程为

$$y+\frac{2h\sin^2\beta}{\cos 2\beta-\sin 2\beta}=-\left[x-\frac{h(1-\sin 2\beta)}{\cos 2\beta-\sin 2\beta}\right]\tan 2\beta$$

令 $x=x_N=0$，求得

$$y_N=\frac{h}{\cos 2\beta-\sin 2\beta}[-2\sin^2\beta+(1-\sin 2\beta)\tan 2\beta]$$

从而

$$CK=\frac{y_N}{2\sin 2\beta}=\frac{h}{2\sin 2\beta(\cos 2\beta-\sin 2\beta)}[-2\sin^2\beta+(1-\sin 2\beta)\tan 2\beta] \quad ①$$

△ABC 内切圆半径为

$$\frac{1}{2}\left[\frac{h}{\cos 2\beta}+\frac{h}{\sin 2\beta}-h(\cot 2\beta+\tan 2\beta)\right]=\frac{h}{2}\cdot\frac{\sin 2\beta+\cos 2\beta-1}{\cos 2\beta\sin 2\beta}$$

第1章 平面几何证明题

$$= \frac{h}{2} \cdot \frac{2\sin\beta\cos\beta - 2\sin^2\beta}{(\cos^2\beta - \sin^2\beta) \cdot 2\sin\beta\cos\beta}$$

$$= \frac{h}{2} \cdot \frac{1}{(\cos\beta + \sin\beta)\cos\beta}$$

要证它等于 CK,即证

$$\frac{1}{\cos\beta(\cos\beta + \sin\beta)} = \frac{-2\sin^2\beta + (1-\sin 2\beta)\tan 2\beta}{\sin 2\beta(\cos 2\beta - \sin 2\beta)}$$

即证

$$2\sin\beta(\cos 2\beta - \sin 2\beta) = (\cos\beta + \sin\beta)[-2\sin^2\beta + (1-\sin 2\beta)\tan 2\beta]$$

即证

$$2\sin\beta(\cos 2\beta - \sin 2\beta) = -2\sin^2\beta(\cos\beta + \sin\beta) + \frac{(1-\sin 2\beta)\sin 2\beta}{\cos\beta - \sin\beta}$$

即证

$$\cos 2\beta - \sin 2\beta = -\sin\beta\cos\beta - \sin^2\beta + \frac{(1-\sin 2\beta)\cos\beta}{\cos\beta - \sin\beta}$$

即证

$$(\cos 2\beta - \sin\beta\cos\beta)(\cos\beta - \sin\beta) = -\sin^2\beta(\cos\beta - \sin\beta) + (1-\sin 2\beta)\cos\beta$$

即证

$$(\cos^2\beta - \sin\beta\cos\beta)(\cos\beta - \sin\beta) = (1-\sin 2\beta)\cos\beta$$

即证

$$(\cos\beta - \sin\beta)^2 = 1 - \sin 2\beta$$

这显然成立.

再证 $KC = KP$(同理 $KC = KQ$) 即可.

由直线 CP 的方程 $y = x\tan\beta$ 与 PQ 的方程联合解得

$$x_P = \frac{h}{1+\tan\beta} = \frac{h\cos\beta}{\cos\beta + \sin\beta}, \quad y_P = \frac{h\tan\beta}{1+\tan\beta} = \frac{h\sin\beta}{\cos\beta + \sin\beta}$$

又由式 ① 得

$$x_K = CK\cos 2\beta = \frac{h(\cos\beta - \sin\beta)}{2\cos\beta}$$

故

$$KP = x_P - x_K = h\frac{2\cos^2\beta - (\cos^2\beta - \sin^2\beta)}{2(\cos\beta + \sin\beta)\cos\beta} = CK$$

1.14 $\odot O$ 外切四边形 $ABCD$,求证:BD 的中点 M,AC 的中点 N 与点 O 共直线.

证 以 O 为原点任取 x, y 轴,不妨设半径为 2. 设切点 E, F, G, H 的辐角分别为 $2\alpha, 2\beta, 2\gamma, 2\delta$, 易见 $OB = \dfrac{2}{\cos(\beta-\alpha)}$, 点 B 的辐角为 $\alpha+\beta$, 故

$$B\left(\dfrac{2\cos(\beta+\alpha)}{\cos(\beta-\alpha)}, \dfrac{2\sin(\beta+\alpha)}{\cos(\beta-\alpha)}\right)$$

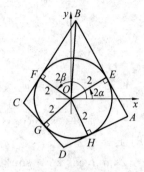

图 1.14

同理

$$D\left(\dfrac{2\cos(\delta+\gamma)}{\cos(\delta-\gamma)}, \dfrac{2\sin(\delta+\gamma)}{\cos(\delta-\gamma)}\right)$$

于是 BD 的中点 M 的坐标为

$$\begin{aligned}
x_M &= \dfrac{\cos(\beta+\alpha)}{\cos(\beta-\alpha)} + \dfrac{\cos(\delta+\gamma)}{\cos(\delta-\gamma)} \\
&= \dfrac{\cos(\beta+\alpha+\delta-\gamma)+\cos(\beta+\alpha+\gamma-\delta)}{2\cos(\beta-\alpha)\cos(\delta-\gamma)} + \\
&\quad \dfrac{\cos(\delta+\gamma+\beta-\alpha)+\cos(\delta+\gamma+\alpha-\beta)}{2\cos(\beta-\alpha)\cos(\delta-\gamma)} \\
&= \dfrac{\sum\limits_{\alpha,\beta,\gamma,\delta}\cos(\alpha+\beta+\gamma-\delta)}{2\cos(\beta-\alpha)\cos(\delta-\gamma)} \quad ①
\end{aligned}$$

$$y_M = \dfrac{\sin(\beta+\alpha)}{\cos(\beta-\alpha)} + \dfrac{\sin(\delta+\gamma)}{\cos(\delta-\gamma)} = \sum\limits_{\alpha,\beta,\gamma,\delta} \dfrac{\sin(\alpha+\beta+\gamma-\delta)}{\cos(\beta-\alpha)\cos(\delta-\gamma)}$$

斜率为

$$k_{OM} = \dfrac{y_M}{x_M} = \dfrac{\sum\limits_{\alpha,\beta,\gamma,\delta}\sin(\alpha+\beta+\gamma-\delta)}{\sum\limits_{\alpha,\beta,\gamma,\delta}\cos(\alpha+\beta+\gamma-\delta)}$$

又

$$C\left(\dfrac{2\cos(\gamma+\beta)}{\cos(\gamma-\beta)}, \dfrac{2\sin(\gamma+\beta)}{\cos(\gamma-\beta)}\right)$$

求点 A 的坐标,视点 E 的辐角为 $2\pi+2\alpha > 2\delta$,于是

$$A\left(\dfrac{2\cos(\alpha+\pi+\delta)}{\cos(\alpha+\pi-\delta)}, \dfrac{2\sin(\alpha+\pi+\delta)}{\cos(\alpha+\pi-\delta)}\right)$$

即

---

① 其中记号 $\sum\limits_{\alpha,\beta,\gamma,\delta}$ 表示对变元 $\alpha, \beta, \gamma, \delta$ 轮换求和,即 $\cos(\alpha+\beta+\gamma-\delta)+\cos(\beta+\gamma+\delta-\alpha)+\cos(\gamma+\delta+\alpha-\beta)+\cos(\delta+\alpha+\beta-\gamma)$.

第1章 平面几何证明题
DIYIZHANG PINGMIAN JIHE ZHENGMINGTI

$$A\left(\frac{2\cos(\alpha+\delta)}{\cos(\alpha-\delta)}, \frac{2\sin(\alpha+\delta)}{\cos(\alpha-\delta)}\right)$$

故同理,对 AC 的中点 N 有

$$x_N = \frac{\sum\limits_{\alpha,\beta,\gamma,\delta}\cos(\alpha+\beta+\gamma-\delta)}{2\cos(\gamma-\beta)\cos(\alpha-\delta)}, \quad y_N = \frac{\sum\limits_{\alpha,\beta,\gamma,\delta}\sin(\alpha+\beta+\gamma-\delta)}{2\cos(\gamma-\beta)\cos(\alpha-\delta)}$$

斜率

$$k_{ON} = \frac{y_N}{x_N} = \frac{\sum\limits_{\alpha,\beta,\gamma,\delta}\sin(\alpha+\beta+\gamma-\delta)}{\sum\limits_{\alpha,\beta,\gamma,\delta}\cos(\alpha+\beta+\gamma-\delta)} = k_{OM}$$

故点 O, M, N 共直线.

1.15 在 $\triangle ABC$ 中, $BA = BC$, 在 AC 上取点 D, 使 $AD = 2DC$, 在 BD 上取点 K, 使 $\angle AKD = 2\angle CKD$, 求证: $\angle AKD = \angle ABC$.

证 不妨设 $CD = 2$, 则 $AD = 4$. 设角 $\alpha, 2\alpha$ 如图 1.15 所示, 分别在 $\triangle ADK$, $\triangle CDK$ 中求 KD 得

$$\frac{4\sin(2\alpha+\theta)}{\sin 2\alpha} = \frac{2\sin(\theta-\alpha)}{\sin\alpha}$$

$$\sin(2\alpha+\theta) = \cos\alpha\sin(\theta-\alpha)$$

$$\sin 2\alpha\cos\theta + \sin\theta\cos 2\alpha = \cos^2\alpha\sin\theta - \cos\alpha\sin\alpha\cos\theta$$

$$3\sin\alpha\cos\alpha\cos\theta = \sin^2\alpha\sin\theta$$

$$\tan\theta = \frac{3\cos\alpha}{\sin\alpha}$$

要证 $\angle ABC = 2\alpha$, 即证 $\angle BCD = 90° - \alpha$, 即证

$$\angle BCK = (90° - \alpha) - (\theta - \alpha) = 90° - \theta$$

易见

$$BK = BD - KD = \frac{1}{\cos\theta} - \frac{2\sin(\theta-\alpha)}{\sin\alpha} = \frac{\sin\alpha - 2\sin(\theta-\alpha)\cos\theta}{\cos\theta\sin\alpha}$$

$$= \frac{2\sin\alpha - \sin(2\theta-\alpha)}{\cos\theta\sin\alpha}$$

$$CK = \frac{2\sin\theta}{\sin\alpha}$$

则

$$\tan\angle BCK = \frac{BK\sin\alpha}{CK + BK\cos\alpha} = \frac{[2\sin\alpha - \sin(2\theta-\alpha)]\sin\alpha}{2\sin\theta\cos\theta + [2\sin\alpha - \sin(2\theta-\alpha)]\cos\alpha}$$

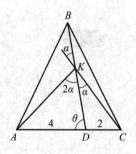

图 1.15

①

由式 ① 求得

$$\sin 2\theta = \frac{2\tan\theta}{1+\tan^2\theta} = \frac{6\cos\alpha\sin\alpha}{\sin^2\alpha+9\cos^2\alpha}$$

$$\cos 2\theta = \frac{1-\tan^2\theta}{1+\tan^2\theta} = \frac{\sin^2\alpha-9\cos^2\alpha}{\sin^2\alpha+9\cos^2\alpha}$$

$$\sin(2\theta-\alpha) = \sin 2\theta\cos\alpha - \cos 2\theta\sin\alpha = \frac{15\cos^2\alpha\sin\alpha-\sin^3\alpha}{\sin^2\alpha+9\cos^2\alpha}$$

从而

$$\tan\angle BCK = \frac{\sin\alpha(3\sin^3\alpha+3\cos^2\alpha\sin\alpha)}{6\sin\alpha\cos\alpha+2\cos\alpha\sin\alpha(\sin^2\alpha+9\cos^2\alpha)-15\cos^3\alpha\sin\alpha+\sin^3\alpha\cos\alpha}$$

$$= \frac{3\sin^2\alpha}{9\cos\alpha\sin\alpha} = \frac{\sin\alpha}{3\cos\alpha} = \cot\theta = \tan(90°-\theta)$$

于是
$$\angle BCK = 90°-\theta$$

1.16 在六边形 $ABCDEF$ 中,$AB \parallel ED$,$BC \parallel FE$,$CD \parallel AF$,求证:$S_{\triangle ACE} = S_{\triangle BDF}$.

证 因题目只涉及平行线,且面积可用斜坐标系的面积公式计算,故取斜坐标系如图 1.16 所示,设线段 a,b,c,d 如图所示,得各顶点坐标如图所示,则

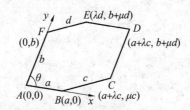

图 1.16

$$S_{\triangle ACE} = \left| \frac{\sin\theta}{2} \begin{vmatrix} 0 & 0 & 1 \\ a+\lambda c & \mu c & 1 \\ \lambda d & b+\mu d & 1 \end{vmatrix} \right| = \frac{\sin\theta}{2}|ab+\lambda bc+\mu ad|$$

$$S_{\triangle BDF} = \left| \frac{\sin\theta}{2} \begin{vmatrix} 0 & b & 1 \\ a & 0 & 1 \\ a+\lambda c & b+\mu d & 1 \end{vmatrix} \right| = \frac{\sin\theta}{2}|ab+\mu ad+\lambda bc| = S_{\triangle ACE}$$

1.17 梯形 $ABCD$ 的对角线交于点 O,点 A,B 关于 $\angle AOB$ 平分线的对称点分别为点 A_1,B_1,求证:$\angle ACA_1 = \angle BDB_1$.

证 设角 θ, α 如图 1.17 所示,取坐标轴如图所示,可设 $\angle AOB$ 的平分线所在直线与 AB, DC 交于点 $M(a, 0), N(-b, 0)$,则

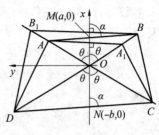

图 1.17

$$CN = \frac{b\sin\theta}{\sin(\theta+\alpha)}, \quad DN = \frac{b\sin\theta}{\sin(\alpha-\theta)}$$

$$x_C = -b + \frac{b\sin\theta}{\sin(\theta+\alpha)}\cos(-\alpha) = -b\frac{\sin\alpha\cos\theta}{\sin(\theta+\alpha)}$$

$$y_C = -b\frac{\sin\theta\sin\alpha}{\sin(\theta+\alpha)}$$

$$x_D = -b + \frac{b\sin\theta}{\sin(\alpha-\theta)}\cos(\pi-\alpha) = -b\frac{\sin\alpha\cos\theta}{\sin(\alpha-\theta)}$$

$$y_D = b\frac{\sin\theta\sin\alpha}{\sin(\alpha-\theta)}$$

$$MB = \frac{a\sin\theta}{\sin(\alpha-\theta)}, \quad MA = \frac{a\sin\theta}{\sin(\alpha+\theta)}$$

$$x_{B_1} = x_B = a + \frac{a\sin\theta}{\sin(\alpha-\theta)}\cos(-\alpha) = a\frac{\sin\alpha\cos\theta}{\sin(\alpha-\theta)}$$

$$y_{B_1} = -y_B = \frac{a\sin\theta\sin\alpha}{\sin(\alpha-\theta)}$$

$$x_{A_1} = x_A = a + \frac{a\sin\theta}{\sin(\alpha+\theta)}\cos(\pi-\alpha) = a\frac{\sin\alpha\cos\theta}{\sin(\alpha+\theta)}$$

$$y_{A_1} = -y_A = -a\frac{\sin\theta\sin\alpha}{\sin(\alpha+\theta)}$$

斜率

$$k_{A_1C} = \frac{y_C - y_{A_1}}{x_C - x_{A_1}} = \frac{b-a}{b+a} \cdot \frac{\sin\theta}{\cos\theta}$$

$$k_{B_1D} = \frac{y_D - y_{B_1}}{x_D - x_{B_1}} = \frac{a-b}{a+b} \cdot \frac{\sin\theta}{\cos\theta} = -k_{A_1C}$$

$$k_{BD} = -\tan\theta = -k_{AC}$$

则

$$\tan\angle A_1CA = \frac{k_{AC} - k_{A_1C}}{1 + k_{AC}k_{A_1C}} = \frac{-k_{BD} + k_{B_1D}}{1 + k_{BD}k_{B_1D}} = \tan\angle B_1DB$$

故 $\angle A_1CA = \angle B_1DB$.

1.18 $\triangle ABC$ 内一点 O,直线 AO, BO, CO 分别通过 $\triangle BOC, \triangle COA, \triangle AOB$ 的外心 A', B', C',求证: O 为 $\triangle ABC$ 的内心.

证 设角 $\alpha_1, \alpha_2, \beta_1, \beta_2, \gamma_1, \gamma_2$ 如图 1.18 所示.
易见
$$\alpha_1 + \beta_2 - \beta_1 = \angle A'BC = \angle A'CB = \alpha_2 + \gamma_1 - \gamma_2$$
$$\alpha_1 + \beta_2 - \beta_1 = \alpha_2 + \gamma_1 - \gamma_2$$
同理
$$\beta_1 + \gamma_2 - \gamma_1 = \beta_2 + \alpha_1 - \alpha_2$$
两式相加得
$$\alpha_1 + \beta_2 + \gamma_2 - \gamma_1 = \gamma_1 - \gamma_2 + \beta_2 + \alpha_1$$
即 $\gamma_1 = \gamma_2$,同理 $\alpha_1 = \alpha_2$,故 O 为 $\triangle ABC$ 的内心.

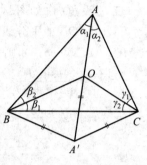

图 1.18

1.19 三角形三边 a, b, c 适合 $a^2 + b^2 > 5c^2$,求证:c 边最小.

证 $2b^2 + 2bc + c^2 = (b+c)^2 + b^2 > a^2 + b^2 > 5c^2$
即
$$b^2 + bc - 2c^2 > 0$$
$$(b-c)(b+2c) > 0$$
故 $b - c > 0, b > c$,同理 $a > c$.

1.20 $\triangle ABC$ 的边 BC 的中点为 M,在边 AB, AC 向外作 $\triangle ABC_1, \triangle ACB_1$,使 $\angle ABC_1 = \angle ACB_1 = \varphi, \angle AC_1B = \angle AB_1C = 90°$,求证:$MC_1 = MB_1, \angle C_1MB_1 = 2\varphi$.

证 以 A 为原点,任取实、虚轴作复平面,设角 θ, φ 如图 1.19 所示,则

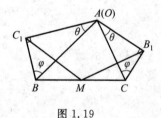

图 1.19

$$z_{C_1} = z_B \cos \theta \cdot e^{-\theta i}$$
$$z_{B_1} = z_C \cos \theta \cdot e^{\theta i}$$
$$z_M = \frac{1}{2}(z_B + z_C)$$

$$z_{C_1} - z_M = z_B(\cos \theta \cdot e^{-\theta i} - \frac{1}{2}) - \frac{1}{2} z_C$$

$$z_{B_1} - z_M = z_C(\cos \theta \cdot e^{\theta i} - \frac{1}{2}) - \frac{1}{2} z_B$$

$$(z_{B_1} - z_M) e^{(\pi - 2\theta)i} = -(z_{B_1} - z_M) e^{-2\theta i}$$
$$= z_C(-\cos \theta \cdot e^{-\theta i} + \frac{1}{2} e^{-2\theta i}) + \frac{1}{2} z_B e^{-2\theta i})$$

第1章 平面几何证明题

易见 $\pi - 2\theta = 2\varphi$,故只要证上式等于 $z_{C_1} - z_M$,即证

$$-\cos\theta \cdot e^{-\theta i} + \frac{1}{2}e^{-2\theta i} = -\frac{1}{2}, \quad \frac{1}{2}e^{-2\theta i} = \cos\theta \cdot e^{-\theta i} - \frac{1}{2}$$

易见两式实质相同,只要证(按后式)

$$\frac{1}{2}(e^{-2\theta i} + 1) = \cos\theta \cdot e^{-\theta i}$$

即证

$$\frac{1}{2}(\cos 2\theta - i\sin 2\theta + 1) = \cos\theta \cdot (\cos\theta - i\sin\theta)$$

这显然成立.

1.21 圆内接矩形 $ABCD$,圆上一点 M 在直线 AB,DC,AD,BC 上的射影分别为 R,T,Q,P,求证:$PR \perp QT$ 且其交点在 AC 上.

证 取 x,y 轴如图 1.20 所示,角 α,有向角 θ 如图 1.20 所示,不妨设半径为 1,则易见

$$Q(-\cos\alpha, \sin\theta), P(\cos\alpha, \sin\theta),$$
$$R(-\cos\theta, \sin\alpha), T(-\cos\theta, -\sin\alpha)$$

直线 PR 为

$$\begin{vmatrix} x & y & 1 \\ \cos\alpha & \sin\theta & 1 \\ -\cos\theta & \sin\alpha & 1 \end{vmatrix} = 0$$

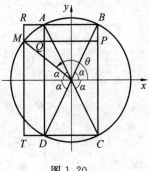

图 1.20

即

$$x(\sin\theta - \sin\alpha) - y(\cos\theta + \cos\alpha) = -\sin\theta\cos\theta - \sin\alpha\cos\alpha$$

$$2x\sin\frac{\theta-\alpha}{2}\cos\frac{\theta+\alpha}{2} - 2y\cos\frac{\theta-\alpha}{2}\cos\frac{\theta+\alpha}{2} = -\sin(\theta+\alpha)\cos(\theta-\alpha) \quad \text{①}$$

因 α 增加 π 时使 P,R 的坐标变成 Q,T 的坐标,故同理在方程①中使 α 增加 π 便得直线 QT 为

$$2x\cos\frac{\theta-\alpha}{2}\sin\frac{\theta+\alpha}{2} + 2y\sin\frac{\theta-\alpha}{2}\sin\frac{\theta+\alpha}{2} = -\sin(\theta+\alpha)\cos(\theta-\alpha) \quad \text{②}$$

两方程中 x 的系数之积加 y 的系数之积为 0,故 $PR \perp QT$.

直线 AC 为

$$y = x\tan(\pi - \alpha)$$

即

$$x\sin\alpha + y\cos\alpha = 0$$

方程 ②① 相减得 AC 的方程,故三直线共点.

1.22 $\odot O_1$,$\odot O_2$ 的外公切线为 LK,内公切线为 MN,L,K,N,M 为切点,求证:直线 MK,LN 交点在连心线上.

证 取 x,y 轴如图 1.21 所示,设 $\odot O_2$ 半径为 R,$\odot O_1$ 半径为 r,角 θ,α 如图 1.21 所示,易见

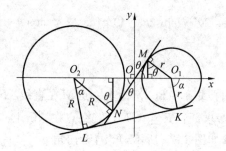

图 1.21

$$x_M = r\cos\theta\cot\theta = \frac{r\cos^2\theta}{\sin\theta}, \quad y_M = r\cos\theta$$

$$x_N = R\cos\theta \cdot (-\cot\theta) = -\frac{R\cos^2\theta}{\sin\theta}, \quad y_N = -R\cos\theta$$

$$\cos\alpha = \frac{R-r}{\frac{r}{\sin\theta}+\frac{R}{\sin\theta}} = \frac{(R-r)\sin\theta}{R+r}$$

$$\sin\alpha = \sqrt{1-\cos^2\alpha} = \frac{\sqrt{R^2\cos^2\theta + r^2\cos^2\theta + 2Rr(\sin^2\theta+1)}}{R+r}$$

$$x_K = x_{O_1} + r\cos\alpha = r\left(\frac{1}{\sin\theta} + \frac{R-r}{R+r}\sin\theta\right) = \frac{R(1+\sin^2\theta) + r\cos^2\theta}{(R+r)\sin\theta}$$

$$y_K = -r\sin\alpha = -\frac{r}{R+r}\sqrt{R^2\cos^2\theta + r^2\cos^2\theta + 2Rr(\sin^2\theta+1)}$$

$$x_L = -\frac{R}{\sin\theta} + R\frac{R-r}{R+r}\sin\theta = -\frac{R^2\cos^2\theta + Rr(1+\sin^2\theta)}{(R+r)\sin\theta}$$

$$y_L = -R\sin\alpha = -\frac{R}{R+r}\sqrt{R^2\cos^2\theta + r^2\cos^2\theta + 2Rr(\sin^2\theta+1)}$$

求 MK 与 x 轴交点 P_1(第二、三行去分母后第二列约去 $r\sin\theta$)

第 1 章 平面几何证明题
DIYIZHANG PINGMIAN JIHE ZHENGMINGTI

$$\begin{vmatrix} x_{P_1} & 0 & 1 \\ r\cos^2\theta & \cos\theta & \sin\theta \\ rR(1+\sin^2\theta)+r^2\cos^2\theta & -\sqrt{(R^2+r^2)\cos^2\theta+2Rr(1+\sin^2\theta)} & (R+r)\sin\theta \end{vmatrix} = 0$$

$$x_{P_1} = r\frac{R\cos\theta(1+\sin^2\theta)+r\cos^3\theta+\cos^2\theta\sqrt{(R^2+r^2)\cos^2\theta+2Rr(1+\sin^2\theta)}}{(R+r)\cos\theta\sin\theta+\sin\theta\sqrt{(R^2+r^2)\cos^2\theta+2Rr(1+\sin^2\theta)}}$$

易见把 θ 增加 π 且 r 与 R 对调后使 M,K 的坐标分别变成 N,L 的坐标,从而可把 P_1 的坐标变成 NL 与 x 轴交点 P_2 的坐标. 现证这时 x_{P_1} 的表达式实际不变即可:易见这时此表达式的分母有理化后的有理分母不变,只要再证有理化后的分子亦然,此分子为

$$r[R\cos\theta(1+\sin^2\theta)+r\cos^3\theta+\cos^2\theta\sqrt{(R^2+r^2)\cos^2\theta+2Rr(1+\sin^2\theta)}] \cdot$$
$$[(R+r)\cos\theta\sin\theta-\sin\theta\sqrt{(R^2+r^2)\cos^2\theta+2Rr(1+\sin^2\theta)}]$$
$$= r\{R(R+r)\cos^2\theta\sin\theta(1+\sin^2\theta)+Rr\cos^4\theta\sin\theta-$$
$$\sin\theta\cos^2\theta\cdot[R^2\cos^2\theta+2Rr(\sin^2\theta+1)]\}+$$
$$r\sqrt{(R^2+r^2)\cos^2\theta+2Rr(1+\sin^2\theta)}[R\cos^3\theta\sin\theta-R\cos\theta\sin\theta(1+\sin^2\theta)]$$
$$= 2R^2r\sin^3\theta\cos^2\theta - 2Rr^2\sin^3\theta\cos^2\theta +$$
$$r\sqrt{(R^2+r^2)\cos^2\theta+2Rr(1+\sin^2\theta)}[R\cos^3\theta\sin\theta-R\cos\theta\sin\theta(1+\sin^2\theta)]$$

易见此式经 θ 增加 π,且 R 与 r 对调不变.

1.23 正 $\triangle ABC$ 的顶点 B,A 在 $\odot O$ 上,C 在 $\odot O$ 内,在 $\odot O$ 上取点 D 使 $BD=AB$,直线 DC 与 $\odot O$ 交于点 E,求证:$CE=OA$.

证 不妨设 $\odot O$ 半径为 1,X 为正半 x 轴上一点,设 $\angle BOX=\angle AOX=\theta$,取 x,y 轴,如图 1.22 所示,则

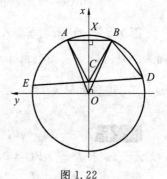

图 1.22

$$x_C = OC = 1\cdot\cos\theta - 1\cdot\sin\theta\cdot\sqrt{3}$$
$$= 2\cos(\theta+60°)$$
$$\angle CBD = \angle ABD - 60° = 2\angle OBA - 60°$$
$$= 2(90°-\theta) - 60° = 120° - 2\theta$$
$$\angle XCD = \angle BCD + 30° = 90° - \frac{1}{2}\angle CBD + 30°$$
$$= 60° + \theta$$

· 23 ·

只要证$(x_E-x_C)^2+y_E^2=1$即可. 因$x_E^2+y_E^2=1$,即证$x_C^2-2x_E x_C=0$,即证$x_E=\dfrac{1}{2}x_C$,即证$x_E=\cos(\theta+60°)$.

直线 DC 为
$$y=-[x-2\cos(\theta+60°)]\tan(\theta+60°) \qquad ①$$

$\odot O$ 的方程为
$$x^2+y^2=1$$

将式 ① 代入 $\odot O$ 的方程得
$$x^2+[x-2\cos(\theta+60°)]^2\tan^2(\theta+60°)=1$$
$$\dfrac{x^2}{\cos^2(\theta+60°)}-4x\dfrac{\sin^2(\theta+60°)}{\cos^2(\theta+60°)}+4\sin^2(\theta+60°)-1=0$$

易见其一根为 $x=\cos(\theta+60°)$,根据韦达定理知另一根为
$$x=\dfrac{4[\sin^2(\theta+60°)-\sin^2 30°]\cos^2(\theta+60°)}{\cos(\theta+60°)}=4\sin(\theta+30°)\cos\theta\cos(\theta+60°)$$

只要证第二根不等于 x_E(从而 x_E 唯有等于第一根 $\cos(\theta+60°)$),否则若
$$x_E=4\sin(\theta+30°)\cos\theta\cos(\theta+60°)$$

则
$$y_E=-[4\cos(60°+\theta)\sin(30°+\theta)\cos\theta-2\cos(60°+\theta)]\tan(60°+\theta)$$
$$=-2\sin(60°+\theta)[\sin(30°+2\theta)+\sin 30°-1]$$
$$=-2\sin(60°+\theta)\left[\sin(30°+2\theta)-\dfrac{1}{2}\right]$$

因 θ 等于 AB 所对优弧 $\overset{\frown}{AB}$ 上的圆周角,C 在圆内,故此圆周角小于 $\angle ACB$,即 $60°$. 从 $0<\theta<60°$,得 $30°<30°+2\theta<150°$,$\sin(30°+2\theta)-\dfrac{1}{2}>0$,于是 $y_E<0$,这显然与 $y_E>0$ 矛盾,所述得证.

1.24 $\triangle ABC$ 的内切圆 $\odot O$ 与 AB,AC 分别相切于 M,N,直线 MN 与 BO 交于 P,求证:$\angle BPC=90°$.

证 取 x,y 轴如图 1.23 所示,不妨设 $\odot O$ 半径为 1,角 α,β,γ 如图 1.23 所示,$\alpha+\beta+\gamma=180°$,易见直线 MN 为
$$x=1\cdot\cos\alpha$$

直线 OB 为
$$y=x\tan(\alpha+\beta)$$

解得交点 $P(\cos\alpha,\cos\alpha\tan(\alpha+\beta))$.

第1章 平面几何证明题
DIYIZHANG PINGMIAN JIHE ZHENGMINGTI

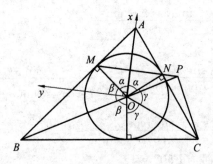

图 1.23

又易见

$$B\left(\frac{1\cdot\cos(\alpha+\beta)}{\cos\beta},\frac{1\cdot\sin(\alpha+\beta)}{\cos\beta}\right),C\left(\frac{\cos(\alpha+\gamma)}{\cos\gamma},\frac{-\sin(\alpha+\gamma)}{\cos\gamma}\right)$$

则

$$\vec{PB}\cdot\vec{PC}=(x_B-x_P)(x_C-x_P)+(y_B-y_P)(y_C-y_P)$$
$$=\left(\frac{\cos(\alpha+\beta)}{\cos\beta}-\cos\alpha\right)\left(\frac{\cos(\alpha+\gamma)}{\cos\gamma}-\cos\alpha\right)+$$
$$\left(\frac{\sin(\alpha+\beta)}{\cos\beta}-\frac{\cos\alpha\sin(\alpha+\beta)}{\cos(\alpha+\beta)}\right)\left(-\frac{\sin\beta}{\cos\gamma}+\frac{\cos\alpha\sin(\alpha+\beta)}{\cos\gamma}\right)$$
$$=\frac{1}{\cos\beta\cos\gamma\cos(\alpha+\beta)}[\cos(\alpha+\beta)\sin^2\alpha\sin\beta\sin\gamma+$$
$$\sin(\alpha+\beta)(-\sin\alpha\sin\beta)\sin\alpha\cos(\alpha+\beta)]=0$$

得证 $\angle BPC=90°$.

1.25 $\triangle ABC$ 的角平分线 BE 与高 AH 交于 K,$\angle AEB=45°$,求证:$\angle EHC=45°$.

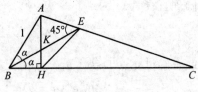

图 1.24

证 不妨设 $AB=1$,设角 α 如图 1.24 所示.易见

$$BE=\frac{1\cdot\sin(\alpha+45°)}{\sin 45°}=\sin\alpha+\cos\alpha$$

$$BK=\frac{1\cdot\cos 2\alpha}{\cos\alpha}$$

则

$$EK=BE-BK=\frac{\sin\alpha\cos\alpha+\cos^2\alpha-\cos 2\alpha}{\cos\alpha}$$

· 25 ·

$$= \frac{\sin\alpha\cos\alpha + \sin^2\alpha}{\cos\alpha}$$

则

$$\tan\angle KHE = \frac{EK\sin(90°-\alpha)}{HK + EK\cos(90°-\alpha)} = \frac{\sin\alpha(\cos\alpha + \sin\alpha)}{1\cdot\cos 2\alpha\tan\alpha + \dfrac{\sin^2\alpha(\cos\alpha + \sin\alpha)}{\cos\alpha}}$$

$$= \frac{\cos^2\alpha + \sin\alpha\cos\alpha}{\cos 2\alpha + \sin\alpha\cos\alpha + \sin^2\alpha} = 1$$

故 $\angle KHE = 45°$，从而 $\angle EHC = 45°$.

1.26 在 $\triangle ABC$ 的边 CB, CA 上分别取点 A_1, B_1, BB_1 与 AA_1 交于点 D. 设点 A_1, B_1, C, D 到 BA 的距离分别为 a_1, b_1, c, d，求证：$\dfrac{1}{a_1} + \dfrac{1}{b_1} = \dfrac{1}{c} + \dfrac{1}{d}$.

证 作 $CO \perp AB$ 于点 O，取 x, y 轴如图 1.25 所示，可设点 A, B, C 的坐标，从而设 A_1, B_1 的坐标如图所示，其中 $\lambda + \lambda' = 1, \mu + \mu' = 1$.

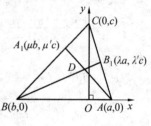

图 1.25

直线 BB_1 为

$$\frac{x-b}{\lambda a - b} = \frac{y}{\lambda' c}$$

即

$$x = \frac{(\lambda a - b)y}{\lambda' c} + b$$

同理直线 AA_1 为

$$x = \frac{(\mu b - a)y}{\mu' c} + a$$

联合解得交点 D 为

$$y_D = \frac{\lambda'\mu'(a-b)c}{(\lambda\mu' + \lambda')a - (\lambda'\mu + \mu')b} = \frac{\lambda'\mu'(a-b)c}{(1-\lambda\mu)a - (1-\lambda\mu)b} = \frac{\lambda'\mu'c}{1-\lambda\mu}$$

只要证

$$\frac{1}{y_{A_1}} + \frac{1}{y_{B_1}} = \frac{1}{y_C} + \frac{1}{y_D}$$

即证

$$\frac{1}{\lambda'c} + \frac{1}{\mu'c} = \frac{1}{c} + \frac{1-\lambda\mu}{\lambda'\mu'c}$$

第1章 平面几何证明题
DIYIZHANG PINGMIAN JIHE ZHENGMINGTI

即证
$$\mu' + \lambda' = 1 - \lambda\mu + \lambda'\mu'$$

其中等式
$$\begin{aligned}右边 &= 1 + \lambda'\mu' - (1-\lambda')(1-\mu') \\ &= 1 + \lambda'\mu' - (1 - \lambda' - \mu' + \lambda'\mu') \\ &= \lambda' + \mu'\end{aligned}$$

故得证.

1.27 在直角 $\angle C$ 的平分线上取定点 P，过点 P 任作直线与 $\angle C$ 的两边分别交于点 A,B，求证：$\dfrac{1}{CA} + \dfrac{1}{CB}$ 为定值.

证 设定量 t，变量角 θ，线段 a,b 如图 1.26 所示，则

$$\frac{t}{a} + \frac{t}{b} = \frac{\sin(\theta - 45°)}{\sin\theta} + \frac{\sin(\theta+45°)}{\sin\theta}$$
$$= \frac{2\sin\theta\cos 45°}{\sin\theta} = \sqrt{2}$$
$$\frac{1}{a} + \frac{1}{b} = \frac{\sqrt{2}}{t} \quad (定值)$$

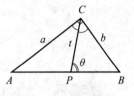

图 1.26

1.28 如图 1.27 所示，$A_1C = PB_2$，$B_1D = PA_2$，求证：$AC = BD$.

证 因条件、结论只涉及共直线的相等线段，可取斜坐标系.取射线 PA_1,PB_1 分别为 x,y 正半轴，线段 a,b,c,d 如图 1.27 所示，从而确定 P,A_1,C,B_2,B_1,D,A_2 的坐标如图所示.

直线 AB 为
$$\frac{x}{c} + \frac{y}{d} = 1$$

直线 OA 为
$$\frac{x}{c+b} = \frac{y+a}{a}$$

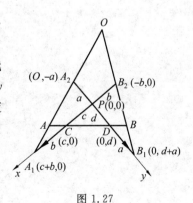

图 1.27

联合解得交点 A 的 x 坐标为

$$x_A = \frac{bcd + c^2d + abc + ac^2}{db + cd + ca}$$

直线 OB 为

$$\frac{x+b}{b} = \frac{y}{d+a}$$

与直线 AB 的方程联合解得交点 B 为

$$x_B = \frac{-abc}{cd + ca + bd}$$

于是

$$AC = x_C - x_A = c - \frac{bcd + c^2d + abc + ac^2}{db + cd + ca} = \frac{-abc}{db + cd + ca} = x_B - x_D = BD$$

1.29 圆内接四边形 $ABCD$，在各边上向外作矩形 ABC_1D_1, BCD_2A_2，CDA_1B_1, DAB_2C_2，使 $BC_1 = CD, CD_2 = DA, DA_1 = AB, AB_2 = BC$，求证：各矩形中心 P, Q, R, S 构成一矩形的四顶点.

证 取圆心 O 为原点，x, y 轴如图 1.28 所示，不妨设半径为 1，设角 α, β, γ，δ 如图所示，$\alpha + \beta + \gamma + \delta = 180°$，易见

$$R(\cos\beta + \sin\delta, 0)$$
$$Q((\cos\alpha + \sin\gamma)\cos(\alpha+\beta), -(\cos\alpha + \sin\gamma)\sin(\alpha+\beta))$$
$$S((\cos\gamma + \sin\alpha)\cos(\gamma+\beta), (\cos\gamma + \sin\alpha)\sin(\gamma+\beta))$$

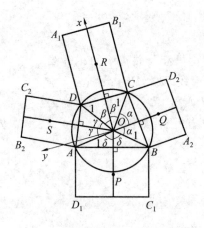

图 1.28

$$\vec{RQ} \cdot \vec{RS} = (x_Q - x_R)(x_S - x_R) + (y_Q - y_R)(y_S - y_R)$$
$$= [\cos\alpha\cos(\alpha+\beta) - \cos\beta + \sin\gamma\cos(\alpha+\beta) - \sin(\gamma+\alpha+\beta)] \cdot$$
$$[\cos\gamma\cos(\gamma+\beta) - \cos\beta + \sin\alpha\cos(\gamma+\beta) - \sin(\alpha+\beta+\gamma)] -$$
$$(\cos\alpha + \sin\gamma)\sin(\alpha+\beta)(\cos\gamma + \sin\alpha)\sin(\gamma+\beta)$$
$$= [-\sin(\alpha+\beta)\sin\alpha - \cos\gamma\sin(\alpha+\beta)] \cdot$$
$$[-\sin(\gamma+\beta)\sin\gamma - \cos\alpha\sin(\gamma+\beta)] -$$
$$(\cos\alpha + \sin\gamma)(\cos\gamma + \sin\alpha)\sin(\alpha+\beta)\sin(\gamma+\beta)$$
$$= 0$$

则 $\angle QRS = 90°$,同理 $\angle RSP = \angle SPQ = 90°$,得矩形 $PQRS$.

1.30 如图 1.29 所示,以 $\triangle ABC$ 各边为底边,向外作等腰 $\triangle ABC'$,$\triangle BCA'$,$\triangle CAB'$,其顶角分别为 $2\alpha, 2\beta, 2\gamma$,其中 $\alpha + \beta + \gamma = 180°$,求证:$\triangle A'B'C'$ 的三个角分别为 α, β, γ.

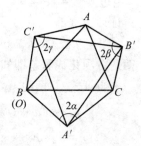

图 1.29

证 以 B 为原点任取实、虚轴作复平面. 因 $\angle CBA' = 90° - \alpha$,$\dfrac{BA'}{BC} = \dfrac{1}{2\sin\alpha}$,故

$$z_{A'} = z_C \cdot \frac{1}{2\sin\alpha} \cdot e^{-(\frac{\pi}{2} - \alpha)i}$$

类似知

$$z_{C'} = z_A \cdot \frac{1}{2\sin\gamma} \cdot e^{(\frac{\pi}{2} - \gamma)i}$$

$$z_{B'} = z_A + (z_C - z_A)\frac{1}{2\sin\beta} \cdot e^{(\frac{\pi}{2} - \beta)i}$$

要证 $\angle C'B'A' = \beta$(同理 $\angle A'C'B' = \gamma$,$\angle B'A'C' = \alpha$,从而 $\dfrac{B'A'}{B'C'} = \dfrac{\sin\gamma}{\sin\alpha}$),只要证

$$x_{A'} - z_{B'} = (z_{C'} - z_{B'})\frac{\sin\gamma}{\sin\alpha} \cdot e^{(\pi - \alpha - \gamma)i}$$

(易见此式等价于有向角 $\angle C'B'A' = \beta$ 且 $\dfrac{B'A'}{B'C'} = \dfrac{\sin\gamma}{\sin\alpha}$)

即证

$$(z_{A'} - z_{B'})\sin\alpha \cdot e^{\alpha i} = (z_{B'} - z_{C'})\sin\gamma \cdot e^{-\gamma i}$$

即证

$$z_A\left(\frac{1}{2\sin\beta}e^{(\frac{\pi}{2}-\beta)i}-1\right)\sin\alpha\cdot e^{\alpha i}+z_C\left(\frac{1}{2\sin\alpha}e^{-(\frac{\pi}{2}-\alpha)i}-\frac{1}{2\sin\beta}e^{(\frac{\pi}{2}-\beta)i}\right)\sin\alpha\cdot e^{\alpha i}$$
$$=z_A\left(\frac{-1}{2\sin\gamma}e^{(\frac{\pi}{2}-\gamma)i}-\frac{1}{2\sin\beta}e^{(\frac{\pi}{2}-\beta)i}+1\right)\sin\gamma\cdot e^{-\gamma i}+z_C\frac{\sin\gamma}{2\sin\beta}e^{(\frac{\pi}{2}-\beta-\gamma)i} \qquad ①$$

证两边 z_C 的系数相等,即证
$$e^{(-\frac{\pi}{2}+2\alpha)i}-\frac{\sin\alpha}{\sin\beta}e^{(\frac{\pi}{2}-\beta+\alpha)i}=\frac{\sin\gamma}{\sin\beta}e^{(\frac{\pi}{2}-\beta-\gamma)i}$$

即证
$$\sin\beta\cdot(\sin 2\alpha-i\cos 2\alpha)-\sin\alpha\cdot[\sin(\beta-\alpha)+i\cos(\beta-\alpha)]$$
$$=\sin\gamma\cdot[\sin(\beta+\gamma)+i\cos(\beta+\gamma)]$$

左边实部 $=\sin\alpha\cdot[2\sin\beta\cos\alpha-\sin(\beta-\alpha)]=\sin\alpha\sin(\beta+\alpha)=$ 右边实部
再证两边虚部
$$-\sin\beta\cos 2\alpha-\sin\alpha\cos(\beta-\alpha)=-\sin(\alpha+\beta)\cos\alpha$$

两边各项化成和差即知此式成立.

再证式 ① 两边 z_A 的系数相等,即证
$$\sin\alpha\cdot e^{(\frac{\pi}{2}-\beta+\alpha)i}-2\sin\alpha\sin\beta\cdot e^{\alpha i}$$
$$=-\sin\beta\cdot e^{(\frac{\pi}{2}-2\gamma)i}-\sin\gamma\cdot e^{(\frac{\pi}{2}-\beta-\gamma)i}+2\sin\beta\sin\gamma\cdot e^{-\gamma i}$$

即证
$$\sin\alpha\cdot[\sin(\beta-\alpha)+i\cos(\beta-\alpha)]-2\sin\alpha\sin\beta\cdot(\cos\alpha+i\sin\alpha)$$
$$=-\sin\beta\cdot(\sin 2\gamma+i\cos 2\gamma)-$$
$$\sin\gamma\cdot[\sin(\beta+\gamma)+i\cos(\beta+\gamma)]+2\sin\gamma\sin\beta(\cos\gamma-i\sin\gamma)$$

即证
$$\sin\alpha\sin(\beta-\alpha)-2\sin\alpha\cos\alpha\sin\beta=-\sin\gamma\sin(\beta+\gamma)$$

及
$$\sin\alpha\cos(\beta-\alpha)-2\sin^2\alpha\sin\beta=-\sin\beta\cos 2\gamma-2\sin^2\gamma\sin\beta-\sin\gamma\cos(\beta+\gamma)$$

上式两边分别等于 $-\sin\alpha\sin(\beta+\alpha)$,$-\sin\gamma\sin(\beta+\gamma)$,易见相等,证下式
$$\sin\alpha\cos(\alpha+\beta)=-\sin\beta-\sin\gamma\cos(\beta+\gamma)$$

即证
$$-\sin\alpha\cos\gamma-\sin\gamma\cos\alpha=-\sin\beta$$

这易见成立.

1.31 以 $\triangle ABC$ 的三边为底边作三个相似的等腰三角形,其中 $\triangle ACB_1$ 与 $\triangle ABC_1$ 向 $\triangle ABC$ 外,而 $\triangle BCA_1$ 向 $\triangle ABC$ 内,求证:四边形

$AB_1A_1C_1$ 为平行四边形.

证 以 A 为原点任取实、虚轴作复平面,设角 θ 如图 1.30 所示,则

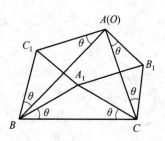

图 1.30

$$z_{C_1} = z_B \cdot \frac{1}{2\cos\theta}e^{-\theta i}, \quad z_{B_1} = z_C \cdot \frac{1}{2\cos\theta}e^{\theta i}$$

$$z_{A_1} = z_B + (z_C - z_B)\frac{1}{2\cos\theta}e^{\theta i}$$

只要证

$$\overrightarrow{BA_1} = \overrightarrow{AC_1}$$

即证

$$z_{A_1} - z_{B_1} = z_{C_1}$$

即证

$$z_B(1 - \frac{1}{2\cos\theta}e^{\theta i}) = z_B\frac{1}{2\cos\theta}e^{-\theta i}$$

这易见成立.

1.32 梯形 $ABCD$, AC 与 BD 交于点 Q,直线 DA 与 CB 交于点 O,过点 Q 作 $EF \parallel DC$ 与 AD, BC 分别交于点 E, F,求证: $\frac{AE}{CF} = \frac{AO}{CO}$.

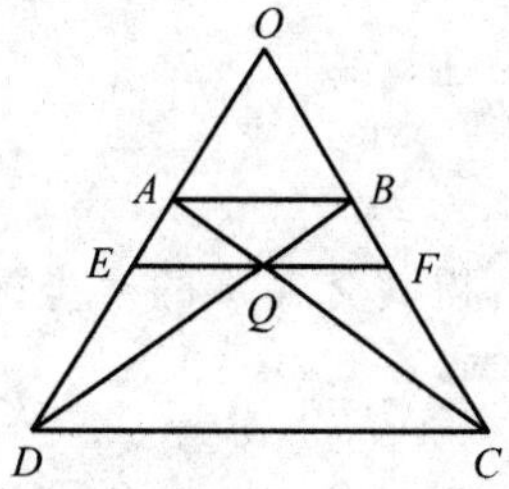

证 由已知得

$$\frac{EQ}{AB} = \frac{DQ}{DB} = \frac{CQ}{CA} = \frac{QF}{AB}$$

故

$$EQ = QF$$

$$\frac{AE}{AO} = \frac{EF - AB}{AB}, \quad \frac{CF}{CO} = \frac{CD - EF}{CD}$$

图 1.31

要证两式左边相等,只要证

$$\frac{EF}{AB} + \frac{EF}{CD} = 2$$

$$左边 = \frac{2EQ}{AB} + \frac{2QF}{CD} = \frac{2ED}{AD} + \frac{2QF}{CD} = 2\frac{AD-AE}{AD} + \frac{2QE}{CD} = 2$$

1.33 已知 $\triangle ABC$ 内点 P,$\angle ABP = \angle ACP$,在 BA, CA 上分别取点

C_1, B_1,使$\dfrac{BC_1}{CB_1}=\dfrac{CP}{BP}$,作$C_1Q \parallel BP, B_1Q \parallel CP$,它们围成$\square PRQS$,求证:$SR \parallel BC$.

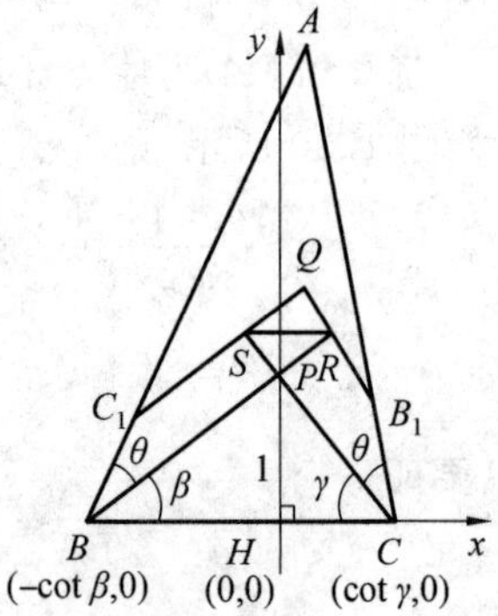

证 取坐标轴如图 1.32 所示,设角 θ, β, γ 如图 1.32 所示,不妨设 $HP=1$,则

$$\dfrac{BC_1}{CB_1}=\dfrac{CP}{BP}=\dfrac{\sin\beta}{\sin\gamma}$$

可设

$$BC_1=\lambda\sin\beta, \quad CB_1=\lambda\sin\gamma$$

从而

$$B_1(\cot\gamma-\lambda\sin\gamma\cos(\theta+\gamma),\lambda\sin\gamma\sin(\theta+\gamma))$$

直线 B_1Q 为

$$y-\lambda\sin\gamma\sin(\theta+\gamma)=-[x-\cot\gamma+\lambda\sin\gamma\cos(\theta+\gamma)]\tan\gamma$$

即

$$x\sin\gamma+y\cos\gamma=\cos\gamma+\lambda\sin\gamma\sin\theta$$

直线 BP 为

$$y=(x+\cot\beta)\tan\beta$$

即

$$-x\sin\beta+y\cos\beta=\cos\beta$$

解得其交点 R 的 y 坐标为

$$y_R=\dfrac{\sin(\gamma+\beta)+\lambda\sin\beta\sin\gamma\sin\theta}{\sin(\gamma+\beta)}$$

同理(上式 θ 改为 $-\theta$, β 改为 $\pi-\gamma$, γ 改为 $\pi-\beta$)

$$y_S=\dfrac{-\sin(\beta+\gamma)-\lambda\sin\gamma\sin\beta\sin\theta}{-\sin(\beta+\gamma)}=y_R$$

故 $SR \parallel BC$.

图 1.32

1.34 如图 1.33 所示,$\triangle ABC$ 中 $\angle B=\angle C=40°$, $\angle ABC$ 的平分线为 BD,求证:$BD+DA=BC$.

证 不妨设 $BD=1$,则

$$DA=\dfrac{1\cdot\sin 20°}{\sin 100°},\quad BC=\dfrac{1\cdot\sin 120°}{\sin 40°}$$

只要证

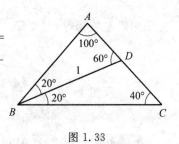

图 1.33

$$1 + \frac{\sin 20°}{\sin 80°} = \frac{\sin 120°}{\sin 40°}$$

即证
$$\sin 80° + \sin 20° = 2\cos 40° \sin 120°$$
$$左边 = 2\sin 50° \cos 30° = 右边$$

1.35 四边形 $ABCD$ 有外接圆及内切圆,且 $AC \perp BD$,求证:此四边形关于 AC 或 BD 对称.

证 设外接圆的直径为 d,角 $\alpha, \beta, \gamma, \delta$ 如图 1.34 所示,$\alpha + \delta = \beta + \gamma = 90°$,由 $AB + CD = AD + BC$,得
$$d\sin\alpha + d\sin\delta = d\sin\gamma + d\sin\beta$$
即
$$\sin\alpha + \cos\alpha = \sin\gamma + \cos\gamma$$
两边平方化简得
$$\sin 2\alpha = \sin 2\gamma$$
于是
$$\alpha = \gamma \quad 或 \quad \alpha + \gamma = 90°$$

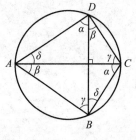

图 1.34

若 $\alpha = \gamma$,则易见 $\delta = \beta$,$\alpha + \beta = \gamma + \delta = \frac{1}{2} \cdot 180° = 90°$,则 AC 为直径,又因 $\delta = \beta$,易见四边形 $ABCD$ 关于 AC 对称.

若 $\alpha + \gamma = 90°$,则 BD 为直径.又因 $\alpha + \delta = \alpha + \gamma = 90°$,所以 $\delta = \gamma$,故四边形 $ABCD$ 关于 BD 对称.

1.36 过 $\odot O$ 外点 A 作切线 AB, AC,切点为 B, C,$BC = a$,$\triangle ABC$ 的内切圆半径为 r,BC 边的旁切圆半径为 r_a,$\odot O$ 半径为 R,求证:$4R^2 = r^2 + r_a^2 + \frac{1}{2}a^2$.

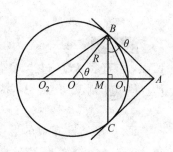

图 1.35

证 设角 θ 如图 1.35 所示,设 $\triangle ABC$ 内心为 O_1,BC 边旁切圆圆心为 O_2.易见 $a = 2R\sin\theta$,$AM = \frac{R}{\cos\theta} - R\cos\theta = \frac{R\sin^2\theta}{\cos\theta}$.由 $\frac{MO_1}{AO_1} = \frac{BM}{BA}$,得(注意 BO_1 平分 $\angle CBA$,从而 $MO_1 = r$)

$$\frac{r}{\dfrac{R\sin^2\theta}{\cos\theta}-r}=\frac{R\sin\theta}{R\tan\theta}=\cos\theta$$

$$\frac{r}{\dfrac{R\sin^2\theta}{\cos\theta}}=\frac{\cos\theta}{1+\cos\theta}$$

$$r=\frac{R\sin^2\theta}{1+\cos\theta}=2R\sin^2\frac{\theta}{2}$$

由

$$\frac{O_2M}{O_2A}=\frac{MB}{AB}=\cos\theta$$

即

$$\frac{r_a}{r_a+AM}=\cos\theta,\quad \frac{r_a}{AM}=\frac{\cos\theta}{1-\cos\theta}$$

$$r_a=\frac{R\sin^2\theta}{\cos\theta}\cdot\frac{\cos\theta}{1-\cos\theta}=2R\cos^2\frac{\theta}{2}$$

$$r_a^2+r^2=4R^2\left(\cos^4\frac{\theta}{2}+\sin^4\frac{\theta}{2}\right)$$
$$=4R^2\left[\left(\cos^2\frac{\theta}{2}+\sin^2\frac{\theta}{2}\right)^2-2\sin^2\frac{\theta}{2}\cos^2\frac{\theta}{2}\right]$$
$$=4R^2\left(1-\frac{1}{2}\sin^2\theta\right)$$
$$=4R^2-\frac{1}{2}(2R\sin\theta)^2=4R^2-\frac{1}{2}a^2$$

$$4R^2=r^2+r_a^2+\frac{1}{2}a^2$$

1.37 AB,AC 为 $\odot O$ 的切线,B,C 为切点,作直径 PQ,过点 Q 作切线与直线 PA,PB,PC 分别交于点 A',B',C',求证:$BA'=A'C$.

证 不妨设 $\odot O$ 的半径为 1,设角 2θ,有向角 2α,取 x,y 轴如图 1.36 所示.

直线 PB 为
$$x\cos(\alpha+\theta)+y\sin(\alpha+\theta)=\cos(\alpha-\theta)$$

直线 $C'B'$ 为

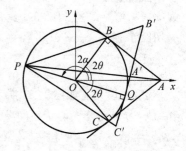

图 1.36

第1章 平面几何证明题

$$x\cos(2\alpha - \pi) + y\sin(2\alpha - \pi) = 1$$

即

$$-x\cos 2\alpha - y\sin 2\alpha = 1$$

解得交点 B' 为

$$y_{B'} = \frac{\cos(\alpha + \theta) + \cos 2\alpha \cos(\alpha - \theta)}{\sin(\theta - \alpha)}$$

把 B 的辐角 2θ 改为 $2\pi - 2\theta$,即 θ 改为 $\pi - \theta$,故上式中 θ 改为 $\pi - \theta$,类似可得

$$y_C = \frac{\cos(\alpha - \theta) + \cos 2\alpha \cos(\alpha + \theta)}{-\sin(\theta + \alpha)}$$

易见 $P(\cos 2\alpha, \sin 2\alpha), A\left(\dfrac{1}{\cos 2\theta}, 0\right)$.

直线 PA 为

$$\frac{x - \dfrac{1}{\cos 2\theta}}{\cos 2\alpha - \dfrac{1}{\cos 2\theta}} = \frac{y}{\sin 2\alpha}$$

即

$$x\cos 2\theta \sin 2\alpha + y(1 - \cos 2\alpha \cos 2\theta) = \sin 2\alpha$$

与 $C'B'$ 方程联合解得

$$y_{A'} = \frac{\cos 2\theta \sin 2\alpha + \sin 2\alpha \cos 2\alpha}{-\cos 2\theta + \cos 2\alpha} = \frac{\sin 2\alpha \cos(\theta + \alpha)\cos(\theta - \alpha)}{\sin(\theta - \alpha)\sin(\theta + \alpha)}$$

只要证

$$y_{B'} + y_C = 2y_{A'}$$

$$y_{B'} + y_C = \frac{\cos(\theta+\alpha)\sin(\theta+\alpha) - \sin(\theta-\alpha)\cos(\theta-\alpha) + \cos 2\alpha[-\sin(\theta-\alpha)\cos(\theta+\alpha) + \cos(\theta-\alpha)\sin(\theta+\alpha)]}{\sin(\theta-\alpha)\sin(\theta+\alpha)}$$

$$= \frac{\dfrac{1}{2}[\sin(2\theta+2\alpha) - \sin(2\theta-2\alpha)] + \cos 2\alpha \sin 2\alpha}{\sin(\theta-\alpha)\sin(\theta+\alpha)}$$

$$= \frac{\sin 2\alpha \cos 2\theta + \sin 2\alpha \cos 2\alpha}{\sin(\theta-\alpha)\sin(\theta+\alpha)}$$

$$= \frac{2\sin 2\alpha \cos(\theta+\alpha)\cos(\theta-\alpha)}{\sin(\theta-\alpha)\sin(\theta+\alpha)}$$

$$= 2y_{A'}$$

1.38 ⊙O 与直线 l 相离,过 l 上动点 P 作切线 PA, PB, A, B 为切点,求

证:直线 AB 过定点.①

证 取坐标轴如图 1.37 所示,设 $\odot O$ 半径为 r, $OH=h, P(h,m), m$ 为变元,因 AB 为点 P 对 $\odot O$ 的极线,$\odot O$ 方程为 $x^2+y^2=r^2$,故极线 AB 为
$$hx+my=r^2$$

由对称性,所求定点必在 x 轴上,即 AB 与 x 轴交点 Q. 令 $y=y_Q=0$,代入 AB 方程得 $x_Q=\dfrac{r^2}{h}$ 与变元 m 无关,为定值,故所求定点 $Q\left(\dfrac{r^2}{h},0\right)$.

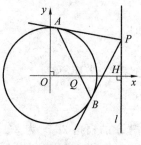

图 1.37

1.39 $\triangle ABC$ 的角平分线为 AA_1, BB_1, CC_1, 三边长为 a,b,c,求证
$$\frac{S_{\triangle A_1 B_1 C_1}}{S_{\triangle ABC}}=\frac{2abc}{(a+b)(b+c)(c+a)}$$

证 $\dfrac{S_{\triangle AC_1 B_1}}{S_{\triangle ABC}}=\dfrac{AC_1 \cdot AB_1}{AB \cdot AC}=\dfrac{\dfrac{cb}{a+b}\cdot\dfrac{bc}{a+c}}{cb}$

$=\dfrac{bc}{(a+b)(a+c)}$

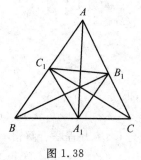

图 1.38

同理

$$\frac{S_{\triangle BA_1 C_1}}{S_{\triangle BCA}}=\frac{ca}{(b+c)(b+a)}$$

$$\frac{S_{\triangle CB_1 A_1}}{S_{\triangle CAB}}=\frac{ab}{(c+a)(c+b)}$$

$$\frac{S_{\triangle A_1 B_1 C_1}}{S_{\triangle ABC}}=1-\frac{bc(b+c)}{(a+b)(a+c)(b+c)}-\frac{ca(c+a)}{(b+c)(b+a)(c+a)}-$$

---

① 称直线 AB 为 P 对 $\odot O$ 的极线,称 P 为 AB 对 $\odot O$ 的极点,点 P 对圆
$$A(x^2+y^2)+2Dx+2Ey+F=0$$
的极线为
$$A(x_P x+y_P y)+D(x+x_P)+E(y+y_P)+F=0$$
本题实为定理:若点 P 在直线 l 上,则 P 对 $\odot O$ 的极线过 l 对 $\odot O$ 的极点 Q(易见,$Q(\dfrac{r^2}{h},0)$ 对 $\odot O$ 的极线为 $x=h$(即直线 l)).

$$\frac{ab(a+b)}{(c+a)(c+b)(a+b)}$$
$$=\frac{2abc}{(a+b)(b+c)(c+a)}$$

1.40 在 $\triangle ABC$ 的边 AB, BC, CA 上分别取点 C_1 与 C_2, A_1 与 A_2, B_1 与 B_2，它们分别关于所在边的中点对称. 求证：$S_{\triangle A_1B_1C_1} = S_{\triangle A_2B_2C_2}$.

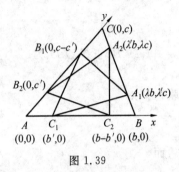

图 1.39

证 因相等线段共直线,不妨取斜坐标系如图 1.39 所示(用斜坐标系面积公式),得各点坐标如图 1.39 所示,其中 $\lambda + \lambda' = 1$,得面积(三顶点取向按逆时针方向,使有向面积为正)

$$S_{\triangle B_1C_1A_1} = \frac{1}{2}\sin A \begin{vmatrix} 0 & c-c' & 1 \\ b' & 0 & 1 \\ \lambda b & \lambda' c & 1 \end{vmatrix} = \frac{1}{2}\sin A[\lambda b(c-c') - b'(c-c') + b'c\lambda']$$

$$= \frac{1}{2}\sin A(\lambda bc - \lambda bc' - \lambda b'c + b'c')$$

$$S_{\triangle B_2C_2A_2} = \frac{1}{2}\sin A \begin{vmatrix} 0 & c' & 1 \\ b-b' & 0 & 1 \\ \lambda' b & \lambda c & 1 \end{vmatrix} = \frac{1}{2}\sin A[\lambda'bc' - c'(b-b') + \lambda c(b-b')]$$

$$= \frac{1}{2}\sin A(-\lambda bc' + b'c' + \lambda cb - \lambda b'c) = S_{\triangle B_1C_1A_1}$$

1.41 过 $\triangle ABC$ 内点 P 作直线 PA, PB, PC 分别与 BC, CA, AB 交于点 $A_1, B_1, C_1, AA_1, BB_1, CC_1$ 的中点分别为 A_0, B_0, C_0,求证：$S_{\triangle A_0B_0C_0} = \frac{1}{4}S_{\triangle A_1B_1C_1}$.

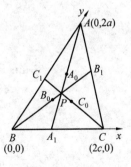

图 1.40

证 取斜坐标系如图 1.40 所示,设 B, C, A 的坐标如图 1.40 所示,又设 $P(2m, 2n)$.

直线 CC_1 为

$$\frac{x-2c}{2m-2c} = \frac{y}{2n}$$

用三角、解析几何等计算解来自俄罗斯的几何题

令 $x = x_{C_1} = 0$,求得 $C_1(0, \dfrac{2cn}{c-m})$,从而 $C_0(c, \dfrac{cn}{c-m})$,同理 $A_1(\dfrac{2am}{a-n}, 0)$,$A_0(\dfrac{am}{a-n}, a)$.

直线 AC 为

$$\frac{x}{2c} + \frac{y}{2a} = 1$$

直线 BB_1(参数 t)为

$$x = mt, \ y = nt$$

联合解得

$$t = \frac{2ac}{am + cn}$$

从而

$$B_1\left(\frac{2acm}{am+cn}, \frac{2acn}{am+cn}\right), \quad B_0\left(\frac{acm}{am+cn}, \frac{acn}{am+cn}\right)$$

$$S_{\triangle C_1 A_1 B_1} = \frac{\sin B}{2} \begin{vmatrix} 0 & \dfrac{2cn}{c-m} & 1 \\ \dfrac{2am}{a-n} & 0 & 1 \\ \dfrac{2acm}{am+cn} & \dfrac{2acn}{am+cn} & 1 \end{vmatrix}$$

$$= \frac{2am \cdot 2cn \cdot \sin B}{2(c-m)(a-n)(am+cn)} \begin{vmatrix} 0 & 1 & c-m \\ 1 & 0 & a-n \\ c & a & am+cn \end{vmatrix}$$

$$= \frac{4acmn(ac-cn-am)}{(c-m)(a-n)(am+cn)} \sin B$$

$$S_{\triangle C_0 A_0 B_0} = \frac{1}{2} \sin B \begin{vmatrix} c & \dfrac{cn}{c-m} & 1 \\ \dfrac{am}{a-n} & a & 1 \\ \dfrac{acm}{am+cn} & \dfrac{acn}{am+cn} & 1 \end{vmatrix}$$

$$= \frac{\sin B}{2(c-m)(a-n)(am+cn)} \begin{vmatrix} c^2-cm & cn & c-m \\ am & a^2-an & a-n \\ acm & acn & am+cn \end{vmatrix}$$

只要证

$$2acmn(ac-cn-am) = \begin{vmatrix} c^2-cm & cn & c-m \\ am & a^2-an & a-n \\ acm & acn & am+cn \end{vmatrix}$$

视两边为 m 的二次多项式,只要证:

① 两边的 m^2 的系数相等,即证(易见成立)
$$-2a^2cn = -c(a^2-an)a - cnaa - [a \cdot acn - (a^2-an)ac]$$

两边消去 m 的二次项后成为 m 的一次多项式.

② $m=0$ 时两边相等,这时
$$右边 = \begin{vmatrix} c^2 & cn & c \\ 0 & a^2-an & a-n \\ 0 & acn & cn \end{vmatrix} = c^2(a-n)cn \begin{vmatrix} a & 1 \\ a & 1 \end{vmatrix} = 0 = 左边$$

③ $m=c$ 时两边相等,这时
$$右边 = \begin{vmatrix} 0 & cn & 0 \\ ac & a^2-an & a-n \\ ac^2 & acn & ac+cn \end{vmatrix} = -cnac \begin{vmatrix} 1 & a-n \\ c & ac+cn \end{vmatrix}$$
$$= -ac^2n[ac+cn-c(a-n)] = -2ac^3n^2 = 左边$$

1.42 在矩形 $ABCD$ 内接两个有公共点 K 的矩形,求证:两内接矩形面积之和等于矩形 $ABCD$ 的面积.

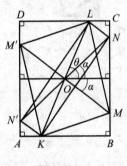

图 1.41

证 易见内接矩形两对角线交点与矩形 $ABCD$ 的两中线交点重合,故三个矩形有共同中心 O,从而两内接矩形有共同对角线 KL,得矩形 $KNLN'$,矩形 $KMLM'$,它们的对角线相等,不妨设都为 2. 又因 $ON=OM$,可设两角 α 如图 1.41 所示,又设角 θ 如图 1.41 所示,则

$$S_{矩形ABCD} = 2\sin\theta \cdot 2\cos\alpha = 4\sin\theta\cos\alpha$$

$$S_{矩形KNLN'} + S_{矩形KMLM'} = 2\sin\frac{\theta-\alpha}{2} \cdot 2\cos\frac{\theta-\alpha}{2} + 2\sin\frac{\theta+\alpha}{2} \cdot 2\cos\frac{\theta+\alpha}{2}$$
$$= 2\sin(\theta-\alpha) + 2\sin(\theta+\alpha)$$
$$= 4\sin\theta\cos\alpha = S_{矩形ABCD}$$

1.43 过 $\square ABCD$ 内点 M 分别作 AB,BC 的平行线,分别与 AD,BC,

AB,DC 交于点 S,Q,P,R,求证:直线 BS,DP, CM 共点.

证 题目只涉及平行线,直线共点,不妨取斜坐标系如图 1.42 所示,设 A,B,P,D,S 坐标如图所示,从而得 C,M 坐标如图所示.

直线 DP 为
$$dx + py = dp$$

直线 BS 为
$$sx + by = bs$$

直线 CM 为
$$\begin{vmatrix} x & y & 1 \\ b & d & 1 \\ p & s & 1 \end{vmatrix} = 0$$

即
$$(d-s)x + (p-b)y = dp - bs$$

由直线 DP,BS 的方程相减得直线 CM 的方程,故三条直线共点.

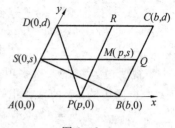

图 1.42

1.44 $\triangle ABC$ 内切圆 $\odot O$ 与 BC 相切于点 D,作直径 DD',AD' 与 BC 交于点 K,BC 的中点为 M,直线 MO 与高 AH 交于点 E,求证:AE 等于内切圆半径 r,$BK = CD$.

证 设 x,y 轴如图 1.43 所示,角 α,β,γ 如图所示,$\alpha + \beta + \gamma = 90°$,则
$$B(r, -r\cot\beta), C(r, r\cot\gamma)$$
$$y_M = \frac{1}{2}(r\cot\gamma - r\cot\beta) = \frac{r\sin(\beta-\gamma)}{2\sin\gamma\sin\beta}$$
$$M\left(r, \frac{r\sin(\beta-\gamma)}{2\sin\gamma\sin\beta}\right)$$
$$OA = \frac{r}{\sin\alpha} = \frac{r}{\cos(\beta+\gamma)}$$

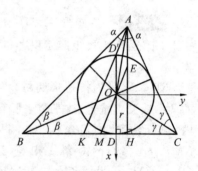

图 1.43

则 A 的辐角为
$$\frac{1}{2}\{(180° - 2\gamma) + [360° - (180° - 2\beta)]\} = 180° + \beta - \gamma$$

故

$$A\left(-\frac{r\cos(\beta-\gamma)}{\cos(\beta+\gamma)}, -\frac{r\sin(\beta-\gamma)}{\cos(\beta+\gamma)}\right)$$

直线 OM 为

$$y = \frac{\sin(\beta-\gamma)}{2\sin\gamma\sin\beta}x$$

以 $y = y_E = y_A = OA\sin(180°+\beta-\gamma) = -\dfrac{r\sin(\beta-\gamma)}{\cos(\beta+\gamma)}$,代入求得

$$x_E = \frac{2\sin\gamma\sin\beta}{\sin(\beta-\gamma)}\left[-\frac{r\sin(\beta-\gamma)}{\cos(\beta+\gamma)}\right] = -\frac{2r\sin\beta\sin\gamma}{\cos(\beta+\gamma)}$$

$$AE = x_E - x_A = -\frac{2r\sin\beta\sin\gamma}{\cos(\beta+\gamma)} + \frac{r\cos(\beta-\gamma)}{\cos(\beta+\gamma)} = r$$

又 $D'(-r,0)$,故直线 AD' 为

$$\frac{x+r}{-r\dfrac{\cos(\beta-\gamma)}{\cos(\beta+\gamma)}+r} = \frac{y}{-r\dfrac{\sin(\beta-\gamma)}{\cos(\beta+\gamma)}}$$

即

$$\frac{x+r}{-2\sin\gamma\sin\beta} = \frac{y}{\sin(\gamma-\beta)}$$

以 $x = x_K = r$,代入求得

$$y_K = -\frac{r\sin(\gamma-\beta)}{\sin\gamma\sin\beta}$$

$$BK = y_K - y_B = r\left[\frac{-\sin(\gamma-\beta)}{\sin\gamma\sin\beta} + \cot\beta\right]$$

$$= r\frac{\sin(\beta-\gamma)+\cos\beta\sin\gamma}{\sin\gamma\sin\beta}$$

$$= r\frac{\sin\beta\cos\gamma}{\sin\gamma\sin\beta} = CD$$

1.45 以 $\triangle ABC$ 的各边为斜边向 $\triangle ABC$ 外作三个等腰 $Rt\triangle BCA_1, \triangle CAB_1, \triangle ABC_1$,求证

$$S_{\triangle A_1 B_1 C_1} - S_{\triangle ABC} = \frac{1}{8}(AB^2 + BC^2 + CA^2)$$

证 设实 (x) 轴,虚 (y) 轴如图 1.44 所示,得 z_A, z_B, z_C 如图所示,易见

$$z_{C_1} = \frac{a-b}{2} - \frac{a+b}{2}i$$

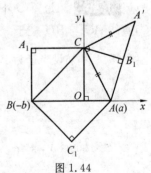

图 1.44

$$z_{B_1} = \frac{[ci+(a-ci)i]+a}{2} = \frac{a+c}{2} + \frac{a+c}{2}i ①$$

$$z_{A_1} = \frac{[ci-(-b-ci)i]-b}{2} = \frac{-b-c}{2} + \frac{b+c}{2}i$$

$$S_{\triangle C_1 B_1 A_1} = \frac{1}{2} \begin{vmatrix} \frac{a-b}{2} & -\frac{a+b}{2} & 1 \\ \frac{a+c}{2} & \frac{a+c}{2} & 1 \\ \frac{-b-c}{2} & \frac{b+c}{2} & 1 \end{vmatrix} = \frac{1}{8} \begin{vmatrix} a-b & -a-b & 1 \\ a+c & a+c & 1 \\ -b-c & b+c & 1 \end{vmatrix}$$

$$= \frac{1}{8} \begin{vmatrix} a-b & -a-b & 1 \\ c+b & 2a+c+b & 0 \\ -c-a & 2b+c+a & 0 \end{vmatrix}$$

$$= \frac{1}{8}[(c+b)(2b+c+a)+(c+a)(2a+c+b)]$$

$$= \frac{1}{4}(a^2+b^2+c^2+ab+2bc+2ac)$$

$$S_{\triangle A_1 B_1 C_1} - S_{\triangle ABC} = \frac{1}{4}(a^2+b^2+c^2+ab+2bc+2ac) - \frac{1}{2}(ac+bc)$$

$$= \frac{1}{4}(a^2+b^2+c^2+ab)$$

则

$$\frac{1}{8}(AB^2+BC^2+CA^2) = \frac{1}{8}[(a+b)^2+(b^2+c^2)+(a^2+c^2)]$$

$$= S_{\triangle A_1 B_1 C_1} - S_{\triangle ABC}$$

1.46 过 $\odot O$ 外点 S 作切线 SA, SD, A, D 为切点. 又在 $\odot O$ 上取点 B, C, 直线 AC 与 BD 交于 P, 直线 AB 与 DC 交于 Q, 求证: 点 S, P, Q 共直线.

证 不妨设半径为 1, 设角 2θ, 有向角 $2\alpha, 2\beta$ 如图 1.45 所示, 得 $S\left(\frac{1}{\cos 2\theta}, 0\right)$, 则直线 AC 为

---

① 先对如图的 A', 求得 $z_{A'} = z_C + (z_A - z_C)i = ci + (a-ci)i$, 再求 $z_{B_1} = \frac{1}{2}(z_{A'} + z_A)$ 或直接求 $z_{B_1} = z_C + \frac{1}{\sqrt{2}}(z_A - z_C)e^{\frac{\pi}{4}i}$.

$$x\cos(\alpha-\theta)+y\sin(\alpha-\theta)=\cos(\alpha+\theta)$$

直线 BD 为

$$x\cos(\beta+\theta)+y\sin(\beta+\theta)=\cos(\theta-\beta)$$

解得交点 P 为

$$x_P=\frac{\sin(\beta+\theta)\cos(\alpha+\theta)-\sin(\alpha-\theta)\cos(\beta-\theta)}{\sin(\beta-\alpha+2\theta)}$$

$$y_P=\frac{\cos(\alpha-\theta)\cos(\beta-\theta)-\cos(\alpha+\theta)\cos(\beta+\theta)}{\sin(\beta-\alpha+2\theta)}$$

直线 SP 的斜率为

$$k_{SP}=\frac{y_P-y_S}{x_P-x_S}$$
$$=\frac{\cos 2\theta[\cos(\alpha-\theta)\cos(\beta-\theta)-\cos(\alpha+\theta)\cos(\beta+\theta)]}{\cos 2\theta[\sin(\beta+\theta)\cos(\alpha+\theta)-\sin(\alpha-\theta)\cos(\beta-\theta)]-\sin(\beta-\alpha+2\theta)}$$

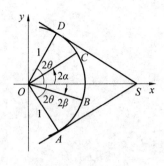

图 1.45

同理(θ 变号)

$$k_{SQ}=\frac{\cos 2\theta[\cos(\alpha+\theta)\cos(\beta+\theta)-\cos(\alpha-\theta)\cos(\beta-\theta)]}{\cos 2\theta[\sin(\beta-\theta)\cos(\alpha-\theta)-\sin(\alpha+\theta)\cos(\beta+\theta)]-\sin(\beta-\alpha-2\theta)}$$

只要证 $k_{SP}=k_{SQ}$,二斜率表示式分子为相反数,只要证分母亦然,即证

$$\cos 2\theta[\sin(\beta+\theta)\cos(\alpha+\theta)-\sin(\alpha-\theta)\cos(\beta-\theta)]-\sin(\beta-\alpha+2\theta)$$
$$=-\cos 2\theta[\sin(\beta-\theta)\cos(\alpha-\theta)-\sin(\alpha+\theta)\cos(\beta+\theta)]+\sin(\beta-\alpha-2\theta)$$

即证

$$\cos 2\theta[\sin(\beta-\alpha)+\sin(\beta-\alpha)]=2\sin(\beta-\alpha)\cos 2\theta$$

这显然成立.

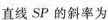 已知 $\triangle ABC$ 的角平分线 AD,作 $DC'\perp AB$ 于 C',$DB'\perp AC$ 于 B',作 $DM\perp BC$ 交 $C'B'$ 于 M,求证:M 在中线 AA_1 上.

证 取 x,y 轴如图 1.46 所示,不妨设 $AD=1$,设 α,θ 如图 1.46 所示,则

$$AC=\frac{1\sin\theta}{\sin(\theta-\alpha)},\quad AB=\frac{1\sin\theta}{\sin(\theta+\alpha)}$$

$$C\left(\frac{\sin\theta\cos\alpha}{\sin(\theta-\alpha)},\frac{\sin\theta\sin\alpha}{\sin(\theta-\alpha)}\right),B\left(\frac{\sin\theta\cos\alpha}{\sin(\theta+\alpha)},\frac{-\sin\theta\sin\alpha}{\sin(\theta+\alpha)}\right)$$

从而求得 BC 中点

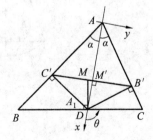

图 1.46

$$A_1\left(\frac{\sin^2\theta\cos^2\alpha}{\sin(\theta-\alpha)\sin(\theta+\alpha)}, \frac{\sin\theta\sin^2\alpha\cos\theta}{\sin(\theta-\alpha)\sin(\theta+\alpha)}\right)$$

AA_1 的斜率为

$$k_{AA_1} = \frac{y_{A_1}}{x_{A_1}} = \frac{\sin^2\alpha\cos\theta}{\cos^2\alpha\sin\theta}$$

因 D, B', A, C' 共圆,AD 为直径,易见 $AD \perp C'B'$ 于(设)点 M',于是

$$x_M = x_{M'} = AM' = 1 \cdot \cos^2\alpha$$

直线 DM 为

$$y = (x-1)\tan(\theta - 90°)$$

以 $x = x_M = \cos^2\alpha$ 代入求得

$$y_M = \sin^2\alpha\cot\theta$$

$$k_{AM} = \frac{y_M}{x_M} = \frac{\sin^2\alpha\cot\theta}{\cos^2\alpha} = k_{AA_1}$$

故 A, M, A_1 共直线,点 M 在 AA_1 上.

1.48 如图 1.47 所示的底边为 b,腰为 $a(a \neq b)$ 的等腰三角形与如图 1.48 所示的底边为 a,腰为 b 的等腰三角形,它们的外接圆半径同为 R,求证:$ab = \sqrt{5}R^2$.

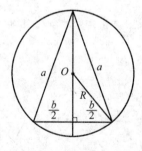

图 1.47

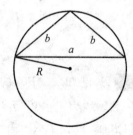

图 1.48

证 由已知得

$$\left(\frac{b}{2}\right)^2 = \sqrt{a^2 - \left(\frac{b}{2}\right)^2}\left[2R - \sqrt{a^2 - \left(\frac{b}{2}\right)^2}\right]$$

$$4R = \frac{b^2}{\sqrt{4a^2 - b^2}} + \sqrt{4a^2 - b^2} \qquad ①$$

同理

$$4R = \frac{a^2}{\sqrt{4b^2-a^2}} + \sqrt{4b^2-a^2}$$

故

$$\frac{b^2}{\sqrt{4a^2-b^2}} + \sqrt{4a^2-b^2} = \frac{a^2}{\sqrt{4b^2-a^2}} + \sqrt{4b^2-a^2}$$

去分母得

$$a^2\sqrt{4b^2-a^2} = b^2\sqrt{4a^2-b^2}$$

两边平方,移项得

$$4b^2a^2(a^2-b^2) = a^6 - b^6$$

约去 $a^2 - b^2 \neq 0$ 得

$$a^4 - 3a^2b^2 + b^4 = 0$$

$$b^2 = \frac{3\pm\sqrt{5}}{2}a^2, \quad ab = \sqrt{\frac{6\pm 2\sqrt{5}}{4}}\,a^2 = \frac{\sqrt{5}\pm 1}{2}a^2$$

又从式 ① 两边平方得

$$16R^2 = \frac{b^4}{4a^2-b^2} + (4a^2-b^2) + 2b^2 = \frac{16a^4}{4a^2-b^2} = \frac{16a^2}{4-\frac{b^2}{a^2}}$$

$$= \frac{16a^2}{4-\frac{3\pm\sqrt{5}}{2}} = \frac{32a^2}{5\mp\sqrt{5}}$$

$$\sqrt{5}R^2 = \frac{2a^2}{\sqrt{5}\mp 1} = \frac{(\sqrt{5}\pm 1)a^2}{2} = ab$$

1.49 过正 $\triangle ABC$ 中心 O 作直线与边 BC, CA, AB 分别交于点 A_1, B_1, C_1,点 B_1, A_1 在点 O 同侧,C_1 在另一侧,求证:$\dfrac{1}{OC_1} = \dfrac{1}{OB_1} + \dfrac{1}{OA_1}$.

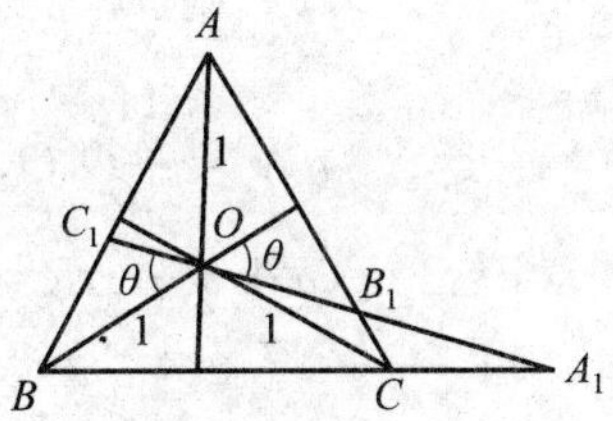

证 不妨设 $OA = OB = OC = 1$,设角 θ 如图 1.49 所示,则

$$OC_1 = \frac{1\sin 30°}{\sin(30°+\theta)}, \quad OB_1 = \frac{1\sin 30°}{\sin(90°+\theta)}, \quad OA_1 = \frac{1\sin 30°}{\sin(\theta-30°)}$$

图 1.49

只要证

$$\sin(30°+\theta) = \sin(90°+\theta) + \sin(\theta-30°)$$
右边 $= 2\sin(30°+\theta)\cos 60° =$ 左边

1.50 $\triangle ABC$ 的外接圆半径为 R,三边长为 a,b,c,求证:以其三个旁心 O_a,O_b,O_c 为顶点的三角形面积为 $(a+b+c)R$.

证 设角 α,β,γ 如图 1.50 所示,易见 $\angle BAO_c = \dfrac{\pi-\alpha}{2}$, $\angle ABO_c = \dfrac{\pi-\beta}{2}$, $\angle O_c = \dfrac{\alpha+\beta}{2}$,同理

$$\angle O_b = \dfrac{\alpha+\gamma}{2}$$

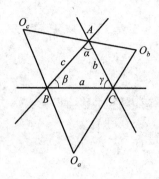

图 1.50

$$AO_c = 2R\sin\gamma \dfrac{\sin\dfrac{\pi-\beta}{2}}{\sin\dfrac{\alpha+\beta}{2}} = 2R\sin\gamma \dfrac{\cos\dfrac{\beta}{2}}{\cos\dfrac{\gamma}{2}}$$

$$= 4R\sin\dfrac{\gamma}{2}\cos\dfrac{\beta}{2}$$

同理

$$AO_b = 4R\sin\dfrac{\beta}{2}\cos\dfrac{\gamma}{2}$$

$$O_cO_b = AO_c + AO_b = 4R\sin\left(\dfrac{\beta}{2}+\dfrac{\gamma}{2}\right) = 4R\cos\dfrac{\alpha}{2}$$

同理

$$O_bO_a = 4R\cos\dfrac{\gamma}{2}$$

$$S_{\triangle O_aO_bO_c} = \dfrac{1}{2}O_bO_c \cdot O_bO_a \cdot \sin\angle O_b = 8R^2\cos\dfrac{\alpha}{2}\cos\dfrac{\gamma}{2}\cos\dfrac{\beta}{2}$$

$$(a+b+c)R = 2R^2(\sin\alpha + \sin\beta + \sin\gamma)$$

$$= 4R^2\left(\sin\dfrac{\alpha+\beta}{2}\cos\dfrac{\alpha-\beta}{2} + \sin\dfrac{\alpha+\beta}{2}\cos\dfrac{\alpha+\beta}{2}\right)$$

$$= 48R^2\cos\dfrac{\gamma}{2}\cos\dfrac{\alpha}{2}\cos\dfrac{\beta}{2} = S_{\triangle O_aO_bO_c}$$

1.51 四边形 $ABCD$, AC 与 BD 交于点 O, $\triangle OAD$, $\triangle OBC$ 的垂心分别是 H_1,H_3, $\triangle ODC$, $\triangle OBA$ 的重心分别是 G_2,G_4,求证:$H_1H_3 \perp G_2G_4$.

证 取 AC 与 BD 相交所成两组对顶角平分线为 x,y 轴,设角 φ 如图 1.51 所示. 设 $OA=a,OB=b,OC=c,OD=d$,则

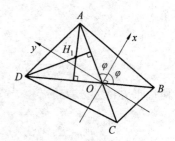

图 1.51

$$A(a\cos\varphi,a\sin\varphi),B(b\cos\varphi,-b\sin\varphi)$$

从而

$$G_4\left(\frac{a+b}{3}\cos\varphi,\frac{a-b}{3}\sin\varphi\right)$$

$$C(-c\cos\varphi,-c\sin\varphi),D(-d\cos\varphi,d\sin\varphi)$$

从而

$$G_2\left(\frac{-c-d}{3}\cos\varphi,\frac{d-c}{3}\sin\varphi\right)$$

直线 G_2G_4 的斜率为

$$k_{G_4G_2}=\frac{(d-c-a+b)\sin\varphi}{(-c-d-a-b)\cos\varphi}$$

直线 DH_1 为

$$x\cos\varphi+y\sin\varphi=-d\cos 2\varphi$$

直线 AH_1 为(法线 OD 辐角为 $\pi-\varphi$)

$$-x\cos\varphi+y\sin\varphi=-a\cos 2\varphi$$

联合解得

$$x_{H_1}=\frac{(a-d)\cos 2\varphi}{2\cos\varphi},\quad y_{H_1}=\frac{(-a-d)\cos 2\varphi}{2\sin\varphi}$$

直线 BH_3 为(法线 OC 辐角为 $\varphi-\pi$)

$$-x\cos\varphi-y\sin\varphi=-b\cos 2\varphi$$

直线 CH_3 为(法线 OB 辐角为 $-\varphi$)

$$x\cos\varphi-y\sin\varphi=-c\cos 2\varphi$$

联合解得

$$x_{H_3}=\frac{(-c+b)\cos 2\varphi}{2\cos\varphi},\quad y_{H_3}=\frac{(b+c)\cos 2\varphi}{2\sin\varphi}$$

则直线 H_1H_3 的斜率为

$$k_{H_1H_3}=\frac{(b+c+a+d)\cos\varphi}{(b-c-a+d)\sin\varphi}$$

故 $k_{G_2G_4}k_{H_1H_3}=-1$,故 $G_2G_4\perp H_1H_3$.

1.52 证明:如果三角形的两内角平分线相等,则这个三角形是等腰三

角形.

证 设三角形三边长为 a,b,c，半周长为 s，设角平分线 $t_c=t_b$，则

$$\frac{2}{a+b}\sqrt{abs(s-c)}=\frac{2}{c+a}\sqrt{cas(s-b)}$$

两边平方再去分母得

$$(a+c)^2b(s-c)=(a+b)^2c(s-b)$$
$$[a^2(b-c)-bc(b-c)]s=[(a+c)^2-(a+b)^2]bc$$
$$s(b-c)(a^2-bc)=(c-b)(2a+c+b)bc$$

于是

$$b=c \text{ 或 } s(a^2-bc)=-(2a+c+b)bc$$

但后者即

$$sa^2+abc+sbc=0$$

这不可能,故唯有 $b=c$.

1.53 Rt$\triangle ABC$ 斜边上的高为 CK，$\triangle CKA$ 的角平分线为 CE，作 $BF \parallel CE$，BE 与直线 CK 交于点 K，直线 FE 与 CA 交于点 D，求证: $CD=DA$.

证 不妨设 $BK=1$，设角 $\beta,2\beta$ 如图 1.52 所示，由 Menelaus 定理知

$$\frac{CD}{DA}\cdot\frac{AE}{EK}\cdot\frac{KF}{FC}=1 \qquad ①$$

$$\frac{AE}{EK}=\frac{CA}{CK}=\frac{1}{\cos 2\beta}$$

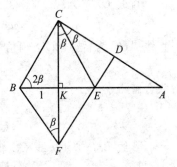

图 1.52

又

$$\frac{KF}{FC}=\frac{1\cot\beta}{1\tan 2\beta+1\cot\beta}$$
$$=\frac{\cos\beta\cos 2\beta}{\sin 2\beta\sin\beta+\cos\beta\cos 2\beta}$$
$$=\cos 2\beta$$

代入式 ① 得

$$\frac{CD}{DA}=1$$

即 $CD=DA$.

第 1 章　平面几何证明题
DIYIZHANG　PINGMIAN JIHE ZHENGMINGTI

1.54　△ABC 外接圆半径为 R，内切圆半径为 r，外心 O 到三边距离为 d_a, d_b, d_c，求证：$d_a + d_b + d_c = R + r$.

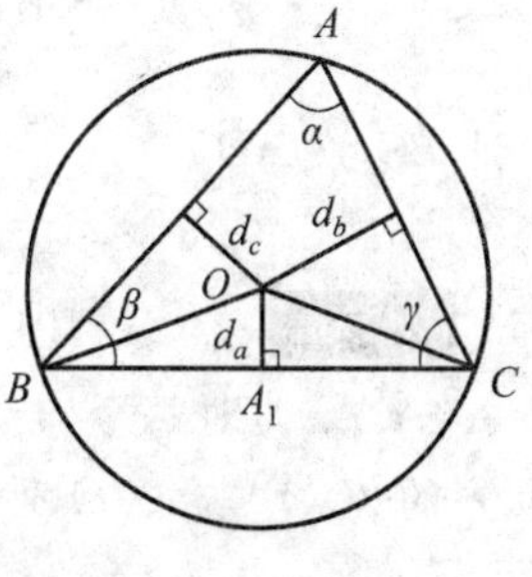

证　设角 α, β, γ 如图 1.53 所示. 易见 $\angle BOA_1 = \alpha_1$，故 $d_a = R\cos\alpha$，同理 $d_b = R\cos\beta, d_c = R\cos\gamma$，则

$$r = \frac{S_{\triangle ABC}}{\frac{1}{2}(a+b+c)} = \frac{\frac{1}{2}bc\sin A}{R(\sin A + \sin B + \sin C)}$$

$$= \frac{2R^2 \sin B \sin C \sin A}{2R(\sin\frac{A+B}{2}\cos\frac{A-B}{2} + \sin\frac{A+B}{2}\cos\frac{A+B}{2})}$$

$$= \frac{R\sin A \sin B \sin C}{2\cos\frac{A}{2}\cos\frac{B}{2}\cos\frac{C}{2}}$$

$$= 4R\sin\frac{A}{2}\sin\frac{B}{2}\sin\frac{C}{2}$$

$$d_a + d_b + d_c = R(\cos A + \cos B + \cos C)$$

$$= R\left(2\cos\frac{A+B}{2}\cos\frac{A-B}{2} + 1 - 2\sin^2\frac{C}{2}\right)$$

$$= R\left[1 + 2\sin\frac{C}{2}\left(\cos\frac{A-B}{2} - \cos\frac{A+B}{2}\right)\right]$$

$$= R\left(1 + 4\sin\frac{C}{2}\sin\frac{A}{2}\sin\frac{B}{2}\right)$$

$$= R + r$$

图 1.53

1.55　凸四边形 $ABCD$，以 AB, DC 为直径的圆分别与 DC, AB 相切，求证：$AD \parallel BC$.

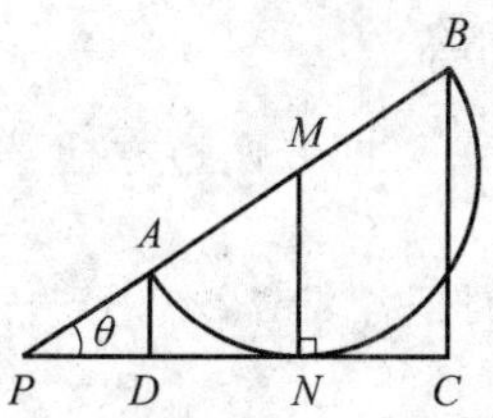

证　当 $AB \parallel DC$ 时结论易证（略）. 当 AB, DC 不平行时，设直线 AB, DC 交于点 P，设 $\angle BPC = \theta, PA = 2a, PB = 2b, PC = 2c, PD = 2d$. 易见 $PM = a + b$，$MN = MA = MB = b - a$，于是

$$(a+b)\sin\theta = b - a$$

同理

$$(c+d)\sin\theta = c - d$$

图 1.54

$$\frac{b+a}{b-a}=\frac{c+d}{c-d}, \quad \frac{b}{a}=\frac{c}{d}, \quad \frac{PB}{PA}=\frac{PC}{PD}$$

得证 $BC \parallel AD$.

1.56 $\odot O$ 内接正 $2n+1$ 边形 $A_1A_2\cdots A_{2n+1}$，对每个 $i=1,2,\cdots,2n+1$ 作半径为 r 的 $\odot O_i$ 与 $\odot O$ 外（内）切于点 A_i，在 $\overparen{A_{2n+1}A_1}$ 上取点 A，由点 A 到 $\odot O_i$ 的切线长为 l_i，求证：

(1) $AA_1 + AA_3 + \cdots + AA_{2n+1} = AA_2 + AA_4 + \cdots + AA_{2n}$；

(2) $l_1 + l_3 + \cdots + l_{2n+1} = l_2 + l_4 + \cdots + l_{2n}$.

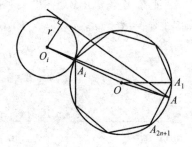

图 1.55

证 (1) 设 $\odot O$ 半径为 R，$\angle AOA_1 = 2\theta$，易见有向角 $\angle AOA_i = 2\theta + \frac{2(i-1)\pi}{2n+1}$，$AA_i = 2R\sin\left(\theta + \frac{(i-1)\pi}{2n+1}\right)$，只要证

$$\left[\sin\theta + \sin\left(\theta+\frac{2\pi}{2n+1}\right) + \sin\left(\theta+\frac{4\pi}{2n+1}\right) + \cdots + \sin\left(\theta+\frac{2n\pi}{2n+1}\right)\right]\sin\frac{\pi}{2n+1}$$

$$=\left[\sin\left(\theta+\frac{\pi}{2n+1}\right) + \sin\left(\theta+\frac{3\pi}{2n+1}\right) + \sin\left(\theta+\frac{5\pi}{2n+1}\right) + \cdots + \sin\left(\theta+\frac{2n-1}{2n+1}\pi\right)\right]\sin\frac{\pi}{2n+1}$$

把 $\sin\frac{\pi}{2n+1}$ 乘入方括号内各项后，各项化成差，化简后知两边分别化成 $\frac{1}{2}\left[\cos\left(\theta-\frac{\pi}{2n+1}\right) - \cos(\theta+\pi)\right]$ 及 $\frac{1}{2}\left[\cos\theta - \cos\left(\theta+\frac{2n\pi}{2n+1}\right)\right]$，易见二式相等.

注 两边方括号外同乘 $\cos\frac{\pi}{2n+1}$ 亦可，或两边方括号不同乘 $\sin\frac{\pi}{2n+1}$，而把各 $\sin\left(\theta+\frac{k\pi}{2n+1}\right)$ 视为（虚部）$\mathrm{Im}\, e^{\left(\theta+\frac{k\pi}{2n+1}\right)i}$，两边化成诸 $e^{\left(\theta+\frac{k\pi}{2n+1}\right)i}$ 和之虚部，用等比数列（公比 $e^{\frac{2\pi}{2n+1}i}$）求此和.

(2) $l_i^2 = AO_i^2 - r^2 = \left[(R\pm r)^2 + R^2 - 2(R\pm r)R\cos\left(2\theta+\frac{2(i-1)\pi}{2n+1}\right)\right] - r^2$

$= (2R^2 \pm 2Rr) \cdot 2\sin^2\left(\theta+\frac{(i-1)\pi}{2n+1}\right)$

(当 $\odot O_i$ 与 $\odot O$ 外(内)切时,r 及 $2Rr$ 前取 +(−) 号)

$$l_i = 2\sqrt{R^2 + Rr}\sin\left(\theta + \frac{(i-1)\pi}{2n+1}\right)$$

以下与(1)同理可证结论成立.

1.57 $\odot O$ 内接正五边形 $ABCDE$,$\odot O$ 外切正五边形边长为 c,过 A,B,C,D,E 分别作 AE,BA,CB,DC,ED 的垂线围成的正五边形边长为 b,求证:$AB^2 + b^2 = c^2$.

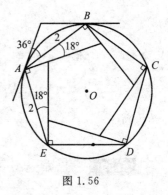

图 1.56

证 不妨设 $AB = 2$,易见

$$c = \frac{2}{\cos 36°}$$

$$b = \frac{2}{\cos 18°} - 2\tan 18° = 2 \cdot \frac{1 - \sin 18°}{\cos 18°}$$

$$= \frac{4\sin^2 36°}{\cos 18°} = 8\sin 18° \sin 36°$$

只要证

$$4 + 64\sin^2 18° \sin^2 36° = \frac{4}{\cos^2 36°}$$

即证

$$16\sin^2 18° \sin^2 36° = \frac{\sin^2 36°}{\cos^2 36°}$$

即证

$$4\sin 18° \cos 36° \cos 18° = \cos 18°$$

左边 $= 2\sin 36° \cos 36° = \sin 72° =$ 右边

1.58 已知 $\triangle ABC$ 的外心 O,重心 M,中线为 CC_1.求证:当且仅当 $a^2 + b^2 = 2c^2$ 时,$OM \perp CC_1$.

证 易见当 $OM \perp CC_1$ 时,$OC^2 - OC_1^2 = MC^2 - MC_1^2$.而 OM 与 CC_1 不垂直时上式两边不相等(因 M 从垂足离开时,MC 与 MC_1 的增减变化相反),于是

$$OM \perp CC_1 \Leftrightarrow OC^2 - OC_1^2 = MC^2 - MC_1^2$$

但

$$OC^2 - OC_1^2 = OB^2 - OC_1^2 = BC_1^2 = \frac{1}{4}c^2$$

用三角、解析几何等计算解来自俄罗斯的几何题

$$MC^2 - MC_1^2 = \left(\frac{2}{3}m_C\right)^2 - \left(\frac{1}{3}m_C\right)^2 \quad (m_C = CC_1)$$

$$= \frac{1}{3}\left(\frac{1}{2}\sqrt{2a^2 + 2b^2 - c^2}\right)^2$$

$$= \frac{1}{6}a^2 + \frac{1}{6}b^2 - \frac{1}{12}c^2$$

故

$$CC^2 - CC_1^2 = MC^2 - MC_1^2 \Leftrightarrow \frac{1}{4}c^2 = \frac{1}{6}a^2 + \frac{1}{6}b^2 - \frac{1}{12}c^2$$

$$\Leftrightarrow \frac{1}{3}c^2 = \frac{1}{6}a^2 + \frac{1}{6}b^2 \Leftrightarrow a^2 + b^2 = 2c^2$$

于是 $OM \perp CC_1 \Leftrightarrow a^2 + b^2 = 2c^2$.

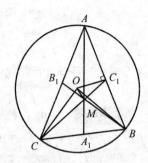

图 1.57

1.59 已知 $\triangle ABC$ 的半周长为 s,求证:高

$$h_a = \frac{2(s-a)\cos\frac{B}{2}\cos\frac{C}{2}}{\cos\frac{A}{2}} = \frac{2(s-b)\sin\frac{B}{2}\cos\frac{C}{2}}{\sin\frac{A}{2}}$$

证 易见

$$h_a = b\sin C = 2R\sin B\sin C \quad (R \text{ 为外接圆半径})$$

$$\frac{2(s-a)\cos\frac{B}{2}\cos\frac{C}{2}}{\cos\frac{A}{2}} = \frac{(b+c-a)\cos\frac{B}{2}\cos\frac{C}{2}}{\cos\frac{A}{2}}$$

$$= \frac{2R(\sin B + \sin C - \sin A)\cos\frac{B}{2}\cos\frac{C}{2}}{\cos\frac{A}{2}}$$

$$= \frac{4R\left(\sin\frac{B+C}{2}\cos\frac{B-C}{2} - \cos\frac{B+C}{2}\sin\frac{B+C}{2}\right)\cos\frac{B}{2}\cos\frac{C}{2}}{\cos\frac{A}{2}}$$

$$= 8R\sin\frac{C}{2}\sin\frac{B}{2}\cos\frac{B}{2}\cos\frac{C}{2} = 2R\sin C\sin B = h_a$$

$$\frac{2(s-b)\sin\frac{B}{2}\cos\frac{C}{2}}{\sin\frac{A}{2}} = \frac{2R(\sin A + \sin C - \sin B)\sin\frac{B}{2}\cos\frac{C}{2}}{\sin\frac{A}{2}}$$

$$= 4R\left(\sin\frac{A+C}{2}\cos\frac{A-C}{2} - \cos\frac{A+C}{2}\sin\frac{A+C}{2}\right)\frac{\sin\frac{B}{2}\cos\frac{C}{2}}{\sin\frac{A}{2}}$$

$$= 8R\cos\frac{B}{2}\sin\frac{C}{2}\sin\frac{A}{2}\cdot\frac{\sin\frac{B}{2}\cos\frac{C}{2}}{\sin\frac{A}{2}}$$

$$= 2R\sin B\sin C = h_a$$

1.60 如图 1.58 所示，$\triangle ABC$ 的内切圆与边 AB,BC,CA 分别相切于 K,L,M，求证：

(1) $S_{\triangle ABC} = \dfrac{1}{2}\left(\dfrac{MK^2}{\sin A} + \dfrac{KL^2}{\sin B} + \dfrac{ML^2}{\sin C}\right)$；

(2) $S_{\triangle ABC}^2 = \dfrac{1}{4}(bcMK^2 + caLK^2 + abLM^2)$；

(3) $\dfrac{MK^2}{h_b h_c} + \dfrac{KL^2}{h_c h_a} + \dfrac{LM^2}{h_a h_b} = 1$.

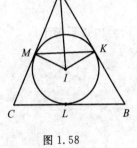

图 1.58

证

$$\frac{MK^2}{2\sin A} = \frac{4(s-a)^2\sin^2\frac{A}{2}}{4\sin\frac{A}{2}\cos\frac{A}{2}} = (s-a)^2\tan\frac{A}{2} = AM\cdot MI$$

$$= 2S_{\triangle AMI} = S_{四边形 AMIK}$$

于是同理可得

$$\frac{1}{2}\left(\frac{MK^2}{\sin A} + \frac{KL^2}{\sin B} + \frac{ML^2}{\sin C}\right)$$

$$= S_{四边形 AMIK} + S_{四边形 CMIL} + S_{四边形 BLIK} = S_{\triangle ABC}$$

$$MK = 2AM\sin\frac{A}{2} = 2(s-a)\sin\frac{A}{2}$$

$$= 8R\sin\frac{B}{2}\sin\frac{C}{2}\cos\frac{A}{2}\sin\frac{A}{2}$$

$$= 4R\sin\frac{B}{2}\sin\frac{C}{2}\sin A$$

（上题证明中实际已证 $2(s-a) = 8R\sin\frac{B}{2}\sin\frac{C}{2}\cos\frac{A}{2}$）

于是同理可得

用三角、解析几何等计算解来自俄罗斯的几何题

$$\frac{1}{4}bcMK^2 + \frac{1}{4}caLK^2 + \frac{1}{4}abML^2$$

$$= R^2\sin B\sin C \cdot 16R^2\sin^2 A\sin^2\frac{B}{2}\sin^2\frac{C}{2} +$$

$$R^2\sin C\sin A \cdot 16R^2\sin^2 B\sin^2\frac{C}{2}\sin^2\frac{A}{2} +$$

$$R^2\sin A\sin B \cdot 16R^2\sin^2 C\sin\frac{A}{2}\sin\frac{B}{2}$$

$$= 32R^4\sin A\sin B\sin C\sin\frac{A}{2}\sin\frac{B}{2}\sin\frac{C}{2} \cdot$$

$$\left(\cos\frac{A}{2}\sin\frac{B}{2}\sin\frac{C}{2} + \cos\frac{B}{2}\sin\frac{C}{2}\sin\frac{A}{2} + \cos\frac{C}{2}\sin\frac{A}{2}\sin\frac{B}{2}\right)$$

括号内式子等于

$$\sin\frac{A+B}{2}\sin\frac{C}{2} + \cos\frac{C}{2}\sin\frac{A}{2}\sin\frac{B}{2}$$

$$= \cos\frac{C}{2}\cos\frac{A+B}{2} + \cos\frac{C}{2}\sin\frac{A}{2}\sin\frac{B}{2}$$

$$= \cos\frac{C}{2}\cos\frac{B}{2}\cos\frac{A}{2}$$

故

$$\frac{1}{4}bcMK^2 + \frac{1}{4}caLK^2 + \frac{1}{4}abML^2 = (2R^2\sin A\sin B\sin C)^2$$

$$= \left(\frac{1}{2}ab\sin C\right)^2 = S_{\triangle ABC}^2$$

$$\frac{MK^2}{h_b h_c} = \frac{16R^2\sin^2 A\sin^2\frac{B}{2}\sin^2\frac{C}{2}}{4R^2\sin^2 A\sin B\sin C} = \tan\frac{B}{2}\tan\frac{C}{2}$$

故同理得

$$\frac{MK^2}{h_b h_c} + \frac{KL^2}{h_c h_a} + \frac{LM^2}{h_a h_b} = \tan\frac{B}{2}\tan\frac{C}{2} + \tan\frac{C}{2}\tan\frac{A}{2} + \tan\frac{A}{2}\tan\frac{B}{2}$$

于是只要证

$$\tan\frac{B}{2}\tan\frac{C}{2} + \tan\frac{C}{2}\tan\frac{A}{2} + \tan\frac{A}{2}\tan\frac{B}{2} = 1$$

$$\tan\frac{C}{2} = \cot\frac{A+B}{2} = \frac{1 - \tan\frac{A}{2}\tan\frac{B}{2}}{\tan\frac{A}{2} + \tan\frac{B}{2}}$$

第1章 平面几何证明题
DIYIZHANG PINGMIAN JIHE ZHENGMINGTI

再去分母化简得证所述.

1.61 点 A,B 沿相交于点 O 的两有向直线运动,使得 $\dfrac{p}{OA}+\dfrac{q}{OB}=c$,其中 c 为常数,p,q 分别为两有向直线的固定有向线段,求证:直线 AB 过定点.

证 设 $\dfrac{p}{OAc}=t$(变量),则 $\dfrac{q}{OBc}=1-t$,$\overline{OA}=\dfrac{p}{ct}$,$\overline{OB}=\dfrac{q}{c(1-t)}$.

因只涉及共直线的有向线段之比,故可取斜坐标系. 取 O 为原点,A,B 所在的有向直线分别为 x,y 轴,于是直线 AB 为

$$\frac{x}{\dfrac{p}{ct}}+\frac{y}{\dfrac{q}{c(1-t)}}=1$$

即

$$ctqx+c(1-t)py=pq$$

要使此式对 t 恒等,所求定点 (x,y) 必须且只需适合

$$cqx-cpy=0,\quad cpy=pq$$

解得所求定点为 $\left(\dfrac{p}{c},\dfrac{q}{c}\right)$.

1.62 过 $\triangle ABC$ 重心 M 作有向直线,与直线 BC,CA,AB 分别交于点 A_1,B_1,C_1,求证:$\dfrac{1}{MA_1}+\dfrac{1}{MB_1}+\dfrac{1}{MC_1}=0$.

证 取 x,y 轴如图 1.59 所示. 设 $S_{\triangle BCM}=S_{\triangle CAM}=S_{\triangle ABM}=S$,易见 $\mathbf{y}_A=\overline{A'A}$,$\mathbf{y}_B=\overline{B'B}$,$\mathbf{y}_C=\overline{C'C}$(以 y 轴正方向为正向),则

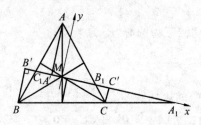

图 1.59

$$S=S_{\triangle BCM}=S_{\triangle BA_1M}-S_{\triangle CA_1M}=\frac{1}{2}MA_1\cdot BB'-\frac{1}{2}MA_1\cdot CC'$$

$$= \frac{1}{2}\overline{MA_1}(-\mathbf{y}_B) - \frac{1}{2}\overline{MA_1}(-\mathbf{y}_C) = \frac{1}{2}\overline{MA_1}(\mathbf{y}_C - \mathbf{y}_B)$$

$$S = S_{\triangle CAM} = S_{\triangle CB_1M} + S_{\triangle AB_1M} = \frac{1}{2}MB_1 \cdot CC' + \frac{1}{2}MB_1 \cdot AA'$$

$$= \frac{1}{2}\overline{MB_1}(-\mathbf{y}_C) + \frac{1}{2}\overline{MB_1} \cdot \mathbf{y}_A = \frac{1}{2}\overline{MB_1}(\mathbf{y}_A - \mathbf{y}_C)$$

$$S = S_{\triangle ABM} = S_{\triangle AC_1M} + S_{\triangle BC_1M} = \frac{1}{2}MC_1 \cdot AA' + \frac{1}{2}MC_1 \cdot BB'$$

$$= \frac{1}{2}(-\overline{MC_1})\mathbf{y}_A + \frac{1}{2}(-\overline{MC_1})(-\mathbf{y}_B) = \frac{1}{2}\overline{MC_1}(\mathbf{y}_B - \mathbf{y}_A)$$

则

$$\frac{1}{\overline{MA_1}} + \frac{1}{\overline{MB_1}} + \frac{1}{\overline{MC_1}} = \frac{\mathbf{y}_C - \mathbf{y}_B}{2S} + \frac{\mathbf{y}_A - \mathbf{y}_C}{2S} + \frac{\mathbf{y}_B - \mathbf{y}_A}{2S} = \mathbf{0}$$

1.63 点 A,B,C 沿三个圆以相同的(有向)角速度 ω 做匀速运动,求证:$\triangle ABC$ 的重心 G 也沿着一圆以角速度 ω 运动.

证 任取复平面.设 A,B,C 所在圆的圆心分别为 O_1,O_2,O_3,半径分别为 r_1,r_2,r_3,$z_{O_1} = p_1$,$z_{O_2} = p_2$,$z_{O_3} = p_3$.设 $t=0$ 时,从正实轴到 $O_1A(O_2B,O_3C)$ 的有向角为 $\theta_1(\theta_2,\theta_3)$,则在时刻 t 有

$$z_A = p_1 + r_1 e^{(\theta_1 + \omega t)i}, z_B = p_2 + r_2 e^{(\theta_2 + \omega t)i}, z_C = p_3 + r_3 e^{(\theta_3 + \omega t)i}$$

$$z_G = \frac{1}{3}(z_A + z_B + z_C) = \frac{1}{3}(p_1 + p_2 + p_3) + \frac{1}{3}(r_1 e^{\theta_1 i} + r_2 e^{\theta_2 i} + r_3 e^{\theta_3 i})e^{\omega t i}$$

记复数

$$\frac{1}{3}(p_1 + p_2 + p_3) = p_0, \frac{1}{3}(r_1 e^{\theta_1 i} + r_2 e^{\theta_2 i} + r_3 e^{\theta_3 i}) = r_0 e^{\theta_0 i}$$

则 $\quad z_G = P_0 + r_0 e^{(\theta_0 + \omega t)i}$

故 G 亦以角速度 ω 沿以 P_0 为圆心,r_0 为半径的圆运动.

1.64 $\triangle ABC$ 的内切圆与 BC,CA,AB 分别相切于点 A_1,B_1,C_1,$\overrightarrow{AA_1} + \overrightarrow{BB_1} + \overrightarrow{CC_1} = \mathbf{0}$,求证:$\triangle ABC$ 为正三角形.

证 设 $\triangle ABC$ 的内心为 I,取 x,y 轴如图 1.60 所示,设有向角 $2\theta,2\varphi$ 如图 1.60 所示.不妨

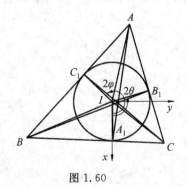

图 1.60

第 1 章　平面几何证明题
DIYIZHANG　PINGMIAN JIHE ZHENGMINGTI

设内切圆半径为 1，则 $A_1(1,0), B_1(\cos 2\theta, \sin 2\theta), C_1(\cos 2\varphi, \sin 2\varphi), C(1, \tan \theta),$
$A\left(\dfrac{\cos(\varphi+\theta)}{\cos(\varphi-\theta)}, \dfrac{\sin(\varphi+\theta)}{\cos(\varphi-\theta)}\right).$ 又 $\angle A_1 IB = \dfrac{2\pi - 2\varphi}{2} = \pi - \varphi, y_B = -\tan\angle A_1 IB = \tan \varphi$，则 $B(1, \tan \varphi).$

由已知得
$$(\overrightarrow{AB} + \overrightarrow{BA_1}) + (\overrightarrow{BC} + \overrightarrow{CB_1}) + (\overrightarrow{CA} + \overrightarrow{AC_1}) = \mathbf{0}$$

故
$$\overrightarrow{BA_1} + \overrightarrow{CB_1} + \overrightarrow{AC_1} = \mathbf{0}$$

即
$$(0, -\tan \varphi) + (\cos 2\theta - 1, \sin 2\theta - \tan \theta) + \left(\cos 2\varphi - \dfrac{\cos(\varphi+\theta)}{\cos(\varphi-\theta)}, \sin 2\varphi - \dfrac{\sin(\varphi+\theta)}{\cos(\varphi-\theta)}\right) = (0,0)$$

于是
$$\cos 2\theta + \cos 2\varphi - 1 - \dfrac{\cos(\varphi+\theta)}{\cos(\varphi-\theta)} = 0$$
$$-\tan \varphi + \sin 2\theta - \tan \theta + \sin 2\varphi - \dfrac{\sin(\varphi+\theta)}{\cos(\varphi-\theta)} = 0$$

所以
$$2\cos(\varphi+\theta)\cos(\varphi-\theta) - \dfrac{\cos(\varphi+\theta)}{\cos(\varphi-\theta)} = 1$$
$$-\dfrac{\sin(\varphi+\theta)}{\cos\theta\cos\varphi} + 2\sin(\varphi+\theta)\cos(\varphi-\theta) = \dfrac{\sin(\varphi+\theta)}{\cos(\varphi-\theta)}$$
$$\cos(\varphi+\theta)\cos(2\varphi-2\theta) = \cos(\varphi-\theta) \qquad ①$$

且
$$\begin{cases} \sin(\varphi+\theta) = 0 & ② \\ \text{或}\ \dfrac{-1}{\cos\theta\cos\varphi} + 2\cos(\varphi-\theta) = \dfrac{1}{\cos(\varphi-\theta)} & ③ \end{cases}$$

当式 ③ 成立时
$$\cos(2\varphi - 2\theta)\cos\theta\cos\varphi = \cos(\varphi-\theta)$$

除以式 ① 得
$$\dfrac{\cos\theta\cos\varphi}{\cos(\theta+\varphi)} = 1 \Rightarrow \sin\theta\sin\varphi = 0$$

这不可能.

故唯有式 ② 成立，从而 $\theta + \varphi = 180°$，代入式 ① 得

$$-\cos(2\varphi - 2\theta) = \cos(\varphi - \theta)$$

即

$$2\cos\frac{3(\varphi - \theta)}{2}\cos\frac{\varphi - \theta}{2} = 0$$

不妨设 $\angle B, \angle C$ 为锐角,则 $90° < 2\theta < 180°, 180° < 2\varphi < 270°$,从而 $0 < 2(\varphi - \theta) < 180°, 0 < \frac{\varphi - \theta}{2} < 45°, \cos\frac{\varphi - \theta}{2} \neq 0$,于是 $\cos\frac{3(\varphi - \theta)}{2} = 0, 0 < \frac{3(\varphi - \theta)}{2} < 135°$,故 $\frac{3(\varphi - \theta)}{2} = 90°$,从而 $\varphi - \theta = 60°$,而 $\varphi + \theta = 180°$,故 $\varphi = 120°$,$\theta = 60°$,于是有正 $\triangle ABC$.

1.65 四边形 $ABCD, AEFG, ADFH, FIJE, BIJC$ 都是平行四边形,求证:$AFHG$ 也是平行四边形.

证 由已知得

$$\vec{AB} = \vec{DC}, \vec{AE} = \vec{GF}, \vec{AD} = \vec{HF}, \vec{FI} = \vec{EJ}, \vec{BI} = \vec{CJ} \qquad ①$$

第 4,5 式相减得 $\vec{FB} = \vec{EC}$,由此式减式 ① 中第 1 式得 $\vec{FA} = \vec{ED}$. 由式 ① 中第 3 式减第 2 式得 $\vec{ED} = \vec{HG}$,于是 $\vec{FA} = \vec{HG}$,故有 $\square AFHG$.

1.66 已知三个正方形 $ABCD, AB_1C_1D_1, CD_2A_2B_2$,每个正方形的顶点同按逆时针方向排列,或同按顺时针方向排列,求证:$\triangle BB_1B_2$ 的中线 $BM \perp D_1D_2$.

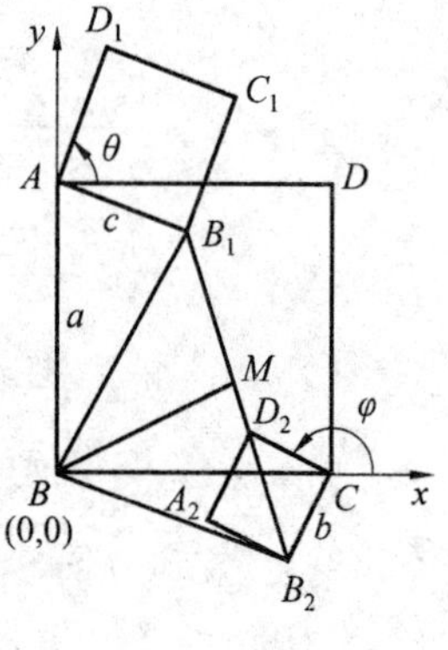

证 先设每个正方形的顶点同按逆时针方向排列. 取坐标轴如图 1.61 所示,设三正方形边长为 a, b, c,有向角 φ, θ 如图 1.61 所示,易见 $A(0, a), D_1(c\cos\theta, a + c\sin\theta), B_1(c\sin\theta, a - c\cos\theta), C(a, 0), D_2(a + b\cos\varphi, b\sin\varphi), B_2(a - b\sin\varphi, b\cos\varphi)$,从而

$$M(\frac{1}{2}(a + c\sin\theta - b\sin\varphi), \frac{1}{2}(a - c\cos\theta + b\cos\varphi))$$

$$\vec{BM} = (\frac{1}{2}(a + c\sin\theta - b\sin\varphi), \frac{1}{2}(a - c\cos\theta + b\cos\varphi))$$

$$\vec{D_1D_2} = (a + b\cos\varphi - c\cos\theta, b\sin\varphi - a - c\sin\theta)$$

易见 $\vec{BM} \cdot \vec{D_1D_2} = 0$,从而 $BM \perp D_1D_2$.

图 1.61

当所述每个正方形的顶点同按顺时针方向排列,则正方形 $ADCB$,

$AD_1C_1B_1$, $CB_2A_2D_2$ 的顶点同按逆时针方向排列,同样证得结论成立.

1.67 正方形 $ABCD$ 外接 $\square A_1B_1C_1D_1$, 如图 1.62 所示,过 A_1,B_1,C_1,D_1 分别作 DA, AB,BC,CD 的垂线,求证:所作的四条垂线围成一个正方形.

证 显然它们围成矩形 $A'B'C'D'$,再证 $B'C'=C'D'$ 即可.不妨设正方形 $ABCD$ 的边长为 1,设角 $\alpha,\beta,\alpha',\beta'$ 如图 1.62 所示,则

$$\alpha+\alpha'=\beta+\beta'=90°$$

$$B_1C_1 = BC_1 + BB_1 = \frac{1\sin\beta}{\sin(\alpha+\beta)} + \frac{1\sin\beta'}{\sin(\alpha+\beta)}$$

$$= \frac{\sin\beta+\sin\beta'}{\sin(\alpha+\beta)}$$

$$B_1C' = B_1C_1\cos\alpha = \frac{(\sin\beta+\sin\beta')\cos\alpha}{\sin(\alpha+\beta)}$$

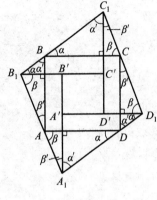

图 1.62

类似得

$$B_1B' = \frac{(\sin\alpha'+\sin\alpha)\cos\beta}{\sin(\alpha+\beta)}$$

$$B'C' = B_1C' - B_1B' = \frac{\sin(\beta-\alpha)}{\sin(\alpha+\beta)}$$

同理

$$C'D' = \frac{\sin(\alpha'-\beta')}{\sin(\alpha'+\beta')} = \frac{\sin(\beta-\alpha)}{\sin(\alpha+\beta)} = B'C'$$

1.68 如图 1.63 所示,在 $\triangle ABC$ 的三边上向外作正 $\triangle ABC_1$,正 $\triangle BCA_1$,正 $\triangle CAB_1$,线段 C_1A_1,A_1B_1,AC_1,CB_1 的中点分别为 Q,P,K,L,在 BC 上取点 M,使 $\frac{BM}{MC}=3$.求证:

(1) $\triangle APQ$ 为正三角形;

(2) $\triangle KML$ 的三个角为 $90°,60°,30°$.

证 以点 A 为原点任取实、虚轴作复平

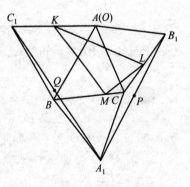

图 1.63

面,则
$$z_{C_1} = z_B e^{-\frac{\pi}{3}i}, \quad z_{B_1} = z_C e^{\frac{\pi}{3}i}$$
$$z_{A_1} = z_B + (z_C - z_B)e^{-\frac{\pi}{3}i} = z_C + (z_B - z_C)e^{\frac{\pi}{3}i}$$
$$z_Q = \frac{1}{2}(z_{A_1} + z_{C_1}) = \frac{1}{2}z_B + \frac{1}{2}z_C e^{-\frac{\pi}{3}i}$$
$$z_P = \frac{1}{2}(z_{A_1} + z_{B_1}) = \frac{1}{2}z_C + \frac{1}{2}z_B e^{\frac{\pi}{3}i}$$

易见
$$z_Q e^{\frac{\pi}{3}i} = z_P$$

得证有正 $\triangle APQ$.

又易见
$$z_M = \frac{1}{4}z_B + \frac{3}{4}z_C, \quad z_L = \frac{1}{2}z_C + \frac{1}{2}z_C e^{\frac{\pi}{3}i}, \quad z_K = \frac{1}{2}z_B e^{-\frac{\pi}{3}i}$$

则
$$z_K - z_L = \frac{1}{2}z_B e^{-\frac{\pi}{3}i} - \frac{1}{2}z_C - \frac{1}{2}z_C e^{\frac{\pi}{3}i}$$
$$z_M - z_L = \frac{1}{4}z_C + \frac{1}{4}z_B - \frac{1}{2}z_C e^{\frac{\pi}{3}i}$$
$$(z_M - z_L) \cdot 2e^{-\frac{\pi}{3}i} = \frac{1}{2}z_C e^{-\frac{\pi}{3}i} + \frac{1}{2}z_B e^{-\frac{\pi}{3}i} - z_C$$
$$= -\frac{1}{2}z_C + \frac{1}{2}z_C e^{-\frac{\pi}{3}i} + \frac{1}{2}z_B e^{-\frac{\pi}{3}i} - \frac{1}{2}z_C$$
$$= \frac{1}{2}z_C e^{-\frac{2}{3}\pi i} + \frac{1}{2}z_B e^{-\frac{\pi}{3}i} - \frac{1}{2}z_C$$
$$= z_K - z_L$$

(注意 $-1 + e^{-\frac{\pi}{3}i} = e^{-\frac{2}{3}\pi i}$ —— 按几何意义或分开实、虚部易证.)

于是知 $\angle KLM = 60°, KL = 2LM$,从而 $\angle KML = 90°, \angle LKM = 30°$.

1.69 D 为 AK 中点,在直线 AK 外取点 C,作正 $\triangle ACB$,正 $\triangle DCE$,正 $\triangle KEH$,如图 1.64 所示,求证:$\triangle BHD$ 为正三角形.

证 以 D 为原点任取复平面,设 $z_K = k$,则 $z_A = -k$,设 $z_C = c$,则
$$z_E = ce^{-\frac{\pi}{3}i}, \quad z_B = -k + (c+k)e^{-\frac{\pi}{3}i}$$

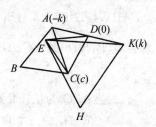

图 1.64

$$z_H = k + (z_E - k)e^{\frac{\pi}{3}i} = k + c - ke^{\frac{\pi}{3}i}$$

易见 $z_B e^{\frac{\pi}{3}i} = z_H$，得证有正 $\triangle BDH$.

1.70 六边形 $ABCDEF$ 有对称中心 O，在各边上向六边形外作正 $\triangle ABK$，正 $\triangle BCL$，正 $\triangle CDM$，正 $\triangle DEN$，正 $\triangle EFP$，正 $\triangle FAQ$，线段 KL, LM, MN, NP, PQ, QK 的中点分别为点 $F_1, A_1, B_1, C_1, D_1, E_1$，求证：六边形 $F_1 A_1 B_1 C_1 D_1 E_1$ 为正六边形.

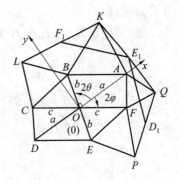

图 1.65

证 取实 (x) 轴，虚 (y) 轴如图 1.65 所示，设 $OA = a, OB = b, OF = c$，设有向角 $2\theta, 2\varphi$ 如图 1.65 所示，则 $z_A = a, z_D = -a, z_B = be^{2i\theta}, z_E = -be^{2i\theta}, z_F = ce^{2i\varphi}, z_C = -ce^{2i\varphi}$，则

$$z_K = a + (be^{2i\theta} - a)e^{-\frac{\pi}{3}i} = -ae^{-\frac{2}{3}\pi i} + be^{(2\theta - \frac{\pi}{3})i}$$

$$z_Q = a + (ce^{2i\varphi} - a)e^{\frac{\pi}{3}i} = -ae^{\frac{2}{3}\pi i} + ce^{(2\varphi + \frac{\pi}{3})i}$$

$$z_L = -ce^{2i\varphi} + (be^{2i\theta} + ce^{2i\varphi})e^{\frac{\pi}{3}i} = ce^{(2\varphi + \frac{2}{3}\pi)i} + be^{(2\theta + \frac{1}{3}\pi)i}$$

$$z_P = -be^{2i\theta} + (ce^{2i\varphi} + be^{2i\theta})e^{-\frac{\pi}{3}i} = be^{(2\theta - \frac{2}{3}\pi)i} + ce^{(2\varphi - \frac{1}{3}\pi)i}$$

$$z_{F_1} - z_{E_1} = \frac{1}{2}(z_K + z_L) - \frac{1}{2}(z_K + z_Q) = \frac{1}{2}z_L - \frac{1}{2}z_Q$$

$$= \frac{c}{2}(e^{(2\varphi + \frac{2}{3}\pi)i} - e^{(2\varphi + \frac{\pi}{3})i}) + \frac{b}{2}e^{(2\theta + \frac{\pi}{3})i} + \frac{a}{2}e^{\frac{2}{3}\pi i}$$

$$= -\frac{c}{2}e^{2\varphi i} + \frac{b}{2}e^{(2\theta + \frac{\pi}{3})i} + \frac{a}{2}e^{\frac{2}{3}\pi i}$$

$$z_{D_1} - z_{E_1} = \frac{1}{2}z_P - \frac{1}{2}z_K = \frac{b}{2}(e^{(2\theta - \frac{2}{3}\pi)i} - e^{(2\theta - \frac{\pi}{3})i}) + \frac{c}{2}e^{(2\varphi - \frac{\pi}{3})i} + \frac{a}{2}e^{-\frac{2}{3}\pi i}$$

$$= -\frac{b}{2}e^{2\theta i} + \frac{a}{2}e^{-\frac{2}{3}\pi i} + \frac{c}{2}e^{(2\varphi - \frac{\pi}{3})i}$$

易见

$$(z_{F_1} - z_{E_1})e^{\frac{2}{3}\pi i} = z_{D_1} - z_{E_1}$$

故

$$\angle D_1 E_1 F_1 = 120°, \quad D_1 E_1 = E_1 F_1$$

同理推出六边形 $F_1 A_1 B_1 C_1 D_1 E_1$ 的各角为 $120°$，各边相等，故为正六边形.

1.71 以四边形 $ABCD$ 各边为斜边向四边形外作等腰 $Rt\triangle ABM, Rt\triangle BCN, Rt\triangle CDP, Rt\triangle DAQ$,求证:$AC,MP,BD,NQ$ 的中点为一正方形的顶点.

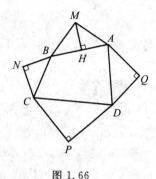

图 1.66

证 任取复平面,点 H 如图 1.66 所示,因

$$z_H = \frac{1}{2}(z_A + z_B)$$

$$z_M - z_H = (z_A - z_H)\mathrm{i} = \frac{1}{2}(z_A - z_B)\mathrm{i}$$

故

$$z_M = \frac{1}{2}(z_A + z_B) + \frac{1}{2}(z_A - z_B)\mathrm{i}$$

同理

$$z_N = \frac{1}{2}(z_B + z_C) + \frac{1}{2}(z_B - z_C)\mathrm{i}$$

$$z_P = \frac{1}{2}(z_C + z_D) + \frac{1}{2}(z_C - z_D)\mathrm{i}$$

$$z_Q = \frac{1}{2}(z_D + z_A) + \frac{1}{2}(z_D - z_A)\mathrm{i}$$

MP 的中点为(所表复数,下同)

$$\frac{1}{2}(z_M + z_P) = \frac{1}{4}(z_A + z_B + z_C + z_D) + \frac{1}{4}(z_A + z_C - z_B - z_D)\mathrm{i}$$

NQ 的中点为

$$\frac{1}{2}(z_N + z_Q) = \frac{1}{4}(z_A + z_B + z_C + z_D) + \frac{1}{4}(z_B + z_D - z_A - z_C)\mathrm{i}$$

AC 的中点为

$$\frac{1}{2}(z_A + z_C) = \frac{1}{4}(z_A + z_B + z_C + z_D) + \frac{1}{4}(z_A + z_C - z_B - z_D)$$

BD 的中点为

$$\frac{1}{2}(z_B + z_D) = \frac{1}{4}(z_A + z_B + z_C + z_D) + \frac{1}{4}(z_B + z_D - z_A - z_C)$$

设点系 A,B,C,D 的重心为 O,则

$$z_O = \frac{1}{4}(z_A + z_B + z_C + z_D)$$

因

$$\left[\frac{1}{2}(z_A+z_C)-z_O\right]\mathrm{i}=\frac{1}{2}(z_M+z_P)-z_O$$

$$\left[\frac{1}{2}(z_M+z_P)-z_O\right]\mathrm{i}=\frac{1}{2}(z_B+z_D)-z_O$$

$$\left[\frac{1}{2}(z_B+z_D)-z_O\right]\mathrm{i}=\frac{1}{2}(z_N+z_Q)-z_O$$

$$\left[\frac{1}{2}(z_N+z_Q)-z_O\right]\mathrm{i}=\frac{1}{2}(z_A+z_C)-z_O$$

故所述四中点正好为以 O 为中心的正方形的四顶点.

1.72 如图 1.67 所示,在 $\triangle ABC$ 的边 BC,$CA(AB)$ 上向 $\triangle ABC$ 外(内)作正 $\triangle BCA'$,正 $\triangle CAB'$(正 $\triangle ABC'$),$\triangle ABC'$ 的中心为点 M,求证:$MA'=MB'$,$\angle A'MB'=120°$.

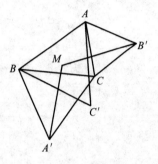

图 1.67

证 任取复平面,则

$$z_{B'}=z_A+(z_C-z_A)\mathrm{e}^{\frac{\pi}{3}\mathrm{i}}=z_A\mathrm{e}^{-\frac{\pi}{3}\mathrm{i}}+z_C\mathrm{e}^{\frac{\pi}{3}\mathrm{i}}$$

同理

$$z_{A'}=z_C\mathrm{e}^{-\frac{\pi}{3}\mathrm{i}}+z_B\mathrm{e}^{\frac{\pi}{3}\mathrm{i}}$$

$$z_{C'}=z_A+(z_B-z_A)\mathrm{e}^{\frac{\pi}{3}\mathrm{i}}=z_A\mathrm{e}^{-\frac{\pi}{3}\mathrm{i}}+z_B\mathrm{e}^{\frac{\pi}{3}\mathrm{i}}$$

$$z_M=\frac{1}{3}(z_A+z_B+z_{C'})=\frac{1}{\sqrt{3}}z_A\mathrm{e}^{-\frac{\pi}{6}\mathrm{i}}+\frac{1}{\sqrt{3}}z_B\mathrm{e}^{\frac{\pi}{6}\mathrm{i}}$$

则

$$z_{B'}-z_M=z_C\mathrm{e}^{\frac{\pi}{3}\mathrm{i}}-z_B\frac{1}{\sqrt{3}}\mathrm{e}^{\frac{\pi}{6}\mathrm{i}}-z_A\frac{1}{\sqrt{3}}\mathrm{i}$$

$$z_{A'}-z_M=z_C\mathrm{e}^{-\frac{\pi}{3}\mathrm{i}}-z_A\frac{1}{\sqrt{3}}\mathrm{e}^{-\frac{\pi}{6}\mathrm{i}}+\frac{1}{\sqrt{3}}\mathrm{i}z_B$$

易见

$$(z_{A'}-z_M)\mathrm{e}^{\frac{2}{3}\pi\mathrm{i}}=z_{B'}-z_M$$

题目结论得证.

1.73 两正 k 边形 $A_1A_2\cdots A_k$ 及 $B_1B_2\cdots B_k$ 的顶点所述顺序同为逆时针方向(或同为顺时针方向),作 k 个顶点顺序同为逆(同为顺)时针方向的正 n 边形 $A_jB_jC_jD_j\cdots(j=1,2,\cdots,k)$,求证:$k$ 边形 $C_1C_2\cdots C_k$,$D_1D_2\cdots D_k$,$\cdots$ 均为正 k

边形.

证 任取复平面,设正 k 边形 $A_1A_2\cdots A_k(B_1B_2\cdots B_k)$ 的中心为 $M_1(M_2)$,半径为 $R_1(R_2)$,从正实轴到射线 $M_1A_k(M_2B_k)$ 的有向角为 $\theta(\varphi)$,对顶点顺序同为逆时针方向情形,则

$$z_{A_j} = z_{M_1} + R_1 e^{(\theta + \frac{2j\pi}{k})i}, \quad z_{B_j} = z_{M_2} + R_2 e^{(\varphi + \frac{2j\pi}{k})i}$$

这时有向角 $\angle A_jB_jC_j$ 为顺时针方向,故等于 $-\dfrac{(n-2)\pi}{n}$,则

$$\begin{aligned}
z_{C_j} &= z_{B_j} + (z_{A_j} - z_{B_j})e^{-\frac{n-2}{n}\pi i} \\
&= z_{B_j}(1 + e^{\frac{2\pi}{n}i}) - z_{A_j}e^{\frac{2\pi}{n}i} \\
&= (z_{M_2} + R_2 e^{(\varphi + \frac{2j\pi}{k})i})(1 + e^{\frac{2\pi}{n}i}) - (z_{M_1} + R_1 e^{(\theta + \frac{2j\pi}{k})i})e^{\frac{2\pi}{n}i} \\
z_{C_{j+1}} &= (z_{M_2} + R_2 e^{(\varphi + \frac{2(j+1)\pi}{k})i})(1 + e^{\frac{2\pi}{n}i}) - (z_{M_1} + R_1 e^{(\theta + \frac{2(j+1)\pi}{k})i})e^{\frac{2\pi}{n}i}
\end{aligned}$$

($j=k$ 时认为 C_{k+1} 即点 C_1).

要证有正 k 边形 $C_1C_2\cdots C_k$,即证存在点 P 使对 $j=1,2,\cdots,k$,有

$$z_{C_{j+1}} - z_P = (z_{C_j} - z_P)e^{\frac{2\pi}{k}i}$$ (这时 $C_1C_2\cdots C_k$ 亦按逆时针方向排列)

求得

$$z_P = \frac{z_{C_{j+1}} - z_{C_j} e^{\frac{2\pi}{k}i}}{1 - e^{\frac{2\pi}{k}i}}$$

分母不为 0 且与 j 无关,只要证分子亦与 j 无关即可.

$$z_{C_{j+1}} - z_{C_j} e^{\frac{2\pi}{k}i} = (z_{M_2} - z_{M_2}e^{\frac{2\pi}{k}i})(1 + e^{\frac{2\pi}{n}i}) - (z_{M_1} - z_{M_1}e^{\frac{2\pi}{k}i})e^{\frac{2\pi}{n}i}$$

确与 j 无关. 同样继续论证(以正 k 边形 $B_1B_2\cdots B_k,C_1C_2\cdots C_k$ 为基础……)可证有正 k 边形 $D_1D_2\cdots D_k,\cdots$

当所述顶点按顺时针方向排列,则正 k 边形 $A_k\cdots A_2A_1,B_k\cdots B_2B_1,B_jA_j\cdots D_jC_j$ 按逆时针方向排列,亦可证同样结论.

1.74 平面所有点 P 先绕定点 A 旋转有向角 α(当逆(顺)时针旋转时认为 α 为正(负)角),再绕定点 B 旋转有向角 β,求证:两旋转的合成运动为一旋转或平移.

证 以点 A 为原点任取实、虚轴作复平面,如图 1.68 所示.对任何点 P 绕点 A 旋转有向角 α 到达点 P_1,点 P_1 再绕点 B 旋转有向角 β 到达点 P_2,则

$$z_{P_1} = z_P e^{i\alpha}$$

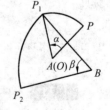

图 1.68

$$z_{P_2}=z_B+(z_{P_1}-z_B)e^{i\beta}=z_Pe^{(\alpha+\beta)i}+z_B(1-e^{\beta i})$$

当点 A,B 重合时,$z_B=z_A=0$,$z_{P_2}=z_Pe^{(\alpha+\beta)i}$,故合成运动为绕点 A 旋转有向角 $\alpha+\beta$;

当点 A,B 不重合时,若 $\alpha+\beta=2k\pi(k\in\mathbf{Z})$,则

$$z_{P_2}=z_P+z_B(1-e^{\beta i})=z_P-2iz_B\sin\frac{\beta}{2}\cdot e^{\frac{\beta}{2}i}$$
$$=z_P+2z_B\sin\frac{\beta}{2}\cdot e^{(\frac{\beta}{2}-\frac{\pi}{2})i}$$

故合成运动为平移,平移向量为从原点 A 到由复数 $2z_B\sin\dfrac{B}{2}\cdot e^{(\frac{\beta}{2}-\frac{\pi}{2})i}$ 所表示的点所成的向量;

当点 A,B 不重合时,若 $\alpha+\beta\neq 2k\pi$,此时可求定点 M 及有向角 θ,使 $z_{P_2}-z_M=(z_P-z_M)e^{\theta i}$(即点 P 绕点 M 旋转有向角 θ 到达点 P_2)

即

$$z_Pe^{(\alpha+\beta)i}+z_B(1-e^{\beta i})-z_M=(z_P-z_M)e^{\theta i}$$

要此式对变量 z_P 恒等,必须且只需

$$\theta=\alpha+\beta$$

且

$$z_B(1-e^{\beta i})-z_M=-z_Me^{(\alpha+\beta)i}$$

解得

$$z_M=z_B\frac{1-e^{\beta i}}{1-e^{(\alpha+\beta)i}}$$

易见此时右边分式的分母非 0,为一确定复数,故此时合成运动为绕由此复数所代表的绕定点旋转.

1.75 如图 1.69 所示,以 $\square ABCD$ 各边为斜边向 $\square ABCD$ 外作等腰 $\mathrm{Rt}\triangle ABK$,$\mathrm{Rt}\triangle BCL$,$\mathrm{Rt}\triangle CDM$,$\mathrm{Rt}\triangle DAN$,求证:四边形 $KLMN$ 为正方形.

证 以 AC,BD 的交点 O 为原点任取实、虚轴,设 $z_A=a$,$z_B=b$,则 $z_C=-a$,$z_D=-b$(参看 1.71 题证)

$$z_K=\frac{a+b}{2}+\frac{a-b}{2}i$$

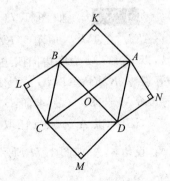

图 1.69

$$z_L = \frac{b-a}{2} + \frac{b+a}{2}i$$

$$z_M = \frac{-a-b}{2} + \frac{-a+b}{2}i$$

$$z_K - z_L = a - bi, \quad z_M - z_L = -b - ai$$

易见$(z_M - z_L)i = z_K - z_L$，故$\angle KLM = 90°$，$KL = LM$。同理推出四边形各角均为直角，各边均相等，故为正方形。

1.76 如图1.70所示，$\triangle ABC$ 的边 BC 的中点为点 M，以 AB, AC 为斜边向 $\triangle ABC$ 外作等腰 $Rt\triangle ABP$，等腰 $Rt\triangle ACR$，求证：$\triangle PMR$ 为等腰直角三角形。

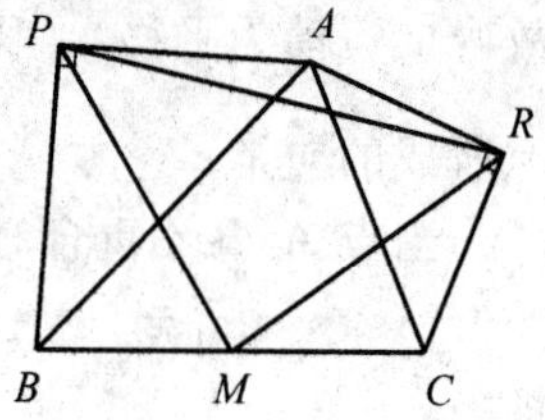

证 任取复平面

$$z_M = \frac{1}{2}(z_B + z_C)$$

$$z_P = \frac{1}{2}(z_B + z_A) + \frac{1}{2}(z_B - z_A)i$$

$$z_R = \frac{1}{2}(z_A + z_C) + \frac{1}{2}(z_A - z_C)i$$

$$z_P - z_M = \frac{1}{2}(z_A - z_C) + \frac{1}{2}(z_B - z_A)i$$

$$z_R - z_M = \frac{1}{2}(z_A - z_B) + \frac{1}{2}(z_A - z_C)i = (z_P - z_M)i$$

故 $\angle PMR = 90°$，$MP = MR$，所以有等腰 $Rt\triangle PMR$。

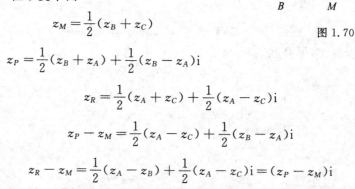

图 1.70

1.77 如图 1.71 所示，两等腰 $\triangle AKL, \triangle AMN$，顶角 $\angle KAL = \angle MAN = \alpha$，以 KN, LM 为底边向四边形 $KLMN$ 内作等腰 $\triangle KNG, \triangle LMG'$，使顶角 $\angle KGN = \angle LG'M = 180° - \alpha$，求证：$G$ 与 G' 重合。

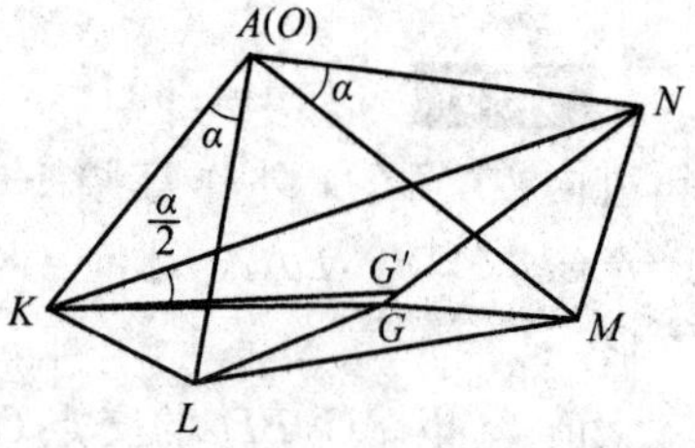

证 以 A 为原点任取实、虚轴作复平面，设角 $\alpha, \frac{\alpha}{2}$ 如图 1.71 所示，设 KN 中点为点 H，则 $z_H = \frac{1}{2}(z_K + z_N)$，$z_K - z_H = \frac{1}{2}(z_K - z_N)$，从而

图 1.71

第 1 章 平面几何证明题
DIYIZHANG   PINGMIAN JIHE ZHENGMINGTI

$$z_G = \frac{1}{2}(z_K + z_N) + \frac{1}{2}(z_K - z_N)\mathrm{i}\tan\frac{\alpha}{2}$$

$$= \frac{1}{2}(z_L \mathrm{e}^{-\alpha\mathrm{i}} + z_M \mathrm{e}^{\alpha\mathrm{i}}) + \frac{1}{2}(z_L \mathrm{e}^{-\alpha\mathrm{i}} - z_M \mathrm{e}^{\alpha\mathrm{i}})\mathrm{i}\tan\frac{\alpha}{2}$$

$$z_{G'} = \frac{1}{2}(z_L + z_M) + \frac{1}{2}(z_M - z_L)\mathrm{i}\tan\frac{\alpha}{2}$$

只要证 $z_G = z_{G'}$，即证（两边 z_L 的系数相等，z_M 的系数相等）

$$\mathrm{e}^{-\alpha\mathrm{i}} + \mathrm{e}^{-\alpha\mathrm{i}}\mathrm{i}\tan\frac{\alpha}{2} = 1 - \mathrm{i}\tan\frac{\alpha}{2} \qquad ①$$

$$\mathrm{e}^{\alpha\mathrm{i}} - \mathrm{e}^{\alpha\mathrm{i}}\mathrm{i}\tan\frac{\alpha}{2} = 1 + \mathrm{i}\tan\frac{\alpha}{2} \qquad ②$$

式 ① 即

$$(\cos\alpha - \mathrm{i}\sin\alpha) + (\cos\alpha - \mathrm{i}\sin\alpha)\mathrm{i}\tan\frac{\alpha}{2} = 1 - \mathrm{i}\tan\frac{\alpha}{2}$$

即（易见成立）

$$\left(\cos\alpha\cos\frac{\alpha}{2} - \mathrm{i}\sin\alpha\cos\frac{\alpha}{2}\right) + \mathrm{i}(\cos\alpha - \mathrm{i}\sin\alpha)\sin\frac{\alpha}{2} = \cos\frac{\alpha}{2} - \mathrm{i}\sin\frac{\alpha}{2}$$

式 ② 即（易见成立）

$$\left(\cos\alpha\cos\frac{\alpha}{2} + \mathrm{i}\sin\alpha\cos\frac{\alpha}{2}\right) - \mathrm{i}\left(\cos\alpha\sin\frac{\alpha}{2} + \mathrm{i}\sin\alpha\sin\frac{\alpha}{2}\right) = \cos\frac{\alpha}{2} + \mathrm{i}\sin\frac{\alpha}{2}$$

1.78 如图 1.72 所示，以 △ABC 各边为底边向 △ABC 外作等腰 △ABC_0，△BCA_0，△CAB_0，它们的顶角 $\angle AC_0B = \angle BA_0C = \angle CB_0A = 120°$，求证：△$A_0B_0C_0$ 为正三角形.

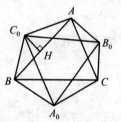

图 1.72

证 任取复平面，设 AB 中点为点 H，则

$$z_{C_0} = z_H + (z_{C_0} - z_H)$$

$$= \frac{1}{2}(z_A + z_B) + \frac{1}{2}(z_A - z_B)\frac{1}{\sqrt{3}}\mathrm{i}$$

$$= \left(\frac{1}{2} + \frac{1}{2\sqrt{3}}\mathrm{i}\right)z_A + \left(\frac{1}{2} - \frac{1}{2\sqrt{3}}\mathrm{i}\right)z_B$$

同理

$$z_{A_0} = \left(\frac{1}{2} + \frac{1}{2\sqrt{3}}\mathrm{i}\right)z_B + \left(\frac{1}{2} - \frac{1}{2\sqrt{3}}\mathrm{i}\right)z_C$$

· 67 ·

$$z_{C_0} - z_{A_0} = \frac{1}{\sqrt{3}} e^{\frac{\pi}{6}i} z_A - \frac{1}{\sqrt{3}} i z_B - \frac{1}{\sqrt{3}} e^{-\frac{\pi}{6}i} z_C$$

同理

$$z_{B_0} - z_{A_0} = -(z_{A_0} - z_{B_0}) = -\frac{1}{\sqrt{3}} e^{\frac{\pi}{6}i} z_B + \frac{1}{\sqrt{3}} i z_C + \frac{1}{\sqrt{3}} e^{-\frac{\pi}{6}i} z_A$$

易见

$$(z_{B_0} - z_{A_0}) e^{\frac{\pi}{3}i} = z_{C_0} - z_{A_0}$$

得证有正 $\triangle A_0 B_0 C_0$.

1.79 平面绕定点 A 旋转 2α 角后又绕定点 B 旋转 2β 角,再绕定点 C 旋转 2γ 角后得出恒等变换,其中 A,B,C 互不重合,$0 < \alpha, \beta, \gamma < \pi, \alpha + \beta + \gamma = \pi$,求证: $\angle A = \alpha, \angle B = \beta, \angle C = \gamma$.

证 取 A 为原点,任取实轴作复平面,对平面任一点 P 绕点 A 旋转 2α 角得点 P_1,则 $z_{P_1} = z_P e^{2i\alpha}$,点 P_1 绕点 B 旋转 2β 角得点 P_2

$$z_{P_2} = z_B + (z_{P_1} - z_B) e^{2i\beta} = z_B(1 - e^{2i\beta}) + z_P e^{(2\alpha + 2\beta)i}$$

点 P_2 绕点 C 旋转 2γ 角得点 P(因最后为恒等变换)

$$z_P = z_C + (z_{P_2} - z_C) e^{2i\gamma} = z_C(1 - e^{2i\gamma}) + z_B(1 - e^{2i\beta}) e^{2i\gamma} + z_P$$

(注意 $e^{(2\alpha + 2\beta + 2\gamma)i} = 1$)

于是

$$z_C(-2i\sin\gamma) e^{i\gamma} + z_B(-2i\sin\beta \cdot e^{\beta i}) e^{2\gamma i} = 0$$

约去 $-2i e^{\gamma i} \neq 0$,得

$$z_C \sin\gamma - z_B \sin\beta \cdot e^{-\alpha i} = 0 (注意 e^{(\beta+\gamma)i} = e^{(\pi-\alpha)i} = -e^{-\alpha i})$$

因 $z_A = 0$,故

$$z_B - z_A = (z_C - z_A) \frac{\sin\gamma}{\sin\beta} e^{\alpha i}$$

于是 $\angle A = \alpha, \dfrac{AB}{AC} = \dfrac{\sin\gamma}{\sin\beta}$,$\triangle ABC$ 与三个角为 α, β, γ 的三角形相似,故 $\angle B = \beta, \angle C = \gamma, \angle A = \alpha$.

1.80 $\odot O$ 的两直径 $AB \perp CD$,过圆外一点 M 作两切线与直线 AB 交于 E, H,直线 MC, MD 与 AB 分别交于 F, K,证明:$FH = KE$.

证 取 x, y 轴如图 1.73 所示,设圆半径为 R,有向角 $2\alpha, 2\beta$ 如图 1.73 所示,则

$C(0,R), D(0,-R), M\left(\dfrac{R\cos(\beta+\alpha)}{\cos(\beta-\alpha)}, \dfrac{R\sin(\beta+\alpha)}{\cos(\beta-\alpha)}\right)$

直线 MH 为
$$x\cos 2\alpha + y\sin 2\alpha = R$$

求得其与 x 轴 $(y=0)$ 交点为 $H\left(\dfrac{R}{\cos 2\alpha}, 0\right)$,同理 $E\left(\dfrac{R}{\cos 2\beta}, 0\right)$,则

$$\begin{aligned}x_H + x_E &= \dfrac{R\cos 2\beta + R\cos 2\alpha}{\cos 2\alpha \cos 2\beta} \\ &= \dfrac{2R\cos(\beta+\alpha)\cos(\beta-\alpha)}{\cos 2\alpha \cos 2\beta}\end{aligned}$$

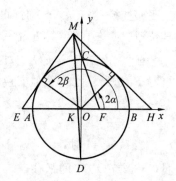

图 1.73

直线 MC 为
$$\dfrac{x}{\dfrac{R\cos(\beta+\alpha)}{\cos(\beta-\alpha)}} = \dfrac{y-R}{\dfrac{R\sin(\beta+\alpha)}{\cos(\beta-\alpha)}-R}$$

即
$$\dfrac{x}{\cos(\beta+\alpha)} = \dfrac{y-R}{\sin(\beta+\alpha)-\cos(\beta-\alpha)}$$

令 $y = y_F = 0$,求得
$$x_F = \dfrac{-R\cos(\beta+\alpha)}{\sin(\beta+\alpha)-\cos(\beta-\alpha)}$$

类似可求得
$$x_K = \dfrac{R\cos(\beta+\alpha)}{\sin(\beta+\alpha)+\cos(\beta-\alpha)}$$

只要证
$$x_F + x_K = x_H + x_E$$

由已知
$$x_F + x_K = \dfrac{-2R\cos(\beta+\alpha)\cos(\beta-\alpha)}{\sin^2(\beta+\alpha)-\cos^2(\beta-\alpha)} = \dfrac{-4R\cos(\beta+\alpha)\cos(\beta-\alpha)}{[1-\cos(2\beta+2\alpha)]-[1+\cos(2\beta-2\alpha)]}$$
$$= \dfrac{-4R\cos(\beta+\alpha)\cos(\beta-\alpha)}{-2\cos 2\beta \cos 2\alpha} = x_H + x_E$$

故 $FH = KE$.

1.81 先进行中心为 O_1,系数为 k_1 的位似变换(把任一点 P 变成 P_1,$\overrightarrow{O_1P_1}=k\overrightarrow{O_1P}$),再进行中心为 O_2,系数为 k_2 的位似变换. 求证:当 $k_1k_2=1$ 时,得

出平移变换；当 $k_1k_2 \neq 1$ 时，得出系数为 k_1k_2 的位似变换，其位似中心在直线 O_1O_2 上.

证　由 $\overrightarrow{O_1P_1} = k\overrightarrow{O_1P}$，得 $z_{P_1} = z_{O_1} + k_1(z_P - z_{O_1})$，再对 P_1 进行第二个位似变换得 P_2，则

$$z_{P_2} = z_{O_2} + k_2(z_{P_1} - z_{O_2})$$
$$= z_{O_2} - k_2 z_{O_2} + k_2 z_{O_1} + k_1 k_2(z_P - z_{O_1})$$

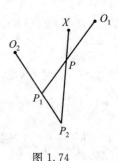

图 1.74

当 $k_1k_2 = 1$ 时，$z_{P_2} = z_P + (1-k_2)(z_{O_2} - z_{O_1})$，为按向量 $(1-k_2)\overrightarrow{O_1O_2}$ 的平移；

当 $k_1k_2 \neq 1$ 时，求中心为点 X（待定），系数为 k_1k_2 的位似变换，使 P 变为 P_2，即 $z_{P_2} = z_X + k_1k_2(z_P - z_X)$，则

$$z_{O_2} - k_2 z_{O_2} + k_2 z_{O_1} + k_1 k_2(z_P - z_{O_1}) = z_X + k_1 k_2(z_P - z_X)$$

解得

$$z_X = \frac{(1-k_2)z_{O_2} + (k_2 - k_1k_2)z_{O_1}}{1 - k_1k_2}$$

因 $(1-k_2) + (k_2 - k_1k_2) = 1 - k_1k_2$，故 X 正是分线段 O_1O_2 为比 $(1-k_2):(k_2-k_1k_2)$ 的分点.

1.82　直线 $BC // PQ // AD$，线段 BC，PQ,AD 互不相等. 求证：

(1) 直线 AB 与 CD，AP 与 DQ，BP 与 CQ 的三个交点共直线；

(2) 直线 AB 与 CD，AQ 与 DP，BQ 与 CP 的三个交点共直线.

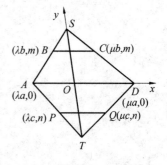

图 1.75

证　(1) 题目只涉及平行线，二直线交点，三点共直线，可取斜坐标系，x,y 轴如图 1.75 所示，设 $B,C(P,Q)$ 的 y 坐标为 $m(n)$. 因 x_A 与 x_D，x_B 与 x_C，x_P 与 x_Q 均成比例，可设三个比均为 $\lambda:\mu$，于是可设它们分别为 λa 与 μa，λb 与 μb，λc 与 μc，得此六点坐标如图 1.75 所示. 只要证 BP 与 CQ 交点在 y 轴上，即直线 BP,DQ 与 y 轴交于同一点即可.

直线 BP 为

以 $x=0$ 代入得

$$(\lambda c-\lambda b)y+\lambda bn-\lambda cm=0$$

$$y=\frac{cm-bn}{c-b}$$

同理 CQ 与 y 轴交点（上述 λ 改为 μ）的 y 坐标 $y=\frac{cm-bn}{c-b}$，故两交点重合.

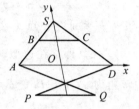

图 1.76

(2) 改取 y 轴如图 1.76 所示，因这时 x_A 与 x_D, x_B 与 x_C, x_Q 与 x_P 成比例，故可设 A, D, B, C 如前述，改设 $Q(\lambda c, n), P(\mu c, n)$，于是前述 $BP(CQ)$ 的方程变成 $BQ(CP)$ 的方程，故同样可证结论成立.

1.83 已知 $\triangle ABC \backsim \triangle A_1B_1C_1$，且所述顶点顺序同为逆时针方向或同为顺时针方向，任取点 O，作 $\square OAA_1A_2, \square OBB_1B_2, \square OCC_1C_2$，求证：$\triangle A_2B_2C_2 \backsim \triangle ABC$.

证 以 O 为原点任取实轴作复平面，设有向角 $\measuredangle CBA = \measuredangle C_1B_1A_1 = \theta$，$\dfrac{BA}{BC}=\dfrac{B_1A_1}{B_1C_1}=\lambda$，则

$$z_A = z_B + (z_C - z_B)\lambda e^{i\theta}$$
$$z_{A_1} = z_{B_1} + (z_{C_1} - z_{B_1})\lambda e^{i\theta}$$

又由 $\overrightarrow{OB_2} = \overrightarrow{BB_1}$，得 $z_{B_2} = z_{B_1} - z_B$，同理

$$z_{C_2} = z_{C_1} - z_C$$
$$z_{A_2} = z_{A_1} - z_A = (z_{B_1} - z_B) + [(z_{C_1} - z_C) - (z_{B_1} - z_B)]\lambda e^{i\theta}$$
$$= z_{B_2} + (z_{C_2} - z_{B_2})\lambda e^{i\theta}$$

故有向角 $\measuredangle C_2B_2A_2 = \theta = \measuredangle CBA$，$\dfrac{B_2A_2}{B_2C_2} = \lambda = \dfrac{BA}{BC}$，$\triangle A_2B_2C_2 \backsim \triangle ABC$.

1.84 动点 A, B 分别沿相交于 O 的两直线以固定速度 v_1, v_2 运动，求证：平面上存在点 P，使 $\dfrac{PA}{PB} = \dfrac{v_1}{v_2}$.

证 取两直线交角的平分线为实(x),虚(y)轴. 设有向角 θ 如图 1.77 所示. 设时刻 $t=0$ 时,$OA=a$,$OB=b$(以 $\pm\theta$ 的终边方向为正向),则在任何时刻 t, $OA=a+v_1 t$,$OB=b+v_2 t$,则

$$z_A=(a+v_1 t)\mathrm{e}^{\mathrm{i}\theta}, \quad z_B=(b+v_2 t)\mathrm{e}^{-\mathrm{i}\theta}$$

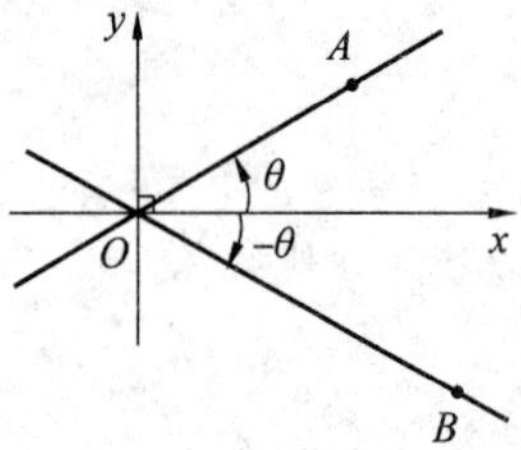

只要证存在点 P 及有向角 α,使 $z_A-z_P=(z_B-z_P)\dfrac{v_1}{v_2}\mathrm{e}^{\mathrm{i}\alpha}$(即存在位似转动,以 P 为中心,系数为 $\dfrac{v_1}{v_2}$,旋转角为 α,使点 B 变成点 A),即

图 1.77

$$(a+v_1 t)\mathrm{e}^{\mathrm{i}\theta}-z_P=[(b+v_2 t)\mathrm{e}^{-\mathrm{i}\theta}-z_P]\dfrac{v_1}{v_2}\mathrm{e}^{\mathrm{i}\alpha}$$

此式对 t 恒等,必须且只需

$$v_1\mathrm{e}^{\mathrm{i}\theta}=v_2\mathrm{e}^{-\mathrm{i}\theta}\cdot\dfrac{v_1}{v_2}\mathrm{e}^{\mathrm{i}\alpha},\quad a\mathrm{e}^{\mathrm{i}\theta}-z_P=(b\mathrm{e}^{-\mathrm{i}\theta}-z_P)\dfrac{v_1}{v_2}\mathrm{e}^{\mathrm{i}\alpha}$$

由前式知 $\alpha=2\theta$,从而由后式得

$$a\mathrm{e}^{\mathrm{i}\theta}-z_P=(b\mathrm{e}^{-\mathrm{i}\theta}-z_P)\dfrac{v_1}{v_2}\mathrm{e}^{2\mathrm{i}\theta}$$

解得

$$z_P=\dfrac{(av_2-bv_1)\mathrm{e}^{\mathrm{i}\theta}}{v_2-v_1\mathrm{e}^{2\mathrm{i}\theta}}$$

易见右边分母非 0,故求得所述点 P 及角 α.

1.85 $\triangle BCA_1\backsim\triangle AB_1C\backsim\triangle C_1AB$ 且同向(三顶点所述顺序同为逆时针方向或同为顺时针方向),又在三个三角形内分别取点 A_2,B_2,C_2,使 $\triangle BCA_2\backsim\triangle AB_1B_2\backsim\triangle C_1AC_2$,求证:$\triangle C_2B_2A_2\backsim BCA_1$.

证 设 $\dfrac{BA_1}{BC}=\dfrac{AC}{AB_1}=\dfrac{C_1B}{C_1A}=\lambda$,$\dfrac{BA_2}{BC}=\dfrac{AB_2}{AB_1}=\dfrac{C_1C_2}{C_1A}=\mu$,角 α,β 如图 1.78 所示,任取复平面,则

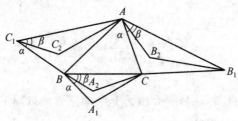

图 1.78

$$z_{A_1} = z_B + (z_C - z_B)\lambda e^{i\alpha}$$
$$z_C = z_A + (z_{B_1} - z_A)\lambda e^{i\alpha}$$
$$z_{B_1} = z_C \frac{1}{\lambda} e^{-i\alpha} + z_A\left(1 - \frac{1}{\lambda} e^{-i\alpha}\right)$$
$$z_B = z_{C_1} + (z_A - z_{C_1})\lambda e^{i\alpha}$$
$$z_{C_1} = \frac{z_B - z_A \lambda e^{i\alpha}}{1 - \lambda e^{i\alpha}}$$
$$z_{A_2} = z_B + (z_C - z_B)\mu e^{i\beta} = z_B(1 - \mu e^{i\beta}) + z_C \mu e^{i\beta}$$
$$z_{B_2} = z_A + (z_{B_1} - z_A)\mu e^{i\beta} = z_A\left(1 - \frac{\mu}{\lambda} e^{i(\beta-\alpha)}\right) + z_C \frac{\mu}{\lambda} e^{i(\beta-\alpha)}$$
$$z_{C_2} = z_{C_1} + (z_A - z_{C_1})\mu e^{i\beta} = \frac{1}{1 - \lambda e^{i\alpha}}[z_A(\mu e^{i\beta} - \lambda e^{i\alpha}) + z_B(1 - \mu e^{i\beta})]$$

下只要证
$$z_{A_2} = z_{C_2} + (z_{B_2} - z_{C_2})\lambda e^{i\alpha}$$

右边 $= \left[z_A\left(1 - \frac{\mu}{\lambda} e^{i(\beta-\alpha)}\right) + \frac{\mu}{\lambda} z_C e^{i(\beta-\alpha)}\right]\lambda e^{i\alpha} + z_A(\mu e^{i\beta} - \lambda e^{i\alpha}) + z_B(1 - \mu e^{i\beta})$

$= \mu z_C e^{i\beta} + z_B(1 - \mu e^{i\beta}) = z_{A_2}$

1.86 $\triangle MAB \backsim \triangle MCD$,方向相反(两三角形的顶点所述顺序,一为顺时针方向,一为逆时针方向),点 O_1 为"(有向)旋转角为 $2\angle ABM$,使点 A 变至点 C"的旋转中心,点 O_2 为"旋转角为 $2\angle BAM$ 使点 B 变至点 D"的旋转中心,求证:点 O_1 与点 O_2 重合.

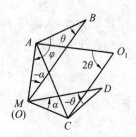

图 1.79

证 以 M 为原点任取复平面,设有向角 $\alpha, -\alpha, \theta, \varphi$ 如图 1.79 所示,易见 $\theta + \alpha - \varphi = \pi$(左边各项为正角),故 $\alpha = \pi - \theta + \varphi$. 又设 $\lambda = \frac{MB}{MA} = \frac{MD}{MC} = \frac{\sin(-\varphi)}{\sin\theta}$,则

$$z_B = \lambda z_A e^{-i\alpha} = z_A \frac{\sin\varphi}{\sin\theta} e^{(\theta-\varphi)i}$$
$$z_D = \lambda z_C e^{i\alpha} = z_C \frac{\sin\varphi}{\sin\theta} e^{(\varphi-\theta)i}$$

由题设得
$$z_C = z_{O_1} + (z_A - z_{O_1})e^{2\theta i}$$

解得
$$z_{O_1} = \frac{z_C - z_A e^{2\theta i}}{1 - e^{2\theta i}}$$

同理
$$z_{O_2} = \frac{z_D - z_B e^{2\varphi i}}{1 - e^{2\varphi i}} = \frac{\sin\varphi}{\sin\theta} \cdot \frac{z_C e^{(\varphi-\theta)i} - z_A e^{(\varphi+\theta)i}}{1 - e^{2\varphi i}}$$
$$= \frac{e^{i\varphi} - e^{-i\varphi}}{e^{i\theta} - e^{-i\theta}} e^{i\varphi} \cdot \frac{z_C e^{-\theta i} - z_A e^{\theta i}}{1 - e^{2\varphi i}}$$
$$= \frac{z_A e^{\theta i} - z_C e^{-\theta i}}{e^{i\theta} - e^{-i\theta}} = \frac{z_A e^{2\theta i} - z_C}{e^{2\theta i} - 1} = z_{O_1}$$

故 O_2 与 O_1 重合.

1.87 在 $\square ABCD$ 的边 AB, BC, CD 上分别取点 K, L, M，使 $\dfrac{AK}{KB} = \dfrac{BL}{LC} = \dfrac{CM}{MD}$，作直线 $BB' \parallel KL, CC' \parallel MK, DD' \parallel ML$，求证：$BB', CC', DD'$ 共点.

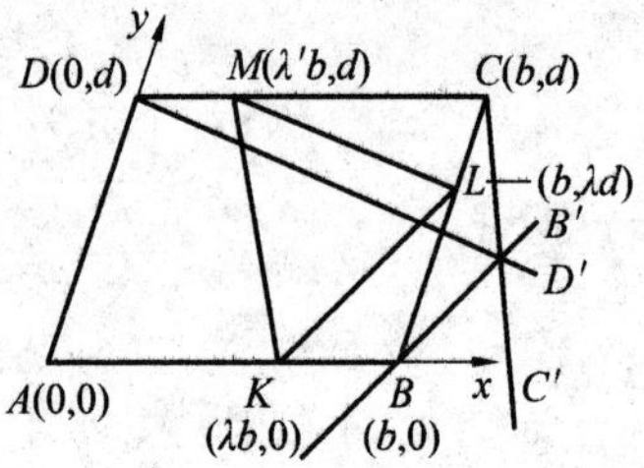

证 因只涉及平行线，共直线的线段之比及三直线共点，可取斜坐标系如图 1.80 所示，设题目所述比为 $\dfrac{\lambda}{\lambda'}(\lambda + \lambda' = 1)$，则得 A, B, D, C 坐标如图所示，从而得 K, L, M 的坐标如图所示.

图 1.80

直线 BB' 为
$$\frac{x - b}{\lambda b - b} = \frac{y}{-\lambda d}$$
即
$$-\lambda d x + \lambda' b y = -\lambda b d \qquad ①$$

直线 CC' 为
$$\frac{x - b}{\lambda' b - \lambda b} = \frac{y - d}{d}$$
即
$$d x + (\lambda b - \lambda' b) y = 2\lambda b d \qquad ②$$

直线 DD' 为
$$\frac{x}{b - \lambda' b} = \frac{y - d}{\lambda d - d}$$
即
$$\lambda' d x + \lambda b y = \lambda b d \qquad ③$$

式①② 相加得式③,故三直线共点.

1.88 在 $\triangle ABC$ 的三边 AB,BC,CA 上分别取点 M,N,P,再分别取点 M_1,N_1,P_1,使 M_1 与 M,N_1 与 N,P_1 与 P 均关于所在边的中点对称,又作 $MM' // BC$ 交 CA 于 M',$NN' // CA$ 交 AB 于 N',$PP' // AB$ 交 BC 于 P',求证:$S_{\triangle MNP} = S_{\triangle M_1N_1P_1} = S_{\triangle M'N'P'}$.

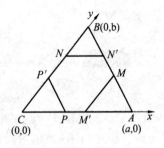

图 1.81

证 因斜坐标系中点坐标公式如同直角坐标系,又有其三角形面积公式,此外只涉及平行线,故可取斜坐标系如图 1.81 所示,设 $\dfrac{AM}{MB}=\dfrac{v'}{v},\dfrac{BN}{NC}=\dfrac{\mu}{\mu'},\dfrac{CP}{PA}=\dfrac{\lambda}{\lambda'}(\lambda+\lambda'=\mu+\mu'=v+v'=1)$,则

$$P(\lambda a,0), M(va,v'b), N(0,\mu'b)$$

$$S_{\triangle PMN} = \frac{1}{2}\sin C \cdot \begin{vmatrix} \lambda a & 0 & 1 \\ va & v'b & 1 \\ 0 & \mu'b & 1 \end{vmatrix} = \frac{1}{2}\sin C \cdot (\lambda v' - \lambda\mu' + v\mu')ab$$

易见对调 λ 与 λ',μ 与 μ',v 与 v' 可得 P_1,M_1,N_1 的坐标,故同理

$$S_{\triangle P_1M_1N_1} = \frac{1}{2}\sin C \cdot (\lambda'v - \lambda'\mu + v'\mu)ab$$

要证两面积相等,只要证

$$\lambda v' - \lambda\mu' + v\mu' = \lambda'v - \lambda'\mu + v'\mu$$

即证(易见成立)

$$\lambda(1-v) - \lambda(1-\mu) + v(1-\mu) = (1-\lambda)v - (1-\lambda)\mu + (1-v)\mu$$

因 $\dfrac{CP'}{P'B}=\dfrac{CP}{PA}=\dfrac{\lambda}{\lambda'}$,易求得 $P'(0,\lambda b)$,类似得 $M'(va,0), N'(\mu a,\mu'b)$,则

$$S_{\triangle P'M'N'} = \frac{1}{2}\sin C \cdot \begin{vmatrix} 0 & \lambda b & 1 \\ va & 0 & 1 \\ \mu a & \mu'b & 1 \end{vmatrix} = \frac{1}{2}\sin C \cdot (\lambda\mu - \lambda v + v\mu')ab$$

要证

$$S_{\triangle PMN} = S_{\triangle P'M'N'}$$

只要证

$$\lambda v' - \lambda\mu' + v\mu' = \lambda\mu - \lambda v + v\mu'$$

即证
$$\lambda(v' + v) = \lambda(\mu + \mu')$$
这显然成立.

1.89 在 $\triangle ABC$ 的三边 AB, BC, CA 上分别取点 M, N, P，使 $\dfrac{AM}{MB} = \dfrac{BN}{NC} = \dfrac{CP}{PA}$，三直线 CM, AN, BP 围成 $\triangle A'B'C'$，求证：$\triangle ABC$，$\triangle MNP$，$\triangle A'B'C'$ 的重心重合.

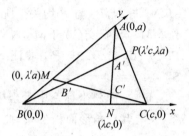

图 1.82

证 设 $\dfrac{AM}{MB} = \dfrac{BN}{NC} = \dfrac{CP}{PA} = \dfrac{\lambda}{\lambda'}(\lambda + \lambda' = 1)$.

因只涉及共直线的线段之比，斜坐标系与直角坐标系重心坐标公式相同，故可取斜坐标系如图 1.82 所示. 设点 B, C, A 坐标从而得点 M, N, P 坐标如图所示.

易见 $\triangle ABC$ 与 $\triangle MNP$ 重心均为 $\left(\dfrac{1}{3}c, \dfrac{1}{3}a\right)$，故重合.

由 $\triangle AMC$ 被直线 $PB'B$ 所截，据 Menelaus 定理得
$$\frac{MB'}{B'C} \cdot \frac{CP}{PA} \cdot \frac{AB}{BM} = 1$$
$$\frac{MB'}{B'C} = \frac{PA}{CP} \cdot \frac{BM}{AB} = \frac{\lambda'}{\lambda} \cdot \lambda' = \frac{\lambda'^2}{\lambda}$$

于是
$$(x_{B'}, y_{B'}) = \frac{\lambda(x_M, y_M) + \lambda'^2(x_C, y_C)}{\lambda + \lambda'^2} = \left(\frac{\lambda'^2}{\lambda + \lambda'^2}c, \frac{\lambda\lambda'}{\lambda + \lambda'^2}a\right)$$

同理
$$(x_{C'}, y_{C'}) = \frac{1}{\lambda + \lambda'^2}[\lambda(x_N, y_N) + \lambda'^2(x_A, y_A)] = \left(\frac{\lambda^2}{\lambda + \lambda'^2}c, \frac{\lambda'^2}{\lambda + \lambda'^2}a\right)$$
$$(x_{A'}, y_{A'}) = \frac{1}{\lambda + \lambda'^2}[\lambda(x_P, y_P) + \lambda'^2(x_B, y_B)] = \left(\frac{\lambda\lambda'}{\lambda + \lambda'^2}c, \frac{\lambda^2}{\lambda + \lambda'^2}a\right)$$

易见 $\lambda + \lambda'^2 = \lambda'\lambda + \lambda'^2 + \lambda^2$，故 $\triangle A'B'C'$ 的重心亦为 $\left(\dfrac{1}{3}c, \dfrac{1}{3}a\right)$.

1.90 已知 $\odot O$ 上四点 A, B, C, D，过点 A, D 作 $\odot O$ 的切线交于 S，直线 AC, BD 交于 P，直线 AB, DC 交于 Q，求证：S, P, Q 共直线.

证 取坐标轴如图 1.83 所示，不妨设半径为 1，有向角 $2\delta, -2\delta$ 如图所示，

设 C,B 的辐角分别为 $2\gamma,2\beta$,易得 $S\left(\dfrac{1}{\cos 2\delta},0\right)$.

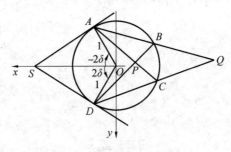

图 1.83

直线 AC 为
$$x\cos(\gamma-\delta)+y\sin(\gamma-\delta)=\cos(\gamma+\delta)$$
直线 BD 为
$$x\cos(\beta+\delta)+y\sin(\beta+\delta)=\cos(\beta-\delta)$$
解得交点 Q 的坐标
$$x_Q=\dfrac{\sin(\beta+\delta)\cos(\gamma+\delta)-\sin(\gamma-\delta)\cos(\beta-\delta)}{\sin(\beta-\gamma+2\delta)}$$
$$=\dfrac{\sin(\beta-\gamma)+\sin 2\delta\cos(\beta+\gamma)}{\sin(\beta-\gamma+2\delta)}$$
$$y_Q=\dfrac{\cos(\gamma-\delta)\cos(\beta-\delta)-\cos(\beta+\delta)\cos(\gamma+\delta)}{\sin(\beta-\gamma+2\delta)}=\dfrac{\sin 2\delta\sin(\beta+\gamma)}{\sin(\beta-\gamma+2\delta)}$$

同理(β,γ 对调)
$$x_P=\dfrac{\sin(\gamma-\beta)+\sin 2\delta\sin(\gamma+\beta)}{\sin(\gamma-\beta+2\delta)}$$
$$y_P=\dfrac{\sin 2\delta\sin(\gamma+\beta)}{\sin(\gamma-\beta+2\delta)}$$

要证 S,Q,P 共直线,只要证(各行已去分母)
$$\begin{vmatrix} 1 & 0 & \cos 2\delta \\ \sin(\beta-\gamma)+\sin 2\delta\cos(\beta+\gamma) & \sin 2\delta\sin(\beta+\gamma) & \sin(\beta-\gamma+2\delta) \\ \sin(\gamma-\beta)+\sin 2\delta\cos(\beta+\gamma) & \sin 2\delta\sin(\beta+\gamma) & \sin(\gamma-\beta+2\delta) \end{vmatrix}=0$$

左边 $=2\sin 2\delta\sin(\beta+\gamma)\sin(\gamma-\beta)\cos 2\delta+2\cos 2\delta\sin(\beta-\gamma)\sin 2\delta\sin(\beta+\gamma)=0$

1.91 已知梯形 $ABCD$,$AD \parallel BC$,作 $BP \parallel CD$ 交直线 CA 于 P,作 $CQ \parallel BA$ 交直线 BD 于 Q,求证:$PQ \parallel BC$.

证 取 x,y 轴如图 1.84 所示(O 为 BC 上任一点),可设 B,C,A,D 坐标如图所示.

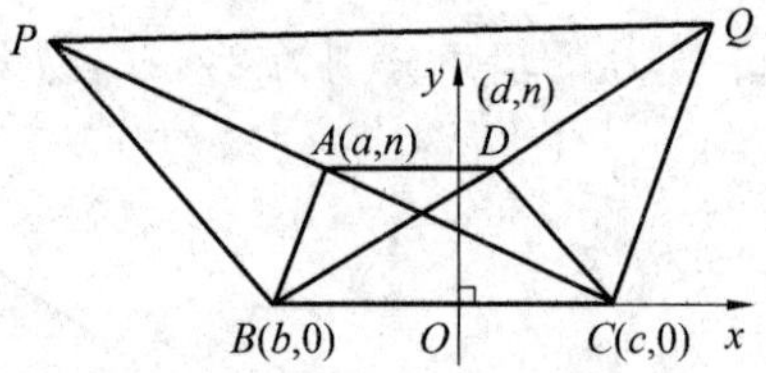

直线 BP 为
$$\frac{x-b}{d-c}=\frac{y}{n}$$

即
$$nx+(c-d)y=bn$$

直线 CA 为
$$\frac{x-c}{b-a}=\frac{y}{-n}$$

即
$$-nx+(a-b)y=-cn$$

解得交点 P 的 y 坐标为
$$y_P=\frac{(b-c)n}{c+a-b-d}$$

同理(b,c 对调,a,d 对调)
$$y_Q=\frac{(c-b)n}{b+d-c-a}=y_P$$

故 $PQ \parallel BC$.

图 1.84

1.92 在 $\square ABCD$ 的边 AB,BC,CD,DA 上分别取点 A_1,B_1,C_1,D_1,使 $\frac{AA_1}{A_1B}=\frac{BB_1}{B_1C}=\frac{CC_1}{C_1D}=\frac{DD_1}{D_1A}$,在线段 $A_1B_1,B_1C_1,C_1D_1,D_1A_1$ 上分别取点 A_2,B_2,C_2,D_2,使 $\frac{A_1A_2}{A_2B_1}=\frac{B_1B_2}{B_2C_1}=\frac{C_1C_2}{C_2D_1}=\frac{D_1D_2}{D_2A_1}=\frac{A_1B}{AA_1}$,求证:四边形 $A_2B_2C_2D_2$ 为平行四边形,且 $A_2B_2 \parallel AD$,$B_2C_2 \parallel CD$.

证 因只涉及平行线及共直线的线段之比,可取斜坐标系如图 1.85 所示,可设点 A,B,C,D 坐标如图所示. 设 $\frac{AA_1}{A_1B}=\frac{\lambda}{\lambda'}(\lambda+\lambda'=1)$,则 $\frac{A_1A_2}{A_2B_1}=\frac{\lambda'}{\lambda}$,可设点 A_1,B_1,C_1,D_1 坐标如图所示,则
$$x_{B_2}=\lambda x_{B_1}+\lambda' x_{C_1}=(\lambda^2+\lambda'^2)c$$
$$y_{B_2}=\lambda y_{B_1}+\lambda' y_{C_1}=0$$

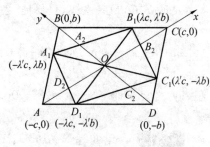

图 1.85

于是点 B_2 在射线 OC 上,$\dfrac{OB_2}{OC}=\lambda^2+\lambda'^2$. 同理 C_2,D_2,A_2 分别在射线 OD,OA,

OB 上,且 $\dfrac{OC_2}{OD}=\dfrac{OD_2}{OA}=\dfrac{OA_2}{OB}=\lambda^2+\lambda'^2$,易见有 $\square B_2C_2D_2A_2$ 与 $\square CDAB$ 位似,

相似比为 $\lambda^2+\lambda'^2$.

1.93 在正 $\triangle ABC$ 的边 BC 上取点 M,在 AC 延长线上取点 N,使 $MA=MN$,求证:$BM=CN$.

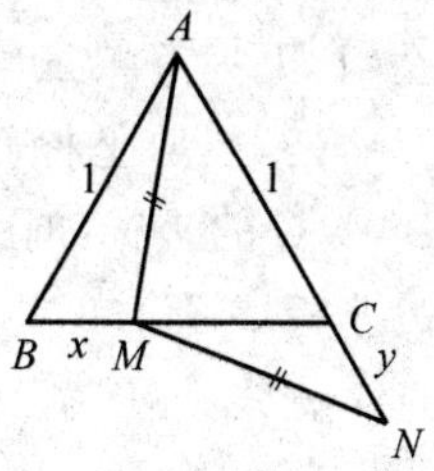

证 不妨设 $\triangle ABC$ 的边长为 1,设 $BM=x,CN=y$.
由 $AM^2=MN^2$ 用余弦定理得

$$1^2+x^2-2\cdot 1\cdot x\cos 60°$$
$$=(1-x)^2+y^2-2(1-x)y\cos 120°$$

化简得

$$x+xy=y+y^2\Rightarrow(x-y)(1+y)=0$$

因 $1+y>0$,故 $x-y=0$,则 $x=y$.

图 1.86

1.94 设 s 为 $\triangle ABC$ 的半周长,a 为其最大边,r 为内切圆半径,求证:$\triangle ABC$ 为锐角三角形、直角三角形、钝角三角形,分别取决于 $s-a$ 大于、等于、小于 r(原题印错,结论相反,以正三角形为例可知原题结论错).

证 因 a 边对角 $\angle A$ 为最大角,故问题归结为判定 $\angle A$ 为锐角、直角、钝角. 又因 $r=\dfrac{S_{\triangle ABC}}{s}=\dfrac{\frac{1}{2}bc\sin A}{\frac{1}{2}(a+b+c)}=\dfrac{bc\sin A}{a+b+c}$,故(用"$\vee$"表示"比较大小")

$$s-a\vee r\Leftrightarrow\dfrac{b+c-a}{2}\vee\dfrac{bc\sin A}{a+b+c}\Leftrightarrow\dfrac{1}{2}[(b+c)^2-a^2]\vee bc\sin A$$

但 $\dfrac{1}{2}[(b+c)^2-a^2]=bc+\dfrac{1}{2}(b^2+c^2-a^2)=bc+bc\cos A$,故知

$$s-a\vee r\Leftrightarrow bc+bc\cos A\vee bc\sin A$$
$$\Leftrightarrow\dfrac{1}{\sqrt{2}}\vee\dfrac{1}{\sqrt{2}}(\sin A-\cos A)$$
$$\Leftrightarrow\dfrac{1}{\sqrt{2}}\vee\sin(\angle A-45°)$$

易见 $0°<\angle A<90°$ 时,$\dfrac{1}{\sqrt{2}}>\sin(\angle A-45°)$,$\angle A=90°$ 时,$\dfrac{1}{\sqrt{2}}=\sin(\angle A-45°)$,

$180° > \angle A > 90°$ 时,$\frac{1}{\sqrt{2}} < \sin(\angle A - 45°)$,从而分别得 $s-a > r, s-a = r, s-a < r$,反之亦然,题目得证.

1.95 已知 $\square ABCD$ 的边 CD 的中点 M,B 在直线 AM 上的射影为点 H,求证:$\triangle CBH$ 为等腰三角形.

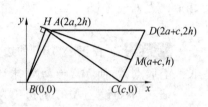

图 1.87

证 取坐标轴如图 1.87 所示,可设点 B,A,C 的坐标如图 1.87 所示,从而得 D,M 的坐标如图 1.87 所示.

直线 AM 为

$$\begin{vmatrix} x & y & 1 \\ 2a & 2h & 1 \\ a+c & h & 1 \end{vmatrix} = 0$$

即

$$hx + (c-a)y = 2ch$$

化成标准式方程(使 x,y 系数平方和为 1)

$$\frac{h}{\sqrt{h^2+(c-a)^2}}x + \frac{c-a}{\sqrt{h^2+(c-a)^2}}y = \frac{2ch}{\sqrt{h^2+(c-a)^2}}$$

任一点 M 在直线 $x\cos\alpha + y\sin\alpha = p$ 上的射影为

$(p\cos\alpha + (x_M\sin\alpha - y_M\cos\alpha)\sin\alpha, p\sin\alpha + (y_M\cos\alpha - x_M\sin\alpha)\cos\alpha)$

求得 $B(0,0)$ 在 AM 上的射影 $H\left(\frac{2ch^2}{h^2+(c-a)^2}, \frac{2ch(c-a)}{h^2+(c-a)^2}\right)$,则

$$CH^2 = \left[\frac{2ch^2}{h^2+(c-a)^2} - c\right]^2 + \left[\frac{2ch(c-a)}{h^2+(c-a)^2}\right]^2$$

$$= \frac{[ch^2 - c(c-a)^2]^2 + 4c^2h^2(c-a)^2}{[h^2+(c-a)^2]^2}$$

$$= \frac{c^2[h^2+(c-a)^2]^2}{[h^2+(c-a)^2]^2} = c^2 = BC^2$$

故 $CH = BC$,题目得证.

1.96 已知正 $\triangle CAB$ 与正 $\triangle CDE$,B,D 在直线 AE 的同侧,CA,CE,BD 的中点分别为 N,K,M,求证:$\triangle NKM$ 为正三角形.

证 取以 C 为原点的任一复平面,设 $z_N = a, z_K = b$,则

$$z_B = z_A \mathrm{e}^{-\frac{\pi}{3}\mathrm{i}} = 2a\mathrm{e}^{-\frac{\pi}{3}\mathrm{i}}, \quad z_D = z_E \mathrm{e}^{\frac{\pi}{3}\mathrm{i}} = 2b\mathrm{e}^{\frac{\pi}{3}\mathrm{i}}$$

$$z_M = \frac{1}{2}(z_B + z_D) = a\mathrm{e}^{-\frac{\pi}{3}\mathrm{i}} + b\mathrm{e}^{\frac{\pi}{3}\mathrm{i}}$$

只要证

$$z_M - z_N = (z_K - z_N)\mathrm{e}^{\frac{\pi}{3}\mathrm{i}}$$

即

$$a\mathrm{e}^{-\frac{\pi}{3}\mathrm{i}} + b\mathrm{e}^{\frac{\pi}{3}\mathrm{i}} - a = (b - a)\mathrm{e}^{\frac{\pi}{3}\mathrm{i}}$$

即证

$$\mathrm{e}^{-\frac{\pi}{3}\mathrm{i}} + \mathrm{e}^{\frac{\pi}{3}\mathrm{i}} = 1$$

这易见成立(算出实、虚部,或按几何意义).

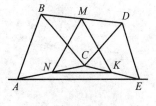

图 1.88

1.97 $\square ABCD$ 中,$BC = 2AB$,AD 中点为 M,C 在边 PA 上的射影为 P,求证:$\angle DMP = 3\angle APM$.

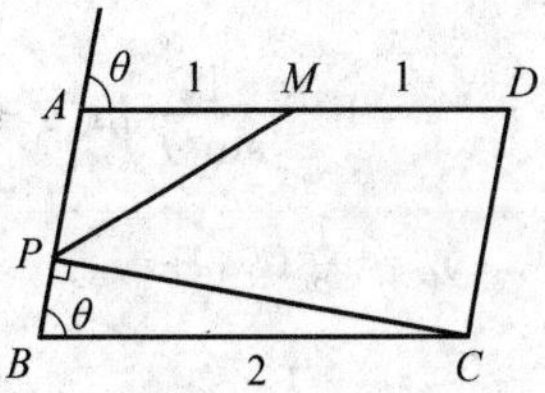

证 不妨设 $AB = 1$,则 $BC = 2$,$AM = MD = 1$,设角 θ 如图 1.89 所示,则

$$AP = AB - PB = 1 - 2\cos\theta$$

$$\tan\angle APM = \frac{AM\sin\theta}{AP + AM\cos\theta}$$

$$= \frac{1 \cdot \sin\theta}{(1 - 2\cos\theta) + 1 \cdot \cos\theta}$$

$$= \cot\frac{\theta}{2} = \tan(90° - \frac{\theta}{2})$$

图 1.89

故(两边均在 0° 与 180° 之间)

$$\angle APM = 90° - \frac{\theta}{2}$$

$$\angle PAM = 180° - \theta = 2\angle APM \Rightarrow \angle DMP = 3\angle APM$$

1.98 在 $\triangle ABC$ 内取点 P,使 $\angle CAP = \angle CBP$,P 在 CA,CB 上的射影分别为 K,M,AB 中点为 D,求证:$DK = DM$.

证 取 x,y 轴如图 1.90 所示,角 θ,α,β 如图所示,不妨设 $PC = 2$,易得

$$K(2\sin^2\alpha, 2\sin\alpha\cos\alpha), \quad M(2\sin^2\beta, -2\sin\beta\cos\beta)$$

$$PA = \frac{2\sin\alpha}{\sin\theta}$$

用三角、解析几何等计算解来自俄罗斯的几何题

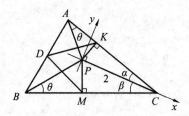

图 1.90

$$PB = \frac{2\sin\beta}{\sin\theta} \Rightarrow A\left(-\frac{2\sin\alpha}{\sin\theta}\cos(\alpha+\theta), \frac{2\sin\alpha}{\sin\theta}\sin(\alpha+\theta)\right)$$

$$B\left(-\frac{2\sin\beta}{\sin\theta}\cos(\beta+\theta), -\frac{2\sin\beta}{\sin\theta}\sin(\beta+\theta)\right)$$

$$x_D = \frac{1}{2}(x_A + x_B) = -\frac{1}{2\sin\theta}[\sin(2\alpha+\theta) - \sin\theta + \sin(2\beta+\theta) - \sin\theta]$$

$$= 1 - \frac{1}{\sin\theta}\sin(\alpha+\beta+\theta)\cos(\alpha-\theta)$$

$$y_D = \frac{1}{2}(y_A + y_B) = \frac{1}{2\sin\theta}[\cos\theta - \cos(2\alpha+\theta) - \cos\theta + \cos(2\beta+\theta)]$$

$$= \frac{1}{\sin\theta}\sin(\alpha-\beta)\sin(\alpha+\beta+\theta)$$

则

$$DK^2 = (x_D - x_K)^2 + (y_D - y_K)^2 = \left[\cos 2\alpha - \frac{\sin(\alpha+\beta+\theta)\cos(\alpha-\beta)}{\sin\theta}\right]^2 +$$

$$\left[\frac{\sin(\alpha-\beta)\sin(\alpha+\beta+\theta)}{\sin\theta} - \sin 2\alpha\right]^2$$

$$= \frac{1}{\sin^2\theta}[\sin^2(\alpha+\beta)\cos^2(\theta+\beta-\alpha) + \sin^2(\alpha+\beta)\sin^2(\theta-\alpha+\beta)]$$

$$= \frac{\sin^2(\alpha+\beta)}{\sin^2\theta}$$

同理(θ 变号,α 改为 $-\beta$,β 改为 $-\alpha$)

$$DM^2 = \frac{\sin^2(-\beta-\alpha)}{\sin^2(-\theta)} = DK^2$$

故 $DM = DK$.

1.99 过 $\odot O$ 内接四边形 $ABCD$ 的各顶点作切线围成四边形 $EFGH$,如图 1.91 所示,求证:两四边形的对角线交点重合.

第 1 章 平面几何证明题
DIYIZHANG PINGMIAN JIHE ZHENGMINGTI

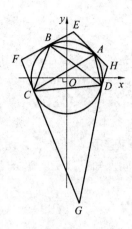

图 1.91

证 以圆心 O 为原点作坐标系,使射线 Ox 穿过 $\overset{\frown}{AD}$,不妨设 $\odot O$ 半径为 1,设 A,B,C,D 的辐角分别为 $2\alpha,2\beta,2\gamma,2\delta$. 于是 $A(\cos 2\alpha,\sin 2\alpha)$, $B(\cos 2\beta,\sin 2\beta)$, $C(\cos 2\gamma,\sin 2\gamma)$, $D(\cos 2\delta,\sin 2\delta)$, $E\left(\dfrac{\cos(\beta+\alpha)}{\cos(\beta-\alpha)},\dfrac{\sin(\beta+\alpha)}{\cos(\beta-\alpha)}\right)$, $G\left(\dfrac{\cos(\delta+\gamma)}{\cos(\delta-\gamma)},\dfrac{\sin(\delta+\gamma)}{\cos(\delta-\gamma)}\right)$.

直线 AC 为
$$x\cos(\gamma+\alpha)+y\sin(\gamma+\alpha)-\cos(\gamma-\alpha)=0 \qquad ①$$

直线 BD 为
$$x\cos(\delta+\beta)+y\sin(\delta+\beta)-\cos(\delta-\beta)=0 \qquad ②$$

在由直线 AC,BD 确定的线束($① \cdot \lambda + ② \cdot \mu$)中求过点 E 的直线,即求 λ, μ 使

$$\left[\dfrac{\cos(\beta+\alpha)}{\cos(\beta-\alpha)}\cos(\gamma+\alpha)+\dfrac{\sin(\beta+\alpha)}{\cos(\beta-\alpha)}\sin(\gamma+\alpha)-\cos(\gamma-\alpha)\right]\lambda +$$
$$\left[\dfrac{\cos(\beta+\alpha)}{\cos(\beta-\alpha)}\cos(\delta+\beta)+\dfrac{\sin(\beta+\alpha)}{\cos(\beta-\alpha)}\cos(\delta+\beta)-\cos(\delta-\beta)\right]\mu = 0$$

化简得
$$\dfrac{\cos(\gamma-\beta)-\cos(\gamma-\alpha)\cos(\beta-\alpha)}{\cos(\beta-\alpha)}\lambda + \dfrac{\cos(\delta-\alpha)-\cos(\delta-\beta)\cos(\beta-\alpha)}{\cos(\beta-\alpha)}\mu = 0$$

即
$$\lambda\sin(\gamma-\alpha)\sin(\beta-\alpha)+\mu\sin(\delta-\beta)\sin(\beta-\alpha)=0$$

可取

$$\lambda = \sin(\delta - \beta), \quad \mu = \sin(\gamma - \alpha)$$

得直线 EO 为

$$[\cos(\gamma + \alpha)\sin(\delta - \beta) + \cos(\delta + \beta)\sin(\gamma - \alpha)]x +$$
$$[\sin(\gamma + \alpha)\sin(\delta - \beta) + \sin(\delta + \beta)\sin(\gamma - \alpha)]y$$
$$= \cos(\gamma - \alpha)\sin(\delta - \beta) + \cos(\delta - \beta)\sin(\gamma - \alpha)$$

同理得直线 GO 的方程(上方程中 α,γ 对调,β,δ 对调(这时 E,G 坐标对调,AC,BD 方程不变)),易见所得方程实际与 EO 的方程相同(两边都变号),于是两直线重合,即直线 EG 过点 O,同理知直线 FH 过点 O,题目结论得证.

1.100 四边形 $ABCD$ 中,$\angle DAB = 90°$,点 B,D 在 AC 上的射影分别为 E,F,$AE = CF$,求证:$\angle BCD = 90°$.

证 设 $AE = CF = a$,$EF = b$,角 θ,α,β 如图 1.92 所示.易见

$$a\cot\theta = (a+b)\tan\beta, \quad (a+b)\tan\theta = a\tan\alpha$$

两式相乘得

$$a(a+b) = (a+b)a\tan\beta\tan\alpha \Rightarrow 1 = \tan\beta\tan\alpha$$

故 $\alpha + \beta = 90°$,即 $\angle BCD = 90°$.

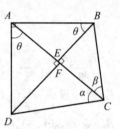

图 1.92

1.101 圆内接四边形 $ABCD$ 两对角线交于点 O,点 O 在 AB,BC,CD,DA 上的射影分别为 E,F,G,H,求证:四边形 $EFGH$ 为圆外切四边形.

证 设 $OA = a, OB = b, OC = c, OD = d$,角 $\alpha,\beta,\gamma,\delta$ 如图 1.93 所示,易见 $\alpha + \beta + \gamma + \delta = 180°$,则

$$d = \frac{ac}{b} = \frac{1}{b} \cdot \frac{b\sin\delta}{\sin\gamma} \cdot \frac{b\sin\alpha}{\sin\beta} = \frac{b\sin\delta\sin\alpha}{\sin\gamma\sin\beta}$$

只要证

$$FG + EH = FE + GH$$

即证(注意 O,F,C,G 共圆,直径为 OC,$\cdots$)

$$c\sin(\beta + \delta) + a\sin(\alpha + \gamma) = b\sin(\alpha + \delta) + d\sin(\gamma + \beta)$$

即证

$$\left(\frac{b\sin\alpha}{\sin\beta} + \frac{b\sin\delta}{\sin\gamma}\right)\sin(\alpha + \gamma) = \left(b + \frac{b\sin\delta\sin\alpha}{\sin\gamma\sin\beta}\right)\sin(\alpha + \delta)$$

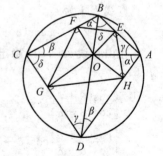

图 1.93

第1章 平面几何证明题
DIYIZHANG PINGMIAN JIHE ZHENGMINGTI

即证

$$(\sin\alpha\sin\gamma + \sin\delta\sin\beta)\sin(\alpha+\gamma) = (\sin\gamma\sin\beta + \sin\delta\sin\alpha)\sin(\alpha+\delta)$$

即证

$$[\cos(\alpha-\gamma) - \cos(\alpha+\gamma) + \cos(\delta-\beta) - \cos(\delta+\beta)]\sin(\alpha+\gamma)$$
$$= [\cos(\gamma-\beta) - \cos(\gamma+\beta) + \cos(\delta-\alpha) - \cos(\delta+\alpha)]\sin(\alpha+\delta)$$

注意两方括号内的第 2、4 项可抵消,再把正弦因式乘入方括号内,即证

$$\sin 2\alpha + \sin 2\gamma + \sin(\alpha+\gamma+\delta-\beta) + \sin(\alpha+\gamma+\beta-\delta)$$
$$= \sin(\alpha+\delta+\gamma-\beta) + \sin(\alpha+\delta+\beta-\gamma) + \sin 2\delta + \sin 2\alpha$$

注意第 2、4 项分别等于右边第 2、3 项,故此式成立.

1.102 $\triangle ABC$ 的高为 CH,角平分线为 CT,中线为 CM,CT 又平分 $\angle HCM$,求证:$AC = BC$ 或 $\angle ACB = 90°$.

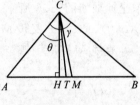

图 1.94

证 不妨设 $\triangle ABC$ 外接圆直径为 2,设 $\angle ACM = \theta$,$\angle ACB = \gamma$. 易见 $AC \neq AM\cos A$(否则易见 $\theta = 90°$,而 $\angle ACH + \angle ACM = 2\angle ACT = \angle ACB$,即 $(90° - \angle A) + 90° = \angle ACB$,$\angle A + \angle ACB = 180°$,这不可能)

$$\tan\theta = \frac{AM\sin A}{AC - AM\cos A} = \frac{\frac{1}{2} \cdot 2\sin\gamma \cdot \sin A}{2\sin B - \sin\gamma\cos A}$$

而 $\theta + (90° - \angle A) = \gamma$,得

$$\frac{\tan\theta + \cot A}{1 - \tan\theta\cot A} = \tan\gamma$$

$$\frac{\dfrac{\sin A\sin\gamma}{2\sin B - \sin\gamma\cos A} + \dfrac{\cos A}{\sin A}}{1 - \dfrac{\sin\gamma\cos A}{2\sin B - \sin\gamma\cos A}} = \frac{\sin\gamma}{\cos\gamma}$$

$$(\sin^2 A\sin\gamma + 2\sin B\cos A - \sin\gamma\cos^2 A)\cos\gamma$$
$$= (2\sin B - 2\sin\gamma\cos A)\sin\gamma\sin A$$

即

$$[2\sin(\gamma+A)\cos A - \sin\gamma\cos 2A]\cos\gamma = 2\cos\gamma\sin\gamma\sin^2 A$$

$$\cos\gamma = 0 \Rightarrow \angle ACB = \gamma = 90°$$

或

$$2\sin(\gamma+A)\cos A - \sin\gamma\cos 2A = 2\sin\gamma\sin^2 A$$
$$\Rightarrow \sin(\gamma+2A) + \sin\gamma = \sin\gamma$$
$$\Rightarrow \gamma + 2\angle A = 180° = \gamma + \angle A + \angle B$$
$$\Rightarrow \angle A = \angle B \Rightarrow BC = AC$$

1.103 两等圆 $\odot O, \odot O'$ 交于 A, B, 过点 A 作直线与两圆又交于 M, N, 过点 B 作 MN 的垂线与两圆又交于 E, F, 求证：四边形 $MFNE$ 为菱形.

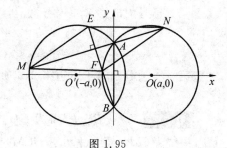

图 1.95

证 只要证 EF, MN 的中点重合即可. 取坐标轴如图 1.95 所示，可设 $O'(-a,0)$, $O(a,0)$, $A(0,h)$, 又设 MN 的倾斜角为 α.

直线 MAN 为

$$y = h + x\tan\alpha$$

$\odot O'$ 为

$$(x-a)^2 + y^2 = a^2 + h^2$$

解得一交点 N 的 x 坐标(非 0)

$$x_N = a(\cos 2\alpha + 1) - h\sin 2\alpha$$
$$\Rightarrow y_N = h\cos 2\alpha + a\sin 2\alpha$$

同理(a 变号)

$$x_M = -a(\cos 2\alpha + 1) - h\sin 2\alpha, \quad y_M = h\cos 2\alpha - a\sin 2\alpha$$

从而得 MN 的中点为 $(-h\sin 2\alpha, h\cos 2\alpha)$.

类似得(上式中 h 变号，α 改 $90° + \alpha$)，EF 的中点为 $(h\sin(180° + 2\alpha), -h\cos(180° + 2\alpha))$，亦即 $(-h\sin 2\alpha, h\cos 2\alpha)$ 与 MN 中点重合.

1.104 梯形 $ABCD, BC \parallel AD$, 在 BA, CD 上分别取点 K, M, 使 $\angle CDK = \angle BAM$, 求证：$\angle BMA = \angle CKD$.

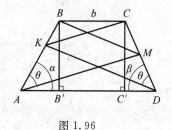

图 1.96

证 设梯形高 $BB' = CC' = h$, $BC = b$, 角 θ, α, β 如图 1.96 所示，则

$$AD = b + h\cot\alpha + h\cot\beta$$

$$= \frac{b\sin\alpha\sin\beta + h\sin(\alpha+\beta)}{\sin\alpha\sin\beta}$$

$$AM = AD\frac{\sin\beta}{\sin(\alpha-\theta+\beta)} = \frac{b\sin\alpha\sin\beta + h\sin(\alpha+\beta)}{\sin\alpha\sin(\alpha-\theta+\beta)}$$

$$\tan\angle AMB = \frac{AB\sin\theta}{AM - AB\cos\theta} = \frac{\dfrac{h\sin\theta}{\sin\alpha}}{\dfrac{b\sin\alpha\sin\beta + h\sin(\alpha+\beta)}{\sin\alpha\sin(\alpha-\theta+\beta)} - \dfrac{h\cos\theta}{\sin\alpha}}$$

$$= \frac{h\sin\theta\sin(\alpha-\theta+\beta)}{b\sin\alpha\sin\beta + h\sin(\alpha+\beta) - h\cos\theta\sin(\alpha-\theta+\beta)}$$

同理 $\tan\angle CKD$(上式 α,β 对调)亦等于上式,故 $\angle AMB = \angle CKD$.

1.105　$\odot O_1$ 与 $\odot O_2$ 交于 A,B, O_1 在 $\odot O_2$ 上,在 $\odot O_2$ 上取点 D,直线 AD 与 $\odot O_1$ 又交于 C,求证:$O_1D \perp CB$.

证　取坐标轴如图 1.97 所示,有向角 $2\theta,-2\theta,2\alpha$ 如图 1.97 所示,不妨设 $\odot O_2$ 半径为 1,则 $\odot O_1$ 半径 $O_1A = 2\sin\theta$.

$\odot O_1$ 为
$$(x-1)^2 + y^2 = 4\sin^2\theta$$

直线 AD 为
$$x\cos(\alpha-\theta) + y\sin(\alpha-\theta) = \cos(\alpha+\theta) \qquad ①$$

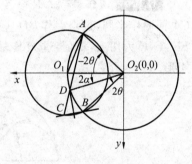

图 1.97

求它们之交点的 x 坐标,从后式求 y 代入上式得

$$(x-1)^2 + \left[\frac{\cos(\alpha+\theta) - x\cos(\alpha-\theta)}{\sin(\alpha-\theta)}\right]^2 = 4\sin^2\theta$$

化简得
$$x^2 - 2x[\sin^2(\alpha-\theta) + \cos(\alpha-\theta)\cos(\alpha+\theta)] + \cdots = 0 \text{(省去常数项)}$$

其两根为 x_C 及 $x_A = \cos 2\theta$,故由韦达定理知

$$x_C = [2\sin^2(\alpha-\theta) + 2\cos(\alpha-\theta)\cos(\alpha+\theta)] - \cos 2\theta$$
$$= 2\sin^2(\alpha-\theta) + \cos 2\alpha$$

以 $x = x_C$ 代入方程 ① 得

$$y_C = \frac{\cos(\alpha+\theta) - \cos(\alpha-\theta)[2\sin^2(\alpha-\theta) + \cos 2\alpha]}{\sin(\alpha-\theta)}$$

$$= \sin 2\alpha - \sin(2\alpha - 2\theta)$$
$$= 2\sin\theta\cos(2\alpha-\theta)$$

则
$$\overrightarrow{DO_1} \cdot \overrightarrow{BC} = (x_{O_1} - x_D)(x_C - x_B) + (y_{O_1} - y_D)(y_C - y_B)$$
$$= (1 - \cos 2\alpha)[2\sin^2(\alpha - \theta) + \cos 2\alpha - \cos 2\theta] -$$
$$\sin 2\alpha \cdot [2\sin\theta\cos(2\alpha - \theta) - \sin 2\theta]$$
$$= 2\sin^2\alpha \cdot [2\sin^2(\alpha - \theta) + 2\sin(\theta - \alpha)\sin(\theta + \alpha)] -$$
$$\sin 2\alpha \cdot 2\sin\theta \cdot [\cos(2\alpha - \theta) - \cos\theta]$$
$$= 8\sin^2\alpha\sin(\theta - \alpha)\sin\theta\cos\alpha - 8\sin\alpha\cos\alpha\sin\theta\sin(\theta - \alpha)\sin\alpha$$
$$= 0$$

得证 $O_1D \perp BC$.

1.106 在直线上有顺次三点 C,B,A,分别以 CB,BA,CA 为直径在直线 CA 同侧作半圆,过点 B 作 $BD \perp CA$ 与最大半圆交于 D,两小半圆的外公切线为 FE,F,E 为切点,求证:过 D 作最大半圆的切线与 FE 平行,又四边形 $BEDF$ 为矩形.

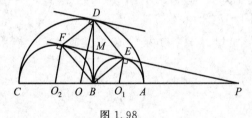

图 1.98

证 设所述三半圆圆心分别为 O_2,O_1,O,$AB = 2a$,$BC = 2b$,直线 FE,CA 交于 P.易见

$$\sin P = \frac{b - a}{b + a}$$

$$BO = O_2B - (CO - CO_2) = b - [(a + b) - b] = b - a$$

$$\sin \angle BDO = \frac{BO}{OD} = \frac{b - a}{a + b} = \sin P$$

从而易推出 $PF \perp DO$,最大半圆过点 D 的切线与 FE 平行

$$\tan P = \frac{b - a}{\sqrt{(b + a)^2 - (b - a)^2}} = \frac{b - a}{2\sqrt{ab}}$$

$$\frac{PO_2}{PO_1} = \frac{b}{a}(\text{分比定理}) \Rightarrow \frac{a + b}{PO_1} = \frac{b - a}{a}$$

$$PO_1 = \frac{a^2 + ab}{b - a}$$

第1章 平面几何证明题

$$BM = (PO_1 + a)\tan P = \frac{2ab}{b-a} \cdot \frac{b-a}{2\sqrt{ab}} = \sqrt{ab} = \frac{1}{2}\sqrt{2a \cdot 2b} = \frac{1}{2}BD$$

故 M 为 BD 的中点. 又易见 M 为 FE 的中点, 故有矩形 $BEDF$.

1.107 在 $\triangle ABC$ 的边 BC 上取点 K, 求证
$$AK^2 = AB \cdot AC - KB \cdot KC$$
$$\Leftrightarrow AB = AC \text{ 或 } \angle BAK = \angle CAK$$

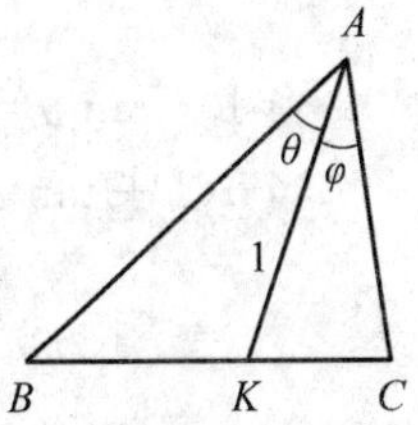

证 不妨设 $AK = 1$, 角 φ, θ 如图 1.99 所示, 则
$$\varphi + \theta + \angle B + \angle C = 180°$$
$$AK^2 = AB \cdot AC - KB \cdot KC$$
$$\Leftrightarrow 1 = \frac{1\sin(B+\theta)}{\sin B} \cdot \frac{1\sin(C+\varphi)}{\sin C} -$$
$$\frac{1\sin\theta}{\sin B} \cdot \frac{1\sin\varphi}{\sin B}$$
$$\Leftrightarrow \sin B \sin C = \sin(B+\theta)\sin(C+\varphi) - \sin\theta\sin\varphi$$
$$\Leftrightarrow \cos(B-C) - \cos(B+C) = \cos(B+\theta-C-\varphi) -$$
$$\cos 180° - \cos(\theta-\varphi) + \cos(\theta+\varphi)$$
$$\Leftrightarrow \cos(B-C) - \cos(B+\theta-C-\varphi) = 1 - \cos(\theta-\varphi)$$
$$\Leftrightarrow 2\sin\frac{\theta-\varphi}{2}\sin(B-C+\frac{\theta-\varphi}{2}) = 2\sin^2\frac{\theta-\varphi}{2}$$
$$\Leftrightarrow \sin\frac{\theta-\varphi}{2} = 0 \text{ 或 } \sin(B-C+\frac{\theta-\varphi}{2}) = \sin\frac{\theta-\varphi}{2}$$
$$\Leftrightarrow \theta = \varphi \text{ 或 } \angle B = \angle C (\text{即 } AC = AB)$$

图 1.99

1.108 正方形 $ABCD$ 的内接矩形 $EFGH$ 如图 1.100 所示, 求证: 四边形 $EFGH$ 为正方形; 或四边形 $EFGH$ 为非正方形时, $EF \parallel AC, EH \parallel BD$.

证 不妨设正方形边长为 1, 设 $AE = a$, 角 α 如图所示, 则
$$BF = (1-a)\tan\alpha$$
$$CG = (1-BF)\tan\alpha = \tan\alpha - \tan^2\alpha + a\tan^2\alpha$$
$$DH = (1-CG)\tan\alpha = \tan\alpha - \tan^2\alpha + \tan^3\alpha - a\tan^3\alpha$$
$$a = AE = (1-DH)\tan\alpha = \tan\alpha - \tan^2\alpha + \tan^3\alpha - \tan^4\alpha + a\tan^4\alpha$$

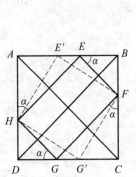

图 1.100

$$a(1-\tan^4\alpha)=(1+\tan^2\alpha)(\tan\alpha-\tan^2\alpha)$$

约去 $1+\tan^2\alpha\neq 0$ 得

$$a(1+\tan\alpha)(1-\tan\alpha)=\tan\alpha(1-\tan\alpha)$$

故

$$1-\tan\alpha=0 \text{ 或 } a(1+\tan\alpha)=\tan\alpha$$

当 $1-\tan\alpha=0$ 时，则 $\alpha=45°\Rightarrow EF\parallel AC, EH\parallel BD$；

当 $a(1+\tan\alpha)=\tan\alpha$ 时，则

$$a\cot\alpha+a=1$$

$$DH=1-AH=1-a\cot\alpha=a=AE$$

从而 $HA=EB$. 同理有 $DH=AE=BF=CG$, $HA=EB=FC=GD$, 于是易证有正方形 $EFGH$（即图中正方形 $E'FG'H$）.

1.109 正 $\triangle ABC$ 内一点 M 在 BC, CA, AB 的射影分别是 A_1, B_1, C_1，求证

$$AB_1+BC_1+CA_1=B_1C+C_1A+A_1B$$

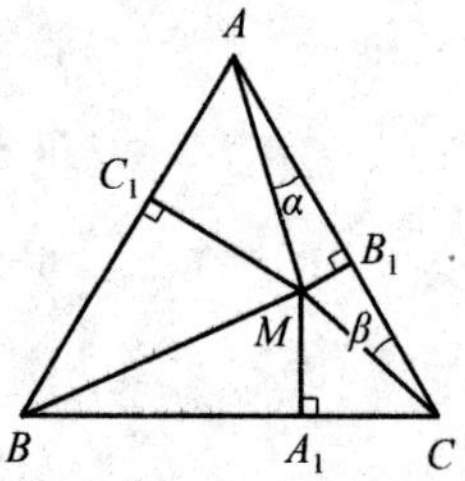

证 不妨设 $\triangle ABC$ 边长为 1，设角 α,β 如图 1.101 所示，则

$$MA=\frac{1\sin\beta}{\sin(\alpha+\beta)}$$

$$AB_1=MA\cos\alpha=\frac{\sin\beta\cos\alpha}{\sin(\alpha+\beta)}$$

$$AC_1=MA\cos(60°-\alpha)=\frac{\sin\beta\cos(60°-\alpha)}{\sin(\alpha+\beta)}$$

$$MC=\frac{1\sin\alpha}{\sin(\alpha+\beta)}$$

$$CA_1=\frac{\sin\alpha}{\sin(\alpha+\beta)}\cos(60°-\beta)$$

$$BC_1=1-AB_1=1-\frac{\sin\beta\cos(60°-\alpha)}{\sin(\alpha+\beta)}$$

图 1.101

只要证 $AB_1+CA_1+BC_1=\dfrac{3}{2}$，即证

$$\frac{\sin\beta\cos\alpha}{\sin(\alpha+\beta)}+\frac{\sin\alpha\cos(60°-\beta)}{\sin(\alpha+\beta)}+\left[1-\frac{\sin\beta\cos(60°-\alpha)}{\sin(\alpha+\beta)}\right]=\frac{3}{2}$$

即证

$$\sin\beta\cos\alpha + \sin\alpha\cos(60° - \beta) - \sin\beta\cos(60° - \alpha) = \frac{1}{2}\sin(\alpha + \beta)$$

左边 $= 2\sin\beta\sin(30° - \alpha)\sin 30° + \sin\alpha\cos(60° - \beta)$

$= \sin\beta\cos(60° + \alpha) + \sin\alpha\cos(60° - \beta)$

$= \frac{1}{2}[\sin(\beta + \alpha + 60°) + \sin(\beta - \alpha - 60°) + \sin(\alpha - \beta + 60°) +$

$\sin(\alpha + \beta - 60°)]$

$= \sin(\alpha + \beta)\cos 60° =$ 右边

1.110　四边形 $ABCD$ 的对角线交于点 Q，直线 BA, CD 交于点 P，且 PQ 平分 AD，求证：PQ 平分 BC.

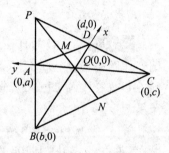

图 1.102

证　题目只涉及点共直线，直线共点，共直线的线段之比，可取斜坐标系如图 1.102 所示，得 A, B, C, D 坐标如图所示.

直线 DC 为

$$\frac{x}{d} + \frac{y}{c} = 1$$

直线 AB 为

$$\frac{x}{b} + \frac{y}{a} = 1$$

解得交点 P 的坐标

$$x_P = \frac{bcd - abd}{bc - ad}$$

$$y_P = \frac{abc - adc}{bc - ad}$$

直线 PQ（两边分母已同乘 $bc - ad$）为

$$\frac{x}{bcd - abd} = \frac{y}{abc - adc}$$

直线 AD 为

$$\frac{x}{d} + \frac{y}{a} = 1$$

联合解得交点 M 的坐标

$$x_M = \frac{bcd - abd}{2bc - cd - ab}$$

于是
$$PQ \text{ 平分 } AD \Leftrightarrow x_M = \frac{1}{2}d$$
$$\Leftrightarrow 2bcd - 2abd = 2bcd - cd^2 - abd \Leftrightarrow cd = ab$$

因若 a,c 对调，b,d 对调，则 A,C 对调，B,D 对调，AD 与 PQ 的交点 M 变成 CB 与 PQ 的交点 N，故同理知
$$PQ \text{ 平分 } CB \Leftrightarrow ab = cd$$

故知
$$PQ \text{ 平分 } AD \Leftrightarrow PQ \text{ 平分 } CB$$

1.111 $\odot O$ 的直径为 BC，以点 C 为圆心作圆交 $\odot O$ 于 D,E，在 $\odot C$ 上取点 L，BL 与 $\odot O$ 又交于 M，求 MD，ME 与 ML 之间的关系.

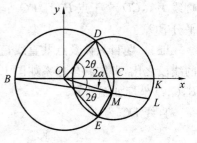

图 1.103

解 设 $\odot O$，$\odot C$ 的半径分别为 a,b，角 2θ，有向角 2α，如图 1.103 所示，又取坐标轴如此图所示，则
$$D(a\cos 2\theta, a\sin 2\theta), E(a\cos 2\theta, -a\sin 2\theta)$$
$$M(a\cos 2\alpha, a\sin 2\alpha), B(-a, 0)$$
$$b = 2a\sin\theta, MD = 2a\sin(\theta - \alpha), ME = 2a\sin(\theta + \alpha)$$

直线 BM 为
$$\frac{x+a}{a\cos 2\alpha + a} = \frac{y}{a\sin 2\alpha} \Rightarrow y = \frac{(x+a)\sin 2\alpha}{\cos\alpha + 1}$$

即
$$y = (x+a)\frac{\sin\alpha}{\cos\alpha}$$

代入 $\odot C$ 方程 $(x-a)^2 + y^2 = b^2$，化简得
$$x^2 - 2ax\cos 2\alpha + (a^2 - b^2\cos^2\alpha) = 0$$

解得（有两个点 L 对应同一点 M，即同一 α）
$$x_L = a\cos 2\alpha \pm \sqrt{b^2\cos^2\alpha - a^2\sin^2 2\alpha}$$
$$y_L = (x_L + a)\frac{\sin\alpha}{\cos\alpha} = a\sin 2\alpha \pm \frac{\sin\alpha}{\cos\alpha}\sqrt{b^2\cos^2\alpha - a^2\sin^2 2\alpha}$$
$$ML^2 = (b^2\cos^2\alpha - a^2\sin^2 2\alpha)(1 + \frac{\sin^2\alpha}{\cos^2\alpha}) = b^2 - 4a^2\sin^2\alpha$$
$$= 4a^2(\sin^2\theta - \sin^2\alpha)$$

第1章 平面几何证明题

$$= 4a^2 \sin(\theta+\alpha)\sin(\theta-\alpha) = MD \cdot ME$$

则所求关系为 $ML^2 = MD \cdot ME$.

1.112 $\triangle ABC$ 的中线为 AK,BL,过 AB 边的点 P 分别作 AK,BL 的平行线,分别与 CB,CA 交于 E,F,求证:AK,CL 把 EF 三等分.

证 题目只涉及平行线及共直线的线段之比,可用斜坐标系,如图 1.104 所示,可设 K,A,L,B 坐标如图所示,又设点 Q,R 如图所示.设 $\dfrac{AP}{PB} = \dfrac{KE}{EB} = \dfrac{AF}{FL} = \dfrac{\lambda}{\lambda'}$,则 $P(-2\lambda'k,-2\lambda l)$,$E(\lambda'k,-2\lambda l)$,$F(-2\lambda'k,\lambda l)$.

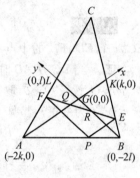

图 1.104

直线 EF 为

$$\begin{vmatrix} x & y & 1 \\ \lambda'k & -2\lambda l & 1 \\ -2\lambda'k & \lambda l & 1 \end{vmatrix} = 0$$

即

$$-3\lambda l x - 3\lambda'k y - 3\lambda\lambda'kl = 0$$

令 $y=0$,可求得 $Q(-\lambda'k,0)$,而 $x_R = 0$,于是从 E,R,Q,F 的 x 坐标知 Q,R 三等分 FE.

1.113 四边形既有外接圆又有内切圆,四边为 a,b,c,d,求证:面积 $S = \sqrt{abcd}$.

证 可设 α,$180°-\alpha$ 如图 1.105 所示,则

$$a+c = b+d \Rightarrow a-b = d-c \quad \text{①}$$

又易见

$$a^2 + b^2 - 2ab\cos\alpha = c^2 + d^2 + 2cd\cos\alpha$$

即

$$(a-b)^2 - 2ab(\cos\alpha - 1) = (c-d)^2 + 2cd(\cos\alpha + 1)$$

再由式 ① 得

$$4ab\sin^2\dfrac{\alpha}{2} = 4cd\cos^2\dfrac{\alpha}{2} \Rightarrow \tan\dfrac{\alpha}{2} = \sqrt{\dfrac{cd}{ab}}$$

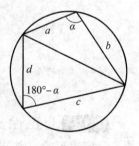

图 1.105

用三角、解析几何等计算解来自俄罗斯的几何题

$$\sin\alpha = \frac{2\tan\frac{\alpha}{2}}{1+\tan^2\frac{\alpha}{2}} = \frac{2\sqrt{abcd}}{ab+cd}$$

$$S = \frac{1}{2}ab\sin\alpha + \frac{1}{2}cd\sin(180°-\alpha) = \sqrt{abcd}$$

1.114 已知四边形 $ABCD$,在边 AB,DC 上分别取动点 E,F,分别取 EC,FA,ED,FB 的中点 P,M,Q,N,求证:四边形 $PMQN$ 的面积为定值.

证 当 $DC \parallel AB$ 时,此定值为 0(因四个中点在一直线上). 当直线 AB,DC 交于点 O,设 $\angle O = \theta$,取斜坐标轴如图 1.106 所示,设 A,B,C,D,E,F 坐标如图所示(e,f 为变量),易见

$$P(e,c), M(a,f), Q(e,d), N(b,f)$$

$$S_{\text{四边形}PMQN} = \frac{1}{2}\sin\theta\left(\left|\begin{array}{cc}e & c \\ a & f\end{array}\right| + \left|\begin{array}{cc}a & f \\ e & d\end{array}\right| + \left|\begin{array}{cc}e & d \\ b & f\end{array}\right| + \left|\begin{array}{cc}b & f \\ e & c\end{array}\right|\right)$$

$$= \frac{1}{2}\sin\theta(ef - ac + ad - ef + ef - bd + bc - ef)$$

$$= \frac{1}{2}(c-d)(b-a)\sin\theta(\text{与变元}e,f\text{无关,为定值})$$

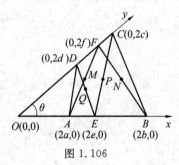

图 1.106

1.115 在平行四边形各边各取一点,以这些点为顶点的四边形面积为原平行四边形的一半,求证:此四边形至少有一条对角线与平行四边形的边平行.

证 以平行四边形的(对称)中心为原点,x,y 轴分别与各边平行取斜坐标系,可取各顶点,各边上一点的坐标如图 1.107 所示,角 θ 如图 1.107 所示,由面积关系(各顶点取逆时针方向所得有向面积为正数)得

$$\frac{1}{2}\sin\theta\left(\left|\begin{array}{cc}a & m \\ n & b\end{array}\right| + \left|\begin{array}{cc}n & b \\ -a & p\end{array}\right| + \left|\begin{array}{cc}-a & p \\ q & -b\end{array}\right| + \left|\begin{array}{cc}q & -b \\ a & m\end{array}\right|\right) = \frac{1}{2}(2a \cdot 2b \cdot \sin\theta)$$

第1章 平面几何证明题
DIYIZHANG PINGMIAN JIHE ZHENGMINGTI

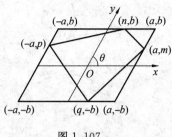

图 1.107

即
$$ab - mn + np + ab + ab - qp + qm + ab = 4ab$$
$$(p-m)(n-q) = 0 \Rightarrow m = p \text{ 或 } n = q$$

即所述四边形的一条对角线与平行四边形的边平行.

1.116 正 $2n$ 边形内一点 P 与各顶点连线把正 $2n$ 边形分成 $2n$ 个三角形,求证:两组相间的三角形面积和相等.

证 设正 $2n$ 边形边长为 a,内切圆半径(边心距)为 r,以中心 O 为原点,过点 O 作第一边的垂线为 x 轴取坐标系,则各边所在直线的方程为

$$x\cos\frac{k}{n}\pi + y\sin\frac{k}{n}\pi = r \quad (k = 0, 1, 2, \cdots, 2n-1)$$

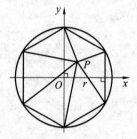

图 1.108

设 $P(u,v)$,则点 P 到各边的距离为

$$\left| u\cos\frac{k}{n}\pi + v\sin\frac{k}{n}\pi - r \right| = r - u\cos\frac{k}{n}\pi - v\sin\frac{k}{n}\pi$$

(绝对值号内有向距离与中心 O 到各边的有向距离同号,为负数) 两组三角形面积之和分别为[①]

$$\sum_{k=0}^{n-1} \frac{1}{2} a \left(r - u\cos\frac{2k}{n}\pi - v\sin\frac{2k}{n}\pi \right) = \frac{n}{2} ar$$

$$\sum_{k=0}^{n-1} \frac{1}{2} a \left(r - u\cos\frac{2k+1}{n}\pi - v\sin\frac{2k+1}{n}\pi \right) = \frac{n}{2} ar$$

故两和相等.

[①] 可仿照作者拙作《计算方法与几何证题》例 2.11 或例 8.6 证两式中余弦项之和、正弦项之和均为 0.

1.117 圆内接四边形边长为 a,b,c,d,半周长为 p. 求证:其面积为
$$S=\sqrt{(p-a)(p-b)(p-c)(p-d)}$$

证 可设角 θ, $180°-\theta$ 如图 1.109 所示,则

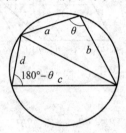

图 1.109

$$a^2+b^2-2ab\cos\theta=c^2+d^2+2cd\cos\theta \Rightarrow \cos\theta=\frac{a^2+b^2-c^2-d^2}{2(ab+cd)}$$

则

$$S=\frac{1}{2}(ab+cd)\sin\theta=\frac{ab+cd}{2}\cdot\frac{\sqrt{4(ab+cd)^2-(a^2+b^2-c^2-d^2)^2}}{2(ab+cd)}$$

$$=\frac{1}{4}\sqrt{(2ab+2cd+a^2+b^2-c^2-d^2)(2ab+2cd+c^2+d^2-a^2-b^2)}$$

$$=\frac{1}{4}\sqrt{[(a+b)^2-(c-d)^2][(c+d)^2-(a-b)^2]}$$

$$=\frac{1}{4}\sqrt{(a+b+c-d)(a+b-c+d)(c+d+a-b)(c+d-a+b)}$$

$$=\sqrt{(p-a)(p-b)(p-c)(p-d)}$$

1.118 $\odot O$ 半径为 R,两直径 $AE \perp BF$,在 $\overset{\frown}{EF}$ 上取点 C,CA,CB 与 BF,AE 分别交于 P,Q,求证:$S_{四边形BAPQ}=R^2$.

证 设角 α,β 如图 1.110 所示,易见 $\alpha+\beta=45°$,则

$$1=\tan 45°=\tan(\alpha+\beta)=\frac{\tan\alpha+\tan\beta}{1-\tan\alpha\tan\beta}\Rightarrow\tan\alpha+\tan\beta+\tan\alpha\tan\beta=1$$

$$S_{四边形BAPQ}=\frac{1}{2}R^2+\frac{1}{2}R\cdot R\tan\alpha+\frac{1}{2}R\cdot R\tan\beta+\frac{1}{2}R\tan\alpha\cdot R\tan\beta$$

$$=\frac{1}{2}R^2(1+1)=R^2$$

第1章 平面几何证明题
DIYIZHANG PINGMIAN JIHE ZHENGMINGTI

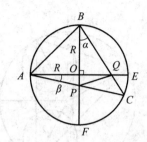

图 1.110

1.119 五边形 $ABCDE$ 中,$\angle D = \angle B = 90°$,$BC = CD = EA = 1$,$AB + DE = 1$,求证:此五边形面积为 1.

证 设角 θ,线段 a,b 如图 1.111 所示,$a + b = 1$,$S_{\triangle ABC} + S_{\triangle CDE} = \dfrac{1}{2}(1 \cdot a + 1 \cdot b) = \dfrac{1}{2}$,故只要证 $S_{\triangle ACE} = \dfrac{1}{2}$,由已知得

$$CA = \sqrt{a^2 + 1}, \quad CE = \sqrt{b^2 + 1}$$

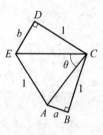

图 1.111

则

$$\cos\theta = \frac{(\sqrt{a^2+1})^2 + (\sqrt{b^2+1})^2 - 1}{2\sqrt{a^2+1} \cdot \sqrt{b^2+1}} = \frac{a^2 + b^2 + 1}{2\sqrt{(a^2+1)(b^2+1)}}$$

$$\sin\theta = \frac{\sqrt{4(a^2+1)(b^2+1) - (a^2+b^2+1)^2}}{2\sqrt{(a^2+1)(b^2+1)}}$$

$$S_{\triangle ACE} = \frac{1}{2}\sqrt{a^2+1} \cdot \sqrt{b^2+1}\sin\theta$$

$$= \frac{1}{4}\sqrt{2a^2b^2 + 2a^2 + 2b^2 + 3 - a^4 - b^4}$$

$$= \frac{1}{4}\sqrt{2a^2 + 2b^2 + 3 - (a^2 - b^2)^2} = \frac{1}{4}\sqrt{2a^2 + 2b^2 + 3 - (a-b)^2}$$

$$= \frac{1}{4}\sqrt{(a+b)^2 + 3} = \frac{1}{4}\sqrt{1+3} = \frac{1}{2}$$

1.120 两等圆 $\odot O_1,\odot O_2$ 分别与 $\odot O$ 内切于 A_1,A_2,$\odot O$ 上有点 C,且 CA_1,CA_2 分别与 $\odot O_1,\odot O_2$ 交于 B_1,B_2,求证:$B_1B_2 \parallel A_1A_2$.

证 取坐标轴如图 1.112 所示,设 $\odot O$ 半径为 R,$OO_1 = OO_2 = d$,设角 2α,有向角 2θ 如图所示,则 $O_1(d\cos 2\alpha, d\sin 2\alpha)$.

用三角、解析几何等计算解来自俄罗斯的几何题

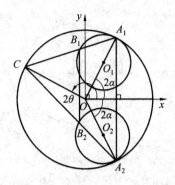

图 1.112

$\odot O_1$ 为

$$(x - d\cos 2\alpha)^2 + (y - d\sin 2\alpha)^2 = (R - d)^2$$

直线 CA_1 为

$$x\cos(\theta + \alpha) + y\sin(\theta + \alpha) = R\cos(\theta - \alpha)$$

即

$$y = \frac{R\cos(\theta - \alpha) - x\cos(\theta + \alpha)}{\sin(\theta + \alpha)}$$

代入 $\odot O_1$ 的方程得

$$(x - d\cos 2\alpha)^2 \sin^2(\theta + \alpha) + [R\cos(\theta - \alpha) - x\cos(\theta + \alpha)]^2$$
$$= (R - d)^2 \sin^2(\theta + \alpha)$$

化简得

$$x^2 + (\cdots)x + [R^2\cos 2\theta \cos 2\alpha + 2Rd\sin(\theta + \alpha)\cos 2\alpha \sin(\theta - \alpha)] = 0$$

(省写 x 的一次项) 其二根为 $x_{A_1} = R\cos 2\alpha$ 及 x_{B_1},据韦达定理知

$$x_{B_1} = \frac{R^2 \cos 2\theta \cos 2\alpha + 2Rd \sin(\theta + \alpha)\cos 2\alpha \sin(\theta - \alpha)}{R\cos 2\alpha}$$
$$= R\cos 2\theta + 2d\sin(\theta + \alpha)\sin(\theta - \alpha)$$

同理(α 变号)

$$x_{B_2} = R\cos 2\theta + 2d\sin(\theta - \alpha)\sin(\theta + \alpha) = x_{B_1}$$

故 B_1B_2 与 y 轴平行,从而与 A_1A_2 平行.

1.121 正方形 $A_1A_2A_3A_4$ 内点 P,过 A_j 作 PA_{j+1} ($j = 1,2,3,4$, A_5 即 A_1)的垂线,求证:这些垂线共点.

证 实际画图观察知这些垂线所共点 P' 为 P 绕正方形中心 O 顺时针旋转

(即转向与 A_1,A_2,A_3,A_4 相反)$90°$ 所得. 现证之: 取 O 为原点任作复平面, 易见 $z_{A_j} \cdot i = z_{A_{j+1}}$, 又 $z_{P'} = -iz_P$, 于是

$$(z_{P'} - z_{A_j}) \cdot i = z_P - z_{A_{j+1}}$$

从而知 $A_j P' \perp A_{j+1} P$.

由过一点作已知直线的垂线的唯一性知所述四垂线为 $A_j P'$, 共点于 P'.

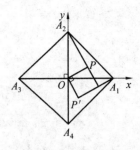

图 1.113

1.122 正方形 $ABCD$ 过点 A 作射线 AP, AQ, 点 B 在它们上的射影分别为 K, L, 点 D 在它们上的射影分别为 M, N, 求证: $KL = MN$, $KL \perp MN$.

证 取坐标轴如图 1.114 所示, 设正方形边长为 a, 角 α, β 如图所示. 易见

$L(a\cos^2\alpha, a\cos\alpha\sin\alpha)$, $K(a\cos^2\beta, a\cos\beta\sin\beta)$,
$M(a\sin\beta\cos\beta, a\sin^2\beta)$, $N(a\sin\alpha\cos\alpha, a\sin^2\alpha)$

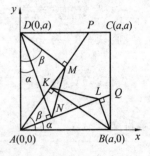

图 1.114

取 $x(y)$ 轴为实(虚)轴作复平面, 则复数

$$z_L = a\cos^2\alpha + ia\cos\alpha\sin\alpha, z_K = a\cos^2\beta + ia\cos\beta\sin\beta$$
$$z_M = a\sin\beta\cos\beta + ia\sin^2\beta, z_M = a\sin\alpha\cos\alpha + ia\sin^2\alpha$$

只要证

$$(z_N - z_M)i = z_L - z_K$$
$$(z_N - Z_m)i = (a\sin\alpha\cos\alpha - a\sin\beta\cos\beta)i - (a\sin^2\beta - a\sin^2\alpha)$$
$$= ia\sin(\alpha-\beta)\cos(\alpha+\beta) - a\sin(\beta-\alpha)\sin(\beta+\alpha)$$
$$z_L - z_K = (a\cos^2\beta - a\cos^2\alpha) + ia(\cos\alpha\sin\alpha - \cos\beta\sin\beta)$$
$$= a\sin(\alpha-\beta)\sin(\alpha+\beta) + ia\sin(\alpha-\beta)\cos(\alpha+\beta)$$
$$= (z_N - z_M)i$$

1.123 直线上有点 A, B, C, 作 $AB_1 \parallel BA_1$, $AC_1 \parallel CA_1$, $CB_1 \parallel BC_1$, 求证: A_1, B_1, C_1 共直线.

证 取坐标轴如图 1.115 所示, 设角 α, β, γ 如图所示, 可取 A, B, C 的坐标如图所示.

直线 AB_1 为

$$y = x\tan\beta$$

直线 CB_1 为
$$y = c + x\tan\alpha$$

解得交点 B_1
$$x_{B_1} = \frac{c}{\tan\beta - \tan\alpha} = \frac{c\cos\beta\cos\alpha}{\sin(\beta-\alpha)}$$
$$y_{B_1} = x_{B_1}\tan\beta = \frac{c\sin\beta\cos\alpha}{\sin(\beta-\alpha)}$$

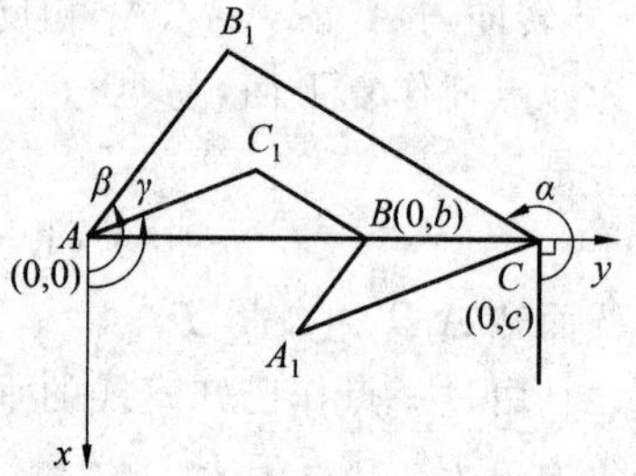

同理得(上式 β 改为 γ, c 改为 b)
$$x_{C_1} = \frac{b\cos\gamma\cos\alpha}{\sin(\gamma-\alpha)}, \quad y_{C_1} = \frac{b\sin\gamma\cos\alpha}{\sin(\gamma-\alpha)}$$

图 1.115

直线 BA_1 为
$$y = b + x\tan\beta$$

直线 CA_1 为
$$y = c + x\tan\gamma$$

解得交点 A_1
$$x_{A_1} = \frac{(c-b)\cos\beta\cos\gamma}{\sin(\beta-\gamma)}$$
$$y_{A_1} = \frac{c\tan\beta - b\tan\gamma}{\tan\beta - \tan\gamma} = \frac{c\sin\beta\cos\gamma - b\sin\gamma\cos\beta}{\sin(\beta-\gamma)}$$

只要证(各行已去分母)
$$\begin{vmatrix} (c-b)\cos\beta\cos\gamma & c\sin\beta\cos\gamma - b\sin\gamma\cos\beta & \sin(\beta-\gamma) \\ c\cos\beta\cos\alpha & c\sin\beta\cos\alpha & \sin(\beta-\alpha) \\ b\cos\gamma\cos\alpha & b\sin\gamma\cos\alpha & \sin(\gamma-\alpha) \end{vmatrix} = 0$$

易见展开式中(只含 b,c 的二次项) b^2, c^2 的系数为 0,而 bc 的系数(按第三列展开)为

$\sin(\beta-\gamma)\cos^2\alpha\sin(\gamma-\beta) + \sin(\beta-\alpha)\cos\gamma\cos\alpha\sin(\beta-\gamma) +$
$\sin(\gamma-\alpha)\cos\beta\cos\alpha\sin(\gamma-\beta)$

$= \sin(\beta-\gamma)\cos\alpha[\sin(\gamma-\beta)\cos\alpha + \sin(\beta-\alpha)\cos\gamma - \sin(\gamma-\alpha)\cos\beta]$

$= \sin(\beta-\gamma)\cos\alpha[\frac{1}{2}\sin(\gamma-\beta+\alpha) + \frac{1}{2}\sin(\gamma-\beta-\alpha) + \frac{1}{2}\sin(\beta-\alpha+\gamma) +$

$\frac{1}{2}\sin(\beta-\alpha-\gamma) - \sin(\gamma-\alpha)\cos\beta]$

$= \sin(\beta-\gamma)\cos\alpha[\sin(\gamma-\alpha)\cos\beta - \sin(\gamma-\alpha)\cos\beta] = 0$

第1章 平面几何证明题

1.124 正 $\triangle ABC$,在边 AB,AC 上分别取点 E, D,使 $\dfrac{AE}{EB} = \dfrac{CD}{DA} = 2$,$BD$ 与 CE 交于 O,求证:$AO \perp OC$.

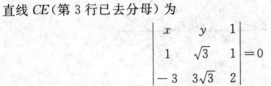

图 1.116

证 取坐标轴如图 1.116 所示,不妨设 $EB = AD = 1$, 则 $AE = CD = 2$,得 $E(1,\sqrt{3})$,$B(\dfrac{3}{2},\dfrac{3}{2}\sqrt{3})$,$C(-\dfrac{3}{2},\dfrac{3}{2}\sqrt{3})$, $D(-\dfrac{1}{2},\dfrac{1}{2}\sqrt{3})$.

直线 CE(第 3 行已去分母)为

$$\begin{vmatrix} x & y & 1 \\ 1 & \sqrt{3} & 1 \\ -3 & 3\sqrt{3} & 2 \end{vmatrix} = 0$$

即

$$-\sqrt{3}x - 5y + 6\sqrt{3} = 0$$

直线 BD(第 2、3 行已去分母)为

$$\begin{vmatrix} x & y & 1 \\ -1 & \sqrt{3} & 2 \\ 3 & 3\sqrt{3} & 2 \end{vmatrix} = 0$$

即

$$-4\sqrt{3}x + 8y - 6\sqrt{3} = 0$$

两方程相加消去常数项便得过原点 A 的直线 AO 的方程

$$-5\sqrt{3}x + 3y = 0$$

即

$$y = \dfrac{5}{3}\sqrt{3}x$$

斜率为

$$k_{AO} = \dfrac{5}{3}\sqrt{3}$$

$$k_{CE} = \dfrac{\sqrt{3} - \dfrac{3}{2}\sqrt{3}}{1 - \left(-\dfrac{3}{2}\right)} = -\dfrac{\sqrt{3}}{5} = -\dfrac{1}{k_{AO}}$$

得证 $CE \perp AO$.

1.125 $\triangle ABC$ 外接圆 $\odot O$ 的半径为 R，BC 边外旁切圆 $\odot O'$ 的半径为 r，求证：$OO' = \sqrt{R^2 + 2Rr}$.

证 设角 α, β, γ 如图 1.117 所示，$\alpha + \beta + \gamma = 180°$，易见

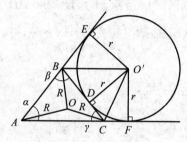

图 1.117

$$\angle OBC = 90° - \alpha, \angle BO'D = \frac{1}{2}\beta, \angle O'BD = 90° - \frac{1}{2}\beta$$

$$OO'^2 = R^2 + \left(\frac{r}{\cos\frac{1}{2}\beta}\right)^2 - \frac{2Rr}{\cos\frac{1}{2}\beta}\cos(90° - \alpha + 90° - \frac{1}{2}\beta)$$

故只要证

$$\frac{r^2}{\cos^2\frac{1}{2}\beta} + \frac{2Rr}{\cos\frac{1}{2}\beta}\cos(\alpha + \frac{1}{2}\beta) = 2Rr$$

即证

$$r + 2R\cos(\alpha + \frac{1}{2}\beta)\cos\frac{1}{2}\beta = 2R\cos^2\frac{1}{2}\beta$$

即证

$$r = 2R\cos\frac{\beta}{2}\left[\cos\frac{1}{2}\beta - \cos(\alpha + \frac{1}{2}\beta)\right]$$

右边 $= 4R\cos\frac{1}{2}\beta\sin\frac{1}{2}\alpha\sin\frac{\alpha+\beta}{2} = 4R\sin\frac{1}{2}\alpha\cos\frac{1}{2}\beta\cos\frac{1}{2}\gamma$

故只要证

$$r = 4R\sin\frac{1}{2}\alpha\cos\frac{1}{2}\beta\cos\frac{1}{2}\gamma$$

$$r = BO'\cos\frac{1}{2}\beta = BC\frac{\sin\angle BCO'}{\sin\angle BO'C}\cos\frac{\beta}{2}$$

$$= 2R\sin\alpha \frac{\sin(90° - \frac{1}{2}\gamma)}{\sin(90° - \frac{1}{2}\beta + 90° - \frac{1}{2}\gamma)} \cos\frac{1}{2}\beta$$

$$= 4R \frac{\sin\frac{1}{2}\alpha\cos\frac{1}{2}\alpha\cos\frac{1}{2}\gamma\cos\frac{1}{2}\beta}{\sin\frac{\beta+\gamma}{2}}$$

$$= 4R\sin\frac{1}{2}\alpha\cos\frac{1}{2}\gamma\cos\frac{1}{2}\beta$$

1.126 △ABC 中,外(内)心 $O(O')$,外接圆(内切圆)半径 $R(r)$,求证:$OO'^2 = R^2 - 2Rr$(欧拉公式).

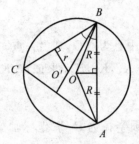

图 1.118

证 $O'B = \dfrac{r}{\sin\frac{1}{2}B}$,$\angle OBO' = \left|\dfrac{1}{2}B - (90° - C)\right|$

$$OO'^2 = R^2 + \left(\frac{r}{\sin\frac{1}{2}B}\right)^2 - 2R\frac{r}{\sin\frac{1}{2}B}\cos(\frac{1}{2}B + C - 90°)$$

只要证

$$\frac{r^2}{\sin^2\frac{1}{2}B} - \frac{2Rr}{\sin\frac{1}{2}B}\sin(\frac{1}{2}B + C) = -2Rr$$

即证

$$r = 2R\sin\frac{1}{2}B \cdot (\sin(\frac{1}{2}B + C) - \sin\frac{1}{2}B)$$

右边 $= 4R\sin\frac{1}{2}B\sin\frac{1}{2}C\cos\frac{1}{2}(B+C)$

$$= 4R\sin\frac{1}{2}B\sin\frac{1}{2}C\sin\frac{1}{2}A$$

而

$$r = O'B\sin\frac{1}{2}B = 2R\sin A\frac{\sin\frac{1}{2}C}{\sin\frac{1}{2}(B+C)}\sin\frac{1}{2}B$$

$$= 2R\sin A\frac{\sin\frac{1}{2}C}{\cos\frac{1}{2}A}\sin\frac{1}{2}B$$

$$= 4R\sin\frac{1}{2}A\sin\frac{1}{2}C\sin\frac{1}{2}B$$

所述得证.

1.127 正 $\triangle ABC$ 中心为点 O,其内一点 M 到 AB,BC,CA 的射影分别为 K_1,K_2,K_3,求证:$\overrightarrow{MK_1} + \overrightarrow{MK_2} + \overrightarrow{MK_3} = \frac{3}{2}\overrightarrow{MO}$.

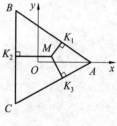

图 1.119

证 设 $\triangle ABC$ 外接圆半径为 R,取坐标轴如图 1.119 所示,设 $M(m,n)$,易见 $A(R,0)$,$B\left(-\frac{R}{2},\frac{\sqrt{3}}{2}R\right)$,$C\left(-\frac{R}{2},-\frac{\sqrt{3}}{2}R\right)$,$K_2\left(-\frac{R}{2},n\right)$.

直线 AB 为

$$x\cos 60° + y\sin 60° = \frac{R}{2}$$

即

$$\frac{1}{2}x + \frac{\sqrt{3}}{2}y = \frac{R}{2}$$

同理直线 AC($60°$ 改为 $-60°$)为

$$\frac{1}{2}x - \frac{\sqrt{3}}{2}y = \frac{R}{2}$$

第1章 平面几何证明题
DIYIZHANG PINGMIAN JIHE ZHENGMINGTI

$M(m,n)$ 在 AB 上的射影 K_1 的坐标①

$$x_{K_1} = \frac{1}{4}R + \left(\frac{\sqrt{3}}{2}m - \frac{1}{2}n\right) \cdot \frac{\sqrt{3}}{2} = \frac{1}{4}R + \frac{3}{4}m - \frac{\sqrt{3}}{4}n$$

$$y_{K_1} = \frac{\sqrt{3}}{4}R + \left(\frac{1}{2}n - \frac{\sqrt{3}}{2}m\right) \cdot \frac{1}{2} = \frac{\sqrt{3}}{4}R + \frac{1}{4}n - \frac{\sqrt{3}}{4}m$$

同理($\sqrt{3}$ 变号)

$$x_{K_3} = \frac{1}{4}R + \frac{3}{4}m + \frac{\sqrt{3}}{4}n$$

$$y_{K_3} = -\frac{\sqrt{3}}{4}R + \frac{1}{4}n + \frac{\sqrt{3}}{4}m$$

则

$$\overrightarrow{MK_1} + \overrightarrow{MK_2} + \overrightarrow{MK_3} = (x_{K_1} + x_{K_2} + x_{K_3} - 3m, y_{K_1} + y_{K_2} + y_{K_3} - 3n)$$

$$= \left(-\frac{3}{2}m, -\frac{3}{2}n\right) = \frac{3}{2}\overrightarrow{MO}$$

1.128 在 △ABC 三边向外作 △$BAD \backsim$ △$CBE \backsim$ △ACF,分别取 CD,CB,EF,CA 的中点 M,N,P,Q,求证:有 □$MNPQ$.

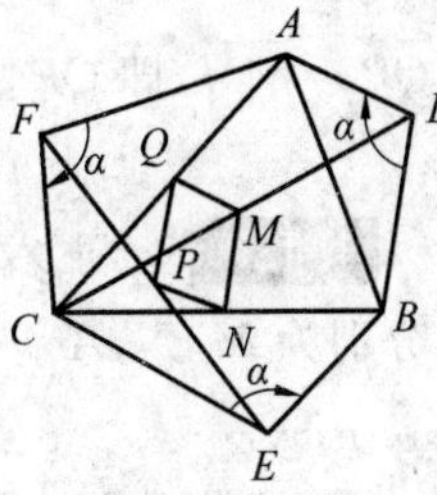

证 任取复平面,设 $\dfrac{AD}{DB} = \dfrac{BE}{EC} = \dfrac{CF}{FA} = k$,有向角 $\angle BDA = \angle CEB = \angle AFC = \alpha$,则

$$z_A - z_D = \lambda(z_B - z_D)$$

其中

$$\lambda = k\mathrm{e}^{\mathrm{i}\alpha}$$

同理

$$z_B - z_E = \lambda(z_C - z_E), \quad z_C - z_F = \lambda(z_A - z_F)$$

于是

$$z_D = \frac{z_A - \lambda z_B}{1 - \lambda}$$

$$z_M = \frac{1}{2}(z_C + z_D) = \frac{1}{2}z_C + \frac{z_A - \lambda z_B}{2 - 2\lambda}$$

图 1.120

---

① 点 M 在直线 $x\cos\alpha + y\sin\alpha = p$ 上的射影(按前言所述拙作公式)
$M'(p\cos\alpha + (x_M\sin\alpha - y_M\cos\alpha)\sin\alpha, p\sin\alpha + (y_M\cos\alpha - x_M\sin\alpha)\cos\alpha)$

又
$$z_N = \frac{1}{2}(z_B + z_C)$$

所以
$$z_N - z_M = \frac{1}{2}z_B - \frac{z_A - \lambda z_B}{2 - 2\lambda} = \frac{-1}{2(1-\lambda)}z_A + \frac{1}{2(1-\lambda)}z_B$$

而
$$z_F = \frac{z_C - \lambda z_A}{1 - \lambda}, \quad z_E = \frac{z_B - \lambda z_C}{1 - \lambda}$$

$$z_P = \frac{1}{2}(z_F + z_E) = \frac{1}{2(1-\lambda)}(z_B - \lambda z_A) + \frac{1}{2}z_C$$

又
$$z_Q = \frac{1}{2}(z_C + z_A)$$

所以
$$z_P - z_Q = \frac{1}{2(1-\lambda)}(z_B - z_A) = z_N - z_M$$

故 $\overrightarrow{QP} = \overrightarrow{MN}$, 即 $QP \underline{\parallel} MN$, 有 $\square MNPQ$.

 1.129 正六边形 $ABCDEF$, CD, DE 的中点分别为 M, N, AM 与 BN 交于 P, 求证: $S_{\triangle ABP} = S_{\text{四边形}PMDN}$.

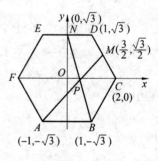

图 1.121

证 设正六边形中心为点 O, 取坐标轴如图 1.121 所示, 不妨设正六边形边长为 2, 得 C, D, B, A, M, N 坐标如图所示.

直线 BN 为
$$\frac{x}{1} = \frac{y - \sqrt{3}}{-2\sqrt{3}}$$

即
$$2\sqrt{3}x + y = \sqrt{3}$$

直线 AM（第 3 行已去分母）为
$$\begin{vmatrix} x & y & 1 \\ -1 & -\sqrt{3} & 1 \\ 3 & \sqrt{3} & 2 \end{vmatrix} = 0$$

即
$$-3\sqrt{3}x + 5y = -2\sqrt{3}$$

联合解得交点 P 的坐标
$$x_P = \frac{7}{13}, \quad y_P = -\frac{\sqrt{3}}{13}$$

$$S_{\triangle ABP} = \frac{1}{2}[1-(-1)] \cdot \left[-\frac{\sqrt{3}}{13}-(-\sqrt{3})\right] = \frac{12}{13}\sqrt{3}$$

$$S_{\text{四边形}PMDN} = \frac{1}{2}\left(\left|\begin{array}{cc}\frac{7}{13} & -\frac{\sqrt{3}}{13} \\ \frac{3}{2} & \frac{\sqrt{3}}{2}\end{array}\right| + \left|\begin{array}{cc}\frac{3}{2} & \frac{\sqrt{3}}{2} \\ 1 & \sqrt{3}\end{array}\right| + \left|\begin{array}{cc}1 & \sqrt{3} \\ 0 & \sqrt{3}\end{array}\right| + \left|\begin{array}{cc}0 & \sqrt{3} \\ \frac{7}{13} & -\frac{\sqrt{3}}{13}\end{array}\right|\right)$$

$$= \frac{1}{2}\left(\frac{7}{26}\sqrt{3} + \frac{3}{26}\sqrt{3} + \frac{3}{2}\sqrt{3} - \frac{1}{2}\sqrt{3} + \sqrt{3} - \frac{7}{13}\sqrt{3}\right)$$

$$= \frac{12}{13}\sqrt{3} = S_{\triangle ABP}$$

1.130 在 $\triangle ABC$ 的三边向外作矩形 ABB_1A_2，矩形 BCC_1B_2，矩形 CAA_1C_2，求证：A_1A_2, B_1B_2, C_1C_2 的中垂线共点.

证 以 AB 中点 O 为原点，取实、虚轴（即 x、y 轴）如图 1.122 所示，可设 $z_A, z_B, z_C, z_{A_2}, z_{B_1}$ 如图所示，设 $\frac{BB_2}{BC} = \lambda, \frac{AA_1}{AC} = \mu (\lambda > 0, \mu > 0)$，则

$z_{B_2} = a - \lambda i(d+ci-a) = (a+\lambda c) + (a\lambda - d\lambda)i$

$z_{C_1} = d + ci + \lambda i(a-d-ci)$
$= (d+\lambda c) + (c+a\lambda - d\lambda)i$

$z_{A_1} = -a + \mu i(d+ci+a) = (-a-\mu c) + (\mu d + \mu a)i$

$z_{C_2} = d + ci - \mu i(-a-d-ci) = (d-\mu c) + (c+a\mu + d\mu)i$

C_1C_2 的中点 M_3 为

$$z_{M_3} = \left(d + \frac{\lambda-\mu}{2}c\right) + \left(c + \frac{\lambda+\mu}{2}a + \frac{\mu-\lambda}{2}d\right)i$$

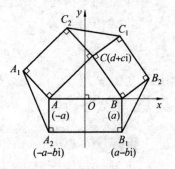

图 1.122

C_1C_2 的中垂线[①]为

$$\left(x-d-\frac{\lambda-\mu}{2}c\right)(\lambda+\mu)c+\left(y-c-\frac{\lambda+\mu}{2}a-\frac{\mu-\lambda}{2}d\right)[(\lambda-\mu)a-(\lambda+\mu)d]=0$$

即

$$x(\lambda+\mu)c+y(\lambda a-\mu a-\lambda d-\mu d)$$
$$=\frac{\lambda^2-\mu^2}{2}(c^2+a^2+d^2)-(\lambda^2+\mu^2)ad+(\lambda-\mu)ca \quad ①$$

B_1B_2 的中点 M_2 为

$$z_{M_2}=\left(a+\frac{\lambda}{2}c\right)+\left(\frac{\lambda}{2}a-\frac{\lambda}{2}d-\frac{1}{2}b\right)i$$

B_1B_2 的中垂线为

$$\left(x-a-\frac{\lambda}{2}c\right)\lambda c+\left(y-\frac{\lambda}{2}a+\frac{\lambda}{2}d+\frac{1}{2}b\right)(\lambda a-\lambda d+b)=0$$

即

$$x\lambda c+y(\lambda a-\lambda d+b)=\lambda ac+\frac{\lambda^2}{2}c^2+\frac{\lambda^2}{2}(a-d)^2-\frac{1}{2}b^2 \quad ②$$

因从 z_B, z_{B_1}, z_{B_2} 中把 a 变号，λ 改为 $-\mu$ 分别得 z_A, z_{A_2}, z_{A_1}，故同样改变便得 A_1A_2 的中垂线为

$$-x\mu c+y(\mu a+\mu d+b)=\mu ac+\frac{\mu^2}{2}c^2+\frac{\mu^2}{2}(a+d)^2-\frac{1}{2}b^2 \quad ③$$

易见方程 ② 减方程 ③ 得方程 ①，又显然 B_1B_2 的中垂线与 A_1A_2 的中垂线不平行，故三条中垂线共点.

1.131 四边形 $ABCD$，$AB=CD$，直线 BA,CD 交于 O，求证：AC 与 BD 的中点连线与 $\angle AOD$ 的平分线垂直.

证 设 $OA=a, OD=b, AB=DC=d$，角 θ 如图 1.123 所示，取坐标轴如图 1.123 所示，则 $x_A=a\cos\theta$，$x_B=(a+d)\cos\theta, x_D=b\cos\theta, x_C=(b+d)\cos\theta$. 易见 AC, BD 的中点的横坐标均为 $\frac{a+b+d}{2}\cos\theta$，故中点

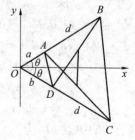

图 1.123

[①] 按公式 $(x-x_{M_3})(x_{C_1}-x_{C_2})+(y-y_{M_3})(y_{C_1}-y_{C_2})=0$ 求出，因向量 $(x_{C_1}-x_{C_2}, y_{C_1}-y_{C_2})$ 为中垂线的法线向量.

连线与 x 轴($\angle AOD$ 平分线)垂直.

1.132 在 $\triangle ABC$ 的三边上向外作正 $\triangle ABC_1$,正 $\triangle BCA_1$,正 $\triangle CAB_1$,A_1C_1 的中点为 P,A_1B_1 的中点为 Q,求证:$\triangle APQ$ 为正三角形.

证 以 A 为原点,任取实、虚轴作复平面,设 $z_B = b$,$z_C = c$,则

$$z_{A_1} = c + (b-c)e^{\frac{\pi}{3}i} = b + (c-b)e^{-\frac{\pi}{3}i}$$

$$z_{B_1} = ce^{\frac{\pi}{3}i}, \quad z_{C_1} = be^{-\frac{\pi}{3}i}$$

$$z_Q = \frac{1}{2}c + \frac{1}{2}be^{\frac{\pi}{3}i}, \quad z_P = \frac{1}{2}b + \frac{1}{2}ce^{-\frac{\pi}{3}i}$$

易见 $z_P e^{\frac{\pi}{3}i} = z_Q$,故 $\triangle APQ$ 为正三角形.

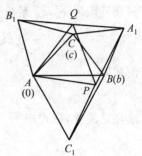

图 1.124

1.133 在 $\triangle ABC$ 的三边向外作正三角形,求证:它们的中心为正三角形的顶点.

证 设 AB,BC,CA 边外所作正三角形中心分别为 C_1,A_1,B_1,易见 $\triangle ABC_1$,$\triangle BCA_1$,$\triangle CAB_1$ 为以 $30°$ 为底角的等腰三角形,顶角分别为 $\angle C_1$,$\angle A_1$,$\angle B_1$. 以 A 为原点,任取实、虚轴,如图 1.125 所示,则因 $AC_1 = BC_1 = \frac{1}{\sqrt{3}}AB$,故

$$z_{C_1} = \frac{1}{\sqrt{3}}z_B e^{-\frac{\pi}{6}i}$$

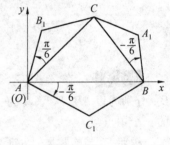

图 1.125

类似知

$$z_{B_1} = \frac{1}{\sqrt{3}}z_C e^{\frac{\pi}{6}i}$$

$$z_{A_1} = z_B + \frac{1}{\sqrt{3}}(z_C - z_B)e^{-\frac{\pi}{6}i}$$

则

$$z_{C_1} - z_{A_1} = \frac{1}{\sqrt{3}}z_B e^{-\frac{\pi}{6}i} - z_B - \frac{1}{\sqrt{3}}(z_C - z_B)e^{-\frac{\pi}{6}i}$$

$$z_{B_1} - z_{A_1} = \frac{1}{\sqrt{3}}z_C e^{\frac{\pi}{6}i} - z_B - \frac{1}{\sqrt{3}}(z_C - z_B)e^{-\frac{\pi}{6}i}$$

只要证

$$(z_{B_1} - z_{A_1})e^{\frac{\pi}{3}i} = z_{C_1} - z_{A_1}$$

即证

$$\frac{1}{\sqrt{3}}z_C i - z_B e^{\frac{\pi}{3}i} - \frac{1}{\sqrt{3}}(z_C - z_B)e^{\frac{\pi}{6}i} = \frac{1}{\sqrt{3}}z_B e^{-\frac{\pi}{6}i} - z_B - \frac{1}{\sqrt{3}}(z_C - z_B)e^{-\frac{\pi}{6}i}$$

只要证两边 z_C, z_B 系数分别相等,即证

$$\frac{1}{\sqrt{3}}i - \frac{1}{\sqrt{3}}e^{\frac{\pi}{6}i} = -\frac{1}{\sqrt{3}}e^{-\frac{\pi}{6}i}, \quad -e^{\frac{\pi}{3}i} + \frac{1}{\sqrt{3}}e^{\frac{\pi}{6}i} = \frac{2}{\sqrt{3}}e^{-\frac{\pi}{6}i} - 1$$

前式即

$$e^{\frac{\pi}{6}i} - e^{-\frac{\pi}{6}i} = i$$

这显然成立,后式即

$$\frac{1}{\sqrt{3}}(e^{\frac{\pi}{6}i} - 2e^{-\frac{\pi}{6}i}) = e^{\frac{\pi}{3}i} - 1$$

$$\text{左边} = \frac{1}{\sqrt{3}}\left(\frac{\sqrt{3}}{2} + \frac{1}{2}i - \sqrt{3} + i\right) = -\frac{1}{2} + \frac{\sqrt{3}}{2}i$$

$$\text{右边} = \frac{1}{2} + \frac{\sqrt{3}}{2}i - 1 = -\frac{1}{2} + \frac{\sqrt{3}}{2}i = \text{左边}$$

1.134 在 $\triangle ABC$ 三边上向内作正三角形,求证:它们的中心 C_2, A_2, B_2(分别为以 AB, BC, CA 为一边向 $\triangle ABC$ 内所作正三角形的中心)为正三角形的三个顶点.

提示 与前题类似可证,只要把 C_1, A_1, B_1 分别改为 C_2, A_2, B_2,且 i 改为 $-i$ 即可.

1.135 对前两题结论中的两正三角形,求证:$S_{\triangle A_1 B_1 C_1} - S_{\triangle A_2 B_2 C_2} = S_{\triangle ABC}$.

证 不妨设 $z_B = b \in \mathbf{R}_+$(即以射线 AB 为正实轴),又设 $z_C = c + di$,则

$$z_{C_1} - z_{A_1} = \frac{1}{\sqrt{3}}b\left(\frac{\sqrt{3}}{2} - \frac{1}{2}i\right) - b - \frac{1}{\sqrt{3}}(c + di - b)\left(\frac{\sqrt{3}}{2} - \frac{1}{2}i\right)$$

$$= \left(-\frac{1}{2}c - \frac{1}{2\sqrt{3}}d\right) + \left(-\frac{1}{\sqrt{3}}b - \frac{1}{2}d + \frac{1}{2\sqrt{3}}c\right)i$$

故

$$|A_1 C_1|^2 = \left(\frac{1}{2}c + \frac{1}{2\sqrt{3}}d\right)^2 + \left(-\frac{1}{\sqrt{3}}b - \frac{1}{2}d + \frac{1}{2\sqrt{3}}c\right)^2$$

第1章 平面几何证明题
DIYIZHANG PINGMIAN JIHE ZHENGMINGTI

$$= \frac{1}{3}c^2 + \frac{1}{3}d^2 + \frac{1}{3}b^2 - \frac{1}{3}bc + \frac{1}{\sqrt{3}}db$$

类似求 $z_{C_2} - z_{A_2}$ 时,在 $z_{C_1} - z_{A_1}$ 表示式中除 $c+di$ 不变外,两个 $\frac{\sqrt{3}}{2} - \frac{1}{2}i$ 要改为 $\frac{\sqrt{3}}{2} + \frac{1}{2}i$,即此式中 d,i 同时变号,故

$$z_{C_2} - z_{A_2} = \left(-\frac{1}{2}c + \frac{1}{2\sqrt{3}}d\right) + \left(\frac{1}{\sqrt{3}}b - \frac{1}{2}d - \frac{1}{2\sqrt{3}}c\right)i$$

$$|A_2C_2|^2 = \frac{1}{3}c^2 + \frac{1}{3}d^2 + \frac{1}{3}b^2 - \frac{1}{3}bc - \frac{1}{\sqrt{3}}bd$$

(实际上把 $|A_1C_1|^2$ 表示式中 d 变号即得上式)

$$S_{\triangle A_1B_1C_1} - S_{\triangle A_2B_2C_2} = \frac{\sqrt{3}}{4}|A_1C_1|^2 - \frac{\sqrt{3}}{4}|A_2C_2|^2$$

$$= \frac{\sqrt{3}}{4} \cdot \frac{2}{\sqrt{3}}bd = \frac{1}{2}bd = S_{\triangle ABC}$$

1.136 等腰三角形顶角为 $20°$,求证:腰大于底边 2 倍,而小于底边 3 倍.

证 设底边长为 a,腰长为 b,易见 $a = 2b\sin 10°$,即证

$$4b\sin 10° < b < 6b\sin 10°$$

即证

$$\frac{1}{6} < \sin 10° < \frac{1}{4}$$

按三倍角正弦公式得

$$3\sin 10° - 4\sin^3 10° = \sin 30° = \frac{1}{2}$$

易见 $\sin 10° \in (0, \frac{1}{2})$,函数 $f(x) = 3x - 4x^3$ 的导数 $f'(x) = 3 - 12x^2$ 在 $(0, \frac{1}{2})$ 内大于 0,故 $f(x)$ 在 $(0, \frac{1}{2})$ 单调增加

$$f(\sin 10°) = \frac{1}{2}$$

$$f\left(\frac{1}{6}\right) = \frac{1}{2} - \frac{4}{216} = \frac{13}{27} < \frac{1}{2}$$

$$f\left(\frac{1}{4}\right) = \frac{3}{4} - \frac{1}{16} = \frac{11}{16} > \frac{1}{2}$$

$$f\left(\frac{1}{6}\right) = f(\sin 10°) < f\left(\frac{1}{4}\right)$$

故
$$\frac{1}{6} < \sin 10° < \frac{1}{4}$$

1.137 三角形三边 a,b,c 上的高分别为 h_a, h_b, h_c,面积为 S,内切圆半径为 r,求证
$$h_a + h_b + h_c \geqslant 9r$$

证 由 $r = \dfrac{2S}{a+b+c}, h_a = \dfrac{2S}{a}, \cdots$ 故即证
$$\frac{2S}{a} + \frac{2S}{b} + \frac{2S}{c} \geqslant \frac{18S}{a+b+c}$$

即证
$$\frac{1}{a} + \frac{1}{b} + \frac{1}{c} \geqslant \frac{9}{a+b+c}$$

即证
$$\frac{a^{-1} + b^{-1} + c^{-1}}{3} \geqslant \frac{3}{a+b+c} = \left(\frac{a+b+c}{3}\right)^{-1}$$

即证
$$\left(\frac{a^{-1} + b^{-1} + c^{-1}}{3}\right)^{-1} \leqslant \frac{a+b+c}{3}$$

由于正数的调和平均数不大于算术平均数,故上式成立.

1.138 如图 1.126 所示,钝角三角形最大边长为 4,最小边长为 2,求三角形面积能否大于 $2\sqrt{3}$.

解 设 $\angle A > 90° > \angle B > \angle C$, $\dfrac{2}{4} = \dfrac{\sin(\angle A + \angle B)}{\sin A} =$
$\cos B + \cot A \sin B$,因 $\cot A < 0$,故

图 1.126

$$\cos B > \cos B + \cot A \sin B = \frac{1}{2} \Rightarrow \angle B < 60°$$

$$S_{\triangle ABC} < \frac{1}{2} \cdot 4 \cdot 2 \cdot \sin 60° = 2\sqrt{3}$$

$S_{\triangle ABC}$ 不能大于 $2\sqrt{3}$.

1.139 $\triangle AA'B$ 中,AB 的中垂线与直线 $A'B$ 分别与 AA' 的中垂线交于

N,M,求证:A,B,M,N 共圆.

证 取坐标轴如图 1.127 所示.

直线 $A'B$ 为

$$\frac{x}{a} = \frac{y+h}{b+h}$$

令 $y = y_M = 0$,求得

$$x = x_M = \frac{ah}{b+h}$$

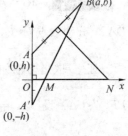

图 1.127

AB 的中垂线为

$$(x - \frac{a}{2})a + (y - \frac{b+h}{2})(b-h) = 0$$

令 $y = y_N = 0$,求得

$$x = x_N = \frac{a^2 + b^2 - h^2}{2a}$$

则

$$\tan\angle ANM = \frac{h}{\frac{a^2+b^2-h^2}{2a}} = \frac{2ah}{a^2+b^2-h^2}$$

斜率为

$$k_{MB} = k_{A'B} = \frac{b+h}{a}, \quad k_{AB} = \frac{b-h}{a}$$

$$\tan\angle ABM = \frac{k_{MB} - k_{AB}}{1 + k_{MB}k_{AB}} = \frac{2ah}{a^2+b^2-h^2} = \tan\angle ANM$$

于是 $\angle ANM = \angle ABM$,则 A,B,N,M 共圆.

1.140 求证:三角形中较大角的平分线小于较小角的平分线.

证 设 $c > b$,证角平分线 $t_c < t_b$,即证

$$\frac{2}{a+b}\sqrt{abs\frac{a+b-c}{2}} < \frac{2}{b+c}\sqrt{acs\frac{a+c-b}{2}}$$

两边平方,再去分母,即证(原式两边为正,平方所得等式与原式等价)

$$(a+c)^2 b(a+b-c) < (a+b)^2 c(a+c-b)$$

化简后即证

$$3ab^2c + a^3b + a^2b^2 - bc^3 < 3abc^2 + a^3c + a^2c^2 - b^3c$$

因 $b < c$,故即左边第 1,2,3,4 项分别小于右边第 1,2,3,4 项,故此式成立.

1.141 Rt△ABC 斜边上的高为 CD，在 CD，DA 上分别取点 E,F，使 $\dfrac{CE}{CD}=\dfrac{AF}{AD}$，求证：$BE \perp CF$.

证 取坐标轴如图 1.128 所示，由 $\dfrac{CE}{CD}=\dfrac{AF}{AD}$ 得 $EF \parallel CA$. 设 $DA=a, DC=h$，则 $DB=\dfrac{h^2}{a}$，故 $A(a,0), C(0,h), B(-\dfrac{h^2}{a},0)$. 又设 $DF=\lambda a$，则 $DE=\lambda h$，$F(\lambda a,0), E(0,\lambda h)$，则

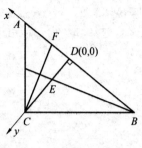

图 1.128

$$\overrightarrow{CF} \cdot \overrightarrow{BE} = (\lambda a,-h) \cdot (\dfrac{h^2}{a},\lambda h) = \lambda h^2 - \lambda h^2 = 0$$

得证 $CF \perp BE$.

1.142 在 $\square ABCD$ 的边 AB 上取点 K，在 CD 的延长线上取点 L，直线 LA, CK 交于点 M，BL 与 DK 交于点 N，求证：$MN \parallel AD$.

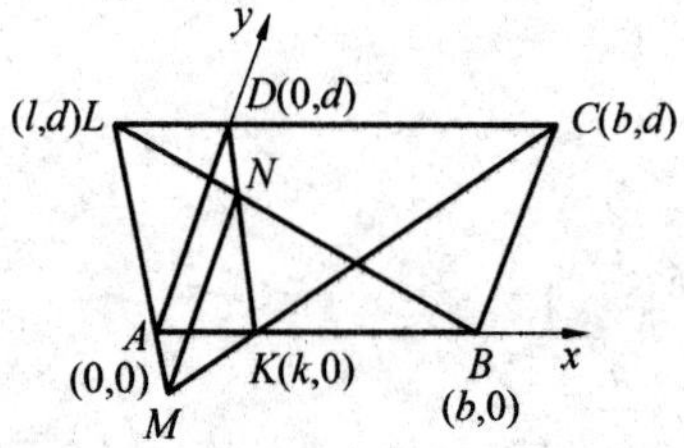

证 取斜坐标轴如图 1.129 所示，可设 B, D, C, L, K 的坐标如图 1.129 所示.

图 1.129

直线 BL 为
$$\dfrac{x-b}{l-b}=\dfrac{y}{d}$$

即
$$dx+(b-l)y=bd$$

直线 KD 为
$$\dfrac{x}{k}+\dfrac{y}{d}=1$$

即
$$dx+ky=kd$$

解得交点 N
$$x_N=\dfrac{kl}{k+l-b}$$

直线 KC 为
$$\dfrac{x-k}{b-k}=\dfrac{y}{d}$$

即
$$dx + (k-b)y = kd$$

直线 AL 为
$$\frac{x}{l} = \frac{y}{d}$$

即
$$dx - ly = 0$$

解得交点 M
$$x_M = \frac{kl}{k+l-b} = x_N$$

故 $MN \ /\!/ \ AD$.

1.143 以正方形 $ABCD$ 的对角线 AC 为斜边作 $Rt\triangle ACK$,且使 K,B 在直线 AC 的同侧,求证:$BK = \dfrac{AK - CK}{\sqrt{2}}, DK = \dfrac{AK + CK}{\sqrt{2}}$.

证 设 AC 与 BD 交于 O,$\angle BOK = \theta$,又设五条相等线段为 r,如图 1.130 所示,易见

$$AK = 2r\sin\frac{\theta + 90°}{2}, \quad CK = 2r\sin\frac{90° - \theta}{2}$$

$$AK + CK = 4r\sin 45°\cos\frac{\theta}{2} = 2\sqrt{2}\, r\cos\frac{\theta}{2}$$

$$AK - CK = 4r\sin\frac{\theta}{2}\cos 45° = 2\sqrt{2}\, r\sin\frac{\theta}{2}$$

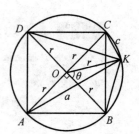

图 1.130

于是(注意 $\angle OKD = \dfrac{\theta}{2}$)

$$KD = 2r\cos\frac{\theta}{2} = \frac{AK + CK}{\sqrt{2}}$$

$$BK = 2r\sin\frac{\theta}{2} = \frac{AK - CK}{\sqrt{2}}$$

1.144 凸四边形两对边中点连线把此四边形分成面积相等的两部分,求证:这两条对边平行.

证 取斜坐标轴如图 1.131 所示,可设 A,B,M,C,D 坐标如图所示,设

$\angle BOM = \theta$,易见 $S_{\triangle OAM} = S_{\triangle OBM}$. 再由题设知 $S_{\triangle AMD} = S_{\triangle MBC}$,两三角形的顶点都按逆时针方向排列,故其有向面积都为正,于是有向面积 $\overline{S}_{\triangle AMD} = \overline{S}_{\triangle MBC}$,即

$$\frac{1}{2}\sin\theta \begin{vmatrix} -a & 0 & 1 \\ 0 & b & 1 \\ -\lambda t & b-\mu t & 1 \end{vmatrix} = \frac{1}{2}\sin\theta \begin{vmatrix} 0 & b & 1 \\ a & 0 & 1 \\ \lambda t & b+\mu t & 1 \end{vmatrix}$$

即

$$-ab + \lambda tb + a(b-\mu t) = a(b+\mu t) + \lambda tb - ab$$

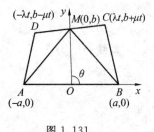

图 1.131

化简得 $-2\mu at = 0$,但 $a \neq 0, t \neq 0$(否则 C, D, M 重合),于是只有 $\mu = 0$,从而 $y_C = y_D = b$,则 $DC \parallel AB$.

1.145 $\triangle ABC$ 的高 $CD = \frac{1}{2}BA$,$\angle A = 75°$,求证:$\triangle ABC$ 为等腰三角形.

证 不妨设

$$AB = 2, CD = 1$$

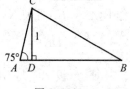

图 1.132

$$\tan 75° = \frac{\tan 45° + \tan 30°}{1 - \tan 45° \tan 30°} = \frac{1 + \frac{1}{\sqrt{3}}}{1 - \frac{1}{\sqrt{3}}} = \frac{\sqrt{3}+1}{\sqrt{3}-1}$$

$$= \frac{(\sqrt{3}+1)^2}{2} = 2 + \sqrt{3}$$

$$BD = 2 - \frac{1}{\tan 75°} = 2 - \frac{1}{2+\sqrt{3}} = 2 - (2-\sqrt{3}) = \sqrt{3}$$

于是易见 $\angle DCB = 60°$,$\angle ACB = (90° - 75°) + 60° = 75° = \angle A$,故 $BA = BC$,得等腰 $\triangle ABC$.

2 练 习

1. 矩形 $ABCD$,作 $BK \perp AC$ 交 AC 于 K,AK, CD 的中点分别为 M, N,求证:$BM \perp MN$.

提示 不妨设 $AD = 2$,$\angle CAB = \angle CBK = \theta$,用 θ 表示 CD, AB, AK, AM 的

长,取直线 AB,AD 为坐标轴①作坐标系,确定 B,C,D,K,N,M 的坐标,求证:$\overrightarrow{MB} \cdot \overrightarrow{MN}=0$.

2. 矩形 $ABCD,BC,AD$ 的中点分别为 N,M,在 CD 的延长线上取点 P,直线 PM 与 AC 交于 Q,求证:$\angle PNM=\angle QNM$.

提示 取直线 AB,AD 为坐标轴作坐标系.设 $AB=2b,BC=2a,PD=p$,确定 M,N,P 的坐标,求出直线 AC,PM 的方程解出交点 Q 的坐标,再求斜率 k_{QN},k_{PN},验证 $k_{PN}=-k_{QN}$.

3. 正方形 $ABCD$,在边 BC,CD 上分别取点 E,F,使 $\angle EAF=45°$,BD 与 AE,AF 分别交于 P,Q,求证

$$\frac{S_{\triangle AEF}}{S_{\triangle APQ}}=2$$

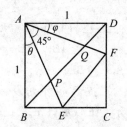

图 1.133

提示 设角 θ,φ 如图 1.133 所示,不妨设正方形边长为 1,用 θ,φ 表示 AE,AF,AP,AQ(用正弦定理),验证 $AP \cdot AQ=\frac{1}{2}AF \cdot AE$(注意 $\theta+\varphi=45°$).

4. 四边形 $ABCD$,$AC \perp BD$,E,G 分别为 AB,AD 的中点,作 $GH \perp BC$ 于 H,$EF \perp DC$ 于 F,求证:直线 GH,EF,AC 共点.

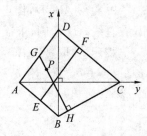

图 1.134

提示 取坐标轴如图 1.134 所示,设定 A,C,B,D 的坐标,从而确定中点 G,E 的坐标,求出直线 GH 的方程(据 $\overrightarrow{HP} \cdot \overrightarrow{BC}=0$),而得 GH 与 AC 交点的 x 坐标,同理可得 EF 与 AC 交点的 x 坐标,验证二者相同.

5. 正方形 $ABCD$,在边 BA,BC 上分别取点 P,Q,使 $BP=BQ$,B 在 PC 上的射影为点 H,求证:$DH \perp QH$.

提示 以 B 为原点,直线 BA,BC 为坐标轴,不妨设正方形边长为 1,设 $\angle PBH=\angle BCH=\theta$.求(用 θ 表示)BP,BQ,BH,确定 D,Q,H 的坐标,验证 $\overrightarrow{HD} \cdot \overrightarrow{HQ}=0$.

6. 在以 AB 为直径的半圆上任取(除 A,B 外)点 C,D,分别过 C,D 作半圆切线交于 P,直线 AD,BC 交于 M,直线 AC,BD 交于 N,求证:P,M,N 共直线.

提示 以 AB 中点 O 为原点,直线 AB 为 x 轴作坐标系,不妨设半径为 1,设

---

① 要求从正半 x 轴到正半 y 轴为逆时针方向,下同.

用三角、解析几何等计算解来自俄罗斯的几何题

D, C 的辐角分别为 $2\delta, 2\gamma$. 求出点 P 的坐标(参看 1.14 题的证明),写出直线 AD, BC 的方程(标准式),求点 M 的坐标,验证 $x_M = x_P$,从而 $MP \perp AB$. 同理 (把 γ, δ 对调) 得 N,亦有 $x_N = x_P, NP \perp AB, \cdots$

7. $\triangle LMN$ 的内切圆与 LM, MN, NL 分别相切于点 A, B, C,作 $BP \perp AC$ 于点 P,求证:PB 平分 $\angle MPN$.

提示 设 $\angle NBC = \angle NCB = \angle CAB = \alpha$, $\angle MAB = \angle MBA = \angle ACB = \beta$, 不妨设 $BP = 1$. 先求(用 α, β 表示) BC, CN, BA, AM, PA, PC,验证 $\dfrac{AM}{CN} = \dfrac{PA}{PC}$,从而证 $\triangle MAP \backsim \triangle NCP, \cdots$

8. $\triangle ABC, AB = AC$,过 BC 中点 H 作 $HE \perp AC$ 于 E,HE 中点为 O,求证:$AO \perp BE$.

提示 不妨设 $AH = 1$,设 $\angle BAH = \angle CAH = \angle EHC = \alpha$,顺次求(用 α 表示) $AE, OE, \tan \angle AOE$,按(已知三角形两边 a, b 及其夹角 C,求 a 的对角 A) 公式 $\tan A = \dfrac{a \sin C}{b - a \cos C}$,求 $\tan \angle BEH$,验证 $\tan \angle BEH = \tan(90° - \angle AOE), \cdots$

9. 菱形 $ABCD$,作正 $\triangle ADK$,使 K, B 在直线 AD 同侧,作正 $\triangle DCM$,使 M, B 在直线 AD 两侧,求证:K, B, M 共直线.

提示 取直线 AC, BD 分别为复平面的实、虚轴,可设 $z_C = c, z_A = -c, z_B = bi, z_D = -bi$. 求(用 b, c 表示) z_K, z_M 的实部,虚部(即 K, M 的坐标),验证

$$\begin{vmatrix} x_B & y_B & 1 \\ x_K & y_K & 1 \\ x_M & y_M & 1 \end{vmatrix} = 0.$$

10. 半径为 R, r 的两圆的一条内公切线与两条外公切线分别交于 A, B,此内公切线与其中一圆相切于 C,求证:$AC \cdot CB = Rr$.

提示 设两外公切线交于 P,设 $PA = a, PB = b, AB = c, s = \dfrac{1}{2}(a+b+c)$,用 s, a, b, c 及 $\triangle PAB$ 面积 S 表示 AC, BC, R, r,验证 $AC \cdot BC = Rr$. (引用三边表示三角形面积公式)

11. $\triangle ABC$ 的角平分线 AD 的中垂线与直线 BC 交于点 E,求证:$\dfrac{BE}{CE} = \dfrac{AB^2}{AC^2}$.

提示 先用 $\angle A, \angle B$ 表示 $\angle BAE, \angle BEA, \angle CAE$. 用这些角的正弦及 AB, AC 表示 BE, CE(按正弦定理). 两表示式相除便得证所述结论(注意 $\sin(A+B) = \sin C, \dfrac{\sin C}{\sin B} = \dfrac{AB}{AC}$).

12. 在四边形 $ABCD$ 的边 BC,AD 上分别取点 M,N,使 $\dfrac{BM}{MC}=\dfrac{AN}{ND}=\dfrac{AB}{CD}$,射线 AB 与 DC 交于点 O,求证:直线 NM 平行于 $\angle AOD$ 的平分线.

提示 以 O 为原点,$\angle AOD$ 的平分线为正半 x 轴作坐标系,设 $OA=a$,$AB=m$,$OD=d$,$DC=n$,$\angle BOC=2\alpha$,用这些量表示 A,B,C,D 的坐标,再用定比分点公式确定 M,N 的 y 坐标,验证 $y_M=y_N$.

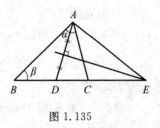

图 1.135

13. $\triangle ABC$ 边 BC 上一点 K,求证:$AC^2 \cdot BK + AB^2 \cdot CK = BC(AK^2 + BK \cdot KC)$.

提示 设 $\angle AKB=\theta$,$BK=m$,$CK=n$,$AK=a$,用 m,n,a,θ 表示所证等式中各线段,验证两边恒等.

14. 在 $\triangle ABC$ 各边向 $\triangle ABC$ 外作 $\triangle ABC_1 \backsim \triangle BCA_1 \backsim \triangle CAB_1$,求证:$\triangle ABC$ 与 $\triangle A_1B_1C_1$ 的垂心重合.

提示 设 $\dfrac{BC_1}{BA}=\dfrac{CA_1}{CB}=\dfrac{AB_1}{AC}=\lambda$,角 θ 如图 1.136 所示.任取复平面.用 $\lambda,\theta,z_A,z_B,z_C$ 表示 z_{C_1},z_{B_1},z_{A_1},求证:(二重心所表复数)$\dfrac{1}{3}(z_A+z_B+z_C)=\dfrac{1}{3}(z_{A_1}+z_{B_1}+z_{C_1})$.

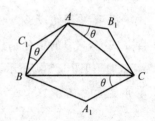

图 1.136

15. $\overset{\frown}{AB}$ 中点为 K,在 $\overset{\frown}{KB}$ 上取点 M,K 在 AM 的射影为 H,求证:$AH=HM+MB$.

提示 不妨设 $AB=1$,设角 α,θ 如图 1.137 所示.用 α,θ 表示 AK,AH,AM,MB,验证 $AH=\dfrac{1}{2}(AM+MB)$.

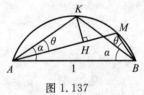

图 1.137

16. 圆上六点 A,B,C,D,E,F,$AB \parallel FC$,AD 与 EC 交于 M,BE 与 FD 交于 N,求证:$NM \parallel AB$.

提示 以圆心为原点,正半 x 轴过 $\overset{\frown}{AB}$ 与 $\overset{\frown}{FC}$ 的共同中点,如图 1.138 所示,可设 A,B,F,C,E,D 的辐角分别为 $2\alpha,-2\alpha,2\beta,-2\beta,2\gamma,2\delta$,不妨设半径

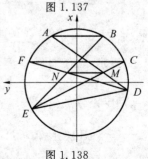

图 1.138

为1.写出直线AD,CE的方程,求交点M的x坐标,同理(x_M表示式中α,β对调, γ,δ对调)得x_N,验证$x_M=x_N$.

17. 等圆$\odot O_1$与$\odot O_2$交于A,B,过A作直线与二圆又交于M,N,B在MN的射影为P,求证:$MP=NP$.

提示 取坐标轴如图 1.139 所示,可设O_1,O_2,A坐标如图所示,设直线MN的倾斜角为α.写出$\odot O_2$及直线MN的方程,从两方程消去y后求交点N的(非零)x坐标,同理(α变号)得x_M.又求AP(用h,α表示),从而得x_P,验证$x_P = \frac{1}{2}(x_N+x_M)$.

18. 圆内接四边形$ABCD$,以AC为直径,又有内切圆,求证:$AB-CD=AD-BC$.

提示 不妨设$AC=1$,用图中角α,β的三角函数表示两组对边之和相等,把含α的项,含β的项分别移到左、右边,再两边平方后可证$\alpha=\beta$或$\alpha+\beta=90°$. 当$\alpha=\beta$时,如图 1.140 所示,易证所述结论成立;当$\alpha+\beta=90°$时,有矩形$ABCD$结论亦显然成立.

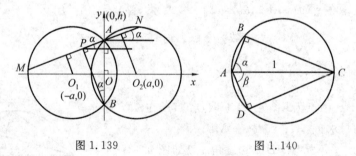

图 1.139　　　　图 1.140

19. 在$\triangle ABC$三边BC,CA,AB上分别取点D,E,F,使$\dfrac{BD}{DC}=\dfrac{CE}{EA}=\dfrac{AF}{FB}$,求证:$\triangle ABC$与$\triangle DEF$的垂心重合.

提示 任取复平面,设所述各比等于$\dfrac{m}{n}$,用z_A,z_B,z_C,m,n表示z_D,z_E,z_F(用定比分点坐标公式),从而证$\dfrac{1}{3}(z_D+z_E+z_F)=\dfrac{1}{3}(z_A+z_B+z_C)$.

20. 两正方形$ABCD,BKMN$同向(顶点同按逆时针方向排列,或同按顺时针方向排列),证明:AK的中点E,B在直线CN的射影F及B共直线.

提示 以 B 为原点,任取实、虚轴作复平面,设 z_C, z_N 如图 1.141 所示. 求出 z_A, z_K(分别为 iz_C, $-iz_N$),再求 AK 的中点 z_E. 验证 $z_E - z_B$ 乘某纯虚数等于 $z_C - z_N$,从而知 $BE \perp NC$,…

21. 三角形的两边 a, b 的对角分别为 α, β,它们适合 $\dfrac{a}{\cos\alpha} = \dfrac{b}{\cos\beta}$,求证:这个三角形为等腰三角形.

提示 把所述等式结合正弦定理推出 $\tan\alpha = \tan\beta$,…

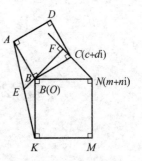

图 1.141

第 2 章 平面几何计算题、轨迹题及其他问题

1 题 解

2.1 $\triangle ABC, AM, AP, AK$ 分别为三角形的高、角平分线及中线,内切圆与边 BC 相切于 H,已知 $KP = a, KM = b$,求 KH.

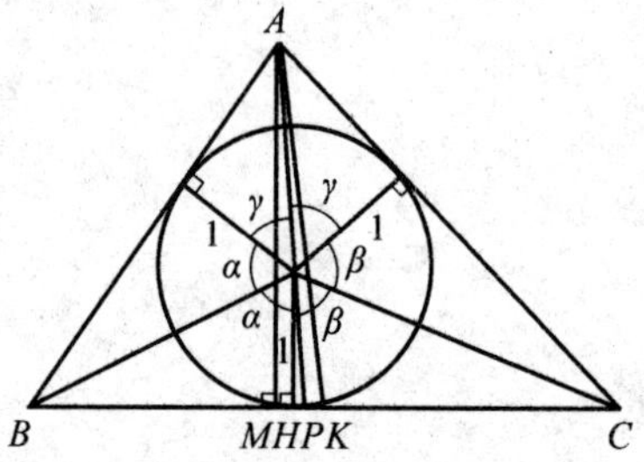

解 不妨设内切圆半径为 1,角 α, β, γ 如图 2.1 所示,则

$$\alpha + \beta + \gamma = 180°$$

$$BK = \frac{1}{2}BC = \frac{1}{2}(1 \cdot \tan\alpha + 1 \cdot \tan\beta)$$

$$= \frac{\sin(\alpha+\beta)}{2\cos\alpha\cos\beta}$$

$$BM = (1 \cdot \tan\alpha + 1 \cdot \tan\gamma)\cos(\pi - 2\alpha) = \frac{-\sin(\alpha+\gamma)\cos 2\alpha}{\cos\alpha\cos\gamma}$$

$$= \frac{\sin\beta\cos 2\alpha}{\cos\alpha\cos(\alpha+\beta)}$$

$$b = BK - BM = \frac{\frac{1}{2}\sin(2\alpha+2\beta) - \sin 2\beta\cos 2\alpha}{2\cos\alpha\cos\beta\cos(\alpha+\beta)}$$

$$= \frac{\sin(2\alpha - 2\beta)}{4\cos\alpha\cos\beta\cos(\alpha+\beta)}$$

$$BP = \frac{(1 \cdot \tan\alpha + 1 \cdot \tan\gamma)\sin(90° - \gamma)}{\sin(90° - \gamma + 180° - 2\alpha)} = \frac{\sin(\alpha+\gamma)}{-\cos\alpha\cos(\gamma+2\alpha)} = \frac{\sin\beta}{\cos\alpha\cos(\alpha-\beta)}$$

$$a = BK - BP = \frac{1}{2\cos\alpha}\left[\frac{\sin(\alpha+\beta)\cos(\alpha-\beta) - 2\sin\beta\cos\beta}{\cos\beta\cos(\alpha-\beta)}\right]$$

$$= \frac{\sin 2\alpha + \sin 2\beta - 2\sin 2\beta}{4\cos\alpha\cos\beta\cos(\alpha-\beta)} = \frac{\sin(\alpha-\beta)\cos(\alpha+\beta)}{2\cos\alpha\cos\beta\cos(\alpha-\beta)}$$

图 2.1

第2章 平面几何计算题、轨迹题及其他问题
DIERZHANG　PINGMIAN JIHE JISUANTI,GUIJITI JI QITA WENTI

$$KH = BK - BH = \frac{1}{2}(\tan \alpha + \tan \beta) - \tan \alpha = \frac{\sin(\beta - \alpha)}{2\cos \alpha \cos \beta}$$

故

$$ba = \frac{\sin^2(\alpha - \beta)}{4\cos^2 \alpha \cos^2 \beta} = KH^2$$

$$KH = \sqrt{ab}$$

2.2 正 $\triangle ABC$ 内取点 P,使 $PA = 5, PC = 6$, $PB = 7$,求 $\triangle ABC$ 的面积.

解 如图 2.2 所示,把 $\triangle ABP$ 旋转至 $\triangle ACP'$ 的位置,则 $P'A = 5, P'C = 7$,易见有正 $\triangle APP', \angle APP' = 60°$,设 $\angle P'PC = \theta$,在 $\triangle P'PC$ 中

$$\cos \theta = \frac{5^2 + 6^2 - 7^2}{2 \cdot 5 \cdot 6} = \frac{1}{5}, \quad \sin \theta = \frac{\sqrt{24}}{5}$$

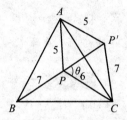

图 2.2

$$\cos(60° + \theta) = \frac{1}{2} \times \frac{1}{5} - \frac{\sqrt{3}}{2} \times \frac{\sqrt{24}}{5} = \frac{1 - 6\sqrt{2}}{10}$$

$$AC^2 = 5^2 + 6^2 - 2 \times 5 \times 6 \times \frac{1 - 6\sqrt{2}}{10} = 55 + 36\sqrt{2}$$

$$S_{\triangle ABC} = \frac{1}{2} BC \cdot AC \sin 60° = \frac{\sqrt{3}}{4} AC^2 = \frac{55\sqrt{3} + 36\sqrt{6}}{4}$$

2.3 如图 2.3 所示,$\triangle ABC$ 的内心为 O,垂心为 H,$\angle ABC = 50°$,$\angle ACB = 70°$,求 $\triangle COH$ 的各角.

解 $\angle OCH = |(90° - 50°) - \frac{1}{2} \cdot 70°| = 5°$,设内切圆半径为 1,则

$$OC = \frac{1}{\sin 35°}$$

$$CH = \frac{(1\cot 25° + 1\cot 35°)\cos 70°}{\cos(90° - 60°)}$$

$$= \frac{\sin 60°}{\sin 25° \cdot \sin 35°} \cdot \frac{\cos 70°}{\cos 30°}$$

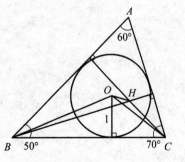

图 2.3

用三角、解析几何等计算解来自俄罗斯的几何题

$$= \frac{\cos 70°}{\sin 25° \cdot \sin 35°}$$

$$\tan\angle COH = \frac{CH\sin 5°}{OC - CH\cos 5°}$$

$$= \frac{\cos 70°\sin 5°}{\sin 25° - \sin 20°\cos 5°}$$

$$= \frac{\sin 20°\sin 5°}{\cos 20°\sin 5°} = \tan 20°$$

故

$$\angle COH = 20°, \quad \angle OHC = 180° - 5° - 20° = 155°$$

2.4 在 △ABC 向外作 △BAP，△CAQ，使 $\angle BAP = \angle CAQ = \beta$，$\angle APB = \angle AQC = 90°$，$K$ 为 BC 的中点，求 △PKQ 各角.

解 以 A 为原点任取复平面，如图 2.4 所示，则

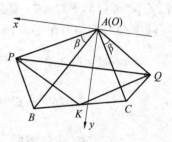

图 2.4

$$z_P = z_B \cos\beta \cdot e^{-\beta i}$$

$$z_Q = z_C \cos\beta \cdot e^{\beta i}$$

$$z_K = \frac{1}{2}(z_B + z_C)$$

$$z_P - z_K = [\cos\beta \cdot (\cos\beta - i\sin\beta) - \frac{1}{2}]z_B - \frac{1}{2}z_C$$

$$= (\frac{1}{2}\cos 2\beta - \frac{1}{2}i\sin 2\beta)z_B - \frac{1}{2}z_C$$

$$= \frac{1}{2}e^{-2\beta i}z_B - \frac{1}{2}z_C$$

$$z_Q - z_K = [\cos\beta \cdot (\cos\beta + i\sin\beta) - \frac{1}{2}]z_C - \frac{1}{2}z_B$$

$$= (\frac{1}{2}\cos 2\beta + \frac{1}{2}i\sin 2\beta)z_C - \frac{1}{2}z_B$$

$$= \frac{1}{2}e^{2\beta i}z_C - \frac{1}{2}z_B$$

易见

$$z_P - z_K = (z_Q - z_K)(-e^{-2\beta i}) = (z_Q - z_K)e^{(\pi - 2\beta)i}$$

故 $PK = QK$，则

第 2 章 平面几何计算题、轨迹题及其他问题
DIERZHANG PINGMIAN JIHE JISUANTI,GUIJITI JI QITA WENTI

$$\angle PKQ = \pi - 2\beta, \angle KPQ = \angle KQP = \beta$$

2.5 菱形 $ABCD$,$\angle BAD = 40°$,CD 中点为 M,$BH \perp AM$ 于 H,求 $\angle AHD$.

解 不妨设菱形边长为 2,则 $DM = 1$,设 $\angle DAM = \theta$,则

$$\tan \theta = \frac{1 \cdot \sin 40°}{2 + 1 \cdot \cos 40°}$$

$$AH = 2\cos(40° - \theta)$$

$$\tan \angle MHD = \frac{2\sin \theta}{2\cos \theta - AH} = \frac{2\sin \theta}{2\cos \theta - 2\cos(40° - \theta)}$$

$$= \frac{\sin \theta}{\cos \theta - \cos 40° \cos \theta - \sin 40° \sin \theta}$$

$$= \frac{1}{2\sin^2 20° \cot \theta - \sin 40°}$$

$$= \frac{1}{2\sin^2 20° \cdot \frac{2 + \cos 40°}{\sin 40°} - \sin 40°}$$

$$= \frac{1}{\frac{2 + \cos 40°}{\cos 20°}\sin 20° - \sin 40°}$$

$$= \frac{\cos 20°}{2\sin 20° - \sin 20°} = \cot 20° = \tan 70°$$

故 $\angle MHD = 70°$,$\angle AHD = 110°$.

2.6 $\triangle ABC$ 的角平分线 AD 等于边 AC,外心为 O,垂心为 H,$OH \perp AD$,求 $\triangle ABC$ 各角.

解 不妨设外接圆半径为 1,取坐标轴如图 2.6 所示.由题设易见

$$\frac{1}{2}\angle A + 2\angle C = 180°$$

$$\angle A = 360° - 4\angle C = \angle MOC = \angle MOB$$

故

$$B(\cos 4C, -\sin 4C), \quad C(\cos 4C, \sin 4C)$$

从 $\overrightarrow{OM}$ 按顺时针方向到 $\overrightarrow{OA}$ 的角

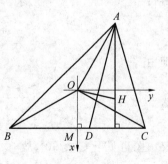

图 2.6

用三角、解析几何等计算解来自俄罗斯的几何题

$$(360° - 4\angle C) + 2\angle C = 360° - 2\angle C$$

故

$$\angle MOA = 2\angle C$$
$$A(\cos 2C, \sin 2C)$$

设 $\triangle ABC$ 的重心为 G,则 $x_G = \dfrac{1}{3}(x_A + x_B + x_C)$,由欧拉定理 $\overrightarrow{OH} = 3\overrightarrow{OG}$,

得

$$x_H = 3x_G = x_A + x_B + x_C = \cos 2C + 2\cos 4C$$
$$y_H = 3y_G = y_A + y_B + y_C = \sin 2C$$

易见 $y_D + y_C = 2y_H$,故

$$y_D = 2y_H - y_C = 2\sin 2C + \sin 4C$$
$$x_D = x_B = \cos 4C$$

由 $OH \perp AD$ 得

$$0 = x_H(x_A - x_D) + y_H(y_A - y_D)$$
$$= (\cos 2C + 2\cos 4C)(\cos 2C - \cos 4C) + \sin 2C(-\sin 2C - \sin 4C)$$
$$= \cos^2 2C - \sin^2 2C - 2\cos^2 4C + \cos(4C + 2C)$$
$$= \cos 4C - 2\cos^2 4C + \cos 6C$$
$$= (2\cos^2 2C - 1) - 2(2\cos^2 2C - 1)^2 + (4\cos^3 2C - 3\cos 2C)$$
$$= -8\cos^4 2C + 4\cos^3 2C + 10\cos^2 2C - 3\cos 2C - 3$$
$$= (\cos 2C - 1)(\cos 2C + \dfrac{1}{2})(-8\cos^2 2C + 6)$$

解得

$$\cos 2C = 1, -\dfrac{1}{2}, \pm\dfrac{\sqrt{3}}{2}$$

但由

$$0° < \angle A + \angle C = 360° - 3\angle C < 180°$$

得

$$120° > \angle C > 60°$$

又由图可见 $\angle C < 90°$,故

$$90° > \angle C > 60°, \quad 180° > 2\angle C > 120°$$
$$-1 < \cos 2C < -\dfrac{1}{2}$$

唯有

第2章 平面几何计算题、轨迹题及其他问题
DIERZHANG PINGMIAN JIHE JISUANTI,GUIJITI JI QITA WENTI

$$\cos 2C = -\frac{\sqrt{3}}{2}, \quad 2\angle C = 150°$$

$$\angle C = 75°, \quad \angle A = 360° - 4 \cdot 75° = 60°, \quad \angle B = 180° - 75° - 60° = 45°$$

2.7 圆内接四边形 $ABCD$,在 BA, BC 上分别取点 K, M,使 $BK = BM$,在 BD 上取点 L,直线 KL, ML 分别与 BC, BA 交于 C_1, A_1,已知 $DA = m$,$DC = n$, $BA_1 = a$, $BC_1 = c$,求 BK.

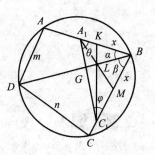

图 2.7

解 设角 $\theta, \varphi, \alpha, \beta$ 如图 2.7 所示,设 $BK = BM = x$,所述圆半径为 r,则

$$A_1 G = \frac{a\sin\alpha}{\sin(\alpha + \theta)}, \quad C_1 G = \frac{c\sin\beta}{\sin(\beta + \varphi)}$$

$$\frac{A_1 G}{C_1 G} = \frac{a}{c} \cdot \frac{\sin\alpha}{\sin\beta} \cdot \frac{\sin\beta\cos\varphi + \sin\varphi\cos\beta}{\sin\alpha\cos\theta + \sin\theta\cos\alpha} \quad ①$$

又

$$\frac{\sin\alpha}{\sin\beta} = \frac{\frac{m}{2R}}{\frac{n}{2R}} = \frac{m}{n}$$

$$\cos\varphi = \frac{c - a\cos(\alpha + \beta)}{A_1 C_1}, \quad \sin\varphi = \frac{a\sin(\alpha + \beta)}{A_1 C_1}$$

$$\cos\theta = \frac{a - c\cos(\alpha + \beta)}{A_1 C_1}, \quad \sin\theta = \frac{c\sin(\alpha + \beta)}{A_1 C_1}$$

代入式 ① 得

$$\frac{A_1 G}{C_1 G} = \frac{a}{c} \cdot \frac{m}{n} \cdot \frac{c\sin\beta + a\sin\alpha}{a\sin\alpha + c\sin\beta} = \frac{am}{cn}$$

按 Ceva 定理得

$$\frac{am}{cn} \cdot \frac{c-x}{x} \cdot \frac{x}{a-x} = 1$$

$$am(c-x) = cn(a-x)$$

$$x = \frac{ac(n-m)}{cn - am}$$

2.8 从一点 M 到矩形顺次三顶点的距离分别为 $3,5,4$,求矩形的面积.

解 设线段 u,v,x,y 如图 2.8 所示,则

$$x^2 + u^2 = 9 \qquad ①$$
$$y^2 + u^2 = 25 \qquad ②$$
$$y^2 + v^2 = 16 \qquad ③$$

由式 ①② 得

$$y^2 - x^2 = 16 \Rightarrow y \geqslant 4$$

由式 ③ 得 $y \leqslant 4$,故知 $y = 4, x = v = 0$,再从式 ① 知,$u = 3$,则矩形两边为 $3,4$,故面积为 12.

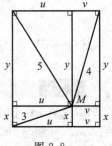

图 2.8

2.9 分别平行 △ABC 各边的三直线把 △ABC 截出三个三角形后余下一个等边的六边形,已知 △ABC 的三边长为 a,b,c,求六边形的边长.

解 设线段 $\lambda a, \mu a, \nu a$ 如图 2.9 所示,$\lambda + \mu + \nu = 1$,易见 $BC_2 = \lambda c, B_1B_2 = A_1C_2 = \lambda b, CB_1 = \mu b$,$C_1C_2 = B_1A_2 = \mu c$,从而 $AC_1 = \nu c, AB_2 = \nu b$,且

$$\lambda b = \mu c = \nu a = u (设)$$

$$1 = \lambda + \mu + \nu = \frac{u}{b} + \frac{u}{c} + \frac{u}{a}$$

$$u = \frac{1}{\frac{1}{b} + \frac{1}{c} + \frac{1}{a}} = \frac{abc}{ca + ba + bc}$$

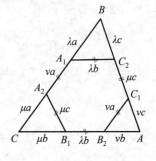

图 2.9

2.10 △ABC 的三边 $BC = a, CA = b$,$AB = c$,过其内点 P 分别作三边的平行线,它们截三边所得中间部分线段相等,求这些相等线段长.

解 设线段 $\lambda a, \mu a, \nu c, u$ 如图 2.10 所示,易见 $AB_2 = \lambda b, AC_1 = \mu c, CB_1 = \nu b$. 由 $\dfrac{AC_2}{AB} = \dfrac{C_1B_1}{BC}$,得

$$\frac{c - \nu c}{c} = \frac{\lambda a + \mu a}{a}$$

$$\lambda + \mu + \nu = 1 \qquad ①$$

又

$$a - \lambda a - \mu a = b - \nu b - \lambda b = c - \mu c - \nu c = u$$

得

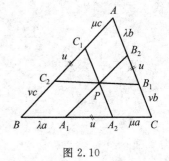

图 2.10

第 2 章 平面几何计算题、轨迹题及其他问题
DIERZHANG PINGMIAN JIHE JISUANTI,GUIJITI JI QITA WENTI

$$\lambda+\mu=\frac{a-u}{a}, \quad \nu+\lambda=\frac{b-u}{b}, \quad \mu+\nu=\frac{c-u}{c}$$

再从式 ① 知

$$\nu=\frac{u}{a}, \quad \mu=\frac{u}{b}, \quad \lambda=\frac{u}{c}$$

于是

$$\frac{u}{a}+\frac{u}{b}+\frac{u}{c}=1$$

$$u=\frac{abc}{bc+ac+ab}$$

2.11 大圆 $\odot O$ 与小圆 $\odot O'$ 内切,过点 O' 作直线顺次交两圆于点 A,B,C,D,如图 2.11 所示,$AB:BC:CD=2:4:3$,求两圆半径之比.

解 不妨设 $BO'=O'C=2$,则 $AB=2,CD=3$,设 $\odot O$ 半径为 x,由

$$\cos\angle AO'O=-\cos\angle DO'O$$

得

$$\frac{4^2+(x-2)^2-x^2}{2\cdot 4(x-2)}=-\frac{5^2+(x-2)^2-x^2}{2\cdot 5(x-2)}$$

约去 $x-2\neq 0$,解得 $x=6$,故两圆半径之比为 $\frac{6}{2}=3$.

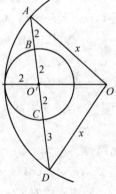

图 2.11

2.12 在 $\triangle ABC$ 的边 AB 上取点 D,E,$\angle ACD=\angle DCE=\angle ECB=\varphi,AC=b,CB=a$,求 $\dfrac{CD}{CE}$.

解

$$\tan A=\frac{a\sin 3\varphi}{b-a\cos 3\varphi}$$

$$CD=\frac{b\sin A}{\sin(\varphi+A)}=\frac{b}{\sin\varphi\cot A+\cos\varphi}$$

$$=\frac{b}{\sin\varphi\dfrac{b-a\cos 3\varphi}{a\sin 3\varphi}+\cos\varphi}$$

$$=\frac{ab\sin 3\varphi}{b\sin\varphi+a\sin 2\varphi}$$

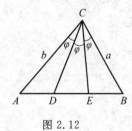

图 2.12

同理

$$CE = \frac{ba\sin 3\varphi}{a\sin\varphi + b\sin 2\varphi}$$

$$\frac{CD}{CE} = \frac{a\sin\varphi + b\sin 2\varphi}{b\sin\varphi + a\sin 2\varphi} = \frac{2b\cos\varphi + a}{2a\cos\varphi + b}$$

2.13 动点 P,Q 分别在相交于 O 的二直线上以相同速度 v 运动,在平面上求一 A,使在任何时刻 A 到 P,Q 的距离相等.

解 视两直线为有向直线,正向如图 2.13 所示,以 O 为原点,x,y 轴如图所示,设角 θ 如图所示,设在时刻 t,$\overrightarrow{OP} = a + vt$,$\overrightarrow{OQ} = b + vt$,则

$$P((a+vt)\cos\theta,(a+vt)\sin\theta)$$
$$Q((b+vt)\cos\theta,-(b+vt)\sin\theta)$$

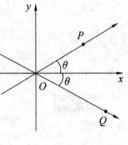

图 2.13

又设所求 $A(x_0,y_0)$,则由 $PA^2 = QA^2$,得

$$[x_0-(a+vt)\cos\theta]^2 + [y_0-(a+vt)\sin\theta]^2 = [x_0-(b+vt)\cos\theta]^2 + [y_0+(b+vt)\sin\theta]^2$$

化简得

$$2x_0(b-a)\cos\theta - 2y_0(b+a)\sin\theta = b^2 - a^2 + (2bv - 2av)t + 4y_0 vt\sin\theta$$

要使此式对 t 恒等,当且仅当

$$2x_0(b-a)\cos\theta - 2y_0(b+a)\sin\theta = b^2 - a^2$$
$$4vy_0\sin\theta + 2bv - 2av = 0$$

解得

$$y_0 = \frac{a-b}{2\sin\theta}, \quad x_0 = 0$$

所求点

$$A\left(0, \frac{a-b}{2\sin\theta}\right)$$

2.14 按如下条件分别求原三角形三边的关系:

(1) 由三角形三条中线组成的三角形与原三角形相似;

(2) 由三角形三条高组成的三角形与原三角形相似.

解 (1) 设原三角形三边 $a \geqslant b \geqslant c$,则中线

第 2 章 平面几何计算题、轨迹题及其他问题
DIERZHANG PINGMIAN JIHE JISUANTI,GUIJITI JI QITA WENTI

$$m_a = \frac{1}{2}\sqrt{2b^2+2c^2-a^2} \leqslant m_b = \frac{1}{2}\sqrt{2c^2+2a^2-b^2}$$
$$\leqslant m_c = \frac{1}{2}\sqrt{2a^2+2b^2-c^2}$$

于是由两三角形相似得

$$\frac{m_a}{c} = \frac{m_b}{b} = \frac{m_c}{a}$$

即

$$\frac{2b^2+2c^2-a^2}{c^2} = \frac{2c^2+2a^2-b^2}{b^2} = \frac{2a^2+2b^2-c^2}{a^2} \qquad ①$$

由第 1,3 两式相等得

$$2(a^2-c^2)b^2 = a^4-c^4$$

即 $a=c$ 或 $2b^2=a^2+c^2$. 但当 $a=c$ 时,$a=b=c$,亦有 $2b^2=a^2+c^2$,故所求的关系为 $2b^2=a^2+c^2$(这时式 ① 中三式均为 3).

(2) 设原三角形三边 $a \geqslant b \geqslant c$,面积为 S,则高为

$$h_a = \frac{2S}{a} \leqslant h_b = \frac{2S}{b} \leqslant h_c = \frac{2S}{c}$$

于是由两三角形相似得

$$\frac{h_a}{c} = \frac{h_b}{b} = \frac{h_c}{a}$$

即

$$\frac{2S}{ac} = \frac{2S}{b^2} = \frac{2S}{ca} \Rightarrow ac = b^2$$

2.15 在已知圆的所有内接 $\triangle ABC$ 中,求使 $\frac{1}{BC} + \frac{1}{CA} + \frac{1}{AB}$ 最小的三角形.

解 设半径为 R,当 $\angle C$ 固定,从而 $AB = 2R\sin C$ 固定时,要 $\frac{1}{BC} + \frac{1}{CA} + \frac{1}{AB}$ 最小,即要 $\frac{1}{BC} + \frac{1}{CA} = \frac{1}{2R\sin A} + \frac{1}{2R\sin B}$ 最小,即要 $\frac{1}{\sin A} + \frac{1}{\sin B}$ 最小,它等于

$$\frac{\sin B + \sin A}{\sin A \sin B} = \frac{4\sin\frac{B+A}{2}\cos\frac{B-A}{2}}{\cos(B-A) - \cos(B+A)} = \frac{4\cos\frac{C}{2}\cos\frac{B-A}{2}}{2\cos^2\frac{B-A}{2} - 2\cos^2\frac{B+A}{2}}$$

$$= \frac{2\cos \frac{C}{2}}{\cos \frac{B-A}{2} - \frac{\sin^2 \frac{C}{2}}{\cos \frac{B-A}{2}}}$$

易见其中各正弦、余弦均为正数,又

$$\cos \frac{B-A}{2} - \frac{\sin^2 \frac{C}{2}}{\cos \frac{B-A}{2}} = \frac{\cos(B-A) - \cos(B+A)}{2\cos \frac{B-A}{2}}$$

也是正数,式中只有 $\cos \frac{B-A}{2}$ 为变量,易见当 $\cos \frac{B-A}{2}$ 最大时,分母 $\cos \frac{B-A}{2} - \frac{\sin^2 \frac{C}{2}}{\cos \frac{B-A}{2}}$ 最大,从而 $\frac{1}{\sin A} + \frac{1}{\sin B}$ 最小,这时必须 $\angle A = \angle B$.

同理又必须 $\angle B = \angle A$,于是所求 $\triangle ABC$ 为正三角形.

2.16 等腰 $\triangle ABC$ 的顶角 $\angle B = 20°$,在边 BA,BC 上分别取点 E,D,使 $\angle DAC = 60°$,$\angle ECA = 50°$,求 $\angle ADE$.

解 易见 $AE = AC$,不妨设它们为 1,则

$$AD = \frac{1\sin 80°}{\sin 40°} = 2\cos 40°$$

$$\tan \angle ADE = \frac{AE \sin 20°}{AD - AE\cos 20°} = \frac{\sin 20°}{2\cos 40° - \cos 20°}$$

$$= \frac{1}{2} \cdot \frac{\sin 20°}{\cos 40° - \cos 60° \cos 20°}$$

$$= \frac{1}{2} \cdot \frac{\sin 20°}{\sin 60° \sin 20°} = \frac{1}{\sqrt{3}}$$

$$\angle ADE = 30°$$

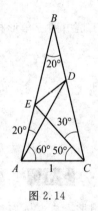

图 2.14

2.17 $\triangle ABC$ 的中线 BM 被内切圆三等分,求 $\triangle ABC$ 三边之比.

解 设线段 a, x, y, z,如图 2.15 所示,则

$$x^2 = 2a^2$$

$$x = \sqrt{2}a$$

$$\left(\frac{y-z}{2}\right)^2 = ME^2 = 2a^2$$
$$y - z = 2\sqrt{2}a$$

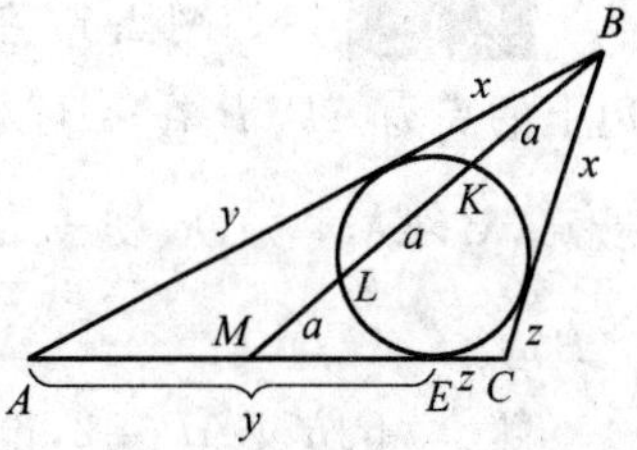

又据中线公式
$$(2 \cdot 3a)^2 + (y+z)^2 = 2(x+y)^2 + 2(x+z)^2$$
$$36a^2 = 4x^2 + (y-z)^2 + 4x(y+z)$$
$$36a^2 = 8a^2 + 8a^2 + 4\sqrt{2}a(y+z)$$
$$y + z = \frac{5}{2}\sqrt{2}a$$

又因 $y - z = 2\sqrt{2}a$,故知 $y = \frac{9}{4}\sqrt{2}a, z = \frac{1}{4}\sqrt{2}a$,则

$$x : y : z = 1 : \frac{9}{4} : \frac{1}{4} = 4 : 9 : 1$$
$$a : b : c = (x+z) : (y+z) : (x+y) = 5 : 10 : 13$$

图 2.15

2.18 半径为 R,r 的两圆的两内公切线互相垂直,求两内公切线与一外公切线围成的三角形的面积.

解 如图 2.16 所示,设 $MA = x, MB = y$. 因两圆分别为 Rt△AMB 两直角边的旁切圆,故

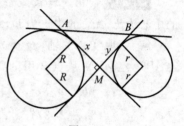

图 2.16

$$r = \frac{\sqrt{x^2+y^2} + y - x}{2}, \quad R = \frac{\sqrt{x^2+y^2} + x - y}{2} \qquad ①$$

两式相减得
$$R - r = x - y \qquad ②$$
$$x^2 - 2xy + y^2 = R^2 - 2Rr + r^2 \qquad ③$$

以式 ② 代入式 ① 中第 2 式得
$$R + r = \sqrt{x^2 + y^2}$$
$$x^2 + y^2 = R^2 + 2Rr + r^2 \qquad ④$$

式 ④ 减式 ③ 得
$$2xy = 4Rr$$
$$S_{\triangle MAB} = \frac{1}{2}xy = Rr$$

用三角、解析几何等计算解来自俄罗斯的几何题

2.19 如图 2.17 所示，Rt△ABC 斜边上的高为 AP，P 在 AB，AC 上的射影分别是 K，M，KM 与 AP 交于 L，$\dfrac{AK}{AL}=\dfrac{AL}{AM}$，求 $\angle B$，$\angle C$.

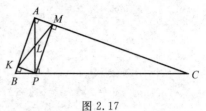

图 2.17

解 不妨设 $AP=2$，设 $\angle B=\angle APK=\angle PAM=\beta$，易见 $AL=1$，由 $AK\cdot AM=AL^2$ 得
$$2\sin\beta\cdot 2\cos\beta=1$$
即
$$\sin 2\beta=\dfrac{1}{2}$$
即 $2\beta=30°,150°$，$\beta=\angle B=15°,75°$，$\angle C=75°,15°$.

2.20 正△ABC，截线 $MN \parallel AC$，正△BMN 的中心为 E，AN 的中点为 D，求△CDE 各角.

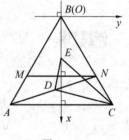

图 2.18

解 取实 (x) 轴、虚 (y) 轴如图 2.18 所示，设△ABC，△MBN 从点 B 引的高分别为 $6b, 6a$，则
$$z_A=6b-2\sqrt{3}bi, \quad z_C=6b+2\sqrt{3}bi$$
$$z_M=6a-2\sqrt{3}ai, \quad z_N=6a+2\sqrt{3}ai$$
从而
$$z_D=(3a+3b)+\sqrt{3}(a-b)i, \quad z_E=4a$$
$$z_E-z_D=(a-3b)-\sqrt{3}(a-b)i$$
$$z_C-z_D=(3b-3a)+\sqrt{3}(3b-a)i$$
易见
$$(z_E-z_D)(-\sqrt{3}i)=z_C-z_D$$
故知
$$\angle CDE=90°, \quad \angle DCE=30°, \quad \angle DEC=60°$$

2.21 ⊙O 半径为 1，(变动) 正方形顶点 A,B 在圆上，求另两顶点 C,D 到 O 的最大距离.

解 要使 $OC=OD$ 最大，显然必须 C,D 在圆外. 设角 θ 如图 2.19 所示. 易见 $\angle OAD=\pi-\theta$，$AD=AB=2\cdot 1\sin\theta$，则

134

第 2 章 平面几何计算题、轨迹题及其他问题

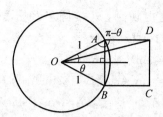

图 2.19

$$OD^2 = 1 + 4\sin^2\theta - 2 \cdot 2\sin\theta\cos(\pi - \theta)$$
$$= 1 + 2(1 - \cos 2\theta + \sin 2\theta)$$
$$= 3 + 2(\sin 2\theta - \cos 2\theta) = 3 + 2\sqrt{2}\sin(2\theta - 45°)$$
$$\leqslant 3 + 2\sqrt{2} = (1 + \sqrt{2})^2 (当 2\theta = 135° 时, 达到最大值)$$

故 OC 的最大值为 $1 + \sqrt{2}$.

2.22 已知梯形 $ABCD$, $AB \parallel DC$, 截线 $MN \parallel AB$, 并把梯形面积分成 $2:7$ 两部分, $AB = 5$, $CD = 3$, 求 MN.

解 延长 AD, BC 交于点 T, 设 $S_{\triangle TDC} = S_0$, $S_{梯形 MNCD} = 2S'$, 则 $S_{梯形 ABNM} = 7S'$. 又设 $MN = x$, 则

$$\frac{S_0}{S_0 + 2S'} = \frac{3^2}{x^2} \Rightarrow \frac{S_0}{2S'} = \frac{9}{x^2 - 9}$$

$$\frac{S_0}{S_0 + 9S'} = \frac{3^2}{5^2} \Rightarrow \frac{S_0}{9S'} = \frac{9}{16}$$

两式相除得 $\frac{9}{2} = \frac{16}{x^2 - 9}$, 解得 $x = \frac{1}{3}\sqrt{113}$.

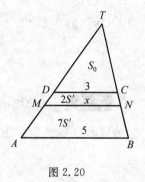

图 2.20

2.23 如图 2.21 所示, $Rt\triangle ABC$ 斜边上的高为 AK, K 在 AB, AC 上的射影分别为 P, T, $BP = m$, $CT = n$, 求 BC.

解 设 $BC = x$, 则易见

$$x\cos^3 B = m, \quad x\sin^3 B = n$$

$$\left(\frac{m}{x}\right)^{\frac{2}{3}} + \left(\frac{n}{x}\right)^{\frac{2}{3}} = 1 \Rightarrow x = (m^{\frac{2}{3}} + n^{\frac{2}{3}})^{\frac{3}{2}}$$

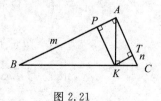

图 2.21

2.24 △ABC 的内切圆,外接圆半径分别是 $\sqrt{3}, 3\sqrt{2}$,其各角满足 $\cos^2 A + \cos^2 B + \cos^2 C = 1$,求其面积.

解 $\cos^2 A + \cos^2 B = \sin^2 C = \sin^2(A+B)$
$$= \sin^2 A\cos^2 B + 2\sin A\cos B\sin B\cos A + \sin^2 B\cos^2 A$$
$$2\cos^2 A\cos^2 B = 2\cos A\cos B\sin A\sin B$$
$\cos A = 0$ 或 $\cos B = 0$ 或 $\cos A\cos B = \sin A\sin B$(即 $\cos C = -\cos(A+B) = 0$)
即有 Rt△ABC. 不妨设 $\angle C = 90°$,则外接圆直径 $c = 6\sqrt{2}$,内切圆直径
$$a + b - c = 2\sqrt{3}$$
$$a + b = 6\sqrt{2} + 2\sqrt{3} \qquad ①$$
又
$$a^2 + b^2 = c^2 = 72 \qquad ②$$
上式两边平方减下式得
$$2ab = (6\sqrt{2} + 2\sqrt{3})^2 - 72 = 12 + 24\sqrt{6}$$
则 △ABC 的面积为
$$\frac{1}{2}ab = \frac{1}{4}(12 + 24\sqrt{6}) = 3 + 6\sqrt{6}$$

2.25 △ABC 的面积为 $6\sqrt{6}$,周长为 18,内切圆的圆心 O 到点 B 的距离为 $\frac{2}{3}\sqrt{42}$,求 △ABC 的最小边.

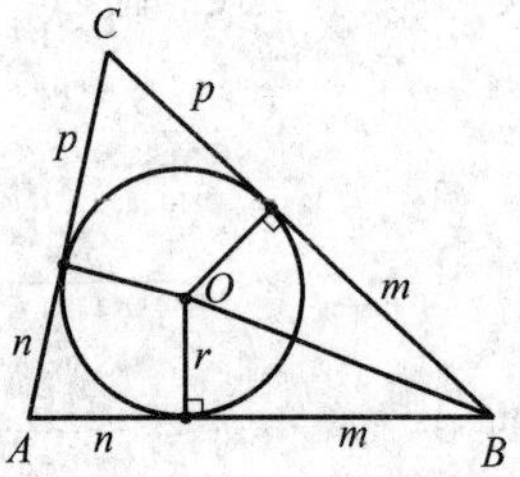

解 设线段 m, n, p, r 如图 2.22 所示,则
$$\frac{18}{2}r = 6\sqrt{6} \Rightarrow r = \frac{2}{3}\sqrt{6}$$
$$m = \sqrt{\left(\frac{2}{3}\sqrt{42}\right)^2 - \left(\frac{2}{3}\sqrt{6}\right)^2} = 4$$
$$b = n + p = \frac{18}{2} - 4 = 5 \Rightarrow a + c = 18 - 5 = 13$$
$$\sqrt{9(9-5)(9-a)(9-c)} = 6\sqrt{6} \Rightarrow (9-a)(9-c) = 6$$
$$\Rightarrow 81 - 9 \cdot 13 + ac = 6$$
解得 $ac = 42$. 又由 $a + c = 13$ 得 a, c(不分次序)等于 6,7,于是最小边 $b = 5$.

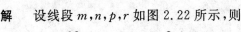

图 2.22

2.26 圆内接 Rt$\triangle ABC$ 的直角边 $AC=2$，$BC=\sqrt{2}$，作弦 CM 与 AB 交于点 K，使 $\dfrac{AK}{AB}=\dfrac{1}{4}$，求 $S_{\triangle ABM}$.

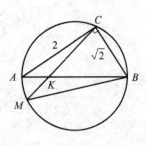

图 2.23

解 易见 $\cos A=\dfrac{AC}{AB}=\dfrac{2}{\sqrt{6}}$，$\sin A=\sqrt{\dfrac{2}{6}}=\dfrac{1}{\sqrt{3}}$，

$AK=\dfrac{1}{4}\sqrt{6}$，$BK=\dfrac{3}{4}\sqrt{6}$，则

$$CK=\sqrt{2^2+\left(\dfrac{1}{4}\sqrt{6}\right)^2-2\cdot 2\cdot \dfrac{1}{4}\sqrt{6}\cdot \dfrac{2}{\sqrt{6}}}=\sqrt{\dfrac{19}{8}}$$

$$KM=\dfrac{AK\cdot KB}{CK}=\dfrac{9}{2\sqrt{38}}$$

则

$$\tan\angle AKM=\tan\angle CKB=\dfrac{2\sin A}{2\cos A-AK}=\dfrac{4\sqrt{2}}{5}\Rightarrow \sin\angle AKM=\dfrac{4\sqrt{2}}{\sqrt{57}}$$

则

$$S_{\triangle ABM}=\dfrac{1}{2}AB\cdot KM\sin\angle AKM=\dfrac{1}{2}\sqrt{6}\cdot \dfrac{9}{2\sqrt{38}}\cdot \dfrac{4\sqrt{2}}{\sqrt{57}}=\dfrac{9}{19}\sqrt{2}$$

2.27 $\odot O$ 半径为 $\sqrt{7}$，内接梯形 $ABCD$，底边 $AB=4$，切线 $MS\parallel DA$，M 为切点，弦 $MM'\parallel AB$，$MM'=5$，求 AC 的长及梯形 $ABCD$ 的面积.

解 过点 O 作 AB 的垂线与 MM'，AB，DA 及所述切线分别交于 F,E,S' 及 S，$S'D$ 与 OM 交于点 N，角 α 如图 2.24 所示，易得

$$OE=\sqrt{(\sqrt{7})^2-\left(\dfrac{4}{2}\right)^2}=\sqrt{3}$$

$$OF=\sqrt{7-\left(\dfrac{5}{2}\right)^2}=\dfrac{\sqrt{3}}{2}$$

$$EF=\sqrt{3}-\dfrac{\sqrt{3}}{2}=\dfrac{\sqrt{3}}{2}$$

$$SF=\dfrac{MF^2}{OF}=\dfrac{25}{2\sqrt{3}}$$

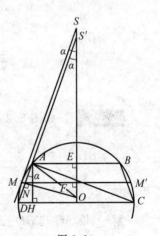

图 2.24

$$\tan \alpha = \frac{OF}{MF} = \frac{\sqrt{3}}{5} \Rightarrow \cos \alpha = \frac{5}{\sqrt{28}}, \quad \sin \alpha = \sqrt{\frac{3}{28}}$$

$$S'E = 2\cot \alpha = \frac{10}{\sqrt{3}}$$

$$S'N = (S'E + EO)\cos \alpha = \left(\frac{10}{\sqrt{3}} + \sqrt{3}\right) \cdot \frac{5}{\sqrt{28}} = \frac{65}{\sqrt{84}}$$

$$S'A = \sqrt{AE^2 + S'E^2} = \sqrt{4 + \frac{100}{3}} = 2\sqrt{\frac{28}{3}}$$

$$AN = S'N - S'A = \frac{3\sqrt{3}}{\sqrt{28}}$$

$$AD = 2AN = 3\sqrt{\frac{3}{7}}$$

梯形的高

$$AH = AD\cos \alpha = 3\sqrt{\frac{3}{7}} \cdot \frac{5}{\sqrt{28}} = \frac{15}{14}\sqrt{3}$$

又

$$CH = AB + AD\sin \alpha = 4 + 3\sqrt{\frac{3}{7}} \cdot \sqrt{\frac{3}{28}} = \frac{65}{14}$$

$$AC = \sqrt{AH^2 + CH^2} = \frac{5}{14}\sqrt{27 + 13^2} = 5$$

则梯形面积为

$$CH \cdot AH = \frac{65}{14} \cdot \frac{15}{14}\sqrt{3} = \frac{975}{196}\sqrt{3}$$

2.28 如图 2.25 所示，$\square ABCD$ 两对角线夹角为 $30°$，$\frac{AC}{BD} = \frac{2}{\sqrt{3}}$，$B$ 关于直线 AC 的对称点为 B_1，C 关于直线 BD 的对称点为 C_1，求 $\frac{S_{\triangle AB_1C_1}}{S_{\square ABCD}}$.

解 设 AC 与 BD 交于 O，不妨设 $AO = OC = 2$，$BO = OD = \sqrt{3}$，则

$$S_{\square ABCD} = \frac{1}{2} \cdot 4 \cdot 2\sqrt{3} \cdot \sin 30° = 2\sqrt{3}$$

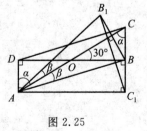

图 2.25

第 2 章 平面几何计算题、轨迹题及其他问题

当 $\angle BOC = \angle AOD = 90°$ 时,易见 OA 在 DB 的射影为 $OD' = \sqrt{3} = OD$,点 D, D' 重合,$\angle ODA = 90°$,图 2.25 中 $\alpha = 60°$,$AD = 1$

$$AB_1 = AB = \sqrt{AD^2 + DB^2} = \sqrt{1^2 + (2\sqrt{3})^2} = \sqrt{13}$$

$$AC_1 = AC\sin\alpha = 4 \cdot \frac{\sqrt{3}}{2} = 2\sqrt{3}$$

对如图 2.25 所示角 β 有

$$\tan\beta = \frac{OB\sin 30°}{OA + OB\cos 30°} = \frac{\sqrt{3} \cdot \frac{1}{2}}{2 + \sqrt{3} \cdot \frac{\sqrt{3}}{2}} = \frac{\sqrt{3}}{7}$$

$$\cos\beta = \frac{7}{\sqrt{52}}, \quad \sin\beta = \frac{\sqrt{3}}{\sqrt{52}}$$

$$\sin\angle B_1AC_1 = \sin(\beta + (90° - \alpha)) = \sin(\beta + 30°) = \frac{\sqrt{3}}{\sqrt{52}} \cdot \frac{\sqrt{3}}{2} + \frac{7}{\sqrt{52}} \cdot \frac{1}{2} = \frac{5}{\sqrt{52}}$$

$$S_{\triangle B_1AC_1} = \frac{1}{2}AB_1 \cdot AC_1 \cdot \sin\angle B_1AC_1 = \frac{1}{2}\sqrt{13} \cdot 2\sqrt{3} \cdot \frac{5}{\sqrt{52}} = \frac{5}{2}\sqrt{3}$$

$$\frac{S_{\triangle B_1AC_1}}{S_{\square ABCD}} = \frac{\frac{5}{2}\sqrt{3}}{2\sqrt{3}} = \frac{5}{4}$$

当 $\angle COD = \angle AOB = 30°$ 时,同样有

$$\angle CDO = 90° = \angle CC_1A$$

$$\angle B_1AC = \angle BAC = 60°$$

$$AB_1 = AB = 1$$

$$AC_1 = AC\cos 30° = 4 \cdot \frac{\sqrt{3}}{2} = 2\sqrt{3}$$

$$\angle B_1AC_1 = \angle B_1AC - \angle C_1AC = \angle 60° - 30° = 30°$$

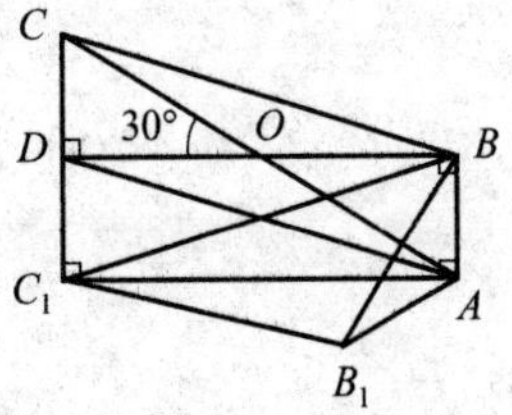

图 2.26

故

$$S_{\triangle B_1AC_1} = \frac{1}{2} \cdot 1 \cdot 2\sqrt{3} \cdot \sin 30° = \frac{\sqrt{3}}{2}$$

$$\frac{S_{\triangle B_1AC}}{S_{\square ABCD}} = \frac{\frac{\sqrt{3}}{2}}{2\sqrt{3}} = \frac{1}{4}$$

2.29 梯形 $ABCD$ 两对角线 AC, BD 相交于 O,又分别垂直于两腰 AB,

CD,两腰延长线交于 E,$AD=6$,$\sin\angle CDA=\dfrac{4}{5}$,求 $S_{\triangle OAD}$,$S_{\triangle COD}$.

解 分 $\angle CDA$ 为锐角、钝角两种情况. 设角 α,θ 如图 2.27 所示. 在两种情况易见均有直线 EO 平分两底边

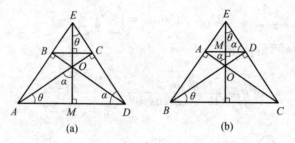

图 2.27

$$\angle AED=2\theta,\theta+\alpha=90°,\quad \sin\alpha=\dfrac{4}{5},\cos\alpha=\dfrac{3}{5},\quad \tan\alpha=\dfrac{4}{3}$$

$$\cos 2\theta=-\cos 2\alpha=1-2\cos^2\alpha=\dfrac{7}{25}$$

$$S_{\triangle EAD}=DM^2\tan\alpha=3^2\cdot\dfrac{4}{3}=12$$

$$EA=ED=\dfrac{DM}{\cos\alpha}=5$$

$$S_{\triangle OAD}=AM^2\cot\alpha=3^2\cdot\dfrac{3}{4}=\dfrac{27}{4}$$

当 $\angle CDA$ 为锐角时,如图 2.27(a) 所示,有

$$\dfrac{S_{\triangle OCD}}{S_{\triangle OAD}}=\dfrac{OC}{OA}=\dfrac{EC}{EA}=\cos 2\theta=\dfrac{7}{25}$$

$$S_{\triangle OCD}=\dfrac{7}{25}\cdot\dfrac{27}{4}=\dfrac{189}{100}$$

当 $\angle CDA$ 为钝角时,如图 2.27(b) 所示,$\dfrac{EC}{EA}=\dfrac{1}{\cos 2\theta}=\dfrac{25}{7}$,故

$$S_{\triangle OCD}=\dfrac{25}{7}\cdot\dfrac{27}{4}=\dfrac{675}{28}$$

2.30 Rt$\triangle ABC$ 的斜边 AC 上有点 M,$\angle ABM=30°$,$BM=6$,$\dfrac{AM}{MC}=\dfrac{1}{3\sqrt{3}}$,求 $\angle A$ 及 $\triangle ABM$,$\triangle CBM$ 外心的距离.

解 如图 2.28 所示,设 $AM=u$,则 $MC=3\sqrt{3}u, AB=AC\cos A=(1+\sqrt{3})u\cos A$,则

$$\frac{6}{u}=\frac{\sin A}{\sin 30°}\Rightarrow u\sin A=3$$

又

$$AB^2+AM^2-2AB\cdot AM\cos A=BM^2$$

即

$$[(1+3\sqrt{3})u\cos\alpha]^2+u^2-2u^2(1+3\sqrt{3})\cos^2\alpha=36$$

化简得

$$u^2+26u^2(1-\sin^2\alpha)=36$$

$$1+26(1-\sin^2 A)=\frac{36}{u^2}=\frac{36}{\dfrac{9}{\sin^2 A}}=4\sin^2 A$$

解得(取正根)

$$\sin A=\frac{3}{\sqrt{10}}\Rightarrow\cos A=\frac{1}{\sqrt{10}}$$

$$u=\frac{3}{\sin A}=\sqrt{10}$$

$$\angle A=\sin^{-1}\frac{3}{\sqrt{10}}$$

如图 2.28 所述外心 O_1,O_2,则

$$\sin O_2=\sin\angle AMB=\sin(\angle A+30°)$$

$$=\frac{3}{\sqrt{10}}\cdot\frac{\sqrt{3}}{2}+\frac{1}{\sqrt{10}}\cdot\frac{1}{2}=\frac{3\sqrt{3}+1}{2\sqrt{10}}$$

$$O_1O_2=\frac{\frac{1}{2}AC}{\sin O_2}=\frac{\frac{1}{2}(1+3\sqrt{3})\sqrt{10}}{\frac{3\sqrt{3}+1}{2\sqrt{10}}}=\sqrt{10}$$

2.31 $\angle BAC=90°, AB=5$,在 $\angle BAC$ 内取点 O,并以点 O 为圆心作半径为 3 的圆过点 A,B,过边 AC 的点 C 作切线 CD,D 为切点,DA 平分 $\angle BDC$,求 $\angle ABD$ 及 AC.

解 设角 α 如图 2.29 所示,在劣弧 $\overparen{BD}$ 上任取点 E,易见

$$2\angle ABD + 2\angle BAO = \angle BDC + \angle BAD$$
$$= \angle BED + \angle BAD$$
$$= 180°$$
$$\Rightarrow \alpha + \angle BAO = 90°$$

则
$$\sin\alpha = \cos\angle BAO = \frac{\frac{5}{2}}{3} = \frac{5}{6} \Rightarrow \alpha = \sin^{-1}\frac{5}{6}$$
$$\cos\alpha = \frac{\sqrt{11}}{6}$$

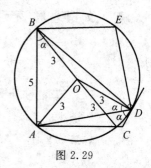

图 2.29

则
$$\sin\angle DAC = \cos\angle DAB = \cos(180° - 2\alpha)$$
$$= 2\sin^2\alpha - 1 = \frac{7}{18}$$
$$\Rightarrow \cos\angle DAC = \frac{5\sqrt{11}}{18}$$

又 $AD = AB = 5$
$$\frac{AC}{\sin\alpha} = \frac{AD}{\sin(\alpha + \angle DAC)}$$

$$AC = \frac{AD\sin\alpha}{\sin(\alpha + \angle DAC)} = \frac{5 \cdot \frac{5}{6}}{\frac{5}{6} \cdot \frac{5\sqrt{11}}{18} + \frac{\sqrt{11}}{6} \cdot \frac{7}{18}}$$
$$= \frac{25 \cdot 18}{32\sqrt{11}} = \frac{225}{16\sqrt{11}}$$

2.32 在 $\triangle ABC$ 中，$\angle B = 60°$，内切圆圆心为 O，$OA = 4$，$OC = 6$，求内切圆半径 r.

解 易见 $CE = CD = \sqrt{3}r$，$AE = AF = \sqrt{16 - r^2}$，$BD = BF = \sqrt{36 - r^2}$，则
$$(\sqrt{3}r + \sqrt{16 - r^2})^2 + (\sqrt{3}r + \sqrt{36 - r^2})^2 -$$
$$2(\sqrt{3}r + \sqrt{16 - r^2})(\sqrt{3}r + \sqrt{36 - r^2})\cos 60°$$
$$= (\sqrt{16 - r^2} + \sqrt{36 - r^2})^2$$

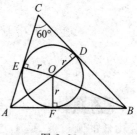

图 2.30

第 2 章 平面几何计算题、轨迹题及其他问题
DIERZHANG PINGMIAN JIHE JISUANTI,GUIJITI JI QITA WENTI

化简得
$$3r^2 + \sqrt{3}r(\sqrt{16-r^2} + \sqrt{36-r^2})$$
$$= 3\sqrt{16-r^2} \cdot \sqrt{36-r^2}$$
$$\sqrt{3}r^2 - \sqrt{3(16-r^2)(36-r^2)}$$
$$= -r(\sqrt{16-r^2} + \sqrt{36-r^2})$$ ①

两边平方后化简得
$$r^4 - 26r^2 + 216 = r^2\sqrt{(16-r^2)(36-r^2)}$$ ②

再两边平方后化简得
$$133r^4 - 13 \cdot 216r^2 + 108^2 = 0$$

解得(取正根)
$$r = \sqrt{\frac{108}{19}}, \sqrt{\frac{108}{7}}$$

验根:$r = \sqrt{\frac{108}{7}}$ 代入方程 ①,左边为正,右边为负,为增根,$r = \sqrt{\frac{108}{19}}$ 代入方程 ①②,各被开方数为正数,方程①(方程②)两边为负数(正数),即每次两边平方后所得方程与原方程等价,不会产生增根,故为方程 ① 的根[①],故求得 $r = \sqrt{\frac{108}{19}}$.

2.33 在梯形 $ABCD$ 的底边 BC 上任取点 E,它与 A,C,D 在同一圆上,$AB = 12$,$\frac{BE}{EC} = \frac{4}{5}$. 又过 B,A,C 的圆与 CD 相切于 C,求 BC,并求两圆半径之比的取值范围.

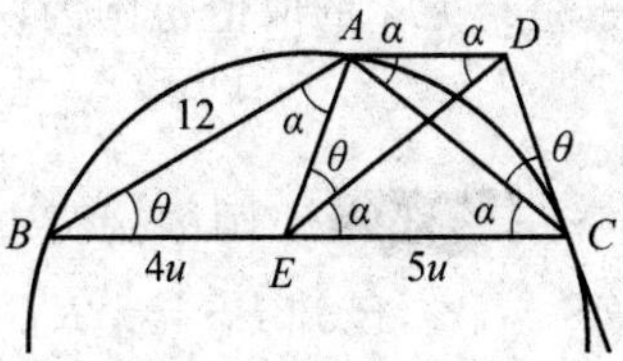

图 2.31

解 设角 α,θ 如图 2.31 所示($\angle BAE = \angle AEC - \angle B = \alpha$),设 $BE = 4u$,则 $EC = 5u$. 对 $\triangle ABC$ 及 $\triangle ABE$ 用正弦定理得

$$\frac{9u}{\sin(\alpha+\theta)} = \frac{12}{\sin\alpha}, \quad \frac{4u}{\sin\alpha} = \frac{12}{\sin(\alpha+\theta)}$$

---

① 或因按题设知 $\triangle ABC$ 为确定的三角形,有确定的内切圆及其半径,故此半径 r 唯有等于除去增根 $\sqrt{\frac{108}{7}}$ 外的根 $\sqrt{\frac{108}{19}}$.

二式相乘得
$$36u^2 = 144 \Rightarrow u = 2, BC = 18$$
$$\frac{\sin(\alpha+\theta)}{\sin\alpha} = \frac{9u}{12} = \frac{3}{2} \qquad ①$$

所求半径之比
$$\lambda = \frac{\dfrac{AC}{2\sin(\theta+\alpha)}}{\dfrac{AC}{2\sin\theta}} = \frac{\sin\theta}{\sin(\theta+\alpha)} = \frac{1}{\cos\alpha + \cot\theta\sin\alpha}$$

由式 ① 得
$$\cos\theta + \cot\alpha\sin\theta = \frac{3}{2} \Rightarrow \cot\alpha = \frac{\frac{3}{2}-\cos\theta}{\sin\theta} = \frac{3-2\cos\theta}{2\sin\theta}$$
$$\Rightarrow \sin\alpha = \frac{2\sin\theta}{\sqrt{13-12\cos\theta}}$$
$$\cos\alpha = \frac{3-2\cos\theta}{\sqrt{13-12\cos\theta}}$$
$$\lambda = \frac{1}{\dfrac{3-2\cos\theta}{\sqrt{13-12\cos\theta}} + \cot\theta \cdot \dfrac{2\sin\theta}{\sqrt{13-12\cos\theta}}} = \frac{\sqrt{13-12\cos\theta}}{3}$$

于是易见 λ 的取值范围为 $\left(\sqrt{\dfrac{13-12}{3}}, \sqrt{\dfrac{13+12}{3}}\right)$, 即 $\left(\dfrac{1}{\sqrt{3}}, \dfrac{5}{\sqrt{3}}\right)$.

2.34 圆内接四边形 $PQRS$ 的对角线交于 T, $PS = PQ$, 已知 $RS = s, RT = t, RQ = q$, 求 PT.

解 设角 α 如图 2.32 所示, 由 $S_{\triangle RST} + S_{\triangle RQT} = S_{\triangle RSQ}$, 得

$$\frac{1}{2}qt\sin\alpha + \frac{1}{2}st\sin\alpha = \frac{1}{2}sq\sin 2\alpha \Rightarrow \cos\alpha = \frac{qt+st}{2qs}$$

$$QT^2 = q^2 + t^2 - 2qt\cos\alpha = q^2 + t^2 - \frac{(q+s)t^2}{s} = \frac{sq^2 - t^2q}{s}$$

同理

$$ST^2 = \frac{qs^2 - t^2 s}{q}$$

$$PT^2 = \frac{QT^2 \cdot ST^2}{RT^2} = \frac{(sq-t^2)^2}{t^2} \Rightarrow PT = \frac{sq-t^2}{t}$$

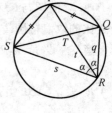

图 2.32

第 2 章　平面几何计算题、轨迹题及其他问题
DIERZHANG　PINGMIAN JIHE JISUANTI,GUIJITI JI QITA WENTI

2.35　△ABC 内切圆与 BC 相切于 M，$AC=21$，$BM=9$，$\angle B=60°$，求 $S_{\triangle ABC}$.

解　设线段 x,y 如图 2.33 所示，则

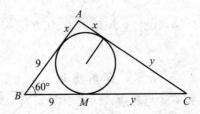

图 2.33

$$x+y=21$$
$$(x+9)^2+(y+9)^2-2(x+9)(y+9)\cos 60°=21^2$$

化简得
$$x^2+y^2-xy=171 \Rightarrow (x+y)^2-3xy=171$$
$$\Rightarrow 21^2-3xy=171$$

求得 $xy=90$. 再由 $x+y=21$，得（不分次序）x,y 为 15,6，△ABC 的三边为 21，15，24，半周长 $s=30$

$$S_{\triangle ABC}=\sqrt{30\cdot 9\cdot 15\cdot 6}=90\sqrt{3}$$

2.36　三角形的外心与内心关于三角形一边对称，求三角形各角.

解　如图 2.34 所示，△ABC 的外心 O 与内心 I 对直线 BC 对称，设角 α 如图所示，设内切圆半径为 r，由 $OA=OB$ 及 $\angle AOB=\pi-2\alpha$，得

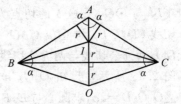

图 2.34

$$2r+\frac{r}{\sin\alpha}=\frac{r}{\cos(\pi-2\alpha)}$$

即
$$2+\frac{1}{\sin\alpha}+\frac{1}{1-2\sin^2\alpha}=0$$

去分母得
$$-4\sin^3\alpha-2\sin^2\alpha+3\sin\alpha+1=0$$

即
$$-\sin 3\alpha=\cos 2\alpha,\quad \cos 2\alpha=\cos(90°+3\alpha)$$
$$90°+3\alpha=n\cdot 360°\pm 2\alpha\quad (n\in \mathbf{Z})$$

$\alpha = n \cdot 360° - 90°$(不合理) 或 $5\alpha = n \cdot 360° - 90°$

因 α 为锐角,$0° < 5\alpha < 450°$,故必须 $n=1, \alpha = \dfrac{360° - 90°}{5} = 54°$.

于是 $\angle BAC = 2 \cdot 54° = 108°, \angle ABC = \angle ACB = \dfrac{180° - 108°}{2} = 36°$.

2.37 如图 2.35 所示,直角梯形 $ABCD$ 的腰 AB 长为 3,腰 CD 与底边 AD 成 $30°$ 角,底边 BC 上两角的平分线交点 E 在底边 AD 上,求底边 AD 的长.

解 易得如图 2.35 所示各角度数

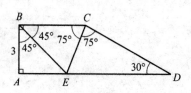

图 2.35

$$BC = \dfrac{BE\sin(45° + 75°)}{\sin 75°} = \dfrac{3\sqrt{2} \cdot \dfrac{\sqrt{3}}{2}}{\dfrac{1}{\sqrt{2}}\left(\dfrac{\sqrt{3}}{2} + \dfrac{1}{2}\right)}$$

$$= 9 - 3\sqrt{3}$$

$$AD = BC + BA\cot 30° = (9 - 3\sqrt{3}) + 3 \cdot \sqrt{3} = 9$$

2.38 $\odot O_1$ 与 $\odot O_2$ 相离,外公切线 AB,$A'B'$ 与 $\odot O_1(\odot O_2)$ 的切点为 $A,A'(B,B')$,内公切线 $CD,C'D'$ 与 $\odot O_1(\odot O_2)$ 的切点为 $C,C'(D,D')$,两外公切线与两内公切线交于 E,F,E',F',如图 2.36 所示,已知 $O_1O_2 = 2a, \angle O_1O_2B = 2\theta$,$\angle O_1O_2D = 2\varphi$,求圆心与 E,F 等距且与 EF 相切的圆的半径.

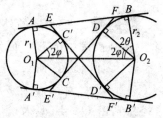

图 2.36

解 易见 $r_2 - r_1 = 2a\cos 2\theta, r_2 + r_1 = 2a\cos 2\varphi$,从而

$$r_2 = a(\cos 2\theta + \cos 2\varphi) = 2a\cos(\theta + \varphi)\cos(\theta - \varphi)$$

$$r_1 = a(\cos 2\varphi - \cos 2\theta) = 2a\sin(\theta + \varphi)\sin(\theta - \varphi)$$

$$FB = r_2 \tan\left(\dfrac{2\theta - 2\varphi}{2}\right) = 2a\cos(\theta + \varphi)\sin(\theta - \varphi)$$

$$AE = r_1 \tan\dfrac{(\pi - 2\theta) - 2\varphi}{2} = r_1 \cot(\theta + \varphi) = 2a\cos(\theta + \varphi)\sin(\theta - \varphi) = FB$$

于是 EF 与 AB 有共同的中垂线,中垂线在 AB, O_1O_2 之间的线段(梯形 O_1ABO_2 的中位线)即所求圆的半径 R

第 2 章 平面几何计算题、轨迹题及其他问题
DIERZHANG PINGMIAN JIHE JISUANTI,GUIJITI JI QITA WENTI

$$R = \frac{1}{2}(r_1 + r_2) = a\cos 2\varphi$$

2.39 ⊙O 内接四边形 $ABCD$,$\angle AOB = \angle COD = 90°$,$BC = \frac{1}{2}AD$,点 C 到 AD 的距离为 9,求 $S_{\triangle AOB}$.

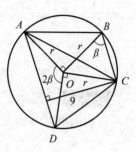

图 2.37

解 设 ⊙O 的半径 r,角 β,2β 如图 2.37 所示(易见 $\frac{1}{2}\angle AOD = 90° - \frac{1}{2}\angle BOC = \angle OBC$),由 $\frac{1}{2}AD = 2 \cdot \frac{1}{2}BC$,得

$$r\sin\beta = 2r\cos\beta \Rightarrow \tan\beta = 2, \quad \cos\beta = \frac{1}{\sqrt{5}}, \quad \sin\beta = \frac{2}{\sqrt{5}}$$

$$\sin\angle ABC = \sin(\beta + 45°) = \frac{1}{\sqrt{2}}(\sin\beta + \cos\beta) = \frac{3}{\sqrt{10}}$$

$$\angle DAC = \frac{1}{2}\angle DOC = 45°$$

$$9 = AC \cdot \sin 45° = 2r\sin\angle ABC \cdot \frac{1}{\sqrt{2}}$$

$$= \sqrt{2}r \cdot \frac{3}{\sqrt{10}} \Rightarrow r = 3\sqrt{5}$$

$$S_{\triangle AOB} = \frac{1}{2}r^2 = \frac{45}{2}$$

2.40 如图 2.38 所示,▱$ABCD$,过 A 作直线与 BC 的延长线、DC、BD 分别交于 F,G,E,$AE = 2$,$GF = 3$,求 $\frac{S_{\triangle BAE}}{S_{\triangle DGE}}$.

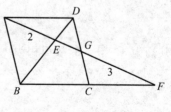

图 2.38

解 设 $EG = x$,则

$$\frac{2}{x} = \frac{AB}{DG} = \frac{AB}{AB - CG} = \frac{1}{1 - \frac{CG}{AB}}$$

$$= \frac{1}{1-\frac{3}{3+x+2}} = \frac{5+x}{2+x}$$

$$4+2x = 5x+x^2 \Rightarrow x=1,-4(舍去)$$

$$\frac{S_{\triangle BAE}}{S_{\triangle DGE}} = \left(\frac{2}{x}\right)^2 = 4$$

2.41 已知半径为 3 的 $\odot O$ 的外切 $\square ABCD$，另一 $\odot O'$ 与 $\odot O$ 外切，又与平行四边形两邻边相切，两圆外公切线的两切点距离为 3，求 $\square ABCD$ 的面积.

解 易见此 $\square ABCD$ 为菱形，两对角线互相垂直，交点为大圆圆心 O，设小圆半径 r，角 θ 如图 2.39 所示. 易见

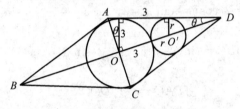

图 2.39

$$(3+r)^2 - (3-r)^2 = 3^2 \Rightarrow r = \frac{3}{4}$$

$$\sin\theta = \frac{3-\frac{3}{4}}{3+\frac{3}{4}} = \frac{3}{5} \Rightarrow \tan\theta = \frac{3}{4}, \quad \cot\theta = \frac{4}{3}$$

$\square ABCD$ 的边长为

$$3\tan\theta + 3\cot\theta = \frac{25}{4}$$

其高为 $3 \times 2 = 6$，故面积为

$$S_{\square ABCD} = \frac{25}{4} \times 6 = \frac{75}{2}$$

2.42 矩形 $ABCD$ 的面积为 48，对角线长为 10，取点 O 使 $OB = OD = \sqrt{61}$，求 O 到矩形最近顶点的距离.

解 易求得矩形两邻边长为 6,8，不妨设 $AB=6, AD=8$，点 O 距顶点 A 最近，角 2θ 如图 2.40 所示，易得

第 2 章 平面几何计算题、轨迹题及其他问题
DIERZHANG PINGMIAN JIHE JISUANTI,GUIJITI JI QITA WENTI

$$\sin\theta=\frac{3}{5},\cos\theta=\frac{4}{5}$$

$$\cos\angle AMO=\sin 2\theta=2\cdot\frac{3}{5}\cdot\frac{4}{5}=\frac{24}{25}$$

$$OM=\sqrt{OB^2-BM^2}=\sqrt{61-25}=6$$

$$OA=\sqrt{5^2+6^2-2\cdot 5\cdot 6\cdot\frac{24}{25}}=\sqrt{\frac{17}{5}}$$

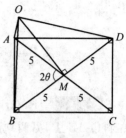

图 2.40

2.43 △ABC 外接圆直径 AD 与 CB 交于 E，$AC=AE$，$\dfrac{BE}{CE}=m$，求 $\dfrac{DE}{AE}$。

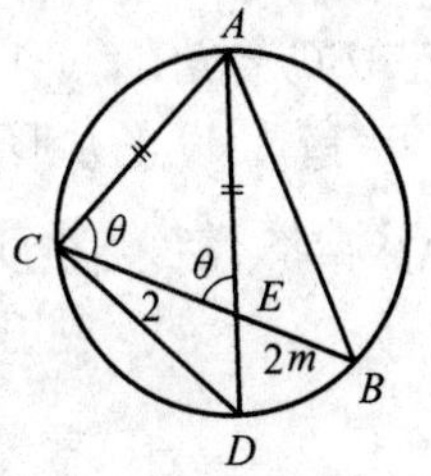

解 设角 θ 如图 2.41 所示，不妨设 $CE=2$，则 $EB=2m$，易见

$$AC=AE=\frac{1}{\cos\theta},\quad ED=\frac{CE\cdot BE}{AE}=4m\cos\theta$$

由 $CD^2+AC^2=AD^2$，得

$$[2^2+(4m\cos\theta)^2-2\cdot 2\cdot 4m\cos\theta\cdot\cos(\pi-\theta)]+\left(\frac{1}{\cos\theta}\right)^2$$

$$=\left(\frac{1}{\cos\theta}+4m\cos\theta\right)^2$$

即

$$4+16m\cos^2\theta=8m\Rightarrow\cos^2\theta=\frac{2m-1}{4m}$$

$$\frac{DE}{AE}=\frac{4m\cos\theta}{\dfrac{1}{\cos\theta}}=4m\cos^2\theta=2m-1$$

图 2.41

2.44 已知 △ABC ∽ △$A_1B_1C_1$，$AB=BC$，点 A_1,B_1,C_1 分别在 CA,AB,BC 上，且 $AB=2A_1B_1$，$B_1A_1\perp AC$，求 $\angle B$。

解 易见 $\angle A_1C_1C=90°$，设角 α 如图 2.42 所示，不妨设 $A_1B_1=1$，则 $AB=2$。由 $A_1C\sin\alpha=A_1C_1$，得

$$(2\cdot 2\cos\alpha-1\cdot\cot\alpha)\sin\alpha=2\cdot 1\cos\alpha\Rightarrow 4\cos\alpha\sin\alpha=3\cos\alpha$$

约去 $\cos\alpha\neq 0$（因 $\alpha\neq 90°$）求得

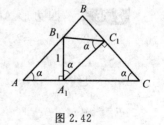

图 2.42

149

$$\sin\alpha = \frac{3}{4}$$

$$\cos B = \cos(\pi - 2\alpha) = 2\sin^2\alpha - 1 = \frac{1}{8} \Rightarrow \angle B = \cos^{-1}\frac{1}{8}$$

2.45 Rt$\triangle ABC$ 的内接正方形一边在斜边 AB 上,另两顶点在 CA,CB 上,$\triangle ABC$ 外接圆半径与正方形边长之比为 $\frac{13}{6}$,求 $\triangle ABC$ 各角.

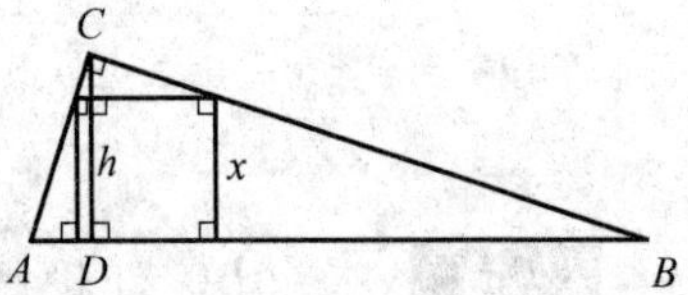

解 设正方形边长为 x,易见外接圆直径 $AB = \frac{13}{3}x$,设高 $CD = h$,则

$$\frac{13}{3} = \frac{h}{h-x} \Rightarrow h = \frac{13}{10}x$$

设 $AD = a, BD = b$,则 $a+b = \frac{13}{3}x, ab = \left(\frac{13}{10}x\right)^2$,$a,b$ 为对 t 的方程 $t^2 - \frac{13}{3}xt + \frac{169}{100}x^2 = 0$ 的两根 $t = \frac{13}{30}x, \frac{39}{10}x$(不分次序(下同)),$\tan A, \tan B$ 等于

$$\frac{\frac{13}{10}x}{t} = 3, \frac{1}{3}$$

$\angle A, \angle B$ 等于 $\tan^{-1}3, \tan^{-1}\frac{1}{3}$

$$\angle C = 180° - (\tan^{-1}3 + \tan^{-1}\frac{1}{3}) = 180° - 90° = 90°$$

图 2.43

2.46 四边形 $ABCD$ 的对角线交于 O,$S_{四边形ABCD} = 28, S_{\triangle AOB} = 2S_{\triangle COD}, S_{\triangle BOC} = 18S_{\triangle DOA}$,求 $S_{\triangle AOB}, S_{\triangle BOC}, S_{\triangle COD}, S_{\triangle DOA}$.

解 设线段 a,b,c,d 如图 2.44 所示,则

$$ab = 2cd, \quad bc = 18ad \Rightarrow \frac{a}{c} = \frac{c}{9a} \Rightarrow c = 3a$$

从而 $ab = 6ad \Rightarrow b = 6d$,于是

$$S_{\triangle COD} = 3S_{\triangle DOA}, \quad S_{\triangle BOC} = 6S_{\triangle COD} = 18S_{\triangle DOA}$$

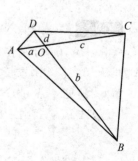

图 2.44

第 2 章 平面几何计算题、轨迹题及其他问题
DIERZHANG PINGMIAN JIHE JISUANTI,GUIJITI JI QITA WENTI

$$S_{\triangle AOB} = \frac{1}{3} S_{\triangle BOC} = 6 S_{\triangle DOA}$$

再由此四个三角形面积和为 28,知

$$S_{\triangle DOA} = \frac{28}{1+3+18+6} = 1$$

于是 $S_{\triangle BOC} = 3, S_{\triangle COD} = 18, S_{\triangle DOA} = 6$.

2.47 $\triangle ABC$ 中 $AB=2, AC=3$, $\angle ABC=60°$,延长 AC 到 D,使 $CD=3$,求 $\triangle ABC$ 的外接圆半径 R 与 $\triangle ABD$ 的内切圆半径 r 之比.

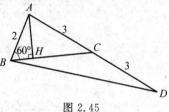

图 2.45

解 如图 2.45 所示,易见 $BH=1$, $AH=\sqrt{3}$, $HC=\sqrt{AC^2-AH^2}=\sqrt{6}$

$$\cos\angle BAD = \cos(\angle BAH + \angle CAH)$$

$$= \frac{\sqrt{3}}{2} \cdot \frac{\sqrt{3}}{3} - \frac{1}{2} \cdot \frac{\sqrt{6}}{3} = \frac{3-\sqrt{6}}{6}$$

$$BD = \sqrt{2^2 + 6^2 - 2 \cdot 2 \cdot 6 \cdot \frac{3-\sqrt{6}}{6}} = \sqrt{28+4\sqrt{6}}$$

$$S_{\triangle ABD} = 2 S_{\triangle ABC} = (1+\sqrt{6})\sqrt{3} = \sqrt{3}+3\sqrt{2}$$

$$r = \frac{2 S_{\triangle ABD}}{AB+AD+BD} = \frac{2\sqrt{3}+6\sqrt{2}}{8+\sqrt{28+4\sqrt{6}}} = \frac{\sqrt{3}+3\sqrt{2}}{4+\sqrt{7+\sqrt{6}}}$$

$$R = \frac{AC}{2\sin\angle ABC} = \frac{3}{2\sin 60°} = \sqrt{3}$$

$$\frac{R}{r} = \frac{4+\sqrt{7+\sqrt{6}}}{1+\sqrt{6}}$$

2.48 已知 $\triangle ABC$ 的周长为 $2p$,$\angle B=\alpha$, $AC=a$,内切圆圆心为 O,求 $S_{\triangle AOC}$.

解 设角 θ,φ 如图 2.46 所示,则 $\varphi+\theta=90°-\frac{\alpha}{2}$,易见

$$a + a\frac{\sin 2\varphi}{\sin\alpha} + a\frac{\sin 2\theta}{\sin\alpha} = 2p$$

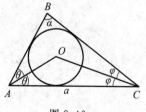

图 2.46

$$\Rightarrow \sin\alpha + \sin 2\varphi + \sin 2\theta = \frac{2p\sin\alpha}{a}$$

$$2\sin(\varphi+\theta)\cos(\varphi-\theta) = \frac{2p\sin\alpha}{a} - \sin\alpha = \frac{2p-a}{a}\sin\alpha$$

$$\cos(\varphi-\theta) = \frac{2p-a}{2a\cos\frac{\alpha}{2}}\sin\alpha = \frac{2p-a}{a}\sin\frac{\alpha}{2}$$

$$S_{\triangle AOC} = \frac{a^2}{2} \cdot \frac{\sin\theta\sin\varphi}{\sin(\theta+\varphi)} = \frac{a^2}{4\cos\frac{\alpha}{2}}[\cos(\varphi-\theta) - \cos(\theta+\varphi)]$$

$$= \frac{a^2}{4\cos\frac{\alpha}{2}}\left(\frac{2p-a}{a}\sin\frac{\alpha}{2} - \sin\frac{\alpha}{2}\right)$$

$$= \frac{a(p-a)}{2}\tan\frac{\alpha}{2}$$

2.49 $\triangle PQR$ 中 $PR=8$,在边 PR 上取点 S,使 $PS=3SR$,$\cos\angle PQR = -\frac{23}{40}$,$\angle P + \angle R = \angle PSQ$,求 $\triangle PQS$ 的周长.

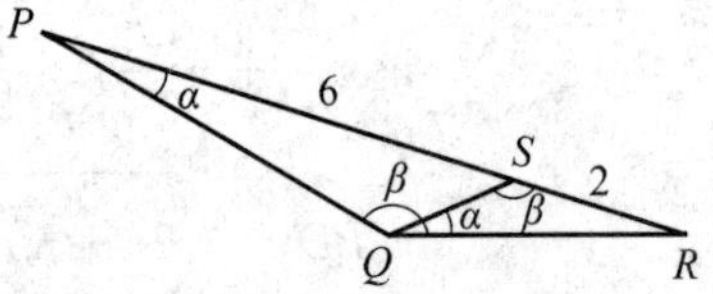

解 易证 $\angle SQR = \angle P = \alpha$(设),设角 β 如图 2.47 所示,易得

图 2.47

$$QR = \sqrt{2 \cdot 8} = 4$$

$$\sin\beta = \sqrt{1-\left(-\frac{23}{40}\right)^2} = \frac{\sqrt{1\,071}}{40}$$

$$\frac{8}{\sin\beta} = \frac{4}{\sin\alpha} \Rightarrow \sin\alpha = \frac{1}{2}\sin\beta = \frac{\sqrt{1\,071}}{80}$$

$$\cos\alpha = \sqrt{1-\frac{1\,071}{6\,400}} = \frac{73}{80}$$

$$\sin(\beta-\alpha) = \frac{\sqrt{1\,071}}{40} \cdot \frac{73}{80} + \frac{23}{40} \cdot \frac{\sqrt{1\,071}}{80} = \frac{3}{100}\sqrt{1\,071}$$

$$PS + PQ + QS = 6\left(1 + \frac{\sin\beta}{\sin(\beta-\alpha)} + \frac{\sin\alpha}{\sin(\beta-\alpha)}\right) = 6 + 2\left(\frac{1}{40} + \frac{1}{80}\right)100$$

$$= 6 + 5 + \frac{5}{2} = \frac{27}{2}$$

第 2 章   平面几何计算题、轨迹题及其他问题

2.50 △ABC 中 $\angle ACB = 90°$,已知角平分线 $CL = a$,中线 $CM = b$,求 $S_{\triangle ABC}$.

解 设角 $\alpha, 2\alpha, \beta$ 如图 2.48 所示,$\alpha + \beta = 90°$,易见

$$AC = 2b\sin\alpha$$

$$\frac{2b\sin\alpha}{a} = \frac{\sin(\beta + 45°)}{\sin\beta} = \frac{1}{\sqrt{2}}(1 + \cot\beta)$$

$$= \frac{1}{\sqrt{2}}(1 + \tan\alpha)$$

$$\sqrt{2}\,b\sin 2\alpha = a(\cos\alpha + \sin\alpha)$$

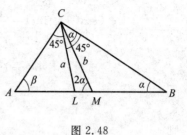

图 2.48

两边平方得

$$2b^2\sin^2 2\alpha - a^2\sin 2\alpha - a^2 = 0$$

解得(正根)

$$\sin 2\alpha = \frac{a^2 + \sqrt{a^4 + 8a^2 b^2}}{4b^2}$$

$$S_{\triangle ABC} = \frac{1}{2} \cdot 2b\sin\beta \cdot 2b\sin\alpha = b^2\sin 2\alpha = \frac{1}{4}(a^2 + \sqrt{a^4 + 8a^2 b^2})$$

2.51 △ABC 中 $\angle BAC = 60°$,角平分线 AD 与内切圆半径之比为 $\dfrac{\sqrt{2}}{\sqrt{2}-1}$,求 $\angle B$,$\angle C$.

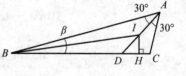

图 2.49

解 设 $\angle ABC = \beta$,不妨设 $AD = 1$,内心 I 在 BC 的射影为点 H,易见内切圆半径为 IH,则

$$AB = \frac{1 \cdot \sin(\beta + 30°)}{\sin\beta}, \quad BD = \frac{1 \cdot \sin 30°}{\sin\beta}$$

又

$$\frac{AB}{BD} = \frac{AI}{ID}$$

即

$$2\sin(\beta + 30°) = \frac{AI}{ID}$$

则

$$1 + 2\sin(\beta + 30°) = \frac{AD}{ID} = \frac{AD}{\frac{IH}{\sin(\beta+30°)}} = \frac{\sqrt{2}}{\sqrt{2}-1}\sin(\beta+30°)$$

$$= (2+\sqrt{2})\sin(\beta+30°)$$

$$\sin(\beta+30°) = \frac{1}{\sqrt{2}}$$

则
$$\beta + 30° = 45°, 135°, \quad \beta = 15°, 105°$$
$$\angle C = 120° - \beta = 105°, 15°$$

2.52 $\triangle ABC$ 中 $\angle B = 90°$，角平分线 CE 与中线 AD 交于点 M，$CM = 8$，$EM = 5$，求 $S_{\triangle ABC}$.

解 设角 α 如图 2.50 所示，由 Ceva 定理知 $\frac{BD}{DC} \cdot \frac{CM}{ME} \cdot \frac{EA}{AB} = 1$，即 $\frac{8}{5} \cdot \frac{EA}{AB} = 1$，$\frac{EA}{AB} = \frac{5}{8}$，$\frac{BE}{AB} = \frac{3}{8}$，即

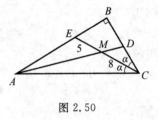

图 2.50

$$\frac{13\sin\alpha}{13\cos\alpha\tan 2\alpha} = \frac{3}{8}$$

$$8\sin\alpha = 3\cos\alpha\tan 2\alpha = \frac{6\cos\alpha\sin\alpha\cos\alpha}{\cos 2\alpha}$$

$$8(2\cos^2\alpha - 1) = 6\cos^2\alpha \Rightarrow \cos\alpha = \frac{2}{\sqrt{5}}$$

$$\tan\alpha = \frac{1}{2}, \quad \tan 2\alpha = \frac{2 \cdot \frac{1}{2}}{1 - \left(\frac{1}{2}\right)^2} = \frac{4}{3}$$

$$S_{\triangle ABC} = \frac{1}{2}BC^2\tan 2\alpha = \frac{1}{2}(13\cos\alpha)^2 \cdot \frac{4}{3} = \frac{1\,352}{15}$$

2.53 $\triangle ABC$ 的角平分线 AH 与中线 BE 交于 K，$\frac{BK}{KE} = 2$，$\angle C = 30°$，求 $\triangle BCE$ 与其外接圆面积之比.

解 易见 $AB = 2AE = AC$，$\triangle ABC$ 为等腰三角形，又易见 K 为 $\triangle ABC$ 的重心，AH 又为中线及高，设 $AE = EC = x$，则

第 2 章 平面几何计算题、轨迹题及其他问题
DIERZHANG PINGMIAN JIHE JISUANTI,GUIJITI JI QITA WENTI

$$BH = HC = 2x\cos 30° = \sqrt{3}\,x, BC = 2\sqrt{3}\,x$$
$$x^2 + (2\sqrt{3}\,x)^2 - 2 \cdot x \cdot 2\sqrt{3}\,x \cdot \cos 30° = (2+1)^2$$
$$\Rightarrow x = \frac{3}{\sqrt{7}}, BC = \frac{6\sqrt{3}}{\sqrt{7}}$$

$$S_{\triangle BEC} = \frac{1}{2} \cdot \frac{3}{\sqrt{7}} \cdot \frac{6\sqrt{3}}{\sqrt{7}} \cdot \sin 30° = \frac{9\sqrt{3}}{14}$$

△BEC 的外接圆半径为

$$\frac{\frac{3}{\sqrt{7}} \cdot 3 \cdot \frac{6\sqrt{3}}{\sqrt{7}}}{4 \cdot \frac{9\sqrt{3}}{14}} = 3$$

所求面积之比为

$$\frac{\frac{9\sqrt{3}}{14}}{9\pi} = \frac{\sqrt{3}}{14\pi}$$

图 2.51

2.54 △ABC 的高为 BH，$AH = 4CH$，$\angle CBH = \frac{1}{2}\angle BAC$，角平分线 AD 与 BH 交于 M，求 △ABM 与其外接圆面积之比.

解 不妨设 $CH = 1$，则 $AH = 4$，设角 α 如图 2.52 所示，则

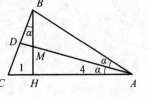

图 2.52

$$MH = 4\tan\alpha$$
$$BM = BH - MH = 1 \cdot \cot\alpha - 4\tan\alpha$$
$$\frac{4\tan\alpha}{\cot\alpha - 4\tan\alpha} = \frac{AH}{AB} = \cos 2\alpha \Rightarrow \frac{4\tan\alpha}{\cot\alpha} = \frac{\cos 2\alpha}{\cos 2\alpha + 1}$$

即

$$\frac{4\sin^2\alpha}{\cos^2\alpha} = \frac{1 - 2\sin^2\alpha}{2\cos^2\alpha} \Rightarrow \sin\alpha = \frac{1}{\sqrt{10}}, \quad \cos\alpha = \frac{3}{\sqrt{10}}$$

$$\tan\alpha = \frac{1}{3}, \quad \cos 2\alpha = \frac{4}{5}, \quad \tan 2\alpha = \frac{3}{4}$$

$$BM = 4\tan 2\alpha - 4\tan\alpha = \frac{5}{3}$$

$$AB = \frac{4}{\cos 2\alpha} = 5, \quad AM = \frac{4}{\cos \alpha} = \frac{4}{3}\sqrt{10}$$

$$S_{\triangle ABM} = \frac{1}{2} \cdot 5 \cdot \frac{4\sqrt{10}}{3} \cdot \frac{1}{\sqrt{10}} = \frac{10}{3}$$

$\triangle ABM$ 的外接圆半径为

$$\frac{\frac{5}{3} \cdot 5 \cdot \frac{4}{3}\sqrt{10}}{4 \cdot \frac{10}{3}} = \frac{5}{6}\sqrt{10}$$

所求面积之比为

$$\frac{\frac{10}{3}}{\left(\frac{5}{6}\sqrt{10}\right)^2 \pi} = \frac{12}{25\pi}$$

2.55 $\triangle ABC$，在边 BC, AC 上分别取点 D, E，AD 与 BE 交于 O，$\frac{AO}{OD} = \frac{9}{4}$，$\frac{BO}{OE} = \frac{5}{6}$，求 $\frac{AE}{EC}$.

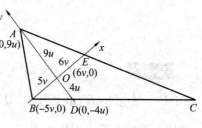

图 2.53

解 因只涉及共直线的线段之比，可取斜坐标系如图 2.53 所示，可设线段 $9u$，$4u, 5v, 6v$ 如图所示，得 A, D, B, E 坐标如图所示.

直线 AE 为

$$\frac{x}{6v} + \frac{y}{9u} = 1$$

直线 BD 为

$$\frac{x}{-5v} + \frac{y}{-4u} = 1$$

联合解得交点 C 的 y 坐标

$$y_C = -\frac{132}{7}u$$

因点 A, E, C 共直线，所以

$$\frac{AE}{EC}=\frac{y_E-y_A}{y_C-y_E}=\frac{0-9u}{-\frac{132}{7}u-0}=\frac{21}{44}$$

2.56 正方形 $ABCD$ 内一点 O,$OC=OD=\sqrt{10}$,$OB=\sqrt{26}$,求正方形 $ABCD$ 的面积 S.

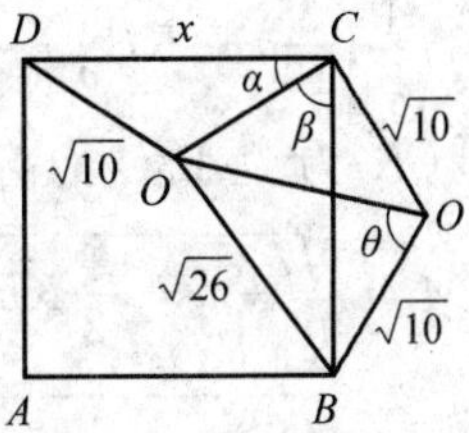

解法一 $\triangle OCD$ 绕点 C 逆时针旋转 $90°$ 得 $\triangle O'CB$,$O'C=O'B=\sqrt{10}$,易得 $OO'=\sqrt{20}$,记 $\angle OO'B=\theta$.

$$\cos\theta=\frac{(\sqrt{20})^2+(\sqrt{10})^2-(\sqrt{26})^2}{2\sqrt{20}\cdot\sqrt{10}}=\frac{\sqrt{2}}{10}$$

$$\Rightarrow\sin\theta=\frac{7\sqrt{2}}{10}$$

图 2.54

$$\cos\angle CO'B=\cos(\theta+45°)=\frac{1}{\sqrt{2}}\left(\frac{\sqrt{2}}{10}-\frac{7\sqrt{2}}{10}\right)=-\frac{3}{5}$$

$$S=BC^2=(\sqrt{10})^2+(\sqrt{10})^2-2\sqrt{10}\cdot\sqrt{10}\cdot\left(-\frac{3}{5}\right)=32$$

解法二 设 $CD=CB=x$,角 α,β 如图 2.54 所示

$$\cos^2\alpha+\cos^2\beta=1$$

$$\cos\alpha=\frac{x}{2\sqrt{10}},\quad \cos\beta=\frac{x^2+(\sqrt{10})^2-(\sqrt{26})^2}{2x\cdot\sqrt{10}}=\frac{x^2-16}{2\sqrt{10}x}$$

$$\left(\frac{x}{2\sqrt{10}}\right)^2+\left(\frac{x^2-16}{2\sqrt{10}x}\right)^2=1$$

去分母化简得

$$2x^4-72x^2+256=0$$

解得

$$x^2=32,4$$

但 $x^2=4$ 时,$(\sqrt{10})^2+x^2=14<(\sqrt{26})^2$,$\beta$ 为钝角不合题意,故 $S=x^2=32$.

2.57 如图 2.55,正 $\triangle ABC$ 边长为 a,AC,BC 的中点分别为 D,E,在 DE 上取点 M 使 $\frac{DM}{ME}=\frac{2}{3}$,过点 M 作直线与 AB,AC 分别交于 K,F,$S_{梯形 KBEM}=\frac{2}{5}S_{\triangle ABC}$,求 FM.

解 $ME = \frac{3}{2+3}DE = \frac{3}{5} \cdot \frac{1}{2}a = \frac{3}{10}a$，梯形 $MEBK$ 的高为 $\triangle ABC$ 的高 h 的 $\frac{1}{2}$，故由面积条件得

$$\frac{1}{2}\left(\frac{3}{10}a + KB\right) \cdot \frac{1}{2}h = \left(\frac{1}{2}ah\right) \cdot \frac{2}{5} \Rightarrow KB = \frac{1}{2}a$$

即 CK 为 $\triangle ABC$ 的高

$$KM = \sqrt{\left(\frac{3}{10}a - \frac{1}{2}KB\right)^2 + \left(\frac{1}{2}CK\right)^2}$$

$$= \sqrt{\left(\frac{3}{10}a - \frac{1}{4}a\right)^2 + \left(\frac{1}{2} \cdot \frac{\sqrt{3}}{2}a\right)^2} = \frac{\sqrt{19}}{10}a$$

$$DM = DE - EM = \left(\frac{1}{2} - \frac{3}{10}\right)a = \frac{1}{5}a = \frac{2}{5}AK$$

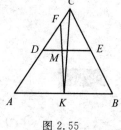

图 2.55

故

$$FM = \frac{2}{5}FK$$

$$FM = \frac{2}{3}MK = \frac{\sqrt{19}}{15}a$$

2.58 如图 2.56 所示，梯形 $MNPQ$ 的两底 $NP = 2, MQ = 4, \tan M = 5, \tan Q = \frac{1}{2}$，两对角线交于 O，求 $\triangle OMQ$ 的内切圆的半径 r。

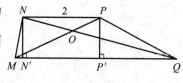

图 2.56

解 设梯形高 $NN' = PP' = h$，则
$$h\cot\angle M + h\cot\angle N = 4 - 2$$

即

$$h\left(\frac{1}{5} + 2\right) = 2 \Rightarrow h = \frac{10}{11}$$

$$MN' = \frac{10}{11} \cdot \frac{1}{5} = \frac{2}{11}$$

$$P'Q = \frac{10}{11} \cdot 2 = \frac{20}{11}$$

$$\tan\angle OMQ = \frac{PP'}{MP'} = \frac{\frac{10}{11}}{\frac{2}{11} + 2} = \frac{5}{12} \Rightarrow \cos\angle OMQ = \frac{12}{13}$$

第2章 平面几何计算题、轨迹题及其他问题

$$\cot\frac{1}{2}\angle OMQ = \sqrt{\frac{1+\cos\angle OMQ}{1-\cos\angle OMQ}} = 5$$

$$\tan\angle OQM = \frac{\frac{10}{11}}{\frac{20}{11}+2} = \frac{5}{21} \Rightarrow \cos\angle OQM = \frac{21}{\sqrt{466}}$$

$$\cot\frac{1}{2}\angle OQM = \sqrt{\frac{1+\cos\angle OQM}{1-\cos\angle OQM}} = \frac{1}{5}(\sqrt{466}+21)$$

因 $r(\cot\frac{1}{2}\angle OMQ + \cot\frac{1}{2}\angle OQM) = 4$,故

$$r = \frac{4}{5+\frac{1}{5}(\sqrt{466}+21)} = \frac{20}{46+\sqrt{466}}$$

2.59 $\odot O$ 内接梯形 $ABCD$,$AB \parallel DC$,$AB=5$,$DC=1$,$\angle B=60°$,在 AB 边上取 $AK=2$,直线 CK 与圆交于 F,求 $S_{\triangle OCF}$.

解 设角 α,β,θ 如图2.57所示,$\alpha+\beta=120°$,作 $DK' \perp AB$ 于点 K',易见 $AK'=2=AK$,K,K' 重合,$CB=AD=4$,$DK=2\sqrt{3}$. 又 $OC = \frac{\frac{1}{2}}{\cos\alpha} = \frac{1}{2\cos\alpha}$,

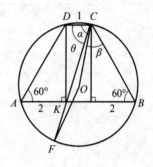

图 2.57

且 $OC = \frac{\frac{4}{2}}{\cos\beta} = \frac{2}{\cos(120°-\alpha)}$,故

$$\frac{1}{2\cos\alpha} = \frac{2}{\cos(120°-\alpha)} \Rightarrow 4\cos\alpha = -\frac{1}{2}\cos\alpha + \frac{\sqrt{3}}{2}\sin\alpha$$

解得

$$\tan\alpha = 3\sqrt{3} \Rightarrow \cos\alpha = \frac{1}{\sqrt{28}}, R = \frac{1}{2\cos\alpha} = \sqrt{7}$$

而

$$\tan\theta = 2\sqrt{3}, \quad \tan(\alpha-\theta) = \frac{3\sqrt{3}-2\sqrt{3}}{1+3\sqrt{3}\cdot 2\sqrt{3}} = \frac{\sqrt{3}}{19}$$

用三角、解析几何等计算解来自俄罗斯的几何题

$$\sin(2\alpha - 2\theta) = \frac{2 \cdot \frac{\sqrt{3}}{19}}{1 + \left(\frac{\sqrt{3}}{19}\right)^2} = \frac{19\sqrt{3}}{182}$$

$$S_{\triangle OFC} = \frac{1}{2}[2R\cos(\alpha - \theta) \cdot R\sin(\alpha - \theta)] = \frac{1}{2}R^2\sin(2\alpha - 2\theta) = \frac{19\sqrt{3}}{52}$$

2.60 如图 2.58 所示,四边形 $ABCD$,DA ∥ BC,$AD = 16$,$AB + BD = 40$,$\angle CBD = 60°$,对角线交于 O,$\dfrac{S_{\triangle ABD}}{S_{\triangle BOC}} = 2$,求四边形 $ABCD$ 的面积 S.

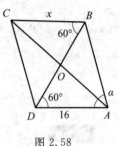

图 2.58

解 设 $\angle BAD = \alpha$,$BC = x$,按题意有

$$\frac{16\sin 60°}{\sin(60° + \alpha)} + \frac{16\sin\alpha}{\sin(60° + \alpha)} = 40$$

即

$$2\sin\frac{60° + \alpha}{2}\cos\frac{60° - \alpha}{2} = 5\sin\frac{60° + \alpha}{2}\cos\frac{60° + \alpha}{2}$$

$$2\left(\frac{\sqrt{3}}{2}\cos\frac{\alpha}{2} + \frac{1}{2}\sin\frac{\alpha}{2}\right) = 5\left(\frac{\sqrt{3}}{2}\cos\frac{\alpha}{2} - \frac{1}{2}\sin\frac{\alpha}{2}\right)$$

$$\Rightarrow \tan\frac{\alpha}{2} = \frac{3\sqrt{3}}{7}$$

$$\sin\alpha = \frac{2 \cdot \frac{3\sqrt{3}}{7}}{1 + \left(\frac{3\sqrt{3}}{7}\right)^2} = \frac{21\sqrt{3}}{38}, \quad \cos\alpha = \frac{1 - \left(\frac{3\sqrt{3}}{7}\right)^2}{1 + \left(\frac{3\sqrt{3}}{7}\right)^2} = \frac{11}{38}$$

$$\sin(60° + \alpha) = \frac{21\sqrt{3}}{38} \cdot \frac{1}{2} + \frac{11}{38} \cdot \frac{\sqrt{3}}{2} = \frac{8\sqrt{3}}{19}$$

$$S_{\triangle ABD} = \frac{1}{2} \cdot 16^2 \frac{\sin\alpha\sin 60°}{\sin(\alpha + 60°)} = 84\sqrt{3}$$

$$2 = \frac{S_{\triangle ABD}}{S_{\triangle BOC}} = \frac{S_{\triangle AOD}\left(\frac{x}{16} + 1\right)}{S_{\triangle AOD}\left(\frac{x}{16}\right)^2} = \frac{16(x + 16)}{x^2} \Rightarrow x = 16$$

$$S_{\square ABCD} = 2S_{\triangle ABD} = 168\sqrt{3}$$

2.61 圆的直径 MN 与弦 PQ 垂直相交于 R，分别过 P,N 作的切线交于 L,ML 与 PR 交于 $S,MR=1$，$S_{\triangle PSL}=2$，求 MN.

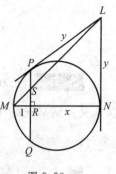

解 设线段 x,y 如图 2.59 所示，则
$$PR=\sqrt{1 \cdot x}$$
$$\frac{1}{2}x \cdot PS=S_{\triangle PSL}=2 \Rightarrow PS=\frac{4}{x},\ SR=\sqrt{x}-\frac{4}{x}$$
$$\frac{\sqrt{x}-\dfrac{4}{x}}{y}=\frac{1}{1+x} \Rightarrow y=(1+x)\left(\sqrt{x}-\frac{4}{x}\right)$$

又
$$(y-\sqrt{x})^2+x^2=y^2 \Rightarrow y=\frac{x+x^2}{2\sqrt{x}}=\frac{1}{2}\sqrt{x}(1+x)$$

图 2.59

于是
$$(1+x)\left(\sqrt{x}-\frac{4}{x}\right)=\frac{1}{2}\sqrt{x}(1+x) \Rightarrow (\sqrt{x})^3=8\ (\text{注意}\ 1+x>0)$$
$$x=4,\quad MN=1+x=5$$

2.62 如图 2.60 所示，$\triangle ABC$ 中，$AB=4$，$\angle BAC=60°$，外接圆半径为 $2\sqrt{3}$，BA,BC 的中点分别为 D,E，直线 DE 与外接圆交于 D',E'，求 $DE,D'E'$.

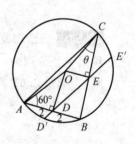

解 设 $\angle ACB=\theta$，则
$$2 \cdot 2\sqrt{3}\sin\theta=4,\quad \sin\theta=\frac{1}{\sqrt{3}},\quad \cot\theta=\sqrt{2}$$
$$AC=\frac{4\sin(60°+\theta)}{\sin\theta}=4\left(\frac{\sqrt{3}}{2}\cot\theta+\frac{1}{2}\right)$$
$$=2\sqrt{6}+2 \Rightarrow DE=\frac{1}{2}AC=\sqrt{6}+1$$

图 2.60

点 O 到 AC 的距离为
$$\sqrt{(2\sqrt{3})^2-\left(\frac{1}{2}AC\right)^2}=\sqrt{5-2\sqrt{6}}=\sqrt{3}-\sqrt{2}$$

两平行线 AC,DE 的距离为
$$2\sin 60°=\sqrt{3}$$

O 到 DE 的距离为

$$\sqrt{3}-(\sqrt{3}-\sqrt{2})=\sqrt{2}$$
$$D'E'=2\sqrt{(2\sqrt{3})^2-(\sqrt{2})^2}=2\sqrt{10}$$

2.63 △ABC 中,∠C=30°,过 A,B 作圆与 CA,CB 又分别交于 D,E,DE=1,$\dfrac{S_{\triangle CDE}}{S_{\text{四边形}ABED}}=\dfrac{1}{11}$,求 AB 及圆半径.

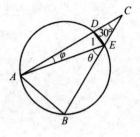

图 2.61

解 由 △CDE ∽ △CBA 及其面积比为 $\dfrac{1}{12}$,易见 $AB=\sqrt{12}\,DE=2\sqrt{3}$. 设角 θ,φ 如图 2.61 所示,则 $\theta-\varphi=30°$. 又设圆半径为 R,则 $2R\sin\theta=\sqrt{12}$,$2R\sin\varphi=1$,于是 $\dfrac{\sin\theta}{\sin\varphi}=2\sqrt{3}$,即 $\dfrac{\sin(\varphi+30°)}{\sin\varphi}=2\sqrt{3}$,即

$$\dfrac{\sqrt{3}}{2}+\dfrac{1}{2}\cot\varphi=2\sqrt{3}\Rightarrow\cot\varphi=3\sqrt{3},\quad \sin\varphi=\dfrac{1}{\sqrt{28}}$$

$$2R\cdot\dfrac{1}{\sqrt{28}}=1\Rightarrow R=\sqrt{7}$$

2.64 已知菱形 ABCD,△ABC 与 △ABD 的外接圆半径分别为 4,3,求两圆圆心的距离.

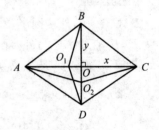

解 如图 2.62 所示,设 AC,BD 交于点 O,所述两外接圆圆心分别为 O_2,O_1,设 $AO=OC=x$,$BO=OD=y$,易见

$$(x-3)^2+y^2=3^2$$

即

$$-6x+x^2+y^2=0$$

同理

$$-8y+x^2+y^2=0 \qquad ①$$

图 2.62

于是 $6x=8y$,可设 $x=4t,y=3t$,代入式 ① 得

$$25t^2-24t=0$$

得非零解 $t=\dfrac{24}{25},x=\dfrac{96}{25},y=\dfrac{72}{25}$.

所求距离

$$O_1O_2 = \sqrt{OO_1^2 + OO_2^2} = \sqrt{(3^2-y^2)+(4^2-x^2)}$$
$$= \sqrt{25-6x} = \frac{7}{5}$$

2.65 菱形 $ABCD$ 的边长为 4，$\triangle ACD$ 与 $\triangle ABD$ 的外接圆圆心距离为 3，如图 2.62 所示，求两圆半径．

解 设 x,y 如同上题，$\triangle ABD$ 与 $\triangle ACD$ 的外接圆半径分别为 R,r，则
$$x^2+y^2=16, \quad (R^2-y^2)+(r^2-x^2)=9$$
$$(R-x)^2+y^2=R^2, \quad (r-y)^2+x^2=r^2 \Rightarrow$$
$$R^2+r^2=25, \quad -2Rx+16=0, \quad -2ry+16=0$$
$$16=x^2+y^2=\left(\frac{8}{R}\right)^2+\left(\frac{8}{r}\right)^2=\frac{64(R^2+r^2)}{R^2r^2}=\frac{1\,600}{(Rr)^2}\Rightarrow Rr=10$$
$$(R+r)^2=(R^2+r^2)+2Rr=25+2\cdot10=45\Rightarrow R+r=3\sqrt{5}$$
再结合 $Rr=10$，解得 R,r 为（不分次序）$2\sqrt{5},\sqrt{5}$．

2.66 如图 2.63 所示，已知 $\triangle ABC$ 的角平分线 CD 与 $\triangle CDA$ 的角平分线 DE，$DE=CE=\frac{4}{9}$，$CB=1$，求 CD．

解 设 $AE=x$，易见 $DE \parallel BC$，$BD=CD$，则
$$\frac{x}{x+\frac{4}{9}}=\frac{\frac{4}{9}}{1}\Rightarrow x=\frac{16}{45}$$

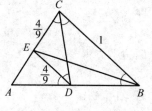

图 2.63

又
$$\frac{AD}{CD}=\frac{x}{\frac{4}{9}}=\frac{4}{5}$$

可设 $AD=4t, CD=BD=5t$．由 $CA\cdot CB=AD\cdot DB+CD^2$，得
$$\left(\frac{16}{45}+\frac{4}{9}\right)\cdot 1=4t\cdot 5t+(5t)^2\Rightarrow t=\frac{2}{15}$$
$$CD=5t=\frac{2}{3}$$

2.67 ⊙O 外切菱形边长为 3,外切三角形的两边分别与菱形两对角线平行,第三边等于 7,包含菱形的一边,求圆半径 r.

解 设角 α 如图 2.64 所示,易见

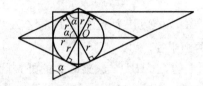

图 2.64

$$r = 3\cos\alpha\sin\alpha$$

又 r 为直角三角形内切圆半径,故

$$r = \frac{1}{2}(7\cos\alpha + 7\sin\alpha - 7)$$

于是

$$3\cos\alpha\sin\alpha = \frac{1}{2}(7\cos\alpha + 7\sin\alpha - 7)$$

即

$$6\cos\alpha\sin\alpha + 7 = 7\cos\alpha + 7\sin\alpha$$

两边平方得

$$36\cos^2\alpha\sin^2\alpha - 14\cos\alpha\sin\alpha = 0$$

解得(正数解)

$$\cos\alpha\sin\alpha = \frac{7}{18}$$

从而

$$r = 3 \cdot \frac{7}{18} = \frac{7}{6}$$

2.68 ⊙O 的两半径为 OM,ON,夹角为 $120°$,分别过 M,N 作切线交于 C,正方形 $ABCD$ 的对角线 BD 与 ⊙O 相切于 D,D 在 $\angle MON$ 内,求正方形与圆的面积之比.

解 取射线 ON 为正实轴作复平面.设圆半径为 r,有向角 $\angle NOD = \theta$,易见 $z_C = r - \sqrt{3}ri$,而

$$z_D = r\cos\theta - ir\sin\theta$$

第 2 章 平面几何计算题、轨迹题及其他问题
DIERZHANG PINGMIAN JIHE JISUANTI,GUIJITI JI QITA WENTI

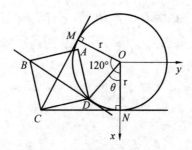

图 2.65

$$z_B - z_D = (z_C - z_D)\sqrt{2}\,\mathrm{e}^{-\frac{\pi}{4}\mathrm{i}} = [r(1-\cos\theta) + r(-\sqrt{3}-\sin\theta)\mathrm{i}]\sqrt{2}\left(\frac{1}{\sqrt{2}} - \frac{1}{\sqrt{2}}\mathrm{i}\right)$$
$$= r[(1-\cos\theta-\sqrt{3}-\sin\theta) + \mathrm{i}(-\sqrt{3}-\sin\theta-1+\cos\theta)]$$

由 $\overrightarrow{DB}\cdot\overrightarrow{OD} = 0$,得

$$(1-\cos\theta-\sqrt{3}-\sin\theta)\cos\theta + (-\sqrt{3}-\sin\theta-1+\cos\theta)\sin\theta = 0$$

$$\frac{\sqrt{3}-1}{2\sqrt{2}}\cos\theta + \frac{\sqrt{3}+1}{2\sqrt{2}}\sin\theta = -\frac{1}{2\sqrt{2}}$$

即

$$\sin(\theta+15°) = -\frac{1}{2\sqrt{2}}$$

由于 D 在 $\angle MON$ 内,故 θ 在 $-120°$ 至 $0°$ 之间,$\theta+15°$ 在 $-105°$ 至 $15°$ 之间,但若 $\theta+15°$ 在 $-105°$ 至 $-75°$ 之间,则 $\sin(\theta+15°) \leqslant \sin(-60°) < \sin(-30°) = -\frac{1}{2} < \frac{1}{2\sqrt{2}}$,得矛盾.故 $\theta+15°$ 在 $-75°$ 至 $15°$ 之间,$\cos(\theta+15°) > 0$,从而 $\cos(\theta+15°) = \frac{\sqrt{7}}{2\sqrt{2}}$,则

$$\frac{CD^2}{r^2} = (\cos\theta-1)^2 + (\sin\theta+\sqrt{3})^2 = 5 + 4\left(\frac{\sqrt{3}}{2}\sin\theta - \frac{1}{2}\cos\theta\right)$$
$$= 5 + 4\sin(\theta-30°)$$
$$= 5 + 4\sin[(\theta+15°)-45°]$$
$$= 5 + 4\left(-\frac{1}{2\sqrt{2}}\cdot\frac{1}{\sqrt{2}} - \frac{\sqrt{7}}{2\sqrt{2}}\cdot\frac{1}{\sqrt{2}}\right) = 4-\sqrt{7}$$

所求面积之比为

$$\frac{CD^2}{\pi r^2} = \frac{4-\sqrt{7}}{\pi}$$

· 165 ·

用三角、解析几何等计算解来自俄罗斯的几何题
YONGSANJIAO,JIEXI JIHE DENG JISUAN JIE LAIZI ELUOSI DE JIHETI

2.69 过 $\triangle ABC$ 内心 O 作 BC 的平行线与 AB,AC 分别交于 M,N,$BC=2$,$S_{\triangle ABC}=\sqrt{15}$,$AO$ 为内切圆半径的 4 倍,求 $\triangle AMN$ 的周长.

解 设半径 r,角 α,β,γ 如图 2.66 所示,易见 $\sin\alpha=\dfrac{1}{4}$,从而 $\cos\alpha=\dfrac{\sqrt{15}}{4}$,$\cot\alpha=\sqrt{15}$,则

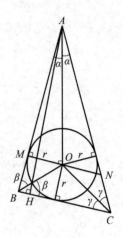

图 2.66

$$\sin(\beta+\gamma)=\sin(90°-\alpha)=\cos\alpha=\dfrac{\sqrt{15}}{4}$$

高 $AH=\dfrac{2S_{\triangle ABC}}{BC}=\sqrt{15}$

$$r(\cot\beta+\cot\gamma)=2 \qquad ①$$
$$r(\cot\alpha+\cot\gamma)\sin 2\gamma=\sqrt{15} \qquad ②$$

由式 ① 得

$$\dfrac{r\sin(\beta+\gamma)}{\sin\beta\sin\gamma}=2$$

即

$$\dfrac{\sqrt{15}}{4}r=2\sin\beta\sin\gamma=\cos(\beta-\gamma)-\cos(\beta+\gamma)$$
$$=\cos(90°-\alpha-2\gamma)-\dfrac{1}{4}=\sin(\alpha+2\gamma)-\dfrac{1}{4}$$
$$=\dfrac{1}{4}\cos 2\gamma+\dfrac{\sqrt{15}}{4}\sin 2\gamma-\dfrac{1}{4}$$

则

$$r=\dfrac{\cos 2\gamma+\sqrt{15}\sin 2\gamma-1}{\sqrt{15}}$$

由式 ② 得

$$r=\dfrac{\sqrt{15}}{(\sqrt{15}+\cot\gamma)\sin 2\gamma}$$

故

$$\dfrac{\cos 2\gamma+\sqrt{15}\sin 2\gamma-1}{\sqrt{15}}=\dfrac{\sqrt{15}}{(\sqrt{15}+\cot\gamma)\sin 2\gamma}$$
$$15=(\cos 2\gamma+\sqrt{15}\sin 2\gamma-1)(\sqrt{15}\sin 2\gamma+\cos 2\gamma+1)$$
$$16=(\sqrt{15}\sin 2\gamma+\cos 2\gamma)^2 \Rightarrow \sqrt{15}\sin 2\gamma+\cos 2\gamma=\pm 4$$

但 $0 < 2\gamma < 180°, \sqrt{15}\sin 2\gamma + \cos 2\gamma > -1$，于是
$$\sqrt{15}\sin 2\gamma + \cos 2\gamma = 4$$
$$\frac{\sqrt{15}}{4}\sin 2\gamma + \frac{1}{4}\cos 2\gamma = 1$$

即
$$\sin(\alpha + 2\gamma) = 1, \quad \gamma = \frac{90° - \alpha}{2}, \quad \beta = 90° - \alpha - \gamma = \frac{90° - \alpha}{2} = \gamma$$
$$r = \frac{2}{2}\tan\beta = \tan\frac{90° - \alpha}{2} = \frac{\sin(90° - \alpha)}{1 + \cos(90° - \alpha)}$$
$$= \frac{\cos\alpha}{1 + \sin\alpha} = \frac{\frac{\sqrt{15}}{4}}{1 + \frac{1}{4}} = \sqrt{\frac{3}{5}}$$

2.70 已知梯形 $ABCD$，两底 $AD = 3BC$，在 AB 边取点 M，使 $MA = 2MB$，在 CD 边取点 N，使 $3DN = DC$，AN 与 DM 交于 L，$S_{\text{梯形}ABCD} = 23$，求 $S_{\triangle ADL}$。

解 由于只涉及共直线或平行线段之比（$\triangle ADL$ 与梯形面积之比亦可用共直线或平行线段之比表示），不妨取斜坐标系如图 2.67 所示，可设 A, B, C, D 坐标如图所示，从而有 $M(0, \frac{2}{3}b)$，$N(\frac{2 \cdot 3c + c}{3}, \frac{1}{3}b)$，即 $N(\frac{7}{3}c, \frac{1}{3}b)$。

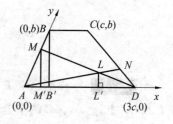

图 2.67

直线 AN 为
$$\frac{x}{\frac{7}{3}c} = \frac{y}{\frac{1}{3}b}$$

即
$$bx - 7cy = 0$$

直线 DM 为
$$\frac{x}{3c} + \frac{y}{\frac{2}{3}b} = 1$$

即

用三角、解析几何等计算解来自俄罗斯的几何题

$$\frac{2}{3}bx + 3cy = 2bc$$

联合解得交点 L

$$y_L = \frac{2b^2c}{3bc + \frac{14}{3}bc} = \frac{6}{23}b$$

高 LL', BB' 之比

$$\frac{LL'}{BB'} = \frac{y_L}{y_B} = \frac{6}{23}$$

$$\frac{S_{\triangle ADL}}{S_{梯形ABCD}} = \frac{\frac{1}{2}AD \cdot LL'}{\frac{1}{2}(AD+BC) \cdot BB'} = \frac{1}{1+\frac{BC}{AD}} \cdot \frac{LL'}{BB'}$$

$$= \frac{1}{1+\frac{1}{3}} \cdot \frac{6}{23} = \frac{9}{46}$$

$$S_{\triangle ADL} = \frac{9}{46} S_{梯形ABCD} = \frac{9}{46} \cdot 23 = \frac{9}{2}$$

2.71 梯形 $ABCD$ 的两腰 $AB=8$, $DC=5$, $\angle A$, $\angle D$ 的平分线的交点 L 在 BC 上, $\angle A$, $\angle B$ 的平分线交于点 M, $\angle C$, $\angle D$ 的平分线交于点 N, $\angle B$, $\angle C$ 的平分线交于 K, 直线 LK, AD 交于 F, 求 $\frac{AE}{EB}$, $\frac{AF}{FD}$, 又设 $\frac{LM}{KN} = \frac{m}{n}$, 求 $\frac{LN}{KM}$.

解 易见 $\text{Rt}\triangle ABM \cong \text{Rt}\triangle LBM$, M, N（同理）分别为 AL, DL 的中点, 于是 $\triangle ALD$ 的中位线 MN 所在直线交 AB 于中点 E. 故 $\frac{AE}{EB} = 1$. 又设 MN 与 KL 交于点 O, 则

$$\frac{AF}{FD} = \frac{MO}{ON} = \frac{BL}{LC} = \frac{AB}{CD} = \frac{8}{5}$$

设角 β, γ 如图 2.68 所示, 则

$$LM = 8\sin\beta, \quad KM = 8\sin\beta\tan\gamma$$
$$LN = 5\sin\gamma, \quad KN = 5\sin\gamma\tan\beta$$

故

$$\frac{m}{n} = \frac{LM}{KN} = \frac{8\cos\beta}{5\sin\gamma}$$

同理

第 2 章 平面几何计算题、轨迹题及其他问题
DIERZHANG PINGMIAN JIHE JISUANTI, GUIJITI JI QITA WENTI

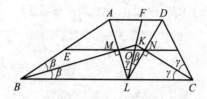

图 2.68

$$\frac{LN}{KM} = \frac{5\cos\gamma}{8\sin\beta}$$

$$\frac{\frac{LN}{KM}}{\frac{m}{n}} = \frac{25\sin 2\gamma}{64\sin 2\beta} = \frac{25 \cdot \frac{h}{5}}{64 \cdot \frac{h}{8}} = \frac{5}{8} \quad (h \text{ 为梯形的高})$$

即

$$\frac{LN}{KM} = \frac{5m}{8n}$$

2.72 以 $\triangle ABC$ 外接圆上一点 Q 为圆心作圆过 A, C 且与 AM 交于 M,$\frac{AM}{AB} = \frac{2}{7}$,$\angle B = \sin^{-1}\frac{4}{5}$,求 $\angle BAC$.

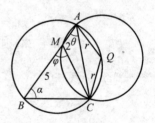

图 2.69

解 设 $\odot O$ 半径为 r,角 α, θ, φ 如图 2.69 所示,不妨设 $AM = 2$,则 $MB = 5$. 由 $\sin\alpha = \frac{4}{5}$,得

$$\cos\alpha = \frac{3}{5}, \quad \cos\frac{\alpha}{2} = \sqrt{\frac{1+\cos\alpha}{2}} = \frac{2}{\sqrt{5}}$$

$$r = \frac{AM}{2\sin\angle ACM} = \frac{2}{2\sin(\varphi-\theta)} = \frac{1}{\sin(\varphi-\theta)} \quad ①$$

$$AC = 2r\sin\frac{1}{2}\angle Q = 2r\sin\frac{\pi-\alpha}{2} = 2r\cos\frac{\alpha}{2} = \frac{4}{\sqrt{5}}r$$

$$r = \frac{\sqrt{5}}{4}AC = \frac{\sqrt{5}}{4} \cdot \frac{2\sin\varphi}{\sin(\varphi-\theta)} \quad ②$$

由式①②得

$$\sin\varphi = \frac{2}{\sqrt{5}} \Rightarrow \cos\varphi = \frac{1}{\sqrt{5}}$$

分别在 △ACM,△ACB 中用 α,φ,θ 表示 AC,得

$$\frac{2\sin\varphi}{\sin(\varphi-\theta)}=\frac{7\sin\alpha}{\sin(\theta+\alpha)}$$

即

$$\frac{4}{\sqrt{5}}\sin(\theta+\alpha)=\frac{28}{5}\sin(\varphi-\theta)$$

$$\frac{4}{\sqrt{5}}(\frac{3}{5}\sin\theta+\frac{4}{5}\cos\theta)=\frac{28}{5}(\frac{2}{\sqrt{5}}\cos\theta-\frac{1}{\sqrt{5}}\sin\theta)$$

化简得

$$\sin\theta=\cos\theta$$
$$\angle BAC=\theta=45°$$

2.73 等腰梯形 ABCD 的两底 $BC=3, AD=4$,A,C 在 BD 上的射影分别为 M,N,如图 2.70 所示,$\frac{BM}{CN}=\frac{2}{3}$,求 CN.

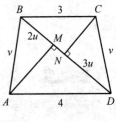

图 2.70

解 设 $BM=2u$,则 $DN=3u$,又设 $AB=CD=v$,易见 $\frac{BC}{AD}=\frac{CN}{AM}$,即

$$\frac{3}{4}=\frac{\sqrt{v^2-9u^2}}{\sqrt{v^2-4u^2}}\Rightarrow v^2=\frac{108}{7}u^2$$

又用 u,v 表示对角线 BD 得

$$2u+\sqrt{4^2-(v^2-4u^2)}=3u+\sqrt{3^2-(v^2-9u^2)}$$

以 $v^2=\frac{108}{7}u^2$ 代入得

$$\sqrt{16-\frac{80}{7}u^2}=u+\sqrt{9-\frac{45}{7}u^2}$$

两边平方化简得

$$49-42u^2=2u\sqrt{441-315u^2}$$

两边再平方化简得

$$3\,024u^4-5\,880u^2+49^2=0$$

解得正根

第2章 平面几何计算题、轨迹题及其他问题

$$u = \frac{7}{6} \text{ 或 } \sqrt{\frac{7}{12}}$$

经检验,只有 $u^2 = \frac{7}{12}$ 才是原无理方程的解,则

$$v^2 = \frac{108}{7} \cdot \frac{7}{12} = 9, \quad CN = \sqrt{v^2 - 9u^2} = \frac{\sqrt{15}}{2}$$

2.74 如图2.71所示,在 Rt$\triangle ABC$ 的斜边 AB 取点 P,Q,使 CP,CQ 三等分 $\angle C$,$CP = 3\sqrt{3}$,$CQ = 4$,求 $\angle A$.

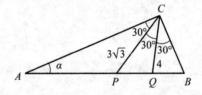

图 2.71

解 设 $\angle A = \alpha$,易见

$$PQ = \sqrt{(3\sqrt{3})^2 + 4^2 - 2 \cdot 3\sqrt{3} \cdot 4 \cdot \cos 30°} = \sqrt{7}$$

又

$$\frac{\sqrt{7}}{4} = \frac{\sin 30°}{\sin(30° + \alpha)} \Rightarrow \sin(30° + \alpha) = \frac{2}{\sqrt{7}}$$

即

$$\alpha = \sin^{-1} \frac{2}{\sqrt{7}} - 30°$$

或

$$\alpha = 180° - \sin^{-1} \frac{2}{\sqrt{7}} - 30° (\text{大于 } 90° \text{ 舍去})$$

$$\sin \alpha = \frac{2}{\sqrt{7}} \cdot \frac{\sqrt{3}}{2} - \frac{\sqrt{3}}{\sqrt{7}} \cdot \frac{1}{2} = \frac{\sqrt{3}}{2\sqrt{7}} (\text{注意 } \cos \sin^{-1} \frac{2}{\sqrt{7}} = \frac{\sqrt{3}}{\sqrt{7}})$$

即

$$\alpha = \sin^{-1} \frac{\sqrt{3}}{2\sqrt{7}}$$

2.75 等腰梯形 $ABCD$，AC 平分 $\angle A$，底角 $\angle A = \angle D = 45°$，$\angle BCD$ 的平分线交 AD 于 K，BK 与 AC 交于 Q，梯形面积为 $3 + 2\sqrt{2}$，求 $S_{\triangle ABQ}$.

解 易得如图 2.72 所示各角度数，设 $AB = BC = a$，易见梯形的高为 $\dfrac{a}{\sqrt{2}}$.

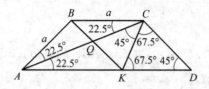

图 2.72

$$AC = 2a\cos 22.5°$$

$$AD = \frac{AC \sin 67.5°}{\sin 45°} = 2\sqrt{2}\, a\cos^2 22.5° = \sqrt{2}\, a(1 + \cos 45°) = (\sqrt{2} + 1)a$$

$$3 + 2\sqrt{2} = S_{\text{梯形}ABCD} = \frac{1}{2}[a + (\sqrt{2} + 1)a] \cdot \frac{a}{\sqrt{2}} = \frac{a^2}{2}(\sqrt{2} + 1)$$

得

$$a^2 = \frac{(3 + 2\sqrt{2}) \cdot 2}{\sqrt{2} + 1} = 2\sqrt{2} + 2$$

$$AK = \frac{AC \sin 45°}{\sin 67.5°} = 2a\sin 45° = \sqrt{2}\, a$$

$$S_{\triangle ABK} = \frac{1}{2} a \cdot \sqrt{2}\, a \cdot \sin 45° = \frac{1}{2} a^2 = \sqrt{2} + 1$$

$$S_{\triangle ABQ} = S_{\triangle ABK} \cdot \frac{BQ}{BQ + QK} = (\sqrt{2} + 1)\frac{1}{1 + \dfrac{QK}{BQ}} = (\sqrt{2} + 1)\frac{1}{1 + \dfrac{AK}{AB}}$$

$$= (\sqrt{2} + 1) \cdot \frac{1}{1 + \sqrt{2}} = 1$$

2.76 已知等腰 $\triangle ABC$，与底边 AC 平行的直线与两腰 BA，BC 分别交于 D，E，$AD = DE = EC = 2$，EC 中点 G，AC 中点 F，已知 $\angle CFG = \beta$，求 $S_{\triangle ABC}$.

解 设角 α 如图 2.73 所示，由 $AF = FC$，得

$$1 + 2\cos\alpha = \frac{1\sin(\alpha + \beta)}{\sin\beta} \Rightarrow \sin\beta + 2\sin\beta\cos\alpha = \sin(\alpha + \beta)$$

又

第2章 平面几何计算题、轨迹题及其他问题
DIERZHANG PINGMIAN JIHE JISUANTI,GUIJITI JI QITA WENTI

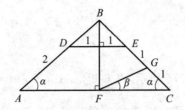

图 2.73

$$\sin\beta = \sin(\alpha-\beta)$$
$$\beta = \alpha - \beta (因都属于 \left(-\frac{\pi}{2},\frac{\pi}{2}\right)),\alpha = 2\beta$$
$$CF = \frac{1 \cdot \sin(\alpha+\beta)}{\sin\beta} = \frac{\sin 3\beta}{\sin\beta} = 3 - 4\sin^2\beta$$
$$S_{\triangle ABC} = CF^2 \tan\alpha = (3-4\sin^2\beta)^2 \tan 2\beta$$

2.77 △ABC 中,AB = 3,AC = 4,在 BC 边取点 D 使 ∠CAD = 3∠BAD,角平分线 CQ 与 AD 交于 O,△ODC 外接圆圆心 M 在边 AC 上,求 ∠ACB.

解 设角 $\theta,\alpha,3\alpha$ 如图 2.74 所示,$MO = MD = MC = r$(△ODC 外接圆半径),由正弦定理知

$$3\sin(4\alpha + 2\theta) = 4\sin 2\theta \quad ①$$

又
$$\frac{OC}{DC} = \frac{\sin\angle ODC}{\sin\angle COD}$$

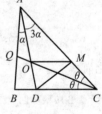

图 2.74

即
$$\frac{2r\cos\theta}{2r\cos 2\theta} = \frac{\sin(3\alpha+2\theta)}{\sin(3\alpha+\theta)}$$
$$\cos\theta\sin(3\alpha+\theta) = \cos 2\theta\sin(3\alpha+2\theta)$$
$$\sin(3\alpha+2\theta) + \sin 3\alpha = \sin(3\alpha+4\theta) + \sin 3\alpha$$

$3\alpha + 2\theta$ 与 $3\alpha + 4\theta$ 均在 0°至 360°内,而 $3\alpha + 2\theta$ 在 0°至 180°内,故这两角相等或其和为 180°,但易见两角不相等,故唯有

$$(3\alpha+2\theta)+(3\alpha+4\theta) = 180° \Rightarrow \alpha = 30° - \theta$$

代入式 ① 得

$$3\sin(120°-2\theta) = 4\sin 2\theta \Rightarrow 3\left(\frac{\sqrt{3}}{2}\cos 2\theta + \frac{1}{2}\sin 2\theta\right) = 4\sin 2\theta$$

$$\tan 2\theta = \frac{3\sqrt{3}}{5}, \angle ACB = 2\theta = \tan^{-1}\frac{3\sqrt{3}}{5}$$

2.78 如图 2.75 所示,已知矩形 $ABCD$, $AB = \frac{1}{2}BC$,点 F 在矩形内,$BF = \sqrt{17}$, $CF = \sqrt{2}$, $DF = 1$,求此矩形的面积.

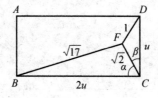

图 2.75

解 设线段 $u, 2u$,角 α, β 如图 2.75 所示,则
$$\alpha + \beta = 90°$$
$$\cos \alpha = \frac{(2u)^2 + 2 - 17}{2 \cdot 2u \cdot \sqrt{2}} = \frac{4u^2 - 15}{4\sqrt{2}u}$$
$$\cos \beta = \frac{u^2 + 2 - 1}{2 \cdot u \cdot \sqrt{2}} = \frac{u^2 + 1}{2\sqrt{2}u}$$
$$\cos^2 \alpha + \cos^2 \beta = 1 \Rightarrow \left(\frac{4u^2 - 15}{4\sqrt{2}u}\right)^2 + \left(\frac{u^2 + 1}{2\sqrt{2}u}\right)^2 = 1$$

化简得
$$20u^4 - 144u^2 + 229 = 0 \Rightarrow u^2 = \frac{36 \pm \sqrt{151}}{10}, \text{正根 } u = \sqrt{3.6 \pm \sqrt{1.51}}$$

当 $u = \sqrt{3.6 - \sqrt{1.51}}$ 时,$\cos \alpha = \frac{4u^2 - 15}{4\sqrt{2}u} < 0$,$\alpha$ 为钝角,不合题意,舍去.

故取 $u^2 = \frac{36 + \sqrt{151}}{10}$.

所求矩形面积为
$$2u^2 = \frac{36 + \sqrt{151}}{5}$$

2.79 $\Box ABCD$, $CD = 14$, C 关于 BD 的对称点 C_1, C_1 关于 AC 的对称点 C_2,点 C_2 在直线 BD 上,$BC_2 = \frac{4}{3}BD$,求 $\Box ABCD$ 的面积 S.

第 2 章 平面几何计算题、轨迹题及其他问题

解 取坐标轴如图 2.76 所示,设 $DB=6b$,得 B,C 坐标如图所示,于是易得 C_1,C_2,A 的坐标如图所示(注意 $\overrightarrow{DA}=\overrightarrow{DB}-\overrightarrow{DC}$). 由 $\overrightarrow{C_2C_1}\cdot\overrightarrow{AC}=0$,得
$$(-c_1,c_2+2b)\cdot(2c_1,2c_2-6b)=0$$

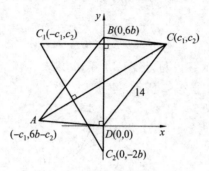

图 2.76

即
$$-2c_1^2+(c_2+2b)(2c_2-6b)=0$$
化简得
$$-c_1^2+c_2^2-bc_2-6b^2=0$$
又易见 $c_1^2+c_2^2=14^2$,与上式相加得
$$2c_2^2-bc_2-6b^2=196 \qquad ①$$

因 C_1C_2 中点 $\left(-\dfrac{c_1}{2},\dfrac{c_2-2b}{2}\right)$ 与 A,C 共直线,故(第 1 行已去分母)
$$\begin{vmatrix} -c_1 & c_2-2b & 2 \\ c_1 & c_2 & 1 \\ -c_1 & 6b-c_2 & 1 \end{vmatrix}=0$$

第 1 列约去 $c_1\neq 0$ 后展开得
$$(-c_2+6b-c_2)+(12b-2c_2-c_2+2b)+(-c_2+2b+2c_2)=0$$
化简得
$$-4c_2+22b=0\Rightarrow c_2=\dfrac{11}{2}b$$

代入式 ① 得
$$2\cdot\dfrac{121}{4}b^2-b\cdot\dfrac{11}{2}b-6b^2=196$$

解得(正根)
$$b=2$$

从而
$$c_2 = 11, c_1 = \sqrt{14^2 - c_2^2} = 5\sqrt{3}$$
$$S = 6b \cdot c_1 = 60\sqrt{3}$$

2.80 已知 $\triangle KLM$, $\angle K = \beta$, $\angle M = \gamma$, $KM = a$, 在边 KL 上取点 N, 使 $KN = 2NL$, 过 N, L 作 $\odot O$ 与射线 KM 相切, 求其半径.

解 取坐标轴如图 2.77 所示, 得

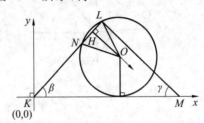

图 2.77

$$KL = \frac{a\sin\gamma}{\sin(\beta+\gamma)}, KH = \frac{5}{6}KL = \frac{5a\sin\gamma}{6\sin(\beta+\gamma)}$$
$$HL = \frac{1}{6}KL = \frac{a\sin\gamma}{6\sin(\beta+\gamma)}$$

故
$$L\left(\frac{a\sin\gamma\cos\beta}{\sin(\beta+\gamma)}, \frac{a\sin\gamma\sin\beta}{\sin(\beta+\gamma)}\right), H\left(\frac{5a\sin\gamma\cos\beta}{6\sin(\beta+\gamma)}, \frac{5a\sin\gamma\sin\beta}{6\sin(\beta+\gamma)}\right)$$

因向量 $\overrightarrow{HO}$ 的方向角为 $\beta - 90°$, 故直线 HO 的参数 (t) 方程为
$$x = \frac{5a\sin\gamma\cos\beta}{6\sin(\beta+\gamma)} + t\sin\beta, y = \frac{5a\sin\gamma\cos\beta}{6\sin(\beta+\gamma)} - t\cos\beta$$

(其中 $t = \overrightarrow{HP}$ (以 $\overrightarrow{HO}$ 为正向), P 为直线上任一点), 由
$$HL^2 + HO^2 = y_O^2$$

得(其中 t 表示与点 O 相应的 t 值)
$$\left(\frac{a\sin\gamma}{6\sin(\beta+\gamma)}\right)^2 + t^2 = \left(\frac{5a\sin\gamma\sin\beta}{6\sin(\beta+\gamma)} - t\cos\beta\right)^2$$

整理得
$$t^2\sin^2\beta + t \cdot \frac{5a\sin\gamma\sin\beta\cos\beta}{3\sin(\beta+\gamma)} + \left(\frac{a^2\sin^2\gamma}{36\sin^2(\beta+\gamma)} - \frac{25a^2\sin^2\gamma\sin^2\beta}{36\sin^2(\beta+\gamma)}\right) = 0$$

第 2 章 平面几何计算题、轨迹题及其他问题
DIERZHANG PINGMIAN JIHE JISUANTI,GUIJITI JI QITA WENTI

解得①

$$t = \frac{a\sin\gamma\cdot(-5\cos\beta\pm2\sqrt{6})}{6\sin\beta\sin(\beta+\gamma)}$$

因相应

$$x_O = \frac{5a\sin\gamma\cos\beta}{6\sin(\beta+\gamma)} + t\sin\beta = \frac{\pm2\sqrt{6}}{6\sin(\beta+\gamma)}$$

故当 $2\sqrt{6}$ 前取"−"号时,$x_O < 0$,O 及相应切点在 y 轴左侧,不符合题意. 当 $2\sqrt{6}$ 前取"+"号时,符合题意. 所求半径

$$y_O = \frac{5a\sin\gamma\sin\beta}{6\sin(\beta+\gamma)} - \frac{a\sin\gamma(-5\cos\beta+2\sqrt{6})}{6\sin\beta\sin(\beta+\gamma)}\cos\beta$$

$$= \frac{a\sin\gamma(5-2\sqrt{6}\cos\beta)}{6\sin(\beta+\gamma)\sin\beta}(易见为正数)$$

2.81 四边形 $ABCD$ 中,$AB \perp CD$,它们为两个半径为 r 的圆的直径. 此两圆相切于 M,已知此四边形面积 $S = mr^2$,求 BC, AD.

解 可设角 $2\theta, 2\varphi, \theta, \varphi$ 如图 2.78 所示

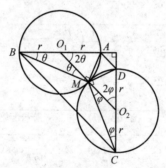

图 2.78

$$\varphi + \theta = 45°$$
$$S_{\triangle MCD} = 2S_{\triangle MO_2D} = r^2\sin 2\varphi$$
$$S_{\triangle MAB} = r^2\sin 2\theta$$

同理

---

① 常数项分子

$$a^2\sin^2\gamma(1-25\sin^2\beta) = a^2\sin^2\gamma(25\cos^2\beta-24)$$
$$= a\sin\gamma(5\cos\beta+2\sqrt{6})\cdot a\sin\gamma(5\cos\beta-2\sqrt{6})$$

再用十字相乘法分解方程左边为 t 的两一次因式之积.

用三角、解析几何等计算解来自俄罗斯的几何题
YONGSANJIAO,JIEXI JIHE DENG JISUAN JIE LAIZI ELUOSI DE JIHETI

$$\angle AMD = 180° - (90° - \theta) - (90° - \varphi) = \varphi + \theta = 45°$$

$$S_{\triangle AMD} = \frac{1}{2} \cdot 2r\sin\theta \cdot 2r\sin\varphi \cdot \sin 45° = \sqrt{2}r^2\sin\theta\sin\varphi$$

由 $\angle AMD = 45°$,易知 $\angle BMC = 135°$,类似地,知(θ,φ 分别改 $90° - \theta, 90° - \varphi$)

$$S_{\triangle BMC} = 2r^2\cos\theta\cos\varphi\sin 135° = \sqrt{2}r^2\cos\theta\cos\varphi$$

于是

$$r^2\sin 2\varphi + r^2\sin 2\theta + \sqrt{2}r^2\sin\theta\sin\varphi + \sqrt{2}r^2\cos\theta\cos\varphi = mr^2$$

$$m = \sin 2\varphi + \sin 2\theta + \sqrt{2}\cos(\theta - \varphi)$$

$$= 2\sin(\varphi + \theta)\cos(\varphi - \theta) + \sqrt{2}\cos(\varphi - \theta)$$

$$= 2\sqrt{2}\cos(\theta - \varphi)$$

$$\cos(\theta - \varphi) = \frac{m}{2\sqrt{2}}$$

$$AD = \sqrt{(2r\sin\varphi)^2 + (2r\sin\theta) - 2 \cdot 2r\sin\varphi \cdot 2r\sin\theta \cdot \cos 45°}$$

$$= 2r\sqrt{1 - \frac{1}{2}(\cos 2\varphi + \cos 2\theta) - \frac{1}{\sqrt{2}}(\cos(\varphi - \theta) - \cos(\varphi + \theta))}$$

$$= 2r\sqrt{1 - \frac{1}{\sqrt{2}} \cdot \frac{m}{2\sqrt{2}} - \frac{1}{\sqrt{2}}\left(\frac{m}{2\sqrt{2}} - \frac{1}{\sqrt{2}}\right)}$$

$$= 2r\sqrt{\frac{3}{2} - \frac{m}{2}} = r\sqrt{6 - 2m}$$

$$BC = \sqrt{(2r\cos\varphi)^2 + (2r\cos\theta)^2 - 2 \cdot 2r\cos\varphi \cdot 2r\cos\theta \cdot \cos 135°}$$

$$= 2r\sqrt{1 + \frac{1}{2}(\cos 2\varphi + \cos 2\theta) + \frac{1}{\sqrt{2}}(\cos(\varphi - \theta) + \cos(\varphi + \theta))}$$

$$= 2r\sqrt{1 + \frac{1}{\sqrt{2}} \cdot \frac{m}{2\sqrt{2}} + \frac{1}{\sqrt{2}}\left(\frac{m}{2\sqrt{2}} + \frac{1}{\sqrt{2}}\right)}$$

$$= 2r\sqrt{\frac{3}{2} + \frac{m}{2}} = r\sqrt{6 + 2m}$$

2.82 $\triangle ABM$ 外接圆圆心 O 到 AM 的距离 $OH = 10$,过 B 的切线与 AM 的延长线交于 C,$BC = 29$,$\tan C = \dfrac{20}{21}$,求 $S_{\triangle CMB}$.

解 设角 θ, γ 如图 2.79 所示,易见

第 2 章 平面几何计算题、轨迹题及其他问题
DIERZHANG PINGMIAN JIHE JISUANTI, GUIJITI JI QITA WENTI

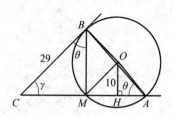

图 2.79

$$\angle MOH = \angle ABM = 180° - 2\theta - \gamma$$
$$AM = 2MH = 2 \cdot 10\tan\angle MOH = -20\tan(2\theta + \gamma)$$
$$CM = \frac{29\sin\theta}{\sin(\gamma+\theta)}$$
$$29^2 = CM \cdot (CM + AM) = \frac{29\sin\theta}{\sin(\gamma+\theta)}\left(\frac{29\sin\theta}{\sin(\gamma+\theta)} - 20\tan(2\theta+\gamma)\right)$$
$$29\cos(2\theta+\gamma)[\sin^2(\theta+\gamma) - \sin^2\theta] = -20\sin\theta\sin(2\theta+\gamma)\sin(\gamma+\theta)$$

左边等于 $29\cos(2\theta+\gamma)\sin(2\theta+\gamma)\sin\gamma$,两边约去 $\sin(2\theta+\gamma) \neq 0$,再由 $\tan\gamma = \frac{20}{21}$,得 $\sin\gamma = \frac{20}{29}$,代入得

$$20\cos(2\theta+\gamma) = -20\sin\theta\sin(\theta+\gamma) = 10\cos(2\theta+\gamma) - 10\cos\gamma$$
$$\cos(2\theta+\gamma) = \cos(180°-\gamma)$$

两边均在 $0°$ 至 $180°$ 之间,故

$$2\theta + \gamma = 180° - \gamma, \gamma + \theta = 90°, \sin\theta = \cos\gamma = \frac{21}{29}$$
$$S_{\triangle BCM} = \frac{1}{2} \cdot \frac{29^2\sin\theta\sin\gamma}{\sin(\theta+\gamma)} = \frac{1}{2} \cdot 29^2 \cdot \frac{20}{29} \cdot \frac{21}{29} = 210$$

2.83 已知 $\triangle ABC$,中线为 BE,角平分线为 AD,D,E 在 AB 上的射影分别为 M,N,$\frac{AM}{BM} = 9$,$\frac{AN}{NB} = \frac{2}{3}$,求 $\frac{AD}{BE}$.

解 不妨设 $BM = 1$,易见 $MN = 5$,$AN = 4$,设角 α,2β 如图 2.80 所示,则

$$\frac{BD}{10} = \frac{\frac{1}{\cos 2\beta}}{10} = \frac{\sin\alpha}{\sin(\alpha+2\beta)}$$
$$\sin(2\beta+\alpha) = 10\sin\alpha\cos 2\beta$$
$$= 5\sin(\alpha+2\beta) + 5\sin(\alpha-2\beta) - 4\sin(2\beta+\alpha)$$
$$= 5\sin(\alpha-2\beta)$$

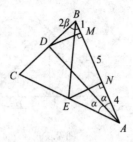

图 2.80

展开化简得
$$9\sin\alpha\cos 2\beta = \cos\alpha\sin 2\beta \qquad ①$$

又
$$\frac{AC}{10} = \frac{2\cdot\dfrac{4}{\cos 2\alpha}}{10} = \frac{\sin 2\beta}{\sin(2\alpha+2\beta)} \Rightarrow 4\sin(2\alpha+2\beta) = 5\cos 2\alpha\sin 2\beta$$

展开化简得
$$4\sin 2\alpha\cos 2\beta = \cos 2\alpha\sin 2\beta$$

与式 ① 相除得
$$\frac{8\cos\alpha}{9} = \frac{\cos 2\alpha}{\cos\alpha} \Rightarrow 9\cos 2\alpha = 8\cos^2\alpha = 4\cos 2\alpha + 4$$

$$\cos 2\alpha = \frac{4}{5}, \sin 2\alpha = \frac{3}{5}, \tan 2\alpha = \frac{3}{4}, EN = 4\cdot\frac{3}{4} = 3$$

$$\tan\alpha = \frac{\sin 2\alpha}{1+\cos 2\alpha} = \frac{\dfrac{3}{5}}{1+\dfrac{4}{5}} = \frac{1}{3}, EM = 4\tan 2\alpha = 3$$

$$AD = \sqrt{9^2+3^2} = 3\sqrt{10}, BE = \sqrt{(1+5)^2+3^2} = 3\sqrt{5}$$

$$\frac{AD}{BE} = \sqrt{2}$$

2.84 已知两圆交于 K,L,过点 K 分别作两圆切线与另一圆交于 A, B,$\tan\angle AKB = -\dfrac{1}{2}$,$LA = 3$,$LB = 6$,求 $S_{\triangle KAB}$.

解 设角 θ,α,β 如图 2.81 所示,则 $\alpha+\beta+\theta = 180°$,易见
$$\tan\theta = -\tan\angle AKB = \frac{1}{2} \Rightarrow \sin\theta = \frac{1}{\sqrt{5}}, \cos\theta = \frac{2}{\sqrt{5}}$$

第 2 章 平面几何计算题、轨迹题及其他问题
DIERZHANG PINGMIAN JIHE JISUANTI,GUIJITI JI QITA WENTI

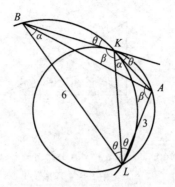

图 2.81

又 $\dfrac{3\sin\beta}{\sin\alpha}=KL=\dfrac{6\sin\alpha}{\sin\beta}$

$\sin\beta=\sqrt{2}\sin\alpha=\sqrt{2}\sin(180°-\beta-\theta)=\sqrt{2}(\dfrac{2}{\sqrt{5}}\sin\beta+\dfrac{1}{\sqrt{5}}\cos\beta)$

$\cot\beta=\sqrt{\dfrac{5}{2}}-2\Rightarrow\sin^2\beta=\dfrac{1}{\cot^2\beta+1}=\dfrac{2(15+4\sqrt{10})}{65}$

$\sin\beta=\sqrt{\dfrac{2}{65}(15+4\sqrt{10})}$，$\sin\alpha=\sqrt{\dfrac{15+4\sqrt{10}}{65}}$

$S_{\triangle KAB}=\dfrac{1}{2}KA\cdot KB\cdot\sin\angle AKB=\dfrac{1}{2}\cdot\dfrac{3\sin\theta}{\sin\alpha}\cdot\dfrac{6\sin\theta}{\sin\beta}\cdot\sin\theta$

$=\dfrac{9\sin^3\theta}{\sin\alpha\sin\beta}=\dfrac{9\cdot\dfrac{1}{5\sqrt{5}}}{\dfrac{\sqrt{2}}{65}(15+4\sqrt{10})}=\dfrac{9}{5\sqrt{10}}(15-4\sqrt{10})$

$=\dfrac{9(3\sqrt{10}-8)}{10}$

2.85 Rt△ABC 的斜边中线 CD 与角平分线 BE 交于 O，作 $OF\perp BE$ 与 CB 交于 F，已知 $CF=b$，$CO=\dfrac{3}{2}b$，求 $S_{\triangle ABC}$。

解 设 $DA=DB=DC=m$，角 α，2α 如图 2.82 所示，则

$BE=\dfrac{BC}{\cos\alpha}=\dfrac{2m\cos 2\alpha}{\cos\alpha}$，$CE=BC\tan\alpha=2m\cos 2\alpha\tan\alpha$

$\dfrac{CE}{\sin 3\alpha}=\dfrac{OC}{\sin(90°-\alpha)}\Rightarrow 2m\cos 2\alpha\tan\alpha\cos\alpha=\dfrac{3}{2}b\sin 3\alpha$

用三角、解析几何等计算解来自俄罗斯的几何题
YONGSANJIAO,JIEXI JIHE DENG JISUAN JIE LAIZI ELUOSI DE JIHETI

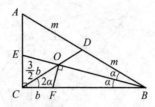

图 2.82

$$4m\cos 2\alpha \sin \alpha = 3b(3\sin \alpha - 4\sin^3 \alpha)$$

$$m = \frac{3b(3 - 4\sin^2 \alpha)}{4\cos 2\alpha}$$

$$OE = BE - (BC - CF)\cos \alpha = \frac{2m\cos 2\alpha}{\cos \alpha} - (2m\cos 2\alpha - b)\cos \alpha$$

$$= \frac{2m\cos 2\alpha \sin^2 \alpha}{\cos \alpha} + b\cos \alpha$$

由 $\dfrac{\frac{3}{2}b}{\cos \alpha} = \dfrac{OE}{\sin(90° - 2\alpha)}$,得

$$\frac{3}{2}b\cos 2\alpha = OE\cos \alpha = 2m\cos 2\alpha \sin^2 \alpha + b\cos^2 \alpha$$

$$= \frac{3b}{2}(3 - 4\sin^2 \alpha)\sin^2 \alpha + b\frac{\cos 2\alpha + 1}{2}$$

$$1 - 2\sin^2 \alpha = \frac{9}{2}\sin^2 \alpha - 6\sin^4 \alpha + \frac{1}{2}$$

解得

$$\sin^2 \alpha = 1(舍去), \quad \sin^2 \alpha = \frac{1}{12}$$

$$\cos 2\alpha = 1 - 2 \cdot \frac{1}{12} = \frac{5}{6}, \sin 2\alpha = \frac{\sqrt{11}}{6}$$

$$m = \frac{3b(3 - 4 \cdot \frac{1}{12})}{4 \cdot \frac{5}{6}} = \frac{12}{5}b$$

$$S_{\triangle ABC} = \frac{1}{2} \cdot 2m\cos 2\alpha \cdot 2m\sin 2\alpha = 2\left(\frac{12}{5}b\right)^2 \cdot \frac{5}{6} \cdot \frac{\sqrt{11}}{6} = \frac{8}{5}\sqrt{11}b^2$$

2.86 如图 2.83 所示,已知直角 $\angle EQF$,$\odot O$ 与 $\angle EQF$ 的平分线相切,

第 2 章　平面几何计算题、轨迹题及其他问题
DIERZHANG　PINGMIAN JIHE JISUANTI,GUIJITI JI QITA WENTI

QF 截 $\odot O$ 得弦 $AB=\sqrt{7}$，EQ 的延长线截 $\odot O$ 得弦 $CD=1$，求 $\odot O$ 的半径 r.

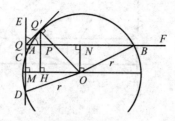

图 2.83

解　$NQ=OM=\sqrt{r^2-\dfrac{1}{4}}$，$HP=ON=\sqrt{r^2-\dfrac{7}{4}}$，$Q'H=OH=\dfrac{r}{\sqrt{2}}$，由 $QP=Q'P$ 得

$$\sqrt{r^2-\dfrac{1}{4}}-\dfrac{r}{\sqrt{2}}=\dfrac{r}{\sqrt{2}}-\sqrt{r^2-\dfrac{7}{4}}$$

$$\sqrt{r^2-\dfrac{1}{4}}=\sqrt{2}\,r-\sqrt{r^2-\dfrac{7}{4}}$$

两边平方后化简得

$$\sqrt{2}\,r\sqrt{4r^2-7}=2r^2-\dfrac{3}{2}$$

再两边平方化简得

$$4r^4-8r^2-\dfrac{9}{4}=0$$

求得正根

$$r=\dfrac{3}{2}$$

2.87　如图 2.84 所示，在直角 $\angle EQF$ 外取点 O 作圆与 EQ 的延长线相切，截边 QF 得弦 $AB=4\sqrt{2}$，截 $\angle EQF$ 平分线得弦 $CD=2$，求 $\odot O$ 半径 r.

解　$OM=\sqrt{r^2-1}$，$GN=ON=\sqrt{r^2-8}$，$MG=OM-\sqrt{2}\,ON=\sqrt{r^2-1}-\sqrt{2}\,\sqrt{r^2-8}$，$QG=\sqrt{2}\,MG=\sqrt{2r^2-2}-2\sqrt{r^2-8}$，$QG+GN=r$，故

$$\sqrt{2r^2-2}-\sqrt{r^2-8}=r\Rightarrow\sqrt{2r^2-2}=r+\sqrt{r^2-8}$$

两边平方化简得

$$3=r\sqrt{r^2-8}$$

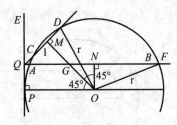

图 2.84

再两边平方得

$$9 = r^4 - 8r^2$$

求得正根

$$r = 3$$

2.88 如图 2.85 所示，分别以 $\triangle ABC$ 的中线 BM，CN 为直径作圆交于 P，Q，已知 $\angle B = \beta$，$\angle C = \gamma$，求直线 PQ 分线段 MN 所得之比.

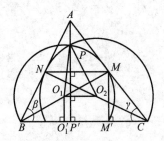

图 2.85

解法一（用三角） 设 O_1，O_2 为圆心，半径分别为 r_1，r_2. 因 $MN \parallel BC \parallel O_1O_2$，所以 PQ 即为过 P 作 BC 的垂线 PP'. 设 $BC = 2a$，易证 $O_1O_2 = \frac{1}{4}BC = \frac{1}{2}a$，$CM = \frac{1}{2}CA = \frac{a\sin\beta}{\sin(\beta+\gamma)}$. 设 O_1，P，M，A 在 BC 上的射影分别为 O_1'，P'，M'，A'，则

$$r_1^2 = \frac{1}{4}BM^2 = \frac{1}{4}\left[(2a)^2 + \left(\frac{a\sin\beta}{\sin(\beta+\gamma)}\right)^2 - 2 \cdot 2a \cdot \frac{a\sin\beta}{\sin(\beta+\gamma)}\cos\gamma\right]$$

$$= a^2 + \frac{a^2\sin^2\beta}{4\sin^2(\beta+\gamma)} - \frac{a^2\sin\beta\cos\gamma}{\sin(\beta+\gamma)}$$

同理

第2章 平面几何计算题、轨迹题及其他问题

$$r_2^2 = a^2 + \frac{a^2\sin^2\gamma}{4\sin^2(\gamma+\beta)} - \frac{a^2\sin\gamma\cos\beta}{\sin(\beta+\gamma)}$$

$$O_1'P' = r_1\cos\angle PO_1O_2 = \frac{\left(\frac{a}{2}\right)^2 + r_1^2 - r_2^2}{2 \cdot \frac{a}{2}}$$

$$= a\left(\frac{1}{4} + \frac{\sin^2\beta - \sin^2\gamma}{4\sin^2(\beta+\gamma)} - \frac{\sin(\beta-\gamma)}{\sin(\beta+\gamma)}\right)$$

$$= a\left(\frac{1}{4} + \frac{\sin(\beta+\gamma)\sin(\beta-\gamma)}{4\sin^2(\beta+\gamma)} - \frac{\sin(\beta-\gamma)}{\sin(\beta+\gamma)}\right)$$

$$= a\left(\frac{1}{4} - \frac{3\sin(\beta-\gamma)}{4\sin(\beta+\gamma)}\right)$$

$$BO_1' = \frac{1}{2}BM' = \frac{1}{2} \cdot \frac{BA' + BC}{2} = \frac{1}{2}\left(\frac{a\sin\gamma\cos\beta}{\sin(\beta+\gamma)} + a\right)$$

$$BP' = BO_1' + O_1'P' = \frac{a}{4} \cdot \frac{3\sin(\beta+\gamma) - 3\sin(\beta-\gamma) + 2\sin\gamma\cos\beta}{\sin(\beta+\gamma)}$$

$$= \frac{2a\sin\gamma\cos\beta}{\sin(\beta+\gamma)} = BA'$$

故 P' 与 A' 重合,PP' 分 MN 所得之比等于

$$\frac{BA'}{A'C} = \frac{AA'\cot\beta}{AA'\cot\gamma} = \frac{\tan\gamma}{\tan\beta}$$

解法二(用解析几何) 以 BC 中点为原点,BC 为 x 轴作坐标系,设 $C(a,0)$,$B(-a,0)$,则

$$x_M = a - CM\cos\gamma = \frac{a\sin\gamma\cos\beta}{\sin(\beta+\gamma)}, y_M = CM\sin\gamma = \frac{a\sin\beta\sin\gamma}{\sin(\beta+\gamma)}$$

$$x_N = -a + BN\cos\beta = \frac{-a\sin\beta\cos\gamma}{\sin(\beta+\gamma)}, y_N = BN\sin\beta = \frac{a\sin\gamma\sin\beta}{\sin(\beta+\gamma)}$$

BM 中点 O_1 为

$$x_{O_1} = \frac{1}{2}(x_B + x_M) = -\frac{a\sin\beta\cos\gamma}{2\sin(\beta+\gamma)}, y_{O_1} = \frac{1}{2}y_M = \frac{a\sin\beta\sin\gamma}{2\sin(\beta+\gamma)}$$

类似得 CN 中点 O_2 为

$$x_{O_2} = \frac{a\sin\gamma\cos\beta}{2\sin(\beta+\gamma)}, y_{O_2} = \frac{a\sin\gamma\sin\beta}{2\sin(\beta+\gamma)}$$

$$r_1^2 = (x_{O_1} - x_B)^2 + y_{O_1}^2 = \frac{a^2\sin^2\beta}{4\sin^2(\beta+\gamma)} + a^2 - \frac{a^2\sin\beta\cos\gamma}{\sin(\beta+\gamma)}$$

$$r_2^2 = (x_{O_2} - x_C)^2 + y_{O_2}^2 = \frac{a^2\sin^2\gamma}{4\sin^2(\beta+\gamma)} + a^2 - \frac{a^2\sin\gamma\cos\beta}{\sin^2(\beta+\gamma)}$$

⊙O_1 的方程为

$$\left(x+\frac{a\sin\beta\cos\gamma}{2\sin(\beta+\gamma)}\right)^2+\left(y-\frac{a\sin\beta\sin\gamma}{2\sin(\beta+\gamma)}\right)^2=\frac{a^2\sin^2\beta}{4\sin^2(\beta+\gamma)}+a^2-a^2\frac{\sin\beta\cos\gamma}{\sin(\beta+\gamma)}$$

⊙O_2 的方程为

$$\left(x-\frac{a\sin\gamma\cos\beta}{2\sin(\beta+\gamma)}\right)^2+\left(y-\frac{a\sin\gamma\sin\beta}{2\sin(\beta+\gamma)}\right)^2=\frac{a^2\sin^2\gamma}{4\sin^2(\beta+\gamma)}+a^2-a^2\frac{\sin\gamma\cos\beta}{\sin(\beta+\gamma)}$$

二式相减,消去二次项得公共弦 PQ 所在直线方程

$$ax=\frac{a^2\sin(\gamma-\beta)}{\sin(\gamma+\beta)}$$

即 $x=a\dfrac{\sin(\gamma-\beta)}{\sin(\beta+\gamma)}$,公共弦与 x 轴 BC 垂直. 又 $x_A=2x_N-x_B=a\dfrac{\sin(\gamma-\beta)}{\sin(\beta+\gamma)}$,故 A 在公共弦上,后同方法一.

2.89 △ABC 中,∠$C=60°$,外接圆半径为 $2\sqrt{3}$,在 AB 边取点 D,使 $AD=2DB$,又 $CD=2\sqrt{2}$,求 $S_{\triangle ABC}$.

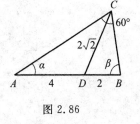

图 2.86

解 设角 α,β 如图 2.86 所示,$\alpha+\beta=120°$,$AB=2\cdot 2\sqrt{3}\sin 60°=6$,从而 $AD=4$,$DB=2$,$BC=\dfrac{6\sin\alpha}{\sin 60°}=4\sqrt{3}\sin\alpha$,同理 $AC=4\sqrt{3}\sin\beta$,由 $\cos\angle CDB+\cos\angle CDA=0$,得

$$\frac{(2\sqrt{2})^2+2^2-(4\sqrt{3}\sin\alpha)^2}{2\cdot 2\sqrt{2}\cdot 2}+\frac{(2\sqrt{2})^2+4^2-(4\sqrt{3}\sin\beta)^2}{2\cdot 2\sqrt{2}\cdot 4}=0$$

化简得

$$2-4\sin^2\alpha-2\sin^2\beta=0\Rightarrow 2-2(1-\cos 2\alpha)-(1-\cos 2\beta)=0$$
$$2\cos(240°-2\beta)+\cos 2\beta=1$$

即

$$2\left(-\frac{1}{2}\cos 2\beta-\frac{\sqrt{3}}{2}\sin 2\beta\right)+\cos 2\beta=1\Rightarrow \sin 2\beta=-\frac{1}{\sqrt{3}}$$

易见 $0°<\beta<120°$,从而 $0°<2\beta<240°$. 又从 $\sin 2\beta<0$ 知,$180°<2\beta<240°$,故

$$\cos 2\beta<0,90°<\beta<120°$$

$$\cos 2\beta=-\sqrt{1-\left(-\frac{1}{\sqrt{3}}\right)^2}=-\sqrt{\frac{2}{3}}<-\frac{1}{2}=\cos 240°$$

第 2 章 平面几何计算题、轨迹题及其他问题

又由 $0° < 2\beta < 360°$ 知,可求得的 2β 适合前述 $180° < 2\beta < 240°$,从而
$$90° < \beta < 120°$$

$$\cos \beta = -\sqrt{\frac{1-\sqrt{\frac{2}{3}}}{2}} = -\sqrt{\frac{\sqrt{3}-\sqrt{2}}{2\sqrt{3}}} \text{(由前述取负根)}$$

$$\sin \beta = \sqrt{\frac{\sqrt{3}+\sqrt{2}}{2\sqrt{3}}}$$

$$\sin \alpha = \sin(120° - \beta) = -\frac{\sqrt{3}}{2}\sqrt{\frac{\sqrt{3}-\sqrt{2}}{2\sqrt{3}}} + \frac{1}{2}\sqrt{\frac{\sqrt{3}+\sqrt{2}}{2\sqrt{3}}}$$

$$S_{\triangle ABC} = \frac{1}{2} \cdot 6^2 \frac{\sin \alpha \sin \beta}{\sin 120°} = 18 \cdot \frac{2}{\sqrt{3}} \cdot \left[-\frac{\sqrt{3}}{2}\sqrt{\frac{\sqrt{3}-\sqrt{2}}{2\sqrt{3}}} + \frac{1}{2}\sqrt{\frac{\sqrt{3}+\sqrt{2}}{2\sqrt{3}}}\right] \cdot \sqrt{\frac{\sqrt{3}+\sqrt{2}}{2\sqrt{3}}}$$

$$= 12\sqrt{3} \cdot \frac{1}{4\sqrt{3}}[-\sqrt{3} + (\sqrt{3}+\sqrt{2})]$$

$$= 3\sqrt{2}$$

2.90 $\square ABCD$ 的边 $AB = \sqrt{5}$,$\angle BAD = \cos^{-1}\frac{1}{\sqrt{5}}$,$A,C$ 在 BD 的射影分别为 E,F,$BF = 3BE$,求 $S_{\square ABCD}$.

解 设角 α,β 如图 2.87 所示,则 $\alpha + \beta = \cos^{-1}\frac{1}{\sqrt{5}}$,易见可设线段 $u,2u$ 如图所示.易见

$$u\cot \alpha = 3u\cot \beta$$
$$\Rightarrow \cos \alpha \sin \beta = 3\cos \beta \sin \alpha \qquad ①$$

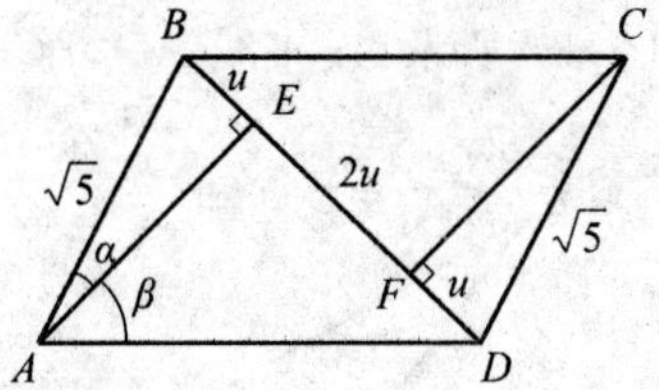

图 2.87

又
$$\sin(\alpha + \beta) = \sqrt{1 - \cos^2(\alpha+\beta)} = \sqrt{1 - \left(\frac{1}{\sqrt{5}}\right)^2} = \frac{2}{\sqrt{5}}$$

即
$$\sin\alpha\cos\beta + \sin\beta\cos\alpha = \frac{2}{\sqrt{5}}$$

再由 ① 得
$$4\sin\alpha\cos\beta = \frac{2}{\sqrt{5}}$$

即
$$4\sin\alpha\cos\left(\cos^{-1}\frac{1}{\sqrt{5}} - \alpha\right) = \frac{2}{\sqrt{5}}$$

$$4\sin\alpha\left(\frac{1}{\sqrt{5}}\cos\alpha + \frac{2}{\sqrt{5}}\sin\alpha\right) = \frac{2}{\sqrt{5}} \Rightarrow \frac{2}{\sqrt{5}}\sin 2\alpha + \frac{4}{\sqrt{5}}(1 - \cos 2\alpha) = \frac{2}{\sqrt{5}}$$

$$\sin 2\alpha + 1 = 2\cos 2\alpha$$

两边平方得
$$\sin^2 2\alpha + 2\sin 2\alpha + 1 = 4 - 4\sin^2 2\alpha$$

解得
$$\sin 2\alpha = -1(舍去), \sin 2\alpha = \frac{3}{5}$$

所以
$$S_{\square ABCD} = 4u \cdot \sqrt{5}\cos\alpha = 4 \cdot \sqrt{5}\sin\alpha \cdot \sqrt{5}\cos\alpha = 10\sin 2\alpha = 6$$

2.91 四边形 $ABCD$, $DA = \frac{64}{5}$, $AB = \frac{5}{8}$, $BC = \frac{793}{40}$, $\sin\angle DAB = \frac{3}{5}$, $\cos\angle ABC = -\frac{63}{65}$, 与 AD, DC, CB 相切的圆的圆心为 O, 求 OD.

解 设角 δ, γ 如图 2.88 所示. 设直线 AD, BC 交于 E.

易见

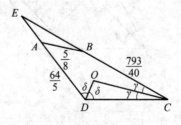

图 2.88

第 2 章 平面几何计算题、轨迹题及其他问题

$$\cos\angle BAD = \frac{4}{5}, \sin\angle ABC = \frac{16}{65}$$

$$\sin E = \sin(\pi - (\pi - \angle BAD) - (\pi - \angle ABC)) = -\sin(\angle BAD + \angle ABC)$$

$$= -\left[\frac{3}{5}\left(-\frac{63}{65}\right) + \frac{4}{5} \cdot \frac{16}{65}\right] = \frac{5}{13}$$

$\cos E = \frac{12}{13}$,在 $\triangle EAB$ 用正弦定理得

$$AE = \frac{5}{8} \cdot \frac{\frac{16}{65}}{\frac{5}{13}} = \frac{2}{5}, BE = \frac{5}{8} \cdot \frac{\frac{3}{5}}{\frac{5}{13}} = \frac{39}{40}$$

从而

$$DE = \frac{66}{5}, CE = \frac{104}{5}$$

$$CD = \sqrt{\left(\frac{66}{5}\right)^2 + \left(\frac{104}{5}\right)^2 - 2 \cdot \frac{66}{5} \cdot \frac{104}{5} \cdot \frac{12}{13}} = 10$$

$$\frac{\frac{104}{5}}{\sin 2\delta} = \frac{\frac{66}{5}}{\sin 2\gamma} = \frac{10}{\frac{5}{13}} = 26 \Rightarrow \sin 2\delta = \frac{\frac{104}{5}}{26} = \frac{4}{5}, \sin 2\gamma = \frac{\frac{66}{5}}{26} = \frac{33}{65}$$

因

$$ED^2 + CD^2 = 13.2^2 + 10^2 < 196 + 100 < 400 < 20.8^2 = CE^2$$

所以 $2\delta > 90°$,从而 $2\gamma < 90°$,于是

$$\cos 2\delta = -\frac{3}{5}, \cos 2\gamma = \frac{56}{65}$$

$$\cos \delta = \sqrt{\frac{1 - \frac{3}{5}}{2}} = \frac{1}{\sqrt{5}}, \sin \delta = \frac{2}{\sqrt{5}}$$

$$\cos \gamma = \sqrt{\frac{1 + \frac{56}{65}}{2}} = \frac{11}{\sqrt{130}}, \sin \gamma = \frac{3}{\sqrt{130}}$$

$$\sin\angle O = \sin(\delta + \gamma) = \frac{2}{\sqrt{5}} \cdot \frac{11}{\sqrt{130}} + \frac{1}{\sqrt{5}} \cdot \frac{3}{\sqrt{130}} = \frac{5}{\sqrt{26}}$$

$$OD = \frac{10\sin\gamma}{\sin\angle O} = \frac{6}{\sqrt{5}}$$

2.92 如图 2.89 所示，$\triangle ABC \backsim \triangle A_1B_1C_1$，相似比为 $4:3$，$AB=BC$，B_1 在 AC 上，C_1 在 CB 的延长线上，A_1 在 BA 的延长线上，$\angle A_1C_1B = 90°$，求 $\angle ABC$.

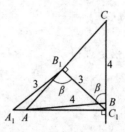

图 2.89

解 不妨设 $AB=BC=4$，则 $A_1B_1=B_1C_1=3$，设角 β 如图 2.89 所示，易见
$$\angle C_1B_1C = 180° - \angle C - (90° - \angle B_1C_1A_1) = 90°$$
$$CC_1\sin\angle C = B_1C_1 = 3$$

其中 $\angle C = 90° - \frac{1}{2}\beta$，而
$$CC_1 = 4 + BC_1 = 4 + A_1C_1\cot(\pi - \beta) = 4 - 2 \cdot 3\sin\frac{\beta}{2}\cot\beta$$

再由 $CC_1\sin C = B_1C_1$，得
$$(4 - 6\sin\frac{\beta}{2}\cot\beta)\cos\frac{\beta}{2} = 3 \Rightarrow 4\cos\frac{\beta}{2} - 3\cos\beta = 3$$
$$4\cos\frac{\beta}{2} = 6\cos^2\frac{\beta}{2} \Rightarrow (\text{正数解})\cos\frac{\beta}{2} = \frac{2}{3}$$
$$\angle ABC = \beta = 2\cos^{-1}\frac{2}{3}$$

2.93 如图 2.90 所示，$\square KLMN$，$\angle LKN$ 与 $\angle KNM$ 的平分线交于点 Q，$QL = \sqrt{21}$，$QM = 2\sqrt{6}$，$\angle NKL = 2\sin^{-1}\frac{2}{3}$，求 $S_{\square KLMN}$.

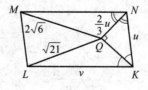

图 2.90

第 2 章 平面几何计算题、轨迹题及其他问题
DIERZHANG PINGMIAN JIHE JISUANTI,GUIJITI JI QITA WENTI

解 设 $KN=u, KL=v$,易见 $\angle KQN=90°$. 又 $\sin\angle QKN=\dfrac{2}{3}$,从而

$$NQ=\dfrac{2}{3}u, KQ=\sqrt{u^2-\left(\dfrac{2}{3}u\right)^2}=\dfrac{\sqrt{5}}{3}u$$

$$\cos\angle MNQ=\cos\angle QNK=\dfrac{2}{3}, \cos\angle LKQ=\cos\angle QKN=\dfrac{\sqrt{5}}{3}$$

$$\left(\dfrac{2}{3}u\right)^2+v^2-2\cdot\dfrac{2}{3}u\cdot v\cdot\dfrac{2}{3}=(2\sqrt{6})^2$$

$$\left(\dfrac{\sqrt{5}}{3}u\right)^2+v^2-2\cdot\dfrac{\sqrt{5}}{3}u\cdot v\cdot\dfrac{\sqrt{5}}{3}=21$$

两方程去分母后,消去两方程的常数项得

$$12u^2+9v^2-24uv=0$$

由此求得

$$u=\dfrac{1}{2}v \quad \text{或} \quad u=\dfrac{3}{2}v$$

以 $u=\dfrac{1}{2}v$ 代入上述第一个关于 u,v 的方程,求得(正值)$v=6$,从而 $u=3$. 又

$$\sin\angle NKL=2\cdot\dfrac{2}{3}\cdot\dfrac{\sqrt{5}}{3}=\dfrac{4}{9}\sqrt{5}, \text{故}$$

$$S_{\square KLMN}=6\cdot 3\cdot\dfrac{4}{9}\sqrt{5}=8\sqrt{5}$$

再以 $u=\dfrac{3}{2}v$ 代入则求得 $v=6, u=9$,则

$$S_{\square KLMN}=6\cdot 9\cdot\dfrac{4}{9}\sqrt{5}=24\sqrt{5}$$

2.94 两圆交于 A,B,圆心在直线 AB 两侧,过 A 分别作两圆切线与另一圆又交于 $N,K,AK=\sqrt{5},AN=2,\tan\angle KAN=\sqrt{\dfrac{2}{3}}$,求 $S_{\triangle BNK}$.

解 设角 α,β,θ 如图 2.91 所示($\angle NAK,\angle NBD,\angle KBD$ 都等于 $\alpha+\beta$),则

$$\tan\theta=\sqrt{\dfrac{2}{3}}, \cos\theta=\sqrt{\dfrac{3}{5}}, \sin\theta=\sqrt{\dfrac{2}{5}}$$

$$\dfrac{2\sin\beta}{\sin\theta}=\dfrac{\sqrt{5}\sin\alpha}{\sin\theta}(\text{都等于}AB)\Rightarrow\sin\alpha=\dfrac{2}{\sqrt{5}}\sin\beta$$

用三角、解析几何等计算解来自俄罗斯的几何题

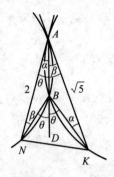

图 2.91

$$2\sin\beta = \sqrt{5}\sin(\theta-\beta) = \sqrt{5}\left(\sqrt{\frac{2}{5}}\cos\beta - \sqrt{\frac{3}{5}}\sin\beta\right)$$

即

$$(2+\sqrt{3})\sin\beta = \sqrt{2}\cos\beta$$

$$\cot\beta = \frac{2+\sqrt{3}}{\sqrt{2}} \Rightarrow \sin\beta = \frac{\sqrt{2}}{\sqrt{9+4\sqrt{3}}}$$

$$S_{\triangle NBK} = \frac{1}{2}BN \cdot BK \cdot \sin 2\theta = \frac{1}{2} \cdot \frac{2\sin\alpha}{\sin\theta} \cdot \frac{\sqrt{5}\sin\beta}{\sin\theta}\sin 2\theta$$

$$= 2\sqrt{5}\left(\sqrt{\frac{2}{5}}\sin\beta\right)\sin\beta\cot\theta$$

$$= 4 \cdot \frac{2}{9+4\sqrt{3}} \cdot \sqrt{\frac{3}{2}} = \frac{4\sqrt{6}(9-4\sqrt{3})}{33} = \frac{12\sqrt{6}-16\sqrt{2}}{11}$$

2.95 $\triangle ABC$ 中,角平分线 AD,外心 O,垂心 H,$OH \perp AD$,已知 $AC = b, AD = d$,求外接圆半径 R.

解 设角 β,γ 如图 2.92 所示,易见 $\angle BAH = \angle CAO$(都等于 $90°-\beta$),故 AD 亦为 $\angle HAO$ 的平分线.又因 $OH \perp AD$,所以

$$R = OA = HA = \frac{2R\sin\beta\cos\angle BAC}{\sin\beta} = 2R\cos\angle BAC$$

$$\cos\angle BAC = \frac{1}{2}, \angle BAC = 60°, \angle DAC = 30°$$

$$\tan\gamma = \frac{d\sin 30°}{b - d\cos 30°} = \frac{d}{2b - \sqrt{3}d}$$

第 2 章 平面几何计算题、轨迹题及其他问题
DIERZHANG   PINGMIAN JIHE JISUANTI,GUIJITI JI QITA WENTI

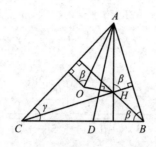

图 2.92

$$\tan(60°+\gamma)=\frac{\sqrt{3}+\dfrac{d}{2b-\sqrt{3}d}}{1-\dfrac{\sqrt{3}d}{2b-\sqrt{3}d}}=\frac{\sqrt{3}b-d}{b-\sqrt{3}d}$$

$$\sin(60°+\gamma)=\frac{\sqrt{3}b-d}{\sqrt{(\sqrt{3}b-d)^2+(b-\sqrt{3}d)^2}}=\frac{\sqrt{3}b-d}{2\sqrt{b^2+d^2-\sqrt{3}bd}}$$

$$R=\frac{b}{2\sin\beta}=\frac{b}{2\sin(60°+\gamma)}=\frac{b\sqrt{b^2+d^2-\sqrt{3}bd}}{\sqrt{3}b-d}$$

2.96　⊙O 内接 △ABC，过 B 作切线与直线 AC 交于 K，$\angle AKB=4\angle A-\angle B$，$AB=2AC$，$O$ 到 AC 的距离比 O 到 AB 的距离大 1，求 ⊙O 的半径 R.

解　设角 α,β,γ 如图 2.93 所示，则

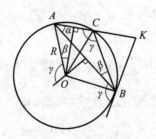

图 2.93

$$\gamma=\alpha+(4\alpha-\beta)\Rightarrow\alpha=\frac{\gamma+\beta}{5}$$

$$\frac{\gamma+\beta}{5}+\gamma+\beta=180°,\gamma+\beta=150°$$

又由 $AB=2AC$，得

用三角、解析几何等计算解来自俄罗斯的几何题
YONGSANJIAO,JIEXI JIHE DENG JISUAN JIE LAIZI ELUOSI DE JIHETI

$$2R\sin\gamma = 2 \cdot 2R\sin\beta$$
$$\sin\gamma = 2\sin(150° - \gamma) = \cos\gamma + \sqrt{3}\sin\gamma \Rightarrow \cot\gamma = 1 - \sqrt{3} < 0$$

故
$$\gamma > 90°, \beta < 90°$$
$$\cos\gamma = -\frac{\sqrt{3}-1}{\sqrt{(\sqrt{3}-1)^2+1}} = -\frac{\sqrt{3}-1}{\sqrt{5-2\sqrt{3}}}, \sin\gamma = \frac{1}{\sqrt{5-2\sqrt{3}}}$$

由 $AB = 2AC$,易知
$$\sin\beta = \frac{1}{2}\sin\gamma = \frac{1}{2\sqrt{5-2\sqrt{3}}}$$
$$\cos\beta = \sqrt{1 - \frac{1}{4(5-2\sqrt{3})}} = \frac{\sqrt{19-8\sqrt{3}}}{2\sqrt{5-2\sqrt{3}}} = \frac{4-\sqrt{3}}{2\sqrt{5-2\sqrt{3}}}$$

而
$$R\cos\beta - R\cos(\pi - \gamma) = 1$$
$$R = \frac{1}{\cos\beta + \cos\gamma} = \frac{1}{\frac{4-\sqrt{3}}{2\sqrt{5-2\sqrt{3}}} - \frac{\sqrt{3}-1}{\sqrt{5-2\sqrt{3}}}} = \frac{2\sqrt{5-2\sqrt{3}}}{6-3\sqrt{3}}$$
$$= \frac{2}{3} \cdot \frac{\sqrt{5-2\sqrt{3}}(2+\sqrt{3})}{(2-\sqrt{3})(2+\sqrt{3})} = \frac{2}{3}\sqrt{5-2\sqrt{3}}\sqrt{7+4\sqrt{3}}$$
$$= \frac{2}{3}\sqrt{11+6\sqrt{3}}$$

2.97 四边形 $ABCD$, $AC \perp BD$ 交于 O, $OA = \frac{4}{3}$, $OC = 3$, 在 BA 上取点 N, 使 $\frac{AN}{NB} = \frac{1}{3}$, $\triangle DNC$ 为正三角形, 求 $S_{\triangle DNC}$.

解 取坐标轴如图 2.94 所示, 得 A,B 坐标. 又设 B,D 坐标如图所示, 易求得 $N(-b, 1)$. 由 $ND^2 = DC^2 = NC^2$, 得
$$(4d+b)^2 + 1^2 = (4d)^2 + 3^2 = b^2 + 4^2$$
即
$$8bd + b^2 = 8, b^2 - 16d^2 = -7 \qquad ①$$
从两式消去常数项得
$$15b^2 + 56bd - 128d^2 = 0$$

第2章 平面几何计算题、轨迹题及其他问题
DIERZHANG PINGMIAN JIHE JISUANTI,GUIJITI JI QITA WENTI

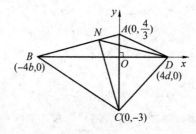

图 2.94

解得（正解）
$$d = \frac{5}{8}b$$

代入 ① 中任一方程得（正解）
$$b = \frac{2}{\sqrt{3}}$$

$$S_{\triangle DNC} = \frac{\sqrt{3}}{4}CN^2 = \frac{\sqrt{3}}{4}(b^2+4^2) = \frac{\sqrt{3}}{4} \times \frac{52}{3} = \frac{13}{3}\sqrt{3}$$

2.98 四边形 $ABCD$ 中，$\angle BAC = 20°$，$\angle BCA = 35°$，$\angle BDA = 70°$，$\angle BDC = 40°$，BD 与 AC 交于 O，求 $\angle BOC$。

解 设角 θ 如图 2.95 所示，不妨设 $BO = 1$，易得

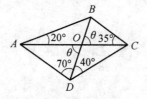

图 2.95

$$OD = AO \cdot \frac{\sin(\theta+70°)}{\sin 70°} = \frac{1 \cdot \sin(\theta-20°)}{\sin 20°} \cdot \frac{\sin(\theta+70°)}{\sin 70°} = \frac{\sin(2\theta-40°)}{\sin 40°}$$

$$OD = CO \cdot \frac{\sin(\theta-40°)}{\sin 40°} = \frac{1 \cdot \sin(\theta+35°)}{\sin 35°} \cdot \frac{\sin(\theta-40°)}{\sin 40°}$$

于是

$$\frac{\sin(2\theta-40°)}{\sin 40°} = \frac{\sin(\theta+35°)\sin(\theta-40°)}{\sin 35° \sin 40°}$$

$$\sin(2\theta-40°)\sin 35° = \sin(\theta+35°)\sin(\theta-40°)$$

$$\cos(2\theta - 75°) - \cos(2\theta - 5°) = \cos 75° - \cos(2\theta - 5°)$$

又因 $-75° < 2\theta - 75° < 360° - 75°$,故唯有

$$2\theta - 75° = 75° \Rightarrow \angle BOC = \theta = 75°$$

2.99 如图 2.96 及图 2.97 所示,正 $\triangle ABC$,在直线 AC 上任取点 E,CE 中点 K,在直线 AC 同侧作 $AD \perp BA$,$ED \perp BC$,两线交于 D,求 $\triangle BKD$ 各角.

解 取坐标轴如图 2.97 所示,可设 $C(a,0),A(-a,0),B(\sqrt{3}a,0),K(a+d,0),E(a+2d,0)(d>0(<0)$ 时 E 在 AC 延长线(射线 CA)上). 在图 2.96 及 E 在 CA 延长线情形亦同样取坐标轴,下文计算对所有情形均适用(虽然作出的图有所改变).

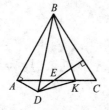

图 2.96

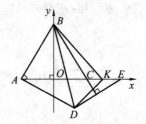

图 2.97

直线 AD 的方程为

$$y = -\frac{1}{\sqrt{3}}(x + a)$$

直线 ED 的方程为

$$y = \frac{1}{\sqrt{3}}(x - a - 2d)$$

解得交点 $D(d, \dfrac{-d-a}{\sqrt{3}})$.

把 x,y 轴分别改为实、虚轴取复平面,则

$$z_K = a + d, z_B = \sqrt{3}ai, z_D = d - \frac{d+a}{\sqrt{3}}i$$

$$z_D - z_K = -a - \frac{d+a}{\sqrt{3}}i$$

$$z_B - z_K = (-a - d) + \sqrt{3}ai = -\sqrt{3}i(z_D - z_K)$$

故知 $\angle BKD = 90°, \angle KBD = 30°, \angle KDB = 60°$.

第2章 平面几何计算题、轨迹题及其他问题

2.100 正 $\triangle ABC$，在 CA 延长线上取点 M，作 $\triangle BAM$ 及 $\triangle BCM$ 的外接圆，已知 $\dfrac{\overparen{MA}}{\overparen{AB}} = n$，求 $\dfrac{\overparen{MC}}{\overparen{CB}}$.

解 设 $\triangle ABC$ 的边长为 a，角 α, β 如图 2.98 所示，则 $\alpha + \beta = 60°$. $\triangle BAM$，$\triangle BCM$ 的外接圆圆心分别为 O_1, O_2. 易见

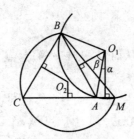

图 2.98

$$\frac{\alpha}{\beta} = \frac{\overparen{AM}}{\overparen{AB}} = n, \alpha = \frac{n}{n+1} \cdot 60°, \beta = \frac{1}{n+1} \cdot 60°$$

$$\frac{AM}{AB} = \frac{2OA \cdot \sin \alpha}{2OA \cdot \sin \beta}, AM = a \cdot \frac{\sin \alpha}{\sin \beta} = \frac{\sin\left(\dfrac{n}{n+1} \cdot 60°\right)}{\sin\left(\dfrac{1}{n+1} \cdot 60°\right)} a$$

而 $\angle O_2 = 120°$，设 $\dfrac{\overparen{MC}}{\overparen{CB}} = m$，类似知

$$CM = \frac{\sin\left(\dfrac{m}{m+1} \cdot 120°\right)}{\sin\left(\dfrac{1}{m+1} \cdot 120°\right)} a$$

由 $CM = AM + a$，得

$$\frac{\sin\left(\dfrac{m}{m+1} \cdot 120°\right)}{\sin\left(\dfrac{1}{m+1} \cdot 120°\right)} = \frac{\sin\left(\dfrac{n}{n+1} \cdot 60°\right)}{\sin\left(\dfrac{1}{n+1} \cdot 60°\right)} + 1 = \frac{2\sin 30° \cos\left(\dfrac{n-1}{n+1} \cdot 30°\right)}{\sin\left(\dfrac{1}{n+1} \cdot 60°\right)}$$

$$= \frac{\sin\left(90° - \dfrac{n-1}{n+1} \cdot 30°\right)}{\sin\left(\dfrac{1}{n+1} \cdot 60°\right)} = \frac{\sin\left(\dfrac{n+2}{n+1} \cdot 60°\right)}{\sin\left(\dfrac{1}{n+1} \cdot 60°\right)}$$

$$\frac{\sin\left(\frac{2m}{m+1}\cdot 60°\right)}{\sin\left(\frac{2}{m+1}\cdot 60°\right)} = \frac{\sin\left(\frac{n+2}{n+1}\cdot 60°\right)}{\sin\left(\frac{1}{n+1}\cdot 60°\right)} \qquad ①$$

若 $\frac{2}{m+1}=\frac{1}{n+1}$,即 $m=2n+1$,则 $\frac{2m}{m+1}=\frac{4n+2}{2n+2}=\frac{n+2}{n+1}$,从而式①成立,故 $\frac{\overset{\frown}{MC}}{\overset{\frown}{CB}}=m=2n+1$ 为一个答案. 因 $\angle BAO_1=90°-\beta$ 有定值,且 O_1 在 BA 的中垂线上,故点 O_1 唯一确定,从而点 M 唯一确定,点 O_2 亦然,于是 $\overset{\frown}{BC}$, $\overset{\frown}{CM}$ 亦唯一确定, m 有唯一值 $2n+1$.

2.101 正 $\triangle ABC$,在边 CA 上取点 M,作 $\triangle BAM$,$\triangle BCM$ 的外接圆,已知 C 分 $\overset{\frown}{MCB}$ 为 $\frac{\overset{\frown}{MC}}{\overset{\frown}{CB}}=n$,求 A 分 $\overset{\frown}{MAB}$ 所得的比 $\frac{\overset{\frown}{MA}}{\overset{\frown}{AB}}$(当 $\angle BMC$($\angle BMA$)为钝角,式中 $\overset{\frown}{CB}$($\overset{\frown}{AB}$)为大于 $180°$ 的优弧).

解 设 $\triangle ABC$ 边长为 a,角 $\alpha, \beta, \alpha', \beta'$ 如图 2.99 所示,则 $\alpha+\beta=\alpha'+\beta'=120°$,设 $\frac{\overset{\frown}{MA}}{\overset{\frown}{AB}}=m$,与上题类似知,$AM=a\cdot\dfrac{\sin\left(\dfrac{m}{m+1}\cdot 120°\right)}{\sin\left(\dfrac{1}{m+1}\cdot 120°\right)}$,$CM=a\cdot\dfrac{\sin\left(\dfrac{n}{n+1}\cdot 120°\right)}{\sin\left(\dfrac{1}{n+1}\cdot 120°\right)}$(图中 $\beta'>90°$,但仍有 $CB=2O_2C\sin\beta'$). 由 $MA=a-MC$,得

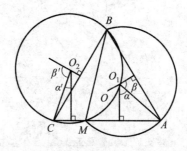

图 2.99

第 2 章 平面几何计算题、轨迹题及其他问题
DI ER ZHANG PINGMIAN JIHE JISUANTI, GUIJITI JI QITA WENTI

$$\frac{\sin\left(\frac{m}{m+1} \cdot 120°\right)}{\sin\left(\frac{1}{m+1} \cdot 120°\right)} = 1 - \frac{\sin\left(\frac{n}{n+1} \cdot 120°\right)}{\sin\left(\frac{1}{n+1} \cdot 120°\right)}$$

$$= \frac{2\sin\left(\frac{1-n}{n+1} \cdot 60°\right)\cos 60°}{\sin\left(\frac{1}{n+1} \cdot 120°\right)}$$

$$= \frac{\sin\left(\frac{1-n}{2n+2} \cdot 120°\right)}{\sin\left(\frac{1}{n+1} \cdot 120°\right)} \qquad ①$$

若 $\frac{1}{m+1} = \frac{1}{n+1}$,即 $m=n$,这时上式分子不等;若 $\frac{1}{m+1} \cdot 120° + \frac{1}{n+1} \cdot 120° = 180°$,求得 $m = \frac{1-n}{3n+1}$,则 $\frac{m}{m+1} = \frac{1-n}{2n+2}$,式 ① 成立,故所求 $\frac{\widehat{MA}}{\widehat{AB}} = \frac{1-n}{3n+1}$.

2.102 如图 2.100 所示,矩形 $ABCD$ 的边 $AB=6$, $BC=3(1+\frac{\sqrt{2}}{2})$, $\odot K$ 半径为 2,与 BD 及 BA 相切, $\odot L$ 半径为 1,与 CD 及 $\odot K$ 相切, B 在直线 KL 上的射影为 M,求 $S_{\triangle CML}$.

解 $KL=3$, K 与 L 的水平距离(按 BC 方向)为 $3(1+\frac{\sqrt{2}}{2}) - 2 - 1 = \frac{3\sqrt{2}}{2}$,它与 KL 之比为 $\frac{\sqrt{2}}{2} = \cos 45°$,故 KL 倾斜 $45°$.设 $\odot K$ 与 BA 的切点在直线 KL 的射影为点 S,角 θ 如图 2.100 所示,则

$$\tan\theta = \frac{3(1+\frac{\sqrt{2}}{2})}{6} = \frac{2+\sqrt{2}}{4} = \frac{\sqrt{2}+1}{2\sqrt{2}}$$

$$\cos\theta = \frac{2\sqrt{2}}{\sqrt{(\sqrt{2}+1)^2 + (2\sqrt{2})^2}} = \frac{2\sqrt{2}}{\sqrt{11+2\sqrt{2}}}, \sin\theta = \frac{\sqrt{2}+1}{\sqrt{11+2\sqrt{2}}}$$

$$\cot\frac{\theta}{2} = \frac{1+\cos\theta}{\sin\theta} = \frac{(\sqrt{11+2\sqrt{2}} + 2\sqrt{2})(\sqrt{2}-1)}{(\sqrt{2}+1)(\sqrt{2}-1)}$$

199

用三角、解析几何等计算解来自俄罗斯的几何题

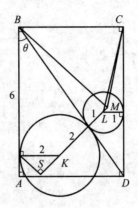

图 2.100

$$=\sqrt{(11+2\sqrt{2})(3-2\sqrt{2})}+4-2\sqrt{2}$$

$$=\sqrt{25-16\sqrt{2}}+4-2\sqrt{2}$$

$$LM=|\,SM-2\cos 45°-2-1\,|=|\,2\cot\frac{\theta}{2}\cos 45°-\sqrt{2}-3\,|$$

$$=-(\sqrt{50-32\sqrt{2}}+4\sqrt{2}-4-\sqrt{2}-3)=-(\sqrt{50-32\sqrt{2}}+3\sqrt{2}-7)$$

以射线 BA, BC 分别为正半 x, y 轴，则 $C(0, 3+\frac{3}{2}\sqrt{2})$, $K(2\cot\frac{\theta}{2}, 2)$，直线

KL 的方程(标准化)为 $\dfrac{x+y}{\sqrt{2}} = \dfrac{2\cot\dfrac{\theta}{2}+2}{\sqrt{2}}$，点 C 到其距离为

$$h=\left|\frac{3+\dfrac{3}{2}\sqrt{2}}{\sqrt{2}}-\sqrt{2}\cot\frac{\theta}{2}-\sqrt{2}\right|=\left|\frac{1}{2}\sqrt{2}+\frac{3}{2}-(\sqrt{50-32\sqrt{2}}+4\sqrt{2}-4)\right|$$

$$=-\left(-\frac{7}{2}\sqrt{2}+\frac{11}{2}-\sqrt{50-32\sqrt{2}}\right)$$

$$S_{\triangle CML}=\frac{1}{2}LM\cdot h=\frac{1}{2}(\sqrt{50-32\sqrt{2}}+3\sqrt{2}-7)\left(\frac{11}{2}-\frac{7}{2}\sqrt{2}-\sqrt{50-32\sqrt{2}}\right)$$

$$=-\frac{219}{4}+\frac{73}{2}\sqrt{2}+\left(\frac{25}{4}-\frac{13}{4}\sqrt{2}\right)\sqrt{50-32\sqrt{2}}$$

2.103 $\triangle ABC$ 内切圆半径为 $\sqrt{3}-1$，BC 边外旁切圆半径为 $\sqrt{3}+1$，$\angle A=60°$，求 $\angle B, \angle C$.

解 记 $\triangle ABC$ 面积为 S，半周长为 P，$\angle A, \angle B, \angle C$ 的对边分别为 a, b, c，

第2章 平面几何计算题、轨迹题及其他问题

则
$$\frac{S}{P} = \sqrt{3}-1, \frac{S}{P-a} = \sqrt{3}+1$$

$$\frac{b+c+a}{b+c-a} = \frac{p}{p-a} = \frac{\sqrt{3}+1}{\sqrt{3}-1} \Rightarrow \frac{b+c}{a} = \frac{\sqrt{3}}{1} \Rightarrow \sin B + \sin C = \sqrt{3} \sin A = \frac{3}{2}$$

$$2\sin\frac{\angle B + \angle C}{2}\cos\frac{\angle B - \angle C}{2} = \frac{3}{2}$$

即
$$2\sin 60°\cos\frac{\angle B - \angle C}{2} = \frac{3}{2}$$

$$\cos\frac{\angle B - \angle C}{2} = \frac{\sqrt{3}}{2} \Rightarrow \frac{\angle B - \angle C}{2} = \pm 30°$$

$$\angle B - \angle C = \pm 60°$$

又
$$\angle B + \angle C = 120°$$

故 $\angle B, \angle C$(不分次序)为 $90°, 30°$.

2.104 等腰梯形有内切圆,已知两底 $AB=b, CD=a$,求内切圆圆心 O 与外接圆圆心 O' 的距离.

解 取点 M, P,角 θ 及坐标轴如图 2.101 所示,易见

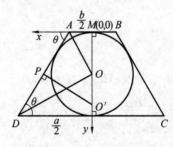

图 2.101

$$AD = \frac{a+b}{2}$$

$$\cos\theta = \frac{\frac{a}{2} - \frac{b}{2}}{\frac{a+b}{2}} = \frac{a-b}{a+b}$$

$$\sin\theta = \sqrt{1-\left(\frac{a-b}{a+b}\right)^2} = \frac{2\sqrt{ab}}{a+b}, \tan\theta = \frac{2\sqrt{ab}}{a-b}$$

$$\tan\angle MAO = \tan\frac{180°-\theta}{2} = \cot\frac{\theta}{2} = \frac{1+\cos\theta}{\sin\theta} = \frac{2a}{2\sqrt{ab}} = \sqrt{\frac{a}{b}}$$

$$MO = \frac{b}{2}\tan\angle MAO = \frac{1}{2}\sqrt{ab}$$

因 P 为 AD 中点,故

$$x_P = \frac{1}{2}\left(\frac{b}{2}+\frac{a}{2}\right) = \frac{1}{4}(b+a)$$

$$y_P = AP\sin\theta = \frac{1}{2}\cdot\frac{a+b}{2}\cdot\frac{2\sqrt{ab}}{a+b} = \frac{1}{2}\sqrt{ab}$$

直线 PO' 为

$$y - \frac{1}{2}\sqrt{ab} = \left(x - \frac{a+b}{4}\right)\tan(\theta+90°)$$

即

$$y - \frac{1}{2}\sqrt{ab} = \left(x - \frac{a+b}{4}\right)\left(-\frac{a-b}{2\sqrt{ab}}\right)$$

以 $x = x_{O'} = 0$ 代入得

$$y_{O'} = \frac{1}{2}\sqrt{ab} + \frac{1}{8}\cdot\frac{a^2-b^2}{\sqrt{ab}}$$

$$OO' = y_{O'} - MO = \frac{a^2-b^2}{8\sqrt{ab}}$$

2.105 $\triangle ABC$ 角平分线 AL,中线 CM,点 L,M 在 BC 上的射影分别为 K,N,$\frac{CK}{KA} = \frac{1}{4}$,$\frac{AN}{NC} = \frac{3}{7}$,求 $\frac{AL}{CM}$.

解 取高 BH,角 θ 如图 2.102 所示,不妨设 $AC=1$,易知 $CK=\frac{1}{5}$,$HN = NA = \frac{3}{10}$,从而 $KH = 1 - \frac{1}{5} - \frac{3}{10}\cdot 2 = \frac{1}{5} = CK$,$CL = LB$. 据角平分线定理知

$$AB = AC = 1, AL \perp BC, AM = \frac{1}{2}$$

$$\cos 2\theta = \frac{AN}{AM} = \frac{3}{5}, \cos\theta = \sqrt{\frac{1+\cos 2\theta}{2}} = \frac{2}{\sqrt{5}}, AL = 1\cos\theta = \frac{2}{\sqrt{5}}$$

第 2 章　平面几何计算题、轨迹题及其他问题

DIERZHANG　PINGMIAN JIHE JISUANTI,GUIJITI JI QITA WENTI

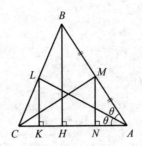

图 2.102

$$CM = \sqrt{1^2 + \left(\frac{1}{2}\right)^2 - 2 \cdot 1 \cdot \frac{1}{2} \cdot \frac{3}{5}} = \sqrt{\frac{13}{20}}$$

$$\frac{AL}{CM} = \frac{4}{\sqrt{13}}$$

2.106　等腰梯形 $KLMN$,底边 $LM=5$,$KN=9$,K,M 在 LN 上的射影分别为 P,Q,$QN=5LP$,求梯形面积 S.

解　设角 α,β 如图 2.103 所示.因 $\angle QMN = 180° - \alpha - 2\beta$,由 $MN = LK$,$QN = 5LP$ 分别得

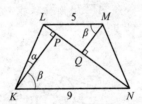

图 2.103

$$\frac{5\cos\beta}{-\cos(\alpha+2\beta)} = \frac{9\cos\beta}{\cos\alpha}$$

$$5\cos\beta \cdot (-\tan(\alpha+2\beta)) = 5 \cdot 9\cos\beta\tan\alpha$$

即

$$\frac{1}{\cos(\alpha+2\beta)} = -\frac{9}{5\cos\alpha}, \tan(\alpha+2\beta) = -9\tan\alpha \qquad ①$$

故

$$\left(-\frac{9}{5\cos\alpha}\right)^2 - (-9\tan\alpha)^2 = 1$$

$$\frac{81}{25}(\tan^2\alpha + 1) - 81\tan^2\alpha = 1$$

203

求得（正解）

$$\tan\alpha = \sqrt{\frac{7}{243}} \Rightarrow \sin\alpha = \sqrt{\frac{7}{250}}, \cos\alpha = \sqrt{\frac{243}{250}}$$

以 $\cos\alpha$ 的值代入式 ① 的第一式得

$$\cos(\alpha + 2\beta) = -\sqrt{\frac{3}{10}} \Rightarrow \sin(\alpha + 2\beta) = \sqrt{\frac{7}{10}}$$

$$\cos(2\alpha + 2\beta) = \cos(\alpha + (\alpha + 2\beta)) = -\sqrt{\frac{3}{10}}\sqrt{\frac{243}{250}} - \sqrt{\frac{7}{10}}\sqrt{\frac{7}{250}} = -\frac{17}{25}$$

$$\sin(2\alpha + 2\beta) = \sqrt{1 - \left(-\frac{17}{25}\right)^2} = \frac{\sqrt{336}}{25}$$

$$\tan(\alpha + \beta) = \frac{\sin(2\alpha + 2\beta)}{1 + \cos(2\alpha + 2\beta)} = \frac{\sqrt{336}}{8} = \frac{\sqrt{21}}{2}$$

$$S = \frac{1}{2} \cdot (9 + 5) \cdot \left(\frac{9-5}{2} \cdot \frac{\sqrt{21}}{2}\right) = 7\sqrt{21}$$

2.107 半径为 R, r 的 $\odot O_1, \odot O_2$ 外切，外公切线为 AB，A, B 为切点，求与两圆及直线 AB 相切的圆的半径.

解 当所求圆（圆心 O）在两已知圆及线段 AB 所围区域. 设所求圆半径为 x，角 α, β 如图 2.104 所示，易见

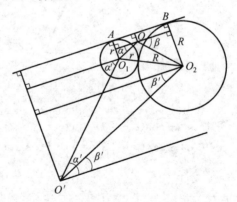

图 2.104

$$\sin\alpha = \frac{r-x}{r+x}, \sin\beta = \frac{R-x}{R+x}$$

从而

第 2 章　平面几何计算题、轨迹题及其他问题
DIERZHANG　PINGMIAN JIHE JISUANTI,GUIJITI JI QITA WENTI

$$\cos\alpha = \frac{2\sqrt{rx}}{r+x}, \cos\beta = \frac{2\sqrt{Rx}}{R+x}$$

$$\cos\angle O_1OO_2 = -\cos(\alpha+\beta) = \frac{(r-x)(R-x)-4x\sqrt{Rr}}{(r+x)(R+x)}$$

在 $\triangle OO_1O_2$ 中用余弦定理得

$$(r+x)^2+(R+x)^2-2(r+x)(R+x)\frac{(r-x)(R-x)-4x\sqrt{Rr}}{(r+x)(R+x)}=(r+R)^2$$

解得

$$x=\frac{4rR}{4r+4R+8\sqrt{rR}}=\frac{rR}{(\sqrt{R}+\sqrt{r})^2}$$

当所求圆(圆心 O')与 BA 延长线($R>r$ 时)及已知两圆相切时,设所求圆半径为 x,角 α',β' 如图所示,易见 $\sin\alpha'=\frac{x-r}{r+x}$,$\sin\beta'=\frac{x-R}{R+x}$,$\cos\alpha'$,$\cos\beta'$ 如同 $\sin\alpha$,$\sin\beta$ 不变,用余弦定理要改求 $\cos(\alpha'-\beta')$ 时实际只是 $\cos(\alpha+\beta)$ 表示式中含方根项改为 $4x\sqrt{Rr}$,类似求得 $x=\frac{rR}{(\sqrt{R}-\sqrt{r})^2}$.

2.108　$\triangle ABC$ 中,$BC=48$,高 $AD=8.5$,内切圆半径为 4,求圆心到 A 的距离.

解　设 $\triangle ABC$ 半周长为 p,$AB=b$,$AC=c$,面积

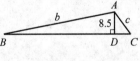

图 2.105

$$4p=\frac{1}{2}\cdot 48\cdot 8.5 \Rightarrow p=51, 48+b+c=2p=102$$

$$b+c=54, b=54-c$$

$$\sqrt{(54-c)^2-8.5^2}=48-\sqrt{c^2-8.5^2}$$

两边平方后化简得

$$8\sqrt{c^2-72.25}=9c-51$$

再两边平方后化简得

$$c^2-54c+425=0$$

解得

$$c=27\pm\sqrt{304} \Rightarrow b=27\mp\sqrt{304}$$

$$\cos A=\frac{(27+\sqrt{304})^2+(27-\sqrt{304})^2-48^2}{2(27+\sqrt{304})(27-\sqrt{304})}=-\frac{7}{25}$$

$$\sin \frac{1}{2}\angle A = \sqrt{\frac{1-\cos A}{2}} = \frac{4}{5}$$

所求距离为 $\dfrac{4}{\sin \frac{1}{2}\angle A} = 5.$

2.109 互相外切的 $\odot O_1, \odot O_2$ 半径分别为 $r_1, r_2, r_2 > r_1$,两圆都与一半圆及其直径相切,直线 O_1O_2 与上述直径延长线相交于 M,过 M 作半圆切线,切点为 N,求 MN.

解 设半圆圆心为 O,有向线段(以射线 MO 为正向)$\overline{N_1O}=x$, $\overline{ON_2}=y$, $\angle N_2MO_2=\theta$,则

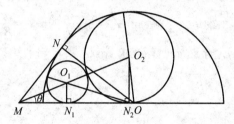

图 2.106

$$x+y=\overline{N_1N_2}=\sqrt{(r_2+r_1)^2-(r_2-r_1)^2}=2\sqrt{r_1r_2} \qquad ①$$

$$\cot\theta=\frac{N_1N_2}{r_2-r_1}=\frac{2\sqrt{r_1r_2}}{r_2-r_1}$$

又

$$x^2=R(R-2r_1),\quad y^2=R(R-2r_2) \qquad ②$$

两式相减并以式 ① 代入得

$$(x-y)\cdot 2\sqrt{r_1r_2}=2R(r_2-r_1)\Rightarrow x-y=\frac{R(r_2-r_1)}{\sqrt{r_1r_2}}$$

结合式 ① 得

$$x=\sqrt{r_1r_2}+\frac{R(r_2-r_1)}{2\sqrt{r_1r_2}}$$

代入式 ② 的第一式得

$$r_1r_2+R(r_2-r_1)+\frac{R^2(r_2-r_1)^2}{4r_1r_2}=R^2-2Rr_1$$

去分母化简得

$$(r_2^2-6r_1r_2+r_1^2)R^2+4r_1r_2(r_2+r_1)R+4r_2^2r_1^2=0$$

第 2 章   平面几何计算题、轨迹题及其他问题
DIERZHANG   PINGMIAN JIHE JISUANTI,GUIJITI JI QITA WENTI

解得(取其中正根)

$$R = \frac{-2r_1 r_2(r_1 + r_2) + \sqrt{32 r_2^3 r_1^3}}{r_2^2 - 6r_1 r_2 + r_1^2}$$

$$MO = r_1 \cot\theta + x = \frac{4r_1^2 r_2 + 2r_1 r_2(r_2 - r_1) + (r_2 - r_1)^2 R}{2(r_2 - r_1)\sqrt{r_2 r_1}}$$

$$= \frac{r_1^2 r_1 + r_1^2 r_2}{(r_2 - r_1)\sqrt{r_2 r_1}} + \frac{r_2 - r_1}{2\sqrt{r_2 r_1}} \cdot \frac{-2r_2^2 r_1 - 2r_1^2 r_2 + 4\sqrt{2}\, r_2 r_1 \sqrt{r_2 r_1}}{r_2^2 - 6r_2 r_1 + r_1^2}$$

$$= \frac{\sqrt{r_2 r_1}}{(r_2 - r_1)(r_2^2 - 6r_2 r_1 + r_1^2)} [(r_2 + r_1)(r_2^2 - 6r_2 r_1 + r_1^2) -$$

$$(r_2 - r_1)^2 (r_2 + r_1) + 2\sqrt{2}\,\sqrt{r_2 r_1}\,(r_2 - r_1)^2]$$

$$= \frac{\sqrt{r_2 r_1}}{(r_2 - r_1)(r_2^2 - 6r_2 r_1 + r_1^2)} [-4r_2^2 r_1 - 4r_1^2 r_2 +$$

$$2\sqrt{2}\,\sqrt{r_1 r_2}\,(r_2 - r_1)^2]$$

$$= \frac{r_2 r_1}{(r_2 - r_1)(r_2^2 - 6r_2 r_1 + r_1^2)} [-4(r_2 + r_1)\sqrt{r_2 r_1} + 2\sqrt{2}\,(r_2 - r_1)^2]$$

$$MN^2 = MO^2 - R^2 = \frac{r_2^2 r_1^2}{(r_2 - r_1)^2 (r_2^2 - 6r_2 r_1 + r_1^2)^2} \{16(r_2 + r_1)^2 r_2 r_1 +$$

$$8(r_2 - r_1)^4 - (r_2 - r_1)^2 [32 r_2 r_1 + 4(r_2 + r_1)^2]\}$$

大括号内式子可化为

$$16(r_2 + r_1)^2 r_2 r_1 + (r_2 - r_1)^2 (4 r_2^2 - 56 r_2 r_1 + 4 r_1^2)$$
$$= 4(r_2^4 - 12 r_2^3 r_1 + 38 r_2^2 r_1^2 - 12 r_2 r_1^3 + r_1^4)$$
$$= 4(r_2^2 - 6 r_2 r_1 + r_1^2)^2$$

故

$$MN^2 = \frac{4 r_2^2 r_1^2}{(r_2 - r_1)^2},\quad MN = \frac{2 r_2 r_1}{r_2 - r_1}$$

2.110 直角梯形 $ABCD$ 有内切圆,对角线交于 M,已知 $S_{\triangle MCD} = S$,求内切圆半径 r.

解 以内切圆圆心 O 为原点,取 x,y 轴如图 2.107 所示,设角 $\alpha,2\alpha$ 如图所示,得

$$A(r, -r), B(-r, -r), C(-r, r\cot\alpha), D(r, r\tan\alpha)$$

直线 BD 为

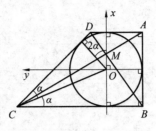

图 2.107

$$\begin{vmatrix} x & y & 1 \\ -r & -r & 1 \\ r & r\tan\alpha & 1 \end{vmatrix} = 0$$

直线 AC 为

$$\begin{vmatrix} x & y & 1 \\ r & -r & 1 \\ -r & r\cot\alpha & 1 \end{vmatrix} = 0$$

即

$$-rx(1+\tan\alpha) + 2ry = r^2(-1+\tan\alpha)$$
$$-rx(1+\cot\alpha) - 2ry = r^2(1-\cot\alpha)$$

第二方程两边乘 $\tan\alpha$ 后减第一方程求得交点 M 坐标

$$y_M = 0, x_M = \frac{1-\tan\alpha}{1+\tan\alpha} = \frac{\cos^2\alpha - \sin^2\alpha}{(\cos\alpha + \sin\alpha)^2} = \frac{\cos 2\alpha}{1+\sin 2\alpha}$$

$$S = S_{\triangle MDC} = \frac{1}{2} \begin{vmatrix} \frac{r\cos 2\alpha}{\sin 2\alpha + 1} & 0 & 1 \\ r & r\tan\alpha & 1 \\ -r & r\cot\alpha & 1 \end{vmatrix}$$

$$= \frac{r^2}{2}\left[\frac{\cos 2\alpha}{\sin 2\alpha + 1}(\tan\alpha - \cot\alpha) + \cot\alpha + \tan\alpha\right]$$

$$= \frac{r^2}{2} \cdot \frac{-\cos^2 2\alpha + \sin 2\alpha + 1}{\sin\alpha\cos\alpha \cdot (\sin 2\alpha + 1)} = r^2$$

$$r = \sqrt{S}$$

2.111 $\triangle ABC$ 中角平分线 BE,中线 BK 把高 AD 三等分,$AB=4$,求 AC.

解 当 $\angle C > 90°$ 时,设点 E',K',角 α,θ 如图 2.108 所示. $\dfrac{BD}{4} = \dfrac{DE'}{E'A} = \dfrac{1}{2}$,

$BD=2$,易见 $\angle ABC=60°$,$AD=2\sqrt{3}$,$AK'=\dfrac{2}{\sqrt{3}}$,$DK'=\dfrac{4}{\sqrt{3}}$,$\tan\alpha=\dfrac{BD}{DK'}=\dfrac{\sqrt{3}}{2}$,

$AC=\dfrac{2\sqrt{3}}{\cos\theta}$.

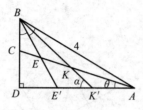

图 2.108

$$AK=AK'\dfrac{\sin\alpha}{\sin(\alpha-\theta)}=\dfrac{2}{\sqrt{3}}\cdot\dfrac{1}{\cos\theta-\cot\alpha\sin\theta}=\dfrac{2}{\sqrt{3}\cos\theta-2\sin\theta}$$

因 $AC=2AK$,故

$$\dfrac{2\sqrt{3}}{\cos\theta}=\dfrac{4}{\sqrt{3}\cos\theta-2\sin\theta}$$

化简得

$$2\sqrt{3}\sin\theta=\cos\theta\Rightarrow\tan\theta=\dfrac{1}{2\sqrt{3}},\dfrac{1}{\cos\theta}=\dfrac{\sqrt{13}}{2\sqrt{3}}$$

$$AC=\dfrac{2\sqrt{3}}{\cos\theta}=\sqrt{13}$$

易见 $\angle C\ne 90°$(否则 C,D 重合,K,K' 重合,$AK'=AK=\dfrac{1}{2}AC=\dfrac{1}{2}AD\ne\dfrac{1}{3}AD$).

当 $\angle C<90°$ 时,如图 2.109 所示,求 AK',AC 有同样结果,但

$$AK=AK'\dfrac{\sin\alpha}{\sin(\alpha+\theta)}=\dfrac{2}{\sqrt{3}\cos\theta+2\sin\theta}$$

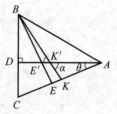

图 2.109

于是

$$\dfrac{2\sqrt{3}}{\cos\theta}=\dfrac{4}{\sqrt{3}\cos\theta+2\sin\theta},\dfrac{1}{\sqrt{3}}>\dfrac{\cos\theta}{\sqrt{3}\cos\theta+2\sin\theta}=\dfrac{2\sqrt{3}}{4}=\dfrac{\sqrt{3}}{2}$$

得

$$2\cdot 1>\sqrt{3}\cdot\sqrt{3}=3$$

得矛盾,故 $\angle C$ 也不能为锐角.

2.112 △ABC 中，$\angle A = 60°$，BC 边外旁切圆 $\odot O$，OA 与 BC 交于 M，$\dfrac{AM}{MO} = \dfrac{2}{3}$，$BC = 7$，求 △ABC 内切圆半径 r。

解 设 $\odot O$ 半径为 r_a，与 AB 延长线相切于点 N，△ABC 的半周长为 s，$\angle AMC = \theta$，易见

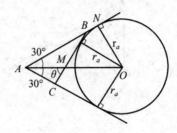

图 2.110

$$AO = 2r_a, \quad MO = \frac{6}{5}r_a, \quad AM = \frac{4}{5}r_a$$

$$\sin\theta = \frac{r_a}{\frac{6}{5}r_a} = \frac{5}{6}, \quad \cos\theta = \frac{\sqrt{11}}{6}$$

$$7 = MB + MC = \frac{4}{5}r_a\left(\frac{\sin 30°}{\sin(\theta - 30°)} + \frac{\sin 30°}{\sin(\theta + 30°)}\right)$$

$$= \frac{4}{5}r_a\left(\frac{1}{\sin\theta\cot 30° - \cos\theta} + \frac{1}{\sin\theta\cot 30° + \cos\theta}\right)$$

$$= \frac{4}{5}r_a \cdot \frac{2\sin\theta \cdot \sqrt{3}}{3\sin^2\theta - \cos^2\theta}$$

$$= \frac{3}{4}\sqrt{3}\, r_a$$

$$r_a = 7 \cdot \frac{4}{3\sqrt{3}} = \frac{28}{9}\sqrt{3}$$

$$AN = s = r_a \cot 30° = \frac{28}{3}$$

设内切圆与边 AB 相切于点 F，易见

$$AF = s - BC = \frac{7}{3}$$

$$r = AF \tan 30° = \frac{7}{3} \cdot \frac{1}{\sqrt{3}} = \frac{7}{3\sqrt{3}}$$

第 2 章　平面几何计算题、轨迹题及其他问题

2.113　等腰 $\triangle ABC$，$AB=BC$，外接圆直径 AD 交 BC 于 E，$\dfrac{AE}{ED}=\dfrac{1}{k}$，求 $\dfrac{CE}{BC}$。

解　不妨设 $AE=2$，则 $ED=2k$，设角 α 如图 2.111 所示，易见

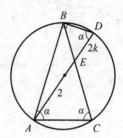

图 2.111

$$\angle EAC = \alpha - (90° - \alpha) = 2\alpha - 90°$$
$$BC = BA = (2+2k)\sin\alpha$$
$$AC = (2+2k)\sin\angle ABC = (2+2k)\sin 2\alpha$$

又

$$AC = \frac{2\sin(\alpha + (2\alpha - 90°))}{\sin\alpha} = \frac{-2\cos 3\alpha}{\sin\alpha}$$

于是

$$(1+k)\sin 2\alpha \sin\alpha = -\cos 3\alpha = \sin 2\alpha \sin\alpha - \cos 2\alpha \cos\alpha$$

$$\tan 2\alpha \tan\alpha = -\frac{1}{k}$$

即

$$\frac{2\tan^2\alpha}{1-\tan^2\alpha} = -\frac{1}{k} \Rightarrow \tan^2\alpha = \frac{1}{1-2k},\ \cot^2\alpha = 1-2k,\ \csc^2\alpha = 2-2k$$

$$\frac{CE}{BC} = \frac{\dfrac{2\sin(2\alpha - 90°)}{\sin\alpha}}{(2+2k)\sin\alpha} = \frac{-\cos 2\alpha}{(1+k)\sin^2\alpha} = \frac{2\sin^2\alpha - 1}{(1+k)\sin^2\alpha} = \frac{2-\csc^2\alpha}{1+k} = \frac{2k}{1+k}$$

2.114　$\odot O_1$，$\odot O_2$ 半径分别为 $\sqrt{3}$，$\sqrt{2}$，$O_1 O_2 = 3$，过其一交点 A 作直线交两圆于 B，C，$AB=AC$，求 AB。

解　设角 θ,α,β 如图 2.112 所示，则

$$\cos\alpha = \frac{3^2 + \sqrt{3}^2 - \sqrt{2}^2}{2\cdot 3\cdot\sqrt{3}} = \frac{5}{3\sqrt{3}} \Rightarrow \sin\alpha = \frac{\sqrt{2}}{3\sqrt{3}}$$

211

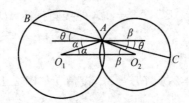

图 2.112

$$\cos\beta = \frac{3^2 + \sqrt{2}^2 - \sqrt{3}^2}{2 \cdot 3 \cdot \sqrt{2}} = \frac{2\sqrt{2}}{3} \Rightarrow \sin\beta = \frac{1}{3}$$

由 $AB = AC$ 得

$$2 \cdot \sqrt{3}\cos(\alpha+\theta) = 2 \cdot \sqrt{2}\cos(\beta-\theta)$$

$$\sqrt{3}\left(\frac{5}{3\sqrt{3}}\cos\theta - \frac{\sqrt{2}}{3\sqrt{3}}\sin\theta\right) = \sqrt{2}\left(\frac{2\sqrt{2}}{3}\cos\theta + \frac{1}{3}\sin\theta\right)$$

化简得

$$\cos\theta = 2\sqrt{2}\sin\theta \Rightarrow \tan\theta = \frac{1}{2\sqrt{2}}, \cos\theta = \frac{2\sqrt{2}}{3}, \sin\theta = \frac{1}{3}$$

$$AB = 2\sqrt{3}\cos(\alpha+\theta) = 2\sqrt{3}\left(\frac{5}{3\sqrt{3}} \cdot \frac{2\sqrt{2}}{3} - \frac{\sqrt{2}}{3\sqrt{3}} \cdot \frac{1}{3}\right) = 2\sqrt{2}$$

2.115 直角梯形两腰长为 $c, d, c > d$,被一条与底边平行的直线分成两直角梯形都有内切圆,求两底.

解 设分出的两梯形公共边为 x,其余各边如图 2.113 所示,其中 $b > a$,易见

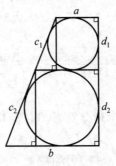

图 2.113

第 2 章 平面几何计算题、轨迹题及其他问题

$$\frac{c_1}{c_2}=\frac{d_1}{d_2}, c_1+c_2=c, d_1+d_2=d \qquad ①$$

$$a+x=c_1+d_1, b+x=c_2+d_2, (b-a)^2+d^2=c^2 \qquad ②$$

由式 ① 中各式得

$$c_1(d-d_1)=c_1d_2=c_2d_1=(c-c_1)d_1 \Rightarrow c_1d=d_1c=\lambda(设)$$

$$c_1=\frac{\lambda}{d}, d_1=\frac{\lambda}{c} \qquad ③$$

再由式 ② 中各式得

$$\sqrt{c^2-d^2}=b-a=(c_2+d_2-x)-(c_1+d_1-x)=c-2c_1+d-2d_1$$
$$=c+d-2\lambda\frac{c+d}{cd}$$

$$\lambda=\frac{cd}{2(c+d)}(c+d-\sqrt{c^2-d^2})$$

代入式 ③ 得

$$c_1=\frac{c(c+d-\sqrt{c^2-d^2})}{2(c+d)}, \quad d_1=\frac{d(c+d-\sqrt{c^2-d^2})}{2(c+d)}$$

$$d_2=d-d_1=\frac{d(c+d+\sqrt{c^2-d^2})}{2(c+d)}$$

又由图中两直角三角形相似得

$$\frac{x-a}{d_1}=\frac{b-x}{d_2}$$

$$x=\frac{ad_2+bd_1}{d}=\frac{(a+b)(c+d)-(b-a)\sqrt{c^2-d^2}}{2(c+d)}$$

$$=\frac{(a+\sqrt{c^2-d^2}+a)(c+d)-(c^2-d^2)}{2(c+d)}(据式 ② 中第三式)$$

$$=\frac{2a-c+d+\sqrt{c^2-d^2}}{2}$$

再由式 ② 中第一式得

$$\frac{2a-c+d+\sqrt{c^2-d^2}}{2}=c_1+d_1-a=\frac{c+d-\sqrt{c^2-d^2}}{2}-a$$

于是求得

$$a=\frac{1}{2}(c-\sqrt{c^2-d^2})$$

$$b=\sqrt{c^2-d^2}+a=\frac{1}{2}(c+\sqrt{c^2-d^2})$$

· 213 ·

2.116 △ABC 的角平分线 CE,已知 $AE=a$,$EB=b$,过点 C 作外接圆切线与直线 AB 交于 D,求 CD.

解 设 $CE=l$,角 θ,φ 如图 2.114 所示. 易见

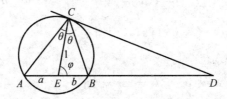

图 2.114

$$CD=ED=\frac{l}{2\cos\varphi},\sin(\varphi-\theta)=\frac{l\sin\theta}{a},\sin(\varphi+\theta)=\frac{l\sin\theta}{b}$$

后两式相减得

$$2\sin\theta\cos\varphi=\frac{l(a-b)}{ab}\sin\theta$$

$$CD=\frac{l}{2\cos\varphi}=\frac{ab}{a-b}$$

2.117 圆外切等腰梯形 $ABCD$,在腰 AB,底边 AD 上的切点分别为 M,N,MN 与 AC 交于 P,$\dfrac{NP}{MP}=2$,求 $\dfrac{AD}{BC}$.

解 取坐标轴如图 2.115 所示,不妨设半径 $OM=ON=1$,角 α 如图所示,易得 A,D,C 坐标如图所示

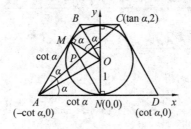

图 2.115

$$AM=AN=1\cot\alpha$$
$$x_M=-\cot\alpha+\cot\alpha\cos2\alpha=-\sin2\alpha$$
$$y_M=\cot\alpha\sin2\alpha=2\cos^2\alpha$$

第2章 平面几何计算题、轨迹题及其他问题

直线 AC 为

$$\frac{x+\cot\alpha}{\tan\alpha+\cot\alpha}=\frac{y}{2}$$

即

$$y=2x\sin\alpha\cos\alpha+2\cos^2\alpha$$

直线 MN 为

$$\frac{x}{-\sin 2\alpha}=\frac{y}{2\cos^2\alpha}$$

即

$$y=-x\cot\alpha$$

从而

$$2x\cos^2\alpha\sin\alpha+2\cos^2\alpha\sin\alpha=-x\cos\alpha$$

解得交点 P

$$x_P=\frac{\sin 2\alpha}{-1-2\sin^2\alpha}$$

而从 $\frac{NP}{NM}=\frac{2}{3}$,得

$$x_P=\frac{2}{3}x_M=-\frac{2}{3}\sin 2\alpha$$

故

$$\frac{\sin 2\alpha}{-1-2\sin^2\alpha}=-\frac{2}{3}\sin 2\alpha \Rightarrow \sin\alpha=\frac{1}{2}$$

$$\alpha=30°$$

$$\frac{AD}{BC}=\frac{2\cot\alpha}{2\tan\alpha}=\cot^2\alpha=3$$

2.118 △ABC 中线 AD 与角平分线 BE 垂直,$AD=BE=4$,求 △ABC 各边.

解 设角 θ 如图 2.116 所示. 易见

$$BD=BA=\frac{\frac{1}{2}AD}{\sin\theta}=\frac{2}{\sin\theta},\quad BC=\frac{4}{\sin\theta}$$

$$4=\frac{BC^2}{BA^2}=\frac{EC^2}{EA^2}=\frac{\left(\frac{4}{\sin\theta}\right)^2+4^2-2\cdot\frac{4}{\sin\theta}\cdot 4\cdot\cos\theta}{\left(\frac{2}{\sin\theta}\right)^2+4^2-2\cdot\frac{2}{\sin\theta}\cdot 4\cdot\cos\theta}$$

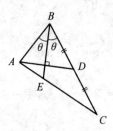

图 2.116

$$= \frac{4+4\sin^2\theta-8\sin\theta\cos\theta}{1+4\sin^2\theta-4\sin\theta\cos\theta}$$

整理得

$$4+16\sin^2\theta-16\sin\theta\cos\theta=4+4\sin^2\theta-8\sin\theta\cos\theta$$

解得(约去 $\sin\theta\ne 0$),$\tan\theta=\dfrac{2}{3}$,从而

$$\cos\theta=\frac{3}{\sqrt{13}},\sin\theta=\frac{2}{\sqrt{13}}$$

$$BA=\frac{2}{\sin\theta}=\sqrt{13},BC=2\sqrt{13}$$

$$AE=\sqrt{\sqrt{13}^2+4^2-2\sqrt{13}\cdot 4\cdot\frac{3}{\sqrt{13}}}=\sqrt{5}$$

$$AC=3AE=3\sqrt{5}$$

2.119 锐角 $\triangle ABC$ 的高 AM,CN 的延长线与外接圆分别交于 P,Q,已知 $AC=a,PQ=\dfrac{6}{5}a$,求外接圆半径 R.

解 设角 β 如图 2.117 所示,则

$$\angle QAP=\angle QAN+\angle BAM=2(90°-\beta)=180°-2\beta$$

$$\frac{6}{5}a=PQ=2R\sin\angle QAP=2R\sin 2\beta=4R\sin\beta\cos\beta$$

$$=4R\cdot\frac{a}{2R}\sqrt{1-\left(\frac{a}{2R}\right)^2}=\frac{a}{R}\sqrt{4R^2-a^2}$$

$$\frac{36}{25}=\frac{4R^2-a^2}{R^2}\Rightarrow R=\frac{5}{8}a$$

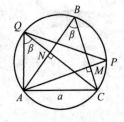

图 2.117

第 2 章　平面几何计算题、轨迹题及其他问题
DIERZHANG　PINGMIAN JIHE JISUANTI,GUIJITI JI QITA WENTI

2.120　在角 2α 内两圆相切,且都与角两边相切,第三圆与上述两圆相切,又与角一边相切,求较小圆与第三圆半径之比.

解　设前两圆半径为 $r_1, r_2, r_1 < r_2$,第三圆半径为 r,三圆与角 2α 的一边分别相切于点 T_1, T_2, T 如图 2.118 所示. 由 $T_1T + TT_2 = T_1T_2$,得

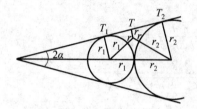

图 2.118

$$\sqrt{(r_1+r)^2-(r_1-r)^2}+\sqrt{(r_2+r)^2-(r_2-r)^2}=\sqrt{(r_2+r_1)^2-(r_2-r_1)^2}$$

即

$$\sqrt{r_1 r}+\sqrt{r_2 r}=\sqrt{r_1 r_2} \qquad ①$$

又易见

$$\sin \alpha = \frac{r_2-r_1}{r_2+r_1} \Rightarrow \frac{1+\sin \alpha}{1-\sin \alpha}=\frac{r_2}{r_1}, r_2 = r_1 \cdot \frac{1+\sin \alpha}{1-\sin \alpha}$$

代入式①得

$$\sqrt{r_1 r}+\sqrt{\frac{1+\sin \alpha}{1-\sin \alpha} r_1 r}=\sqrt{\frac{1+\sin \alpha}{1-\sin \alpha} r_1^2}$$

$$1+\sqrt{\frac{1+\sin \alpha}{1-\sin \alpha}}=\sqrt{\frac{1+\sin \alpha}{1-\sin \alpha}}\sqrt{\frac{r_1}{r}}$$

整理得

$$\sqrt{\frac{r_1}{r}}=\frac{(\sqrt{1-\sin \alpha}+\sqrt{1+\sin \alpha})(\sqrt{1-\sin \alpha})}{\sqrt{1+\sin \alpha}\sqrt{1-\sin \alpha}}=\frac{1-\sin \alpha+\cos \alpha}{\cos \alpha}$$

$$=\frac{2\cos \frac{\alpha}{2} \cdot \left(\cos \frac{\alpha}{2}-\sin \frac{\alpha}{2}\right)}{\cos^2 \frac{\alpha}{2}-\sin^2 \frac{\alpha}{2}}=\frac{2\cos \frac{\alpha}{2}}{\cos \frac{\alpha}{2}+\sin \frac{\alpha}{2}}$$

$$\frac{r_1}{r}=\frac{4\cos^2 \frac{\alpha}{2}}{1+\sin \alpha}=\frac{2(1+\cos \alpha)}{1+\sin \alpha}$$

2.121　$\triangle ABC$ 的高 $BD=6$,中线 $CE=5$,二者交于 $P, PD=1$,求 AB.

用三角、解析几何等计算解来自俄罗斯的几何题

解 设线段 x,角 θ,φ 如图 2.119 所示,则

$$\cos\theta = \frac{6}{2x} = \frac{3}{x},\ \sin\theta = \frac{\sqrt{x^2-9}}{x}$$

$$PE = \sqrt{5^2 + x^2 - 2\cdot 5\cdot x\cdot \frac{3}{x}} = \sqrt{x^2-5}$$

$$\tan\varphi = \frac{x\sin\theta}{5 - x\cos\theta} = \frac{\sqrt{x^2-9}}{2} \Rightarrow \cos\varphi$$

$$= \frac{2}{\sqrt{(x^2-9)+2^2}} = \frac{2}{\sqrt{x^2-5}}$$

$$PC = \frac{1}{\cos\varphi} = \frac{\sqrt{x^2-5}}{2}$$

$$5 = PE + PC = \frac{3}{2}\sqrt{x^2-5} \Rightarrow x = \frac{\sqrt{145}}{3}$$

$$AB = 2x = \frac{2\sqrt{145}}{3}$$

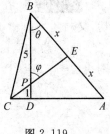

图 2.119

2.122 半径为 1 的圆外切菱形 $ABCD$ 和外切 $\triangle EFG$,EG 与 EF 分别平行于 AC 与 BD,$GF \parallel AB$,$GF = 5$,求菱形的边.

解 $GF \parallel AB \parallel CD$,$GF$ 与 CD 同方向,且都与圆相切,直线 CD 与 GF 必重合,设切点 M,N 及角 2α 如图 2.120 所示,则

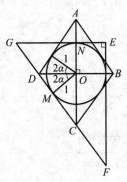

图 2.120

$$GM = 1\cdot\tan\frac{1}{2}\angle NOM = \tan\frac{1}{2}(90°+2\alpha) = \tan(45°+\alpha)$$

$$MF = 1\cdot\tan\frac{1}{2}\angle BOM = \tan\frac{1}{2}(180°-2\alpha) = \cot\alpha$$

故依题意得
$$\tan(\alpha+45°)+\cot\alpha=5$$
$$\text{左边}=\frac{\cos 45°}{\cos(\alpha+45°)\sin\alpha}=\frac{1}{(\cos\alpha-\sin\alpha)\sin\alpha}$$

故
$$\cos\alpha\sin\alpha-\sin^2\alpha=\frac{1}{5}$$

即
$$\frac{1}{2}\sin 2\alpha-\frac{1}{2}(1-\cos 2\alpha)=\frac{1}{5}$$

化简得
$$\sin 2\alpha+\cos 2\alpha=\frac{7}{5}$$

两边平方得
$$1+2\sin 2\alpha\cos 2\alpha=\frac{49}{25}\Rightarrow\sin 2\alpha\cos 2\alpha=\frac{12}{25}$$
$$AD=1\tan 2\alpha+1\cot 2\alpha=\frac{1}{\cos 2\alpha\sin 2\alpha}=\frac{25}{12}$$

2.123 △ABC 中 AB＝AC，内切圆 ⊙O 与 AB 相切于 D，已知 AD＝m，DB＝n，作切线与 CB，CA 平行，求两切线在 △ABC 内的线段长．

解 设内切圆半径 r，角 2α，α，线段 MN，PQ 如图 2.121 所示，则

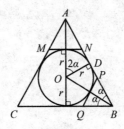

图 2.121

$$n=r\cot\alpha$$
$$m=r\tan 2\alpha=r\cdot\frac{2\tan\alpha}{1-\tan^2\alpha}=r\cdot\frac{2\cot\alpha}{\cot^2\alpha-1}$$

两式相除得

$$\frac{n}{m} = \frac{\cot^2\alpha - 1}{2} \Rightarrow \cot\alpha = \sqrt{\frac{m+2n}{m}}$$

$$r = n\tan\alpha = n\sqrt{\frac{m}{m+2n}}$$

$$MN = 2r\tan\alpha = 2n\sqrt{\frac{m}{m+2n}}\sqrt{\frac{m}{m+2n}} = \frac{2nm}{m+2n}$$

又

$$\csc\alpha = \sqrt{1+\cot^2\alpha} = \sqrt{\frac{2m+2n}{m}}$$

$$\sec\alpha = \sqrt{1+\tan^2\alpha} = \sqrt{1+\frac{m}{m+2n}} = \sqrt{\frac{2m+2n}{m+2n}}$$

$$PQ = PB = \frac{\dfrac{r}{\sin\alpha} - r}{\cos\alpha} = r(\csc\alpha - 1)\sec\alpha$$

$$= n\sqrt{\frac{m}{m+2n}}\left(\sqrt{\frac{2m+2n}{m}} - 1\right)\sqrt{\frac{2m+2n}{m+2n}}$$

$$= \frac{n}{m+2n}[2m+2n - \sqrt{2m(m+n)}]$$

2.124 如图 2.122 所示，菱形 $ABCD$，高 $BL = 8$，$\dfrac{AL}{LD} = \dfrac{3}{2}$，$BL$ 与 AC 交于 E，求 AE.

解 设 $\angle BDA = \angle AEL = \alpha$，$DL = 2a$，则

$$AL = 3a$$

$$\tan\alpha = \frac{8}{2a}, \quad \tan\angle A = \tan 2(90° - \alpha) = \frac{8}{3a}$$

即

$$\frac{2\tan\alpha}{\tan^2\alpha - 1} = \frac{8}{3a}$$

两式相除得

$$\frac{1}{2}(\tan^2\alpha - 1) = \frac{3}{2}$$

求得（正值）

$$\tan\alpha = 2 \Rightarrow \sin\alpha = \frac{2}{\sqrt{5}}$$

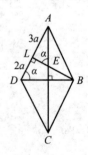

图 2.122

$$a = \frac{4}{\tan \alpha} = 2$$

$$AE = \frac{3a}{\sin \alpha} = 3\sqrt{5}$$

2.125 △ABC,已知 $AB = AC = b$,角平分线 BD,CE,已知 $DE = m$,求 BC.

解 设角 $\alpha,3\alpha$ 如图 2.123 所示,则

$$m = 2AD\cos 2\alpha = 2\frac{b\sin \alpha}{\sin 3\alpha}\cos 2\alpha$$

$$2b\sin \alpha \cdot (1 - 2\sin^2 \alpha) = (3\sin \alpha - 4\sin^3 \alpha)m$$

两边约去 $\sin \alpha \neq 0$,求得

$$\sin^2 \alpha = \frac{2b - 3m}{4(b - m)}$$

$$BC = 2b\cos 2\alpha = 2b\left[1 - 2 \cdot \frac{2b - 3m}{4(b - m)}\right] = \frac{bm}{b - m}$$

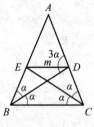

图 2.123

2.126 梯形 $ABCD$ 中,$AD \parallel BC$,$\angle A$ 的平分线交 BC 于点 E,△ABE 的内切圆与 BA,BE 分别相切于点 M,H,$AB = 2$,$MH = 1$,求 $\angle BAD$.

解 设内切圆半径为 r,角 α 如图 2.124 所示,则

$$1 = MH = 2r\sin \alpha = 2 \cdot AB\cos \alpha \tan \frac{\alpha}{2}\sin \alpha$$

$$= 4\cos \alpha \sin \alpha \tan \frac{\alpha}{2}$$

即

$$1 = 4 \cdot \frac{1 - \tan^2 \frac{\alpha}{2}}{1 + \tan^2 \frac{\alpha}{2}} \cdot \frac{2\tan \frac{\alpha}{2}}{1 + \tan^2 \frac{\alpha}{2}} \tan \frac{\alpha}{2}$$

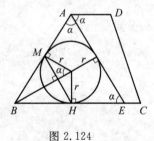

图 2.124

去分母化简得

$$9\tan^4 \frac{\alpha}{2} - 6\tan^2 \frac{\alpha}{2} + 1 = 0 \Rightarrow \tan \frac{\alpha}{2} = \frac{1}{\sqrt{3}}$$

$$\frac{\alpha}{2} = 30°, \angle DAB = 2\alpha = 120°$$

2.127 等腰三角形内接正方形边长与此三角形内切圆半径之比为 $\dfrac{8}{5}$，求三角形底角.

解 设 $\triangle ABC$ 中 $AB=AC$，高为 AM，不妨设 $BM=MC=1$，$\angle B=\theta$，如图 2.125 所示. 易求得内接正方形边长为

$$\frac{2AM}{2+AM}=\frac{2\cdot 1\tan\theta}{2+1\tan\theta}=\frac{2\sin\theta}{2\cos\theta+\sin\theta}$$

设 $\triangle ABC$ 内切圆半径为 r，由面积关系可得

$$r(2+2\cdot\frac{1}{\cos\theta})=2(\frac{1}{2}\cdot 2\cdot 1\tan\theta)\Rightarrow r=\frac{\sin\theta}{\cos\theta+1}$$

依题意得

$$\frac{\dfrac{2\sin\theta}{2\cos\theta+\sin\theta}}{\dfrac{\sin\theta}{\cos\theta+1}}=\frac{8}{5}$$

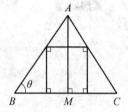

图 2.125

化简得

$$3\cos\theta+4\sin\theta=5$$

即

$$3\cdot\frac{1-\tan^2\dfrac{\theta}{2}}{1+\tan^2\dfrac{\theta}{2}}+\frac{8\tan\dfrac{\theta}{2}}{1+\tan^2\dfrac{\theta}{2}}=5$$

去分母化简得

$$8\tan^2\frac{\theta}{2}-8\tan\frac{\theta}{2}+2=0\Rightarrow\tan\frac{\theta}{2}=\frac{1}{2}$$

即

$$\theta=2\tan^{-1}\frac{1}{2}$$

2.128 菱形 $ABCD$，延长 AD 到 K，使 $AK=14$，BK 与 AC 交于 Q，A，B，Q 到 AD 上一点 P 的距离都等于 6，求 BK.

解 设角 α 如图 2.126 所示，易见 $AB=12\cos 2\alpha$，$AQ=12\cos\alpha$. 在 $\triangle ABQ$ 中

$$\tan\angle ABQ=\frac{AQ\sin\alpha}{AB-AQ\cos\alpha}=\frac{\cos\alpha\sin\alpha}{\cos 2\alpha-\cos^2\alpha}$$

第 2 章 平面几何计算题、轨迹题及其他问题
DIERZHANG PINGMIAN JIHE JISUANTI, GUIJITI JI QITA WENTI

$$= \frac{\sin 2\alpha}{2(\cos 2\alpha - \cos^2 \alpha)}$$

在 $\triangle ABK$ 中

$$\tan \angle ABK = \frac{AK \sin 2\alpha}{AB - AK \cos 2\alpha} = -\frac{7 \sin 2\alpha}{\cos 2\alpha}$$

二者实际相等,再约去 $\sin 2\alpha \neq 0$ 得

$$14 \cos 2\alpha - 14 \cos^2 \alpha = -\cos 2\alpha$$

即

$$15 \cos 2\alpha = 7(1 + \cos 2\alpha) \Rightarrow \cos 2\alpha = \frac{7}{8}, AB = 12 \cdot \frac{7}{8} = \frac{21}{2}$$

$$BK = \sqrt{14^2 + \left(\frac{21}{2}\right)^2 - 2 \cdot 14 \cdot \frac{21}{2} \cdot \frac{7}{8}} = \sqrt{49} = 7$$

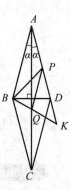

图 2.126

2.129 如图 2.127 所示,$\triangle PQR$ 外接圆圆心为 B,内切圆圆心为 A,$QA \perp BA$,已知 $\angle ABQ = \beta$,求 $\triangle PQR$ 各角.

解 由已知得

$$90° - \beta = \angle BQA = \angle BQR - \angle AQRZ$$
$$= 90° - \angle P - \frac{1}{2} \angle PQR$$
$$\angle PQR = 2(\beta - \angle P)$$
$$\angle PRQ = 180° - \angle P - \angle PQR = 180° + \angle P - 2\beta$$

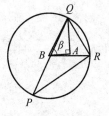

图 2.127

设 $\triangle PQR$ 的外接圆、内切圆半径分别为 R, r,面积为 S,半圆长为 s

$$\sin \beta = \frac{QA}{R} = \frac{r}{R \sin \frac{1}{2} \angle PQR} = \frac{S}{sR \sin \frac{1}{2} \angle PQR}$$

$$= \frac{\frac{1}{2} \cdot 2R \sin \angle P \cdot 2R \sin \angle PRQ \cdot \sin \angle PQR}{R \sin \frac{1}{2} \angle PQR \cdot R(\sin \angle P + \sin \angle PQR + \sin \angle PRQ)}$$

$$= \frac{4 \sin \angle P \sin \angle PRQ \cos \frac{1}{2} \angle PQR}{4 \cos \frac{1}{2} \angle P \cos \frac{1}{2} \angle PRQ \cos \frac{1}{2} \angle PQR}$$

$$= 4 \sin \frac{1}{2} \angle P \sin \frac{1}{2} \angle PRQ = 4 \sin \frac{1}{2} \angle P \sin \frac{1}{2} (180° + \angle P - 2\beta)$$

223

$$= 4\sin\frac{1}{2}\angle P\cos(\frac{1}{2}\angle P - \beta) = 2\sin(\angle P - \beta) + 2\sin\beta$$

故

$$-\sin\beta = 2\sin(\angle P - \beta) \Rightarrow \angle P = \beta - \sin^{-1}\frac{\sin\beta}{2}$$

$$\angle PQR = 2(\beta - \angle P) = 2\sin^{-1}\frac{\sin\beta}{2}, \angle PRQ = 180° - \beta - \sin^{-1}\frac{\sin\beta}{2}$$

2.130 半径为 $5,4$ 的两圆外切,过小圆上点 A 作小圆切线与大圆交于 $B,C,AB = BC$,求 AC.

解 取坐标轴如图 2.128 所示,设点 A 的辐角为 θ,易见大圆圆心 $O'(-9,0)$, $A(4\cos\theta, 4\sin\theta)$.

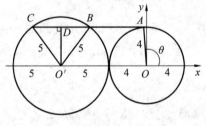

图 2.128

直线 AC 为

$$x\cos\theta + y\sin\theta = 4$$

$\odot O'$ 为

$$(x+9)^2 + y^2 = 5^2$$

从两方程消去 y 得

$$(x+9)^2 + \left(\frac{4-x\cos\theta}{\sin\theta}\right)^2 = 25$$

去分母化简得

$$x^2 + (18\sin^2\theta - 8\cos\theta)x + (56\sin^2\theta + 16) = 0$$

解得两根

$$x_B = 4\cos\theta - 9\sin^2\theta + \sqrt{81\sin^4\theta - 72\sin^2\theta - 72\cos\theta\sin^2\theta}$$

$$x_C = 4\cos\theta - 9\sin^2\theta - \sqrt{81\sin^4\theta - 72\sin^2\theta - 72\cos\theta\sin^2\theta}$$

以此两式及 $x_A = 4\cos\theta$ 代入 $x_A + x_C = 2x_B$ 后化简得

$$3\sin^2\theta = \sqrt{81\sin^4\theta - 72\sin^2\theta - 72\cos\theta\sin^2\theta}$$

两边平方化简再约去 $72\sin\theta \neq 0$ 得

$$\sin^3\theta - \sin\theta - \cos\theta\sin\theta = 0$$

即

$$-\sin\theta\cos\theta(\cos\theta + 1) = 0$$

因 $\sin\theta \neq 0, \cos\theta + 1 \neq 0$，故唯有 $\cos\theta = 0, \theta = 90°$，从而易见有矩形 $O'OAD$，即可求 $AC = 4 + 5 + \sqrt{5^2 - 4^2} = 12$.

2.131 梯形 $ABCD$ 中，$\angle A = 45°$，$\angle D = 60°$，分别以 AC, BD 为直径作圆交于 M, N，MN 与 AD 交于 E，求 $\dfrac{AE}{ED}$.

解 以 BC 中点 O 为原点作坐标轴如图 2.129 所示，可设 $C(0, 2c)$，$B(0, -2c)$，$A(2h, -2c-2h)$，$D(2h, 2c + \dfrac{2h}{\sqrt{3}})$，易求得以 AC 为直径的圆为

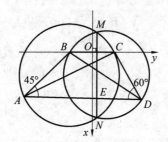

图 2.129

$$(x-h)^2 + (y+h)^2 = h^2 + (2c+h)^2$$

以 BD 为直径的圆为

$$(x-h)^2 + (y - \dfrac{h}{\sqrt{3}})^2 = h^2 + (2c + \dfrac{h}{\sqrt{3}})^2$$

两式相减得公共弦 MN 的方程

$$(2 + \dfrac{2}{\sqrt{3}})hy = (4 - \dfrac{4}{\sqrt{3}})hc$$

故

$$y_E = \dfrac{4\sqrt{3} - 4}{2\sqrt{3} + 2}c = (\sqrt{3} - 1)^2 c = (4 - 2\sqrt{3})c$$

$$\frac{AE}{ED} = \frac{y_E - y_A}{y_D - y_E} = \frac{(6-2\sqrt{3})c + 2h}{(-2+2\sqrt{3})c + \frac{2}{\sqrt{3}}h} = \sqrt{3}$$

2.132 $\angle EMB = 90°$,$\odot O$ 与 ME 相切于 E,与 MB 交于 A,B,与 $\angle EMB$ 的平分线交于 C,D,$AB = \sqrt{6}$,$CD = \sqrt{7}$,求 $\odot O$ 半径.

解 取坐标轴如图 2.130 所示,设 $MA = m$,$\odot O$ 半径为 r,则

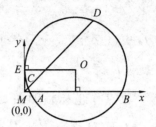

图 2.130

$$ME^2 = m(m + \sqrt{6})$$

$$r^2 = ME^2 + \left(\frac{AB}{2}\right)^2 = m^2 + \sqrt{6}m + \frac{3}{2}$$

$$O\left(m + \frac{\sqrt{6}}{2}, \sqrt{m(m+\sqrt{6})}\right)$$

$\odot O$ 的方程为

$$(x - m - \frac{\sqrt{6}}{2})^2 + [y - \sqrt{m(m+\sqrt{6})}]^2 = m^2 + \sqrt{6}m + \frac{3}{2}$$

直线 MD 为

$$y = x$$

从两式消去 y 得

$$2x^2 + (m + \frac{\sqrt{6}}{2})^2 + m^2 + \sqrt{6}m - 2x(m + \frac{\sqrt{6}}{2} + \sqrt{m^2 + \sqrt{6}m}) = m^2 + \sqrt{6}m + \frac{3}{2}$$

化简得

$$x^2 - (m + \frac{\sqrt{6}}{2} + \sqrt{m^2 + \sqrt{6}m})x + \frac{1}{2}(m^2 + \sqrt{6}m) = 0$$

其两根为 x_C,x_D

$$x_C + x_D = m + \frac{\sqrt{6}}{2} + \sqrt{m^2 + \sqrt{6}m}$$

第 2 章 平面几何计算题、轨迹题及其他问题
DIERZHANG PINGMIAN JIHE JISUANTI,GUIJITI JI QITA WENTI

$$x_C x_D = \frac{1}{2}(m^2 + \sqrt{6}\,m)$$

$$\frac{7}{2} = \left(\frac{CD}{\sqrt{2}}\right)^2 = (x_D - x_C)^2 = (x_C + x_D)^2 - 4x_C x_D$$

$$= (m + \frac{\sqrt{6}}{2} + \sqrt{m^2 + \sqrt{6}\,m})^2 - 2(m^2 + \sqrt{6}\,m)$$

$$= \frac{3}{2} + (2m + \sqrt{6})\sqrt{m^2 + \sqrt{6}\,m}$$

$$\left(\frac{7}{3} - \frac{3}{2}\right)^2 = (2m + \sqrt{6})^2(m^2 + \sqrt{6}\,m) = 4(m^2 + \sqrt{6}\,m)^2 + 6(m^2 + \sqrt{6}\,m)$$

$$[2(m^2 + \sqrt{6}\,m) - 1][m^2 + \sqrt{6}\,m + 1] = 0$$

求正根得

$$m^2 + \sqrt{6}\,m = \frac{1}{2}$$

从而

$$r^2 = \frac{1}{2} + \frac{3}{2} = 2, r = \sqrt{2}$$

2.133 △ABC 的角平分线 AP,$BP = 16$,$CP = 20$,AC 边上点 K,且 $KA = KB = KP$,求 AB.

解 设 $KA = KB = KP = r$,角 α,2α 如图 2.131 所示,则

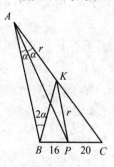

图 2.131

$$AC = AB \cdot \frac{20}{16} = 2r\cos 2\alpha \cdot \frac{5}{4} = \frac{5}{2} r\cos 2\alpha$$

$$(2r\cos 2\alpha)^2 + (\frac{5}{2} r\cos 2\alpha)^2 - 2 \cdot 2r\cos 2\alpha \cdot \frac{5}{2} r\cos 2\alpha \cdot \cos 2\alpha = 36^2$$

用三角、解析几何等计算解来自俄罗斯的几何题

$$r^2 = \frac{5\ 184}{41\cos^2 2\alpha - 40\cos^3 2\alpha}$$

易见 $\cos\angle PBK = \dfrac{8}{r}$，在 $\triangle CBK$ 用余弦定理得

$$r^2 + 36^2 - 2r \cdot 36 \cdot \frac{8}{r} = (\frac{5}{2}r\cos 2\alpha - r)^2$$

$$720 = \frac{25}{4}r^2\cos^2 2\alpha - 5r^2\cos 2\alpha$$

$$= (\frac{25}{4}\cos^2 2\alpha - 5\cos 2\alpha)\frac{5\ 184}{41\cos^2 2\alpha - 40\cos^3 2\alpha}$$

化简得（约去 $\cos 2\alpha \neq 0$）

$$10\cos^2 2\alpha + \cos 2\alpha - 9 = 0$$

解得（正根）

$$\cos 2\alpha = \frac{9}{10}$$

$$r^2 = \frac{5\ 184}{41 \cdot 0.9^2 - 40 \cdot 0.9^3} = 1\ 280$$

$$r = \sqrt{1\ 280} = 16\sqrt{5}$$

$$AB = 2 \cdot 16\sqrt{5} \cdot \frac{9}{10} = \frac{144}{\sqrt{5}}$$

2.134 两弦 AB, CD 交于 K，两弦 CD, EF 交于 L，两弦 EF, AB 交于 M，$AM = BK, CK = DL, ML = 2, LF = 3$，圆半径为 $\sqrt{19}$，求 $\angle LKM$。

解 题目未确定有向线段 $\overline{CD}, \overline{LK}$ 同向还是异向，对 $\overline{AB}$ 与 $\overline{MK}, \overline{EF}$ 与 $\overline{LM}$ 亦然。但实际上对调 C, D，不影响其上三条线段的长度排列，即 $\overline{CD}$ 与 $\overline{KL}$ 方向关系改变不影响计算。对 $\overline{AB}$ 与 $\overline{MK}$ 亦然。现只考虑对调 E, F 的情况：先对图 2.132 的情况解之：设线段 x, y, u, v, t 如图 2.132 所示，易见

$$t(2+3) = x(u+x) = y(v+y) = 3(2+t) \Rightarrow t = 3$$

又易见

$$\sqrt{19}^2 - OK^2 = 19 - OL^2 = 19 - OM^2 = 3 \cdot (2+3) = 15$$

从而 $OK = OL = OM = 2, O$ 为 $\triangle KLM$ 外心，圆周角

$$\angle LKM = \frac{1}{2}\angle LOM = \sin^{-1}\frac{\frac{1}{2}LM}{OL} = \sin^{-1}\frac{1}{2} = 30°$$

但对调 E, F 得图 2.133 时，则这时 $MF = 1$，改设 $LE = t$，而 x, y, u, v 不变，则

第2章 平面几何计算题、轨迹题及其他问题
DIERZHANG PINGMIAN JIHE JISUANTI, GUIJITI JI QITA WENTI

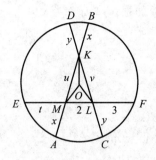

图 2.132 图 2.133

$$t \cdot 3 = y(v+y) = x(u+x) = 1(t+2)$$

得 $t=1, 19-OK^2 = 19-OL^2 = 19-OM^2 = 1 \cdot 3 = 3, OK = OL = OM = 4$，则

$$\angle LKM = \frac{1}{2}\angle LOM = \sin^{-1}\frac{1}{4}$$

2.135 $\triangle ABC$ 中 $\angle B = 90°, AB = 3, BC = 4$, $\odot O$ 过 AB, AC 中点且与 BC 相切，求斜边在圆内的线段长.

解 设 $\odot O$ 半径为 r，点 H 如图 2.134 所示，易见
$$AC = 5$$
$$r + \sqrt{r^2-1} = 1.5 \Rightarrow r^2-1 = (1.5-r)^2, r = \frac{13}{12}$$

则
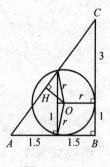

$$OC^2 = \left(\frac{13}{12}\right)^2 + 3^2 = \frac{1\,465}{144}$$

$$OA^2 = 1^2 + (\sqrt{r^2-1}+1.5)^2 = 1 + \left(\frac{5}{12}+\frac{18}{12}\right)^2 = \frac{673}{144}$$

$$AH = OA\cos\angle OAC = \frac{\frac{673}{144}+5^2-\frac{1\,465}{144}}{2\cdot 5} = \frac{39}{20}$$

图 2.134

$$OH = \sqrt{OA^2-AH^2} = \frac{14}{15}$$

2.136 圆内两弦 $AB = CD = 12$，交于 P，$\angle APC = 60°, AC = 2BD$，求 $\triangle BPD$ 各边.

解 设线段 a,b,c,d 如图 2.135 所示，则
$$ab = cd = m(\text{设}), a+b = c+d = 12$$

229

a,b 为关于 t 的方程 $t^2-12t+m=0$ 的根，c,d 亦然，故

$$a=d, b=c$$

或

$$a=c, b=d$$

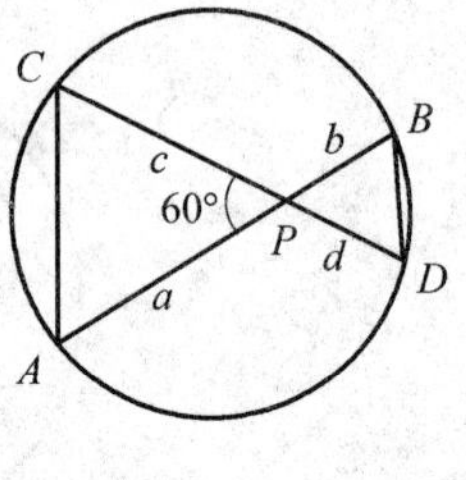

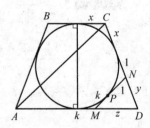

图 2.135

当①成立时亦见 $AC=BD$ 违反题意；

当②成立时，$\triangle PAC$，$\triangle PBD$ 均为正三角形，$AC=2BD$，故 $a=2b$. 再由 $a+b=12$ 得 $b=4$，$\triangle PBD$ 各边 $d=b=4$.

2.137 圆外切等腰梯形底边为 AD,BC，切线 $MN \parallel AC$，切点为 P，已知 $\dfrac{MP}{PN}=k$，求 $\angle D$.

解 不妨设 $NP=1$，则 $PM=k$，设线段 x,y,z 如图 2.136 所示. 由 $z+k=y+1$，得

$$z=y+1-k \qquad ①$$

易见

$$\frac{x+1}{y}=\frac{k+(k+z)}{z}=\frac{y+1+k}{y+1-k}$$

$$x=\frac{y^2+yk+k-1}{y-k+1} \qquad ②$$

又易见（注意余弦定理）

$$\cos\angle D=\frac{(k+z)-x}{x+1+y}=\frac{y^2+z^2-(k+1)^2}{2yz} \qquad ③$$

以式①代入得

$$\frac{y+1-x}{y+1+x}=\frac{y^2+(1-k)y-2k}{y^2+y-ky} \Rightarrow \frac{2x}{2(y+1)}=\frac{2k}{2(y+1)(y-k)}$$

解得

$$x=\frac{k}{y-k}$$

再由式②及等比定理得

$$\frac{k}{y-k}=\frac{y^2+yk+k-1}{y-k+1}=\frac{y^2+yk-1}{1}$$

化简得

图 2.136

第 2 章 平面几何计算题、轨迹题及其他问题
DIERZHANG　PINGMIAN JIHE JISUANTI,GUIJITI JI QITA WENTI

$$y^3-(1+k^2)y=0$$
$$\Rightarrow (\text{正根})y=\sqrt{1+k^2},z=\sqrt{k^2+1}+1-k$$

代入式 ③ 得

$$\cos\angle D=\frac{2k^2+2-4k+(2-2k)\sqrt{k^2+1}}{2\sqrt{k^2+1}(\sqrt{k^2+1}+1-k)}=\frac{1-k}{\sqrt{k^2+1}}$$

$$\angle D=\cos^{-1}\frac{1-k}{\sqrt{k^2+1}}$$

2.138　$\triangle ABC$ 中,$BA=2\sqrt{19}$,$BC=4$,过三边中点 M,N,P 的圆的圆心 O 在 $\angle C$ 的平分线上,求 AC.

解　设线段 m,t,角 α 如图 2.137 所示. 由 $OM^2=ON^2$,得

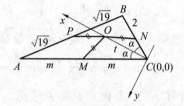

图 2.137

$$t^2+m^2-2tm\cos\alpha=t^2+2^2-2\cdot t\cdot 2\cdot\cos\alpha$$

分解得

$$m-2=0 \text{ 或 } m+2=2t\cos\alpha$$

但 $m=2$ 时,$\triangle ACB$ 为等腰三角形,P 在直线 OC 上,$Rt\triangle CPA$ 的斜边 $2m$ 小于直角边 $\sqrt{19}$,得矛盾. 故唯有 $m+2=2t\cos\alpha$,故

$$t=\frac{m+2}{2\cos\alpha} \qquad ①$$

取坐标轴如图 2.137 所示,得

$$O(t,0),B(4\cos\alpha,-4\sin\alpha),A(2m\cos\alpha,2m\sin\alpha)$$

AB 中点 $P((m+2)\cos\alpha,(m-2)\sin\alpha)$. 对 $\triangle ABC$ 用余弦定理得

$$4^2+(2m)^2-2\cdot 4\cdot 2m\cos 2\alpha=(2\sqrt{19})^2$$

即

$$m^2-4m\cos 2\alpha=15 \qquad ②$$

又由 $OP^2=ON^2$,得

$$[(2+m)\cos\alpha-t]^2+[(m-2)\sin\alpha]^2=t^2+2^2-2\cdot t\cdot 2\cos\alpha$$

解得
$$t = \frac{m+4\cos 2\alpha}{2\cos\alpha}$$

再由式 ① 得
$$\frac{m+4\cos 2\alpha}{2\cos\alpha} = \frac{m+2}{2\cos\alpha} \Rightarrow \cos 2\alpha = \frac{1}{2}$$

代入式 ② 得
$$m^2 - 2m = 15$$

正根 $m=5, AC=2m=10$.

2.139 $\triangle ABC$, AB 的中垂线交 BC 的延长线于 M, $\frac{MC}{MB} = \frac{1}{5}$, BC 的中垂线交 AC 于 N, $\frac{AN}{NC} = \frac{1}{2}$, 求 $\triangle ABC$ 各角.

解 设 $BA(BC)$ 的中点为 $H(K)$, 直线 KN 与 BA 交于 P. 由 Menelaus 定理得 $\frac{AP}{PB} \cdot \frac{BK}{KC} \cdot \frac{CN}{NA} = 1$, 而 $BK=KC$, $\frac{CN}{NA}=2$, 故 $\frac{AP}{PB}=\frac{1}{2}$. 可设线段 $t, 2t, u, 2u$ 如图 2.138 所示. 由 P, M, K, H 共圆按割线定理得

$$2u \cdot 5u = t \cdot 4t \Rightarrow t = \sqrt{\frac{5}{2}} u$$

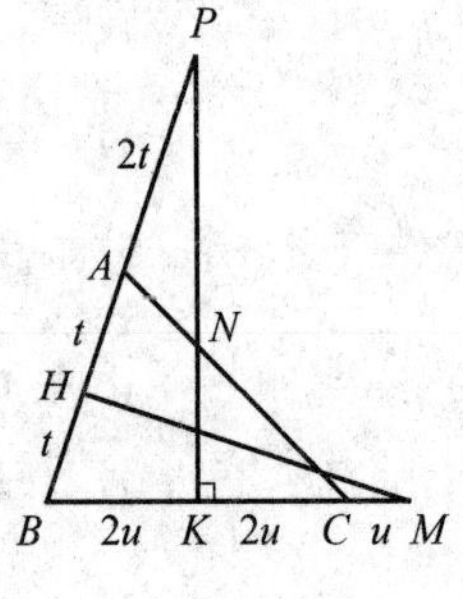

$$\cos B = \frac{t}{5u} = \frac{\sqrt{\frac{5}{2}}}{5} = \frac{1}{\sqrt{10}}, \sin B = \frac{3}{\sqrt{10}}$$

$$\tan\angle BCA = \frac{2t\sin B}{4u-2t\cos B} = \frac{\sqrt{\frac{5}{2}}u \cdot \frac{3}{\sqrt{10}}}{2u - \sqrt{\frac{5}{2}}u \cdot \frac{1}{\sqrt{10}}} = 1,$$

$$\angle BCA = 45°$$

$$\tan\angle BAC = \frac{4u\sin B}{2t-4u\cos B} = \frac{4u \cdot \frac{3}{\sqrt{10}}}{2\sqrt{\frac{5}{2}}u - 4u \cdot \frac{1}{\sqrt{10}}} = 2$$

图 2.138

于是
$$\angle B = \cos^{-1}\frac{1}{\sqrt{10}}, \angle BCA = 45°, \angle BAC = \tan^{-1} 2$$

第 2 章　平面几何计算题、轨迹题及其他问题

2.140　△ABC 中 $AC=2$,外心为 O,垂心 H,角平分线 $AD=\sqrt{3}+\sqrt{2}-1$,且平分 OH,求外接圆半径 R.

解　设角 $\alpha,2\gamma,2\beta$ 如图 2.139 所示.由角平分线 AD 平分 OH 知 $AH=R$,即

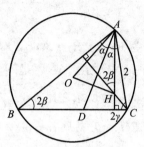

图 2.139

$$\frac{2\cos 2\alpha}{\sin 2\beta}=R$$

又

$$2R\sin 2\beta=2$$

两式相乘得

$$4R\cos 2\alpha=2R,\ 2\alpha=60°,\ \alpha=30°$$

$$\sqrt{3}+\sqrt{2}-1=AD=\frac{2\sin 2\gamma}{\sin(30°+2\gamma)}=\frac{2}{\frac{1}{2}\cot 2\gamma+\frac{\sqrt{3}}{2}}=\frac{4}{\cot 2\gamma+\sqrt{3}}$$

$$\cot 2\gamma=\frac{4}{\sqrt{3}+\sqrt{2}-1}-\sqrt{3}=\frac{4(\sqrt{3}-\sqrt{2}+1)}{2\sqrt{2}}-\sqrt{3}$$

$$=(\sqrt{2}-1)(\sqrt{3}-\sqrt{2})=\frac{\sqrt{3}-\sqrt{2}}{\sqrt{2}+1}$$

$$\sin 2\gamma=\frac{\sqrt{2}+1}{\sqrt{(\sqrt{3}-\sqrt{2})^2+(\sqrt{2}+1)^2}}=\frac{\sqrt{2}+1}{\sqrt{8-2\sqrt{6}+2\sqrt{2}}}$$

$$\cos 2\gamma=\frac{\sqrt{3}-\sqrt{2}}{\sqrt{8-2\sqrt{6}+2\sqrt{2}}}$$

$$\sin 2\beta=\sin(60°+2\gamma)=\frac{\sqrt{3}}{2}\cdot\frac{\sqrt{3}-\sqrt{2}}{\sqrt{8-2\sqrt{6}+2\sqrt{2}}}+\frac{1}{2}\cdot\frac{\sqrt{2}+1}{\sqrt{8-2\sqrt{6}+2\sqrt{2}}}$$

用三角、解析几何等计算解来自俄罗斯的几何题

$$= \frac{4-\sqrt{6}+\sqrt{2}}{2\sqrt{8-2\sqrt{6}+2\sqrt{2}}} = \frac{\sqrt{4-\sqrt{6}+\sqrt{2}}}{2\sqrt{2}}$$

$$R = \frac{2}{2\sin 2\beta} = \frac{2\sqrt{2}}{\sqrt{4-\sqrt{6}+\sqrt{2}}}$$

2.141 两圆半径为 R,r,交于点 A,B,DC 为一公切线,D,C 为切点,直线 AB 与 DC 交于 N,求 $\triangle ANC$ 与 $\triangle AND$ 过 N 的高之比.

解 易见 $S_{\triangle ANC} = S_{\triangle AND}$,故所求之比等于 $\dfrac{AD}{AC}$. 设点 H,P 如图 2.140 所示. 又设 $PO=a,PO'=b,\angle CPO'=\theta$. 易见 DA 在 OO' 的射影为 DC 在 OO' 的射影的一半,即 $\dfrac{1}{2}(b-a)\cos^2\theta$. DA 在直线 AB 的射影等于 AH 加 PD 在 AB 的射影 ($a\cos\theta\sin\theta$),而

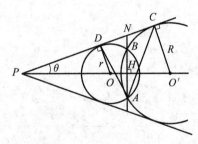

图 2.140

$$AH = \sqrt{OA^2-(PH-PO)^2} = \sqrt{a^2\sin^2\theta - \left[\frac{1}{2}(a+b)\cos^2\theta - a\right]^2}$$

$$= \sqrt{ab\cos^2\theta \cdot (1-\frac{1}{2}\cos^2\theta) - \frac{1}{4}(a^2+b^2)\cos^4\theta}$$

于是

$$DA^2 = [\frac{1}{2}(b-a)\cos^2\theta]^2 + [a\cos\theta\sin\theta +$$

$$\sqrt{ab\cos^2\theta \cdot (1-\frac{1}{2}\cos^2\theta) - \frac{1}{4}(a^2+b^2)\cos^4\theta}]^2$$

$$= ab(\cos^2\theta - \cos^4\theta) + a^2\cos^2\theta\sin^2\theta + 2a\cos\theta\sin\theta \cdot$$

$$\sqrt{ab\cos^2\theta \cdot (1-\frac{1}{2}\cos^2\theta) - \frac{1}{4}(a^2+b^2)\cos^4\theta}$$

第 2 章 平面几何计算题、轨迹题及其他问题

DIERZHANG PINGMIAN JIHE JISUANTI,GUIJITI JI QITA WENTI

$$= a(b+a)\cos^2\theta\sin^2\theta + 2a\cos\theta\sin\theta \cdot$$
$$\sqrt{ab\cos^2\theta \cdot (1-\frac{1}{2}\cos^2\theta) - \frac{1}{4}(a^2+b^2)\cos^4\theta}$$

同理(上式 a,b 对调)

$$CA^2 = b(a+b)\cos^2\theta\sin^2\theta + 2b\cos\theta\sin\theta \cdot$$
$$\sqrt{ab\cos^2\theta \cdot (1-\frac{1}{2}\cos^2\theta) - \frac{1}{4}(a^2+b^2)\cos^4\theta}$$

$$\frac{AD^2}{AC^2} = \frac{a}{b} = \frac{r}{R}, \frac{AD}{AC} = \sqrt{\frac{r}{R}}$$

2.142 $\triangle ABC$ 的高 AD,中线 BE,角平分线 CF 交于 O, $\frac{OE}{OC} = 2$,求 $\angle ACB$.

解 设 $AE = EC = v, OC = u$,则 $OE = 2u$,设角 α 如图 2.141 所示,则 $OD = u\sin\alpha, CD = u\cos\alpha$. 对 $\triangle COE$ 用余弦定理得

$$u^2 + v^2 - 2uv\cos\alpha = (2u)^2$$

即

$$v^2 - 2uv\cos\alpha = 3u^2 \qquad ①$$

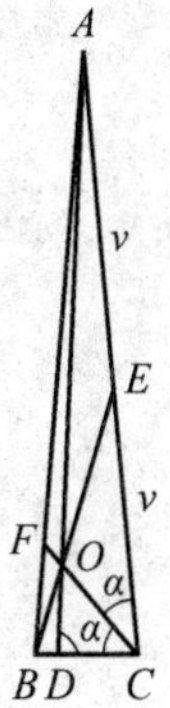

在 $\triangle ADC$ 中由中线公式得

$$2OA^2 + 2u^2 = (2 \cdot 2u)^2 + (2v^2) \Rightarrow OA^2 = 7u^2 + 2v^2$$

再由角平分线定理得

$$\frac{(u\sin\alpha)^2}{7u^2 + 2v^2} = \frac{(u\cos\alpha)^2}{(2v^2)} \Rightarrow u^2 = \frac{(4\sin^2\alpha - 2\cos^2\alpha)v^2}{7\cos^2\alpha}$$

代入式 ① 得

$$\frac{(12\sin^2\alpha - 6\cos^2\alpha)v^2}{7\cos^2\alpha} = v^2 - 2v^2\cos\alpha \cdot \sqrt{\frac{4\sin^2\alpha - 2\cos^2\alpha}{7\cos^2\alpha}}$$

图 2.141

去分母化简得

$$2\sqrt{7}\cos^2\alpha \cdot \sqrt{4 - 6\cos^2\alpha} = 25\cos^2\alpha - 12 \qquad ①$$

两边平方化简得

$$168\cos^6\alpha + 513\cos^4\alpha - 600\cos^2\alpha + 144 = 0$$

分解因式得

$$(7\cos^2\alpha - 4)(24\cos^4\alpha + 87\cos^2\alpha - 36) = 0$$

解得

$$\cos^2\alpha = \frac{4}{7} \text{ 或（正根）} \cos^2\alpha = \frac{-87+\sqrt{87^2+96\cdot 36}}{48}$$

代入方程 ① 检验知后者为增根，前者为方程 ① 的根，于是

$$\cos\angle ACB = \cos 2\alpha = 2\cdot\frac{4}{7}-1 = \frac{1}{7}$$

即

$$\angle ACB = \cos^{-1}\frac{1}{7}$$

2.143 线段 BD 分 $\triangle ABC$ 为两个三角形，$\triangle ABD$ 内切圆半径为 $\frac{2}{\sqrt{3}}$，与 BD 相切于 M，$BM=6$，$\triangle CBD$ 内切圆半径为 $\sqrt{3}$，与 BD 相切于 N，$BN=5$，求 $\triangle ABC$ 各边.

解 设 $BD=d$，切点为 E,F,G,H，角 α,β,θ 如图 2.142 所示，则

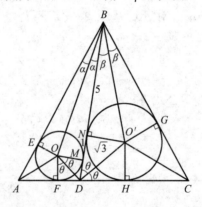

图 2.142

$$\tan\alpha = \frac{\frac{2}{\sqrt{3}}}{6} = \frac{1}{3\sqrt{3}},\ \tan\beta = \frac{\sqrt{3}}{5}$$

$$5 = BN = BO'\cos\beta = \frac{d\sin\theta}{\sin(\theta+\beta)}\cos\beta = \frac{d}{1+\cot\theta\tan\beta}$$

注意 $\angle ODB = 90°-\theta$，得

$$6 = BM = BO\cos\alpha = \frac{d\sin(90°-\theta)}{\sin((90°-\theta)+\alpha)}\cos\alpha = \frac{d\cos\theta\cos\theta}{\cos(\theta-\alpha)} = \frac{d}{1+\tan\theta\tan\alpha}$$

两式相除得

第2章 平面几何计算题、轨迹题及其他问题

$$\frac{5}{6} = \frac{1+\tan\theta\tan\alpha}{1+\cot\theta\tan\beta} = \frac{1+\dfrac{1}{3\sqrt{3}}\tan\theta}{1+\dfrac{\sqrt{3}}{5}\cot\theta}$$

$$5 + \frac{\sqrt{3}}{\tan\theta} = 6 + \frac{2}{\sqrt{3}}\tan\theta$$

即

$$2\tan^2\theta + \sqrt{3}\tan\theta - 3 = 0$$

$$(\text{正根})\tan\theta = \frac{\sqrt{3}}{2}$$

易见 $\angle BAO = \theta - \alpha$,故

$$BA = BE + EA = 6 + \frac{2}{\sqrt{3}}\cot(\theta - \alpha)$$

$$= 6 + \frac{2}{\sqrt{3}} \cdot \frac{\cot\alpha\cot\theta + 1}{\cot\alpha - \cot\theta}$$

$$= 6 + \frac{2}{\sqrt{3}} \cdot \frac{3\sqrt{3} \cdot \dfrac{2}{\sqrt{3}} + 1}{3\sqrt{3} - \dfrac{2}{\sqrt{3}}} = 6 + 2 = 8$$

$$\angle BCO' = \frac{1}{2}(180° - 2\alpha - 2\theta) = 90° - (\alpha + \theta)$$

故

$$BC = 5 + \sqrt{3}\cot(90° - (\alpha+\theta)) = 5 + \sqrt{3}\,\frac{\tan\alpha + \tan\theta}{1 - \tan\alpha\tan\theta}$$

$$= 5 + \sqrt{3}\,\frac{\dfrac{\sqrt{3}}{5} + \dfrac{\sqrt{3}}{2}}{1 - \dfrac{3}{10}}$$

$$= 5 + \frac{3 \cdot 7}{10 - 3} = 8$$

$$AC = AF + CH + FD + DH$$

$$= AE + CG + \frac{2}{\sqrt{3}}\tan\theta + \sqrt{3}\cot\theta$$

$$= 2 + 3 + \frac{2}{\sqrt{3}} \times \frac{\sqrt{3}}{2} + \sqrt{3} \times \frac{2}{\sqrt{3}} = 8$$

2.144 △ABC 边 AC 上点 D，△ABD，△CBD 内切圆半径比为 $\dfrac{7}{4}$，两内切圆与 BD 分别相切于 M，N，BM = 3，MN = ND = 1，求 △ABC 各边.

解 （如上题）设角 α, β, θ 如图 2.143 所示，则类似上题有

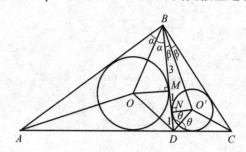

图 2.143

$$\frac{5}{1+\tan\theta\tan\alpha}=3, \quad \frac{5}{1+\cot\theta\tan\beta}=4$$

求得

$$\tan\alpha=\frac{2}{3}\cot\theta, \quad \tan\beta=\frac{1}{4}\tan\theta \qquad ①$$

又

$$OM=\frac{5\cos\theta}{\cos(\theta-\alpha)}\sin\alpha$$

$$O'N=\frac{5\sin\theta}{\sin(\theta+\beta)}\sin\beta$$

$$\frac{7}{4}=\frac{OM}{O'N}=\frac{\cos\theta\sin\alpha\sin(\theta+\beta)}{\sin\theta\sin\beta\cos(\theta-\alpha)}=\frac{\cot\theta+\cot\beta}{\cot\alpha+\tan\theta}$$

$$4\cot\theta+4\cot\beta=7\cot\alpha+7\tan\theta$$

以式 ① 代入得

$$4\cot\theta+16\cot\theta=7\cdot\frac{3}{2}\tan\theta+7\tan\theta \Rightarrow \tan\theta=\sqrt{\frac{8}{7}}$$

$$\tan\alpha=\frac{2}{3}\sqrt{\frac{7}{8}}=\frac{\sqrt{7}}{3\sqrt{2}}, \quad \tan\beta=\frac{1}{4}\sqrt{\frac{8}{7}}=\frac{1}{\sqrt{14}}$$

$$\tan 2\theta=\frac{2\sqrt{\frac{8}{7}}}{1-\frac{8}{7}}=-4\sqrt{14}, \quad \sin 2\theta=\frac{4\sqrt{14}}{15}, \quad \cos 2\theta=-\frac{1}{15}$$

$$\tan 2\alpha = \frac{\frac{2\sqrt{7}}{3\sqrt{2}}}{1-\frac{7}{18}} = \frac{6\sqrt{14}}{11}, \sin 2\alpha = \frac{6\sqrt{14}}{25}, \cos 2\alpha = \frac{11}{25}$$

$$\tan 2\beta = \frac{\frac{2}{\sqrt{14}}}{1-\frac{1}{14}} = \frac{2\sqrt{14}}{13}, \sin 2\beta = \frac{2\sqrt{14}}{15}, \cos 2\beta = \frac{13}{15}$$

$$AB = \frac{5\sin 2\theta}{\sin(2\theta - 2\alpha)} = \frac{5}{\cos 2\alpha - \cot 2\theta \sin 2\alpha} = \frac{125}{11 + \frac{3}{2}} = 10$$

$$BC = \frac{5\sin 2\theta}{\sin(2\theta + 2\beta)} = \frac{5}{\cos 2\beta + \sin 2\beta \cot 2\theta} = \frac{75}{13 - \frac{1}{2}} = 6$$

$$AC = \frac{5\sin 2\alpha}{\sin(2\theta - 2\alpha)} + \frac{5\sin 2\beta}{\sin(2\theta + 2\beta)}$$

$$= \frac{5}{\sin 2\theta \cot 2\alpha - \cos 2\theta} + \frac{5}{\sin 2\theta \cot 2\beta + \cos 2\theta}$$

$$= \frac{75}{\frac{22}{3} + 1} + \frac{75}{26 - 1} = 9 + 3 = 12$$

2.145 △ABC,$\frac{BC}{AC}=3$,∠C 的三等分线交 AB 于 M,N,∠$C=\alpha$,求 $\frac{MC}{NC}$.

解 不妨设 $AC=1$,则 $BC=3$,设 $\beta=\frac{1}{3}\alpha$,如图 2.144 所示,则

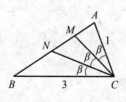

图 2.144

$$\tan A = \frac{3\sin 3\beta}{1 - 3\cos 3\beta} \Rightarrow \sin A = \frac{3\sin 3\beta}{\sqrt{10 - 6\cos 3\beta}}, \cos A = \frac{1 - 3\cos 3\beta}{\sqrt{10 - 6\cos 3\beta}}$$

$$\tan B = \frac{1 \cdot \sin 3\beta}{3 - 1 \cdot \cos 3\beta} \Rightarrow \sin B = \frac{\sin 3\beta}{\sqrt{10 - 6\cos 3\beta}}, \cos B = \frac{3 - \cos 3\beta}{\sqrt{10 - 6\cos 3\beta}}$$

$$MC = \frac{1\sin A}{\sin(A+\beta)} = \frac{1}{\cos\beta + \sin\beta\cot A} = \frac{1}{\cos\beta + \sin\beta \cdot \dfrac{1-3\cos 3\beta}{3\sin 3\beta}}$$

$$= \frac{3\sin 3\beta}{\sin\beta + 3\sin 2\beta} = \frac{3\sin 3\beta}{\sin\beta \cdot (1+6\cos\beta)}$$

$$NC = \frac{3\sin B}{\sin(B+\beta)} = \frac{3}{\cos\beta + \sin\beta\cot B} = \frac{3}{\cos\beta + \sin\beta \cdot \dfrac{3-\cos 3\beta}{\sin 3\beta}}$$

$$= \frac{3\sin 3\beta}{3\sin\beta + \sin 2\beta} = \frac{3\sin 3\beta}{\sin\beta \cdot (3+2\cos\beta)}$$

$$\frac{MC}{NC} = \frac{3+2\cos\beta}{1+6\cos\beta} = \frac{3+2\cos\dfrac{1}{3}\alpha}{1+6\cos\dfrac{1}{3}\alpha}$$

2.146 梯形 $ABCD$ 两底长为 a,b,平行于底边的直线 EF 分梯形所得两部分面积之比为 $1:2$,求此直线在梯形内部的线段长.

解 设所求线段长为 x,不妨设它分梯形所得两部分面积为 $1,2$.先设 $a<b$,延长两腰相交于点 G,与长为 a 的底构成三角形面积设为 S.

(1) 如图 2.145 所示,以 $x,a(x,b)$ 为底的梯形面积为 $1(2)$,易见

$$\frac{a^2}{x^2} = \frac{S}{S+1}, \quad \frac{b^2}{x^2} = \frac{S+3}{S+1}$$

前式乘 2 后加后式得

$$\frac{2a^2+b^2}{x^2} = \frac{2S+(S+3)}{S+1} = 3, (正值) x = \sqrt{\frac{2a^2+b^2}{3}}$$

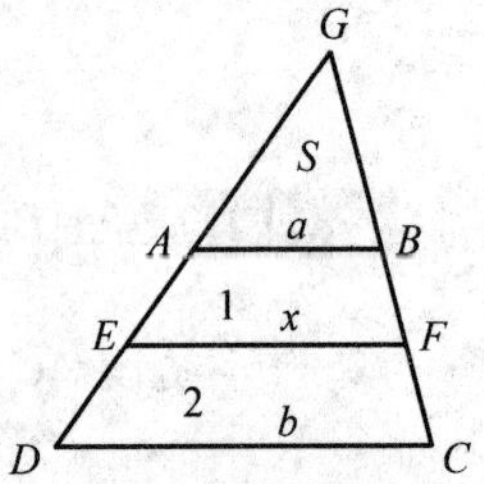

(2) 如图 2.146 所示,以 $x,a(x,b)$ 为底的梯形面积为 $2(1)$,易见

$$\frac{a^2}{x^2} = \frac{S}{S+2}, \quad \frac{b^2}{x^2} = \frac{S+3}{S+2}$$

后式乘 2 加前式得

$$\frac{2b^2+a^2}{x^2} = \frac{2(S+3)+S}{S+2} = 3, (正值) x = \sqrt{\frac{2b^2+a^2}{3}}$$

若 $b<a$,则以上两情况结果中 a,b 对调.

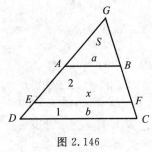

图 2.145

图 2.146

第 2 章 平面几何计算题、轨迹题及其他问题
DIERZHANG PINGMIAN JIHE JISUANTI,GUIJITI JI QITA WENTI

2.147 $\triangle ABC$ 中，$\angle A=90°$，于斜边外作正方形 $BCFE$，又作正方形 $ACNM$，使 MN 与 B 在直线 AC 同侧，已知 $AB=a$，求两正方形中心 O,O' 的距离.

解 以 A 为原点，射线 $AC(AB)$ 为正实（虚）轴取复平面，得 z_A, z_B, z_C, z_M 如图 2.147 所示，易见

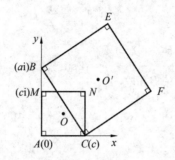

图 2.147

$$z_D = \frac{c}{2} + \frac{c}{2}\mathrm{i}$$

$$z_{O'} = z_B + (z_C - z_B) \cdot \frac{1}{\sqrt{2}} \mathrm{e}^{\frac{\pi}{4}\mathrm{i}} = a\mathrm{i} + (c - a\mathrm{i}) \frac{1}{\sqrt{2}} \cdot \frac{1+\mathrm{i}}{\sqrt{2}} = \frac{c+a}{2} + \frac{c+a}{2}\mathrm{i}①$$

于是

$$z_{O'} - z_O = \frac{a}{2} + \frac{a}{2}\mathrm{i} \Rightarrow |OO'| = \frac{\sqrt{2}}{2}a$$

2.148 如图 2.148 所示，$\triangle ABC$ 中，$\sin B = \frac{3}{5}$，以 $\triangle ABC$ 外接圆上一点为圆心，且过 A,C 的圆与 BA 延长线交于 M，$\frac{AM}{AB} = \frac{2}{5}$，求 $\angle C$.

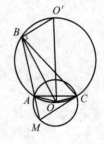

图 2.148

解 所述外接圆一点只能是 AC 中垂线与外接圆的交点 O,O' 之一，如图 2.148 所示. 因 $\angle O'BA > \angle O'BO = 90°$，点 O 到 AB 的射影在 AB 延长线上，于是易见 $O'M > O'A$，故 O' 不合要求，所述点只能是 O（与 B 在直线 AC 两

---

① 或因先求 z_E 较易，从而取 z_E, z_C 的平均值得 EC 中点 O 之 z_O.

用三角、解析几何等计算解来自俄罗斯的几何题

侧).不妨设 $AC=1$,易见 $\angle AOC = 180° - \angle B$, $\angle AMC = \frac{1}{2}\angle AOC = 90° - \frac{1}{2}\angle B$. 由 $\sin B = \frac{3}{5}$,得 $\cos B = \frac{4}{5}$(易见 $\angle B < 90°$,否则 BA 落在圆外),则

$$AB = \frac{1 \sin C}{\sin B}, MA = \frac{1\sin[(B+C)+(90°-\frac{1}{2}B)]}{\sin(90°-\frac{1}{2}B)} = \frac{\cos(\frac{1}{2}B+C)}{\cos\frac{1}{2}B}$$

$$\frac{2}{5} = \frac{AM}{AB} = \frac{\cos(\frac{1}{2}B+C)\sin B}{\cos\frac{1}{2}B \sin C} = 2\sin\frac{1}{2}B(\cos\frac{1}{2}B\cot C - \sin\frac{1}{2}B)$$

$$= \sin B\cot C - (1-\cos B) = \frac{3}{5}\cot C - (1-\frac{4}{5})$$

求得 $\cot C = 1$, $\angle C = 45°$.

2.149 如图 2.149 所示,已知 $\triangle ABC$ 中,$\angle B = \alpha$, $\angle C = 2\alpha$,外心为 O,过 A,O,C 的圆与直线 AB 交于 M,求 $\frac{AM}{AB}$.

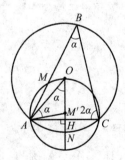

图 2.149

解 因 $\alpha + 2\alpha < 180°$,易见 $\angle B = \alpha < 60°$,$\angle B$ 所对 $\overset{\frown}{AC} < 120° < 180°$ 为劣弧,圆心 O 与 B 在直线 AC 同侧

$$\angle BAM' = (180° - 3\alpha) + \alpha - (90° - \alpha) = 90° - \alpha < 90°$$

又 $\angle MAM' < 90°$,故点 M 在射线 AB 上.不妨设 $AH = HC = 1$,则

$$OM' = AM' = \frac{1}{\sin(\alpha+\alpha)} = \frac{1}{\sin 2\alpha}$$

$$AM = 2AM'\cos\angle ABM' = 2\frac{\sin\alpha}{\sin 2\alpha} = \frac{1}{\cos\alpha}$$

第2章 平面几何计算题、轨迹题及其他问题
DIERZHANG PINGMIAN JIHE JISUANTI,GUIJITI JI QITA WENTI

$$AB = \frac{2\sin 2\alpha}{\sin \alpha} = 4\cos \alpha$$

$$\frac{AM}{AB} = \frac{1}{4\cos^2\alpha}$$

2.150 ⊙O 外切等腰梯形 $ABCD$,腰 BC 上切点为 M,AM 与 ⊙O 又交于 N,已知 $\frac{AN}{AM}=k$,求 $\frac{AD}{BC}$.

解 设半径 r,线段 m,n 如图 2.150 所示($n>m$),取坐标轴如图所示,得 A,B 坐标,则

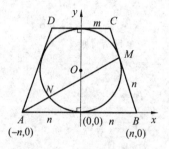

图 2.150

$$2r = \sqrt{(n+m)^2 - (n-m)^2} = 2\sqrt{mn} \Rightarrow r = \sqrt{mn}, O(0, \sqrt{nm})$$

⊙O 的方程为

$$x^2 + (y - \sqrt{nm})^2 = mn$$

$$\cos B = \frac{n-m}{n+m} \Rightarrow \sin B = \frac{2\sqrt{nm}}{n+m}$$

$$x_M = x_B - n\cos B = \frac{2nm}{n+m}$$

$$y_M = n\sin B = \frac{2n\sqrt{nm}}{n+m}$$

直线 AM 为

$$\frac{x+n}{\frac{2nm}{n+m}+n} = \frac{y}{\frac{2n\sqrt{nm}}{n+m}} \Rightarrow x = \frac{(3m+n)y - 2n\sqrt{nm}}{2\sqrt{nm}}$$

代入 ⊙O 方程化简得

$$(9m^2 + 10mn + n^2)y^2 - (\cdots)y + 4n^3m = 0(未计 y 的系数)$$

其两根为 $y_M = \dfrac{2n\sqrt{nm}}{n+m}$ 及 y_N,故由韦达定理得

$$y_N = \dfrac{\dfrac{4n^3 m}{9m^2+10mn+n^2}}{y_M} = \dfrac{2n\sqrt{nm}}{9m+n}$$

$$k = \dfrac{AN}{NM} = \dfrac{y_N - y_A}{y_M - y_N} = \dfrac{n+m}{(9m+n)-(n+m)} = \dfrac{n+m}{8m} \Rightarrow n = (8k-1)m$$

$$\dfrac{AD}{BC} = \dfrac{n}{m} = 8k-1$$

2.151 △ABC 内点 K, $AK=1$, $CK=\sqrt{3}$, $\angle AKC=120°$, $\angle ABK = \angle KBC = 15°$, 求 BK.

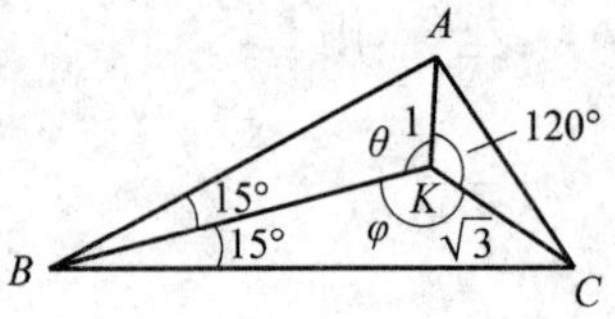

解 设角 θ,φ 如图 2.151 所示,则

$$\theta + \varphi = 240°$$

$$AB = \dfrac{1\sin\theta}{\sin 15°}, \quad CB = \dfrac{\sqrt{3}\sin\varphi}{\sin 15°}$$

图 2.151

$$\left(\dfrac{\sin\theta}{\sin 15°}\right)^2 + \left(\dfrac{\sqrt{3}\sin\varphi}{\sin 15°}\right)^2 - 2\dfrac{\sin\theta}{\sin 15°}\cdot\dfrac{\sqrt{3}\sin\varphi}{\sin 15°}\cos 30°$$

$$=\sqrt{3}^2 + 1^2 - 2\cdot 1\cdot\sqrt{3}\cos 120° = 4+\sqrt{3}$$

$$\sin^2 15° = \dfrac{1-\cos 30°}{2} = \dfrac{2-\sqrt{3}}{4}$$

代入上式化简得

$$\sin^2\theta + 3\sin^2(240°-\theta) - 3\sin\theta\sin(240°-\theta) = (4+\sqrt{3})\cdot\dfrac{2-\sqrt{3}}{4} = \dfrac{5-2\sqrt{3}}{4}$$

即

$$\sin^2\theta + 3\left(-\dfrac{\sqrt{3}}{2}\cos\theta + \dfrac{1}{2}\sin\theta\right)^2 - 3\sin\theta\left(-\dfrac{\sqrt{3}}{2}\cos\theta + \dfrac{1}{2}\sin\theta\right) = \dfrac{5-2\sqrt{3}}{4}$$

$$\sin^2\theta + \dfrac{9}{4}(1-\sin^2\theta) + \dfrac{3}{2}\sin^2\theta - \dfrac{3}{2}\sin^2\theta = \dfrac{5-2\sqrt{3}}{4}$$

解得

$$\sin^2\theta = \dfrac{4+2\sqrt{3}}{8}$$

$$\Rightarrow \sin\theta = \dfrac{\sqrt{4+2\sqrt{3}}}{\sqrt{8}} = \dfrac{\sqrt{3}+1}{2\sqrt{2}} = \sin 45°\cos 30° + \cos 45°\sin 30° = \sin 75°$$

故 $\theta = 75°, 105°$.

第 2 章 平面几何计算题、轨迹题及其他问题

DIERZHANG PINGMIAN JIHE JISUANTI,GUIJITI JI QITA WENTI

当 $\theta = 75°$ 时，$\angle BAK = 90°$

$$BK = \frac{1}{\sin 15°} = \frac{2}{\sqrt{2-\sqrt{3}}} = 2\sqrt{2+\sqrt{3}} = \sqrt{2}\sqrt{4+2\sqrt{3}} = \sqrt{2}(\sqrt{3}+1) = \sqrt{6}+\sqrt{2}$$

当 $\theta = 105°$ 时

$$BK = \frac{1 \cdot \sin(105°+15°)}{\sin 15°} = \frac{\sqrt{3}}{2} \cdot \frac{2}{\sqrt{2-\sqrt{3}}} = \sqrt{3}\sqrt{2+\sqrt{3}} = \sqrt{6+3\sqrt{3}}$$

2.152 如图 2.152 所示，已知 $\triangle ABC$，$\angle B = \beta$，$\angle C = \gamma$，角平分线 AD 的延长线与外接圆交于 E，求 $\dfrac{AE}{DE}$。

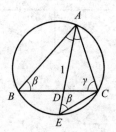

图 2.152

解 不妨设 $AD = 1$，则

$$AE = \frac{AC\sin\left(\frac{180°-\beta-\gamma}{2}+\beta\right)}{\sin\beta} = \frac{1 \cdot \sin\left(\frac{180°+\beta-\gamma}{2}\right)}{\sin\gamma} \cdot \frac{\cos\frac{\gamma-\beta}{2}}{\sin\beta}$$

$$= \frac{\cos^2\frac{\gamma-\beta}{2}}{\sin\gamma\sin\beta}$$

$$DE = AE - 1 = \frac{1}{2\sin\beta\sin\gamma}[1+\cos(\gamma-\beta)-\cos(\gamma-\beta)+\cos(\beta+\gamma)]$$

$$= \frac{\cos^2\frac{\beta+\gamma}{2}}{\sin\beta\sin\gamma}$$

$$\frac{AE}{DE} = \frac{\cos^2\frac{\gamma-\beta}{2}}{\cos^2\frac{\beta+\gamma}{2}}$$

2.153 等腰 $\triangle ABC$，$\angle B = 120°$，$AC = 1$，内心为 I，角平分线为 AD，CE，

用三角、解析几何等计算解来自俄罗斯的几何题

求 $\triangle ABC$ 外接圆与过 E,D,I 的圆的公共弦长.

解 设外心为 O,易证有正 $\triangle ABO$,$OM = \dfrac{1}{2\sqrt{3}} = \dfrac{\sqrt{3}}{6}$,$OA = OB = AB = BC = \dfrac{1}{\sqrt{3}}$,$BM = OB - OM = \dfrac{1}{2\sqrt{3}} = \dfrac{\sqrt{3}}{6}$. 取 x,y 轴如图 2.153 所示,则 $O(0, -\dfrac{\sqrt{3}}{6})$,$B(0, \dfrac{\sqrt{3}}{6})$,$A(-\dfrac{1}{2}, 0)$,$C(\dfrac{1}{2}, 0)$. 因 $\dfrac{MI}{IB} = \dfrac{AM}{AB} = \dfrac{\sqrt{3}}{2}$,$\dfrac{AE}{EB} = \dfrac{AC}{BC} = \sqrt{3}$,故

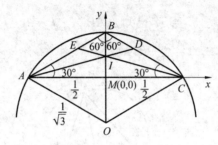

图 2.153

$$(x_I, y_I) = \dfrac{2}{\sqrt{3}+2}(x_M, y_M) + \dfrac{\sqrt{3}}{\sqrt{3}+2}(x_B, y_B) = (0, \dfrac{\sqrt{3}}{\sqrt{3}+2} \cdot \dfrac{\sqrt{3}}{6}) = (0, \dfrac{2-\sqrt{3}}{2})$$

$$(x_E, y_E) = \dfrac{1}{1+\sqrt{3}}(x_A, y_A) + \dfrac{\sqrt{3}}{1+\sqrt{3}}(x_B, y_B) = \left(\dfrac{-\dfrac{1}{2}}{1+\sqrt{3}}, \dfrac{\sqrt{3}}{1+\sqrt{3}} \cdot \dfrac{\sqrt{3}}{6}\right)$$

$$= \left(-\dfrac{\sqrt{3}-1}{4}, \dfrac{\sqrt{3}-1}{4}\right)$$

求过点 E,D,I 的圆的圆心 $Q(0, y_Q)$:据 $QE^2 = QI^2$ 得

$$(0 - x_E)^2 + (y_Q - y_E)^2 = (y_Q - y_I)^2$$

即

$$\left(\dfrac{\sqrt{3}-1}{4}\right)^2 + (y_Q - \dfrac{\sqrt{3}-1}{4})^2 = (y_Q - \dfrac{2-\sqrt{3}}{2})^2$$

展开两边并去分母化简得

$$(20 - 12\sqrt{3})y_Q = 10 - 6\sqrt{3} \Rightarrow y_Q = \dfrac{1}{2}$$

$\odot O$ 的方程为

$$x^2 + (y + \dfrac{\sqrt{3}}{6})^2 = \left(\dfrac{1}{\sqrt{3}}\right)^2 \qquad ①$$

$\odot Q$ 半径的平方为

$$(y_Q - y_I)^2 = \left(\frac{1}{2} - \frac{2-\sqrt{3}}{2}\right)^2 = \left(\frac{\sqrt{3}-1}{2}\right)^2 = \frac{2-\sqrt{3}}{2}$$

⊙Q 的方程为

$$x^2 + (y - \frac{1}{2})^2 = \frac{2-\sqrt{3}}{2}$$

两方程相减消去 x,得公共弦方程为

$$(\frac{\sqrt{3}}{3} + 1)y = \frac{\sqrt{3}-1}{2}$$

$$y = \frac{-3+2\sqrt{3}}{2}$$

代入方程 ① 得公共弦与 ⊙O 两交点的 x 坐标

$$x = \pm\sqrt{\frac{1}{3} - \left(\frac{-3+2\sqrt{3}}{2} + \frac{\sqrt{3}}{6}\right)^2} = \pm\sqrt{\frac{1}{3} - \left(\frac{-9+7\sqrt{3}}{6}\right)^2}$$

$$= \pm\sqrt{\frac{-12+7\sqrt{3}}{2}}$$

故公共弦长为

$$2\sqrt{\frac{-12+7\sqrt{3}}{2}} = \sqrt{-24+14\sqrt{3}}$$

2.154 ⊙O 内接梯形 $ABCD$,延长高 CH 交 ⊙O 于 E,$\dfrac{\overparen{BC}}{\overparen{CDE}} = \dfrac{1}{2}$,⊙$O$ 半径等于 CH,求 $\dfrac{AD}{BC}$.

解 因 $\angle BCE = 90°$,故 BE 为直径,从而据 $\dfrac{\overparen{BC}}{\overparen{CDE}} = \dfrac{1}{2}$,知 $\angle BOC = 60°$.设角 β 如图 2.154 所示,则

$$\angle COD = 180° - 30° - \beta = 150° - \beta$$

$$\angle CDO = \frac{1}{2}[180° - (150° - \beta)] = 15° + \frac{1}{2}\beta$$

$$\angle CDA = (15° + \frac{1}{2}\beta) + (90° - \beta) = 105° - \frac{1}{2}\beta$$

不妨设半径为 1,则

用三角、解析几何等计算解来自俄罗斯的几何题
YONGSANJIAO,JIEXI JIHE DENG JISUAN JIE LAIZI ELUOSI DE JIHETI

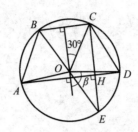

图 2.154

$$CD = 2 \cdot 1 \sin \frac{150° - \beta}{2}$$

$$1 = CH = CD \sin \angle CDA = 2 \sin \frac{150° - \beta}{2} \sin(105° - \frac{1}{2}\beta)$$

$$= \cos 30° - \cos(180° - \beta) = \frac{\sqrt{3}}{2} + \cos \beta$$

$$\cos \beta = 1 - \frac{\sqrt{3}}{2}, \sin \beta = \sqrt{1 - \left(1 - \frac{\sqrt{3}}{2}\right)^2} = \sqrt{\sqrt{3} - \frac{3}{4}}$$

$$\frac{AD}{BC} = \frac{2 \cdot 1 \sin \beta}{1} = \sqrt{4\sqrt{3} - 3}$$

2.155 梯形中位线长为 7,高为 $\frac{15}{7}\sqrt{3}$,对角线夹角为 120°,求两对角线.

解 设梯形 $ABCD$ 的高为 CH,延长 AB 至点 E 使 $BE = DC$,联结 CE,设角 α,β 如图 2.155 所示,易见

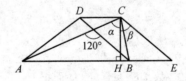

图 2.155

$$\alpha + \beta = 120°$$

$$2 \cdot 7 = AE = \frac{15}{7}\sqrt{3}(\tan \alpha + \tan \beta) \Rightarrow \tan \alpha + \tan \beta = \frac{98}{15\sqrt{3}}$$

$$-\sqrt{3} = \tan 120° = \tan(\alpha + \beta) = \frac{\tan \alpha + \tan \beta}{1 - \tan \alpha \tan \beta} = \frac{1}{1 - \tan \alpha \tan \beta} \cdot \frac{98}{15\sqrt{3}}$$

求得

第 2 章 平面几何计算题、轨迹题及其他问题

$$\tan\alpha\tan\beta=\frac{143}{45}$$

故 $\tan\alpha$, $\tan\beta$ 为方程 $t^2-\dfrac{98}{15\sqrt{3}}t+\dfrac{143}{45}=0$ 的根,即(不分次序,下同)$\dfrac{13}{9}\sqrt{3}$, $\dfrac{11}{15}\sqrt{3}$. 两对角线为

$$\frac{15}{7}\sqrt{3}\sec\alpha=\frac{15}{7}\sqrt{3}\sqrt{1+\left(\frac{13}{9}\sqrt{3}\right)^2}=\frac{15}{7}\sqrt{3}\cdot\frac{14}{9}\sqrt{3}=10$$

$$\frac{15}{7}\sqrt{3}\sec\beta=\frac{15}{7}\sqrt{3}\sqrt{1+\left(\frac{11}{15}\sqrt{3}\right)^2}=\frac{15}{7}\sqrt{3}\cdot\frac{14}{15}\sqrt{3}=6$$

2.156 $\triangle ABC$,已知 $AC=b$,$\angle A=2\alpha$,内切圆与 AB,BC 分别相切于 M,N,$\angle A$ 的平分线交 MN 于 K,求 K 至 AC 的距离 AD.

解 设角 2β,2γ 如图 2.156 所示,$\alpha+\beta+\gamma=90°$,s 为半周长 $\dfrac{1}{2}(a+b+c)$,易见

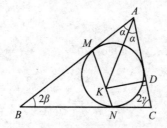

图 2.156

$$AM=s-a$$
$$AK=AM\frac{\sin(\beta+90°)}{\sin((\beta+90°)+\alpha)}=(s-a)\frac{\cos\beta}{\cos(\alpha+\beta)}$$
$$KD=AK\sin\alpha=\frac{b+c-a}{2}\cdot\frac{\cos\beta}{\sin\gamma}\sin\alpha$$
$$=\frac{b}{2}\cdot\frac{\sin 2\beta+\sin 2\gamma-\sin 2\alpha}{\sin 2\beta}\cdot\frac{\cos\beta}{\sin\gamma}\cdot\sin\alpha$$
$$=\frac{b\sin\alpha}{4\sin\beta\sin\gamma}[2\sin(\beta+\gamma)\cos(\beta-\gamma)-2\sin\alpha\cos\alpha]$$
$$=\frac{b\sin\alpha\cos\alpha}{2\sin\beta\sin\gamma}[\cos(\beta-\gamma)-\cos(\beta+\gamma)]=\frac{b}{2}\sin 2\alpha$$

2.157 如图 2.157 所示，$S_{\square ABCD}=80$，对角线交点 Q 到 $\triangle ABQ$ 内心 I 距离为 2，$\angle AQB=60°$，求 AC, BD.

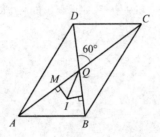

图 2.157

解 设 $QA=a, QB=b$. 因 $S_{\triangle AQB}=20\sqrt{3}$，所以
$$\frac{1}{2}ab\sin 60°=20\sqrt{3}$$
$$ab=80$$
$$AB=\sqrt{a^2+b^2-ab}, MQ=\frac{1}{2}(a+b-\sqrt{a^2+b^2-ab})$$

又
$$MQ=IQ\cos 30°=2\cdot\frac{\sqrt{3}}{2}=\sqrt{3}$$

于是
$$\frac{1}{2}(a+b-\sqrt{a^2+b^2-ab})=\sqrt{3}\Rightarrow a+b-\sqrt{a^2+b^2-ab}=2\sqrt{3}$$
$$(a+b-2\sqrt{3})^2=a^2+b^2-ab\Rightarrow 12+3ab-4\sqrt{3}(a+b)=0$$

解得
$$a+b=\frac{12+3ab}{4\sqrt{3}}=\frac{252}{4\sqrt{3}}=21\sqrt{3}$$

故 a, b 为方程 $t^2-21\sqrt{3}t+80=0$ 的根，即 $\frac{1}{2}(21\sqrt{3}\pm\sqrt{1\,003})$，故 AC, BD 为（不分次序）$21\sqrt{3}\pm\sqrt{1\,003}$.

2.158 如图 2.158 所示，$\triangle ABC$ 的垂心为 H，高 $AD, BE, CF, EF=5$，$FD=12, DE=13$，求 $\triangle ABC$ 外接圆半径 R.

解 $5=HA\sin A=\dfrac{2R\sin B\cos A}{\sin B}\sin A=R\sin 2A$

第2章 平面几何计算题、轨迹题及其他问题

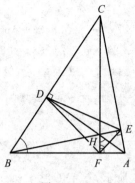

图 2.158

同理
$$12 = R\sin 2B, \quad 13 = R\sin 2C$$

因 $5^2 + 12^2 = 13^2$,故
$$\sin^2 2A + \sin^2 2B = \sin^2 2C = \sin^2(2A + 2B)$$
$$= \sin^2 2A\cos^2 2B + \sin^2 2B\cos^2 2A + 2\sin 2A\cos 2B\sin 2B\cos 2A$$
$$2\sin^2 2A\sin^2 2B = 2\sin 2A\cos 2B\sin 2B\cos 2A \Rightarrow \sin 2A\sin 2B = \cos 2A\cos 2B$$
$$\sin^2 2A\sin^2 2B = (1 - \sin^2 2A)(1 - \sin^2 2B) \Rightarrow 1 - \sin^2 2A - \sin^2 2B = 0$$

因 $\dfrac{\sin^2 2A}{\sin^2 2B} = \dfrac{5^2}{12^2} = \dfrac{25}{144}$,故上式即
$$1 - \dfrac{25}{144}\sin^2 2B - \sin^2 2B = 0$$

解得(正值)$\sin 2B = \dfrac{12}{13}$,从而 $R = \dfrac{12}{\sin 2B} = 13$.

2.159 如图 2.159 所示,$\triangle ABC$ 的角平分线 $BD = 8\sqrt{7}$,$AB = 21$,$DC = 8$,求 $\triangle ABC$ 的周长.

解 设 $BC = x$,$DA = y$,由 $\dfrac{x}{21} = \dfrac{8}{y}$,得
$$y = \dfrac{168}{x}$$

由 $\cos\angle CBD = \cos\angle ABD$,得
$$\dfrac{x^2 + (8\sqrt{7})^2 - 8^2}{2 \cdot x \cdot 8\sqrt{7}} = \dfrac{21^2 + (8\sqrt{7})^2 - \left(\dfrac{168}{x}\right)^2}{2 \cdot 21 \cdot 8\sqrt{7}}$$

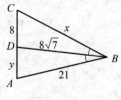

图 2.159

去分母化简得
$$3x^3 - 127x^2 + 3 \cdot 384x + 168 \cdot 24 = 0$$
$$(x-24)(x-21)(3x+8) = 0$$

正根 $x = 24$ 或 $x = 21$. 但 $x = 21$ 时, $\triangle BCD \cong \triangle BAD$, 又易见这时 $\angle CDB \neq 90°$, 于是 C, D, A 不共直线,故舍去. 唯有 $x = 24$, 从而 $y = \frac{168}{24} = 7$, 所求周长为 $24 + 21 + (8+7) = 60$.

2.160 如图 2.160 所示, $\triangle ABC$ 中, $\cos B = \frac{4}{5}$, 内切圆半径为 1, 且与 $\triangle ABC$ 的平行于 AC 的中位线相切, 求 AC.

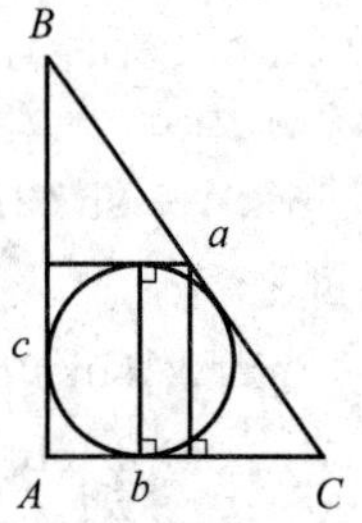

解 因内切圆直径 2 是中位线与 AC 之间的距离, 易见它是高 BD 的 $\frac{1}{2}$, 故 $BD = 4$. 由 $\triangle ABC$ 面积得
$$\frac{1}{2} \cdot b \cdot 4 = \frac{a+b+c}{2} \cdot 1 \Rightarrow b = \frac{a+c}{3}$$

而
$$a^2 + c^2 - 2ac \cdot \frac{4}{5} = b^2 = \frac{1}{9}(a^2 + 2ac + c^2)$$

图 2.160

去分母化简得
$$20a^2 - 41ac + 20c^2 = 0 \Rightarrow a = \frac{4}{5}c \text{ 或 } c = \frac{4}{5}a$$

又由海伦公式得
$$\frac{1}{2}(a+b+c) \cdot 1 = \sqrt{\frac{a+b+c}{2} \cdot \frac{b+c-a}{2} \cdot \frac{c+a-b}{2} \cdot \frac{a+b-c}{2}}$$

两边平方、去分母化简得
$$4(a+b+c) = (b+c-a)(c+a-b)(a+b-c)$$

当 $a = \frac{4}{5}c$ 时, $b = \frac{a+c}{3} = \frac{3}{5}c$ 代入上式得
$$4\left(\frac{4}{5} + \frac{3}{5} + 1\right)c = \left(1 + \frac{3}{5} - \frac{4}{5}\right)\left(\frac{4}{5} + 1 - \frac{3}{5}\right)\left(\frac{4}{5} + \frac{3}{5} - 1\right)c^3$$

解得正根 $c = 5$, 从而 $b = \frac{3}{5} \cdot 5 = 3$.

当 $c = \frac{4}{5}a$ 时, $b = \frac{a+c}{3} = \frac{3}{5}a$, 类似地, $a = 5$, $b = \frac{3}{5} \cdot 5 = 3$.

(或由于题目条件对 a,c 对称,故当 a,c 对调,即 $c=\frac{4}{5}a$ 时,亦得 $b=3$.)

2.161 如图 2.161 所示,梯形 $ABCD$ 有外接圆及内切圆,底边 $BC=2$,$AD=10$,确定外接圆心在梯形外还是内,求两圆半径之比.

解 由梯形有外接圆知 $AB=CD$,从而易知内切圆直径为 $\sqrt{(5+1)^2-(5-1)^2}=\sqrt{20}=2\sqrt{5}$,半径为 $\sqrt{5}$.设 BC,AD 的中点分别为 M,N,外接圆圆心 O',内切圆圆心 O,设 $MO'=x$,易见无论 O' 在 MN 上或其延长线上均有(因 $O'B^2=O'A^2$)

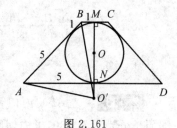

图 2.161

$x^2+1^2=|2\sqrt{5}-x|^2+5^2 \Rightarrow x=\frac{11}{\sqrt{5}}>\frac{10}{\sqrt{5}}=2\sqrt{5}$

故 O' 在梯形外.

外接圆半径为 $\sqrt{x^2+1}=\sqrt{\frac{126}{5}}$.所求外接圆、内切圆半径之比为 $\frac{\sqrt{\frac{126}{5}}}{\sqrt{5}}=\frac{3\sqrt{14}}{5}$.

2.162 $\triangle ABC$ 中角平分线 BL,AF 交于点 O,$AB=BL$,$BO=2OL$,$\triangle ABC$ 周长为 28,求 AB.

解 可设角 $\alpha,2\alpha,180°-4\alpha$ 如图 2.162 所示,设 $AB=x$,则

$$\frac{1}{2}=\frac{OL}{OB}=\frac{AL}{AB}=\frac{\sin(180°-4\alpha)}{\sin 2\alpha}=2\cos 2\alpha$$

$$\cos 2\alpha=\frac{1}{4},\sin A=\sin 2\alpha=\frac{\sqrt{15}}{4}$$

$$\angle C=180°-2\alpha-2(180°-4\alpha)=6\alpha-180°$$

$$\sin C=-\sin 6\alpha=-\sin 2\alpha\cdot(3-4\sin^2 2\alpha)$$

$$=-\frac{\sqrt{15}}{4}\cdot(3-4\cdot\frac{15}{16})=\frac{3}{16}\sqrt{15}$$

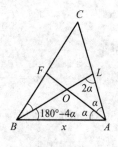

图 2.162

$$\sin 4\alpha = 2\sin 2\alpha \cos 2\alpha = 2 \cdot \frac{\sqrt{15}}{4} \cdot \frac{1}{4} = \frac{1}{8}\sqrt{15}$$

$$\cos 4\alpha = 2\cos^2 2\alpha - 1 = 2 \cdot \frac{1}{16} - 1 = -\frac{7}{8}$$

$$\sin B = \sin(360° - 8\alpha) = -2\sin 4\alpha \cos 4\alpha = -2 \cdot \frac{1}{8}\sqrt{15} \cdot (-\frac{7}{8}) = \frac{7}{32}\sqrt{15}$$

$$28 = x\left(1 + \frac{\sin B}{\sin C} + \frac{\sin A}{\sin C}\right) = x + \frac{16}{3\sqrt{15}}x \cdot \left(\frac{7}{32}\sqrt{15} + \frac{1}{4}\sqrt{15}\right) = \frac{7}{2}x$$

解得 $x = 8$.

2.163 $\triangle ABC$ 内切圆的切线 $ED \parallel CB$,已知 $\angle B = \alpha$,$\triangle ABC$,$\triangle ADE$ 的周长分别为 $40,30$,求内切圆半径.

解 易见 $\triangle ADE$ 与 $\triangle ABC$ 的相似比为 $\frac{3}{4}$,可设线段 $w,v,3w,3v,4u,3u$ 如图 2.163 所示. 易见

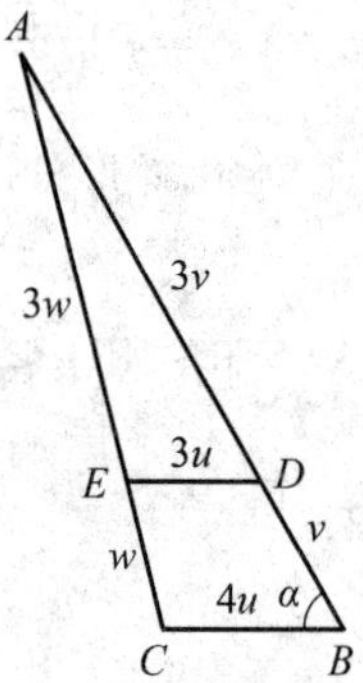

$$u + v + w = 10, w + v = 7u$$

从而

$$8u = 10, u = \frac{5}{4}, w + v = \frac{35}{4}, w = \frac{35}{4} - v$$

而

$$(3u)^2 + (3v)^2 - 2 \cdot 3u \cdot 3v \cdot \cos \alpha = (3w)^2$$

即

$$u^2 + v^2 - 2uv\cos\alpha = w^2$$

$$\left(\frac{5}{4}\right)^2 + v^2 - 2 \cdot \frac{5}{4}v \cdot v\cos\alpha = \left(\frac{35}{4} - v\right)^2$$

图 2.163

解得

$$v = \frac{30}{7 - \cos\alpha}, w = \frac{35}{4} - \frac{30}{7 - \cos\alpha} = \frac{125 - 35\cos\alpha}{4(7 - \cos\alpha)}$$

$\triangle ABC$ 中,$BC = 4u = 5$,$AC = 4w = \frac{125 - 35\cos\alpha}{7 - \cos\alpha}$,$AB = 4v = \frac{120}{7 - \cos\alpha}$

$$s - BC = 15, s - AC = 20 - \frac{125 - 35\cos\alpha}{7 - \cos\alpha} = \frac{15(1 + \cos\alpha)}{7 - \cos\alpha}$$

$$s - AB = 20 - \frac{120}{7 - \cos\alpha} = \frac{20(1 - \cos\alpha)}{7 - \cos\alpha}$$

则

$$S_{\triangle ABC} = \sqrt{20 \cdot 15 \cdot \frac{15(1+\cos\alpha)}{7-\cos\alpha} \cdot \frac{20(1-\cos\alpha)}{7-\cos\alpha}} = \frac{300\sin\alpha}{7-\cos\alpha}$$

所求半径

$$\frac{S_{\triangle ABC}}{s} = \frac{15\sin\alpha}{7-\cos\alpha}$$

2.164 以 Rt$\triangle ABC$ 斜边 AC 上点 O 为圆心作圆与两直角边相切,与 AB 相切于点 M, $AM = \frac{20}{9}$,圆与线段 AO 交于点 N, $\frac{AN}{MN} = 6$,求 AC.

解 设 $\angle A = \alpha$. 易见

$$OM = ON = \frac{20}{9}\tan\alpha$$

$$MN = 2OM\sin\frac{90°-\alpha}{2} = \frac{40\sin\alpha \sin\frac{90°-\alpha}{2}}{9\cos\alpha}$$

$$AN = \frac{20}{9\cos\alpha} - \frac{20}{9}\tan\alpha = \frac{20}{9} \cdot \frac{1-\sin\alpha}{\cos\alpha}$$

$$6 = \frac{AN}{MN} = \frac{1-\sin\alpha}{2\sin\alpha\sin\frac{90°-\alpha}{2}} = \frac{\sin\frac{90°-\alpha}{2}}{\cos(90°-\alpha)} = \frac{\sin\frac{90°-\alpha}{2}}{1-2\sin^2\frac{90°-\alpha}{2}} \quad ①$$

从而

$$6 - 12\sin^2\frac{90°-\alpha}{2} = \sin\frac{90°-\alpha}{2}$$

求得(正值)

$$\sin\frac{90°-\alpha}{2} = \frac{2}{3}$$

代入式 ① 得

$$\sin\alpha = 1 - 2\left(\frac{2}{3}\right)^2 = \frac{1}{9} \Rightarrow \cos\alpha = \frac{\sqrt{80}}{9},\ \tan\alpha = \frac{1}{\sqrt{80}}$$

设点 P 如图 2.164 所示,易见

$$AO = \frac{AM}{\cos\alpha} = \frac{\frac{20}{9}}{\frac{\sqrt{80}}{9}} = \sqrt{5}$$

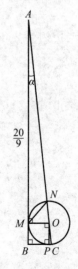

图 2.164

$$OC = AO \frac{MB}{AM} = \sqrt{5} \; \frac{OM}{AM} = \sqrt{5} \tan \alpha = \frac{\sqrt{5}}{\sqrt{80}} = \frac{1}{4}$$

$$AC = AO + OC = \sqrt{5} + \frac{1}{4}$$

2.165 以 Rt$\triangle KLM$ 的斜边 KM 上点 O 为圆心作圆与 KL, LM 分别相切于 A, B, 与线段 OM 交于 C, $BM = \frac{23}{16}$, $\frac{AK}{AC} = \frac{5}{23}$, 求 AK.

解 设角 α 如图 2.165 所示,易见

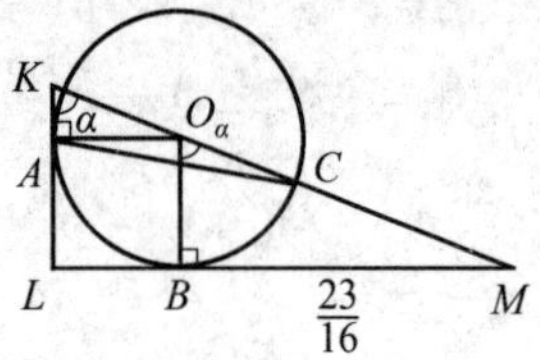

$$OA = OB = OC = \frac{23}{16} \cot \alpha$$

$$KA = OA \cot \alpha = \frac{23}{16} \cot^2 \alpha$$

$$AC = 2OA \sin \frac{\alpha + 90°}{2} = \frac{23}{8} \cot \alpha \sin \frac{\alpha + 90°}{2}$$

图 2.165

$$\frac{5}{23} = \frac{AK}{AC} = \frac{\cot \alpha}{2\sin \frac{\alpha + 90°}{2}}$$

$$10 \sin \frac{\alpha + 90°}{2} = 23 \cot \alpha = -23 \cdot \tan(90° + \alpha) = -23 \; \frac{2\sin \frac{90° + \alpha}{2} \cos \frac{90° + \alpha}{2}}{2\cos^2 \frac{90° + \alpha}{2} - 1}$$

两边约去 $2\sin \frac{\alpha + 90°}{2} \neq 0$,再去分母化简得

$$10 \cos^2 \frac{90° + \alpha}{2} + 23 \cos \frac{90° + \alpha}{2} - 5 = 0$$

求得(正值)

$$\cos \frac{90° + \alpha}{2} = \frac{1}{5}$$

$$\sin \alpha = -\cos(90° + \alpha) = 1 - 2\cos^2 \frac{90° + \alpha}{2} = \frac{23}{25} \Rightarrow \cos \alpha = \frac{\sqrt{96}}{25}$$

$$\cot \alpha = \frac{\sqrt{96}}{23}$$

$$AK = \frac{23}{16} \cot^2 \alpha = \frac{23}{16} \cdot \frac{96}{23^2} = \frac{6}{23}$$

第 2 章 平面几何计算题、轨迹题及其他问题

2.166 △ABC 中 $\angle C=30°$，$BC=4$，外接圆半径为 6，BA，BC 中点连线 DE 所在直线与外接圆交于 F，G，求 DE，FG。

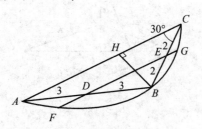

图 2.166

解 设 $FD=x$，$EG=y$。易见
$$AB=2\cdot 6\sin 30°=6$$
$$AC=4\cos 30°+\sqrt{6^2-(4\sin 30°)^2}=2\sqrt{3}+4\sqrt{2}\Rightarrow DE=\sqrt{3}+2\sqrt{2}$$
$$x(y+\sqrt{3}+2\sqrt{2})=3^2,\ y(x+\sqrt{3}+2\sqrt{2})=2^2 \qquad ①$$

两式相减得
$$(x-y)(\sqrt{3}+2\sqrt{2})=5\Rightarrow x=y+\frac{5}{\sqrt{3}+2\sqrt{2}}=y+2\sqrt{2}-\sqrt{3}$$

代入式 ① 中第一式，得
$$(y+2\sqrt{2}-\sqrt{3})(y+2\sqrt{2}+\sqrt{3})=3^2$$

解得(正根)
$$y=-2\sqrt{2}+2\sqrt{3}$$

从而
$$x=\sqrt{3}$$
$$FG=x+y+DE=4\sqrt{3}$$

2.167 菱形 $ABCD$ 边长 6，△ABC，△BCD 的外接圆圆心分别为 O，O'，$OO'=8$。求两圆半径。

解 设对角线交点为点 Q，角 α 如图 2.167 所示，则
$$OQ=|BO-BQ|=\left|\frac{3}{\cos\alpha}-6\cos\alpha\right|$$
$$O'Q=|O'C-CQ|=\left|\frac{3}{\sin\alpha}-6\sin\alpha\right|$$

257

用三角、解析几何等计算解来自俄罗斯的几何题
YONGSANJIAO,JIEXI JIHE DENG JISUAN JIE LAIZI ELUOSI DE JIHETI

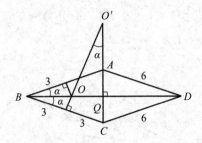

图 2.167

$$8^2 = OO'^2 = OQ^2 + O'Q^2 = \left(\frac{3}{\cos\alpha} - 6\cos\alpha\right)^2 + \left(\frac{3}{\sin\alpha} - 6\sin\alpha\right)^2$$

$$= \frac{9}{\cos^2\sin^2\alpha} - 36$$

$$25\sin^2 2\alpha = 9$$

求得(正值)

$$\sin 2\alpha = \frac{3}{5} \Rightarrow \cos 2\alpha = \frac{4}{5}$$

$$\cos\alpha = \sqrt{\frac{1+\frac{4}{5}}{2}} = \sqrt{\frac{9}{10}}, \sin\alpha = \sqrt{\frac{1}{10}}$$

$\triangle ABC$ 外接圆半径 $OB = \frac{3}{\cos\alpha} = \sqrt{10}$,$\triangle BCD$ 外接圆半径 $OC = \frac{3}{\sin\alpha} = 3\sqrt{10}$.

2.168 $\square ABCD$,已知 $\angle B = \alpha$,$AB = a$,$BC = b$,求 $\triangle BCD$,$\triangle DAB$ 外心的距离.

解 取坐标轴如图 2.168 所示,得 B,C,D,A 坐标如图所示,可设 $\triangle BCD$ 外心 $O(\frac{b}{2}, m)$. 由 $OB^2 = OD^2$,得

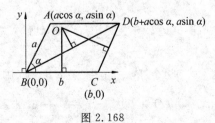

图 2.168

$$\left(\frac{b}{2}\right)^2 + m^2 = (b+a\cos\alpha - \frac{b}{2})^2 + (a\sin\alpha - m)^2 \Rightarrow m = \frac{a+b\cos\alpha}{2\sin\alpha}$$

故得 $O\left(\frac{b}{2}, \frac{a+b\cos\alpha}{2\sin\alpha}\right)$. 又易得直线 BD 为

$$xa\sin\alpha - y(b+a\cos\alpha) = 0$$

易见两外心关于直线 BD 对称,故两外心距离为 O 到 BD 距离的 2 倍,即

$$2 \cdot \frac{\left|\frac{1}{2}ba\sin\alpha - \frac{(a+b\cos\alpha)}{2\sin\alpha}(b+a\cos\alpha)\right|}{\sqrt{(a\sin\alpha)^2+(b+a\cos\alpha)^2}} = \frac{|2ab\cos^2\alpha + (a^2+b^2)\cos\alpha|}{\sin\alpha \cdot \sqrt{a^2+b^2+2ab\cos\alpha}}$$

2.169 等腰梯形 $KLMN$,$\angle K=45°$,底边 $MN=2$,$LK=8$,外接圆圆心 O,在边 KL 取 $KB=3$,求 O 到直线 AK 的距离.

解 取坐标轴如图 2.169 所示,设 N 在 LK 的射影为点 B',易见 $KB'=3=KB$,B' 与 B 重合,于是易得 $BP=BL=5$(Q,P,S 如图所示),有正方形 $OQBS$,边长为 1,得 $M(-1,4)$,$B(1,1)$,$K(4,1)$.

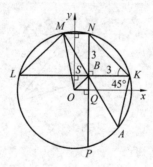

图 2.169

⊙O 的方程为

$$x^2 + y^2 = 4^2 + 1^2$$

直线 MB 为

$$\frac{x-1}{-1-1} = \frac{y-1}{4-1}$$

即

$$3x + 2y = 5, y = \frac{5-3x}{2}$$

代入 ⊙O 方程得交点 A,M 的 x 坐标适合的方程

$$x^2 + \left(\frac{5-3x}{2}\right)^2 = 17$$

解得两根 $x_M = -1, x_A = \dfrac{43}{13}$,从而 $y_A = \dfrac{5-3x_A}{2} = -\dfrac{32}{13}$.

直线 KA(第三行已去分母)为
$$\begin{vmatrix} x & y & 1 \\ 4 & 1 & 1 \\ 43 & -32 & 13 \end{vmatrix} = 0$$

即
$$45x - 9y - 171 = 0, 5x - y - 19 = 0$$

点 O 到其距离为
$$\frac{|-19|}{\sqrt{5^2 + (-1)^2}} = \frac{19}{\sqrt{26}}$$

2.170 如图 2.170 所示,$\triangle ABC$ 内心为 O,已知 $BC = a, CA = b$,$\angle AOB = 120°$,求 AB.

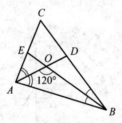

图 2.170

解 设 $AB = c$,由已知得
$$BD = a \frac{c}{b+c}$$

$$AO = AD \cdot \frac{c}{BD + c} = \frac{2}{b+c} \sqrt{bcs(s-a)} \; \frac{c}{\frac{ac}{b+c} + c} = \sqrt{\frac{bc(s-a)}{s}}$$

同理
$$BO = \sqrt{\frac{ac(s-b)}{s}}$$

在 $\triangle AOB$ 用余弦定理得
$$\frac{bc(s-a)}{s} + \frac{ac(s-b)}{s} + \frac{c}{s}\sqrt{ab(s-a)(s-b)} = c^2$$

化简得

第 2 章 平面几何计算题、轨迹题及其他问题
DIERZHANG PINGMIAN JIHE JISUANTI, GUIJITI JI QITA WENTI

$$\sqrt{ab(s-a)(s-b)} = 2ab - s(a+b-c)$$

两边乘 2 后再平方得

$$ab(b+c-a)(a+c-b) = [4ab - (a+b+c)(a+b-c)]^2$$
$$= (c+a-b)^2(c+b-a)^2$$

$$ab = (c+a-b)(c+b-a) = c^2 - a^2 + 2ab - b^2 \Rightarrow c = \sqrt{a^2+b^2-ab}$$

2.171 梯形 $ABCD$,底边 $BC=1$,$AD=4$,$\tan\angle A=2$,$\tan\angle D=3$,对角线交于 E,求 $\triangle CBE$ 的内切圆半径.

解 作 $BD' \parallel CD$ 交 AD 于点 D',则 $AD'=3$,$\angle BD'A = \angle CDA$,又取点 E,H 如图 2.171 所示.易见

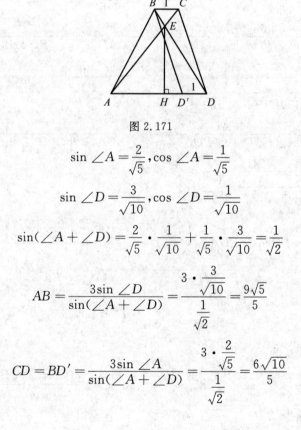

图 2.171

$$\sin\angle A = \frac{2}{\sqrt{5}}, \cos\angle A = \frac{1}{\sqrt{5}}$$

$$\sin\angle D = \frac{3}{\sqrt{10}}, \cos\angle D = \frac{1}{\sqrt{10}}$$

$$\sin(\angle A + \angle D) = \frac{2}{\sqrt{5}} \cdot \frac{1}{\sqrt{10}} + \frac{1}{\sqrt{5}} \cdot \frac{3}{\sqrt{10}} = \frac{1}{\sqrt{2}}$$

$$AB = \frac{3\sin\angle D}{\sin(\angle A + \angle D)} = \frac{3 \cdot \frac{3}{\sqrt{10}}}{\frac{1}{\sqrt{2}}} = \frac{9\sqrt{5}}{5}$$

$$CD = BD' = \frac{3\sin\angle A}{\sin(\angle A + \angle D)} = \frac{3 \cdot \frac{2}{\sqrt{5}}}{\frac{1}{\sqrt{2}}} = \frac{6\sqrt{10}}{5}$$

用三角、解析几何等计算解来自俄罗斯的几何题
YONGSANJIAO,JIEXI JIHE DENG JISUAN JIE LAIZI ELUOSI DE JIHETI

$$\tan\angle CAD = \frac{CD\sin\angle D}{4-CD\cos\angle D} = \frac{\frac{6\sqrt{10}}{5}\cdot\frac{3}{\sqrt{10}}}{4-\frac{6\sqrt{10}}{5}\cdot\frac{1}{\sqrt{10}}} = \frac{9}{7}$$

$$\Rightarrow \cos\angle CAD = \frac{7}{\sqrt{130}}, \sin\angle CAD = \frac{9}{\sqrt{130}}$$

$$\tan\angle BDA = \frac{AB\sin A}{4-AB\cos A} = \frac{\frac{9\sqrt{5}}{5}\cdot\frac{2}{\sqrt{5}}}{4-\frac{9\sqrt{5}}{5}\cdot\frac{1}{\sqrt{5}}} = \frac{18}{11} \Rightarrow \sin\angle BDA = \frac{18}{\sqrt{445}}$$

$$\cos\angle BDA = \frac{11}{\sqrt{445}}$$

$$AE = \frac{4\sin\angle BDA}{\sin(\angle BDA + \angle CAD)} = \frac{4}{\cos\angle CAD + \cot\angle BDA \sin\angle CAD}$$

$$= \frac{4}{\frac{7}{\sqrt{130}} + \frac{11}{18}\cdot\frac{9}{\sqrt{130}}} = \frac{72\sqrt{130}}{225} = \frac{8\sqrt{130}}{25}$$

$$DE = \frac{4\sin\angle CAD}{\sin(\angle CAD + \angle BDA)} = \frac{4}{\cos\angle BDA + \cot\angle CAD \sin\angle BDA}$$

$$= \frac{4}{\frac{11}{\sqrt{445}} + \frac{7}{9}\cdot\frac{18}{\sqrt{445}}} = \frac{4}{25}\sqrt{445}$$

$$DH = ED\cos\angle EDA = \frac{\left(\frac{4}{25}\sqrt{445}\right)^2 + 4^2 - \left(\frac{8}{25}\sqrt{130}\right)^2}{2\cdot 4} = \frac{44}{25}$$

$$EH = \sqrt{\left(\frac{4}{25}\sqrt{445}\right)^2 - \left(\frac{44}{25}\right)^2} = \frac{72}{25}$$

$$S_{\triangle AED} = \frac{1}{2}\cdot 4\cdot\frac{72}{25} = \frac{144}{25}$$

$\triangle AED$ 的半周长为

$$\frac{1}{2}\left(4 + \frac{8}{25}\sqrt{130} + \frac{4}{25}\sqrt{445}\right) = \frac{50 + 4\sqrt{130} + 2\sqrt{445}}{25}$$

$\triangle AED$ 内切圆半径为

$$\frac{144}{50 + 4\sqrt{130} + 2\sqrt{445}} = \frac{72}{25 + 2\sqrt{130} + \sqrt{445}}$$

$\triangle BCE$ 内切圆半径为其 $\frac{1}{4}$，即 $\frac{18}{25+2\sqrt{130}+\sqrt{445}}$.

2.172 $\triangle ABC$，$\angle B=60°$，$BC=3$，$BA=3\sqrt{7}$，$\angle B$ 的平分线与外接圆又交于 D，求 BD.

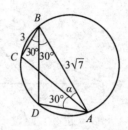

图 2.172

解 设 $\angle BAC=\alpha$，则

$$\tan\alpha=\frac{3\sin 60°}{3\sqrt{7}-3\cos 60°}=\frac{\sqrt{3}}{2\sqrt{7}-1}\Rightarrow\sin\alpha=\frac{\sqrt{3}}{\sqrt{32-4\sqrt{7}}}$$

$$\cos\alpha=\frac{2\sqrt{7}-1}{\sqrt{32-4\sqrt{7}}}$$

外接圆直径

$$d=\frac{3}{\sin\alpha}=\sqrt{3}\sqrt{32-4\sqrt{7}}$$

$$\sin(30°+\alpha)=\frac{1}{2}\cdot\frac{2\sqrt{7}-1}{\sqrt{32-4\sqrt{7}}}+\frac{\sqrt{3}}{2}\cdot\frac{\sqrt{3}}{\sqrt{32-4\sqrt{7}}}=\frac{\sqrt{7}+1}{\sqrt{32-4\sqrt{7}}}$$

$$BD=d\sin(30°+\alpha)=\sqrt{21}+\sqrt{7}$$

2.173 已知 $\triangle ABC$ 的两边 a，b，$\angle C=2\angle B$，求边 c.

解 设 $\angle B=\beta$，则

$$\angle C=2\beta,\frac{c}{\sin 2\beta}=\frac{b}{\sin\beta}\Rightarrow c=2b\cos\beta$$

$$a^2+b^2-2ab\cos 2\beta=c^2=4b^2\cos^2\beta=2b^2(1+\cos 2\beta)$$

解得

$$\cos 2\beta=\frac{a^2-b^2}{2b^2+2ab}=\frac{a-b}{2b}$$

$$c = \sqrt{a^2 + b^2 - 2ab \cdot \frac{a-b}{2b}} = \sqrt{b^2 + ab}$$

2.174 如图 2.173 所示，$\triangle ABC$ 中，$\angle C = 60°$，$\dfrac{AC}{BC} = \dfrac{5}{2}$，角平分线 $CD = 5\sqrt{3}$，求 $\tan A$ 及 BC.

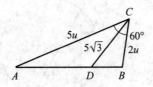

图 2.173

解 设 $AC = 5u$，则 $CB = 2u$. 在 $\triangle CAB$ 中

$$\tan A = \frac{2u \sin 60°}{5u - 2u \cos 60°} = \frac{\sqrt{3}}{4}$$

而在 $\triangle CAD$ 中

$$\tan A = \frac{\sqrt{3}}{4} = \frac{5\sqrt{3} \sin 30°}{5u - 5\sqrt{3} \cos 30°} = \frac{\sqrt{3}}{2u - 3}$$

解得

$$BC = 2u = 7$$

2.175 $\angle A = 60°$，$\odot O$ 与其两边相切，过 $\odot O$ 上点 K 作切线与 $\angle A$ 两边交于 B, C，与 OA 交于 M，$\dfrac{AM}{MO} = \dfrac{2}{3}$，$BC = 7$，求 $\triangle ABC$ 内切圆半径.

解 设 $\odot O$ 半径为 r，有向角 2θ 如图 2.174 所示. 易见

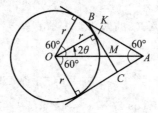

图 2.174

第 2 章 平面几何计算题、轨迹题及其他问题

$$r\tan(30°-\theta)+r\tan(30°+\theta)=7$$

即

$$\frac{r\sin 60°}{\cos(30°-\theta)\cos(30°+\theta)}=7$$

$$\frac{\sqrt{3}\,r}{\cos 60°+\cos 2\theta}=7 \qquad\qquad ①$$

$OM=\dfrac{r}{\cos 2\theta}$,$OA=2r$,故依题意得

$$\frac{2r-\dfrac{r}{\cos 2\theta}}{\dfrac{r}{\cos 2\theta}}=\frac{2}{3}\Rightarrow \cos 2\theta=\frac{5}{6}$$

再由式 ① 得

$$r=\frac{7\left(\dfrac{1}{2}+\dfrac{5}{6}\right)}{\sqrt{3}}=\frac{28}{9}\sqrt{3}$$

$$AB=\sqrt{3}\,r-r\tan(30°-\theta)$$
$$AC=\sqrt{3}\,r-r\tan(30°+\theta)$$

△ABC 的半周长为

$$s=\frac{1}{2}\{7+[\sqrt{3}\,r-r\tan(30°-\theta)]+[\sqrt{3}\,r-r\tan(30°+\theta)]\}$$

$$=\frac{7}{2}+\sqrt{3}\,r-\frac{r}{2}\cdot\frac{\sin 60°}{\cos(30°-\theta)\cos(30°+\theta)}$$

$$=\frac{7}{2}+\frac{28}{3}-\frac{14}{9}\sqrt{3}\cdot\frac{\sqrt{3}}{\cos 60°+\cos 2\theta}$$

$$=\frac{7}{2}+\frac{28}{3}-\frac{14}{3}\cdot\frac{1}{\dfrac{1}{2}+\dfrac{5}{6}}=\frac{28}{3}$$

$$S_{\triangle ABC}=\frac{1}{2}[\sqrt{3}\,r-r\tan(30°-\theta)][\sqrt{3}\,r-r\tan(30°+\theta)]\sin 60°$$

$$= \frac{1}{2} \cdot \frac{28^2}{27}\left[3-\sqrt{3}\,\frac{\frac{\sqrt{3}}{2}}{\frac{1}{2}\left(\frac{1}{2}+\frac{5}{6}\right)}+\frac{1}{4}\right]\frac{\sqrt{3}}{2} \text{①}$$

$$= \frac{392}{27}\cdot\frac{\sqrt{3}}{2}\left[3-\frac{3\cdot 6}{8}+\frac{1}{4}\right]=\frac{196}{27}\sqrt{3}$$

△ABC 内切圆半径为

$$\frac{\frac{196}{27}\sqrt{3}}{\frac{28}{3}}=\frac{7}{9}\sqrt{3}$$

2.176 如图 2.175 所示，△ABC 中 $\angle B=60°$，$AB=3$，$AC=3\sqrt{7}$，角平分线 BE 的延长线与外接圆交于点 D，求 BD.

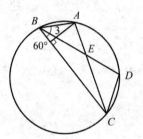

图 2.175

解 $BC = 3\cos 60° + \sqrt{(3\sqrt{7})^2 - (3\sin 60°)^2} = 9$

$$BE = \frac{2}{3+9}\sqrt{3\cdot 9\cdot\frac{3+9+3\sqrt{7}}{2}\cdot\frac{3+9-3\sqrt{7}}{2}} = \frac{9}{4}\sqrt{3}$$

$$BD = \frac{3\cdot 9}{\frac{9}{4}\sqrt{3}} = 4\sqrt{3}$$

2.177 如图 2.176 所示，直径 AK 与弦 AB 成 22.5°角，半径为 4，过 B

---

① $\tan(30°-\theta)\tan(30°+\theta)=\dfrac{\sin(30°-\theta)\sin(30°+\theta)}{\cos(30°-\theta)\cos(30°+\theta)}=\dfrac{\cos 2\theta-\cos 60°}{\cos 2\theta+\cos 60°}=\dfrac{\frac{5}{6}-\frac{1}{2}}{\frac{5}{6}+\frac{1}{2}}=\dfrac{5-3}{5+3}=\dfrac{1}{4}$.

第2章 平面几何计算题、轨迹题及其他问题

的切线与直线 AK 交于 C，求 $\triangle ABC$ 的中线 AM.

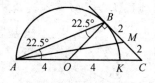

图 2.176

解 易见
$$BC = OB = 4, BM = MC = 2$$
$$AB^2 = (8\cos 22.5°)^2 = 32(1 + \cos 45°) = 32 + 16\sqrt{2}$$
$$AM = \sqrt{(32 + 16\sqrt{2}) + 2^2 - 2 \cdot 8\cos 22.5° \cdot 2 \cdot \cos(90° + 22.5°)}$$
$$= \sqrt{36 + 16\sqrt{2} + 16\sin 45°}$$
$$= \sqrt{36 + 24\sqrt{2}} = 2\sqrt{9 + 6\sqrt{2}}$$

2.178 如图 2.177 所示，$\triangle ABC$，$BC = 9$，$\cos C = \dfrac{2}{3}$，内切圆与 BC 相切于 D，$AD = CD$，求 AC.

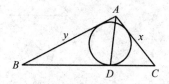

图 2.177

解 设 $AC = x$，$AB = y$，易见 $AD = CD = \dfrac{1}{2}(9 + x - y)$，则
$$2 \cdot \dfrac{1}{2}(9 + x - y) \cdot \dfrac{2}{3} = x \Rightarrow y = \dfrac{1}{2}(18 - x)$$
$$9^2 + x^2 - 2 \cdot 9 \cdot x \cdot \dfrac{2}{3} = y^2 = \left[\dfrac{1}{2}(18 - x)\right]^2 \Rightarrow 3x^2 - 12x = 0$$

求得正根
$$AC = x = 4$$

2.179 $\square ABCD$，$\angle A$ 的平分线交 CD 于 M，已知 $\angle CAM = \alpha$，$\dfrac{DM}{MC} = 2$，

求 $\angle BAD$.

解 不妨设 $MC=1$,则 $AD=DM=2$,设角 θ 如图 2.178 所示,则

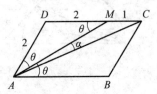

图 2.178

$$AM = 2\cos\theta \cdot 2 = 4\cos\theta$$

$$\frac{4\cos\theta}{\sin(\theta-\alpha)} = \frac{1}{\sin\alpha} \Rightarrow 4\cos\theta\sin\alpha = \sin(\theta-\alpha) = \sin\theta\cos\alpha - \cos\theta\sin\alpha$$

$$5\cos\theta\sin\alpha = \sin\theta\cos\alpha \Rightarrow \tan\theta = 5\tan\alpha$$

$$\angle BAD = 2\theta = 2\tan^{-1}(5\tan\alpha)$$

2.180 如图 2.179 所示,$\square ABCD$,$\angle C = 45°$,在 BC 边取点 M 使 $\frac{CM}{MB} = \frac{3}{2}$,又 $\angle DMA = 90°$,求 $\frac{AB}{BC}$.

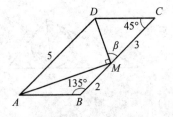

图 2.179

解 不妨设 $CM=3$,则 $MB=2$,$DA=5$,设 $\angle DMC=\beta$,易见

$$MD = \frac{3\sin 45°}{\sin(45°+\beta)} = \frac{3}{\cos\beta+\sin\beta}$$

$$MA = \frac{2\sin 135°}{\sin(135°+(90°-\beta))} = \frac{2}{-\cos\beta+\sin\beta}$$

$$\left(\frac{3}{\cos\beta+\sin\beta}\right)^2 + \left(\frac{2}{-\cos\beta+\sin\beta}\right)^2 = 5^2$$

去分母化简得

$$9(1-2\sin\beta\cos\beta) + 4(1+2\sin\beta\cos\beta) = 25(1-4\sin^2\beta\cos^2\beta)$$

再化简得

第 2 章　平面几何计算题、轨迹题及其他问题
DIERZHANG　PINGMIAN JIHE JISUANTI, GUIJITI JI QITA WENTI

$$50(\sin\beta\cos\beta)^2 - 5\sin\beta\cos\beta - 6 = 0$$

解得（正值）

$$\sin\beta\cos\beta = \frac{2}{5} \Rightarrow \sin 2\beta = \frac{4}{5}, \cos 2\beta = \pm\frac{3}{5}$$

$$\cot\beta = \frac{1+\cos 2\beta}{\sin 2\beta} = 2 \text{ 或 } \frac{1}{2}$$

但 $\cot\beta = 2$ 时，$\cos\beta = \frac{2}{\sqrt{5}}$，$\sin\beta = \frac{1}{\sqrt{5}}$，$MA = \dfrac{2}{-\dfrac{2}{\sqrt{5}}+\dfrac{1}{\sqrt{5}}} < 0$，不合理，故只能取

$$\cot\beta = \frac{1}{2}$$

$$AB = CD = \frac{3\sin\beta}{\sin(\beta+45°)} = \frac{3}{\dfrac{1}{\sqrt{2}}+\dfrac{1}{\sqrt{2}}\cot\beta} = \frac{3\sqrt{2}}{1+\dfrac{1}{2}} = 2\sqrt{2}$$

$$\frac{AB}{BC} = \frac{2\sqrt{2}}{5}$$

2.181　如图 2.180 所示，锐角 $\triangle ABC$，已知 $\angle A, \angle B, \angle C$ 分别等于 α，β, γ，其内点 P 到 AB, BC, CA 的距离分别为 l, m, n，求 $S_{\triangle ABC}$.

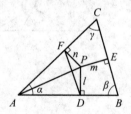

图 2.180

解　$AP = \dfrac{DF}{\sin\alpha} = \dfrac{\sqrt{l^2+n^2+2ln\cos\alpha}}{\sin\alpha}$，则四边形 $ADPF$ 的面积为

$$\frac{1}{2}n\sqrt{PA^2-n^2} + \frac{1}{2}l\sqrt{PA^2-l^2}$$

$$= \frac{n}{2\sin\alpha}\sqrt{l^2+n^2+2ln\cos\alpha-n^2\sin^2\alpha} +$$

$$\frac{l}{2\sin\alpha}\sqrt{l^2+n^2+2ln\cos\alpha-l^2\sin^2\alpha}$$

$$= \frac{n}{2\sin \alpha}(l + n\cos \alpha) + \frac{l}{2\sin \alpha}(n + l\cos \alpha)$$

$$= \frac{2nl + (n^2 + l^2)\cos \alpha}{2\sin \alpha}$$

对图中另外两个四边形的面积有类似结果，即

$$S_{\triangle ABC} = \frac{2nl + (n^2 + l^2)\cos \alpha}{2\sin \alpha} + \frac{2lm + (l^2 + m^2)\cos \beta}{2\sin \beta} + \frac{2mn + (m^2 + n^2)\cos \gamma}{2\sin \gamma}$$

$$= \frac{(l\sin \gamma + m\sin \alpha + n\sin \beta)^2}{2\sin \alpha \sin \beta \sin \gamma}$$

2.182 正 $\triangle ABC$ 及正 $\triangle A_1B_1C_1$，点 A_1,B_1,C_1 分别在 BC,CA,AB 上，BB_1 与 A_1C_1 交于点 D，$\frac{BD}{DB_1} = k$，求 $\frac{S_{\triangle ABC}}{S_{\triangle A_1B_1C_1}}$。

解 不妨设 $AB = BC = CA = 1$，易证 $\angle BA_1B_1 = \angle CB_1C_1 = \angle AC_1A_1$，从而知 $\triangle BA_1B_1 \cong \triangle CB_1C_1 \cong \triangle AC_1A_1$，故可设线段 $\lambda, 1-\lambda$ 如图 2.181 所示，延长 AC 及 C_1A_1 交于点 M。

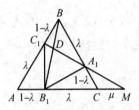

图 2.181

由 C_1M 截 $\triangle ABC$ 得

$$\frac{1-\lambda}{\lambda} \cdot \frac{1+\mu}{\mu} \cdot \frac{1-\lambda}{\lambda} = 1 \Rightarrow \mu = \frac{(1-\lambda)^2}{2\lambda - 1}$$

由 C_1M 截 $\triangle ABB_1$ 得

$$k \cdot \frac{\lambda + \mu}{1 + \mu} \cdot \frac{\lambda}{1 - \lambda} = 1$$

即

$$k\lambda(\lambda + \mu) = (1 + \mu)(1 - \lambda)$$

$$k\lambda\left(\lambda + \frac{(1-\lambda)^2}{2\lambda - 1}\right) = \left(1 + \frac{(1-\lambda)^2}{2\lambda - 1}\right)(1 - \lambda) \Rightarrow \lambda^2 - \lambda = \frac{-k}{3k+1}$$

$$B_1C_1^2 = \lambda^2 + (1-\lambda)^2 - 2\cdot\lambda\cdot(1-\lambda)\cos 60° = 3(\lambda^2 - \lambda) + 1 = \frac{1}{3k+1}$$

第 2 章 平面几何计算题、轨迹题及其他问题
DIERZHANG PINGMIAN JIHE JISUANTI, GUIJITI JI QITA WENTI

$$\frac{S_{\triangle ABC}}{S_{\triangle A_1B_1C_1}} = \left(\frac{1}{B_1C_1}\right)^2 = 3k+1$$

以上是在 $\lambda \neq \frac{1}{2}$ 的情况（这时直线 C_1A_1 与 CA 交于 M）下求得的结果，易见当 $\lambda = \frac{1}{2}$（从而 $k=1, C_1A_1 \parallel AC$）时上述结果亦成立（或据所述面积比对 λ, k 连续性亦可知）．

2.183 已知五边形 $ABCDE$, $S_{\triangle ABC} = S_{\triangle BCD} = S_{\triangle CDE} = S_{\triangle DEA} = S_{\triangle EAB} = S$, 求 $S_{\text{五边形}ABCDE}$．

解 取斜坐标轴如图 2.182 所示，易见 $AB \parallel EC, BC \parallel AD, CD \parallel BE$, $DE \parallel CA, EA \parallel DB$, 可设 A, B, C, D, E 坐标如图所示．由 $BC \parallel DA$ 得（BC 与 DA 的广义斜率）

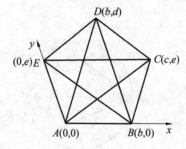

图 2.182

$$\frac{e}{c-b} = \frac{d}{b}$$

由 $DE \parallel AC$ 得

$$\frac{d-e}{b} = \frac{e}{c}$$

从而得

$$cd - bd = eb = cd - ce \Rightarrow c = \frac{bd}{e}$$

代入 $cd - bd = eb$ 得

$$\frac{b}{e}d^2 - bd = eb \Rightarrow d^2 - de - e^2 = 0$$

解得（正根）

$$d = \frac{1+\sqrt{5}}{2}e, \quad c = \frac{bd}{e} = \frac{1+\sqrt{5}}{2}b$$

用三角、解析几何等计算解来自俄罗斯的几何题

$$S_{\text{五边形}ABCDE} = S_{\triangle CDE} + S_{\text{梯形}ABCE} = S_{\triangle ABC} + S_{\text{梯形}ABCE}$$

$$= S + S \cdot \frac{EC + AB}{AB} = S\left(2 + \frac{EC}{AB}\right)$$

$$= S\left(2 + \frac{c}{b}\right) = \frac{5+\sqrt{5}}{2}S$$

2.184 圆上 B,D 两点在直线 AC 两侧,$S_{\triangle ABC} = 3S_{\triangle BCD}$,$AB = \sqrt{6}$,$CD = 1$.求半径 r.

解 设角 α,β,γ 如图 2.183 所示,据面积条件易知 $\triangle BCD$ 的高 $DH = \frac{1}{3}AB = \frac{1}{3}\sqrt{6}$,从而 $\sin\alpha = \frac{\sqrt{6}}{2r}$,$\cos\alpha = \frac{\sqrt{4r^2-6}}{2r}$,$\cos\beta = \frac{1}{2r}$,$\sin\beta = \frac{\sqrt{4r^2-1}}{2r}$,$\sin\gamma = \frac{\sqrt{6}}{3} = \sin(\alpha+\beta)$,故

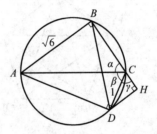

图 2.183

$$\frac{\sqrt{6}}{2r} \cdot \frac{1}{2r} + \frac{\sqrt{4r^2-6}}{2r} \cdot \frac{\sqrt{4r^2-1}}{2r} = \frac{\sqrt{6}}{3} \Rightarrow 3\sqrt{4r^2-6}\sqrt{4r^2-1} = 4\sqrt{6}r^2 - 3\sqrt{6}$$

两边约去 $\sqrt{6}$ 后两边平方得

$$24r^4 - 42r^2 + 9 = 16r^4 - 24r^2 + 9$$

解得正根

$$r = \frac{3}{2}$$

2.185 等腰 $Rt\triangle ABC$,$\angle C = 90°$,在边 BA 及其延长线上分别取点 D,E,$\triangle DEF$ 与 $\triangle BAC$ 有与 BA 平行的公共中位线 LK,$\frac{S_{\text{梯形}BDKL}}{S_{\triangle ABC}} = \frac{5}{8}$,求 $\angle E$.

解 如图 2.184 所示,设梯形 $BDKL$ 的高为 h,则 $\triangle CBA$ 边 BA 上的高为 $2h$

第2章 平面几何计算题、轨迹题及其他问题
DIERZHANG PINGMIAN JIHE JISUANTI,GUIJITI JI QITA WENTI

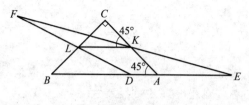

图 2.184

$$\frac{\frac{1}{2}(LK+BD)h}{\frac{1}{2}BA \cdot 2h} = \frac{5}{8} \Rightarrow 4BD = 5BA - 4LK = 5BA - 2BA = 3BA$$

$$BD = \frac{3}{4}BA$$

不妨设 $BD=3$,则 $BA=DE=4,AE=BD=3,AD=1$,易见

$$AK = CK = \frac{1}{2}AC = \sqrt{2}$$

即

$$\frac{\sqrt{2}}{\sin E} = \frac{3}{\sin(45°-E)}$$

$$\frac{3}{\sqrt{2}} = \frac{\sin(45°-E)}{\sin E} = \frac{1}{\sqrt{2}}\cot E - \frac{1}{\sqrt{2}}$$

$$\cot E = 4, \tan E = \frac{1}{4}, \angle E = \tan^{-1}\frac{1}{4}$$

2.186 Rt$\triangle AMD$,Rt$\triangle CMB$ 有公共的直角顶点 M,斜边在一直线上,已知 $\angle CMD = \alpha, S_{\triangle AMD} = S_1, S_{\triangle CMB} = S_2$,求 $S_{\triangle AMB}$.

解 设角 α_1, α_2,高 h 如图 2.185 所示,则

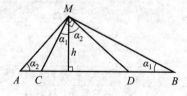

图 2.185

$$\alpha_1 + \alpha_2 = \alpha$$

$$\frac{1}{2} \cdot \frac{h}{\sin \alpha_2} \cdot \frac{h}{\cos \alpha_2} = S_1$$

用三角、解析几何等计算解来自俄罗斯的几何题

即
$$\sin 2\alpha_2 = \frac{h^2}{S_1}$$

同理
$$\sin 2\alpha_1 = \frac{h^2}{S_2}$$

两式相除得
$$\frac{\sin \alpha_2}{\sin \alpha_1} = \frac{S_2}{S_1}$$

即
$$\frac{\sin(2\alpha - 2\alpha_1)}{\sin 2\alpha_1} = \frac{S_2}{S_1}$$

$$\sin 2\alpha \cot 2\alpha_1 - \cos 2\alpha = \frac{S_2}{S_1}$$

$$\cot 2\alpha_1 = \frac{\frac{S_2}{S_1} + \cos 2\alpha}{\sin 2\alpha} = \frac{S_2 + S_1 \cos 2\alpha}{S_1 \sin 2\alpha}$$

$$\cos 2\alpha_1 = \frac{S_2 + S_1 \cos 2\alpha}{\sqrt{S_2^2 + S_1^2 + 2S_1 S_2 \cos 2\alpha}}$$

$$\sin \alpha_1 = \sqrt{\frac{1 - \cos 2\alpha_1}{2}} = \sqrt{\frac{\sqrt{S_2^2 + S_1^2 + 2S_1 S_2 \cos 2\alpha} - S_2 - S_1 \cos 2\alpha}{2\sqrt{S_2^2 + S_1^2 + 2S_1 S_2 \cos 2\alpha}}}$$

类似得
$$\cos \alpha_2 = \sqrt{\frac{\sqrt{S_2^2 + S_1^2 + 2S_2 S_1 \cos 2\alpha} + S_1 + S_2 \cos 2\alpha}{2\sqrt{S_2^2 + S_1^2 + 2S_2 S_1 \cos 2\alpha}}}$$

$$S_{\triangle AMB} = \frac{1}{2}h(h\cot\alpha_2 + h\cot\alpha_1) = \frac{h^2}{2} \cdot \frac{\sin(\alpha_1 + \alpha_2)}{\sin\alpha_2 \sin\alpha_1} = \frac{S_1 \sin 2\alpha_2}{2} \cdot \frac{\sin\alpha}{\sin\alpha_2 \sin\alpha_1}$$

$$= S_1 \frac{\sin\alpha \cos\alpha_2}{\sin\alpha_1} = S_1 \sin\alpha \cdot \sqrt{\frac{\sqrt{S_2^2 + S_1^2 + 2S_1 S_2 \cos 2\alpha} + S_1 + S_2 \cos 2\alpha}{\sqrt{S_2^2 + S_1^2 + 2S_1 S_2 \cos 2\alpha} - S_2 - S_1 \cos 2\alpha}}$$

$$= S_1 \sin\alpha \cdot \sqrt{\frac{(S_2^2 + S_1^2 + 2S_2 S_1 \cos 2\alpha) + (S_1 + S_2 \cos 2\alpha + S_2 + S_1 \cos 2\alpha)\sqrt{S_2^2 + S_1^2 + 2S_1 S_2 \cos 2\alpha} + (S_1 + S_2 \cos 2\alpha)(S_2 + S_1 \cos 2\alpha)}{(S_2^2 + S_1^2 + 2S_2 S_1 \cos 2\alpha) - (S_2 + S_1 \cos 2\alpha)^2}}$$

$$= \frac{S_1 \sin\alpha}{S_1 \sin 2\alpha} \cdot \sqrt{2S_2^2 \cos^2\alpha + 2S_1^2 \cos^2\alpha + S_1 S_2(1 + \cos 2\alpha)^2 + 2(S_1 + S_2)\cos^2\alpha \sqrt{S_2^2 + S_1^2 + 2S_1 S_2 \cos 2\alpha}}$$

$$= \frac{1}{2\cos\alpha} \cos\alpha \cdot \sqrt{2S_2^2 + 2S_1^2 + 4S_2 S_1 \cos^2\alpha + 2(S_1 + S_2)\sqrt{S_2^2 + S_1^2 + 2S_1 S_2 \cos 2\alpha}}$$

$$= \frac{1}{2}\sqrt{(S_1+S_2)^2 + (S_1^2+S_2^2+2S_1S_2\cos 2\alpha) + 2(S_1+S_2)\sqrt{S_1^2+S_2^2+2S_1S_2\cos 2\alpha}}$$

$$= \frac{1}{2}(S_1+S_2+\sqrt{S_1^2+S_2^2+2S_1S_2\cos 2\alpha})$$

2.187 正方形 $ABCD$ 的顶点 D 在等腰梯形 $BCEF$ 的腰 EF 上，$BF = 4CE$，求 $\angle F$.

解 设角 α 如图 2.186 所示，易见 $\angle ECD = 90° - \alpha$，$\angle E = 180° - \alpha$，不妨设 $CE = 1$，易见 $CD = BC = \dfrac{3}{2\cos\alpha}$，故

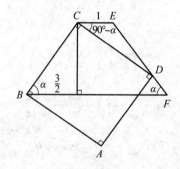

图 2.186

即

$$\frac{3}{2\cos\alpha} = \frac{1\sin(180°-\alpha)}{\sin((180°-\alpha)+(90°-\alpha))}$$

$$-3\cos 2\alpha = \sin 2\alpha, \tan 2\alpha = -3$$

$$2\alpha = 180° - \tan^{-1}3$$

$$\angle F = \alpha = 90° - \frac{1}{2}\tan^{-1}3$$

2.188 矩形 $ABCD$，$\dfrac{AB}{BC}=2$，C 在等腰梯形 $ABKM$ 的腰 KM 上，AM 与 CD 交于 E，$\dfrac{AE}{BK}=3$，求 $\angle M$ 及 $\dfrac{S_{\text{梯形}ABKM}}{S_{\text{矩形}ABCD}}$.

解 可设线段 $a, 2a, b, 3b$，角 α 如图 2.187 所示，易见 $\angle K = 180° - \alpha$，$\angle KBC = 90° - \alpha$，则

$$3b\sin\alpha = a = \frac{b\sin(180°-\alpha)}{\sin((180°-\alpha)+(90°-\alpha))} = -\frac{b\sin\alpha}{\cos 2\alpha} \Rightarrow \cos 2\alpha = -\frac{1}{3}$$

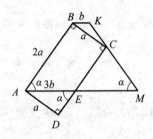

图 2.187

$$\sin 2\alpha = \frac{2\sqrt{2}}{3}, \tan \alpha = \frac{\sin 2\alpha}{1+\cos 2\alpha} = \sqrt{2}, \alpha = \tan^{-1}\sqrt{2}, \sin \alpha = \sqrt{\frac{2}{3}}, \cos \alpha = \sqrt{\frac{1}{3}}$$

$$a = 3b \cdot \sqrt{\frac{2}{3}} = \sqrt{6}\, b$$

$$S_{矩形ABCD} = a \cdot 2a = 12b^2$$

梯形 $AMKB$ 的高为

$$h = 2a\sin \alpha = 2 \cdot \sqrt{6}\, b \cdot \sqrt{\frac{2}{3}} = 4b$$

$$AM = b + 2 \cdot 2a \cdot \cos \alpha = b + 2 \cdot 2\sqrt{6}\, b \cdot \sqrt{\frac{1}{3}} = (1 + 4\sqrt{2})b$$

$$\frac{S_{梯形AMKB}}{S_{矩形ABCD}} = \frac{\frac{1}{2}[b + (1+4\sqrt{2})b] \cdot 4b}{12b^2} = \frac{1+2\sqrt{2}}{3}$$

2.189 如图 2.188 所示，$\square ABCD$ 中，$AB = 2$，$\angle BAD = 45°$，点 A,C 在 BD 的射影分别为 E,F，$BF = \frac{3}{2}BE$，求 $S_{\square ABCD}$.

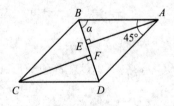

图 2.188

解 设 $\angle ABD = \alpha$，易见 $\frac{BE}{BD} = \frac{2}{5}$，$BE = 2\cos \alpha$，$BD = \frac{2\sin 45°}{\sin(45°+\alpha)} = \frac{2}{\cos \alpha + \sin \alpha}$，于是

第2章 平面几何计算题、轨迹题及其他问题
DIERZHANG PINGMIAN JIHE JISUANTI, GUIJITI JI QITA WENTI

$$\frac{\frac{2\cos\alpha}{2}}{\cos\alpha+\sin\alpha}=\frac{2}{5}$$

即
$$5\cos\alpha\sin\alpha=2-5\cos^2\alpha \qquad ①$$

将式①两边平方得
$$25\cos^2\alpha\cdot(1-\cos^2\alpha)=4-20\cos^2\alpha+25\cos^4\alpha$$

解得
$$\cos^2\alpha=\frac{1}{10} \quad 或 \quad \cos^2\alpha=\frac{4}{5}$$

但当 $\cos^2\alpha=\frac{4}{5}$ 时,式①右边为负,而对锐角 α,左边为正,为增根,故舍去.易验知 $\cos^2\alpha=\frac{1}{10}$,适合方程①,这时 $\sin^2\alpha=\frac{9}{10}$,$\tan^2\alpha=9$,$\tan\alpha=3$,则

$$AD=\frac{2\sin\alpha}{\sin(45°+\alpha)}=\frac{2}{\frac{1}{\sqrt{2}}\cot\alpha+\frac{1}{\sqrt{2}}}=\frac{2\sqrt{2}}{\frac{1}{3}+1}=\frac{3\sqrt{2}}{2}$$

$$S_{\square ABCD}=2\cdot\frac{3\sqrt{2}}{2}\sin 45°=3$$

2.190 $\triangle ABC$ 的高 AM,CN,外心为 O,已知 $\angle B=\beta$,$S_{四边形 OMBN}=S$,求 AC.

解 设 α,γ 如图 2.189 所示,外接圆半径为 R. 易见 $BM=2R\sin\gamma\cos\beta$,$\triangle OBM$ 的高 $OH=R\cos\alpha$.

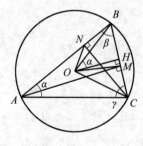

图 2.189

$$S_{\triangle OBM}=\frac{1}{2}\cdot 2R\sin\gamma\cos\beta\cdot R\cos\alpha=R^2\sin\gamma\cos\beta\cos\alpha$$

用三角、解析几何等计算解来自俄罗斯的几何题
YONGSANJIAO,JIEXI JIHE DENG JISUAN JIE LAIZI ELUOSI DE JIHETI

同理
$$S_{\triangle OBN} = R^2 \sin\alpha \cos\beta \cos\gamma$$
$$S = S_{四边形 OMBN} = S_{\triangle OBM} + S_{\triangle OBN} = R^2 \cos\beta \cdot (\sin\gamma \cos\alpha + \sin\alpha \cos\gamma)$$
$$= R^2 \cos\beta \sin\beta$$
$$R = \sqrt{\frac{S}{\sin\beta \cos\beta}}$$
$$AC = 2R\sin\beta = 2\sqrt{S\tan\beta}$$

2.191 $\angle BPM = 60°$,$\odot O$ 与 PM 相切于 M,与 PB 交于 A,B,$AB = \sqrt{6}$,$\odot O$ 与 $\angle BPM$ 的平分线交于 C,D,$CD = \sqrt{6}$,求 $S_{\odot O}$.

解 设 $\odot O$ 半径为 r. 易见图 2.190 中,$Rt\triangle OBN \cong Rt\triangle ODQ$,从而 $Rt\triangle OPN \cong Rt\triangle OPQ$,故 $\angle OPB = \angle OPD = 15°$,$\angle OPM = 45°$,$PO = \sqrt{2}r$. 又

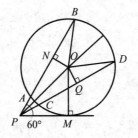

图 2.190

$$ON = \sqrt{r^2 - \left(\frac{\sqrt{6}}{2}\right)^2} = \sqrt{r^2 - \frac{3}{2}}$$

$$\frac{\sqrt{r^2 - \frac{3}{2}}}{\sqrt{2}r} = \frac{ON}{OP} = \sin 15° = \sqrt{\frac{1 - \frac{\sqrt{3}}{2}}{2}} \Rightarrow \left(1 - \frac{\sqrt{3}}{2}\right)r^2 = r^2 - \frac{3}{2}$$

$$r^2 = \sqrt{3}, S_{\odot O} = \pi r^2 = \sqrt{3}\pi$$

2.192 $\triangle ABC$ 边 AB 上点 D,$\angle ACD = 45°$,D 关于直线 BC 的对称点 D_1,D_1 关于直线 AC 的对称点 D_2 在直线 BC 上,$AB = 4$,$BC = \sqrt{3}CD_2$,求 $S_{\triangle ABC}$.

解 设角 α 如图 2.191 所示,易得
$$\angle D_2 CE = \angle D_1 CE = 135° - 2\alpha$$
$$\alpha + 2(135° - 2\alpha) = 180° \Rightarrow \alpha = 30°$$

第 2 章　平面几何计算题、轨迹题及其他问题
DIERZHANG　PINGMIAN JIHE JISUANTI,GUIJITI JI QITA WENTI

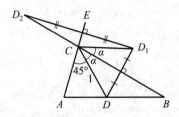

图 2.191

$$\tan B = \frac{CD\sin 30°}{BC - CD\cos 30°} = \frac{\frac{1}{2}}{\frac{BC}{CD} - \frac{\sqrt{3}}{2}} = \frac{\frac{1}{2}}{\sqrt{3} - \frac{\sqrt{3}}{2}} = \frac{1}{\sqrt{3}}(注意 CD = CD_2)$$

$\angle B = 30°$,从而易知

$$\angle A = 75° = \angle ACB, BC = AB = 4$$

$$S_{\triangle ABC} = \frac{1}{2} \cdot 4^2 \cdot \sin 30° = 4$$

2.193　$\triangle ABC$ 中 $\angle C = 90°$,$DE \parallel AB$ 与 CA,EB 分别交于点 D,E,$DE = 2$,$EB = 1$,在 BA 边上取点 F,使 $BF = 1$,已知 $\angle BCF = \alpha$,求 $S_{\triangle ABC}$.

解　设 β 如图 2.192 所示.易见

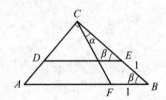

图 2.192

$$BC = 1 + 2\cos \beta$$

$$\tan \alpha = \frac{1\sin \beta}{(1 + 2\cos \beta) - 1\cos \beta} = \tan \frac{1}{2}\beta \Rightarrow \beta = 2\alpha$$

$$S_{\triangle CDE} = \frac{1}{2}CD \cdot CE = \frac{1}{2} \cdot 2\sin \beta \cdot 2\cos \beta = \sin 2\beta = \sin 4\alpha$$

$$S_{\triangle ABC} = S_{\triangle CDE}\left(\frac{CB}{CE}\right)^2 = \sin 4\alpha \cdot \left(\frac{1 + 2\cos \beta}{2\cos \beta}\right)^2 = \sin 4\alpha \cdot \left(\frac{1 + 2\cos 2\alpha}{2\cos 2\alpha}\right)^2$$

$$= \frac{1}{2}\tan 2\alpha \cdot (1 + 2\cos 2\alpha)^2$$

2.194 在 $\angle AOC$ 的平分线上取 B,过 B 作 $KL \perp OB$ 与 OA,OC 分别交于 K,L,过 B 又作直线与 OA,OC 分别交于 M,N,使 $OM = MN$,已知 $MK = a$,$LN = \dfrac{3}{2}a$,求 $S_{\triangle OMN}$.

解 可设 $\alpha,2\alpha,4\alpha$ 如图 2.193 所示. $\angle LBN = \angle MBK = 180° - 4\alpha - (90°-\alpha) = 90° - 3\alpha$. 由 $BL = BK$,在 $\triangle BLN$ 及 $\triangle BMK$ 用正弦定理得

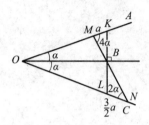

图 2.193

$$\frac{3a}{2} \cdot \frac{\sin 2\alpha}{\sin(90°-3\alpha)} = a \cdot \frac{\sin 4\alpha}{\sin(90°-3\alpha)} \Rightarrow 3\sin 2\alpha = 2\sin 4\alpha$$

$$\cos 2\alpha = \frac{3}{4}$$

$$\sin 2\alpha = \frac{\sqrt{7}}{4}, \cos \alpha = \sqrt{\frac{1+\cos 2\alpha}{2}} = \sqrt{\frac{7}{8}}, \sin \alpha = \sqrt{\frac{1}{8}}$$

$$\sin 4\alpha = 2 \cdot \frac{\sqrt{7}}{4} \cdot \frac{3}{4} = \frac{3}{8}\sqrt{7}$$

$$\cos 3\alpha = \frac{3}{4}\sqrt{\frac{7}{8}} - \frac{\sqrt{7}}{4}\sqrt{\frac{1}{8}} = \frac{\sqrt{14}}{8}$$

$$OM = MN = BN + BM = \frac{3a}{2} \cdot \frac{\sin(\alpha+90°)}{\sin(90°-3\alpha)} + a \cdot \frac{\sin(90°-\alpha)}{\sin(90°-3\alpha)}$$

$$= \frac{5a\cos \alpha}{2\cos 3\alpha} = 5a$$

$$S_{\triangle OMN} = \frac{1}{2}OM \cdot MN \sin(180°-4\alpha) = \frac{1}{2} \cdot 5a \cdot 5a \cdot \frac{3}{8}\sqrt{7} = \frac{75}{16}\sqrt{7}a^2$$

2.195 $S_{\triangle ABC} = 2\sqrt{3} - 3$,$\angle A = 60°$,$BC$ 边外的旁切圆半径为 1,求 $\angle B$,$\angle C$.

解 如图 2.194 所示

$$S_{\triangle ABC} = 2\sqrt{3} - 3 = r_a(s-a) = 1 \cdot \frac{b+c-a}{2} \Rightarrow a = b+c+6-4\sqrt{3}$$

第 2 章 平面几何计算题、轨迹题及其他问题

DIERZHANG　PINGMIAN JIHE JISUANTI,GUIJITI JI QITA WENTI

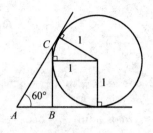

图 2.194

又

$$S_{\triangle ABC} = 2\sqrt{3} - 3 = \frac{1}{2}bc\sin 60° = \frac{\sqrt{3}}{4}bc \Rightarrow bc = 8 - 4\sqrt{3}$$

$$b^2 + c^2 - 2bc\cos 60° = a^2 = (b + c + 6 - 4\sqrt{3})^2$$

$$0 = 3bc + (12 - 8\sqrt{3})(b + c) + 84 - 48\sqrt{3} = 108 - 60\sqrt{3} + (12 - 8\sqrt{3})(b + c)$$

$$b + c = \frac{108 - 60\sqrt{3}}{8\sqrt{3} - 12} = \frac{9\sqrt{3} - 15}{2 - \sqrt{3}} = -3 + 3\sqrt{3}$$

于是 b,c 为方程

$$t^2 + (3 - 3\sqrt{3})t + (8 - 4\sqrt{3}) = 0$$

的两根,此方程即

$$t^2 - 3(\sqrt{3} - 1) + 2(\sqrt{3} - 1)^2 = 0$$

易见其两根为 $\sqrt{3} - 1$ 与 $2(\sqrt{3} - 1)$,于是 $b = 2c$ 或 $c = 2b$. 又由 $\angle A = 60°$ 知 $\angle B$, $\angle C$ 分别为 $90°,30°$ 或 $30°,90°$.

2.196　$\triangle ABC$ 中,$AC = BC$,AB 上点 D 距 AC,BC 分别为 $11,3$,内切圆半径为 4,求 $\cos B$.

解　设角 α 如图 2.195 所示,又设 $AC = BC = a$,则 $S_{\triangle ABC} = \frac{1}{2}a^2\sin 2\alpha$, $\triangle ABC$ 半周长为 $a(1 + \cos\alpha)$,故

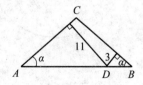

图 2.195

$$\frac{1}{2}a^2\sin 2\alpha = a(1+\cos\alpha)\cdot 4$$

即
$$2a\cos\alpha\sin\frac{\alpha}{2}\cos\frac{\alpha}{2} = 8\cos^2\frac{\alpha}{2}$$

$$a\cos\alpha\sin\frac{\alpha}{2} = 4\cos\frac{\alpha}{2} \qquad ①$$

又
$$\frac{11}{\sin\alpha}+\frac{3}{\sin\alpha} = AB = 2a\cos\alpha$$

即 $\dfrac{7}{\sin\alpha} = a\cos\alpha$.

代入式 ① 得
$$\frac{7}{\sin\alpha}\sin\frac{\alpha}{2} = 4\cos\frac{\alpha}{2} \Rightarrow 7 = 8\cos^2\frac{\alpha}{2}$$

$$\cos\frac{\alpha}{2} = \sqrt{\frac{7}{8}}$$

$$\cos B = \cos\alpha = 2\cdot\sqrt{\frac{7}{8}}^2 - 1 = \frac{3}{4}$$

2.197 $\overgroup{AB} = 120°$,点 C,D 分别在 $\overgroup{AB}$,AB 上,$AD=2$,$DB=1$,$CD=\sqrt{2}$,求 $S_{\triangle ABC}$.

解 设角 α,β 如图 2.196 所示,又设 $\angle CDB = \theta$,易见

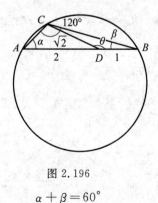

图 2.196

$$\alpha + \beta = 60°$$

第2章　平面几何计算题、轨迹题及其他问题

$$\frac{2}{\sqrt{2}} = \frac{\sin(\theta-\alpha)}{\sin\alpha} = \sin\theta\cot\alpha - \cos\theta \Rightarrow \cot\alpha = \frac{\sqrt{2}+\cos\theta}{\sin\theta}$$

$$\frac{\sqrt{2}}{1} = \frac{\sin\beta}{\sin(\theta+\beta)} = \frac{1}{\sin\theta\cot\beta+\cos\theta} \Rightarrow \cot\beta = \frac{\frac{1}{\sqrt{2}}-\cos\theta}{\sin\theta}$$

$$\frac{1}{\sqrt{3}} = \cot 60° = \cot(\alpha+\beta) = \frac{\cot\alpha\cot\beta-1}{\cot\alpha+\cot\beta} = \frac{\dfrac{(\sqrt{2}+\cos\theta)(\dfrac{1}{\sqrt{2}}-\cos\theta)}{\sin^2\theta}-1}{\dfrac{\sqrt{2}+\dfrac{1}{\sqrt{2}}}{\sin\theta}}$$

$$= \frac{1-\dfrac{\sqrt{2}}{2}\cos\theta-\cos^2\theta-\sin^2\theta}{\dfrac{3}{2}\sqrt{2}\sin\theta} = -\frac{\cos\theta}{3\sin\theta}$$

故
$$\cot\theta = -\sqrt{3},\ \theta = 150°$$

$$S_{\triangle ABC} = S_{\triangle ADC} + S_{\triangle BDC} = \frac{1}{2}\cdot 2 \cdot \sqrt{2}\cdot\sin 30° + \frac{1}{2}\cdot 1\cdot\sqrt{2}\sin 150° = \frac{3}{4}\sqrt{2}$$

2.198 菱形 $ABCD$，在 AC 上取点 O 为圆心，作半径为 R 的圆与直线 AB，AD 分别相切于点 B，D，与 BC 交于点 L，$BC = 4BL$，求菱形面积 S.

解 易见 O 在 AC 上，可设角 α，线段 u，$3u$ 如图 2.197 所示.

易见

$$\angle OBL = \angle OLB = 90° - 2\alpha,\ \angle LOC = 90° - 3\alpha$$

$$\frac{u}{3u} = \frac{2R\cos(90°-2\alpha)}{\dfrac{R\sin(90°-3\alpha)}{\sin\alpha}}$$

$$\Rightarrow 6\sin 2\alpha\sin\alpha = \cos 3\alpha = \cos\alpha\cos 2\alpha - \sin\alpha\sin 2\alpha$$

$$\tan 2\alpha\tan\alpha = \frac{1}{7}$$

即

$$\frac{2\tan^2\alpha}{1-\tan^2\alpha} = \frac{1}{7},\ \tan\alpha = \frac{1}{\sqrt{15}}$$

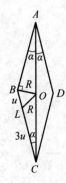

图 2.197

$$\sin 2\alpha = \frac{2\tan \alpha}{1+\tan^2 \alpha} = \frac{\frac{2}{\sqrt{15}}}{1+\frac{1}{15}} = \frac{\sqrt{15}}{8}$$

$$AD = AB = R\cot \alpha = \sqrt{15}R$$

$$S = AB \cdot AD\sin 2\alpha = (\sqrt{15}R)^2 \frac{\sqrt{15}}{8} = \frac{15\sqrt{15}}{8}R^2$$

2.199 $S_{\triangle ABC} = 1, AC = 2BC$,以 AC 中点 K 作圆与 AB 交于 M, N, $AM = MN = NB$,求 $\triangle ABC$ 在圆内部分的面积.

解 可设线段 u, v 如图 2.198 所示,又设角 α, β 如图所示

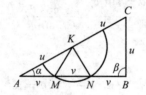

图 2.198

$$S_{\triangle ABC} = \frac{1}{2} \cdot \frac{(3v)^2 \sin\alpha \sin\beta}{\sin(\alpha+\beta)} = 1$$

$$v^2 = \frac{2}{9} \cdot \frac{\sin(\alpha+\beta)}{\sin\alpha \sin\beta} \qquad ①$$

$$\frac{u}{\sin\alpha} = \frac{2u}{\sin\beta} = \frac{3v}{\sin(\alpha+\beta)}$$

$$\sin\beta = 2\sin\alpha \qquad ②$$

$$u = \frac{3v\sin\alpha}{\sin(\alpha+\beta)} \qquad ③$$

$$v^3 + u^2 - 2vu\cos\alpha = KM^2 = KN^2 = (2v)^2 + u^2 - 2 \cdot 2v \cdot u\cos\alpha$$

$$v = \frac{2}{3}u\cos\alpha = \frac{2}{3}\cos\alpha \cdot \frac{3v\sin\alpha}{\sin(\alpha+\beta)} \quad (\text{以式 ③ 代入})$$

$$\sin(\alpha+\beta) = 2\sin\alpha\cos\alpha = \sin 2\alpha$$

$$\alpha = \beta(\text{不适合式 ②,舍去}), (\alpha+\beta) + 2\alpha = 180° \Rightarrow \beta = 180° - 3\alpha$$

代入式 ②,得

$$\sin 3\alpha = 2\sin \alpha$$

即

$$3\sin\alpha - 4\sin^3\alpha = 2\sin\alpha$$

第 2 章　平面几何计算题、轨迹题及其他问题

解得正根

$$\sin \alpha = \frac{1}{2}, \alpha = 30°$$

从而

$$\beta = 180° - 3 \cdot 30° = 90°$$

再由式 ① 得

$$v^2 = \frac{2}{9} \cdot \frac{\sin 120°}{\frac{1}{2} \cdot 1} = \frac{2}{9}\sqrt{3}, \quad v = \sqrt{\frac{2}{9}\sqrt{3}}$$

又由式 ③ 得

$$u = \frac{3\sqrt{\frac{2}{9}\sqrt{3}} \cdot \frac{1}{2}}{\frac{\sqrt{3}}{2}} = \frac{\sqrt{2\sqrt{3}}}{\sqrt{3}} = \sqrt{\frac{2}{\sqrt{3}}}$$

圆半径 r 满足

$$r^2 = KM^2 = u^2 + v^2 - 2uv\cos\alpha = \frac{2}{\sqrt{3}} + \frac{2}{9}\sqrt{3} - 2\sqrt{\frac{2}{9}\sqrt{3} \cdot \frac{2}{\sqrt{3}}} \cdot \frac{\sqrt{3}}{2}$$

$$= \frac{2}{9}\sqrt{3} = v^2$$

于是有正 $\triangle KMN$，所求面积为 $S_{\triangle KMN}$ 与两扇形面积之和，其圆心角之和为 $120°$，故所求面积为

$$\frac{\sqrt{3}}{4}r^2 + \frac{120°}{360°}\pi r^2 = \frac{\sqrt{3}}{4} \cdot \frac{2}{9}\sqrt{3} + \frac{1}{3}\pi \cdot \frac{2}{9}\sqrt{3} = \frac{1}{6} + \frac{2}{27}\sqrt{3}\pi$$

2.200　圆内接两等腰梯形 $ABCD$ 及 $ACDE$，下底 $AC = AD$，AC 与 BD 交于 O，$\angle COD = 60°$，$S_{\triangle ADE} = 1 + \sqrt{3}$，求圆半径 R.

解　如图 2.199 所示，易见 $\angle OAD = \angle ODA = \angle ADE = 30°$，于是 $\angle ACD = \angle ADC = 75°$，从而

$$\angle EAC = 75°, \angle EAD = 45°$$

$$1 + \sqrt{3} = S_{\triangle ADE} = \frac{1}{2}AD \cdot DE \sin 30° = \frac{1}{4} \cdot 2R\sin 75° \cdot 2R\sin 45°$$

$$= \frac{R^2}{\sqrt{2}}\sin 75° = \frac{R^2}{\sqrt{2}} \cdot \frac{1}{\sqrt{2}}\left(\frac{1}{2} + \frac{\sqrt{3}}{2}\right) = R^2 \cdot \frac{1 + \sqrt{3}}{4}$$

$$R = 2$$

用三角、解析几何等计算解来自俄罗斯的几何题
YONGSANJIAO,JIEXI JIHE DENG JISUAN JIE LAIZI ELUOSI DE JIHETI

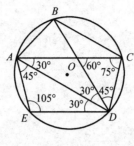

图 2.199

2.201 梯形 $ABCD$ 两底 AB,DC 的中点分别为 $K,M,DK \perp AB$,$\angle AMB = 90°$,$AB = 5$,$DC = 3$,求梯形面积 S.

解 设梯形高为 h,取坐标轴如图 2.200 所示,得 A,B,M 坐标如图所示,则

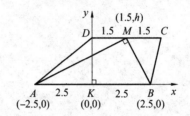

图 2.200

$$0 = \overrightarrow{MA} \cdot \overrightarrow{MB} = (-2.5 - 1.5, -h) \cdot (2.5 - 1.5, -h)$$
$$= (-4, -h) \cdot (1, -h) = -4 + h^2$$

求得(正值)
$$h = 2$$
$$S = \frac{1}{2}(3 + 5) \cdot 2 = 8$$

2.202 半圆 O 的半径为 10,Rt$\triangle ABC$ 的斜边 AB 与直径平行,A,B 在半圆上,C 在直径上,$\angle CAB = 75°$,求 $\triangle CAB$ 的面积.

解 易得如图 2.201 所示各角度数,设 $OC = m$,$\triangle CAB$ 的高为 h,则
$$BC = m\cos 15° + \sqrt{10^2 - (m\sin 15°)^2}$$
$$h = BC\sin 15° = \frac{m}{4} + \sqrt{100 - m^2\sin^2 15°}\sin 15°$$
$$AC = \sqrt{10^2 - (m\sin 75°)^2} - m\cos 75°$$

第 2 章 平面几何计算题、轨迹题及其他问题

DIERZHANG PINGMIAN JIHE JISUANTI,GUIJITI JI QITA WENTI

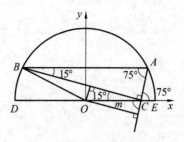

图 2.201

$$h = AC\sin 75° = \sqrt{100 - m^2\sin^2 75°}\sin 75° - \frac{m}{4}$$

于是

$$\frac{m}{2} + \sqrt{100 - m^2\sin^2 15°}\sin 15° = \sqrt{100 - m^2\sin^2 75°}\sin 75°$$

两边平方得

$$\frac{m^2}{4} + m\sin 15° \cdot \sqrt{100 - m^2\sin^2 15°} + 100\sin^2 15° - m^2\sin^4 15°$$

$$= 100\sin^2 75° - m^2\sin^4 75°$$

$$m^2(\cos 30° + \frac{1}{4}) - 100\cos 30° = -m\sin 15° \cdot \sqrt{100 - m^2\sin^2 15°}$$

$$\left(\frac{\sqrt{3}}{2} + \frac{1}{4}\right)m^2 - 50\sqrt{3} = -m\sin 15° \cdot \sqrt{100 - m^2\sin^2 15°} \qquad ①$$

再两边平方得

$$\left(\frac{2\sqrt{3}+1}{4}\right)^2 m^4 + 7\,500 - 100\sqrt{3} \cdot \frac{2\sqrt{3}+1}{4}m^2 = m^2\sin^2 15° \cdot (100 - m^2\sin^2 15°)$$

去分母得

$$(13 + 4\sqrt{3})m^4 + 120\,000 - (2\,400 + 400\sqrt{3})m^2$$
$$= (800 - 400\sqrt{3})m^2 - (7 - 4\sqrt{3})m^4$$

化简得

$$m^4 - 160m^2 + 6\,000 = 0, m^2 = 100 \text{ 或 } m^2 = 60, \text{正值 } m = 10 \text{ 或 } \sqrt{60}$$

但 $m = 100$ 时,式 ① 左边为正,右边为负,故为增根舍去,验得 $m = \sqrt{60}$ 适合方程 ①

$$h = \frac{m}{4} + \sqrt{100 - m^2\sin^2 15°}\sin 15° = \frac{\sqrt{15}}{2} + \sqrt{100 - 60 \cdot \frac{2-\sqrt{3}}{4}} \cdot \sqrt{\frac{2-\sqrt{3}}{4}}$$

· 287 ·

$$= \frac{\sqrt{15}}{2} + \sqrt{\frac{140 + 2\sqrt{675}}{2}} \sqrt{\frac{4 - 2\sqrt{3}}{8}} = \frac{\sqrt{15}}{2} + \frac{(\sqrt{135} + \sqrt{5})(\sqrt{3} - 1)}{4}$$

$$= \frac{\sqrt{15}}{2} + \frac{9\sqrt{5} + \sqrt{15} - 3\sqrt{15} - \sqrt{5}}{4} = 2\sqrt{5}$$

$$AB = h(\cot 15° + \cot 75°) = \frac{h\sin 90°}{\sin 15° \sin 75°} = \frac{2h}{\sin 30°} = 4h$$

所求面积为

$$\frac{1}{2} \cdot 4h \cdot h = 2h^2 = 40$$

2.203 梯形 $ABCD$ 的底 $AD = 6, BC = AC = 5, \angle ACB = 2\angle ABD$，求梯形的面积.

解 可设角 $\alpha, 2\alpha$ 如图 2.202 所示. $\angle MBC = \angle ABC - \alpha = (90° - \alpha) - \alpha = 90° - 2\alpha$，于是

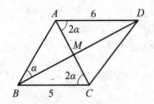

图 2.202

$$\angle BMC = 90°, BM = 5\sin 2\alpha$$
$$MD = 6\sin 2\alpha, BD = 11\sin 2\alpha$$

又

$$AB = 5\sin \alpha \cdot 2 = 10\sin \alpha$$
$$(10\sin \alpha)^2 + (11\sin 2\alpha)^2 - 2 \cdot 10\sin \alpha \cdot 11\sin 2\alpha \cdot \cos \alpha = 6^2$$
$$100\sin^2 \alpha + 121\sin^2 2\alpha - 110\sin^2 2\alpha = 36$$

即

$$50(1 - \cos 2\alpha) + 11(1 - \cos^2 2\alpha) = 36$$

解得

$$\cos 2\alpha = \frac{5}{11} \text{ 或 } \cos 2\alpha = -5 < -1 \text{(舍去)}$$

从而

$$\sin 2\alpha = \frac{\sqrt{96}}{11}$$

梯形高为
$$5\sin 2\alpha = \frac{5\sqrt{96}}{11} = \frac{20\sqrt{6}}{11}$$
梯形面积为
$$\frac{1}{2}(5+6)\cdot\frac{20\sqrt{6}}{11} = 10\sqrt{6}$$

2.204 梯形 $ABCD$ 的底边 $BC=13$,锐角 $\angle BAD = 2\angle D$,圆心 O 在直线 BC 的圆半径为 5,与直线 AD,CD,AC 相切,求梯形的面积.

解 设 $\angle D = \alpha$,则 $\angle BAD = 2\alpha$,如图 2.203 所示,易见 $\angle OCA = \angle OCM = \alpha$,从而 $\angle CAD = \alpha$,$\angle BAC = \alpha$,$BA = BC = 13$,易见

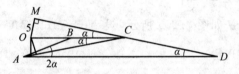

图 2.203

$$BA\sin 2\alpha = 5, \sin 2\alpha = \frac{5}{BA} = \frac{5}{13}$$
$$\cos 2\alpha = \frac{12}{13}, \cot \alpha = \frac{1+\cos 2\alpha}{\sin 2\alpha} = 5$$
$$AC = BA\cos 2\alpha + BC + 5\cot \alpha = 13\cdot\frac{12}{13} + 13 + 5\cdot 5 = 50$$

所求面积为
$$\frac{1}{2}(13+50)\cdot 5 = \frac{315}{2}$$

2.205 $\triangle ABC$ 角平分线为 CQ,$\dfrac{AQ}{AB} = \dfrac{2}{3}$,$\triangle BCQ$ 外心 O 在边 AC 上,外接圆半径为 $\dfrac{1}{3}$,求 $S_{\triangle ABC}$.

解 如图 2.204 所示,可设 $\angle BCQ = \angle OCQ = \angle OQC = \alpha$,故 $OQ \parallel CB$,$AO = 2OC = 2\cdot\dfrac{1}{3} = \dfrac{2}{3}$,$AC = 1$,$BC = \dfrac{3}{2}OQ = \dfrac{3}{2}\cdot\dfrac{1}{3} = \dfrac{1}{2}$.在等腰 $\triangle OBC$ 中

$$2\cdot\frac{1}{3}\cdot\cos 2\alpha = \frac{1}{2} \Rightarrow \cos 2\alpha = \frac{3}{4}, \sin 2\alpha = \frac{\sqrt{7}}{4}$$

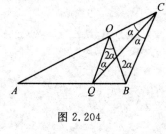

图 2.204

$$S_{\triangle ABC} = \frac{1}{2} \cdot 1 \cdot \frac{1}{2} \cdot \frac{\sqrt{7}}{4} = \frac{\sqrt{7}}{16}$$

2.206 菱形 $ABCD$ 内切圆半径为 R，与 AD 相切于点 M，与 MC 又交于 N，$MN = 2NC$，求 $\angle DCB$。

解 可设角 α 如图 2.205 所示，设 $NC = u$，则 $MC = 3u$，$OC = \dfrac{R}{\sin \alpha}$。在 $\triangle OMC$ 用余弦定理得

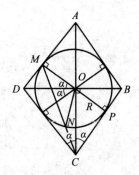

图 2.205

$$R^2 + \left(\frac{R}{\sin \alpha}\right)^2 - 2R \cdot \frac{R}{\sin \alpha} \cos(90° + \alpha) = (3u)^2$$

$$(3\sin^2 \alpha + 1)R^2 = 9u^2 \sin^2 \alpha \qquad ①$$

$$\tan \angle CMO = \frac{CP}{MP} = \frac{R \cot \alpha}{2R} = \frac{\cos \alpha}{2 \sin \alpha}$$

$$\cos \angle CMO = \frac{2 \sin \alpha}{\sqrt{4\sin^2 \alpha + \cos^2 \alpha}} = \frac{2 \sin \alpha}{\sqrt{3 \sin^2 \alpha + 1}}$$

又

$$2R \cos \angle CMO = MN = 2u \Rightarrow \frac{2R \sin \alpha}{\sqrt{3 \sin^2 \alpha + 1}} = u$$

第2章 平面几何计算题、轨迹题及其他问题
DIERZHANG PINGMIAN JIHE JISUANTI,GUIJITI JI QITA WENTI

$$4R^2\sin^2\alpha = (3\sin^2\alpha + 1)u^2 \qquad ②$$

$\dfrac{①}{②}$ 得

$$\frac{3\sin^2\alpha + 1}{4\sin^2\alpha} = \frac{9\sin^2\alpha}{3\sin^2\alpha + 1} \Rightarrow 3\sin^2\alpha + 1 = 6\sin^2\alpha$$

$$\sin^2\alpha = \frac{1}{3}, \cos 2\alpha = 1 - 2\cdot\frac{1}{3} = \frac{1}{3}$$

$$\angle DCB = 2\alpha = \cos^{-1}\frac{1}{3}$$

2.207 △ABC 中,AB=BC,外接圆直径 CD 与 AB 交于 M,$\dfrac{BM}{AM}=k$,求 $\dfrac{DM}{DC}$.

解 可设 α,2α 如图 2.206 所示,不妨设半径为 1,则

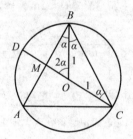

图 2.206

$$BM = \frac{1\sin 2\alpha}{\sin 3\alpha}, OM = \frac{1\sin\alpha}{\sin 3\alpha}, BA = BC = 2\cdot 1\cos\alpha$$

$$k = \frac{BM}{AB - BM} = \frac{\sin 2\alpha}{2\cos\alpha\sin 3\alpha - \sin 2\alpha} = \frac{\sin 2\alpha}{\sin 4\alpha} = \frac{1}{2\cos 2\alpha}$$

$$\cos 2\alpha = \frac{1}{2k}$$

$$\frac{DM}{DC} = \frac{DO - OM}{2DO} = \frac{1 - \dfrac{\sin\alpha}{\sin 3\alpha}}{2} = \frac{\sin 3\alpha - \sin\alpha}{2\sin 3\alpha} = \frac{\sin\alpha\cos 2\alpha}{\sin 3\alpha}$$

$$= \frac{\cos 2\alpha}{3 - 4\sin^2\alpha} = \frac{\cos 2\alpha}{2\cos 2\alpha + 1} = \frac{1}{2 + 2k}$$

2.208 梯形 ABCD,AC⊥BD,已知两腰 AD,BC 所成角为 α,AB=a,

$CD=b, b>a$,求梯形面积 S.

解 设角 θ 如图 2.207 所示,作 $AC' \parallel BC$ 与 DC 交于点 C',则

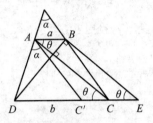

图 2.207

$$AD^2 = (a\cos\theta)^2 + (b\sin\theta)^2$$
$$AC'^2 = BC^2 = (a\sin\theta)^2 + (b\cos\theta)^2$$

在 $\triangle DAC'$ 用余弦定理得

$$(a^2\cos^2\theta + b^2\sin^2\theta) + (a^2\sin^2\theta + b^2\cos^2\theta) -$$
$$2\sqrt{(a^2\cos^2\theta + b^2\sin^2\theta)(a^2\sin^2\theta + b^2\cos^2\theta)}\cos\alpha$$
$$= (b-a)^2$$
$$-2\sqrt{(a^4+b^4)\cos^2\theta\sin^2\theta + a^2b^2(\cos^4\theta + \sin^4\theta)}\cos\alpha = -2ab$$

两边平方得

$$[(a^4+b^4)\cos^2\theta\sin^2\theta + a^2b^2(1-2\cos^2\theta\sin^2\theta)]\cos^2\alpha = a^2b^2$$
$$(b^2-a^2)^2\cos^2\theta\sin^2\theta\cos^2\alpha = a^2b^2\sin^2\alpha \Rightarrow \cos\theta\sin\theta = \frac{ab\tan\alpha}{b^2-a^2}$$

作 $BE \parallel AC$ 与 DC 的延长线交于点 E,则易得梯形的高为

$$(a+b)\cos\theta\sin\theta = \frac{ab\tan\alpha}{b-a}$$
$$S = \frac{1}{2}(a+b) \cdot \frac{ab\tan\alpha}{b-a}$$

2.209 四边形 $ABCD$,$AB=BC$,$\angle BCA=\angle DCA$,$CA=CD$,$\triangle ABC$ 与 $\triangle ADC$ 内切圆半径之比为 $\dfrac{3}{4}$,求两三角形面积之比.

解 设 2α 如图 2.208 所示. 不妨设 $AB=BC=1$,设 $\triangle ABC$,$\triangle ADC$ 内切圆半径分别为 r_1, r_2,则

$$r_1 = \frac{S_{\triangle ABC}}{1+1\cos 2\alpha} = \frac{\frac{1}{2} \cdot 1^2 \sin(180°-4\alpha)}{1+\cos 2\alpha} = \frac{\sin 4\alpha}{4\cos^2\alpha}$$

第2章 平面几何计算题、轨迹题及其他问题
DIERZHANG PINGMIAN JIHE JISUANTI,GUIJITI JI QITA WENTI

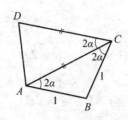

图 2.208

$$r_2 = \frac{S_{\triangle ACD}}{AC + AC\sin\alpha} = \frac{\frac{1}{2}(2\cos 2\alpha)^2 \sin 2\alpha}{2\cos 2\alpha \cdot (1+\sin\alpha)} = \frac{\sin 4\alpha}{2(1+\sin\alpha)}$$

$$\frac{3}{4} = \frac{r_1}{r_2} = \frac{1+\sin\alpha}{2\cos^2\alpha} = \frac{1}{2(1-\sin\alpha)} \Rightarrow 3(1-\sin\alpha) = 2, \sin\alpha = \frac{1}{3}$$

$$\frac{S_{\triangle ABC}}{S_{\triangle ADC}} = \frac{\frac{1}{2}\sin 4\alpha}{\frac{1}{2} \cdot 4\cos^2 2\alpha \cdot \sin 2\alpha} = \frac{1}{2\cos 2\alpha} = \frac{1}{2(1-2 \cdot \frac{1}{9})} = \frac{9}{14}$$

2.210 矩形 $ABCD$ 的面积为 1,一圆与直线 CD,CA 分别相切于 D,E,E 在 DC 的射影为 F,已知四边形 $AEFD$ 的面积为 a,求 $\angle BAC$.

解 设所述圆圆心为 O,半径为 $r,BC=b$,角 α 如图 2.209 所示,则

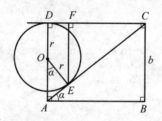

图 2.209

$$\frac{1}{2}[b+(r+r\cos\alpha)] \cdot r\sin\alpha = a \qquad ①$$

$$b \cdot b\cot\alpha = 1, \frac{r}{\cos\alpha} + r = b \Rightarrow b = \sqrt{\tan\alpha}$$

$$r = \frac{b\cos\alpha}{1+\cos\alpha} = \frac{\sqrt{\sin\alpha\cos\alpha}}{1+\cos\alpha}$$

代入式 ① 得

$$(\sqrt{\tan \alpha} + \sqrt{\sin \alpha \cos \alpha}) \frac{\sqrt{\sin \alpha \cos \alpha}}{1+\cos \alpha} \sin \alpha = 2a$$

$$\sin^2 \alpha + \sin^2 \alpha \cos \alpha = 2a(1+\cos \alpha)$$

$$\sin^2 \alpha = a$$

$$\angle CAB = \alpha = \sin^{-1}\sqrt{2a}$$

2.211 菱形 $ABCD$ 的面积为 2，$\triangle ABD$ 内切圆与 AB 相切于 K，作 $KL \perp BD$ 与 BC 交于 L，已知 $S_{\triangle BKL}=a$，求 $\angle A$.

解 设菱形边长为 x，内切圆半径为 r，角 α 如图 2.210 所示，则

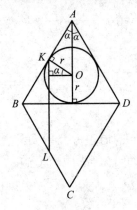

图 2.210

$$(r+r\sin \alpha)(x\sin \alpha - r\cos \alpha) = a \qquad ①$$

$$x^2 \sin 2\alpha = 2, \quad r + \frac{r}{\sin \alpha} = x\cos \alpha$$

解得

$$x = \sqrt{\frac{2}{\sin 2\alpha}}, \quad r = \frac{x\sin \alpha \cos \alpha}{\sin \alpha + 1} = \frac{\sqrt{\sin \alpha \cos \alpha}}{\sin \alpha + 1}$$

代入式 ① 得

$$\sqrt{\cos \alpha \sin \alpha}\left(\sqrt{\frac{2}{\sin 2\alpha}}\sin \alpha - \frac{\sqrt{\sin \alpha \cos \alpha}}{\sin \alpha + 1}\cos \alpha\right) = a$$

化简后去分母得

$$\sin^2 \alpha + \sin \alpha - \cos^2 \alpha \sin \alpha = a(\sin \alpha + 1)$$

即

$$\sin^2 \alpha + \sin^3 \alpha = a(\sin \alpha + 1)$$

约去 $1+\sin\alpha \neq 0$, 得 $\sin^2\alpha = a$, $\angle A = 2\alpha = 2\sin^{-1}\sqrt{a}$.

2.212 四边形 $ABCD$ 对角线交于 M, 夹角为 α, O_1, O_2, O_3, O_4 分别为 $\triangle AMB$, $\triangle BMC$, $\triangle CMD$, $\triangle DMA$ 的外心, 求四边形 $ABCD$ 的面积 S_1 与四边形 $O_1O_2O_3O_4$ 的面积 S_2 之比.

解 设 $MA=a, MB=b, MC=c, MD=d$, $\triangle AMB$ 外接圆半径为 R_1, 点 A', B', C', D' 如图 2.211 所示, 易见有此图中所示直角. 不妨设 $\angle AMB = \alpha \leqslant 90°$ (否则 $\angle BMC \leqslant 90°$, 把下述计算中 $A, B, C, D, O_1, O_2, O_3, O_4$ 分别换成 $B, C, D, A, O_2, O_3, O_4, O_1$), 则

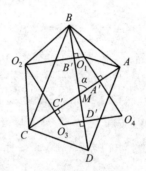

图 2.211

$$R_1 = \frac{ab \cdot AB}{4S_{\triangle AMB}} = \frac{ab\sqrt{a^2+b^2-2ab\cos\alpha}}{4 \cdot \frac{1}{2}ab\sin\alpha} = \frac{\sqrt{a^2+b^2-2ab\cos\alpha}}{2\sin\alpha}$$

$$S_{\text{四边形}MA'O_1B'} = \frac{1}{2}S_{\text{四边形}MAO_1B} = \frac{1}{2}\left(\frac{1}{2}ab\sin\alpha - \frac{1}{2}R_1^2\sin 2\alpha\right)$$

$$= \frac{1}{4}ab\sin\alpha - \frac{(a^2+b^2-2ab\cos\alpha)\cos\alpha}{8\sin\alpha}$$

因 $\angle BO_2C = 360° - 2(180°-\alpha) = 2\alpha$, 故类似有 (注意 $BC = \sqrt{c^2+b^2+2cb\cos\alpha}$)

$$S_{\text{四边形}MB'O_2C'} = \frac{1}{4}cb\sin\alpha + \frac{(c^2+b^2+2cb\cos\alpha)\cos\alpha}{8\sin\alpha}$$

$$S_{\text{四边形}MC'O_3D'} = \frac{1}{4}cd\sin\alpha - \frac{(c^2+d^2-2cd\cos\alpha)\cos\alpha}{8\sin\alpha}$$

$$S_{\text{四边形}MD'O_4A'} = \frac{1}{4}ad\sin\alpha + \frac{(a^2+d^2+2ad\cos\alpha)\cos\alpha}{8\sin\alpha}$$

其和为

$$S_2 = \frac{1}{4}(ab+bc+cd+da)\sin\alpha + \frac{\cos^2\alpha}{4\sin\alpha}(ab+bc+cd+da)$$

而

$$S_1 = \frac{1}{2}(ab+bc+cd+da)\sin\alpha$$

故

$$\frac{S_1}{S_2} = \frac{\frac{1}{2}\sin\alpha}{\frac{1}{4}\sin\alpha + \frac{\cos^2\alpha}{4\sin\alpha}} = \frac{2\sin^2\alpha}{\sin^2\alpha + \cos^2\alpha} = 2\sin^2\alpha$$

2.213 $\square ABCD$, $\cos A = \frac{5}{16}$, $AB=3$, $AD=2$, 两条互相垂直的直线把 $\square ABCD$ 分为等面积的四部分, 求此二直线把 $\square ABCD$ 的边分成的线段长.

解 设所述两垂线 MR, NS 如图 2.212 所示. 因 MR 平分 $\square ABCD$ 面积, 故 MR 过 $\square ABCD$ 中心 O, 同理 NS 亦然. 设角 α, 有向角 θ 如图 2.212 所示, 则有向角 $\angle QON = \alpha + \theta - 90°$. 当 $\theta > 0 (<0)$, 即 θ 为逆(顺)时针方向时, 有向面积 $\bar{S}_{\triangle OPM} > 0(<0)$, 即 O, P, M, O 为逆(顺)时针向排列. 因 $S_{\square OQAP} = \frac{1}{4}S_{\square ABCD} = S_{四边形ONAM}$, 故 $\bar{S}_{\triangle OPM} = \bar{S}_{\triangle OQN}$, 易见(无论 $\theta > 0$, $\theta < 0$, $\alpha + \theta - 90°$ 大于或小于 0)

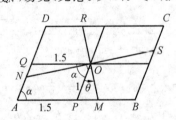

图 2.212

$$\bar{S}_{\triangle OPM} = \frac{1}{2} \cdot \frac{1^2 \sin\theta\sin\alpha}{\sin(\theta+\alpha)}$$

$$\bar{S}_{\triangle OQN} = \frac{1}{2} \cdot \frac{1.5^2 \sin(180°-\alpha)\sin(\alpha+\theta-90°)}{\sin[(180°-\alpha)+(\alpha+\theta-90°)]}$$

故

$$\frac{\sin\theta\sin\alpha}{\sin(\theta+\alpha)} = -\frac{9}{4} \cdot \frac{\sin\alpha\cos(\alpha+\theta)}{\cos\theta}$$

$$4\sin 2\theta = -9\sin(2\alpha+2\theta) = -9\sin 2\alpha\cos 2\theta - 9\cos 2\alpha\sin 2\theta$$

第2章 平面几何计算题、轨迹题及其他问题

$$\tan 2\theta = \frac{-9\sin 2\alpha}{4+9\cos 2\alpha}$$

$$\sin 2\theta = \frac{9\sin 2\alpha}{\pm\sqrt{97+72\cos 2\alpha}}, \cos 2\theta = \frac{4+9\cos 2\alpha}{\mp\sqrt{97+97\cos 2\alpha}}$$

当 $\theta > 0(<0)$ 时,前式分母取 $+(-)$ 号,后式分母取 $-(+)$ 号

$$\cos\alpha = \frac{5}{16}, \sin\alpha = \frac{\sqrt{231}}{16}, \sin 2\alpha = 2 \cdot \frac{5}{16} \cdot \frac{\sqrt{231}}{16} = \frac{5\sqrt{231}}{128}$$

$$\cos 2\alpha = \left(\frac{5}{16}\right)^2 - \left(\frac{\sqrt{231}}{16}\right)^2 = -\frac{103}{128}$$

$$\cot\theta = \frac{1+\cos 2\theta}{\sin 2\theta} = \frac{\sqrt{97+72\cos 2\alpha} \mp (4+9\cos 2\alpha)}{\pm 9\sin 2\alpha}$$

$$= \frac{-(4+9\cos 2\alpha) \pm \sqrt{97+72\cos 2\alpha}}{9\sin 2\alpha}$$

$$= \frac{415 \pm 800}{45\sqrt{231}} = \frac{83 \pm 160}{9\sqrt{231}}$$

当 $\theta > 0$ 时

$$\cot\theta = \frac{83+160}{9\sqrt{231}} = \frac{27}{\sqrt{231}}$$

有向线段(以射线 AP 为正向)

$$\overline{PM} = \frac{1\sin\theta}{\sin(\alpha+\theta)} = \frac{1}{\sin\alpha\cot\theta+\cos\alpha} = \frac{1}{\frac{\sqrt{231}}{16} \cdot \frac{27}{\sqrt{231}} + \frac{5}{16}} = \frac{1}{2}$$

$$AM = 1.5 + \frac{1}{2} = 2, \quad BM = 1.5 - \frac{1}{2} = 1$$

有向线段(以射线 QA 为正向)

$$\overline{QN} = \frac{1.5\sin(\alpha+\theta-90°)}{\sin[(180°-\alpha)+(\alpha+\theta-90°)]} = \frac{-3\cos(\alpha+\theta)}{2\cos\theta}$$

$$= -\frac{3}{2}(\cos\alpha - \sin\alpha\tan\theta)$$

$$= -\frac{3}{2}\left(\frac{5}{16} - \frac{\sqrt{231}}{16} \times \frac{\sqrt{231}}{27}\right) = \frac{96}{32 \cdot 9} = \frac{1}{3}$$

$$DN = 1 + \frac{1}{3} = \frac{4}{3}, NA = 1 - \frac{1}{3} = \frac{2}{3}$$

当 $\theta < 0$ 时

$$\cot\theta = \frac{83-160}{9\sqrt{231}} = -\frac{77}{9\sqrt{231}}$$

$$\overline{PM} = \cfrac{1}{\cfrac{\sqrt{231}}{16}\left(-\cfrac{77}{9\sqrt{231}}\right)+\cfrac{5}{16}} = \frac{144}{-77+45} = -4.5 < -1.5$$

点 M 不在线段 AB 上，不合题意，舍去。

2.214 $\triangle A_1B_1C_1$ 与 $\triangle A_2B_2C_2$ 对应边平行，但方向相反，已知 $S_{\triangle A_1B_1C_1} = S_1, S_{\triangle A_2B_2C_2} = S_2$，求以 A_1A_2, B_1B_2, C_1C_2 的中点构成的三角形的面积。

解 以 A_1A_2 中点 O 为原点，A_1A_2 为实轴作复平面。可设 $z_{A_2} = a_2 \in \mathbf{R}^+$，$z_{A_1} = -a_2$，设线段 $\rho, \mu, \lambda\rho, \lambda\mu\ (\lambda > 0)$，有向角 θ, φ 如图 2.213 所示，则 $\dfrac{S_2}{S_1} = \lambda^2$，$z_{C_1} = -a_2 + \mu e^{i\varphi}, z_{B_1} = -a_2 + \rho e^{i\theta}, z_{C_2} = a_2 - \lambda\mu e^{i\varphi}, z_{B_2} = a_2 - \lambda\rho e^{i\theta}$，$C_1C_2$ 中点 P，$z_P = \dfrac{1-\lambda}{2}\mu e^{i\varphi}$，$B_1B_2$ 中点 Q，$z_Q = \dfrac{1-\lambda}{2}\rho e^{i\theta}$

$$S_{\triangle A_1C_1B_1} = \frac{1}{2}\rho\mu\sin(\theta-\varphi)$$

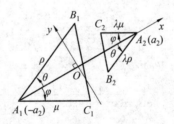

图 2.213

所求三角形面积为

$$\frac{1}{2}\cdot\frac{1-\lambda}{2}\mu\cdot\frac{1-\lambda}{2}\rho\sin(\theta-\varphi) = \frac{(1-\lambda)^2}{4}S_1 = \frac{\left(1-\sqrt{\dfrac{S_2}{S_1}}\right)^2}{4}S_1 = \left(\frac{\sqrt{S_1}-\sqrt{S_2}}{2}\right)^2$$

2.215 矩形 $ABCD, AD = 2AB$，矩形内点 $M, AM = \sqrt{2}, BM = 2, CM = 6$，求 $\cos\angle ABM$ 及矩形面积 S。

解 设线段 $u, 2u$，角 α, β 如图 2.214 所示，则
$$\alpha + \beta = 90°$$
$$\cos\alpha = \frac{u^2 + 2^2 - (\sqrt{2})^2}{2\cdot u\cdot 2} = \frac{u^2+2}{4u}$$

第2章　平面几何计算题、轨迹题及其他问题
DIERZHANG PINGMIAN JIHE JISUANTI, GUIJITI JI QITA WENTI

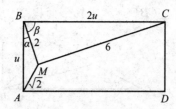

图 2.214

$$\sin \alpha = \cos \beta = \frac{(2u)^2 + 2^2 - 6^2}{2 \cdot 2u \cdot 2} = \frac{u^2 - 8}{2u}$$

则

$$\left(\frac{u^2 + 2}{4u}\right)^2 + \left(\frac{u^2 - 8}{2u}\right)^2 = 1 \Rightarrow u^2 = 10 \text{ 或 } u^2 = \frac{26}{5}$$

当 $u^2 = \frac{26}{5}$ 时,求得 $\cos \beta < 0$ 不合理,舍去. $u^2 = 10, S = u \cdot 2u = 20$,则

$$\cos \angle ABM = \cos \alpha = \frac{\sqrt{10}^2 + 2}{4\sqrt{10}} = \frac{3}{\sqrt{10}}$$

2.216 如图 2.125 所示,$\triangle ABC$ 中,$\angle A = 120°$,$S_{\triangle ABC} = 15\sqrt{3}$,内心 I, $AI = 2$,求其三边.

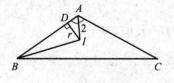

图 2.215

解　$\angle BAI = \angle CAI = 60°$,内切圆半径 $r = 2\sin 60° = \sqrt{3}$,$\triangle ABC$ 半周长为

$$s = \frac{S_{\triangle ABC}}{r} = \frac{15\sqrt{3}}{\sqrt{3}} = 15, AD = 2\cos 60° = 1 = s - a$$

$$a = s - 1 = 14$$

$$b + c = 2s - a = 2 \cdot 15 - 14 = 16 \qquad ①$$

$$b^2 + c^2 - 2bc \cos 120° = b^2 + c^2 + bc = a^2 = 196 \qquad ②$$

式 ①² - 式 ② 得 $bc = 60$,与式 ① 联合解得 b, c 为(不分次序)10, 6.

2.217 如图 2.126 所示,梯形 $ABCD$,$AD \parallel BC \perp AB$,CD 中点 E,

$CD=6, AD=3$,又已知 $\angle CBE=\alpha$,求梯形面积.

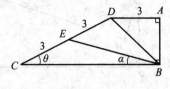

图 2.216

解 设 $\angle C=\theta$,则
$$3+6\cos\theta=CB=\frac{3\sin(\theta+\alpha)}{\sin\alpha}$$
$$\sin\alpha+2\cos\theta\sin\alpha=\sin(\theta+\alpha)$$
$$\sin\alpha=\sin(\theta+\alpha)-2\cos\theta\sin\alpha=\sin(\theta-\alpha)\Rightarrow\theta=2\alpha$$
$$BC=3+6\cos2\alpha$$

梯形高为
$$6\sin\theta=6\sin2\alpha$$

梯形面积为
$$\frac{1}{2}[3+(3+6\cos2\alpha)]\cdot6\sin2\alpha=72\sin\alpha\cos^3\alpha$$

2.218 $\triangle ABC$ 中 $\angle C=45°, AB=4$,过 A,B 的圆分别交 CA,CB 于 D, E,$S_{\triangle CDE}=\frac{1}{7}S_{\triangle ABC}$,求 DE 及圆半径 r.

解 设 α,β 如图 2.217 所示,则

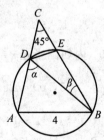

图 2.217

$$\alpha-\beta=45°$$
$$\left(\frac{DE}{BA}\right)^2=\frac{S_{\triangle CDE}}{S_{\triangle CBA}}=\frac{1}{8}$$

第2章 平面几何计算题、轨迹题及其他问题

$$DE = \sqrt{\frac{1}{8}} AB = \sqrt{\frac{1}{8}} \cdot 4 = \sqrt{2}$$

$$2r\sin(\beta+45°) = 2r\sin\alpha = 4, 2r\sin\beta = \sqrt{2}$$

两式相除得

$$\frac{1}{\sqrt{2}}(1+\cot\beta) = 2\sqrt{2} \Rightarrow \cot\beta = 3, \sin\beta = \frac{1}{\sqrt{10}}$$

$$r = \frac{\sqrt{2}}{2\sin\beta} = \frac{\sqrt{2}}{2 \cdot \frac{1}{\sqrt{10}}} = \sqrt{5}$$

2.219 $\triangle ABC$, $AB=BC$, 在 AB,BC 上分别取 $M,N,AM=5,CN=10$, $AN=2\sqrt{37}$, $CM=11$, 求 $S_{\triangle ABC}$.

解 设 α 如图 2.218 所示, 则

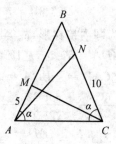

图 2.218

$$5\cos\alpha + \sqrt{11^2-(5\sin\alpha)^2} = AC = 10\cos\alpha + \sqrt{(2\sqrt{37})^2-(10\sin\alpha)^2}$$
$$\sqrt{121-25\sin^2\alpha} = 5\cos\alpha + \sqrt{148-100\sin^2\alpha}$$

两边平方后化简得

$$25\sin^2\alpha - 13 = 5\cos\alpha \cdot \sqrt{37-25\sin^2\alpha}$$

再两边平方得

$$625\sin^4\alpha - 650\sin^2\alpha + 169 = (25-25\sin^2\alpha)(37-25\sin^2\alpha)$$
$$= 925 - 1\,550\sin^2\alpha + 625\sin^4\alpha$$

解得

$$\sin^2\alpha = \frac{21}{25}, \sin\alpha = \frac{\sqrt{21}}{5}, \cos\alpha = \frac{2}{5}, \tan\alpha = \frac{\sqrt{21}}{2}$$

$$AC = 5 \cdot \frac{2}{5} + \sqrt{121-21} = 12$$

$\triangle ABC$ 的高 $BH = 6\tan\alpha = 3\sqrt{21}$

$$S_{\triangle ABC} = \frac{1}{2} \cdot 12 \cdot 3\sqrt{21} = 18\sqrt{21}$$

2.220 如图 2.219 所示,梯形 $ABCD$,$BD \perp AB$,$AC \perp CD$,AB 与 DC 的延长线交于 K,$\angle K = 45°$,已知 $S_{梯形ABCD} = S$,求 $S_{\triangle AKD}$.

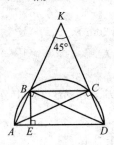

图 2.219

解 易见梯形 $ABCD$ 为圆内接梯形,故等腰,设其高为 h,易见

$$\angle KAD = \angle KDA = 67.5°, \angle BAC = \angle CDB = 45°$$

$$\angle CAD = \angle BDA = 22.5°$$

$$\frac{AD}{BC} = \frac{h(\cot 67.5° + \cot 22.5°)}{h(\cot 22.5° - \cot 67.5°)} = \frac{\sin 90°}{\sin 45°} = \sqrt{2}$$

$$\frac{S_{\triangle KAD}}{S_{\triangle KBC}} = \left(\frac{AD}{BC}\right)^2 = 2$$

从而

$$S_{\triangle KBC} = S, S_{\triangle KAD} = S + S = 2S$$

2.221 如图 2.220 所示,$\triangle ABC$ 中,$\angle A = 45°$,$\angle B = 60°$,内切圆与 AC,BC 分别相切于 M,N,角平分线 BD 与内切圆交于 P,Q,求 $\dfrac{S_{\triangle PQM}}{S_{\triangle PQN}}$.

解 易求得 $\angle C = 75°$,不妨设 $\triangle ABC$ 外接圆半径为 1,则

$$BN = \frac{1}{2}(AB + BC - AC) = \frac{1}{2}(2\sin 75° + 2\sin 45° - 2\sin 60°)$$

$$= 2\sin 60°(\cos 15° - \cos 60°)$$

$$AM = \frac{1}{2}(CA + AB - BC) = \sin 60° + \sin 75° - \sin 45°$$

$$= \sin 60° + 2\sin 15°\cos 60° = \sin 60° + \sin 15°$$

第 2 章 平面几何计算题、轨迹题及其他问题
DIERZHANG PINGMIAN JIHE JISUANTI,GUIJITI JI QITA WENTI

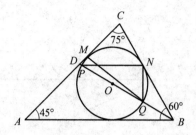

图 2.220

$$AD = AC \cdot \frac{AB}{AB + BC} = \sin 60° \frac{\sin 75°}{\sin 75° + \sin 45°} = \frac{2\sin 60° \sin 75°}{2\sin 60° \cos 15°} = 1$$

$$\frac{S_{\triangle PNQ}}{S_{\triangle PMQ}} = \frac{BN \sin 30°}{(AM - AD)\sin 75°} = \frac{\sin 60°(\cos 15° - \cos 60°)}{(\sin 60° + \sin 15° - 1)\sin 75°}$$

$$= \frac{\sin 60° \cdot (\cos 15° - \cos 60°)}{(\sin 15° - 2\sin^2 15°)\sin 75°}$$

$$= \frac{\sin 60° \cdot (\cos 15° - \cos 60°)}{2\sin 15° \cdot (\sin 30° - \sin 15°)\cos 15°}$$

$$= \sqrt{3} \frac{\frac{\sqrt{2}}{2} \cdot \frac{\sqrt{3}}{2} + \frac{\sqrt{2}}{2} \cdot \frac{1}{2} - \frac{1}{2}}{\frac{1}{2} - \left(\frac{\sqrt{2}}{2} \cdot \frac{\sqrt{3}}{2} - \frac{\sqrt{2}}{2} \cdot \frac{1}{2}\right)} = \sqrt{3} \cdot \frac{\sqrt{6} + \sqrt{2} - 2}{2 - \sqrt{6} + \sqrt{2}}$$

$$= \sqrt{3} \frac{(\sqrt{6} + \sqrt{2})^2 - 2^2}{(2 + \sqrt{2})^2 - \sqrt{6}^2} = \sqrt{3} \cdot \frac{4 + 2\sqrt{12}}{4\sqrt{2}} = \frac{\sqrt{6} + 3\sqrt{2}}{2}$$

2.222 梯形 $ABCD$,$AB // DC$,既有外接圆,又有内切圆,前者面积为后者的 12 倍,求梯形下底 $\angle D$.

解 梯形 $ABCD$ 显然为等腰梯形.设内切圆半径为 r,切点 M,N 如图 2.221 所示,外接圆半径 R,圆心为 O,$ON = y$,角 2α 如图所示.$DN = r\cot \alpha$,$AM = r\tan \alpha$.由 $OD^2 = OA^2$,得

$$y^2 + (r\cot \alpha)^2 = (y + 2r)^2 + (r\tan \alpha)^2 = y^2 + 4ry + 4r^2 + r^2\tan^2 \alpha$$

$$y = \frac{r}{4}(\cot^2 \alpha - \tan^2 \alpha - 4) = \frac{r}{4}\left(\frac{\cos^4 \alpha - \sin^4 \alpha}{\cos^2 \alpha \sin^2 \alpha} - 4\right) = r\left(\frac{\cos 2\alpha}{\sin^2 2\alpha} - 1\right)$$

$$12 = \frac{R^2}{r^2} = \frac{y^2 + r^2\cot^2 \alpha}{r^2} = \left(\frac{\cos 2\alpha}{\sin^2 2\alpha} - 1\right)^2 + \cot^2 \alpha$$

$$12\sin^4 2\alpha = (\cos 2\alpha - \sin^2 2\alpha)^2 + \left(\frac{1 + \cos 2\alpha}{\sin 2\alpha}\right)^2 \sin^4 2\alpha$$

用三角、解析几何等计算解来自俄罗斯的几何题
YONGSANJIAO,JIEXI JIHE DENG JISUAN JIE LAIZI ELUOSI DE JIHETI

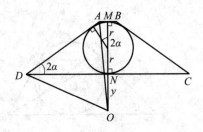

图 2.221

$$= \cos^2 2\alpha - 2\cos 2\alpha \sin^2 2\alpha + \sin^4\alpha + (1 + 2\cos 2\alpha + \cos^2 2\alpha)\sin^2 2\alpha$$
$$11\sin^4 2\alpha = 1 + \sin^2 2\alpha \cos^2 2\alpha = 1 + \sin^2 2\alpha - \sin^4 2\alpha$$

求得(正值)

$$\sin^2 2\alpha = \frac{1}{3}, 2\alpha = \sin^{-1}\sqrt{\frac{1}{3}}$$

2.223 如图 2.222 所示,两圆内切于点 C,大圆(未画出)直径为 CD,过点 D 作小圆切线 DA, DB, A, B 为切点,直线 CA 与大圆又交于 $M, AM = \sqrt{2-\sqrt{3}}$, CA 与两圆公切线成 $75°$ 角,求 DA, DB 与小圆 $\overset{\frown}{ACB}$ 所围的面积.

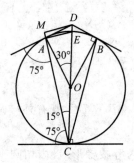

图 2.222

解 设小圆直径为 CE,圆心为 O,大(小)圆半径为 $R(r)$,易见 $\angle OAC = \angle OCA = 15°, \angle DOA = 30°, \angle ODA = 60°, \angle DAC = 180° - 75° = 105°$. 因 DM, EA 同垂直于 CM,故 $DE\cos\angle DCM = AM$,即

$$(2R - 2r)\cos 15° = AM = \sqrt{2-\sqrt{3}} \qquad ①$$

$$\frac{CA}{\sin 60°} = \frac{CD}{\sin 105°}$$

即

第 2 章　平面几何计算题、轨迹题及其他问题

$$\frac{2r\cos 15°}{\sin 60°}=\frac{2R}{\sin 105°}$$

$$\sqrt{3}R=2r\cos^2 15°=(1+\frac{\sqrt{3}}{2})r, R=\left(\frac{1}{\sqrt{3}}+\frac{1}{2}\right)r$$

代入式 ①

$$\left[\left(\frac{2}{\sqrt{3}}+1\right)r-2r\right]\sqrt{\frac{1+\frac{\sqrt{3}}{2}}{2}}=\sqrt{2-\sqrt{3}}$$

$$\left(\frac{2}{\sqrt{3}}-1\right)r=2\sqrt{\frac{2-\sqrt{3}}{2+\sqrt{3}}}=2(2-\sqrt{3})\Rightarrow r=2\sqrt{3}$$

所求面积

$$2(S_{\triangle OAD}+S_{\text{扇形}OAC})=2\left(\frac{1}{2}r\cdot r\tan 30°+\frac{150°}{360°}\pi r^2\right)$$

$$=r^2\left(\frac{1}{\sqrt{3}}+\frac{5}{6}\pi\right)=12\left(\frac{1}{\sqrt{3}}+\frac{5}{6}\pi\right)=4\sqrt{3}+10\pi$$

2.224　过 $\triangle ABC$ 顶点 A,B 作半径为 $2\sqrt{5}$ 的 $\odot O$，它截直线 BC 得线段 $BD=4\sqrt{5}$，作 $BF\perp BC$ 与 AC 交于 $F,BF=2$，求 $S_{\triangle ABC}$。

解　BD 必过 O，故为直径（否则 $OB+OD>BD$，即 $2\sqrt{5}+2\sqrt{5}>4\sqrt{5}$ 矛盾），于是 BF 亦为切线，可设 α 如图 2.223 所示，则

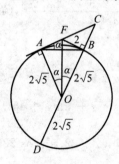

图 2.223

$$\tan \alpha=\frac{2}{2\sqrt{5}}=\frac{1}{\sqrt{5}}, \sin \alpha=\frac{1}{\sqrt{6}}, \tan 2\alpha=\frac{2\tan \alpha}{1-\tan^2\alpha}=\frac{\frac{2}{\sqrt{5}}}{1-\frac{1}{5}}=\frac{\sqrt{5}}{2}$$

$$AC = OA\tan 2\alpha = 2\sqrt{5} \cdot \frac{\sqrt{5}}{2} = 5$$

$$AB = 2\sqrt{5}\sin\alpha \cdot 2 = 4\sqrt{\frac{5}{6}}$$

$$S_{\triangle ABC} = \frac{1}{2}AB \cdot AC \cdot \sin\alpha = \frac{1}{2} \cdot 4\sqrt{\frac{5}{6}} \cdot 5 \cdot \frac{1}{\sqrt{6}} = \frac{5\sqrt{5}}{3}$$

2.225 圆内接四边形 $ABCD$,对角线交于 E,$\angle ADB = 22.5°$,$BD = 6$,$AD \cdot CE = DC \cdot AE$,求 $S_{四边形ABCD}$.

解 易见 DE 为 $\triangle ADC$ 的角平分线,$\angle BDC = \angle BDA = \angle BAC = \angle BCA = 22.5°$,设角 α 如图 2.224 所示,则

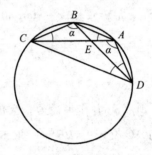

图 2.224

$$AD = \frac{6\sin[(\alpha + 22.5°) + 22.5°]}{\sin(\alpha + 22.5°)}, CD = \frac{6\sin\alpha}{\sin(\alpha + 22.5°)}$$

$$S_{四边形ABCD} = S_{\triangle CDB} + S_{\triangle ADB}$$

$$= \frac{1}{2} \cdot 6 \cdot \frac{6\sin\alpha}{\sin(\alpha + 22.5°)}\sin 22.5° + \frac{1}{2} \cdot 6 \cdot \frac{6\sin(\alpha + 45°)}{\sin(\alpha + 22.5°)}\sin 22.5°$$

$$= \frac{18\sin 22.5°}{\sin(\alpha + 22.5°)}[\sin\alpha + \sin(\alpha + 45°)]$$

$$= \frac{36\sin 22.5°}{\sin(\alpha + 22.5°)}\sin(\alpha + 22.5°)\cos 22.5°$$

$$= 18\sin 45° = 9\sqrt{2}$$

2.226 已知 $\triangle ABC$,$AB = BC$,AD 为角平分线,已知 $S_{\triangle ABD} = S_1$,$S_{\triangle ACD} = S_2$,求 AC.

解 设线段 x,y 如图 2.225 所示,可设角 2α,$90° - \alpha$ 如图所示,则

第 2 章　平面几何计算题、轨迹题及其他问题
DIERZHANG　PINGMIAN JIHE JISUANTI,GUIJITI JI QITA WENTI

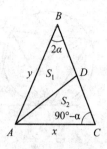

图 2.225

$$\frac{S_1}{S_2}=\frac{BD}{CD}=\frac{y}{x}, BD=BC\cdot\frac{y}{x+y}=\frac{y^2}{x+y}, CD=y\frac{x}{x+y}=\frac{xy}{x+y}$$

$$S_1=\frac{1}{2}y\cdot BD\sin 2\alpha=\frac{y^3}{2(x+y)}\sin 2\alpha \qquad ①$$

$$S_2=\frac{1}{2}x\cdot CD\sin(90°-\alpha)=\frac{x^2 y}{2(x+y)}\cos\alpha$$

两式相除得

$$\frac{S_1}{S_2}=\frac{y^2}{x^2}\cdot 2\sin\alpha \Rightarrow \sin\alpha=\frac{S_1}{S_2}\cdot\frac{x^2}{2y^2}=\frac{S_1}{S_2}\cdot\frac{1}{2}\left(\frac{S_2}{S_1}\right)^2=\frac{S_2}{2S_1}$$

$$\cos\alpha=\frac{\sqrt{4S_1^2-S_2^2}}{2S_1},\sin 2\alpha=\frac{S_2\sqrt{4S_1^2-S_2^2}}{2S_1^2}$$

代入式 ① 得

$$S_1=\frac{y^3}{2(x+y)}\cdot\frac{S_2\sqrt{4S_1^2-S_2^2}}{2S_1^2}$$

$$y^3 S_2\sqrt{4S_1^2-S_2^2}=4S_1^3(x+y)=4S_1^3\left(\frac{S_2}{S_1}y+y\right)=4(S_1^2 S_2+S_1^3)y$$

$$y^2=\frac{4S_1^2(S_1+S_2)}{S_2\sqrt{4S_1^2-S_2^2}}$$

$$x^2=y^2\left(\frac{S_2}{S_1}\right)^2=\frac{4S_2(S_1+S_2)}{\sqrt{4S_1^2-S_2^2}}$$

$$AC=x=\frac{2\sqrt{S_2(S_1+S_2)}}{\sqrt[4]{4S_1^2-S_2^2}}$$

2.227　圆的半径为 R,过点 A 作切线 AM,点 M 为切点,又作割线 ALK,L,K 为与圆交点,$AL=LK$,$\angle AMK=60°$,求 $S_{\triangle AMK}$.

解　设 $AL=LK=u$,易见 $AM=\sqrt{2}u$,又设

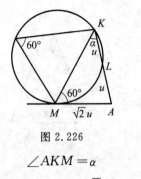

图 2.226

$$\angle AKM = \alpha$$

$$\frac{\sin \alpha}{\sqrt{2}u} = \frac{\sin 60°}{2u} \Rightarrow \sin \alpha = \frac{\sqrt{6}}{4}, \cos \alpha = \frac{\sqrt{10}}{4}$$

$$\sin A = \sin(\alpha + 60°) = \frac{\sqrt{6}}{4} \cdot \frac{1}{2} + \frac{\sqrt{10}}{4} \cdot \frac{\sqrt{3}}{2} = \frac{\sqrt{6} + \sqrt{30}}{8}$$

$$KM = 2R\sin 60° = \sqrt{3}R$$

$$S_{\triangle AMK} = \frac{1}{2}(\sqrt{3}R)^2 \frac{\sin 60° \cdot \sin \alpha}{\sin A} = \frac{3R^2}{2} \cdot \frac{\frac{\sqrt{3}}{2} \cdot \frac{\sqrt{6}}{4}}{\frac{\sqrt{6}+\sqrt{30}}{8}} = \frac{3R^2}{2} \cdot \frac{\sqrt{3}}{1+\sqrt{5}}$$

$$= \frac{3\sqrt{3}}{8}R^2(\sqrt{5}-1) = \frac{3}{8}(\sqrt{15}-\sqrt{3})R^2$$

2.228 $\triangle ABC$ 中 $AB=BC$,三条高分别为 $AA_1, BB_1, CC_1, \frac{AB}{A_1B_1} = \sqrt{3}$,求 $\frac{S_{\triangle A_1B_1C_1}}{S_{\triangle ABC}}$.

解 不妨设 $AB_1 = B_1C = 1$,可设角 β 如图 2.227 所示.因 A, B_1, A_1, B 共圆,直径为 AB,故

$$\sin \beta = \frac{A_1B_1}{AB} = \frac{1}{\sqrt{3}}, \cos 2\beta = 1 - 2\left(\frac{1}{\sqrt{3}}\right)^2 = \frac{1}{3}$$

易见 $\angle B_1A_1C = \angle A_1CB_1 = 90° - \beta = \angle B_1CB$,故 $B_1A_1 = B_1C = 1$.同理 $B_1C_1 = 1$,又 $\angle A_1B_1C_1 = 180° - 4\beta$,故

$$S_{\triangle A_1B_1C_1} = \frac{1}{2} \cdot 1^2 \sin(180° - 4\beta) = \frac{1}{2}\sin 4\beta$$

$$AB = CB = \frac{AC\sin(90° - \beta)}{\sin 2\beta} = \frac{2}{2\sin \beta} = \frac{1}{\sin \beta}$$

第 2 章　平面几何计算题、轨迹题及其他问题
DIERZHANG　PINGMIAN JIHE JISUANTI,GUIJITI JI QITA WENTI

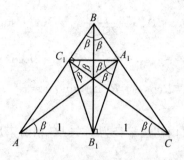

图 2.227

$$S_{\triangle ABC} = \frac{1}{2}\left(\frac{1}{\sin \beta}\right)^2 \sin 2\beta = \frac{\cos \beta}{\sin \beta}$$

$$\frac{S_{\triangle A_1B_1C_1}}{S_{\triangle ABC}} = \frac{\sin 4\beta}{2} \cdot \frac{\sin \beta}{\cos \beta} = \frac{2\cos 2\beta \sin \beta \cos \beta \sin \beta}{\cos \beta}$$

$$= 2\cos 2\beta \sin^2 \beta = 2 \cdot \frac{1}{3} \cdot \frac{1}{3} = \frac{2}{9}$$

2.229 如图 2.228 所示,已知 $AB = 2R$,其上有 C,以 AB,CB 为直径作半圆,过点 A 作小半圆切线 AD(D 为切点)与大半圆又交于 M,直线 BD 与大半圆又交于 N,已知 $\angle BAM = \alpha$,求 $S_{四边形ABMN}$.

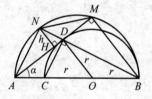

图 2.228

解　设小半圆半径为 r,$\triangle ANM$ 高 $NH = h$,则

$$\frac{h}{BM} = \frac{ND}{BD} = \frac{2R-2r}{2r} = \frac{R-r}{r} = \frac{R}{r} - 1$$

又

$$\frac{r}{\sin \alpha} + r = AO + OB = 2R \Rightarrow \frac{R}{r} = \frac{1+\sin \alpha}{2\sin \alpha}$$

$$\frac{h}{BM} = \frac{1+\sin \alpha}{2\sin \alpha} - 1 = \frac{1-\sin \alpha}{2\sin \alpha}$$

又

$$BM = 2R\sin \alpha$$

$$h = BM \cdot \frac{1-\sin\alpha}{2\sin\alpha} = R(1-\sin\alpha)$$

$$S_{\text{四边形}ABMN} = S_{\triangle ABM} + S_{\triangle ANM} = \frac{1}{2} \cdot 2R\cos\alpha \cdot (BM+h)$$

$$= R\cos\alpha \cdot R(1+\sin\alpha) = R^2\cos\alpha \cdot (1+\sin\alpha)$$

2.230 $\triangle ABC$ 内切圆半径为 4，与 BC 相切于 D，$BD=6$，$CD=8$，求 AB，AC.

解 设内切圆与 AB，AC 分别相切于 F，E，角 α，β，γ 如图 2.229 所示，则

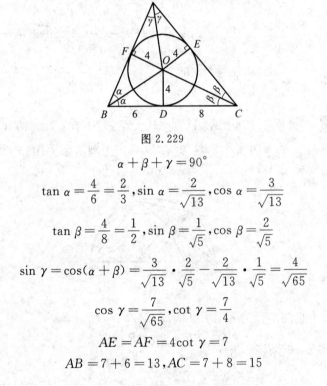

图 2.229

$$\alpha + \beta + \gamma = 90°$$

$$\tan\alpha = \frac{4}{6} = \frac{2}{3}, \sin\alpha = \frac{2}{\sqrt{13}}, \cos\alpha = \frac{3}{\sqrt{13}}$$

$$\tan\beta = \frac{4}{8} = \frac{1}{2}, \sin\beta = \frac{1}{\sqrt{5}}, \cos\beta = \frac{2}{\sqrt{5}}$$

$$\sin\gamma = \cos(\alpha+\beta) = \frac{3}{\sqrt{13}} \cdot \frac{2}{\sqrt{5}} - \frac{2}{\sqrt{13}} \cdot \frac{1}{\sqrt{5}} = \frac{4}{\sqrt{65}}$$

$$\cos\gamma = \frac{7}{\sqrt{65}}, \cot\gamma = \frac{7}{4}$$

$$AE = AF = 4\cot\gamma = 7$$

$$AB = 7 + 6 = 13, AC = 7 + 8 = 15$$

2.231 $\triangle ABC$，$AB=BC=2$，过 A，C 作半径为 1 的 $\odot O$，过 B 作 $\odot O$ 切线 BD，BE，D，E 为切点，$\angle ABC = 2\sin^{-1}\frac{1}{\sqrt{5}}$，求 $S_{\triangle BDE}$.

解 设直线 BO 与 $\odot O$ 交于 P，Q 如图 2.230 所示，$\angle QBC = \alpha = \frac{1}{2}\angle ABC$，

第 2 章　平面几何计算题、轨迹题及其他问题

则

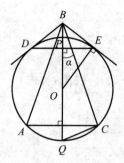

图 2.230

$$BO = 2\cos\alpha - \sqrt{1-(2\sin\alpha)^2} = \frac{3}{\sqrt{5}}$$

$$BQ = \frac{3}{\sqrt{5}} + 1 = \frac{3+\sqrt{5}}{\sqrt{5}}, BP = \frac{3}{\sqrt{5}} - 1 = \frac{3-\sqrt{5}}{\sqrt{5}}$$

$$BE = \sqrt{BQ \cdot BP} = \frac{2}{\sqrt{5}}$$

$$\tan \angle OBE = \frac{OE}{BE} = \frac{\sqrt{5}}{2}$$

$$\sin \angle DBE = \frac{2\tan \angle OBE}{1 + \tan^2 \angle OBE} = \frac{4}{9}\sqrt{5}$$

$$S_{\triangle BDE} = \frac{1}{2}BE^2 \sin \angle DBE = \frac{8}{45}\sqrt{5}$$

2.232　$\triangle ABC$ 中 $AC=1$,以 AC 为直径作圆与 BA,BC 分别交于 D,E, $AD = \frac{1}{3}AB$,E 为 BC 中点,求 $S_{\triangle ABC}$.

解　设角 α,γ,线段 u,$2u$,v 如图 2.231 所示.易见 $u = 1\cos\alpha$,$v = 1\cos\gamma$, $AB = 3\cos\alpha$,$BC = 2\cos\gamma$,在 $\triangle ABC$ 用正弦定理得

$$\frac{3\cos\alpha}{\sin\gamma} = \frac{2\cos\gamma}{\sin\alpha} \Rightarrow 3\sin 2\alpha = 2\sin 2\gamma \qquad ①$$

又

$$2u \cdot 3u = v \cdot 2v$$

即

$$6\cos^2\alpha = 2\cos^2\gamma, 3(\cos 2\alpha + 1) = \cos 2\gamma + 1$$

$$3\cos 2\alpha = \cos 2\gamma - 2 \qquad ②$$

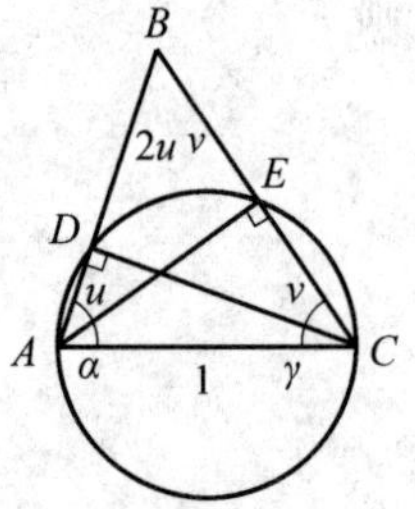

①² + ②² 得
$$9 = 4(1 - \cos^2 2\gamma) + \cos^2 2\gamma - 4\cos 2\gamma + 4$$

解得
$$\cos 2\gamma = -1 (因 2\gamma 为锐角, 舍去)$$

或
$$\cos 2\gamma = -\frac{1}{3} \Rightarrow \sin \gamma = \sqrt{\frac{1-(-\frac{1}{3})}{2}} = \sqrt{\frac{2}{3}}, \cos \gamma = \sqrt{\frac{1}{3}}$$

图 2.231

又由式 ② 求得
$$\cos 2\alpha = -\frac{7}{9}$$

$$\sin \alpha = \sqrt{\frac{1+\frac{7}{9}}{2}} = \frac{2\sqrt{2}}{3}, \cos \alpha = \frac{1}{3}$$

$$AB = 3u = 3\cos \alpha = 1$$

$$S_{\triangle ABC} = \frac{1}{2} AB \cdot AC \sin \alpha = \frac{1}{2} \cdot 1^2 \cdot \frac{2\sqrt{2}}{3} = \frac{\sqrt{2}}{3}$$

2.233 $\triangle ABC$ 中 $\cos A = \frac{7}{8}, BC = a$，高分别为 $AD, BE, CF, AD = BE + CF$，求 $S_{\triangle ABC}$.

解 设角 α, β, γ 如图 2.232 所示，则

$$\alpha + \beta + \gamma = 180°, \cos \alpha = \frac{7}{8}, \sin \alpha = \frac{\sqrt{15}}{8}$$

$$\sin \frac{\beta+\gamma}{2} = \cos \frac{\alpha}{2} = \sqrt{\frac{1+\frac{7}{8}}{2}} = \frac{\sqrt{15}}{4}$$

$$\cos \frac{\beta+\gamma}{2} = \sin \frac{\alpha}{2} = \frac{1}{4}$$

$$AD = AC \sin \gamma = \frac{a \sin \beta \sin \gamma}{\sin \alpha} = BE + CF = a\sin \gamma + a\sin \beta$$

$$\sin \beta \sin \gamma = \sin \alpha \cdot (\sin \beta + \sin \gamma)$$

即

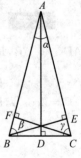

图 2.232

第2章 平面几何计算题、轨迹题及其他问题

$$\frac{1}{2}[\cos(\beta-\gamma)-\cos(\beta+\gamma)]=\frac{\sqrt{15}}{8}\cdot 2\sin\frac{\beta+\gamma}{2}\cos\frac{\beta-\gamma}{2}$$

因

$$\cos(\beta+\gamma)=-\cos\alpha=-\frac{7}{8}$$

故

$$\cos(\beta-\gamma)+\frac{7}{8}=\frac{\sqrt{15}}{2}\cdot\frac{\sqrt{15}}{4}\cos\frac{\beta-\gamma}{2}$$

$$2\cos^2\frac{\beta-\gamma}{2}-1+\frac{7}{8}=\frac{15}{8}\cos\frac{\beta-\gamma}{2}$$

解得

$$\cos\frac{\beta-\gamma}{2}=-\frac{1}{16}\left(因\left|\frac{\beta-\gamma}{2}\right|<\frac{180°-0°}{2}=90°,应有\cos\frac{\beta-\gamma}{2}>0,故舍去\right)$$

或

$$\cos\frac{\beta-\gamma}{2}=1\Rightarrow\gamma=\beta=\frac{180°-\alpha}{2}$$

$$\sin\gamma=\sin\beta=\cos\frac{\alpha}{2}=\frac{\sqrt{15}}{4}$$

$$S_{\triangle ABC}=\frac{a^2}{2}\cdot\frac{\sin\beta\sin\gamma}{\sin\alpha}=\frac{a^2}{2}\cdot\frac{\left(\frac{\sqrt{15}}{4}\right)^2}{\frac{\sqrt{15}}{8}}=\frac{\sqrt{15}}{4}a^2$$

2.234 如图 2.233 所示,$\odot O$ 半径为 1,两弦 $BA=\sqrt{2}$,$BC=\frac{10}{7}$,$\angle BAC<90°$,求 $\odot O$ 在 $\angle BAC$ 内的面积 S.

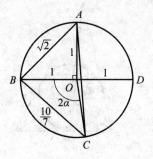

图 2.233

解　BA, BC 必在直径 BD 两侧（否则 $\angle BAC \geqslant 90°$），设 $\angle BOC = 2\alpha$，易见

$$\angle BOA = 90°, \sin\alpha = \frac{\frac{5}{7}}{1} = \frac{5}{7}, \cos\alpha = \frac{\sqrt{24}}{7}$$

$$S_{\triangle AOB} = \frac{1}{2} \cdot 1^2 = \frac{1}{2}$$

$$S_{\triangle BOC} = \frac{1}{2} \cdot 1^2 \cdot \sin 2\alpha = \sin\alpha\cos\alpha = \frac{10}{49}\sqrt{6}$$

$$\angle AOC = 2\pi - \frac{\pi}{2} - 2\alpha = \frac{3}{2}\pi - 2\alpha$$

$$S_{\text{扇形} AOC} = \frac{1}{2} \cdot 1^2 \cdot \left(\frac{3}{2}\pi - 2\alpha\right) = \frac{3}{4}\pi - \alpha = \frac{3}{4}\pi - \sin^{-1}\frac{5}{7}$$

（α 及 $\sin^{-1}\frac{5}{7}$ 用弧度表示）

$$S = S_{\triangle AOB} + S_{\triangle BOC} + S_{\text{扇形} AOC} = \frac{1}{2} + \frac{10}{49}\sqrt{6} + \frac{3}{4}\pi - \sin^{-1}\frac{5}{7}$$

2.235　过 $\triangle ABC$ 内心 O 作 $MN \parallel BC$，与 AB, AC 分别交于 M, N，$BC = \sqrt[4]{2}$，$AM + MN + AN = 3\sqrt[4]{2}$，$AO$ 为内切圆半径 r 的 3 倍，求 $S_{\triangle ABC}$。

解　设角 $\alpha, \beta, \gamma, 2\gamma$ 如图 2.234 所示，$\alpha + \beta + \gamma = 90°$，设内切圆与 BC 相切于 D，$\triangle ABC, \triangle AMN$ 的高 $AH = h, AH' = h'$，则

$$\cos(\beta + \gamma) = \sin\alpha = \frac{r}{OA} = \frac{1}{3}$$

$$\sin(\beta + \gamma) = \cos\alpha = \frac{2\sqrt{2}}{3}$$

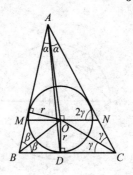

图 2.234

第 2 章　平面几何计算题、轨迹题及其他问题
DIERZHANG　PINGMIAN JIHE JISUANTI, GUIJITI JI QITA WENTI

$$\sin 2\alpha = 2 \cdot \frac{1}{3} \cdot \frac{2\sqrt{2}}{3} = \frac{4}{9}\sqrt{2}$$

$$h' = AO\sin\angle AOM = 3r\sin(\alpha + 2\gamma) = 3r\cos(\gamma - \beta)$$

$$h = AB\sin 2\beta = BC\frac{\sin 2\gamma}{\sin 2\alpha}\sin 2\beta = r(\cot\beta + \cot\gamma)\frac{\sin 2\gamma\sin 2\beta}{\sin 2\alpha}$$

$$= r\frac{\cos\alpha}{\sin\beta\sin\gamma} \cdot \frac{\sin 2\gamma\sin 2\beta}{\sin 2\alpha} = \frac{2r\cos\gamma\cos\beta}{\sin\alpha} = \frac{r(\sin\alpha + \cos(\gamma - \beta))}{\sin\alpha}$$

$$= r\frac{\frac{1}{3} + \cos(\gamma - \beta)}{\frac{1}{3}} = r(1 + 3\cos(\gamma - \beta))$$

$$\frac{h'}{h} = \frac{3\cos(\gamma - \beta)}{1 + 3\cos(\gamma - \beta)}$$

但

$$\frac{h'}{h} = \frac{AM + MN + AN}{BC + AB + AC} = \frac{3\sqrt[4]{2}}{\sqrt[4]{2}\left(1 + \frac{\sin 2\gamma}{\sin 2\alpha} + \frac{\sin 2\beta}{\sin 2\alpha}\right)} = \frac{3\sin 2\alpha}{\sin 2\alpha + \sin 2\gamma + \sin 2\beta}$$

$$= \frac{\frac{4}{3}\sqrt{2}}{\frac{4}{9}\sqrt{2} + 2\sin(\gamma + \beta)\cos(\gamma - \beta)} = \frac{12\sqrt{2}}{4\sqrt{2} + 18 \cdot \frac{2\sqrt{2}}{3}\cos(\gamma - \beta)}$$

$$= \frac{3}{1 + 3\cos(\gamma - \beta)}$$

于是

$$\frac{3\cos(\gamma - \beta)}{1 + 3\cos(\gamma - \beta)} = \frac{3}{1 + 3\cos(\gamma - \beta)} \Rightarrow \cos(\gamma - \beta) = 1, \gamma = \beta = \frac{90° - \alpha}{2}①$$

$$\sin\gamma = \sin\beta = \sin\frac{90° - \alpha}{2} = \sqrt{\frac{1 - \cos(90° - \alpha)}{2}} = \sqrt{\frac{1 - \frac{1}{3}}{2}} = \frac{1}{\sqrt{3}}$$

$$\cos\gamma = \cos\beta = \sqrt{\frac{2}{3}}, \sin 2\beta = \sin 2\gamma = 2 \cdot \frac{1}{\sqrt{3}} \cdot \sqrt{\frac{2}{3}} = \frac{2\sqrt{2}}{3}$$

$$S_{\triangle ABC} = \frac{(\sqrt[4]{2})^2}{2} \cdot \frac{\sin 2\beta\sin 2\gamma}{\sin 2\alpha} = \frac{\sqrt{2}}{2} \cdot \frac{\left(\frac{2\sqrt{2}}{3}\right)^2}{\frac{4}{9}\sqrt{2}} = \frac{\sqrt{2} \cdot \sqrt{2}^2}{2\sqrt{2}} = 1$$

---

① 未证得 $\beta = \gamma$ 前故意画 $\beta \neq \gamma$ 的一般情况.

2.236 半径为 R 的圆内接六边形 $ABCDEF$，$\angle A = \angle C = \angle E$，已知 $AB = a, CD = b, EF = c$，求此六边形的面积 S.

解 易知 $\angle A = \angle C = \angle E = 120°$，设角 α, β, γ 如图 2.235 所示，又设圆半径为 R，则

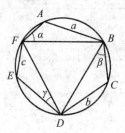

图 2.235

$$BF = 2R\sin 120° = \sqrt{3}R = DB = FD（同理）$$

$$S_{\triangle BDF} = \frac{\sqrt{3}}{4}(\sqrt{3}R)^2 = \frac{3\sqrt{3}}{4}R^2$$

$$\sin \alpha = \frac{a}{2R}, \cos \alpha = \frac{\sqrt{4R^2 - a^2}}{2R}, \cot \alpha = \frac{\sqrt{4R^2 - a^2}}{a}$$

$$S_{\triangle ABF} = \frac{a^2}{2} \cdot \frac{\sin 120° \sin \angle ABF}{\sin(120° + \angle ABF)} = \frac{\sqrt{3}a^2}{4} \cdot \frac{\sin(60° - \alpha)}{\sin(120° + 60° - \alpha)}$$

$$= \frac{\sqrt{3}}{4}a^2(\sin 60° \cot \alpha - \cos 60°)$$

$$= \frac{\sqrt{3}}{4}a^2\left(\frac{\sqrt{3}}{2} \cdot \frac{\sqrt{4R^2 - a^2}}{a} - \frac{1}{2}\right) = \frac{3a}{8}\sqrt{4R^2 - a^2} - \frac{\sqrt{3}}{8}a^2$$

同理

$$S_{\triangle CDB} = \frac{3b}{8}\sqrt{4R^2 - b^2} - \frac{\sqrt{3}}{8}b^2, S_{\triangle EFD} = \frac{3c}{8}\sqrt{4R^2 - c^2} - \frac{\sqrt{3}}{8}c^2$$

$$S = S_{\triangle BDF} + S_{\triangle ABF} + S_{\triangle CDB} + S_{\triangle EFD}$$

$$= \frac{3\sqrt{3}}{4}R^2 + \frac{3}{8}(a\sqrt{4R^2 - a^2} + b\sqrt{4R^2 - b^2} + c\sqrt{4R^2 - c^2}) - \frac{\sqrt{3}}{8}(a^2 + b^2 + c^2)$$

2.237 $\triangle ABC$ 内切圆半径为 R，与 AC, CB, BA 分别相切于 D, F, E，已知 $AD = R, DC = a$，求 $S_{\triangle BEF}$.

解 易见 $\angle A = 90°$，设线段 a, x，角 $2\beta, 2\gamma$ 如图 2.236 所示，则

第2章 平面几何计算题、轨迹题及其他问题

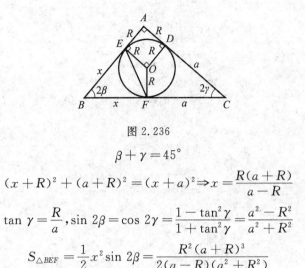

图 2.236

$$\beta + \gamma = 45°$$

$$(x+R)^2 + (a+R)^2 = (x+a)^2 \Rightarrow x = \frac{R(a+R)}{a-R}$$

$$\tan \gamma = \frac{R}{a}, \sin 2\beta = \cos 2\gamma = \frac{1-\tan^2\gamma}{1+\tan^2\gamma} = \frac{a^2-R^2}{a^2+R^2}$$

$$S_{\triangle BEF} = \frac{1}{2}x^2 \sin 2\beta = \frac{R^2(a+R)^3}{2(a-R)(a^2+R^2)}$$

2.238 如图 2.237 所示,已知 $\triangle ABC$ 中 $AB=BC$,角平分线 BK,AM 交于 O,$S_{\triangle BOM}=25$,$S_{\triangle COM}=30$,求 $S_{\triangle ABC}$ 及 OM 在 BC 的射影.

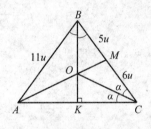

图 2.237

解 $\dfrac{BM}{CM} = \dfrac{S_{\triangle BOM}}{S_{\triangle COM}} = \dfrac{5}{6}$,可设 $BM=5u,CM=6u,AB=BC=11u$. 则

$$\frac{AC}{11u} = \frac{CM}{BM} = \frac{6}{5} \Rightarrow AC = \frac{66}{5}u, AK = KC = \frac{33}{5}u$$

$$BK = \sqrt{(11u)^2 - (\frac{33}{5}u)^2} = \frac{44}{5}u$$

$$BO = BK \cdot \frac{AB}{AB+AK} = \frac{44}{5}u \cdot \frac{11u}{11u+\frac{33}{5}u} = \frac{11}{2}u$$

$$OK = BK - BO = \frac{33}{10}u$$

$$OC = \sqrt{\left(\frac{33}{5}u\right)^2 + \left(\frac{33}{10}u\right)^2} = \frac{33}{10}\sqrt{5}\,u$$

$$\frac{1}{2} \cdot \frac{11}{2}u \cdot 5u \cdot \sin(90° - 2\alpha) = 25 \qquad ①$$

$$\frac{1}{2} \cdot \frac{33}{10}\sqrt{5}\,u \cdot 6u \cdot \sin\alpha = 30 \qquad ②$$

两式相除得

$$\frac{\frac{11}{2} \cdot 5\cos 2\alpha}{\frac{33}{10}\sqrt{5} \cdot 6\sin\alpha} = \frac{5}{6}$$

即

$$\sqrt{5} \cdot (1 - 2\sin^2\alpha) = 3\sin\alpha$$

解得（正值）

$$\sin\alpha = \frac{1}{\sqrt{5}},\ \cos\alpha = \frac{2}{\sqrt{5}},\ \sin 2\alpha = 2 \cdot \frac{1}{\sqrt{5}} \cdot \frac{2}{\sqrt{5}} = \frac{4}{5}$$

由式 ② 得

$$\frac{99}{10}\sqrt{5}\,u^2 \cdot \frac{1}{\sqrt{5}} = 30 \Rightarrow u = \frac{10}{\sqrt{33}}$$

$$S_{\triangle ABC} = AK \cdot BK = \frac{33}{5}u \cdot \frac{44}{5}u = 17.6$$

所求射影

$$5u - BO\cos(90° - 2\alpha) = 5u - \frac{11}{2}u \cdot \frac{4}{5} = \frac{3}{5}u = 2\sqrt{\frac{3}{11}}$$

2.239 $\triangle ABC$ 中，$AC = BC$，过 CA 中点 M 作直线与 CB 交于 K，与 BA 的延长线交于 P，$CK = 2$，$AP = 5$，$\cos B = \frac{1}{4}$，求 $S_{\triangle ABC}$。

解 设角 α 如图 2.238 所示，则

$$\cos\alpha = \frac{1}{4},\ \sin\alpha = \frac{\sqrt{15}}{4}$$

$$\cos C = \cos(180° - 2\alpha) = -2\cos^2\alpha + 1 = \frac{7}{8},\ \sin C = \frac{\sqrt{15}}{8}$$

$$\tan\angle AMP = \frac{5\sin\alpha}{u + 5\cos\alpha} = \frac{5\sqrt{15}}{4u + 5}$$

第 2 章　平面几何计算题、轨迹题及其他问题

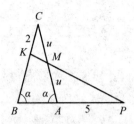

图 2.238

$$\tan\angle CMK = \frac{2\sin C}{u - 2\cos C} = \frac{\sqrt{15}}{4u - 7}$$

从而

$$\frac{5\sqrt{15}}{4u + 5} = \frac{\sqrt{15}}{4u - 7} \Rightarrow u = \frac{5}{2}, CB = CA = 2u = 5$$

$$S_{\triangle ABC} = \frac{1}{2}CA \cdot CB \cdot \sin C = \frac{1}{2} \cdot 5 \cdot 5 \cdot \frac{\sqrt{15}}{8} = \frac{25}{16}\sqrt{15}$$

2.240　圆外切等腰梯形的周长为 8,面积为 2,求对角线交点到上底的距离.

解　设所述梯形 $ABCD$, $AB \parallel CD$, 对角线交于点 P, AB, CD 的中点分别为点 E, F. 设圆半径 r, 角 α 如图 2.239 所示,易见

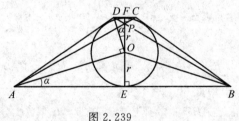

图 2.239

$$AE + DF = 2 = r(\tan\alpha + \cot\alpha) = \frac{r}{\sin\alpha\cos\alpha} \Rightarrow r = \sin 2\alpha$$

$$2 = S_{\text{梯形}ABCD} = \frac{1}{2} \cdot 2r \cdot 4 \Rightarrow r = \frac{1}{2}, \sin 2\alpha = \frac{1}{2}, 2\alpha = 30°$$

所求距离

$$2r\frac{DF}{AE + DF} = 1 \cdot \frac{r\tan\alpha}{r\tan\alpha + r\cot\alpha} = \frac{\frac{\sin\alpha}{\cos\alpha}}{\frac{1}{\sin\alpha\cos\alpha}} = \sin^2\alpha$$

$$= \frac{1-\cos 30°}{2} = \frac{2-\sqrt{3}}{4}$$

2.241 ⊙O 半径为 1,外切等腰梯形面积为 5,求联结四切点的四边形的面积.

解 设所述梯形 $ABCD(AB \parallel DC)$,在 AB,BC,CD,DA 上的切点分别为 E,F,G,H,可设角 α 如图 2.240 所示,则

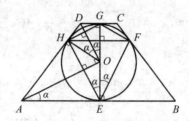

图 2.240

$$5 = (AE+DG) \cdot EG = (1\cot\alpha + 1\tan\alpha) \cdot 2$$

$$= \frac{2}{\sin\alpha\cos\alpha} = \frac{4}{\sin 2\alpha} \Rightarrow \sin 2\alpha = \frac{4}{5}$$

$$HF = GE\sin 2\alpha = 2 \cdot \frac{4}{5} = \frac{8}{5}$$

$$S_{\text{四边形} EFGH} = \frac{1}{2}HF \cdot GE = \frac{1}{2} \cdot \frac{8}{5} \cdot 2 = \frac{8}{5}$$

2.242 正三角形边长为 a,内切圆切线在三角形内部分长为 b,求此切线截正三角形所得三角形面积.

解 设所述正 $\triangle ABC$,内切圆 ⊙O,与 BC,CA,AB 分别相切于 D,E,F,所述切线(切点 P)截得 $\triangle AGH$,角 α,β 如图 2.241 所示,易见 $\alpha+\beta=60°$,内切圆半径 $OD = \frac{a}{2}\tan 30° = \frac{a}{2\sqrt{3}}$

$$b = GH = OP(\tan\alpha + \tan\beta) = \frac{a}{2\sqrt{3}} \cdot \frac{\sin(\alpha+\beta)}{\cos\alpha\cos\beta} = \frac{a}{2\sqrt{3}} \cdot \frac{\sin 60°}{\cos\alpha\cos\beta}$$

$$= \frac{a}{4\cos\alpha\cos\beta} = \frac{a}{2\cos 60° + 2\cos(\alpha-\beta)}$$

$$\cos(\alpha-\beta) = \frac{a-b}{2b}$$

第2章 平面几何计算题、轨迹题及其他问题
DIERZHANG PINGMIAN JIHE JISUANTI,GUIJITI JI QITA WENTI

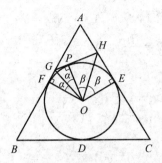

图 2.241

$$S_{\triangle AGH} = \frac{b^2}{2} \cdot \frac{\sin \angle AGH \sin \angle AHG}{\sin \angle A} = \frac{b^2}{\sqrt{3}} \sin 2\alpha \sin 2\beta$$

$$= \frac{b^2}{2\sqrt{3}}[\cos(2\alpha - 2\beta) - \cos 120°]$$

$$= \frac{b^2}{2\sqrt{3}}\left[2\left(\frac{a-b}{2b}\right)^2 - 1 + \frac{1}{2}\right]$$

$$= \frac{1}{2\sqrt{3}}\left[\frac{(a-b)^2}{2} - \frac{b^2}{2}\right] = \frac{1}{4\sqrt{3}}(a^2 - 2ab)$$

2.243 ⊙O 内接梯形 $ABCD$, $BC // AD$, $\angle BCD = 120°$, $BC = 3$, $AD = 7$, 在 AD 上取点 N, $DN = 2$, BN 与 ⊙O 又交于 M, 求 $S_{\triangle BOM}$.

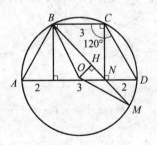

图 2.242

解 易见 $\angle D = 60°$, N 正好是点 C 在 AD 的射影, $CD = 4$, $BD = \sqrt{3^2 + 4^2 - 2 \cdot 3 \cdot 4 \cdot \cos 120°} = \sqrt{37}$, ⊙$O$ 的直径

$$2R = \frac{\sqrt{37}}{\sin 120°}, \quad R = \sqrt{\frac{37}{3}}$$

$$BN = \sqrt{3^2 + CN^2} = \sqrt{9 + (2\sqrt{3})^2} = \sqrt{21}$$

· 321 ·

用三角、解析几何等计算解来自俄罗斯的几何题
YONGSANJIAO,JIEXI JIHE DENG JISUAN JIE LAIZI ELUOSI DE JIHETI

$$\sqrt{21}\,NM = AN \cdot ND = 5 \cdot 2 = 10$$
$$NM = \frac{10}{\sqrt{21}},\ BM = \sqrt{21} + \frac{10}{\sqrt{21}} = \frac{31}{\sqrt{21}}$$

△BOM 的高为

$$OH = \sqrt{\left(\sqrt{\frac{37}{3}}\right)^2 - \left(\frac{31}{2\sqrt{21}}\right)^2} = \sqrt{\frac{25}{28}} = \frac{5}{\sqrt{28}}$$

$$S_{\triangle BOM} = \frac{1}{2} \cdot \frac{31}{\sqrt{21}} \cdot \frac{5}{\sqrt{28}} = \frac{155}{28\sqrt{3}}$$

2.244 ⊙O,⊙O' 的半径分别为 3,4,$OO'=5$,两圆交于 A,B,过 B 作直线与⊙O,⊙O' 又分别交于 C,D,B 在线段 CD 上,$CD=8$,求 $S_{\triangle ACD}$.

解 易见 $\angle OAO' = \angle OBO' = 90°$,设 OO' 与 AB 交于 Q,O,A,O' 在 CD 的射影分别为 M,H,M'(可验证 $AO + OM = AH$,从而知 M,H 重合,但下文计算未用此结论),可设角 α 如图 2.243 所示.由 $BM + BM' = MM' = 4$,即

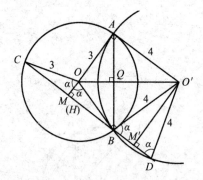

图 2.243

$$3\sin\alpha + 4\cos\alpha = 4$$

即

$$3 \cdot 2\sin\frac{\alpha}{2}\cos\frac{\alpha}{2} = 4 \cdot 2\sin^2\frac{\alpha}{2}$$

$$\tan\frac{\alpha}{2} = \frac{3}{4},\ \sin\alpha = \frac{2\tan\frac{\alpha}{2}}{1+\tan^2\frac{\alpha}{2}} = \frac{24}{25},\ O'M' = 4\sin\alpha = \frac{96}{25}$$

易见有矩形 $AHM'O'$,故 $AH = O'M' = \frac{96}{25}$.

第2章 平面几何计算题、轨迹题及其他问题

DIERZHANG PINGMIAN JIHE JISUANTI, GUIJITI JI QITA WENTI

$$S_{\triangle ACD} = \frac{1}{2} \cdot CD \cdot AH = \frac{384}{25}$$

2.245 如图 2.244 所示，过 ⊙O 直径上点 M 作弦 AB 与直径成 $30°$ 角，$\dfrac{AM}{MB} = \dfrac{2}{3}$，⊙$O$ 半径为 4，作弦 BC 与此直径垂直，求 $S_{\triangle ABC}$。

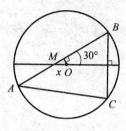

图 2.244

解 设 $OM = x$，则

$$MB = \sqrt{4^2 - (x\sin 30°)^2} + x\cos 30° = \sqrt{16 - \frac{1}{4}x^2} + \frac{\sqrt{3}}{2}x$$

$$MA = \sqrt{16 - \frac{1}{4}x^2} - \frac{\sqrt{3}}{2}x$$

$$\frac{MA}{MB} = \frac{2}{3}, \quad \frac{MB+MA}{MB-MA} = \frac{5}{1}$$

即

$$\frac{2\sqrt{16 - \frac{1}{4}x^2}}{\sqrt{3}\,x} = 5 \Rightarrow x = \frac{4}{\sqrt{19}}$$

$$AB = 2\sqrt{16 - \frac{1}{4}x^2} = \frac{20\sqrt{3}}{\sqrt{19}}$$

$$BC = 2MB\sin 30° = \sqrt{16 - \frac{1}{4}x^2} + \frac{\sqrt{3}}{2}x = \frac{12\sqrt{3}}{\sqrt{19}}$$

$$S_{\triangle ABC} = \frac{1}{2}AB \cdot BC \cdot \sin\angle B = \frac{1}{2} \cdot \frac{20\sqrt{3}}{\sqrt{19}} \cdot \frac{12\sqrt{3}}{\sqrt{19}} \cdot \frac{\sqrt{3}}{2} = \frac{180\sqrt{3}}{19}$$

2.246 如图 2.245 所示，梯形 $ABCD$，$DA \parallel CB$，$\angle DAB = 120°$，AC 为其平分线，$\triangle ABD$ 外接圆半径为 $\sqrt{3}$，AC 与 DB 交于 O，$\dfrac{S_{\triangle AOD}}{S_{\triangle BOC}} = 4$，求梯形各边。

用三角、解析几何等计算解来自俄罗斯的几何题

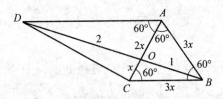

图 2.245

解 $BD = 2\sqrt{3}\sin 120° = 3$,而 $\dfrac{OD}{OB} = \sqrt{4} = 2$,故 $OD = 2, OB = 1$. 设 $OC = x$,则 $OA = 2x$,易见有正 $\triangle ACB, CB = AB = AC = 3x$.

在 $\triangle CBO$ 中

$$x^2 + (3x)^2 - 2 \cdot x \cdot 2x \cdot \cos 60° = 1^2 \Rightarrow x = \dfrac{1}{\sqrt{7}}$$

$$AB = CB = CA = \dfrac{3}{\sqrt{7}}$$

易见

$$DA = 2CB = \dfrac{6}{\sqrt{7}}$$

$$CD = \sqrt{CA^2 + DA^2 - 2CA \cdot DA \cos 60°} = \sqrt{\dfrac{9}{7} + \dfrac{36}{7} - 2 \cdot \dfrac{3}{\sqrt{7}} \cdot \dfrac{6}{\sqrt{7}} \cdot \dfrac{1}{2}} = \dfrac{3\sqrt{3}}{7}$$

(或作 $CE \parallel BA$ 交 DA 于点 E,则 $DE = CE = \dfrac{3}{\sqrt{7}}$,$\angle DEC = 120°$,$CD = 2 \cdot \dfrac{3}{\sqrt{7}} \cdot \sin 60° = \dfrac{3\sqrt{3}}{7}$).

2.247 $S_{\triangle ABC} = 6$,在 AB, AC 上分别取点 K, L,$\dfrac{AK}{KB} = \dfrac{2}{3}$,$\dfrac{AL}{LC} = \dfrac{5}{3}$,$BL$ 与 CK 交于 Q,Q 到 AB 的距离为 1.5,求 AB.

解 取坐标轴如图 2.246 所示,可设线段 $2u, 3u, 5v, 3v$ 如图所示,则 $C(8v\cos\theta, 8v\sin\theta)$,$K(2u\cos\theta, -2u\sin\theta)$.

直线 CK

$$\begin{vmatrix} x & y & 1 \\ 8v\cos\theta & 8v\sin\theta & 1 \\ 2u\cos\theta & -2u\sin\theta & 1 \end{vmatrix} = 0$$

即

第 2 章 平面几何计算题、轨迹题及其他问题
DIERZHANG PINGMIAN JIHE JISUANTI,GUIJITI JI QITA WENTI

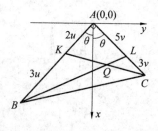

图 2.246

$$x(8v+2u)\sin\theta + y(2u-8v)\cos\theta = 32uv\sin\theta\cos\theta$$

同理直线 BL

$$x(5v+5u)\sin\theta + y(5u-5v)\cos\theta = 50uv\sin\theta\cos\theta$$

解得交点 Q

$$x_Q = (u+4v)\cos\theta, \quad y_Q = (-u+4v)\sin\theta$$

直线 AB

$$y = -x\tan\theta$$

即

$$x\sin\theta + y\cos\theta = 0 \text{(已标准化,即 } x,y \text{ 的系数平方和为 }1)$$

点 Q 到 AB 的距离

$$|(u+4v)\cos\theta \cdot \sin\theta + (-u+4v)\sin\theta \cdot \cos\theta| = 1.5$$

即

$$8v\sin\theta\cos\theta = 1.5 \qquad ①$$

又

$$\frac{1}{2} \cdot 5u \cdot 8v \cdot \sin 2\theta = 6$$

即

$$40uv\sin\theta\cos\theta = 6 \qquad ②$$

式 ② 除以式 ① 得 $5u=4$，即 $AB=4$.

2.248　如图 2.247 所示,正方形 $ABCD$ 外点 O,$OA=OB=5$,$OD=\sqrt{13}$,求正方形面积.

解　由于 $OA=OB$,故 O 在 AB 的中垂线上. 又由于 $OD<OA$,故此正方形外点 O 在图 2.247 中直线 DC 的下方(若 O 在直线 AB 的上方,则 $OA<OD$),设正方形边长为 x,则

用三角、解析几何等计算解来自俄罗斯的几何题

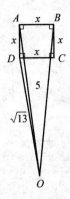

图 2.247

$$\cos\angle DAO = \frac{x^2+5^2-\sqrt{13}^2}{2\cdot x\cdot 5} = \frac{x^2+12}{10x} = \sin\angle OAB = \frac{\sqrt{5^2-\left(\frac{x}{2}\right)^2}}{5}$$

$$12+x^2 = x\sqrt{100-x^2} \qquad ①$$

两边平方化简得

$$x^4 - 38x^2 + 72 = 0$$

解得正根(代入方程 ① 得两边为正数,同号,不是增根)$x=\sqrt{2}$ 或 $x=6$(大于 $\triangle ODA$ 的钝角对边 AO,舍去),故正方形面积 $x^2=2$.

2.249 如图 2.248 所示,Rt$\triangle ACB$ 的直角平分线为 CL,A 在 CL 的射影为 D,已知 $AD=a$,$CL=b$,求 $S_{\triangle ABC}$.

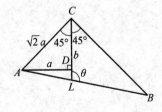

图 2.248

解 设 $\angle CBL=\theta$,易见 $CA=\sqrt{2}a$,在 $\triangle CAL$ 用正弦定理得

$$\frac{b}{\sqrt{2}a} = \frac{\sin(\theta-45°)}{\sin\theta} = \cos 45° - \sin 45° \cot\theta = \frac{1}{\sqrt{2}} - \frac{1}{\sqrt{2}}\cot\theta$$

· 326 ·

$$\cot\theta = 1 - \frac{b}{a} = \frac{a-b}{a}$$

$$CB = b\frac{\sin\theta}{\sin(\theta+45°)} = \frac{b}{\frac{1}{\sqrt{2}}+\frac{1}{\sqrt{2}}\cot\theta} = \frac{\sqrt{2}b}{1+\cot\theta} = \frac{\sqrt{2}ab}{2a-b}$$

$$S_{\triangle ABC} = \frac{1}{2}CA\cdot CB = \frac{a^2b}{2a-b}$$

2.250 $\triangle ABC$ 中 $\angle B = 90°$，在其内取点 D，已知 $DA = a, DC = c$，$S_{\triangle ABD} = \frac{1}{3}S_{\triangle ABC}$，$S_{\triangle CBD} = \frac{1}{4}S_{\triangle ABC}$，求 BD。

解 设角 α,β，线段 m,n 如图 2.249 所示，则 $\alpha+\beta=90°$，由面积条件得

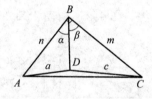

图 2.249

$$\frac{1}{2}n\cdot BD\cdot\sin\alpha = \frac{1}{3}\cdot\frac{1}{2}nm \Rightarrow BD = \frac{m}{3\sin\alpha} = \frac{n}{4\sin\beta}(\text{同理})$$

$$4m\sin\beta = 3n\sin\alpha,\quad \tan\alpha = \frac{\sin\alpha}{\cos\alpha} = \frac{\sin\alpha}{\sin\beta} = \frac{4m}{3n}$$

$$\cos\alpha = \frac{3n}{\sqrt{16m^2+9n^2}},\quad \cos\beta = \sin\alpha = \frac{4m}{\sqrt{16m^2+9n^2}}$$

$$BD = \frac{m}{3\sin\alpha} = \frac{m}{3}\cdot\frac{\sqrt{16m^2+9n^2}}{4m} = \frac{\sqrt{16m^2+9n^2}}{12}$$

$$n^2 + \left(\frac{\sqrt{16m^2+9n^2}}{12}\right)^2 - 2n\cdot\frac{\sqrt{16m^2+9n^2}}{12}\cdot\frac{3n}{\sqrt{16m^2+9n^2}} = a^2$$

化简得

$$16m^2 + 81n^2 = 144a^2 \quad ①$$

又

$$m^2 + \left(\frac{\sqrt{16m^2+9n^2}}{12}\right)^2 - 2m\cdot\frac{\sqrt{16m^2+9n^2}}{12}\cdot\frac{4m}{\sqrt{16m^2+9n^2}} = c^2$$

化简得

$$64m^2 + 9n^2 = 144c^2 \qquad ②$$

解方程组 ①② 得

$$m^2 = \frac{9(9c^2 - a^2)}{35}, \quad n^2 = \frac{16(4a^2 - c^2)}{35}$$

故

$$BD = \frac{1}{12}\sqrt{16m^2 + 9n^2} = \sqrt{\frac{8c^2 + 3a^2}{35}}$$

2.251 圆内接四边形 $ABCD$，$AB = CD = 5$，$AD > BC$，B 到 AD 的距离为 $BM = 3$，AC 与 BD 交于点 P，$S_{\triangle APD} = \dfrac{25}{2}$，求 BC，AD 及圆半径 R.

解 易见四边形 $ABCD$ 为等腰梯形，$BC \parallel AD$，设线段 $2x, y$ 如图 2.250 所示，则 $AD = 2\sqrt{5^2 - 3^2} + 2x = 8 + 2x$，由面积条件得

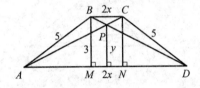

图 2.250

$$\frac{1}{2}(8 + 2x)y = \frac{25}{2}$$

即

$$8y + 2xy = 25 \qquad ①$$

又易见

$$\frac{y}{3} = \frac{4 + x}{4 + 2x}$$

即

$$4y + 2xy = 12 + 3x \qquad ②$$

式 ① 除以式 ② 得

$$\frac{4 + x}{2 + x} = \frac{25}{12 + 3x} \Rightarrow x = 1\,(\text{正根})$$

$$BC = 2x = 2, \quad AD = 8 + 2x = 10$$

$$BD = \sqrt{3^2 + (2+4)^2} = 3\sqrt{5}, \quad \sin\angle BDA = \frac{3}{3\sqrt{5}} = \frac{1}{\sqrt{5}}$$

第 2 章 平面几何计算题、轨迹题及其他问题
DIERZHANG PINGMIAN JIHE JISUANTI,GUIJITI JI QITA WENTI

$$R = \frac{BA}{2\sin\angle BDA} = \frac{5}{2 \cdot \frac{1}{\sqrt{5}}} = \frac{5\sqrt{5}}{2}$$

2.252 在 Rt△ABC 中,两直角边 CA,CB 上分别取点 E,D,$CE = CD = 1$,$AD = \sqrt{10}$,AD 与 BE 交于 O,$S_{\triangle ODB} = S_{\triangle OEA} + \frac{1}{2}$,求 AB.

解 $AE = \sqrt{\sqrt{10}^2 - 1} - 1 = 2$,设角 α,θ 如图 2.251 所示,则

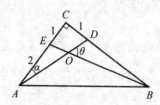

图 2.251

$$\sin \alpha = \frac{1}{\sqrt{10}}, \quad \cos \alpha = \frac{3}{\sqrt{10}}$$

$$OA = \frac{2\sin(\theta + \alpha)}{\sin \theta} = 2(\cos \alpha + \cot \theta \sin \alpha) = 2\left(\frac{3}{\sqrt{10}} + \frac{1}{\sqrt{10}}\cot \theta\right)$$

$$OD = \sqrt{10} - OA = \frac{4}{\sqrt{10}} - \frac{2}{\sqrt{10}}\cot \theta \qquad ①$$

$$S_{\triangle ODB} = \frac{1}{2}OD^2 \frac{\sin \theta \sin(\alpha + 90°)}{\sin[\theta + (\alpha + 90°)]} = \frac{3}{5\sqrt{10}}(4 - 4\cot \theta + \cot^2 \theta)\frac{\sin \theta}{\cos(\theta + \alpha)}$$

$$S_{\triangle OAE} = \frac{1}{2} \cdot EA \cdot OA \sin \alpha = \frac{1}{2} \cdot 2 \cdot \frac{2\sin(\alpha + \theta)}{\sin \theta} \cdot \frac{1}{\sqrt{10}} = \frac{2}{\sqrt{10}} \cdot \frac{\sin(\alpha + \theta)}{\sin \theta}$$

故

$$\frac{3}{5\sqrt{10}}(4 - 4\cot \theta + \cot^2 \theta)\frac{\sin \theta}{\cos(\theta + \alpha)} = \frac{2\sin(\alpha + \theta)}{\sqrt{10}\sin \theta} + \frac{1}{2}$$

去分母得

$$24\sin^2 \theta - 24\sin \theta \cos \theta + 6\cos^2 \theta$$
$$= [20\sin(\alpha + \theta) + 5\sqrt{10}\sin \theta]\cos(\alpha + \theta)$$
$$= [20(\frac{1}{\sqrt{10}}\cos \theta + \frac{3}{\sqrt{10}}\sin \theta) + 5\sqrt{10}\sin \theta](\frac{3}{\sqrt{10}}\cos \theta - \frac{1}{\sqrt{10}}\sin \theta)$$
$$= (2\cos \theta + 11\sin \theta)(3\cos \theta - \sin \theta)$$

$$35\sin^2\theta = 55\sin\theta\cos\theta$$

约去 $\sin\theta \neq 0$ 求得 $\tan\theta = \dfrac{11}{7}$,代入式 ① 得 $OD = \dfrac{3}{11}\sqrt{10}$.

$$DB = OD\dfrac{\sin\theta}{\sin[\theta+(90°+\alpha)]} = \dfrac{3\sqrt{10}}{11}\cdot\dfrac{1}{\cot\theta\cos\alpha-\sin\alpha}$$

$$= \dfrac{3\sqrt{10}}{11}\cdot\dfrac{1}{\dfrac{7}{11}\cdot\dfrac{3}{\sqrt{10}}-\dfrac{1}{\sqrt{10}}} = \dfrac{30}{21-11} = 3$$

$$AB = \sqrt{AC^2+BC^2} = \sqrt{3^2+(1+3)^2} = 5$$

2.253 三角形两边长为 $35,14$,夹角平分线长为 12,求其面积.

解 如图 2.252 所示线段 m,n,由 $\dfrac{m}{n} = \dfrac{35}{14} = \dfrac{5}{2}$,可设 $m=5t,n=2t$,则

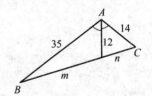

图 2.252

$$35\cdot 14 = 12^2 + 5t\cdot 2t \Rightarrow t = \sqrt{34.6}$$

$$BC = 7t = 7\sqrt{34.6}$$

$$\cos A = \dfrac{35^2+14^2-(7\sqrt{34.6})^2}{2\cdot 35\cdot 14} = -0.28$$

$$\sin A = \sqrt{1-(-0.28)^2} = 0.96$$

$$S_{\triangle ABC} = \dfrac{1}{2}\cdot 35\cdot 14\cdot\sin A = 235.2$$

2.254 三角形内切圆半径为 2,切点把一边分成长为 $4,6$ 的两条线段,求其面积.

解 设所述 $\triangle ABC$,角 $2\alpha,2\beta$ 如图 2.253 所示,则

$$\tan\alpha = \dfrac{2}{4} = \dfrac{1}{2},\quad \tan\beta = \dfrac{2}{6} = \dfrac{1}{3}$$

$$\tan(\alpha+\beta) = \dfrac{\tan\alpha+\tan\beta}{1-\tan\alpha\tan\beta} = 1 \Rightarrow 2\alpha+2\beta = 2\cdot 45° = 90°,\angle C = 90°$$

第 2 章　平面几何计算题、轨迹题及其他问题
DIERZHANG　PINGMIAN JIHE JISUANTI,GUIJITI JI QITA WENTI

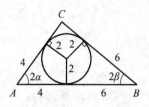

图 2.253

易见 ∠C 两边上切点,C 及内心为正方形的四个顶点,点 C 到此两切点距离为 2, $CA=2+4=6,CB=2+6=8,S_{\triangle ABC}=\dfrac{1}{2}\cdot 6\cdot 8=24.$

2.255　$\square ABCD,AB=3,AD=5,\angle A,\angle C$ 的平分线分别与 BC,AD 交于 M,N,AM,CN,BN,DM 围成的四边形面积为 1.2,求 $\angle BAC$.

解　易证 $AM\underline{\underline{\parallel}}CN,AN\underline{\underline{\parallel}}CM,AP\underline{\underline{\parallel}}CQ,PM\underline{\underline{\parallel}}QN$,故有 $\square PMQN$,设角 α,θ 如图 2.254 所示,易见 $DN=MB=AB=3$,从而

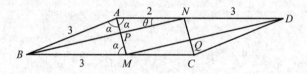

图 2.254

$$AN=2$$

$$\tan\theta=\frac{3\sin(180°-2\alpha)}{2+3\cos(180°-2\alpha)}=\frac{3\sin 2\alpha}{2-3\cos 2\alpha}$$

$$PN=\frac{2\sin\alpha}{\sin(\alpha+\theta)},\quad PM=AM-AP=2\cdot 3\cos\alpha-\frac{2\sin\theta}{\sin(\alpha+\theta)}$$

$$1.2=PM\cdot PN\sin(\alpha+\theta)=\left(6\cos\alpha-\frac{2\sin\theta}{\sin(\alpha+\theta)}\right)\cdot 2\sin\alpha$$

$$=6\sin 2\alpha-\frac{4}{\cot\theta+\cot\alpha}$$

$$=6\sin 2\alpha-\frac{4}{\dfrac{2-3\cos 2\alpha}{3\sin 2\alpha}+\cot\alpha}$$

$$=6\sin 2\alpha-\frac{12\sin 2\alpha}{2-3\cos 2\alpha+6\cos^2\alpha}$$

$$=6\sin 2\alpha-\frac{12}{5}\sin 2\alpha=\frac{18}{5}\sin 2\alpha$$

故得
$$\sin 2\alpha = \frac{1}{3}, \angle BAC = 2\alpha = \sin^{-1}\frac{1}{3} \text{ 或 } 180° - \sin^{-1}\frac{1}{3}$$

2.256 半径为 R,r 的两圆相离，内公切线为 $AC,BD,A,B(C,D)$ 为在一圆(另一圆)的切点，$AC=a$，求 $S_{四边形ABCD}$.

解 设角 θ 如图 2.255 所示，AB,CD 与连心线分别交于 M,N，易见

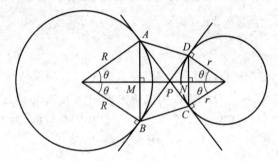

图 2.255

$$\tan\theta = \frac{a}{R+r}, \sin\theta = \frac{a}{\sqrt{(R+r)^2+a^2}}$$

$$PM = \frac{R}{\cos\theta} - R\cos\theta = \frac{R\sin^2\theta}{\cos\theta}$$

同理

$$PN = \frac{r\sin^2\theta}{\cos\theta}$$

$$S_{四边形ABCD} = (AM+DN)(PM+PN) = (R\sin\theta + r\sin\theta)(R+r)\frac{\sin^2\theta}{\cos\theta}$$

$$= (R+r)^2 \tan\theta \sin^2\theta = (R+r)^2 \frac{a}{R+r} \cdot \frac{a^2}{(R+r)^2+a^2}$$

$$= \frac{a^3(R+r)}{(R+r)^2+a^2}$$

2.257 等腰三角形外接圆面积为内切圆的 36 倍，求其底角.

解 设所述 $\triangle ABC, AB=AC$，内切(外接)圆半径为 $r(R)$，角 α 如图 2.256 所示，易见

$$R = 6r$$

第2章 平面几何计算题、轨迹题及其他问题
DIERZHANG PINGMIAN JIHE JISUANTI,GUIJITI JI QITA WENTI

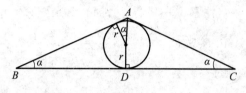

图 2.256

$$\frac{r}{\cos \alpha}+r=AD=AB\sin \alpha=2R\sin \alpha\sin \alpha=12r\sin^2\alpha$$

$$1+\cos \alpha=12\sin^2\alpha\cos \alpha$$

即

$$2\cos^2\frac{\alpha}{2}=48\sin^2\frac{\alpha}{2}\cos^2\frac{\alpha}{2}\cos \alpha$$

约去 $48\cos^2\frac{\alpha}{2}\ne 0$,得

$$\frac{1}{24}=\sin^2\frac{\alpha}{2}(1-2\sin^2\frac{\alpha}{2})\Rightarrow\sin^2\frac{\alpha}{2}=\frac{3\pm\sqrt{6}}{12}$$

$$\cos \alpha=1-2\cdot\frac{3\pm\sqrt{6}}{12}=\frac{3\mp\sqrt{6}}{6}$$

$$\angle B=\alpha=\cos^{-1}\frac{3\mp\sqrt{6}}{6}$$

2.258 $\triangle ABC$ 中角平分线 AK 与中线 BM 互相垂直,$\angle ABC=120°$,求 $S_{\triangle ABC}$ 与其外接圆面积之比.

解 可设角 α 及线段 a 如图 2.257 所示,设外接圆半径为 R,则

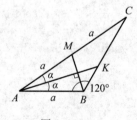

图 2.257

$$\frac{2a}{\sin 120°}=\frac{a}{\sin(120°+2\alpha)}\Rightarrow\sin C=\sin(120°+2\alpha)=\frac{1}{2}\sin 120°=\frac{\sqrt{3}}{4}$$

$$\sin 2\alpha=\sin[(120°+2\alpha)-120°]=\frac{\sqrt{3}}{4}\cdot\frac{-1}{2}-\frac{-\sqrt{13}}{4}\cdot\frac{\sqrt{3}}{2}=\frac{\sqrt{39}-\sqrt{3}}{8}$$

（注意 $120°+2\alpha$ 为钝角，其余弦为负）

$$S_{\triangle ABC} = 2R^2 \sin A \sin B \sin C = 2R^2 \cdot \frac{\sqrt{39}-\sqrt{3}}{8} \cdot \frac{\sqrt{3}}{2} \cdot \frac{\sqrt{3}}{4} = \frac{3R^2}{32}(\sqrt{39}-\sqrt{3})$$

所求比

$$\frac{S_{\triangle ABC}}{\pi R^2} = \frac{3(\sqrt{39}-\sqrt{3})}{32\pi}$$

2.259 Rt$\triangle ABC$ 的斜边 AB 为 $\odot O$ 的弦，$AB \parallel OC$，已知 $\odot O$ 半径 r 及 $\angle CAB = \alpha$，求 $S_{\triangle CAB}$。

解 设角 θ 如图 2.258 所示。则 $AC = \dfrac{r\sin\theta}{\sin\alpha}$，$BC = \dfrac{r\sin\theta}{\sin(\alpha+90°)}$，由 $AC^2 + BC^2 = AB^2$，得

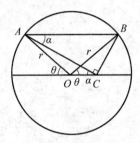

图 2.258

$$r^2\sin^2\theta \cdot \left(\frac{1}{\sin^2\alpha} + \frac{1}{\cos^2\alpha}\right) = (2r\cos\theta)^2$$

即

$$\frac{r\sin\theta}{\sin\alpha\cos\alpha} = 2r\cos\theta$$

$\tan\theta = \sin 2\alpha$，$\sin\angle AOB = \sin 2\theta = \dfrac{2\sin 2\alpha}{1+\sin^2 2\alpha}$

$$S_{\triangle ACB} = S_{\triangle AOB} = \frac{1}{2}r^2\sin\angle AOB = \frac{r^2\sin 2\alpha}{1+\sin^2 2\alpha}$$

2.260 $\triangle ABC$，$AB = BC$，中线 AD 与高 CE 交于 P，$CP = 5$，$PE = 2$，求 $S_{\triangle ABC}$。

解 设角 α，θ 如图 2.259 所示，则

$$AC = \frac{7}{\sin\alpha}$$

第 2 章　平面几何计算题、轨迹题及其他问题

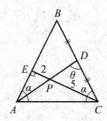

图 2.259

$$CD = \frac{1}{2}CB = \frac{1}{2} \cdot \frac{\frac{1}{2}AC}{\cos \alpha} = \frac{\frac{7}{\sin \alpha}}{4\cos \alpha} = \frac{7}{2\sin 2\alpha}$$

$$\tan \theta = \frac{AC\sin \alpha}{CD - AC\cos \alpha} = \frac{7}{\frac{7}{2\sin 2\alpha} - \frac{7\cos \alpha}{\sin \alpha}} = \frac{2\sin 2\alpha}{1 - 4\cos^2 \alpha}$$

又 $\angle PCD = \alpha - (90° - \alpha) = 2\alpha - 90°$,故又有

$$\tan \theta = \frac{5\sin(2\alpha - 90°)}{CD - 5\cos(2\alpha - 90°)} = \frac{-5\cos 2\alpha}{\frac{7}{2\sin 2\alpha} - 5\sin 2\alpha} = \frac{-10\cos 2\alpha \sin 2\alpha}{7 - 10\sin^2 2\alpha}$$

于是(约去 $2\sin 2\alpha \neq 0$)

$$\frac{1}{1 - 4\cos^2 \alpha} = \frac{-5\cos 2\alpha}{7 - 10\sin^2 2\alpha}$$

即

$$7 - 10(1 - \cos^2 2\alpha) = -5\cos 2\alpha + 20\cos^2 2\alpha \cos 2\alpha$$
$$= \cos 2\alpha \cdot (-5 + 10\cos 2\alpha + 10)$$

解得

$$\cos 2\alpha = -\frac{3}{5}, \sin \alpha = \sqrt{\frac{1 - \cos 2\alpha}{2}} = \frac{2}{\sqrt{5}}$$

$$\cos \alpha = \frac{1}{\sqrt{5}}, \tan \alpha = 2$$

$$AC = \frac{7}{\sin \alpha} = \frac{7\sqrt{5}}{2}$$

点 B 到 AC 距离为

$$\frac{1}{2}AC\tan \alpha = \frac{7}{2}\sqrt{5}$$

$$S_{\triangle ABC} = \frac{1}{2} \cdot \frac{7}{2}\sqrt{5} \cdot \frac{7}{2}\sqrt{5} = \frac{245}{8}$$

2.261 $\triangle ABC$ 中 $AB=BC$,内切圆为 $\odot O$,$\angle BAC$ 的平分线为 AM,$AO=3$,$OM=\dfrac{27}{11}$,求 $\angle BAC$ 及 $S_{\triangle ABC}$.

解 设角 α 如图 2.260 所示,则

$$AC = 2 \cdot 3\cos\alpha = 6\cos\alpha$$

$$CM = \left(3+\dfrac{27}{11}\right)\dfrac{\sin\alpha}{\sin 2\alpha} = \dfrac{30}{11\cos\alpha}$$

$$\dfrac{6\cos\alpha}{\dfrac{30}{11\cos\alpha}} = \dfrac{3}{\dfrac{27}{11}}$$

即

$$\dfrac{\cos^2\alpha}{5} = \dfrac{1}{9}, \quad \cos\alpha = \dfrac{\sqrt{5}}{3}$$

$$\cos 2\alpha = 2\cos^2\alpha - 1 = \dfrac{1}{9}$$

$$\tan 2\alpha = \sqrt{9^2 - 1} = 4\sqrt{5}$$

$$\angle BAC = 2\alpha = \tan^{-1} 4\sqrt{5}$$

$$S_{\triangle ABC} = 3\cos\alpha \cdot 3\cos\alpha\tan 2\alpha = 5 \cdot 4\sqrt{5} = 20\sqrt{5}$$

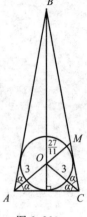

图 2.260

2.262 $\triangle ABC$,$\angle B=90°$,中线 AD 与角平分线 CE 交于 O,$CO=9$,$OE=5$,求 $S_{\triangle ABC}$.

解 设角 θ,α 如图 2.261 所示,则

$BD\tan\theta = BC\tan 2\alpha = 2BD\tan 2\alpha \Rightarrow \tan\theta = 2\tan 2\alpha$

$$\dfrac{CD}{\sin\angle COD} = \dfrac{CO}{\sin\theta}$$

即

$$\dfrac{\dfrac{1}{2}\cdot 14\cos\alpha}{\sin(\theta-\alpha)} = \dfrac{9}{\sin\theta}$$

$$\dfrac{7}{9}\cos\alpha = \dfrac{\sin(\theta-\alpha)}{\sin\theta} = \cos\alpha - \cot\theta\sin\alpha$$

$$= \cos\alpha - \dfrac{\sin\alpha}{2\tan 2\alpha}$$

$$= \cos\alpha - \dfrac{\cos 2\alpha}{4\cos\alpha}$$

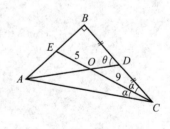

图 2.261

去分母得

$$28\cos^2\alpha = 36\cos^2\alpha - 9(2\cos^2\alpha - 1) \Rightarrow \cos\alpha = \frac{3}{\sqrt{10}}$$

$$\cos 2\alpha = 2\left(\frac{3}{\sqrt{10}}\right)^2 - 1 = \frac{4}{5}$$

$$\tan 2\alpha = \sqrt{\left(\frac{5}{4}\right)^2 - 1} = \frac{3}{4}$$

$$S_{\triangle ABC} = \frac{1}{2}BC \cdot BC\tan 2\alpha = \frac{1}{2}(14\cos\alpha)^2 \cdot \frac{3}{4} = \frac{147}{2} \cdot \left(\frac{3}{\sqrt{10}}\right)^2 = \frac{1\,323}{20}$$

2.263 梯形 $ABCD$，$\angle A = \angle D = 90°$，$AD = 4$，$CA$ 平分 $\angle BCD$，$AB = 1.5AC$，求梯形面积 S.

解 设角 α 如图 2.262 所示，则

$$AC = \frac{4}{\sin\alpha}, CD = 4\cot\alpha, BC = AB = 1.5AC = \frac{6}{\sin\alpha}$$

$$\left(\frac{6}{\sin\alpha} - 4\cot\alpha\right)^2 + 4^2 = \left(\frac{6}{\sin\alpha}\right)^2$$

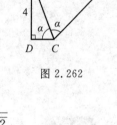

图 2.262

即

$$-\frac{48\cos\alpha}{\sin^2\alpha} + \frac{16}{\sin^2\alpha} = 0$$

$$\cos\alpha = \frac{1}{3}, \quad \sin\alpha = \frac{2\sqrt{2}}{3}, \quad \cot\alpha = \frac{1}{2\sqrt{2}}$$

$$S = \frac{1}{2}(4\cot\alpha + \frac{6}{\sin\alpha}) \cdot 4 = 2\left(4 \cdot \frac{1}{2\sqrt{2}} + \frac{9}{\sqrt{2}}\right) = 11\sqrt{2}$$

2.264 菱形 $ABCD$，高为 1，$\angle A$ 为钝角，在 AD 的延长线上取点 K，KB 与 CD 交于 L，$BL = 2$，$LK = 5$，求 $S_{\triangle ABK}$.

解 如图 2.263 所示，作 $KH \perp AB$，与直线 AB，DC 分别交于 H，M. 设 $\angle HAK = \alpha$，易见 $\angle KBH = 30°$，$KH = \frac{7}{2}$，$AB = AD = \frac{1}{\sin\alpha}$，由 $HA + AB = HB$，

得

即

$$\frac{7}{2}\cot\alpha + \frac{1}{\sin\alpha} = \frac{7}{2}\sqrt{3}$$

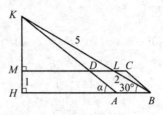

图 2.263

$$7\cos\alpha + 2 = 7\sqrt{3}\sin\alpha$$

两边除以 14 并移项得

$$\frac{\sqrt{3}}{2}\sin\alpha - \frac{1}{2}\cos\alpha = \frac{1}{7}$$

即

$$\sin(\alpha - 30°) = \frac{1}{7}, \quad \cos(\alpha - 30°) = \frac{4\sqrt{3}}{7}$$

$$\sin\alpha = \sin[(\alpha - 30°) + 30°] = \frac{1}{7} \cdot \frac{\sqrt{3}}{2} + \frac{4\sqrt{3}}{7} \cdot \frac{1}{2} = \frac{5}{14}\sqrt{3}$$

$$AB = AD = \frac{1}{\sin\alpha} = \frac{14}{5\sqrt{3}}$$

$$S_{\triangle ABK} = \frac{1}{2}AB \cdot KH = \frac{1}{2} \cdot \frac{14}{5\sqrt{3}} \cdot 7\sin 30° = \frac{49}{30}\sqrt{3}$$

2.265 梯形 $ABCD$ 的两底 $BC = 4$, $AD = 8$, 在 BC 延长线上取点 M, 使 AM 截梯形所得 $\triangle AND$ 面积为梯形的 $\frac{1}{4}$, 求 CM.

解 设 $CM = x$, 线段 $h, h_1, h - h_1$ 如图 2.264 所示, 则

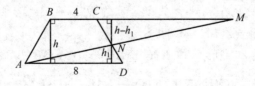

图 2.264

$$\frac{8}{x} = \frac{h_1}{h - h_1} \Rightarrow \frac{8}{8+x} = \frac{h_1}{h}, \quad h_1 = \frac{8h}{8+x}$$

$$\frac{1}{2} \cdot 8 \cdot \frac{8h}{8+x} = \left[\frac{1}{2}(4+8)h\right] \cdot \frac{1}{4}$$

第 2 章 平面几何计算题、轨迹题及其他问题
DIERZHANG PINGMIAN JIHE JISUANTI,GUIJITI JI QITA WENTI

约去 $h \neq 0$ 后解得 $CM = x = \dfrac{40}{3}$.

2.266　$\triangle ABC$ 的两中线 $AM \perp CL$,已知 $AC = b$, $BC = a$,求 $S_{\triangle ABM}$.

解　设角 α, β 如图 2.265 所示. 易见
$$b\cos\alpha = \frac{a}{2}\cos\beta, \quad b\sin\alpha = 2 \cdot \frac{a}{2}\sin\beta$$

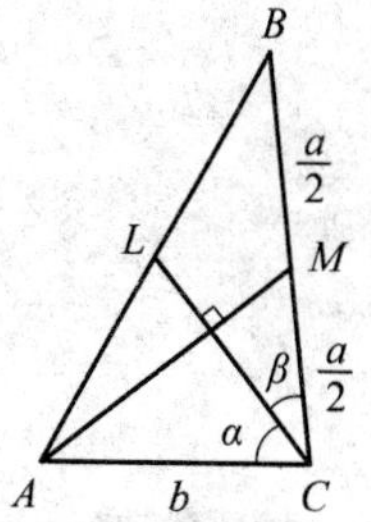

两式平方相加得
$$b^2 = \frac{a^2}{4}\cos^2\beta + a^2\sin^2\beta$$

解得
$$\cos\beta = \frac{2\sqrt{a^2 - b^2}}{\sqrt{3}\,a} \Rightarrow \sin\beta = \frac{\sqrt{4b^2 - a^2}}{\sqrt{3}\,a}$$

$$\cos\alpha = \frac{a}{2b}\cos\beta = \frac{\sqrt{a^2 - b^2}}{\sqrt{3}\,b} \Rightarrow \sin\alpha = \frac{\sqrt{4b^2 - a^2}}{\sqrt{3}\,b}$$

$$\sin(\alpha + \beta) = \frac{\sqrt{4b^2 - a^2}}{\sqrt{3}\,b} \cdot \frac{2\sqrt{a^2 - b^2}}{\sqrt{3}\,a} + \frac{\sqrt{a^2 - b^2}}{\sqrt{3}\,b} \cdot \frac{\sqrt{4b^2 - a^2}}{\sqrt{3}\,a}$$

$$= \frac{\sqrt{(a^2 - b^2)(4b^2 - a^2)}}{ab}$$

$$S_{\triangle ABM} = S_{\triangle ACM} = \frac{1}{2} \cdot b \cdot \frac{a}{2} \cdot \sin(\alpha + \beta) = \frac{1}{4}\sqrt{(a^2 - b^2)(4b^2 - a^2)}$$

图 2.265

2.267　$\triangle ABC$ 两中线 $BK \perp CL$,交于 M,已知 $AC = b$, $AB = c$,求 $S_{四边形MKAL}$.

解　可设线段 $x, 2x, y, 2y$ 如图 2.266 所示,则

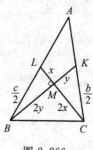

图 2.266

$$x^2 + (2y)^2 = \left(\frac{c}{2}\right)^2, \quad y^2 + (2x)^2 = \left(\frac{b}{2}\right)^2$$

解得

$$x = \frac{\sqrt{4b^2 - c^2}}{\sqrt{60}}, \quad y = \frac{\sqrt{4c^2 - b^2}}{\sqrt{60}}$$

$$S_{\text{四边形}MKAL} = S_{\triangle ABK} - S_{\triangle BLM} = \left(\frac{1}{2} - \frac{1}{6}\right) S_{\triangle BAC} = \frac{1}{3} S_{\triangle BAC}$$

$$= 2 S_{\triangle BLM} = 2 \cdot \left(\frac{1}{2} \cdot 2y \cdot x\right) = 2xy$$

$$= \frac{1}{30} \sqrt{(4b^2 - c^2)(4c^2 - b^2)}$$

2.268 等腰 $\triangle ABC$，顶角平分线 BD 与底角平分线 AF 交于 O，$\dfrac{S_{\triangle DOA}}{S_{\triangle BOF}} = \dfrac{3}{8}$，求 $\dfrac{AC}{AB}$.

解 不妨设 $AD = DC = 1$，设角 $\alpha, 2\alpha, \theta$ 如图 2.267 所示，则

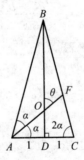

图 2.267

$$S_{\triangle DOA} = \frac{1}{2} AO \cdot OD \cdot \sin\theta = \frac{1}{2} \cdot \frac{1}{\cos\alpha} \cdot 1 \tan\alpha \cdot \sin\theta = \frac{1}{2} \sin\theta \frac{\sin\alpha}{\cos^2\alpha}$$

$$S_{\triangle BOF} = \frac{1}{2}(AF - AO)(DB - DO)\sin\theta$$

$$= \frac{1}{2}\left(\frac{2\sin 2\alpha}{\sin 3\alpha} - \frac{1}{\cos\alpha}\right)(1\tan 2\alpha - 1\tan\alpha)\sin\theta$$

$$= \frac{1}{2} \cdot \frac{\sin\alpha}{\sin 3\alpha \cos\alpha} \cdot \frac{\sin\alpha}{\cos 2\alpha \cos\alpha} \sin\theta = \frac{\sin^2\alpha}{2\sin 3\alpha \cos 2\alpha \cos^2\alpha} \sin\theta$$

从而（两式相除）

第 2 章 平面几何计算题、轨迹题及其他问题
DIERZHANG PINGMIAN JIHE JISUANTI, GUIJITI JI QITA WENTI

$$\frac{3}{8}=\frac{S_{\triangle DOA}}{S_{\triangle BOF}}=\frac{\sin 3\alpha \cos 2\alpha}{\sin \alpha}=\frac{3\sin\alpha-4\sin^3\alpha}{\sin\alpha}(1-2\sin^2\alpha)$$
$$=(3-4\sin^2\alpha)(1-2\sin^2\alpha)$$

化简得
$$64\sin^4\alpha-80\sin^2\alpha+21=0$$

解得
$$\sin^2\alpha=\frac{3}{8},\frac{7}{8}\Rightarrow\cos 2\alpha=\frac{1}{4},-\frac{3}{4}(舍去)$$

$$\frac{AC}{AB}=\frac{2}{\frac{1}{\cos 2\alpha}}=\frac{2}{4}=\frac{1}{2}$$

2.269 Rt$\triangle ABC$,已知斜边上的高 $CD=a$,角平分线 $CE=b$,求 $S_{\triangle ABC}$.

解 设角 α 如图 2.268 所示,则

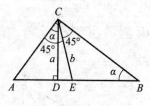

图 2.268

$$\cos(45°-\alpha)=\sin(45°+\alpha)=\sin\angle CED=\frac{a}{b}$$

$$\sin 2\alpha=\cos 2(45°-\alpha)=2\left(\frac{a}{b}\right)^2-1=\frac{2a^2-b^2}{b^2}$$

$$CB=\frac{b\sin(45°+\alpha)}{\sin\alpha}=\frac{a}{\sin\alpha},AC=CB\tan\alpha=\frac{a}{\cos\alpha}$$

$$S_{\triangle ABC}=\frac{1}{2}CB\cdot AC=\frac{a^2}{\sin 2\alpha}=\frac{a^2b^2}{2a^2-b^2}$$

2.270 如图 2.269 所示,$\triangle ABC$ 中 $AB=BC$,垂心为 O,$AO=5$,高 $AD=8$,求 $S_{\triangle ABC}$.

解 设 $\angle ABC=\beta$,由 $\frac{AB}{BD}=\frac{5}{3}$,得

$$3AB=5BD$$

用三角、解析几何等计算解来自俄罗斯的几何题

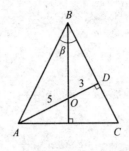

图 2.269

$$3 \cdot \frac{8}{\sin \beta} = 5 \cdot 8 \cot \beta \Rightarrow \cos \beta = \frac{3}{5}$$

$$\sin \beta = \frac{4}{5}, BC = AB = \frac{8}{\sin \beta} = 10$$

$$S_{\triangle ABC} = \frac{1}{2} BC \cdot AD = \frac{1}{2} \cdot 10 \cdot 8 = 40$$

2.271 如图 2.270 所示，Rt$\triangle ABC$ 斜边上的高为 CD，中线为 CE，$S_{\triangle ABC}=10, S_{\triangle CDE}=3$，求 AB.

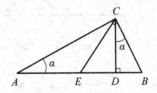

图 2.270

解 设 $\angle A = \angle BCD = \alpha, AB = x$，则

$$\frac{1}{2} x \cos \alpha \cdot x \sin \alpha = \frac{1}{2} AC \cdot BC = S_{\triangle ABC} = 10 \qquad ①$$

$$\frac{10}{3} = \frac{S_{\triangle ABC}}{S_{\triangle CDE}} = \frac{x}{BE - BD} = \frac{x}{\frac{1}{2}x - x \sin^2 \alpha} = \frac{2}{\cos 2\alpha}$$

求得

$$\cos 2\alpha = \frac{3}{5}, \sin 2\alpha = \frac{4}{5}, \sin \alpha \cos \alpha = \frac{2}{5}$$

代入式 ① 得

$$x^2 = 50, AB = x = \sqrt{50} = 5\sqrt{2}$$

第 2 章　平面几何计算题、轨迹题及其他问题

DIERZHANG　PINGMIAN JIHE JISUANTI, GUIJITI JI QITA WENTI

2.272 Rt$\triangle ABC$ 斜边中线 CE 与高 CD 之差为 7,周长为 72,求其面积.

解 设角 α 如图 2.271 所示,$AB=c$,依题意得

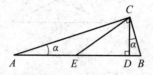

图 2.271

$$c(1+\sin\alpha+\cos\alpha)=72 \qquad ①$$

$$\frac{c}{2}-c\cos\alpha\sin\alpha=7 \qquad ②$$

由式 ① 得

$$\sin\alpha+\cos\alpha=\frac{72}{c}-1$$

两边平方得

$$1+2\sin\alpha\cos\alpha=\frac{72^2}{c^2}-\frac{144}{c}+1$$

$$\sin\alpha\cos\alpha=\frac{72\cdot 36}{c^2}-\frac{72}{c}$$

由式 ② 得

$$\sin\alpha\cos\alpha=\frac{c-14}{2c} \qquad ③$$

于是

$$\frac{72\cdot 36}{c^2}-\frac{72}{c}=\frac{c-14}{2c}$$

解得 $\frac{1}{c}=\frac{1}{32}$,$-\frac{1}{162}$(舍去),$c=32$,代入式 ③ 得

$$\sin\alpha\cos\alpha=\frac{9}{32}$$

$$S_{\triangle ABC}=\frac{1}{2}\cdot c\sin\alpha\cdot c\sin\alpha=\frac{1}{2}\cdot 32^2\cdot\frac{9}{32}=144$$

2.273 如图 2.272 所示,$\triangle ABC$ 的角平分线 AM,BP 交于 O,$BC=1$,$BO=(\sqrt{3}+1)OP$,$\triangle APO\backsim\triangle BMO$,求 $S_{\triangle ABC}$.

解 设直线 CO 与 AB 交于 D,由两三角形相似知 $\angle PAO=\angle MBO$,

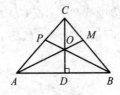

图 2.272

$\angle CAB = \angle CBA$. 从而 $AC = BC = 1$, 角平分线 $CD \perp AB$

$$\frac{AB}{AP} = \frac{BO}{PO} = \sqrt{3} + 1$$

$$\frac{AP}{1-AP} = \frac{AP}{CP} = \frac{AB}{CB} = AB = (\sqrt{3}+1)AP$$

于是求得

$$AP = \frac{3-\sqrt{3}}{2}$$

$$AB = (\sqrt{3}+1)\frac{3-\sqrt{3}}{2} = \sqrt{3}$$

$$CD = \sqrt{1^2 - \left(\frac{AB}{2}\right)^2} = \sqrt{1-\frac{3}{4}} = \frac{1}{2}$$

则

$$S_{\triangle ABC} = \frac{1}{2}AB \cdot CD = \frac{1}{2} \cdot \sqrt{3} \cdot \frac{1}{2} = \frac{\sqrt{3}}{4}$$

2.274 $\triangle ABC$ 中 $AB = BC = 6$, $AC = 4$, 角平分线为 CD, 过点 D 作 $\odot O$ 且与边 AC 相切于中点 M, $\odot O$ 与 AB 又交于点 E, 求 $S_{\triangle CDE}$.

解 取坐标轴如图 2.273 所示, 设 $\odot O$ 半径为 r, $\angle A = \alpha$, 由 $MB = \sqrt{6^2 - 2^2} = 4\sqrt{2}$, 易得 A, C, O, B 坐标如图 2.273 所示, 则

$$AD = AB \cdot \frac{AC}{AC + CB} = 6 \cdot \frac{4}{4+6} = \frac{12}{5}$$

$$\cos\alpha = \frac{2}{6} = \frac{1}{3}, \quad \sin\alpha = \frac{2\sqrt{2}}{3}$$

$$x_D = -2 + \frac{12}{5} \cdot \frac{1}{3} = -\frac{6}{5}, \quad y_D = \frac{12}{5} \cdot \frac{2\sqrt{2}}{3} = \frac{8}{5}\sqrt{2}$$

由 $OD^2 = OM^2$, 得

$$\left(-\frac{6}{5} - 0\right)^2 + \left(\frac{8}{5}\sqrt{2} - r\right)^2 = r^2 \Rightarrow r = \frac{41}{20\sqrt{2}}$$

第 2 章 平面几何计算题、轨迹题及其他问题

DIERZHANG PINGMIAN JIHE JISUANTI,GUIJITI JI QITA WENTI

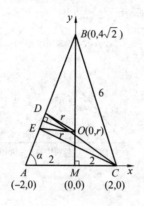

图 2.273

直线 AB 为

$$\frac{x}{-2}+\frac{y}{4\sqrt{2}}=1$$

即（标准式）

$$\frac{-2\sqrt{2}x+y}{3}=\frac{4\sqrt{2}}{3}$$

它与点 $C(2,0)$ 的距离为

$$h=\left|\frac{-2\sqrt{2}\cdot 2+0}{3}-\frac{4\sqrt{2}}{3}\right|=\frac{8}{3}\sqrt{2}$$

与点 $O\left(0,\dfrac{41}{20\sqrt{2}}\right)$ 的距离为

$$\left|\frac{-2\sqrt{2}\cdot 0+\dfrac{41}{20\sqrt{2}}}{3}-\frac{4\sqrt{2}}{3}\right|=\frac{119}{120}\sqrt{2}$$

$$DE=2\sqrt{r^2-\left(\frac{119}{120}\sqrt{2}\right)^2}=2\sqrt{\frac{1\,681}{800}-\frac{28\,322}{14\,400}}=\frac{11}{15}$$

$$S_{\triangle CDE}=\frac{1}{2}DE\cdot h=\frac{1}{2}\cdot\frac{11}{15}\cdot\frac{8}{3}\sqrt{2}=\frac{44}{45}\sqrt{2}$$

2.275 已知 $\text{Rt}\triangle ABC$ 最小角 $\angle B=\alpha$,过最小边中点 M 与斜边 AB 中点 N 作圆（圆心 O）且与斜边相切,求此圆面积与 $\triangle ABC$ 面积之比.

解 取坐标轴如图 2.274 所示. 不妨设 $AN=NB=CN=1$,设圆半径为 r,

可设角 $\alpha, 2\alpha$ 如图 2.274 所示. 易见 $C(-\cos 2\alpha, \sin 2\alpha), A(-1,0), B(1,0)$,
$M\left(\dfrac{-1-\cos 2\alpha}{2}, \dfrac{\sin 2\alpha}{2}\right)$,即 $M(-\cos^2\alpha, \sin\alpha\cos\alpha)$. 由 $OM^2 = ON^2$, 得

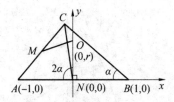

图 2.274

$$(-\cos^2\alpha - 0)^2 + (\sin\alpha\cos\alpha - r)^2 = r^2 \Rightarrow r = \dfrac{\cos\alpha}{2\sin\alpha}$$

所求面积比为

$$\dfrac{\pi\left(\dfrac{\cos\alpha}{2\sin\alpha}\right)^2}{\dfrac{1}{2} \cdot 2\sin\alpha \cdot 2\cos\alpha} = \dfrac{\pi\cos\alpha}{8\sin^3\alpha}$$

2.276 直角三角形外接圆半径与内切圆半径之比为 $5:2$,已知一直角边长为 a,求此三角形面积 S.

解 设斜边长为 c,另一直角边长为 b,易见

$$\dfrac{\dfrac{1}{2}c}{\dfrac{1}{2}(a+b-c)} = \dfrac{5}{2} \Rightarrow c = \dfrac{5}{7}(a+b)$$

两边平方得

$$a^2 + b^2 = \dfrac{25}{49}(a^2 + 2ab + b^2) \Rightarrow b = \dfrac{4}{3}a, \dfrac{3}{4}a$$

$$S = \dfrac{1}{2}ab = \dfrac{2}{3}a^2, \dfrac{3}{8}a^2$$

2.277 $\odot O$ 内接四边形 $ABCD$,$\angle AOB = \angle COD = 60°$,$AD = 3BC$,点 B 到 AD 的距离为 6,求 $S_{\triangle COD}$.

解 易见四边形 $ABCD$ 为等腰梯形. 不妨设底边 BC 在底边 AD 下方. 取直径 $MN \perp AD$. 其中 N 在 M 下方,设半径 R,角 α, β 如图 2.275 所示. 易见 $\alpha +$

第 2 章 平面几何计算题、轨迹题及其他问题
DIERZHANG PINGMIAN JIHE JISUANTI,GUIJITI JI QITA WENTI

$\beta=120°$,$AD=2R\sin\alpha$(即使 O 在 AD 下方(此时 α 为锐角)易见此式亦成立,下同),$BC=2R\sin\beta$,由题设得

图 2.275

$$2R\sin\alpha = 3 \cdot 2R\sin\beta$$
$$\sin\alpha = 3\sin\beta = 3\sin(120°-\alpha) = 3\left(\frac{\sqrt{3}}{2}\cos\alpha + \frac{1}{2}\sin\alpha\right)$$

求得
$$\tan\alpha = -3\sqrt{3}$$

由于 α 在 $0°$ 与 $180°$ 之间,故 α 为钝角(正如同图 2.275 所示)

$$\sin\alpha = \frac{3\sqrt{3}}{2\sqrt{7}},\cos\alpha = \frac{-1}{2\sqrt{7}}$$

又由题设得(注意下式左边两项为负数,第一项大于第二项)

$$R\cos\alpha - R\cos(\alpha+60°) = 6$$
$$R = \frac{6}{\cos\alpha - \cos(\alpha+60°)} = \frac{6}{\sin(\alpha+30°)}$$
$$= \frac{6}{\frac{\sqrt{3}}{2}\sin\alpha + \frac{1}{2}\cos\alpha} = 3\sqrt{7}$$

$$S_{\triangle OCD} = \frac{\sqrt{3}}{4}R^2 = \frac{63}{4}\sqrt{3}$$

2.278 $\triangle ABC$ 中,$AB=BC$,$\angle C = \cos^{-1}\sqrt{\frac{2}{3}}$,在边 BC 上取点 D,使 $CD = \frac{1}{4}CB$,已知 $AD = \frac{3}{4}$,求 $S_{\triangle ABC}$.

解 可设线段 $u,3u,4u$,角 θ,φ 如图 2.276 所示

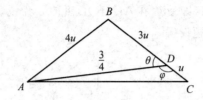

图 2.276

$$\theta + \varphi = 180°, \cos C = \sqrt{\frac{2}{3}}, \sin C = \sqrt{\frac{1}{3}}$$

$$AC = BC \cos C \cdot 2 = 4u \cdot \sqrt{\frac{2}{3}} \cdot 2 = \frac{8\sqrt{2}}{\sqrt{3}} u$$

$$\cos \theta = \frac{(3u)^2 + \left(\frac{3}{4}\right)^2 - (4u)^2}{2 \cdot 3u \cdot \frac{3}{4}} = \frac{9 - 112u^2}{72u}$$

$$\cos \varphi = \frac{u^2 + \left(\frac{3}{4}\right)^2 - \left[\frac{8\sqrt{2}}{\sqrt{3}} u\right]^2}{2 \cdot u \cdot \frac{3}{4}} = \frac{27 - 2\,000u^2}{72u}$$

因 $\cos \theta + \cos \varphi = 0$,故

$$(9 - 112u^2) + (27 - 2\,000u^2) = 0 \Rightarrow u^2 = \frac{3}{176}$$

$$S_{\triangle ABC} = \frac{1}{2} AC \cdot BC \cdot \sin C = \frac{1}{2} \cdot \frac{8\sqrt{2}}{\sqrt{3}} u \cdot 4u \cdot \sqrt{\frac{1}{3}} = \frac{16\sqrt{2}}{3} u^2 = \frac{\sqrt{2}}{11}$$

2.279 已知直角三角形外接圆半径为 R,内切圆半径为 r,求其面积 S.

解 设斜边为 c,两直角边为 a,b,则

$$c^2 = a^2 + b^2$$

$$\frac{c}{2} = R, \quad \frac{a+b-c}{2} = r$$

两式相加得

$$\frac{a+b}{2} = R + r, \quad a + b = 2(R+r)$$

两边平方得

$$c^2 + 2ab = 4(R+r)^2$$

$$2ab = 4(R+r)^2 - c^2 = 4(R+r)^2 - 4R^2 = 8Rr + 4r^2$$

$$S = \frac{1}{2}ab = 2Rr + r^2$$

2.280 四边形 $ABCD$,AB,BC,CD,DA 的中点分别是 E,F,G,H,已知 $AC = a$,$BD = b$,$S_{四边形EFGH} = S$,求 EG,HF.

解 易得 $\square EFGH$ 各边长如图 2.277 所示,设角 θ 如图 2.277 所示,则

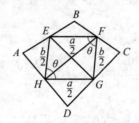

图 2.277

$$\frac{a}{2} \cdot \frac{b}{2} \sin \theta = S \Rightarrow \sin \theta = \frac{4S}{ab}$$

$$\cos \theta = \pm \frac{\sqrt{a^2 b^2 - 16S^2}}{ab}$$

$$EG = \sqrt{\left(\frac{a}{2}\right)^2 + \left(\frac{b}{2}\right)^2 - 2 \cdot \frac{a}{2} \cdot \frac{b}{2} \cdot \cos \theta}$$

$$= \frac{1}{2}\sqrt{a^2 + b^2 \mp 2\sqrt{a^2 b^2 - 16S^2}}$$

$$HF = \sqrt{\left(\frac{a}{2}\right)^2 + \left(\frac{b}{2}\right)^2 - 2 \cdot \frac{a}{2} \cdot \frac{b}{2} \cdot \cos(180° - \theta)}$$

$$= \frac{1}{2}\sqrt{a^2 + b^2 \pm 2\sqrt{a^2 b^2 - 16S^2}}$$

2.281 如图 2.278 所示,在以点 O 为顶点的直角的平分线的反向延长线上取 $OC = \sqrt{2}$,以 C 为圆心,2 为半径作弧与两直角边交于 A,B,求由 OA,$\overset{\frown}{AB}$,BO 围成的图形的面积 S.

解 设 $\angle CAO = \alpha$,易见

$$\angle AOC = 135°$$

$$\frac{2}{\sin 135°} = \frac{\sqrt{2}}{\sin \alpha} \Rightarrow \sin \alpha = \frac{1}{2}$$

$\alpha = 30°$, $\angle ACO = 15° = \angle BCO$(同理), $\angle ACB = 30°$

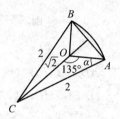

图 2.278

$$OA = 2\cos\alpha - \sqrt{2}\cos(180° - 135°) = \sqrt{3} - 1$$
$$S = S_{\text{扇形}CAB} - 2S_{\triangle OAC} = \frac{30°}{360°}\pi \cdot 2^2 - 2 \cdot \frac{1}{2}(\sqrt{3}-1)^2\sin 30° = \frac{\pi}{3} - 2 + \sqrt{3}$$

2.282 如图 2.279 所示,梯形 $ABCD$,$\angle A = 30°$,AC 与 BD 交于点 O,直线 AB,DC 交于点 K,直线 KO 与 BC,AD 分别交于点 N,M,梯形 $ABNM$ 与梯形 $DCNM$ 各有内切圆,求 $\dfrac{S_{\triangle BCK}}{S_{\text{梯形}ABCD}}$.

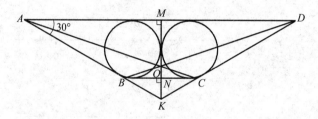

图 2.279

解 易见 $\dfrac{BN}{AM} = \dfrac{CN}{DM}$,$\dfrac{BN}{DM} = \dfrac{CN}{AM} \Rightarrow AM = DM$,$BN = CN$. 又由 $AB + MN = AM + BN = DM + CN = CD + MN$,得 $AB = CD$,于是易见 $BK = KC$,从而 $KM \perp AD$,故 $MN = AB\sin 30° = \dfrac{1}{2}AB$.

设 $\triangle BKC$ 与 $\triangle AKD$ 的相似比为 λ,则
$$AM = \lambda BN$$
$$(\lambda - 1)BN = AM - BN = AB\cos 30° = \dfrac{\sqrt{3}}{2}AB$$
$$(\lambda + 1)BN = AM + BN = AB + MN = \dfrac{3}{2}AB$$

两式相除得

第2章 平面几何计算题、轨迹题及其他问题

$$\frac{\lambda-1}{\lambda+1}=\frac{1}{\sqrt{3}}, \lambda=\frac{2\lambda}{2}=\frac{1+\sqrt{3}}{\sqrt{3}-1}=\frac{(\sqrt{3}+1)^2}{2}=2+\sqrt{3}$$

$$\frac{S_{\triangle AKD}}{S_{\triangle BKC}}=\lambda^2=7+4\sqrt{3}, \frac{S_{\text{梯形}ABCD}}{S_{\triangle BKC}}=6+4\sqrt{3}$$

$$\frac{S_{\triangle BKC}}{S_{\text{梯形}ABCD}}=\frac{1}{6+4\sqrt{3}}=\frac{4\sqrt{3}-6}{12}=\frac{2\sqrt{3}-3}{6}$$

2.283 Rt$\triangle ABC$ 的斜边 $AB=5$，BC 上点 D，$\cos\angle ADC=\frac{1}{\sqrt{10}}$，$DB=\frac{4\sqrt{10}}{3}$，求 $S_{\triangle ABC}$.

解 设角 α, β 如图 2.280 所示，则

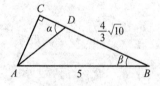

图 2.280

$$\cos\alpha=\frac{1}{\sqrt{10}}, \quad \sin\alpha=\frac{3}{\sqrt{10}}$$

$$\left(5\cos\beta-\frac{4}{3}\sqrt{10}\right)\tan\alpha=5\sin\beta \Rightarrow 5\cos\beta\sin\alpha-5\sin\beta\cos\alpha=\frac{4}{3}\sqrt{10}\sin\alpha=4$$

即

$$\sin(\alpha-\beta)=\frac{4}{5} \Rightarrow \cos(\alpha-\beta)=\frac{3}{5}$$

$$\sin\beta=\sin[\alpha-(\alpha-\beta)]=\frac{3}{\sqrt{10}}\cdot\frac{3}{5}-\frac{1}{\sqrt{10}}\cdot\frac{4}{5}=\frac{1}{\sqrt{10}}, \cos\beta=\frac{3}{\sqrt{10}}$$

$$S_{\triangle ABC}=\frac{1}{2}\cdot 5\cos\beta\cdot 5\sin\beta=\frac{15}{4}$$

2.284 $\triangle ABC$ 角平分线 $BK=\frac{3}{\sqrt{2}}$，$BC=2$，$KC=1$，求 $S_{\triangle ABC}$.

解 设 β 如图 2.281 所示，则

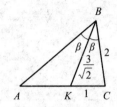

图 2.281

$$\cos \beta = \frac{2^2 + \left(\frac{3}{\sqrt{2}}\right)^2 - 1^2}{2 \cdot 2 \cdot \frac{3}{\sqrt{2}}} = \frac{5}{4\sqrt{2}} \Rightarrow \sin \beta = \frac{\sqrt{7}}{4\sqrt{2}}$$

$$\sin 2\beta = 2 \cdot \frac{5}{4\sqrt{2}} \cdot \frac{\sqrt{7}}{4\sqrt{2}} = \frac{5\sqrt{7}}{16}, \cos 2\beta = \sqrt{1 - \left(\frac{5\sqrt{7}}{16}\right)^2} = \frac{9}{16}$$

$$\sin C = \frac{3}{\sqrt{2}} \cdot \frac{\sin \beta}{1} = \frac{3\sqrt{7}}{8}, \cos C = \sqrt{1 - \left(\frac{3\sqrt{7}}{8}\right)^2} = \frac{1}{8}$$

$$\sin(2\beta + C) = \frac{5}{16}\sqrt{7} \cdot \frac{1}{8} + \frac{9}{16} \cdot \frac{3\sqrt{7}}{8} = \frac{\sqrt{7}}{4}$$

则

$$S_{\triangle ABC} = \frac{1}{2} \cdot BC^2 \cdot \frac{\sin 2\beta \sin C}{\sin(2\beta + C)} = 2 \cdot \frac{5\sqrt{7}}{16} \cdot \frac{3\sqrt{7}}{8} \cdot \frac{4}{\sqrt{7}} = \frac{15}{16}\sqrt{7}$$

2.285 半圆内接等腰 Rt$\triangle ABC$,$\angle B = 90°$,面积为 $4 + 2\sqrt{2}$,此半圆上一点 D,$BD = 2$,求 AD,CD.

解 设圆心为 O,半径为 r,角 α,β 如图 2.282 所示,则

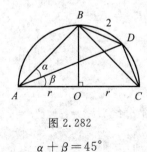

图 2.282

$$\alpha + \beta = 45°$$

$$\frac{1}{2} \cdot 2r \cdot r = 4 + 2\sqrt{2}, \quad r = \sqrt{4 + 2\sqrt{2}}$$

第 2 章 平面几何计算题、轨迹题及其他问题

$$\sin \alpha = \frac{BD}{2r} = \frac{1}{\sqrt{4+2\sqrt{2}}}$$

$$\cos \alpha = \sqrt{1 - \frac{1}{4+2\sqrt{2}}} = \sqrt{\frac{3+2\sqrt{2}}{4+2\sqrt{2}}} = \frac{\sqrt{2}+1}{\sqrt{4+2\sqrt{2}}}$$

$$\sin \beta = \sin(45°-\alpha) = \frac{1}{\sqrt{2}}(\cos \alpha - \sin \alpha) = \frac{1}{\sqrt{4+2\sqrt{2}}} = \sin \alpha$$

因 α,β 均为锐角,故

$$\beta = \alpha, CD = BD = 2$$

$$AD = 2r\cos \beta = 2r\cos \alpha = 2(\sqrt{2}+1)$$

2.286 $\odot O$ 外切四边形 $ABCD$,$\angle A = 90°$,$AO = OC$,$BC = 5$,$CD = 12$,求 $S_{\text{四边形}ABCD}$.

解 设 $\odot O$ 半径为 r,角 β,δ 如图 2.283 所示,切点 K,L,M,N 如图所示. 由 $OC = OA = \sqrt{2}r$,易见有正方形 $OKAL$,正方形 $OMCN$,从而易知

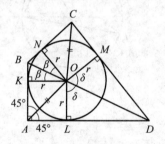

图 2.283

$$\beta + \delta = 90°$$

$$r(1+\tan \beta) = 5, \quad r(1+\tan \delta) = 12$$

即

$$r\tan \beta = 5-r, \quad r\cot \beta = r\tan \delta = 12-r$$

两式相乘得

$$r^2 = (5-r)(12-r) \Rightarrow r = \frac{60}{17}$$

$$r\tan \beta = 5 - \frac{60}{17} = \frac{25}{17}, \quad r\tan \delta = 12 - \frac{60}{17} = \frac{144}{17}$$

$$S_{\text{四边形}ABCD} = S_{\text{正方形}ALOK} + S_{\text{正方形}OMCN} + S_{\text{四边形}ONCK} + S_{\text{四边形}OLDM}$$

· 353 ·

$$=r^2+r^2+2\left(\frac{1}{2}r\cdot r\tan\beta\right)+r^2\tan\delta$$
$$=r(2r+r\tan\beta+r\tan\delta)$$
$$=\frac{60}{17}\left(2\cdot\frac{60}{17}+\frac{25}{17}+\frac{144}{17}\right)=60$$

2.287 ⊙O 内接梯形 $LMNK$,直径为 KN,$LM=2$,$KN=3$,边 KN 上取点 S,使 $\frac{KS}{SN}=\frac{1}{3}$,求 $S_{\triangle STN}$.

解 取坐标轴如图 2.284 所示,易见 $KS=SO=\frac{3}{4}$,$SN=\frac{9}{4}$,$S(-\frac{3}{4},0)$,
$y_M=\sqrt{\left(\frac{3}{2}\right)^2-1^2}=\frac{\sqrt{5}}{2}$,$M(1,\frac{\sqrt{5}}{2})$,则直线 MS 为

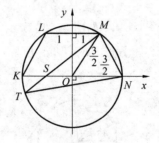

图 2.284

$$\frac{x-(-\frac{3}{4})}{1-(-\frac{3}{4})}=\frac{y}{\frac{\sqrt{5}}{2}}\Rightarrow x=\frac{14y-3\sqrt{5}}{4\sqrt{5}}$$

代入 ⊙O 方程得
$$x^2+y^2=\left(\frac{3}{2}\right)^2$$

整理得(已去分母)
$$(14y-3\sqrt{5})^2+80y^2=180\Rightarrow y=\frac{14\sqrt{5}\pm 32\sqrt{5}}{92}$$

其中负根为
$$y_T=-\frac{9\sqrt{5}}{46}$$

第 2 章 平面几何计算题、轨迹题及其他问题
DIERZHANG PINGMIAN JIHE JISUANTI,GUIJITI JI QITA WENTI

$$S_{\triangle STN}=\frac{1}{2}SN\cdot|y_T|=\frac{1}{2}\cdot\frac{9}{4}\cdot\frac{9\sqrt{5}}{46}=\frac{81\sqrt{5}}{368}$$

2.288 等腰梯形对角线与一腰垂直,上底长为3,高为2,求其下底角.

解 设所述等腰梯形 $ABCD$,角 α 如图 2.285 所示,在 Rt$\triangle ABC$ 中有

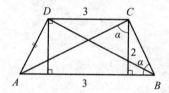

图 2.285

$$\left(\frac{2}{\cos\alpha}\right)^2+\left(\frac{2}{\sin\alpha}\right)^2=(3+2\cdot 2\cot\alpha)^2$$

即

$$\frac{4}{\cos^2\alpha\sin^2\alpha}=(3+4\cot\alpha)^2$$

两边乘以 $\cot^2\alpha$ 得

$$4(1+\cot^2\alpha)^2=(3+4\cot\alpha)^2\cot^2\alpha$$
$$12\cot^4\alpha+24\cot^3\alpha+\cot^2\alpha-4=0$$
$$(2\cot\alpha-1)(12\cot^3\alpha+30\cot^2\alpha+16\cot\alpha+8)=0$$

易见左边第二个因式无 $\cot\alpha$ 之正根,则正根 $\cot\alpha=\frac{1}{2}$,$\angle ABC=\alpha=\cot^{-1}\frac{1}{2}$.

2.289 如图2.286所示,正六边形 $ABCDEF$,在 AC,CE 上分别取点 M,N,使 $\frac{AM}{MC}=\frac{CN}{NE}$,且使 B,M,N 共直线,求 $\frac{AM}{MC}$.

解 设 $\frac{AM}{MC}=\frac{CN}{NE}=\lambda$,正六边形中心为点 O,$\vec{BA}=\boldsymbol{a}$,$\vec{BC}=\boldsymbol{c}$,则

$$\vec{BM}=(1-\lambda)\boldsymbol{a}+\lambda\boldsymbol{c},\quad \vec{BE}=2\vec{BO}=2(\boldsymbol{a}+\boldsymbol{c})$$

故

$$\vec{BN}=\lambda\vec{BE}+(1-\lambda)\vec{BC}=\lambda(2\boldsymbol{a}+2\boldsymbol{c})+(1-\lambda)\boldsymbol{c}=2\lambda\boldsymbol{a}+(1+\lambda)\boldsymbol{c}$$

因点 B,M,N 共直线,故 $\frac{1-\lambda}{2\lambda}=\frac{\lambda}{1+\lambda}$,解得(正根)$\lambda=\sqrt{\frac{1}{3}}$.

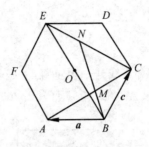

图 2.286

2.290 已知直线 l 一侧有两点 A,B，其在 l 上的射影分别为点 O,Q，在 l 上求一点 M，使射线 MA 为 $\angle OMB$ 的角平分线.

解 以 O 为原点，QO 延长线为正半 x 轴，取坐标系.设 A,Q,B,M 坐标如图 2.287 所示（m 待定），其中 $b=QO>0$.当点 M 在射线 OQ 上（QO 延长线上）时 $m>0(m<0)$，a,c 也不一定为正数（按 A,B 在 l 上哪一侧确定其符号）.在 x 轴上的有向线段 $\overline{MO}=m$，$\overline{MQ}=x_Q-x_M=m-b$.设有向角 α，2α 如图 2.287 所示.按任意角三角函数定义易见（无论 m,a,c 为正数还是负数）

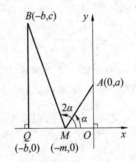

图 2.287

$$\tan\alpha=\frac{a}{m},\tan 2\alpha=\frac{c}{\overline{MQ}}=\frac{c}{m-b}=\frac{2\tan\alpha}{1-\tan^2\alpha}=\frac{2am}{m^2-a^2}$$

从而得

$$(2a-c)m^2-2abm+a^2c=0$$

$$|\overline{MO}|=m=\frac{ab\pm\sqrt{a^2b^2-a^2c(2a-c)}}{2a-c}=\frac{a(b\pm\sqrt{b^2-2ac+c^2})}{2a-c}$$

当 $b^2-2ac+c^2<0$ 时，$|\overline{MO}|$ 无解；当 $b^2-2ac+c^2>0(=0)$ 时，$|\overline{MO}|=m$，得二解（一解），几何作法略.

第 2 章 平面几何计算题、轨迹题及其他问题
DIERZHANG PINGMIAN JIHE JISUANTI,GUIJITI JI QITA WENTI

2.291 两动点 P_1,P_2 分别沿一直线做匀速运动,求 P_1P_2 的中点轨迹及运动方程.

解 (1) 当两直线平行时.

显然 P_1P_2 中点的轨迹为与两直线平行且与它们等距的直线. 为求 P_1P_2 中点 M 的运动方程,取坐标轴如图 2.288 所示,设 $P_1(P_2)$ 所在直线的运动方程为

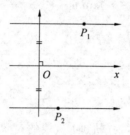

图 2.288

$$x_{P_1}=x_1+v_1t \quad (x_{P_2}=x_2+v_2t)$$

则

$$x_M=\frac{1}{2}(x_{P_1}+x_{P_2})=\frac{1}{2}(x_1+x_2)+\frac{1}{2}(v_1+v_2)t$$

点 M 的运动方程为

$$x=\frac{1}{2}(x_1+x_2)+\frac{1}{2}(v_1+v_2)t,y=0$$

(2) 当两直线相交于点 O,交角为 2θ 时.

取坐标轴(即复平面实、虚轴)如图 2.289 所示. 设 $P_1(P_2)$ 在所在直线的运动方程——其中 $s_{P_1}=\overline{OP_1}(s_{P_2}=\overline{OP_2})$,以角 2θ 两边射线为所在直线的正向

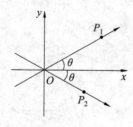

图 2.289

$$s_{P_1}=s_1+v_1t \quad (s_{P_2}=s_2+v_2t)$$

则

$$z_{P_1}=(s_1+v_1t)e^{i\theta}=(s_1+v_1t)(\cos\theta+i\sin\theta)$$

用三角、解析几何等计算解来自俄罗斯的几何题

$$z_{P_2} = (s_2 + vt_2)\mathrm{e}^{-\mathrm{i}\theta} = (s_2 + vt_2)(\cos\theta - \mathrm{i}\sin\theta)$$

$$z_M = \frac{1}{2}(z_{P_1} + z_{P_2})$$

$$= \left[\frac{1}{2}(s_1 + s_2)\cos\theta + \frac{1}{2}(v_1 + v_2)t\sin\theta\right] +$$

$$\mathrm{i}\left[\frac{1}{2}(s_1 - s_2)\sin\theta + \frac{1}{2}(v_1 - v_2)t\sin\theta\right]$$

故

$$x_M = \frac{1}{2}(s_1 + s_2)\cos\theta + \frac{1}{2}(v_1 + v_2)t\cos\theta$$

$$y_M = \frac{1}{2}(s_1 - s_2)\sin\theta + \frac{1}{2}(v_1 - v_2)t\sin\theta$$

这就是中点 M 的运动方程,为(轨迹)直线的参数(t)方程,消去参数 t 得此直线方程为

$$\frac{x - \frac{1}{2}(s_1 + s_2)\cos\theta}{\frac{1}{2}(v_1 + v_2)\cos\theta} = \frac{y - \frac{1}{2}(s_1 - s_2)\sin\theta}{\frac{1}{2}(v_1 - v_2)\sin\theta}$$

即所求轨迹为过点 $(\frac{1}{2}(s_1 + s_2)\cos\theta, \frac{1}{2}(s_1 - s_2)\sin\theta)$ 与向量 $((v_1 + v_2)\cos\theta, (v_1 - v_2)\sin\theta)$ 平行的直线.

2.292 $\odot O, \odot O'$ 的半径分别为 R, r,两圆内切于 A,在 $\odot O, \odot O'$ 分别取点 B, C,使 $\triangle ABC$ 为正三角形,求其边长.

解 设角 $2\theta, 2\varphi$ 如图 2.290 所示. 易见 $(90° - \theta) + (90° - \varphi) = 60°$,知 $\theta + \varphi = 120°$. 又易见 $2R\sin\theta = 2r\sin\varphi$,故

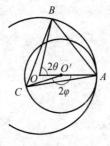

图 2.290

第2章 平面几何计算题、轨迹题及其他问题

$$R\sin\theta = r\sin(120° - \theta) = r(\frac{\sqrt{3}}{2}\cos\theta + \frac{1}{2}\sin\theta)$$

$$\tan\theta = \frac{\sin\theta}{\cos\theta} = \frac{\sqrt{3}r}{2R-r}, \quad \sin\theta = \frac{\sqrt{3}r}{\sqrt{(2R-r)^2 + 3r^2}}$$

所求边长 $$2R\sin\theta = \frac{2\sqrt{3}Rr}{\sqrt{(2R-r)^2 + 3r^2}}$$

2.293 如图 2.291 所示，△ABC 中高为 AD，BC 在已知直线 l 上，垂心 H 与 l 的距离为 h，在 l 上取点 D 为顶点的射线，使从它到射线 DA 的有向角为 90°（即为逆时针向角），以此二射线为正半 x 轴，正半 y 轴作坐标系，已知 △ABC 外心 $O(m,n)$，确定顶点 A,B,C 的位置（即求 y_A, x_B, x_C）。

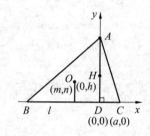

图 2.291

解 设 $C(a,0)$，易见 $B(2m-a,0)$，据欧拉定理易知 $A(0, h+2n)$。又 $H(0,h)$，故

$$\vec{CH} = (-a, h), \vec{BA} = (a-2m, h+2n)$$
$$0 = \vec{CH} \cdot \vec{BA} = -a(a-2m) + h(h+2n)$$
$$a^2 - 2ma - (h^2 + 2hn) = 0$$

解得 $$a = m \pm \sqrt{m^2 + h^2 + 2hn}$$

因若设 $B(a,0)$ 得 $C(2m-a,0)$，易见对 a 的方程同上，故此方程两根（不分次序）正是 x_C, x_B。

2.294 如图 2.292 所示，△ABC 中，已知 $AB = 2a$，高 $CD = h$，$\angle A - \angle B = \delta$（已知角），$AB$ 中点为点 O，求 OD。

解 因 $\angle A > \angle B, CB > CA$。点 D 必在射线 OA 上，在直线 AB 上取射线 BA 为正向，易见有向线段 $\vec{BO} = \vec{OA} = a$，设 $\vec{OD} = x > 0$，则

用三角、解析几何等计算解来自俄罗斯的几何题

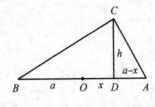

图 2.292

$$\overline{BD}=a+x, \overline{DA}=a+x, \tan B=\frac{h}{a+x}$$

$$\tan(180°-\angle A)=\frac{h}{AD}=-\frac{h}{\overline{DA}}=-\frac{h}{a-x}, \tan A=\frac{h}{a-x}$$

$$\tan \delta=\tan(\angle A-\angle B)=\frac{\dfrac{h}{a-x}-\dfrac{h}{a+x}}{1+\dfrac{h}{a-x}\cdot\dfrac{h}{a+x}}=\frac{2hx}{a^2-x^2+h^2}$$

$$x^2\sin\delta+2xh\cos\delta-(a^2+h^2)\sin\delta=0$$

解得正根

$$OD=x=\frac{-h\cos\delta+\sqrt{h^2\cos^2\delta+(a^2+h^2)\sin^2\delta}}{\sin\delta}=\frac{-h\cos\delta+\sqrt{h^2+a^2\sin^2\delta}}{\sin\delta}$$

2.295 △ABC 边 BA 上点 M,已知 BM=a,MA=b,∠AMC=θ(已知正角),∠A-∠B=δ(已知角),求 MC.

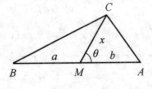

图 2.293

解 设 MC=x,则

$$\tan A=\frac{x\sin\theta}{b-x\cos\theta}, \tan B=\frac{x\sin\theta}{a+x\cos\theta}$$

$$\frac{\sin\delta}{\cos\delta}=\tan(\angle A-\angle B)=\frac{\dfrac{x\sin\theta}{b-x\cos\theta}-\dfrac{x\sin\theta}{a+x\cos\theta}}{1+\dfrac{x\sin\theta}{b-x\cos\theta}\cdot\dfrac{x\sin\theta}{a+x\cos\theta}}$$

$$=\frac{(a-b)x\sin\theta+x^2\sin 2\theta}{ab+x(b-a)\cos\theta-x^2\cos 2\theta}$$

第 2 章 平面几何计算题、轨迹题及其他问题

DIERZHANG PINGMIAN JIHE JISUANTI,GUIJITI JI QITA WENTI

去分母化简得
$$x^2\sin(2\theta+\delta)+x(a-b)\sin(\theta+\delta)-ab\sin\delta=0$$
解得
$$x=\frac{(b-a)\sin(\theta+\delta)\pm\sqrt{(a-b)^2\sin^2(\theta+\delta)+4ab\sin\delta\sin(2\theta+\delta)}}{2\sin(2\theta+\delta)}$$

取其中正根 x,若无正根则本题无解,若有二(一)正根,则本题有二(一)解.

2.296 已知 $\triangle ABC$ 中,$\angle A=\alpha, AB+BC=m, AC+BC=n$,求 BC.

解 设 $AB=c, AC=b, BC=a$,则
$$c+a=m, b+a=n$$
$$a^2=b^2+c^2-2bc\cos\alpha=(n-a)^2+(m-a)^2-2(n-a)(m-a)\cos\alpha$$
$$a^2(1-2\cos\alpha)-4a(m+n)\sin^2\frac{\alpha}{2}+(m^2+n^2-2mn\cos\alpha)=0$$
$$a=\frac{2(m+n)\sin^2\frac{\alpha}{2}\pm\sqrt{4(m+n)^2\sin^4\frac{\alpha}{2}+(2\cos\alpha-1)(m^2+n^2-2mn\cos\alpha)}}{1-2\cos\alpha}$$

取其中正根 a,因 $m^2+n^2>2mn>2mn\cos\alpha$,故 a 的一次项系数(常数项)为负(正),于是当 $\alpha<60°(\alpha>60°,\alpha=60°)$,即 $1-2\cos\alpha<0(>0,=0)$ 时,a 有两正根(一正根,一负根,唯一根为正),本题有二(一,一)解.

2.297 如图 2.294 所示,$\odot O$ 的两弦 AB, CD 不相交,在 $\odot O$ 上有点 X,直线 XA, XB 在直线 CD 上截得线段长 $M_1M_2=a$,$\angle COD$ 的平分线为 OM,求有向角 $\angle MOX$.

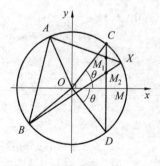

图 2.294

解 设 $\odot O$ 半径为 r,$\angle COD=2\theta$,有向角 $\angle MOA=2\alpha$,$\angle MOB=2\beta$,

用三角、解析几何等计算解来自俄罗斯的几何题

$\angle MOX = 2\xi$,则直线 XA 为

$$x\cos(\alpha+\xi) + y\sin(\alpha+\xi) = r\cos(\alpha-\xi)$$

以 $x = x_{M_1} = x_C = r\cos\theta$,代入求得

$$y = y_{M_1} = \frac{r\cos(\alpha-\xi) - r\cos\theta\cos(\alpha+\xi)}{\sin(\alpha+\xi)}$$

同理

$$y_{M_2} = \frac{r\cos(\beta-\xi) - r\cos\theta\cos(\beta+\xi)}{\sin(\beta+\xi)}$$

$$y_{M_1} - y_{M_2} = \pm a$$

(1) 当 $y_{M_1} - y_{M_2} = a$ 时

$a\sin(\alpha+\xi)\sin(\beta+\xi) = r\{\cos(\alpha-\xi)\sin(\beta+\xi) - \cos(\beta-\xi)\sin(\alpha+\xi) +$
$\cos\theta[\cos(\beta+\xi)\sin(\alpha+\xi) - \cos(\alpha+\xi)\sin(\beta+\xi)]\}$
$= r[\sin(\beta-\alpha)\cos 2\xi + \cos\theta\sin(\alpha-\beta)]$

$\frac{a}{2}[\cos(\alpha-\beta) - \cos(\alpha+\beta+2\xi)] = r[\sin(\beta-\alpha)\cos 2\xi + \cos\theta\sin(\alpha-\beta)]$

$[r\sin(\beta-\alpha) + \frac{a}{2}\cos(\alpha+\beta)]\cos 2\xi - \frac{a}{2}\sin(\alpha+\beta)\sin 2\xi$

$= \frac{a}{2}\cos(\alpha-\beta) - r\cos\theta\sin(\alpha-\beta)$ ①

若 $[r\sin(\beta-\alpha) + \frac{a}{2}\cos(\alpha+\beta)]^2 + [\frac{a}{2}\sin(\alpha+\beta)]^2 < [\frac{a}{2}\cos(\alpha-\beta) - r\cos\theta\sin(\alpha-\beta)]^2$,则本情况无解;

若 $[r\sin(\beta-\alpha) + \frac{a}{2}\cos(\alpha+\beta)]^2 + [\frac{a}{2}\sin(\alpha+\beta)]^2 \geqslant [\frac{a}{2}\cos(\alpha-\beta) - r\cos\theta\sin(\alpha-\beta)]^2$. 设点 $(r\sin(\beta-\alpha) + \frac{a}{2}\cos(\alpha+\beta), -\frac{a}{2}\sin(\alpha+\beta))$ 在坐标系的幅角为 δ,可设

$$\cos\delta = \frac{r\sin(\beta-\alpha) + \frac{a}{2}\cos(\alpha+\beta)}{\sqrt{[r\sin(\beta-\alpha) + \frac{a}{2}\cos(\alpha+\beta)]^2 + [\frac{a}{2}\sin(\alpha+\beta)]^2}}$$

$$\sin\delta = \frac{-\frac{a}{2}\sin(\alpha+\beta)}{\sqrt{[r\sin(\beta-\alpha) + \frac{a}{2}\cos(\alpha+\beta)]^2 + [\frac{a}{2}\sin(\alpha+\beta)]^2}}$$

方程 ① 可写为

第 2 章 平面几何计算题、轨迹题及其他问题

$$\cos(2\xi-\delta)=\frac{\dfrac{a}{2}\cos(\alpha-\beta)-r\cos\theta\sin(\alpha-\beta)}{\sqrt{[r\sin(\beta-\alpha)+\dfrac{a}{2}\cos(\alpha+\beta)]^2+[\dfrac{a}{2}\sin(\alpha+\beta)]^2}}$$

右边绝对值不大于 1,存在反余弦,易知

$$\angle MOX=2\xi=\delta\pm\cos^{-1}\frac{\dfrac{a}{2}\cos(\alpha-\beta)-r\cos\theta\sin(\alpha-\beta)}{\sqrt{[r\sin(\beta-\alpha)+\dfrac{a}{2}\cos(\alpha+\beta)]^2+[\dfrac{a}{2}\sin(\alpha+\beta)]^2}}$$

(2) 当 $y_{M_1}-y_{M_2}=-a$ 时,可求得类似结果(上述结论中 a 改 $-a$).

2.298 已知 $\odot O_1,\odot O_2$ 的半径分别为 R,r,$O_1O_2=2a$,在以 O_1O_2 中点 O 为原点,射线 OO_1 为正半 x 轴的坐标系中,已知点 $P(m,n)$,过 P 的直线 l 截两圆所得弦长相等,求 l 的倾斜角(对 x 轴)θ.

解 易得 O_1,O_2 坐标如图 2.295 所示,则直线 l 为

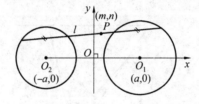

图 2.295

$$y-n=(x-m)\tan\theta$$

即

$$(x-m)\sin\theta-(y-n)\cos\theta=0$$

其 x,y 系数的平方和为 1,故已标准化,从而 $O_1(a,0)$ 到 l 的距离为

$$|(a-m)\sin\theta-(0-n)\cos\theta|=|(a-m)\sin\theta+n\cos\theta|$$

l 截 $\odot O_1$ 所得弦长一半的平方为

$$R^2-[(a-m)\sin\theta+n\cos\theta]^2$$

同理 l 截 $\odot O_2$ 所得弦长一半的平方为

$$r^2-[(-a-m)\sin\theta+n\cos\theta]^2$$

依题意二者应相等,故

$$R^2-r^2=[(a-m)\sin\theta+n\cos\theta]^2-[(a+m)\sin\theta+n\cos\theta]^2$$
$$=-4am\sin^2\theta+4an\sin\theta\cos\theta$$
$$=-2am(1-\cos 2\theta)+2an\sin 2\theta$$

$$2am\cos 2\theta + 2an\sin 2\theta = 2am - r^2 + R^2$$

与上题类似知,当 $(2am)^2 + (2an)^2 < (2am - r^2 + R^2)^2$ 时本题无解;

当 $(2am)^2 + (2an)^2 \geqslant (2am - r^2 + R^2)^2$ 时,设点 $(2am, 2an)$ 的辐角(即点 (m,n) 的辐角)为 δ,则可求得

$$2\theta = \delta \pm \cos^{-1} \frac{2am - r^2 + R^2}{\sqrt{4a^2(m^2 + n^2)}}$$

从而

$$\theta = \frac{1}{2}\delta \pm \frac{1}{2}\cos^{-1} \frac{2am - r^2 + R^2}{2a\sqrt{m^2 + n^2}}$$

2.299 已知 $\odot O$ 半径为 r,直线 l 与 $\odot O$ 距离为 h,以 O 为原点,射线 OH 为正半 y 轴取坐标系,$\odot O$ 上两点 P,Q 在此坐标系的辐角分别为 $2\alpha, 2\beta$,又 $\odot O$ 上点 M,直线 MP, MQ 与 l 分别交于点 A,B,已知 $AB = a$,求点 M 的辐角 2θ.

解 如图 2.296 所示,直线 MP 为

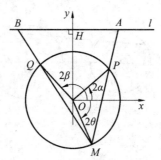

图 2.296

$$x\cos(\theta + \alpha) + y\sin(\theta + \alpha) = r\cos(\theta - \alpha)$$

令 $y = y_A = h$,求得

$$x = x_A = \frac{r\cos(\theta - \alpha) - h\sin(\theta + \alpha)}{\cos(\theta + \alpha)}$$

同理

$$x_B = \frac{r\cos(\theta - \beta) - h\sin(\theta + \beta)}{\cos(\theta + \beta)}$$

依题意有 $x_A - x_B = \pm a$.

(1) 当 $x_A - x_B = a$ 时,则有

$$r[\cos(\theta - \alpha)\cos(\theta + \beta) - \cos(\theta - \beta)\cos(\theta + \alpha)] -$$
$$h[\sin(\theta + \alpha)\cos(\theta + \beta) - \sin(\theta + \beta)\cos(\theta + \alpha)]$$

第2章 平面几何计算题、轨迹题及其他问题
DIERZHANG PINGMIAN JIHE JISUANTI,GUIJITI JI QITA WENTI

$$= a\cos(\theta+\alpha)\cos(\theta+\beta) + h\sin(\alpha-\beta)$$

$$r\sin 2\theta\sin(\alpha-\beta) - \frac{a}{2}\cos(2\theta+\alpha+\beta) = \frac{a}{2}\cos(\alpha-\beta) + h\sin(\alpha-\beta)$$

$$\left[r\cos(\beta-\alpha) - \frac{a}{2}\cos(\alpha+\beta)\right]\cos 2\theta + \frac{a}{2}\sin(\alpha+\beta)\sin 2\theta$$

$$= \frac{a}{2}\cos(\alpha-\beta) + h\sin(\alpha-\beta)$$

当 $\left[r\cos(\beta-\alpha) - \frac{a}{2}\cos(\alpha+\beta)\right]^2 + \left[\frac{a}{2}\sin(\alpha+\beta)\right]^2 < \left[\frac{a}{2}\cos(\alpha-\beta) + h\sin(\alpha-\beta)\right]^2$ 时本题无解；在相反情况，设点 $(r\cos(\beta-\alpha) - \frac{a}{2}\cos(\alpha+\beta), \frac{a}{2}\sin(\alpha+\beta))$ 的辐角为 δ，则可得

$$2\theta = \delta \pm \cos^{-1}\frac{\frac{a}{2}\cos(\alpha-\beta) + h\sin(\alpha-\beta)}{\sqrt{\left[r\cos(\beta-\alpha) - \frac{a}{2}\sin(\alpha+\beta)\right]^2 + \left[\frac{a}{2}\sin(\alpha+\beta)\right]^2}}$$

(2) 当 $x_A - x_B = -a$ 时，可得类似结果(上述结论中 a 改 $-a$).

2.300 $\angle AOB$ 内点 P，已知 $OP = l$，$\angle AOP = \alpha$，$\angle BOP = \beta$，过 P 作直线与射线 OA, OB 分别交于 M, N，已知 $\dfrac{PM}{PN} = \dfrac{m}{n}$(已知比)，求 $\angle OPM$.

解 如图 2.297 所示，设 $\angle OPM = \theta$，则

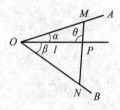

图 2.297

$$PM = \frac{l\sin\alpha}{\sin(\theta+\alpha)}, \quad PN = \frac{l\sin\beta}{\sin(\theta-\beta)}$$

$$\frac{m}{n} = \frac{PM}{PN} = \frac{\sin\alpha\sin(\theta-\beta)}{\sin\beta\sin(\theta+\alpha)} = \frac{\sin\theta\cot\beta - \cos\theta}{\sin\theta\cot\alpha + \cos\theta} = \frac{\tan\theta\cot\beta - 1}{\tan\theta\cot\alpha + 1}$$

$$\tan\theta = \frac{m+n}{n\cot\beta - m\cot\alpha}$$

$$\angle OPM = \theta = \tan^{-1} \frac{m+n}{n\cot\beta - m\cot\alpha}$$

2.301 已知 $\triangle ABC$ 中 $\angle A = 2\alpha$,外接圆半径为 R,内切圆半径为 r,求 $\angle B$.

解 如图 2.298 所示,设 $\angle B = 2\beta, \angle C = 2\gamma, \beta + \gamma = 90° - \alpha$,则

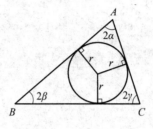

图 2.298

$$r\cot\beta + r\cot\gamma = BC = 2R\sin 2\alpha$$

即

$$\frac{r\sin(\beta+\gamma)}{\sin\beta\sin\gamma} = 2R\sin 2\alpha$$

$$\frac{r}{4R\sin\alpha} = \frac{r\cos\alpha}{2R\sin 2\alpha} = \sin\beta\sin\gamma = \sin\beta\cos(\alpha+\beta)$$

$$= \sin\beta \cdot (\cos\alpha\cos\beta - \sin\alpha\sin\beta)$$

$$= \frac{1}{2}\cos\alpha\sin 2\beta - \frac{1}{2}\sin\alpha \cdot (1 - \cos 2\beta)$$

$$\frac{r}{2R\sin\alpha} + \sin\alpha = \cos\alpha\sin 2\beta + \sin\alpha\cos 2\beta = \sin(2\beta+\alpha)$$

作角平分线 AT,易见 $\angle ATC = 2\beta + \alpha$,则当 $\angle ATC$ 为锐角时

$$2\beta = \sin^{-1}\left(\frac{r}{2R\sin\alpha} + \sin\alpha\right) - \alpha$$

当 $\angle ATC$ 为钝角时

$$2\beta = 180° - \sin^{-1}\left(\frac{r}{2R\sin\alpha} + \sin\alpha\right) - \alpha$$

图 2.298 中 $\angle ATC$ 为钝角,若把顶角 B,C 对调(仍合题目条件),则 $\angle ATC$ 变为

第 2 章 平面几何计算题、轨迹题及其他问题
DIERZHANG PINGMIAN JIHE JISUANTI,GUIJITI JI QITA WENTI

锐角.①

2.302 如图 2.299,已知三角形两边为 a,b,夹角平分线长为 t,求此平分线与上述两边夹角 α.

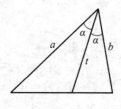

图 2.299

解 由余弦定理及角平分线性质知

$$\frac{a^2+t^2-2at\cos\alpha}{a^2}=\frac{b^2+t^2-2bt\cos\alpha}{b^2}$$

即

$$b^2t^2-2ab^2t\cos\alpha=a^2t^2-2ba^2t\cos\alpha$$

$$\cos\alpha=\frac{t^2(a^2-b^2)}{2tab(a-b)}=\frac{t(a+b)}{2ab}$$

$$\alpha=\cos^{-1}\frac{t(a+b)}{2ab}$$

2.303 $\triangle ABC$ 的角平分线 AF,CD 交于 O,已知 $OD=m, OF=n$,$\angle DOF=\theta$,求 $\angle BAF$.

解 设角 α,γ 如图 2.300 所示,$AC=b$,则

$$\alpha+\gamma=180°-\theta$$

$$m=OA\,\frac{\sin\alpha}{\sin(2\alpha+\gamma)}=\frac{b\sin\gamma}{\sin(\alpha+\gamma)}\cdot\frac{\sin\alpha}{\sin(2\alpha+\gamma)}$$

同理

$$n=\frac{b\sin\alpha}{\sin(\gamma+\alpha)}\cdot\frac{\sin\gamma}{\sin(2\gamma+\alpha)}$$

---

① 这里我们不考虑所得反正弦是否有意义,两式求得的 2β 是否在 $0°$ 至 $180°$ 之间(作为三角形的内角),不如同 2.197~2.199 题(实为把原作图题改为计算题(可据计算结果作图),要讨论当已知量在什么条件下题目有解(存在所求作图形).现把题目看成,已给出题目的图形,用图中的量 R,r,α 表示所求量 β(对已给图形必存在所求之 2β).下题同.

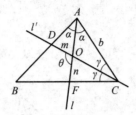

图 2.300

$$\frac{m}{n} = \frac{\sin(2\gamma + \alpha)}{\sin(2\alpha + \gamma)} = \frac{\sin(\gamma - \theta)}{\sin(\alpha - \theta)}$$

$$m\sin(\alpha - \theta) = n\sin(\gamma - \theta) = n\sin(2\theta + \alpha)$$

$$m\sin\alpha\cos\theta - m\cos\alpha\sin\theta = n\sin 2\theta\cos\alpha + n\cos 2\theta\sin\alpha$$

$$\tan\alpha = \frac{\sin\alpha}{\cos\alpha} = \frac{m\sin\theta + n\sin 2\theta}{-n\cos 2\theta + m\cos\theta}$$

$$\angle BAF = \theta = \tan^{-1}\frac{m\sin\theta + n\sin 2\theta}{-n\cos 2\theta + m\cos\theta}$$

2.304 过 $\odot O_1$,$\odot O_2$ 一交点 A 任意作直线 l 与 $\odot O_1$,$\odot O_2$ 又分别交于 P_1,P_2,求 P_1P_2 中点 M 的轨迹.

解 取坐标轴如图 2.301 所示,可设点 O_1,O_2,A 坐标如图所示.
$\odot O_1$ 的方程为

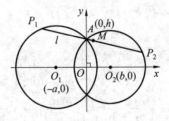

图 2.301

$$(x+a)^2 + y^2 = a^2 + h^2$$

直线 l 为(其中 α 为 l 的垂线的倾斜角)

$$x\cos\alpha + (y-h)\sin\alpha = 0$$

即

$$y = h - x\cot\alpha$$

代入 $\odot O_1$ 方程化简得

第 2 章 平面几何计算题、轨迹题及其他问题

$$\frac{x^2}{\sin^2\alpha} + 2x(a - h\cot\alpha) = 0$$

其非零根为

$$x_{P_1} = 2(h\cot\alpha - a)\sin^2\alpha = h\sin 2\alpha - a(1 - \cos 2\alpha)$$

$$y_{P_1} = h - x_{P_1}\cot\alpha = h - 2h\cos^2\alpha + 2a\sin\alpha\cos\alpha = a\sin 2\alpha - h\cos 2\alpha$$

同理(上二式 a 改 $-b$)

$$x_{P_2} = h\sin 2\alpha + b(1 - \cos 2\alpha)$$

$$y_{P_2} = -b\sin 2\alpha - h\cos 2\alpha$$

$$x_M = \frac{1}{2}(x_{P_1} + x_{P_2}) = h\sin 2\alpha + \frac{b-a}{2}(1 - \cos 2\alpha)$$

$$y_M = \frac{1}{2}(y_{P_1} + y_{P_2}) = -h\cos 2\alpha + \frac{a-b}{2}\sin 2\alpha$$

两式联合解得

$$\sin 2\alpha = \frac{2(a-b)y_M + 4hx_M + 2h(a-b)}{(a-b)^2 + 4h^2}$$

$$\cos 2\alpha = \frac{2(a-b)x_M + (a-b)^2 - 4hy_M}{(a-b)^2 + 4h^2}$$

从而得

$$[2(a-b)y_M + 4hx_M + 2h(a-b)]^2 + [2(a-b)x_M + (a-b)^2 - 4hy_M]^2$$
$$= [(a-b)^2 + 4h^2]^2$$

化简得

$$x_M^2 + y_M^2 + 2(a-b)x_M = h^2$$

即

$$[x_M - (b-a)]^2 + y_M^2 = h^2 + (b-a)^2$$

故所求轨迹为圆(几何作法略)

$$[x - (b-a)]^2 + y^2 = h^2 + (b-a)^2$$

2.305 $\triangle ABC$ 中,已知 $BC = a, BA = c$, $\angle C - \angle A = \delta$(已知角),求 $\angle B$.

解 设 $\angle B = \beta$,可设 δ 如图 2.302 所示,得 D 如图所示,由 $CD = DA = BA - BD$,得

$$\frac{a\sin\beta}{\sin(\beta+\delta)} = c - \frac{a\sin\delta}{\sin(\beta+\delta)}$$

即

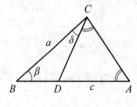

图 2.302

$$a\sin\beta + a\sin\delta = c\sin(\beta+\delta)$$

两边约去 $2\sin\dfrac{\beta+\delta}{2} \neq 0$,得

$$a\cos\dfrac{\beta-\delta}{2} = c\cos\dfrac{\beta+\delta}{2}$$

即

$$a\cos\dfrac{\beta}{2}\cos\dfrac{\delta}{2} + a\sin\dfrac{\beta}{2}\sin\dfrac{\delta}{2} = c\cos\dfrac{\beta}{2}\cos\dfrac{\delta}{2} - c\sin\dfrac{\beta}{2}\sin\dfrac{\delta}{2}$$

从而得

$$\tan\dfrac{\beta}{2} = \dfrac{(c-a)\cos\dfrac{\delta}{2}}{(c+a)\cos\dfrac{\delta}{2}} = \dfrac{c-a}{c+a}\cot\dfrac{\delta}{2}$$

$$\angle B = \beta = 2\tan^{-1}\left(\dfrac{c-a}{c+a}\cot\dfrac{\delta}{2}\right)$$

2.306 动 $\triangle ABC$ 的底边 BA 固定,中线 AM 等于高 BH,求顶点 C 的轨迹.

解 以 AB 中点 O 为原点取坐标轴如图 2.303 所示,可设 A,B,C 坐标如图所示,从而得点 M 的坐标 $M\left(\dfrac{x_0+a}{2}, \dfrac{y_0}{2}\right)$,故

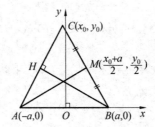

图 2.303

$$AM^2 = \left(\dfrac{x_0+3a}{2}\right)^2 + \left(\dfrac{y_0}{2}\right)^2$$

直线 AC 为

$$\dfrac{x+a}{x_0+a} = \dfrac{y}{y_0}$$

即

$$y_0 x - (x_0+a)y + ay_0 = 0$$

其与 $B(a,0)$ 距离 (BH) 的平方为

$$\frac{(ay_0+ay_0)^2}{y_0^2+(x_0+a)^2}=\frac{4a^2y_0^2}{y_0^2+(x_0+a)^2}$$

故

$$\frac{4a^2y_0^2}{y_0^2+(x_0+a)^2}=\frac{1}{4}(x_0+3a)^2+\frac{1}{4}y_0^2$$

去分母化简得

$$(x_0^2+y_0^2)^2+8ax_0(x_0^2+y_0^2)+22a^2x_0^2-6a^2y_0^2+24a^3x_0+9a^4=0$$

把左边配方

$$\begin{aligned}左边&=(x_0^2+y_0^2+4ax_0)^2+6a^2x_0^2+24a^3x_0+9a^4-6a^2y_0^2\\&=(x_0^2+y_0^2+4ax_0+3a^2)^2-12a^2y_0^2\\&=(x_0^2+y_0^2+4ax_0+3a^2-2\sqrt{3}ay_0)(x_0^2+y_0^2+4ax_0+3a^2+2\sqrt{3}ay)\end{aligned}$$

故原方程可分解为两方程

$$(x_0+2a)^2+(y_0-\sqrt{3}a)^2-(2a)^2=0$$
$$(x_0+2a)^2+(y_0+\sqrt{3}a)^2-(2a)^2=0$$

所求轨迹为两圆

$$(x+2a)^2+(y-\sqrt{3}a)^2=(2a)^2$$
$$(x+2a)^2+(y+\sqrt{3}a)^2=(2a)^2$$

2.307 已知四边形 $ABCD$,BA,CD 的延长线交于 O,其内动点 X 满足

$$S_{\triangle BAX}+S_{\triangle CDX}=\frac{1}{2}S_{四边形ABCD}$$

求点 X 的轨迹.

解 设角 θ,坐标轴如图 2.304 所示,设 $X(x_0,y_0)$,$OA=a$,$OB=b$,$OC=c$,$OD=d$,得 A,B,C,D 坐标如图所示,则直线 AB 为

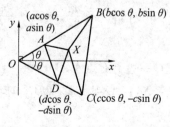

图 2.304

它到点 $X(x_0, y_0)$ 的距离为
$$x\sin\theta - y\cos\theta = 0$$
$$x_0\sin\theta - y_0\cos\theta$$
(此有向距离为正,因它与 x 正半轴的点 $(x', 0)$ 到 AB 距离（显然为正）同向）
故
$$S_{\triangle ABX} = \frac{1}{2}(b-a)(x_0\sin\theta - y_0\cos\theta)$$

直线 CD 为
$$x\sin\theta + y\cos\theta = 0$$
同理它到点 X 的（正）距离为
$$x_0\sin\theta + y_0\cos\theta$$
$$S_{\triangle CDX} = \frac{1}{2}(c-d)(x_0\sin\theta + y_0\cos\theta)$$
$$S_{四边形ABCD} = S_{\triangle OBC} - S_{\triangle OAD} = \frac{1}{2}bc\sin\theta - \frac{1}{2}ad\sin\theta$$

依题意得
$$\frac{1}{2}(b-a)(x_0\sin\theta - y_0\cos\theta) + \frac{1}{2}(c-d)(x_0\sin\theta + y_0\cos\theta)$$
$$= \frac{1}{4}(bc-ad)\sin 2\theta$$
即
$$(b-a+c-d)x_0\sin\theta + (c-d-b+a)y_0\cos\theta = \frac{1}{2}(bc-ad)\sin 2\theta$$

所求轨迹为直线
$$x(b-a+c-d)\sin\theta + y(c-d-b+a)\cos\theta = \frac{1}{2}(bc-ad)\sin 2\theta$$

在四边形 $ABCD$ 内的线段（易求得此线段在 AB, DC 边的端点分别为 $\left(\frac{bc-da}{2c-2d}\cos\theta, \frac{bc-ad}{2c-2d}\sin\theta\right)$, $\left(\frac{bc-ad}{2b-2a}\cos\theta, -\frac{bc-ad}{2b-2a}\sin\theta\right)$），几何作法略.

2.308 直角 $\angle O$ 一边上有点 $A, B, OA = a$, $OB = b$, 直角另一边有点 X, $\angle AXB = 2\angle OBX$, 求 OX.

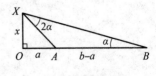

图 2.305

解 设 $OX = x$, 角 $\alpha, 2\alpha$ 如图 2.305 所示, 则

第 2 章 平面几何计算题、轨迹题及其他问题
DIERZHANG   PINGMIAN JIHE JISUANTI,GUIJITI JI QITA WENTI

$$\frac{b-a}{\sin 2\alpha}=\frac{\sqrt{x^2+a^2}}{\sin \alpha}\Rightarrow \cos \alpha=\frac{b-a}{2\sqrt{a^2+x^2}}$$

又
$$\tan \alpha=\frac{x}{b}$$

$$1=\frac{1}{\cos^2\alpha}-\tan^2\alpha=\frac{4(a^2+x^2)}{(b-a)^2}-\frac{x^2}{b^2}$$

$$b^2(b^2-a^2)=4b^2(a^2+x^2)-(b-a)^2x^2$$

解得

$$x=\sqrt{\frac{4b^2a^2-b^2(b-a)^2}{(b-a)^2-4b^2}}=b\sqrt{\frac{b-3a}{3b-a}}(\text{当 }b\geqslant 3a \text{ 或 }b\leqslant \frac{a}{3})$$

当 $\frac{a}{3}<b<3a$ 时本题无解.

2.309 直线 l 一侧有点 A,B,其在 l 上的射影分别是 A_1,B_1,已知 $A_1A=a$,$B_1B=b,A_1B_1=m$,线段 A_1B_1 上有点 M,$\angle A_1MA=\frac{1}{2}\angle B_1MB$,求 A_1M.

解 如图 2.306 所示,设 $A_1M=x$,则 $MB_1=m-x$.

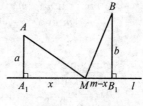

图 2.306

$$\frac{b}{m-x}=\tan \angle B_1MB=\tan 2\angle A_1MA=\frac{\tan \angle A_1MA}{1-\tan^2\angle A_1MA}=\frac{2\cdot \frac{a}{x}}{1-\frac{a^2}{x^2}}=\frac{2ax}{x^2-a^2}$$

$$(b+2a)x^2-2amx-a^2b=0$$

解得

$$A_1M=x=\frac{am+\sqrt{a^2m^2+a^2b(b+2a)}}{b+2a}(\text{取正根})$$

2.310 等腰 $\triangle ABC$ 底边在锐角 $\angle O=\alpha$ 一边上,点 A 在 $\angle O$ 另一边上,腰 AB,AC 上分别有点 M,N,它们在 OC 上的射影分别为 M',N',已知 $OM'=$

x_1, $M'M = y_1$, $ON' = x_2$, $N'N = y_2$, 求 OA.

解 取坐标轴如图 2.307 所示,易见点 M,N,A 坐标如图所示,设 $OA = m$.

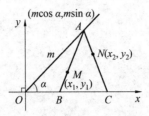

图 2.307

直线 AB 为

$$\begin{vmatrix} x & y & 1 \\ x_1 & y_1 & 1 \\ m\cos\alpha & m\sin\alpha & 1 \end{vmatrix} = 0$$

即

$$x(y_1 - m\sin\alpha) + y(m\cos\alpha - x_1) + (x_1 m\sin\alpha - y_1 m\cos\alpha) = 0$$

令 $y = y_B = 0$,求得

$$x = x_B = \frac{mx_1\sin\alpha - my_1\cos\alpha}{m\sin\alpha - y_1}$$

同理

$$x_C = \frac{mx_2\sin\alpha - my_2\cos\alpha}{m\sin\alpha - y_2}$$

应有

$$x_B + x_C = 2x_A = 2m\cos\alpha$$

即(已去分母)

$$m\sin\alpha(x_1\sin\alpha - y_1\cos\alpha) - y_2 x_1 \sin\alpha +$$
$$m\sin\alpha(x_2\sin\alpha - y_2\cos\alpha) - y_1 x_2 \sin\alpha$$
$$= 2\cos\alpha[m^2\sin^2\alpha - m(y_1 + y_2)\sin\alpha]$$
$$m^2\sin 2\alpha - m[(y_2 + y_1)\cos\alpha + (x_1 + x_2)\sin\alpha] + (y_1 x_2 + y_2 x_1) = 0$$
$$OA = m = \frac{(y_1 + y_2)\cos\alpha + (x_1 + x_2)\sin\alpha \pm \sqrt{[(y_1 + y_2)\cos\alpha + (x_1 + x_2)\sin\alpha]^2 - 4(y_1 x_2 + y_2 x_1)\sin 2\alpha}}{2\sin 2\alpha}$$

2.311 $\odot O$ 半径为 r,$\odot O$ 与直线 l 的距离为 h,点 O 在 l 上的射影为 H,在以 O 为原点,HO 延长线为正半 y 轴的坐标系中有点 $A(m,n)$,$\odot O'$ 过点 A 且

与直线 l 及 $\odot O$ 相切（外切或内切），求 O' 的坐标.

解 如图 2.308 所示，设 $O'(x',y')$，则 $\odot O'$ 的半径为 $\sqrt{(x'-m)^2+(y'-n)^2}$. 依题意

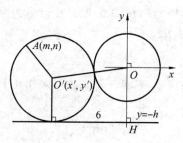

图 2.308

$$|y'+h|=\sqrt{(x'-m)^2+(y'-n)^2} \qquad ①$$

$$\sqrt{x'^2+y'^2}=||y'+h|\pm r| \qquad ②$$

式 ① 两边平方得

$$2hy'+h^2=x'^2-2x'm+m^2-2y'n+n^2$$

（因方程 ① 两边非负，故易见两边平方后的方程与方程 ① 同解，下同，故最后求得 x',y' 不必验根）

$$y'=\frac{x'^2-2x'm+m^2+n^2-h^2}{2n+2h} \qquad ③$$

式 ② 两边平方得

$$x'^2=2hy'+h^2+r^2\pm 2r(y'+h)$$

以式 ③ 代入去分母化简得

$$(n+h)x'^2=(h\pm r)(x'^2-2mx'+m^2+n^2-h^2)+(n+h)(h^2+r^2\pm 2rh)$$

即

$$(\pm r-n)x'^2-2m(h\pm r)x'+A\pm rB=0$$

其中

$$A=hm^2+hn^2+h^2n+nr^2+hr^2$$
$$B=m^2+n^2+2nh+h^2$$

得到 x' 的两个方程. 解 $(r-n)x'^2-2m(h+r)x'+A+rB=0$，得

$$x'=\frac{m(h+r)\pm\sqrt{m^2(h+r)^2-(r-n)(A+rB)}}{r-n}$$

再由式 ③ 求相应 y'，但当 $m^2(h+r)^2-(r-n)(A+rB)<0$ 时无实根 x'，即这时相应求不到 O'.

解方程 $(-r-n)x'^2 - 2m(h-r)x' + (A-rB) = 0$ 得类似结果,上述结果中 r 改 $-r$.

2.312 ⊙O 半径为 r,已知点 A, B 在以 O 为原点,x 轴与 AB 平行的坐标系中的坐标为 $A(p,n)$, $B(m,n)$, ⊙O' 过点 A, B 且与 ⊙O 相切(外切或内切),求点 O' 的坐标.

解 如图 2.309 所示,易见 $x_{O'} = \dfrac{m+p}{2}$,可设 $O'\left(\dfrac{m+p}{2}, y'\right)$,依题意

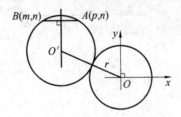

图 2.309

$$\sqrt{\left(\dfrac{m+p}{2}\right)^2 + y'^2} = \left|\sqrt{\left(\dfrac{m+p}{2} - m\right)^2 + (y'-n)^2} \pm r\right|$$

两边平方化简得(亦与原方程同解)

$$mp + 2ny' - n^2 - r^2 = \pm r\sqrt{(p-m)^2 + 4(y'-n)^2}$$

再两边平方化简得(因原方程右边可取两相反数,故平方后的方程亦与原方程等价)

$$Ay'^2 + 2By' + C = 0$$

其中

$$A = 4n^2 - 4r^2, \quad B = 2mnp - 2n^3 + 2nr^2$$
$$C = m^2p^2 + n^4 + r^4 - 2mpn^2 - 2r^2n^2 - r^2p^2 - r^2m^2$$

若 $B^2 - AC < 0$,则无实根 y',本题无解.
若 $B^2 - AC \geqslant 0$,则解得实根

$$y' = \dfrac{-B \pm \sqrt{B^2 - AC}}{A}$$

2.313 如图 2.310 所示,线段 $AB = 2c$,其中点 O 在直线 l 的射影为点 M,$OM = r$,有向角 $\angle BOM = \alpha$,点 X 在 l 上,$AX + BX = 2a$(已知线段),$a > c$,求在以 O 为原点,射线 OB 为正半 x 轴的坐标系中点 X 的坐标.

第 2 章 平面几何计算题、轨迹题及其他问题

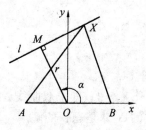

图 2.310

解 易见问题即求椭圆 $\dfrac{x^2}{a^2}+\dfrac{y^2}{a^2-c^2}=1$ 与直线 $l:x\cos\alpha+y\sin\alpha=r$ 的交点 X，取椭圆的参数方程为

$$x=a\cos\theta,\quad y=\sqrt{a^2-c^2}\sin\theta \qquad ①$$

代入 l 的方程得

$$a\cos\alpha\cos\theta+\sqrt{a^2-c^2}\sin\alpha\sin\theta=r$$

若 $(a\cos\alpha)^2+(\sqrt{a^2-c^2}\sin\alpha)^2<r^2$，即 $a^2-c^2\sin^2\alpha<r^2$，则本题无解（参看 2.297 题的解）；

若 $a^2-c^2\sin^2\alpha\geqslant r^2$，设点 $(a\cos\alpha,\sqrt{a^2-c^2}\sin\alpha)$ 在坐标系中的辐角为 δ，则可求得

$$\theta=\delta\pm\cos^{-1}\dfrac{r}{\sqrt{a^2-c^2\sin^2\alpha}}$$

代入方程 ① 即得点 X 的坐标.

2.314 对上题 l 上的点 X 的要求改为 $|AX-BX|=2a, a<c$，在同样的坐标系中求 X 的坐标.

解 问题即求双曲线 $\dfrac{x^2}{a^2}-\dfrac{y^2}{c^2-a^2}=1$ 与 l 的交点，取双曲线的参数方程为

$$x=a\sec\theta,\quad y=\sqrt{c^2-a^2}\tan\theta \qquad ①$$

代入 l 的方程得

$$a\sec\theta\cos\alpha+\sqrt{c^2-a^2}\tan\theta\sin\alpha=r$$

即

$$r\cos\theta-\sqrt{c^2-a^2}\sin\alpha\sin\theta=a\cos\alpha$$

当 $r^2+(-\sqrt{c^2-a^2}\sin\alpha)^2<(a\cos\alpha)^2$，即 $a^2-c^2\sin^2\alpha>r^2$ 时，本题无解；

当 $a^2-c^2\sin^2\alpha\leqslant r^2$，设点 $(r,-\sqrt{c^2-a^2}\sin\alpha)$ 在坐标系中的辐角为 δ，则可

求得
$$\theta = \delta \pm \cos^{-1} \frac{a\cos\alpha}{\sqrt{r^2+(c^2-a^2)\sin^2\alpha}}$$

代入方程 ① 即得点 X 的坐标.

注 原题要求 $AX - BX = 2a$,即求双曲线右支与 l 的交角,则上面求得的 θ 要属第一、四象限时相应的 X 才是题目的解.

2.315 如图 2.311 所示,$\triangle ABC$ 中,$AB = 8$,角平分线为 AL,$\dfrac{S_{\triangle ABL}}{S_{\triangle ACL}} = 3$,$BL$ 为何值时高 AH 最长.

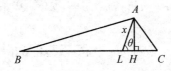

图 2.311

解 易见 $\dfrac{AB}{AC} = \dfrac{BL}{LC} = 3$,$BL = 6$,$LC = 2$,设 $LA = x$,$\angle CLA = \theta$,则

$$\frac{x^2 + 6^2 + 2x \cdot 6 \cdot \cos\theta}{x^2 + 2^2 - 2x \cdot 2\cos\theta} = \frac{AB^2}{AC^2} = 9$$

$$\Rightarrow x^2 + 36 + 12x\cos\theta = 9x^2 + 36 - 36x\cos\theta$$

求得(正值)

$$x = 6\cos\theta$$

$$AH = x\sin\theta = 3\sin 2\theta \leqslant 3$$

当 $2\theta = 90°$,即 $\theta = 45°$ 时,AH 最大值为 3,这时 $x = 6\cos 45° = 3\sqrt{2}$.

2.316 $\triangle KLM$ 中 $KM = 6$,中线为 LP,P 到 KL,ML 距离的比为 $1:2$,LP 为何值时 $S_{\triangle KLM}$ 最大.

解 设线段 x,角 θ 如图 2.312 所示,由 $S_{\triangle LKP} = S_{\triangle LMP}$,知 $\dfrac{LK}{LM} = 2$,于是

$$\frac{x^2 + 3^2 + 2 \cdot x \cdot 3\cos\theta}{x^2 + 3^2 - 2 \cdot x \cdot 3\cos\theta} = \frac{LK^2}{LM^2} = 4$$

$$x^2 + 9 + 6x\cos\theta = 4(x^2 + 9 - 6x\cos\theta)$$

即

$$x^2 - 10x\cos\theta + 9 = 0$$

第2章 平面几何计算题、轨迹题及其他问题
DIERZHANG PINGMIAN JIHE JISUANTI, GUIJITI JI QITA WENTI

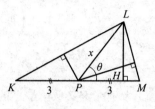

图 2.312

解得

$$x = 5\cos\theta \pm \sqrt{25\cos^2\theta - 9}$$

当 $\cos\theta \geqslant \dfrac{3}{5}$ 时两根才为实根,且均为正.

要使 $S_{\triangle KLM}$ 最大,即要高 LH 最大(显然下式第二项应选加号)

$$LH = x\sin\theta = 5\cos\theta\sin\theta + \sin\theta \cdot \sqrt{25\cos^2\theta - 9}$$
$$= \frac{5}{2}\sin 2\theta + \sqrt{\frac{25}{4}\sin^2 2\theta - \frac{9}{2}(1 - \cos 2\theta)}$$

取导数得

$$\frac{d}{d\theta}LH = 5\cos 2\theta + \frac{25\sin 2\theta\cos 2\theta - 9\sin 2\theta}{\sqrt{25\sin^2 2\theta - 18(1 - \cos 2\theta)}}$$

令 $\dfrac{d}{d(2\theta)}LH = 0$,即

$$5\cos 2\theta \cdot \sqrt{7 + 18\cos 2\theta - 25\cos^2 2\theta} = \sin 2\theta \cdot (9 - 25\cos 2\theta)$$

两边平方得

$$25\cos^2 2\theta \cdot (7 + 18\cos 2\theta - 25\cos^2 2\theta)$$
$$= (1 - \cos^2 2\theta)(81 - 450\cos 2\theta + 625\cos^2 2\theta)$$

两边约去 $1 - \cos 2\theta \neq 0$ 得

$$25\cos^2 2\theta \cdot (7 + 25\cos 2\theta) = (1 + \cos 2\theta)(81 - 450\cos 2\theta + 625\cos^2 2\theta)$$

化简得

$$369\cos 2\theta = 81 \Rightarrow \cos 2\theta = \frac{9}{41}, \sin 2\theta = \frac{40}{41}$$

在此唯一驻点

$$LH = \frac{5}{2} \cdot \frac{40}{41} + \sqrt{\left(\frac{100}{41}\right)^2 - \frac{9}{2}\left(1 - \frac{9}{41}\right)} = 4$$

LH 对锐角 θ 的定义域为 $\left[0, \cos^{-1}\dfrac{3}{5}\right]$,当 $\theta = 0$ 时,易见 $LH = 0$;

379

当 $\theta = \cos^{-1}\frac{3}{5}$ 时，$\cos\theta = \frac{3}{5}$，$\cos 2\theta = 2\cdot\left(\frac{3}{5}\right)^2 - 1 = -\frac{7}{25}$，$\sin 2\theta = \frac{24}{25}$，则

$$LH = \frac{5}{2}\cdot\frac{24}{25} + \sqrt{\left(\frac{12}{5}\right)^2 - \frac{9}{2}\left(1+\frac{7}{25}\right)} = \frac{12}{5}$$

于是 LH 在唯一驻点的值 4 大于在定义域两端点的值 $0, \frac{12}{5}$，故此唯一驻点是最大值点，最大值为 4. 这时

$$\cos\theta = \sqrt{\frac{1+\cos 2\theta}{2}} = \sqrt{\frac{1+\frac{9}{41}}{2}} = \frac{5}{\sqrt{41}}$$

于是所求 $LP = x = 5\cdot\frac{5}{\sqrt{41}} + \sqrt{25\cdot\left(\frac{5}{\sqrt{41}}\right)^2 - 9} = \sqrt{41}$.

2.317 直角三角形斜边上高为定长 h，求一直角边上中线长 m 的最小值.

解 设角 α 如图 2.313 所示，则

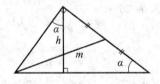

图 2.313

$$m^2 = \left(\frac{h}{\cos\alpha}\right)^2 + \left(\frac{h}{2\sin\alpha}\right)^2 = h^2\left[(1+\tan^2\alpha) + \frac{1}{4}(1+\cot^2\alpha)\right]$$

$$= h^2\left[\frac{5}{4} + \tan^2\alpha + \left(\frac{1}{2}\cot\alpha\right)^2\right]$$

$$\geq h^2\left(\frac{5}{4} + 2\cdot\tan\alpha\cdot\frac{1}{2}\cot\alpha\right) = \frac{9}{4}h^2$$

当 $\tan\alpha = \frac{1}{2}\cot\alpha$，即 $\tan\alpha = \frac{1}{\sqrt{2}}$ 时，m^2 取最小值 $\frac{9}{4}h^2$，m 取最小值 $\frac{3}{2}h$.

2.318 矩形 $ABCD$ 与等腰梯形 $ABKM$ 有公共边 AB（梯形的腰），C 在 KM 上，AM 与 DC 交于 P，$AB=2BC$，$AP=3BK$，求梯形的 $\angle M$，矩形与梯形面积之比.

解 设角 α 如图 2.314 所示，设 $BK=b, AP=3b, BC=a, AB=2a$，则

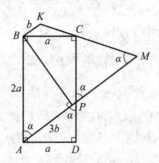

图 2.314

$$3b\sin\alpha = a = \frac{b\sin K}{\sin\angle BCK} = \frac{b\sin(180°-\alpha)}{\sin(2\alpha-90°)} = \frac{b\sin\alpha}{-\cos 2\alpha}$$

$$\cos 2\alpha = -\frac{1}{3}, \cos\alpha = \sqrt{\frac{1-\frac{1}{3}}{2}} = \sqrt{\frac{1}{3}}, \sin\alpha = \sqrt{\frac{2}{3}}$$

所求

$$\angle M = \alpha = \cos^{-1}\sqrt{\frac{1}{3}}$$

$$b = \frac{a}{3\sin\alpha} = \frac{a}{\sqrt{6}}$$

$$S_{\text{梯形}ABKM} = \left(\frac{b}{2} + 2a\cos\alpha\right) \cdot 2a\sin\alpha = \left(\frac{a}{2\sqrt{6}} + 2a\sqrt{\frac{1}{3}}\right) \cdot 2a\sqrt{\frac{2}{3}}$$

$$= a^2\left(\frac{1}{3} + \frac{4\sqrt{2}}{3}\right)$$

所求面积之比为

$$\frac{a \cdot 2a}{a^2\left(\frac{1}{3} + \frac{4\sqrt{2}}{3}\right)} = \frac{6}{4\sqrt{2}+1} = \frac{6}{31}(4\sqrt{2}-1)$$

2.319 △KLM 外接圆半径为 10, $KL=16$, $\angle KLM$ 为何值时中线 MN 最小.

解 设角 α, β, γ 如图 2.315 所示，则
$$\alpha + \beta = 180° - \gamma$$

$$\sin \gamma = \frac{16}{2 \cdot 10} = \frac{4}{5}$$

如图 2.316 所示,作半径为 10 的圆,取弦 $KL=16$,则 KL 所对圆周角 γ 有互补的二值,$\sin \gamma = \frac{4}{5}$,两圆周角顶点分别在劣弧 $\overparen{KL}$ 上(γ 为钝角),优弧 $\overparen{KM'L}$ 上(γ 为锐角). 对任一钝角 $\angle KML = \gamma$,设 MN 延长线与上述优弧交于点 M',点 M 关于点 N 的对称点为点 M'',则 M'' 在劣弧 $\overparen{KL}$ 关于直线 KL 的对称弧(全在圆内)上,点 M'' 在 $\angle KM'N$ 内,$M'N > M''N = MN$,故所求 $\triangle KLM$ 的顶点 M 应在劣弧 $\overparen{KL}$ 上,$\angle KML = \gamma$ 为钝角,故应取

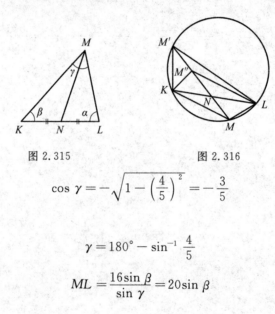

图 2.315　　　　图 2.316

$$\cos \gamma = -\sqrt{1 - \left(\frac{4}{5}\right)^2} = -\frac{3}{5}$$

即

$$\gamma = 180° - \sin^{-1} \frac{4}{5}$$

$$ML = \frac{16 \sin \beta}{\sin \gamma} = 20 \sin \beta$$

同理

$$MK = 20 \sin \alpha$$

$$4MN^2 = (2MN)^2 = 2ML^2 + 2MK^2 - KL^2 = 800(\sin^2 \alpha + \sin^2 \beta) - 256$$

$$= 400(2 - \cos 2\alpha - \cos 2\beta) - 256$$

$$= 544 - 800 \cos(\alpha + \beta) \cos(\alpha - \beta)$$

（注意 $\cos(\alpha + \beta) = -\cos \gamma = \frac{3}{5}$）

$$= 544 - 800 \cdot \frac{3}{5} \cos(\alpha - \beta)$$

$$= 544 - 480 \cos(\alpha - \beta)$$

第 2 章 平面几何计算题、轨迹题及其他问题
DIERZHANG PINGMIAN JIHE JISUANTI,GUIJITI JI QITA WENTI

$$=544-480\cos(2\alpha+\gamma-180°)$$
$$=544+480\cos(2\alpha+\gamma)$$

它要取最小值(即 MN 最小),应有 $2\alpha+\gamma=180°$,从而

$$\angle KLM=\alpha=\frac{1}{2}(180°-\gamma)=\frac{1}{2}\sin^{-1}\frac{4}{5}$$

2.320 $\odot O,\odot O_1$ 的半径分别为 R,r,内切于 K,在 $\odot O_1$ 的点 A 作 $\odot O_1$ 的切线交 $\odot O$ 于 B,C,已知 $\dfrac{AC}{AB}=p$,线段 AC 与 OK 相交,求 R,r,p 所适合的条件,且求 BC.

解 如图 2.317 所示,设线段 AC 与 OK 交于 M,故 B,A 在 M 同侧,$\angle BMK$ 为锐角 θ(设)

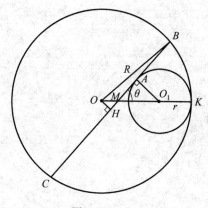

图 2.317

$$OM=OO_1-O_1M=(R-r)-\frac{r}{\sin\theta}$$
$$OH=(R-r)\sin\theta-r$$
$$CH=BH=\sqrt{R^2-OH^2}=\sqrt{R^2-[(R-r)\sin\theta-r]^2}$$
$$AH=OO_1\cos\theta=(R-r)\cos\theta$$
$$AC=CH+AH=\sqrt{R^2-[(R-r)\sin\theta-r]^2}+(R-r)\cos\theta$$
$$BA=BH-AH=\sqrt{R^2-[(R-r)\sin\theta-r]^2}-(R-r)\cos\theta$$

易见图中必须 $R>2r$,再求对 p 的条件:当 θ 由 $90°$ 减小到 $\sin^{-1}\dfrac{r}{R-r}$(使 $OO_1>O_1M$,从而 AC 与 OK 相交)时,易见 AC 增加,而

用三角、解析几何等计算解来自俄罗斯的几何题

$$BA = \frac{1}{AC}\{R^2 - [(R-r)\sin\theta - r]^2 - (R-r)^2\cos^2\theta\}$$

$$= \frac{-2r^2 + 2Rr + 2r(R-r)\sin\theta}{AC}$$

则减小,于是 p 增加. 当 $\theta = 90°$ 时,易见 $p = 1$.

当 $\theta = \sin^{-1}\dfrac{r}{R-r}$ 时,$\cos\theta = \sqrt{1 - \left(\dfrac{r}{R-r}\right)^2}$, $p = \dfrac{AC}{BA} = \dfrac{R + \sqrt{(R-r)^2 - r^2}}{R - \sqrt{(R-r)^2 - r^2}}$,

故所求条件为

$$R > 2r, 1 < p < \frac{R + \sqrt{(R-r)^2 - r^2}}{R - \sqrt{(R-r)^2 - r^2}}$$

现求 BC：由 $\dfrac{AC}{AB} = p$,得

$$\frac{\sqrt{R^2 - [(R-r)\sin\theta - r]^2} + (R-r)\cos\theta}{\sqrt{R^2 - [(R-r)\sin\theta - r]^2} - (R-r)\cos\theta} = p$$

$$\frac{\sqrt{R^2 - [(R-r)\sin\theta - r]^2}}{(R-r)\cos\theta} = \frac{p+1}{p-1}$$

两边平方(原式两边为正,平方所得方程与原方程等价),去分母得

$$(p+1)^2(R-r)^2(1 - \sin^2\theta)$$
$$= (p-1)^2(R-r)(\sin\theta + 1)(R - R\sin\theta + r\sin\theta + r)$$

约去 $(1 + \sin\theta)(R-r) \neq 0$,得

$$(p+1)^2(R-r)(1 - \sin\theta) = (p-1)^2[(R+r) - (R-r)\sin\theta]$$

解得

$$\sin\theta = \frac{4pR - (2p^2 + 2)r}{4p(R-r)}$$

再由 $OH = (R-r)\sin\theta - r$,得

$$BC = 2CH = 2\sqrt{R^2 - OH^2} = 2\sqrt{R^2 - \left(\frac{4pR - (2p^2+2)r - 4pr}{4p}\right)^2}$$

$$= \frac{1}{2p}\sqrt{[8pR - 4pr - (2p^2+2)r][(2p^2+2)r + 4pr]}$$

$$= \frac{p+1}{p}\sqrt{4pRr - (p+1)^2 r^2}$$

2.321 凸四边形 $ABCD$ 两对角线交于 E, $S_{\triangle ABE} = S_{\triangle CDE} = 1$, $AD = 3$, $S_{四边形ABCD} \leqslant 4$,求 BC.

第 2 章 平面几何计算题、轨迹题及其他问题
DIERZHANG PINGMIAN JIHE JISUANTI,GUIJITI JI QITA WENTI

解 设线段 a,b,c,d 如图 2.318 所示.易见 $ab=cd$,$\dfrac{a}{c}=\dfrac{d}{b}$,$AD \parallel BC$,则

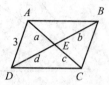

图 2.318

$$\dfrac{S_{\triangle ABE}}{S_{\triangle ADE}}=\dfrac{b}{d}=\dfrac{c}{a}=\dfrac{S_{\triangle BCE}}{S_{\triangle ABE}} \Rightarrow S_{\triangle ADE} \cdot S_{\triangle BCE} = S_{\triangle ABE}^2 = 1^2 = 1$$

$$S_{\triangle ADE}+S_{\triangle BCE} \geqslant 2\sqrt{S_{\triangle ADE} \cdot S_{\triangle BCE}}=2 \qquad ①$$

又

$$S_{\triangle ADE}+S_{\triangle BCE}=S_{四边形ABCD}-S_{\triangle ABE}-S_{\triangle CDE} \leqslant 4-1-1=2$$

于是

$$S_{\triangle ADE}+S_{\triangle BCE}=2$$

因式 ① 只当 $S_{\triangle ADE}=S_{\triangle BCE}$ 时,等号才成立,故 $S_{\triangle ADE}=S_{\triangle BCE}=1$,从而 $S_{\triangle ADC}=S_{\triangle BDC}$,$AB \parallel CD$,于是有 $\square ABCD$,$BC=AD=3$.

2.322 已知三角形一角等于 θ,其对边等于 n,什么情况下三角形周长最大.

解 设角 α(变元) 如图 2.319 所示,则三角形周长为

$$n+\dfrac{n\sin\alpha}{\sin\theta}+\dfrac{n\sin(\alpha+\theta)}{\sin\theta}=n+\dfrac{2n\sin(\alpha+\frac{\theta}{2})\cos\frac{\theta}{2}}{\sin\theta}$$

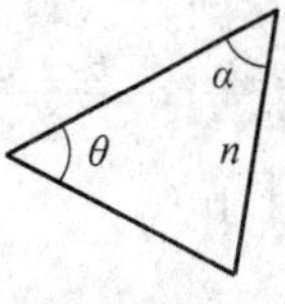

故当 $\alpha+\dfrac{\theta}{2}=90°$,易见即当三角形为等腰三角形时周长最大.

图 2.319

2.323 已知 $\angle O$ 内一点 P,$PO=m$,OP 把 $\angle O$ 分成角 θ,φ,过 P 作直线与 $\angle O$ 两边分别交于 A,B,要使 $\triangle OAB$ 周长最小,求 $\angle OPB$.

解 设 $\angle OPB=\alpha$(变元) 如图 2.320 所示,所述周长

$$AP+OA+BP+OB=\dfrac{m(\sin\theta+\sin\alpha)}{\sin(\alpha-\theta)}+\dfrac{m(\sin\varphi+\sin\alpha)}{\sin(\alpha+\varphi)}$$

用三角、解析几何等计算解来自俄罗斯的几何题

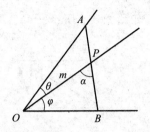

图 2.320

$$= \frac{m\sin\dfrac{\theta+\alpha}{2}}{\sin\dfrac{\alpha-\theta}{2}} + \frac{m\cos\dfrac{\varphi-\alpha}{2}}{\cos\dfrac{\alpha+\varphi}{2}}$$

$$= m\,\frac{\sin\dfrac{\theta+\alpha}{2}\cos\dfrac{\alpha+\varphi}{2}+\cos\dfrac{\varphi-\alpha}{2}\sin\dfrac{\alpha-\theta}{2}}{\sin\dfrac{\alpha-\theta}{2}\cos\dfrac{\alpha+\varphi}{2}}$$

$$= m\,\frac{\sin\alpha\cos\dfrac{\theta+\varphi}{2}}{\sin\dfrac{\alpha-\theta}{2}\cos\dfrac{\alpha+\varphi}{2}} = \frac{2m\sin\alpha\cos\dfrac{\theta+\varphi}{2}}{\sin\left(\alpha+\dfrac{\varphi-\theta}{2}\right)-\sin\dfrac{\theta+\varphi}{2}}$$

其对 α 的导数为

$$\frac{2m}{A^2}\cos\frac{\theta+\varphi}{2}\cdot\left[\cos\alpha\cdot\left(\sin\left(\alpha+\frac{\varphi-\theta}{2}\right)-\sin\frac{\theta+\varphi}{2}\right)-\sin\alpha\cos\left(\alpha+\frac{\varphi+\theta}{2}\right)\right]$$

$$=\frac{2m}{A^2}\cos\frac{\theta+\varphi}{2}\cdot\left(\sin\frac{\varphi-\theta}{2}-\cos\alpha\sin\frac{\theta+\varphi}{2}\right)$$

其中

$$A = \sin\left(\alpha+\frac{\theta-\varphi}{2}\right)-\sin\frac{\theta+\varphi}{2}$$

令此导数为 0,求得驻点 α 适合 $\cos\alpha = \dfrac{\sin\dfrac{\varphi-\theta}{2}}{\sin\dfrac{\varphi+\theta}{2}}$,则 $\alpha = \cos^{-1}\dfrac{\sin\dfrac{\varphi-\theta}{2}}{\sin\dfrac{\varphi+\theta}{2}}$.

因直线 AB 趋向与 $\angle O$ 两边平行(相应于周长表示式对 α 定义域(开区间)的两端点)时周长趋于 ∞,故求得驻点为最小值点,所求

$$\angle OPB = \cos^{-1}\dfrac{\sin\dfrac{\varphi-\theta}{2}}{\sin\dfrac{\varphi+\theta}{2}}$$

第 2 章 平面几何计算题、轨迹题及其他问题
DIERZHANG PINGMIAN JIHE JISUANTI,GUIJITI JI QITA WENTI

2.324 如图 2.321 所示,⊙O 半径为 5,在一直径两端延长 8,2,分别得 A,B,分别过 A,B 作 ⊙O 切线交于 M,求 △MAB 外接圆半径 R.

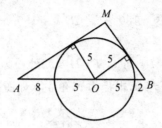

图 2.321

解 易见 $\sin A = \dfrac{5}{13}, \sin B = \dfrac{5}{7}$,从而

$$\cot A = \dfrac{12}{5}, \cos B = \dfrac{\sqrt{24}}{7}$$

$$BM = \dfrac{20\sin A}{\sin(\angle A+\angle B)} = \dfrac{20}{\cos B+\cot A\sin B} = \dfrac{140}{\sqrt{24}+12} = \dfrac{70}{\sqrt{6}+6}$$

$$R = \dfrac{BM}{2\sin A} = \dfrac{91}{6+\sqrt{6}} = \dfrac{91(6-\sqrt{6})}{30}$$

2.325 如图 2.322 所示,过点 A,C 作圆分别与 BA,BC 又交于 D,E,$AC=2\sqrt{7}, AD=5, BE=4, \dfrac{DB}{EC}=\dfrac{3}{2}$,求 $\angle CDB$.

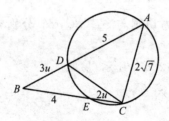

图 2.322

解 可设 $BD=3u, EC=2u$,则

$$3u(3u+5) = 4(4+2u) \Rightarrow (\text{正根})u=1, BA=8, BC=6$$

$$\cos B = \dfrac{6^2+8^2-(2\sqrt{7})^2}{2\cdot 6\cdot 8} = \dfrac{3}{4}, \sin B = \dfrac{\sqrt{7}}{4}$$

387

$$\tan \angle CDA = \frac{BC\sin B}{BC\cos B - BD} = \frac{6 \cdot \frac{\sqrt{7}}{4}}{6 \cdot \frac{3}{4} - 3} = \sqrt{7}$$

$$\angle CDB = 180° - \angle CDA = 180° - \tan^{-1}\sqrt{7}$$

2.326 $\triangle ABC$, $AB = AC$, 高 $AH = 9$, 外接圆直径为 25, 求内切圆半径 r.

解 设内切圆圆心为 O, 半径为 r, 角 α, θ 如图 2.323 所示, 则

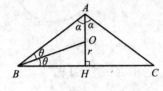

图 2.323

$$2 \cdot 9\tan \alpha = BC = 25\sin 2\alpha = 50\sin \alpha \cos \alpha$$

$$\cos^2 \alpha = \frac{9}{25}, \cos \alpha = \frac{3}{5}, \sin \alpha = \frac{4}{5}, \tan \alpha = \frac{4}{3}$$

$$BH = 9\tan \alpha = 12$$

$$r = BH\tan \theta = 12\tan \frac{90° - \alpha}{2} = 12 \cdot \frac{\sin(90° - \alpha)}{1 + \cos(90° - \alpha)} = 12 \cdot \frac{\frac{3}{5}}{1 + \frac{4}{5}} = 4$$

(或再求 $AB = \sqrt{9^2 + 12^2} = 15, r = 9 \cdot \frac{12}{12 + 15} = 4$)

2.327 $\triangle ABC$ 内切圆与 AB, BC, CA 分别相切于 $M, D, N, AN = 2$, $NC = 3, \angle C = 60°$, 求 DM.

解 设角 α, β 如图 2.324 所示, 易见

$$ON = OD = OM = \frac{3}{\tan 60°} = \sqrt{3}$$

$$\tan \alpha = \frac{2}{\sqrt{3}}, \sin \alpha = \frac{2}{\sqrt{7}}, \cos \alpha = \frac{\sqrt{3}}{\sqrt{7}}$$

$$\sin \beta = \sin(120° - \alpha) = \frac{\sqrt{3}}{2} \times \frac{\sqrt{3}}{\sqrt{7}} - (-\frac{1}{2}) \times \frac{2}{\sqrt{7}} = \frac{5}{2\sqrt{7}}$$

$$MD = 2(\sqrt{3}\sin \beta) = 5\sqrt{\frac{3}{7}}$$

第2章 平面几何计算题、轨迹题及其他问题
DIERZHANG PINGMIAN JIHE JISUANTI,GUIJITI JI QITA WENTI

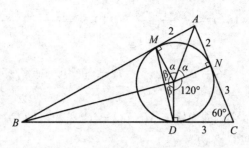

图 2.324

2.328 如图 2.325 所示，$\triangle ABC$ 中 $AB=15, AC=9$，内接 $\square MNPQ$，$MN=6, MP \parallel AC, NQ \parallel AB$. 求 NP, BC.

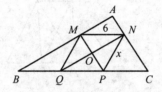

图 2.325

解 设 $MP=m, NQ=n, NP=x, BC=y, MP$ 与 NQ 交于 O，易见

$$\frac{n}{15}=\frac{m}{9}=\frac{y-6}{y} \Rightarrow n=\frac{15y-90}{y}, m=\frac{9y-54}{y} \qquad ①$$

又

$$m^2+n^2=2x^2+2\cdot 6^2 \qquad ②$$

再由 $\cos A = \cos\angle MON$ 得

$$\frac{9^2+15^2-y^2}{2\cdot 9\cdot 15}=\frac{\left(\dfrac{m}{2}\right)^2+\left(\dfrac{n}{2}\right)^2-6^2}{2\cdot \dfrac{m}{2}\cdot \dfrac{n}{2}}$$

化简得

$$135(m^2+n^2-144)=mn(306-y^2)$$

以式 ① 代入，去分母得

$$135[(9y-54)^2+(15y-90)^2-144y^2]=(306-y^2)(15y-90)(9y-54)$$

两边约去 135 再化简得

$$y^4-12y^3-108y^2=0$$

求得正根

$$y=18, n=\frac{15 \cdot 18-90}{18}=10, m=\frac{9 \cdot 18-54}{18}=6$$

代入式 ② 得

$$36+100=2x^2+72 \Rightarrow (\text{正根})\, x=4\sqrt{2}$$

2.329 △ABC 的内接 □MNPQ，MP // AC，NQ // AB，MN = 3，MQ = 5，QN = 6，求 △ABC 各边.

解 设 $BC=a, CA=b, AB=c$，MP 与 NQ 交于点 O. 由 $MP^2+6^2=2(3^2+5^2)$，求得

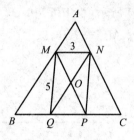

图 2.326

$$MP=4\sqrt{2}$$

$$\frac{4\sqrt{2}}{b}=\frac{6}{c}=\frac{a-3}{a} \Rightarrow b=\frac{4\sqrt{2}\,a}{a-3}, c=\frac{6a}{a-3} \qquad ①$$

又

$$\frac{b^2+c^2-a^2}{2bc}=\cos A=\cos\angle MON=\frac{\frac{1}{4}MP}{NO}=\frac{\sqrt{2}}{3}\,(\text{注意 } ON=\frac{6}{2}=MN)$$

得

$$3b^2+3c^2-3a^2=2\sqrt{2}\,bc$$

以式 ① 代入后去分母化简得

$$204-3(a-3)^2=96$$

求得（正值）

$$a=9, b=\frac{4\sqrt{2}\cdot 9}{9-3}=6\sqrt{2}, c=\frac{6\cdot 9}{9-3}=9$$

2.330 ∠FGH 的平分线为 GK，KF ⊥ GF，FH ⊥ GH，FK = 8，GK =

第 2 章　平面几何计算题、轨迹题及其他问题

17,在 GF 的延长线上取 $FL=2$,在 GH 的延长线上取 $HM=19$,求 LM.

解　设角 α 如图 2.327 所示,则

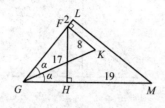

图 2.327

$$GF = \sqrt{17^2 - 8^2} = 15, \cos\alpha = \frac{15}{17}$$

$$\cos 2\alpha = 2 \cdot \left(\frac{15}{17}\right)^2 - 1 = \frac{161}{289}$$

$$GH = 15\cos 2\alpha = \frac{15 \cdot 161}{289}$$

$$LM = \sqrt{(15+2)^2 + \left(\frac{15 \cdot 161}{289} + 19\right)^2 - 2 \cdot 17 \cdot \left(\frac{15 \cdot 161}{289} + 19\right) \cdot \frac{161}{289}}$$

$$= \frac{1}{289}\sqrt{(17 \cdot 289)^2 + 7\,906^2 - 34 \cdot 7\,906 \cdot 161}$$

$$= \frac{\sqrt{43\,364\,961}}{289} \;①$$

2.331　如图 2.328 所示,锐角 $\triangle ABC$,两高 $AE=12$, $BD=11.2$, $\dfrac{BE}{EC}=\dfrac{5}{9}$,求 AC.

解　可设 $BE=5u$, $EC=9u$,易见

$$(AD+DC) \cdot 11.2 = (5u+9u) \cdot 12 \qquad ①$$

即

$$(\sqrt{12^2+(5u)^2-11.2^2} + \sqrt{(5u+9u)^2-11.2^2}) \cdot 11.2 = (5u+9u) \cdot 12$$

即

---

① 原题尚有条件 $KH=8$,实与其他条件矛盾 —— 按其他条件可得 $KH = \sqrt{17^2 + (15 \cdot \frac{161}{289})^2 - 2 \cdot 17 \cdot 15 \cdot \frac{161}{289} \cdot \frac{15}{17}} \neq 8$,原文答案为甚简之 $9\sqrt{11}$,想必是印刷错误.

用三角、解析几何等计算解来自俄罗斯的几何题

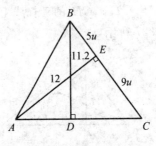

图 2.328

$$\sqrt{25u^2+18.56}+\sqrt{196u^2-11.2^2}=15u$$

$$\sqrt{196u^2-11.2^2}^2=(15u-\sqrt{25u^2+18.56})^2=250u^2+18.56-30u\sqrt{25u^2+18.56}$$

$$30u\sqrt{25u^2+18.56}=54u^2+144 \Rightarrow 5u\sqrt{25u^2+18.56}=9u^2+24$$

再两边平方化简得

$$544u^4+32u^2-576=0 \Rightarrow 17u^4+u^2-18=0$$

求得正根 $u=1$,再由式 ① 得

$$AC=\frac{14 \cdot 12}{11.2}=15$$

2.332 如图 2.329 所示,圆直径 AC,圆外点 B,线段 BA,BC 又分别交圆于 P,Q,$PC=\sqrt{2}$,$AQ=\sqrt{3}$,$AB=2$,求 AC.

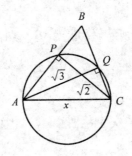

图 2.329

解 设 $AC=x$,则 $AP=\sqrt{x^2-2}$,$CQ=\sqrt{x^2-3}$. 又 $BQ=\sqrt{2^2-\sqrt{3}^2}=1$,由 $BA \cdot BP=BC \cdot BQ$,得

$$2(2-\sqrt{x^2-2})=(1+\sqrt{x^2-3}) \cdot 1$$

$$3-2\sqrt{x^2-2}=\sqrt{x^2-3} \qquad ①$$

第2章 平面几何计算题、轨迹题及其他问题

两边平方后化简得

$$3x^2 + 4 = 12\sqrt{x^2 - 2} \qquad ②$$

再两边平方后化简得

$$9x^4 - 120x^2 + 304 = 0$$

解得

$$x^2 = \frac{20 \pm 4\sqrt{6}}{3}$$

验根:对 x^2 的两(正)值,易见 $x^2 - 2 > 0$,$x^2 - 3 > 0$,方程①,②两边均为实数,特别方程②两边为正数,故它与两边平方后所得方程等价,从而不必验根,但当 $x^2 = \frac{20 + 4\sqrt{6}}{3}$ 时方程①左边为负数而右边为正数,故 x^2 的此值为增根.当 $x^2 = \frac{20 - 4\sqrt{6}}{3}$ 时方程①两边均为正数,故 x^2 的此值不会是增根.于是 $x^2 = \frac{20 - 4\sqrt{6}}{3}$,所求(正值) $x = \sqrt{\frac{20 - 4\sqrt{6}}{3}}$.

2.333 三角形面积为 $6\sqrt{6}$,周长为 18,内切圆圆心到一顶点距离为 $\frac{2}{3}\sqrt{42}$,求三角形的最小边.

解 设内切圆圆心为 O,半径为 r,从三角形各顶点到切点距离为 m,n,p,如图 2.330 所示.因 $\frac{18r}{2} = 6\sqrt{6}$,故 $r = \frac{2}{3}\sqrt{6}$,$m = \sqrt{\left(\frac{2}{3}\sqrt{42}\right)^2 - \left(\frac{2}{3}\sqrt{6}\right)^2} = 4$,于是三角形一边 $a = n + p = \frac{18}{2} - 4 = 5$,从而另两边之和 $b + c = 18 - 5 = 13$.三角形半周长为 $\frac{18}{2} = 9$,则

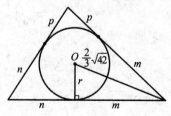

图 2.330

$$\sqrt{9(9-5)(9-b)(9-c)} = 6\sqrt{6} \Rightarrow (两边平方)(9-b)(9-c) = 6$$

再化简得
$$bc - 9(b+c) = -75$$

以 $b+c=13$ 代入得 $bc=42$,于是 b,c(不分次序)为 $6,7$,最小边为 $a=5$.

2.334 在 Rt$\triangle ABC$ 斜边 AC 上取点 M,$\dfrac{AM}{MC} = \dfrac{1}{3\sqrt{3}}$,$BM=6$,$\angle ABM = 30°$,求 $\angle A$ 及 $\triangle ABM$,$\triangle CBM$ 外心的距离.

解 如图 2.331 所示,可设 $AM=u$,$MC=3\sqrt{3}u$,又设 $\angle A = \alpha$,$\triangle ABM$,$\triangle CBM$ 的外心分别为点 O_1,O_2,且为 BM 中垂线分别与 AM,MC 中垂线的交点,则

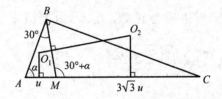

图 2.331

$$\frac{6}{\sin \alpha} = \frac{u}{\sin 30°} \Rightarrow u = \frac{3}{\sin \alpha}$$

又
$$AB = AC\cos \alpha = (1+3\sqrt{3})u\cos \alpha$$
$$u^2 + [(1+3\sqrt{3})u\cos \alpha]^2 - 2u[(1+3\sqrt{3})u\cos \alpha]\cos \alpha = 6^2$$

化简得
$$u^2 + 26u^2\cos^2 \alpha = 36$$
$$1 + 26(1-\sin^2 \alpha) = \frac{36}{u^2} = \frac{36}{\left(\dfrac{3}{\sin \alpha}\right)^2} = 4\sin^2 \alpha$$

解得(正值)
$$\sin \alpha = \frac{3}{\sqrt{10}}$$

所求
$$\angle A = \alpha = \sin^{-1}\frac{3}{\sqrt{10}},\ \cos \alpha = \frac{1}{\sqrt{10}},\ u = \frac{3}{\sin \alpha} = \sqrt{10}$$

第 2 章 平面几何计算题、轨迹题及其他问题

$$\sin(\alpha+30°)=\frac{3}{\sqrt{10}}\cdot\frac{\sqrt{3}}{2}+\frac{1}{\sqrt{10}}\cdot\frac{1}{2}=\frac{3\sqrt{3}+1}{2\sqrt{10}}$$

$$O_1O_2=\frac{\frac{1}{2}AC}{\sin O_2}=\frac{(1+3\sqrt{3})u}{2\sin[180°-(\alpha+30°)]}=\frac{(1+3\sqrt{3})\cdot\sqrt{10}}{2\cdot\frac{3\sqrt{3}+1}{2\sqrt{10}}}=10$$

2.335 $\square ABCD$ 的对角线交角为 $30°$,$\dfrac{AC}{BD}=\dfrac{2}{\sqrt{3}}$,$C$ 关于 BD 的对称点为 C_1,B 关于 AC 的对称点为 B_1,求 $S_{\triangle AB_1C_1}:S_{\square ABCD}$.

解 设 AC,BD 交于 O,不妨设 $AO=OC=2$,$BO=OD=\sqrt{3}$.

(1) 当 $\angle AOD=30°$ 时.

AO 在 OD 的射影为 $OD'=AO\cos 30°=\sqrt{3}=OD$,故 D,D' 重合,$\angle ADB=90°$,且 $\angle CBD=90°$,从而 C,B,C_1 共直线,易见有矩形 $ADBC_1$,$AC_1=DB=2\sqrt{3}$. 又取角 β 如图 2.332 所示,则

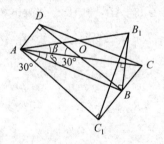

图 2.332

$$AB_1=AB=\sqrt{2^2+\sqrt{3}^2-2\cdot 2\cdot\sqrt{3}\cdot\cos 150°}=\sqrt{13}$$

$$\tan\beta=\frac{OB\sin 30°}{AO+OB\cos 30°}=\frac{\sqrt{3}\cdot\frac{1}{2}}{2+\sqrt{3}\cdot\frac{\sqrt{3}}{2}}=\frac{\sqrt{3}}{7}$$

$$\sin\beta=\frac{\sqrt{3}}{2\sqrt{13}},\quad \cos\beta=\frac{7}{2\sqrt{13}}$$

$$\sin\angle B_1AC_1=\sin(\beta+30°)=\frac{\sqrt{3}}{2\sqrt{13}}\cdot\frac{\sqrt{3}}{2}+\frac{7}{2\sqrt{13}}\cdot\frac{1}{2}=\frac{5}{2\sqrt{13}}$$

$$S_{\triangle B_1AC_1} = \frac{1}{2}AB_1 \cdot AC_1 \cdot \sin\angle B_1AC_1 = \frac{1}{2}\sqrt{13} \cdot 2\sqrt{3} \cdot \frac{5}{2\sqrt{13}} = \frac{5\sqrt{3}}{2}$$

$$S_{\square ABCD} = 4S_{\triangle AOD} = 4(\frac{1}{2} \cdot 2 \cdot \sqrt{3} \cdot \sin 30°) = 2\sqrt{3}$$

故所求的比为 $\frac{5\sqrt{3}}{2} : 2\sqrt{3} = 5 : 4$.

(2) 当 $\angle AOB = 30°$ 时,如图 2.333 所示.

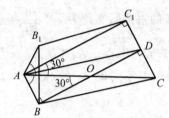

图 2.333

同样可证 $\angle ABD = 90°$,有矩形 $ABDC_1$

$$AC_1 = BD = 2\sqrt{3}, AB_1 = AB = AO\sin 30° = 2 \cdot \frac{1}{2} = 1$$

$$\angle OAB_1 = \angle OAB = 90° - 30° = 60°, \angle B_1AC_1 = 60° - 30° = 30°$$

$$S_{\triangle B_1AC_1} = \frac{1}{2}AB_1 \cdot AC_1 \cdot \sin\angle B_1AC_1 = \frac{1}{2} \cdot 1 \cdot 2\sqrt{3} \cdot \frac{1}{2} = \frac{\sqrt{3}}{2}$$

$$S_{\square ABCD} = 4S_{\triangle AOB} = 2\sqrt{3}$$

所求比为 $\frac{\sqrt{3}}{2} : 2\sqrt{3} = 1 : 4$.

2.336 直角梯形 $ABCD$, $\angle C = \angle D = 90°$, $CD = 12$, $AB = AD = 13$, 锐角 $\angle BAD$ 的平分线与直线 CD 交于 M, M 在线段 DC 上还是在其延长线上?

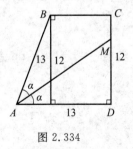

图 2.334

解 设角 α 如图 2.334 所示. 易见 $\sin 2\alpha = \frac{12}{13}$, $\cos 2\alpha = \frac{5}{13}$, $\tan \alpha = \frac{\sin 2\alpha}{1 + \cos 2\alpha} = \frac{2}{3}$, $DM = 13\tan \alpha = \frac{26}{3} < CD$, 故 M 在 CD 上.

第 2 章 平面几何计算题、轨迹题及其他问题
DIERZHANG PINGMIAN JIHE JISUANTI,GUIJITI JI QITA WENTI

2.337 等腰三角形的垂心在其内切圆上,求其底角的余弦.

解 如图 2.335 所示,设所述等腰 $\triangle ABC$ 的底边 BC 中点为 M,垂心为 H,易见 HM 过内切圆圆心 O. 设 $\angle ABC = \angle ACB = 2\beta$,易证 $\angle CHM = 2\beta$,于是

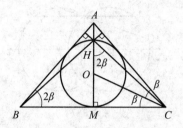

图 2.335

$$CM \cot 2\beta = MH = 2MO = 2CM \tan \beta$$
$$2\tan \beta \tan 2\beta = 1$$

即

$$\frac{4\tan^2 \beta}{1 - \tan^2 \beta} = 1 \Rightarrow \tan^2 \beta = \frac{1}{5}$$

所求

$$\cos 2\beta = \frac{1 - \tan^2 \beta}{1 + \tan^2 \beta} = \frac{2}{3}$$

2.338 圆外切等腰梯形 $ABCD$ 两腰 AB,CD 与 $\odot O$ 分别相切于 M,N,AD 中点为 K,BK 与 MN 交于 L,求 $\dfrac{ML}{LN}$.

解 设线段 a,b 如图 2.336 所示. 由解析几何的定比分点坐标公式易知 $MN = 2a \cdot \dfrac{b}{a+b} + 2b \cdot$

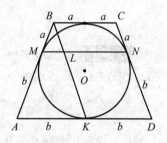

图 2.336

$\dfrac{a}{a+b} = \dfrac{4ab}{a+b}$(以 CD 为 x 轴,取 y 轴与 AD 平行作斜坐标系),而易见 $ML = b \cdot \dfrac{a}{a+b} = \dfrac{ab}{a+b}$,故 $MN = 4ML$,$\dfrac{ML}{LN} = \dfrac{1}{3}$.

2.339 两等圆的一交点为 C,过 C 作直线与连心线平行,与两圆又分别交于 A,B,过 C 又作与连心线成 α 角的直线与两圆又分别交于 M,N,已知 $AB = a$,求 MN.

用三角、解析几何等计算解来自俄罗斯的几何题

解 设两圆圆心为 O_1, O_2,取坐标轴如图 2.337 所示,设 $OO_1 = OO_2 = b$, $OC = h$,得 O_1, O_2, C 坐标如图 2.337 所示.易见 $\odot O_2$ 的方程为

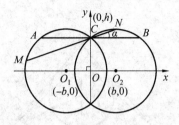

图 2.337

$$(x-b)^2 + y^2 = b^2 + h^2$$

直线 MN 为

$$y = h + x\tan\alpha$$

解得交点 N 的坐标为(非零)

$$x_N = 2b\cos^2\alpha - 2h\cos\alpha\sin\alpha$$

同理(b 变号)

$$x_M = -2b\cos^2\alpha - 2h\cos\alpha\sin\alpha$$

易见(注意 $a = AB = 2O_1O_2 = 4b$)

$$MN = \frac{x_N - x_M}{\cos\alpha} = 4b\cos\alpha = a\cos\alpha$$

2.340 梯形 $ABCD$,$AB \parallel DC$,$CB = CA = CD$,已知 $AD = n$,$DB = m$,求 CD.

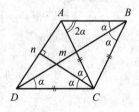

图 2.338

解 设 $\angle CBA = \angle CAB = \angle ACD = 2\alpha$,易见图 2.338 中所示五个等角等于 α,$DC = \dfrac{\frac{m}{2}}{\cos\alpha} = \dfrac{m}{2\cos\alpha}$,$n = 2DC \cdot \sin\alpha = m\tan\alpha$,$\tan\alpha = \dfrac{n}{m}$,$\cos\alpha = \dfrac{m}{\sqrt{m^2+n^2}}$,则 $DC = \dfrac{m}{2\cos\alpha} = \dfrac{\sqrt{m^2+n^2}}{2}$.

2.341 过 $\mathrm{Rt}\triangle ABC$ 直角顶点 C 作其外接圆的切线,已知 A,B 到此切线距离分别为 m,n,求 AC,BC.

解 易见可设如图 2.339 所示三个角为 β,设 $AB = d$,则易见 $d\sin^2\beta = m$,

第 2 章 平面几何计算题、轨迹题及其他问题

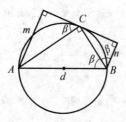

图 2.339

$d\cos^2\beta = n$,于是 $d = m+n$, $\cos\beta = \sqrt{\dfrac{n}{m+n}}$, $\sin\beta = \sqrt{\dfrac{m}{m+n}}$,则 $AC = d\sin\beta = \sqrt{m(m+n)}$, $BC = d\cos\beta = \sqrt{n(m+n)}$.

2.342 等腰 $\triangle ABC$ 两腰 BA, BC 上分别取点 D, E, 使 $\dfrac{BD}{DA} = \dfrac{BE}{EC} = n$(已知数),又 $AE \perp CD$,求底角.

解 易见 $\angle EAC = \angle DCA = \angle CDE = \angle AED = 45°$,又可设角 α 如图 2.340 所示,又 $\dfrac{DE}{AC} = \dfrac{BD}{BA} = \dfrac{n}{n+1}$,不妨设 $DE = n$, $AC = n+1$,则

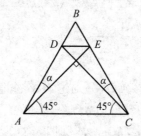

图 2.340

$$CE = \dfrac{(n+1)\sin 45°}{\sin(45° + (45° + \alpha))}$$

$$n = DE = CE\,\dfrac{\sin\alpha}{\sin 45°} = \dfrac{(n+1)\sin\alpha}{\cos\alpha}$$

$$\tan\alpha = \dfrac{n}{n+1}$$

$$\tan(\alpha + 45°) = \dfrac{\tan\alpha + \tan 45°}{1 - \tan\alpha\tan 45°} = 2n+1$$

所求底角

$$\alpha + 45° = \tan^{-1}(2n+1)$$

2.343 已知 $\triangle ABC$ 中 $CA = b, AB = c, AD$ 为角平分线，$AD = BD$，求 BC.

解 设角 θ 如图 2.341 所示，则

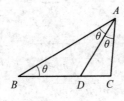

图 2.341

$$c = \frac{b\sin 3\theta}{\sin \theta} = b(3 - 4\sin^2\theta)$$

于是

$$\sin \theta = \sqrt{\frac{3b-c}{4b}}$$

$$\cos \theta = \sqrt{\frac{b+c}{4b}}$$

$$BC = \frac{b\sin 2\theta}{\sin \theta} = 2b\cos \theta = \sqrt{b(b+c)}$$

2.344 $\triangle ABC$ 外心为 O，分别过 B,C 作直线 AO 的垂线，分别与直线 AC,AB 交于 K,M，已知 $BK = a, CM = b$，求 BC.

解 设外接圆直径为 d，角 α, β, γ 如图 2.342 所示，易见 $\angle AMC = \angle ABK$，而两圆周角 $\angle ABK$ 与 γ 所对弧显然相等，故

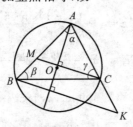

图 2.342

$$\angle AMC = \gamma$$

第 2 章 平面几何计算题、轨迹题及其他问题
DIERZHANG PINGMIAN JIHE JISUANTI,GUIJITI JI QITA WENTI

$$b = MC = AC \cdot \frac{\sin \alpha}{\sin \angle AMC} = d\sin \beta \frac{\sin \alpha}{\sin \gamma}$$

同理知

$$a = BK = d\sin \gamma \frac{\sin \alpha}{\sin \beta}$$

$$ab = d^2 \sin^2 \alpha = BC^2, BC = \sqrt{ab}$$

2.345 如图 2.343 所示,等腰梯形 $ABCD$ 中,$AD \parallel BC$,点 A 到 CD 的距离等于 AB,$AD=5$,$BC=1$,求 $\angle D$.

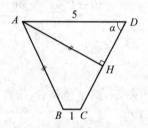

图 2.343

解 设 $\angle D = \alpha$,作 $AH \perp CD$ 于点 H,则

$$AH = AB = CD$$

$$\cos \alpha = \frac{\frac{5-1}{2}}{CD} = \frac{2}{AH} = \frac{2}{5\sin \alpha} \Rightarrow 5\sin \alpha \cos \alpha = 2$$

$$25(1-\cos^2 \alpha)\cos^2 \alpha = 4$$

解得

$$\cos^2 \alpha = \frac{1}{5}, \frac{4}{5}$$

所求 $\angle D = \alpha = \cos^{-1} \frac{1}{\sqrt{5}}, \cos^{-1} \frac{2}{\sqrt{5}}$.

2.346 $\triangle ABC$ 中,$AB=AC$,作角平分线 AD,BE,CF,点 A,F,D,E 四点共圆,$AC=1$,求 BC.

解 易证 $\angle AED = \angle AFD = 90°$,$AD$ 为所述圆的直径,可设如图 2.344 所示四个等角为 α,则

$$AF = AD\cos \alpha = 1\cos \alpha \cos \alpha = \cos^2 \alpha$$

$$BF = BD\sin \alpha = \sin^2 \alpha$$

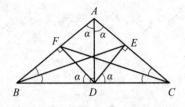

图 2.344

$$\frac{\cos^2\alpha}{\sin^2\alpha} = \frac{AF}{BF} = \frac{CA}{CB} = \frac{1}{2 \cdot 1\sin\alpha} \Rightarrow 2\cos^2\alpha = \sin\alpha$$

$$2\sin^2\alpha + \sin\alpha - 2 = 0, (正值) \quad \sin\alpha = \frac{-1+\sqrt{17}}{4}$$

$$BC = 2\sin\alpha = \frac{\sqrt{17}-1}{2}$$

2.347 如图 2.345 所示,圆半径为 R,作直径 BC 及弦 BD,弦 $PQ \perp BC$ 交圆于 P, Q,交 DB 于 M,$\frac{PM}{MQ} = \frac{1}{3}$,$BD = a$,求 BM.

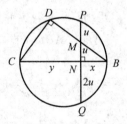

图 2.345

解 设 PQ 与 BC 交于 N,可设 $PM = MN = u, NQ = 2u$. 又设 $BN = x$,$NC = y$,易见

$$\frac{x}{u} = \frac{a}{DC} \Rightarrow u^2 = \frac{x^2 \cdot DC^2}{a^2} = \frac{x^2(4R^2-a^2)}{a^2}$$

$$xy = (2u)^2 = \frac{4x^2(4R^2-a^2)}{a^2} \Rightarrow y = \frac{4x(4R^2-a^2)}{a^2}$$

$$2R = x + y = x + \frac{4x(4R^2-a^2)}{a^2} \Rightarrow x = \frac{2Ra^2}{16R^2-3a^2}$$

$$BM = \sqrt{x^2+u^2} = \sqrt{\frac{4R^2}{a^2}x^2} = \frac{2R}{a}x = \frac{4R^2 a}{16R^2-3a^2}$$

第 2 章 平面几何计算题、轨迹题及其他问题
DIERZHANG PINGMIAN JIHE JISUANTI,GUIJITI JI QITA WENTI

2.348 一个圆在角 α 两边截得长为 a 的两弦,已知两弦最近端点距离为 b,求圆半径.

解 如图 2.346 所示,设所述 $\odot O$,$\angle BPD = \alpha$,二弦 $AB = CD = a$,$AC = b$,AC 与 PO 交于 M.设 $OM = x$,点 O 在 AB 上的射影为 H,因 O,H,A,M 共圆,故

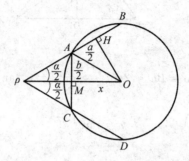

图 2.346

$$\frac{b}{2}\cot\frac{\alpha}{2}\left(\frac{b}{2}\cot\frac{\alpha}{2}+x\right)=\frac{\frac{b}{2}}{\sin\frac{\alpha}{2}}\cdot\left(\frac{b}{2\sin\frac{\alpha}{2}}+\frac{a}{2}\right)$$

即

$$\frac{bx}{2}\cot\frac{\alpha}{2}=\frac{b^2}{4}+\frac{ab}{4}\cdot\frac{1}{\sin\frac{\alpha}{2}}$$

解得

$$x=\frac{b\sin\frac{\alpha}{2}+a}{2\cos\frac{\alpha}{2}}$$

所求半径

$$OA=\sqrt{x^2+\left(\frac{b}{2}\right)^2}=\frac{\sqrt{b^2+2ab\sin\frac{\alpha}{2}+a^2}}{2\cos\frac{\alpha}{2}}$$

2.349 等腰三角形底边上的高被垂心所平分,求底角.

解 如图 2.347 所示,设所述 $\triangle ABC$,$AB = AC$,高 AD,CE 交于 H,不妨设

$AH=HD=1$,设图中四个等角为 α,易见

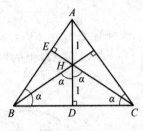

图 2.347

$$1\tan\alpha=BD=2\cot\alpha \Rightarrow \tan^2\alpha=2,\tan\alpha=\sqrt{2}$$

所求底角
$$\alpha=\tan^{-1}\sqrt{2}$$

2.350 已知三角形两角等于 β,γ 及外接圆半径 R,求内切圆半径.

解 设半圆周长为 s,第三个角为 $180°-\beta-\gamma$,于是三角形面积为
$$S=\frac{1}{2}\cdot 2R\sin\beta\cdot 2R\sin\gamma\cdot\sin(180°-\beta-\gamma)$$
$$=2R^2\sin\beta\sin\gamma\sin(\beta+\gamma)$$

内切圆半径
$$r=\frac{S}{s}=\frac{2R^2\sin\beta\sin\gamma\sin(\beta+\gamma)}{R[\sin\beta+\sin\gamma+\sin(\beta+\gamma)]}$$
$$=\frac{4R\sin\beta\sin\gamma\sin\dfrac{\beta+\gamma}{2}\cos\dfrac{\beta+\gamma}{2}}{2\sin\dfrac{\beta+\gamma}{2}\cos\dfrac{\beta-\gamma}{2}+2\sin\dfrac{\beta+\gamma}{2}\cos\dfrac{\beta+\gamma}{2}}$$
$$=\frac{R\sin\beta\sin\gamma\cos\dfrac{\beta+\gamma}{2}}{\cos\dfrac{\beta}{2}\cos\dfrac{\gamma}{2}}$$
$$=4R\sin\dfrac{\beta}{2}\sin\dfrac{\gamma}{2}\cos\dfrac{\beta+\gamma}{2}$$

2.351 $\triangle ABC$ 中 $AB=BC$,角平分线为 AD,已知 $BD=b,DC=c$,求 AD.

解 易见可设角 $\theta,2\theta,3\theta$ 如图 2.348 所示,则

第 2 章 平面几何计算题、轨迹题及其他问题
DIERZHANG PINGMIAN JIHE JISUANTI,GUIJITI JI QITA WENTI

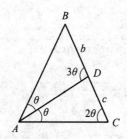

图 2.348

$$\frac{c\sin 2\theta}{\sin \theta}=AD=\frac{b\sin(\theta+3\theta)}{\sin \theta}\Rightarrow \cos 2\theta=\frac{c}{2b}$$

$$\cos \theta=\sqrt{\frac{1+\cos 2\theta}{2}}=\frac{1}{2}\sqrt{\frac{2b+c}{b}}$$

$$AD=\frac{c\sin 2\theta}{\sin \theta}=2c\cos \theta=c\sqrt{\frac{2b+c}{b}}$$

2.352 如图 2.349 所示,$\triangle ABC$ 中 $\angle B=60°$,一圆过 A,C 与 BA,BC 分别交于 D,E,$\dfrac{BD}{EC}=\dfrac{1}{2}$,$\dfrac{BE}{DA}=\dfrac{2}{7}$,求 $\angle BDC$.

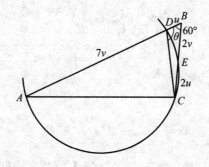

图 2.349

解 设 $\angle BDC=\theta$,可设 $BD=u,EC=2u,BE=2v,DA=7v$,则
$$u(u+7v)=2v(2v+2u)$$
即
$$u^2+3uv-4v^2=0$$
$$(u-v)(u+4v)=0$$
$$u=v \text{ 或 } u=-4v(\text{不合理,舍去})$$

于是

$$BC = 4u$$
$$\tan\theta = \frac{4u\sin 60°}{u - 4u\cos 60°} = -2\sqrt{3}$$

所求角
$$\theta = \tan^{-1}(-2\sqrt{3}) + 180° = 180° - \tan^{-1}(2\sqrt{3})$$

2.353 如图 2.350 所示,过 $\triangle ABC$ 重心 G 作直线与 BA, BC 分别交于点 $A', B', BA' < BA = 3, BC = 2, BA' \cdot BC' = 3$,求 BA'.

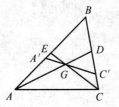

图 2.350

解 设中线 $AD, CE, \triangle BEC$ 被直线 $A'C'$ 所截,有
$$\frac{BA'}{A'E} \cdot \frac{EG}{GC} \cdot \frac{CC'}{C'B} = 1$$
$$\frac{BA'}{A'E} \cdot \frac{CC'}{C'B} = \frac{GC}{EG} = 2$$
$$\frac{BA'}{BA' - \frac{3}{2}} \cdot \frac{2 - C'B}{C'B} = 2$$

去分母(注意 $BA' \cdot BC' = 3$),得
$$2BA' - 3 = 2 \cdot 3 - 3C'B, \quad C'B = \frac{9 - 2BA'}{3}$$
$$BA' \cdot \frac{9 - 2BA'}{3} = BA' \cdot C'B = 3$$

解得
$$BA' = \frac{3}{2} \text{(另一解 } BA' = 3 = BA \text{ 不合题意)}$$

2.354 $\triangle ABC$ 中 $AB = BC$,中线 AD 与角平分线 CE 垂直,求 $\angle ADB$.

解 不妨设 $CA = CD = DB = 1$,角 α 如图 2.351 所示,易见

第 2 章 平面几何计算题、轨迹题及其他问题
DIERZHANG   PINGMIAN JIHE JISUANTI,GUIJITI JI QITA WENTI

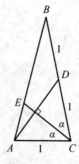

图 2.351

$$\cos 2\alpha = \frac{\frac{1}{2}}{2} = \frac{1}{4}$$

$$\cos\angle ADB = \cos(\alpha + 90°) = -\sin\alpha = -\sqrt{\frac{1-\frac{1}{4}}{2}} = -\sqrt{\frac{3}{8}} = -\frac{\sqrt{6}}{4}$$

$$\angle ADB = \cos^{-1}\left(-\frac{\sqrt{6}}{4}\right) = 180° - \cos^{-1}\frac{\sqrt{6}}{4}$$

2.355 如图 2.352 所示,在 Rt△ABC 的斜边 AB 顺次取 AK=KL=LB,已知 CK=$\sqrt{2}$CL,求 ∠A.

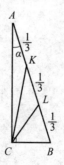

图 2.352

解 设 ∠A=α,不妨设 AB=1,由 $CK^2=2CL^2$ 及余弦定理得

$$(1\cos\alpha)^2 + \left(\frac{1}{3}\right)^2 - 2\cdot\frac{1}{3}\cos\alpha\cdot\cos\alpha$$

$$= 2\left[(1\sin\alpha)^2 + \left(\frac{1}{3}\right)^2 - 2\cdot\frac{1}{3}\sin\alpha\cdot\cos(90°-\alpha)\right]$$

即
$$\frac{1}{3}\cos^2\alpha - \frac{2}{3}\sin^2\alpha = \frac{1}{9}$$
$$\cos^2\alpha - \frac{2}{3} = \frac{1}{9}$$
$$\cos\alpha = \frac{\sqrt{7}}{3}$$

所求角
$$\alpha = \cos^{-1}\frac{\sqrt{7}}{3}$$

2.356 已知钝角 $\triangle ABC$ 的一个角为 $22.5°$ 及外接圆半径为 R, 又 $\sin(A-B) = \sin^2 A - \sin^2 B$, 求它的周长.

解 $\sin(A-B) = \sin^2 A - \sin^2 B = \dfrac{1-\cos 2A}{2} - \dfrac{1-\cos 2B}{2}$
$$= \sin(A-B)\sin(A+B)$$

于是
$$\sin(A-B) = 0$$
或
$$\sin(A+B) = 1$$

但对后者有 $\angle A + \angle B = 90°$, $\angle C = 90°$ 不合题意, 故唯有前者成立, 从而 $\angle A$, $\angle B$ 必为锐角, $\angle C$ 为钝角, 故 $\angle A = \angle B = 22.5°$, $\angle C = 180° - 2 \cdot 22.5° = 135°$, 所求周长
$$2 \cdot 2R\sin 22.5° + 2R\sin 135° = 4R\sqrt{\frac{1-\cos 45°}{2}} + \sqrt{2}R$$
$$= (2\sqrt{2-\sqrt{2}} + \sqrt{2})R$$

2.357 如图 2.353 所示, 菱形 $ABCD$ 边长为 $1+\sqrt{5}$, $\angle BAD = 60°$, 过点 C 作 $\triangle ABD$ 内切圆的切线与 AB 交于点 E, 求 AE.

解 因内切圆半径为高 AO 的 $\dfrac{1}{3}$, 设 $\angle ACE = \alpha$, 易见 $\sin\alpha = \dfrac{1}{4}$, $\cot\alpha = \sqrt{15}$. 又
$$AC = (1+\sqrt{5})\sqrt{3} = \sqrt{3} + \sqrt{15}$$

第 2 章 平面几何计算题、轨迹题及其他问题
DIERZHANG PINGMIAN JIHE JISUANTI,GUIJITI JI QITA WENTI

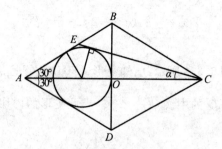

图 2.353

$$AE = (\sqrt{3}+\sqrt{15}) \cdot \frac{\sin\alpha}{\sin(\alpha+30°)} = \frac{\sqrt{3}+\sqrt{15}}{\cos 30° + \sin 30° \cot\alpha} = \frac{\sqrt{3}+\sqrt{15}}{\frac{\sqrt{3}}{2}+\frac{1}{2}\sqrt{15}} = 2$$

2.358 △ABC 中 ∠B=30°,BC=4,外接圆半径为 6,求与 AB 平行的中位线长,及外接圆包含此中位线的弦长.

解
$$AC = 2 \cdot 6\sin 30° = 6$$
$$AB = 4\cos 30° + \sqrt{6^2 - (4\sin 30°)^2} = 2\sqrt{3}+4\sqrt{2}$$

所求中位线长 $\frac{1}{2}AB = \sqrt{3}+2\sqrt{2}$.

如图 2.354 所示,设所述弦另两段为 x,y,则

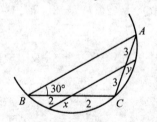

图 2.354

$$x(y+\sqrt{3}+2\sqrt{2}) = 2^2, y(x+\sqrt{3}+2\sqrt{2}) = 3^2 \qquad ①$$

两式相减得

$$(y-x)(\sqrt{3}+2\sqrt{2}) = 5 \Rightarrow y = x + \frac{5}{\sqrt{3}+2\sqrt{2}} = x + 2\sqrt{2}-\sqrt{3}$$

代入式 ① 中前式得

$$x(x+4\sqrt{2}) = 4$$

解得(正根)$x = 2\sqrt{3}-2\sqrt{2}$,从而 $y=\sqrt{3}$. 所求弦长为

$$x+y+(\sqrt{3}+2\sqrt{2})=4\sqrt{3}$$

2.359 如图 2.355 所示，已知菱形 $ABCD$，BC 上点 Q，$\dfrac{BQ}{QC}=\dfrac{1}{3}$，$AB$ 中点为 E，$EQ=\sqrt{2}$，$\triangle CEQ$ 的中线 $CG=2\sqrt{2}$，求此菱形的内切圆半径.

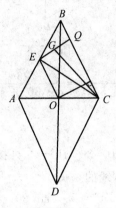

图 2.355

解 设 $BQ=u$，则 $QC=3u$. 易证 $\triangle QBE \backsim \triangle EBC$，相似比为 $\dfrac{1}{2}$，故 $CE=2EQ=2\sqrt{2}$，在 $\triangle CEQ$ 由中线公式得

$$EQ^2+(2CG)^2=2(CE^2+CQ^2)$$

即

$$(\sqrt{2})^2+(2\cdot 2\sqrt{2})^2=2[(2\sqrt{2})^2+(3u)^2] \Rightarrow 18u^2=18, u=1（正根）$$

于是

$$CQ=3$$

$$\cos\angle EQC=\dfrac{\sqrt{2}^2+3^2-(2\sqrt{2})^2}{2\sqrt{2}\cdot 3}=\dfrac{1}{2\sqrt{2}}$$

$$\sin\angle EQC=\dfrac{\sqrt{7}}{2\sqrt{2}}$$

设 AC 与 BD 交于点 O，菱形内切圆半径为点 O 到 BC 的距离. 因 $EO \parallel BC$，故即点 E 到 BC 距离，即

$$EQ\cdot\sin\angle EQC=\sqrt{2}\cdot\dfrac{\sqrt{7}}{2\sqrt{2}}=\dfrac{\sqrt{7}}{2}$$

2.360 锐角 $\triangle ABC$ 的高为 AP,CQ,外接圆半径为 $\dfrac{9}{5}$,$\triangle ABC$ 与 $\triangle QBP$ 周长之比为 $5:3$[①],求 AC.

解 易见 $\triangle BAC \backsim \triangle BPC$,故 $\dfrac{AC}{PQ}=\dfrac{5}{3}$,设角 α,γ 如图 2.356 所示,则 $\alpha+\gamma=180°-\angle B$. 因点 A,Q,P,C 共圆,直径为 AC,故

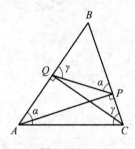

图 2.356

$$\dfrac{3}{5}=\dfrac{PQ}{AC}=\sin\angle PAQ=\sin[\alpha-(90°-\gamma)]=-\cos(\alpha+\gamma)=\cos B$$

$$\sin B=\dfrac{4}{5}$$

$$AC=2\cdot\dfrac{9}{5}\sin B=\dfrac{72}{25}$$

2.361 $\odot O$ 半径为 2,内接正六边形一边为 FA,在 FA 延长线上取 $AK=\sqrt{11}-1$. 过 K 作 $\odot O$ 割线与 $\odot O$ 交于 N,H,圆外部分 $KN=2$,且 $\angle NFH$ 为钝角,求 $\angle HKF$.

解 易见 $AF=2$,设 $NH=2x$,易见

$$(\sqrt{11}-1)[(\sqrt{11}-1)+2]=2(2+2x)\Rightarrow x=\dfrac{3}{2}$$

割线 KNH 不能与 FH 在直线 KO 两侧(否则如图 2.357 所示虚线部分,易见(钝角),$\angle NFH$ 等于等腰 $\triangle NOH$ 顶角 $\angle NOH$ 一半,这不可能),故 KNH 与 KF 在直线 KO 同侧(易见这时 $\angle NFH$ 等于图中 $\angle NOM$ 为钝角)

$$\tan\angle FKO=\dfrac{2\sin 60°}{(\sqrt{11}-1)+2\cos 60°}=\dfrac{\sqrt{3}}{\sqrt{11}}$$

---

① 原题为两周长分别为 $15,9$,但 $\triangle ABC$ 每边不超过外接圆直径 3.6,周长怎会是 15?

用三角、解析几何等计算解来自俄罗斯的几何题

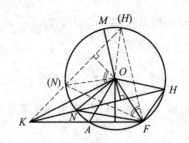

图 2.357

$$\tan \angle HKO = \frac{\sqrt{2^2 - x^2}}{2 + x} = \frac{1}{\sqrt{7}}$$

$$\angle HKF = \angle FKO - \angle HKO = \tan^{-1}\sqrt{\frac{3}{11}} - \tan^{-1}\frac{1}{\sqrt{7}}$$

2.362 如图 2.358 所示,梯形 $ABCD$ 有外接圆,AD 为直径,$AB = \frac{3}{4}$,$AC = 1$,求此梯形面积 S.

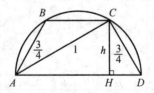

图 2.358

解 此梯形为等腰梯形,$CD = BA = \frac{3}{4}$,$AD = \sqrt{AC^2 + CD^2} = \sqrt{1^2 + \left(\frac{3}{4}\right)^2} = \frac{5}{4}$. 设高 $CH = h$,则

$$\sqrt{1^2 - h^2} + \sqrt{\left(\frac{3}{4}\right)^2 - h^2} = \frac{5}{4}$$

$$\sqrt{\frac{9}{16} - h^2} = \frac{5}{4} - \sqrt{1 - h^2} \qquad ①$$

两边平方后化简得

$$\frac{5}{2}\sqrt{1 - h^2} = 2$$

两边再平方得

第 2 章　平面几何计算题、轨迹题及其他问题
DIERZHANG　PINGMIAN JIHE JISUANTI,GUIJITI JI QITA WENTI

$$\frac{25}{4}(1-h^2)=4$$

求得(正根)$h=\frac{3}{5}$,经检验为原方程 ① 的根,所求面积(易见 $AH=\frac{1}{2}(BC+AD)$))为

$$S=AH\cdot h=\sqrt{1-h^2}h=\frac{4}{5}\cdot\frac{3}{5}=\frac{12}{25}$$

2.363　半径为 R 的圆外切于一平行四边形,以四边上切点为顶点的四边形面积为 S,求平行四边形各边.

解　易见此平行四边形为菱形,由四切点组成矩形的四顶点,圆心亦为菱形及矩形的中心(对角线交点).设角 α 如图 2.359 所示,易见

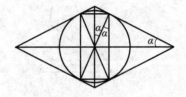

图 2.359

$$S=4(R\sin\alpha\cdot R\cos\alpha)\Rightarrow\sin\alpha\cos\alpha=\frac{S}{4R^2}$$

所求菱形边长为

$$R(\tan\alpha+\cot\alpha)=\frac{R}{\sin\alpha\cos\alpha}=\frac{4R^3}{S}$$

2.364　梯形两底长为 $10,26$,两对角线分别垂直于两腰,求梯形面积 S.

解　设过上底(长 10)顶点的高为 h,及线段 a,b 如图 2.360 所示,易见

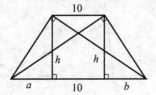

图 2.360

$$(10+a)^2+h^2+(h^2+b^2)=26^2 \qquad ①$$

$$(10+b)^2 + h^2 + (h^2+a^2) = 26^2 \qquad ②$$

两式相减得

$$(10+a)^2 - (10+b)^2 + b^2 - a^2 = 0$$

化简得 $20(a-b)=0$,故 $a=b$. 再由 $a+10+b=26$,得 $a=b=8$. 于是再由式①②中任一式求得 $h=12$,则

$$S=(10+8) \cdot 12 = 216$$

2.365 如图 2.361 所示,$\triangle ABC$ 中,高 $CD=6$,中线 $AE=5$,$S_{\triangle ADC}=3S_{\triangle BDC}$,求 $S_{\triangle ABC}$.

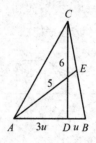

图 2.361

解 易见 $AD=3DB$,可设 $DB=u, AD=3u$,于是 $AC^2 = (3u)^2 + 6^2$,$BC^2 = u^2 + 6^2$,由中线公式得

$$(u^2+6^2) + (2 \cdot 5)^2 = 2[(3u)^2 + 6^2] + 2(4u)^2$$

解得(正根)$u = \dfrac{8}{7}$,从而 $AB = 4u = \dfrac{32}{7}$,$S_{\triangle ABC} = \dfrac{1}{2} \cdot \dfrac{32}{7} \cdot 6 = \dfrac{96}{7}$.

2.366 如图 2.362 所示,$\triangle BCK$ 中,$BK = 4+\sqrt{2}$,$BC > KC$,$\triangle BKC$ 周长为 14,面积为 7,求 BC.

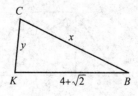

图 2.362

解 设 $BC=x, KC=y$,则 $x+y = 14-(4+\sqrt{2}) = 10-\sqrt{2}$,又半周长为

$\frac{14}{2}=7$,据海伦公式有

$$7[7-(4+\sqrt{2})](7-x)(7-y)=7^2$$
$$(3-\sqrt{2})[49-7(10-\sqrt{2})+xy]=7(\text{注意 } x+y=10-\sqrt{2})$$
$$7\sqrt{2}-21+xy=\frac{7}{3-\sqrt{2}}=3+\sqrt{2}\Rightarrow xy=24-6\sqrt{2}=6(4-\sqrt{2})$$

又因 $x+y=10-\sqrt{2}=6+(4-\sqrt{2})$,$x>y$,故 $BC=x=6$.

2.367 如图 2.363 所示,圆内接四边形 $PQRS$,$PR \perp QS$ 于点 M,$PS=13$,$QM=10$,$QR=26$,求此四边形的面积 S.

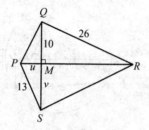

图 2.363

解 设 $PM=u$,$MS=v$,求得 $MR=\sqrt{26^2-10^2}=24$,于是
$$24u=10v, \quad u^2+v^2=13^2$$
解得(正值)$u=5$,$v=12$,从而
$$S=\frac{1}{2}(24+5)(10+12)=319$$

2.368 如图 2.364 所示,圆外切等腰梯形,圆心到梯形对角线交点的距离与圆半径之比为 $3:5$,求梯形与圆周长之比.

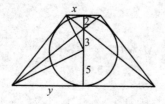

图 2.364

解 不妨设圆心与对角线交点距离为 3,则圆半径为 5,圆中直径余下一段

为 2. 又设圆中两底边的一半为 x, y, 则易见
$$\frac{x}{2} = \frac{y}{8}, \frac{x}{5} = \frac{5}{y}$$

解得（正值）$x = \frac{5}{2}, y = 10$, 所求周长之比为
$$\frac{(2x+2y) \cdot 2}{2 \cdot 5\pi} = \frac{50}{10\pi} = \frac{5}{\pi}$$

2.369 如图 2.365 所示, $\odot O$ 半径为 4, 过直径上点 M 作弦 AB 与此直径成 $30°$ 角, 且 $\frac{AM}{MB} = \frac{2}{3}$, 又作弦 BC 与此直径垂直, 求 $S_{\triangle ABC}$.

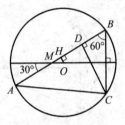

图 2.365

解 作 $OH \perp AB$ 于 H, 设 $AM = 2u, MB = 3u$, 易见 $MH = \frac{1}{2}u, MO = \frac{MH}{\cos 30°} = \frac{u}{\sqrt{3}}$, 于是

$$2u \cdot 3u = (4 - \frac{u}{\sqrt{3}})(4 + \frac{u}{\sqrt{3}}) \Rightarrow (\text{正值})u = \frac{4\sqrt{3}}{\sqrt{19}}$$

易见有正 $\triangle MBC, BC = MB = 3u = \frac{12\sqrt{3}}{\sqrt{19}}$. $\triangle ABC$ 的高 $CD = BC \sin 60° = \frac{18}{\sqrt{19}}$,

$AB = 5u = \frac{20\sqrt{3}}{\sqrt{19}}$

$$S_{\triangle ABC} = \frac{1}{2} AB \cdot CD = \frac{1}{2} \cdot \frac{20\sqrt{3}}{\sqrt{19}} \cdot \frac{18}{\sqrt{19}} = \frac{180\sqrt{3}}{19}$$

2.370 $\triangle APK$ 外接圆半径为 1, 直线 AP 与过 K 的切线交于 B, $KB = 7, \angle B = \tan^{-1} \frac{2}{7}$, 求 $S_{\triangle APK}$.

第 2 章 平面几何计算题、轨迹题及其他问题
DIERZHANG PINGMIAN JIHE JISUANTI, GUIJITI JI QITA WENTI

解 设外接圆圆心为点 O，作 $OH \perp BA$ 于点 H，如图 2.366 所示，则 $\tan \angle KBA = \frac{2}{7}$，$\tan \angle KBO = \frac{1}{7}$，则

$$\tan \angle OBA = \tan(\angle KBA - \angle KBO) = \frac{\frac{2}{7} - \frac{1}{7}}{1 + \frac{2}{7} \cdot \frac{1}{7}} = \frac{7}{51}$$

$$\sin \angle OBA = \frac{7}{\sqrt{51^2 + 7^2}} = \frac{7}{\sqrt{2\,650}}$$

$$\sin \angle KBA = \frac{2}{\sqrt{7^2 + 2^2}} = \frac{2}{\sqrt{53}}$$

$$OH = BO \sin \angle OBA = \sqrt{7^2 + 1^2}\,\frac{7}{\sqrt{2\,650}} = \frac{7}{\sqrt{53}}$$

$$AP = 2PH = 2\sqrt{OP^2 - OH^2} = 2\sqrt{1 - \frac{7^2}{53}} = \frac{4}{\sqrt{53}}$$

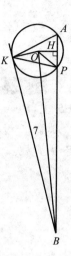

图 2.366

$\triangle KAP$ 的高为

$$KD = KB \cdot \sin \angle KBA = 7 \cdot \frac{2}{\sqrt{53}} = \frac{14}{\sqrt{53}}$$

$$S_{\triangle KAP} = \frac{1}{2} \cdot AP \cdot KD = \frac{28}{53}$$

2.371 $\triangle ABC$，已知 $\angle C = \alpha$，$\angle B = 2\alpha$，外心为 O，过点 A,O,C 的圆（圆心 M'）与 BA 的延长线交于 M，求 $\frac{AM}{AB}$。

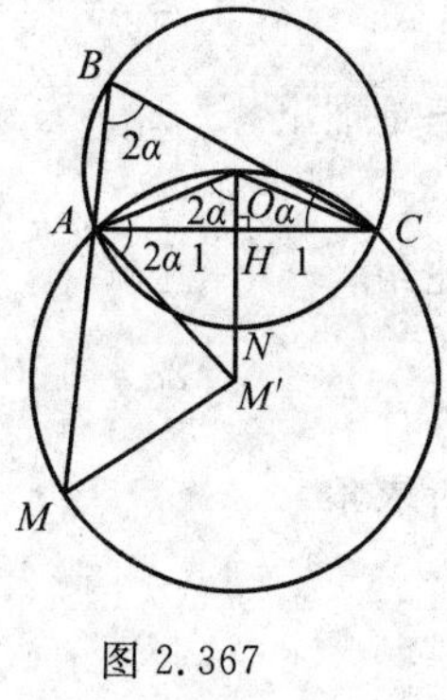

解 由于 M' 是 AC, AM 中垂线之交点，故 M' 在 $\angle CAM$ 内又因 $M'O = M'A > M'H$，故 O 在 $M'H$ 的延长线上. 易见如图 2.367 所示尚有两角等于 2α.

$$\angle M'AM = \angle CAM - 2\alpha = 3\alpha - 2\alpha = \alpha$$

$$\angle BAM' = \angle BAC + \angle OAM' - \angle OAH$$
$$= (180° - 3\alpha) + 2\alpha - (90° - 2\alpha)$$
$$= 90° + \alpha$$

图 2.367

$$\angle MAM' = 180° - \angle BAM' = 90° - \alpha$$

$$AM = 2AM' \cos \angle MAM' = 2\,\frac{1}{\sin(2\alpha + 2\alpha)} \sin \alpha = \frac{2\sin \alpha}{\sin 4\alpha},\quad AB = \frac{2\sin \alpha}{\sin 2\alpha}$$

$$\frac{AM}{AB} = \frac{\sin 2\alpha}{\sin 4\alpha} = \frac{1}{2\cos 2\alpha}$$

2.372 正方形 $ABCD$ 与等腰梯形 $BCEF$ 有公共边 BC（梯形一腰），D 在 EF 上，$BF=4CE$，求梯形的 $\angle F$，梯形与正方形面积之比.

解 设正方形边长为 b，$CE=a$，$BF=4a$. 角 α 如图 2.368 所示. 作 $CH \perp BF$ 于 H，易见

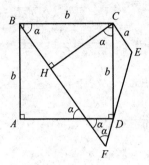

图 2.368

$$BH = \frac{4a-a}{2} = \frac{3}{2}a = b\cos\alpha$$

$$\frac{3}{2\cos\alpha} = \frac{b}{a} = \frac{\sin E}{\sin\angle CDF} = \frac{\sin(180°-\alpha)}{\sin[90°+(180°-2\alpha)]}$$

$$= -\frac{\sin\alpha}{\cos 2\alpha}$$

于是推出

$$\tan 2\alpha = -3$$

钝角

$$2\alpha = 180° + \tan^{-1}(-3) = 180° - \tan^{-1}3,\ \sin 2\alpha = \frac{3}{\sqrt{10}}$$

所求角

$$\alpha = 90° - \frac{1}{2}\tan^{-1}3$$

$$S_{\text{梯形}BCEF} = b\sin\alpha \cdot (\frac{a}{2} + b\cos\alpha)$$

所求面积比为

$$\frac{b\sin\alpha \cdot (\frac{a}{2}+b\cos\alpha)}{b^2} = \sin\alpha \cdot (\frac{a}{2b}+\cos\alpha) = \sin\alpha \cdot (\frac{\cos\alpha}{3}+\cos\alpha)$$

第 2 章 平面几何计算题、轨迹题及其他问题

DIERZHANG PINGMIAN JIHE JISUANTI, GUIJITI JI QITA WENTI

$$= \frac{2}{3}\sin 2\alpha = \frac{2}{3} \cdot \frac{3}{\sqrt{10}} = \frac{\sqrt{10}}{5}$$

2.373 $\odot O$ 半径为 R,直径 AB 上取点 C,使 $OC = c$,弦 $XY \perp AB$,又 $YC \perp XA$,求 $\angle AOX$.

解 取坐标轴如图 2.369 所示,设角 θ 如此图所示,得 A,C,X,Y 坐标如此图所示,则

$$0 = \overrightarrow{XA} \cdot \overrightarrow{YC} = (R - R\cos\theta, -R\sin\theta) \cdot (c - R\cos\theta, R\sin\theta)$$
$$= R[(1-\cos\theta)(c - R\cos\theta) - R(1-\cos^2\theta)]$$
$$= R(1-\cos\theta)(c - R - 2R\cos\theta)$$

从而得

$$\cos\theta = \frac{c-R}{2R} \text{ 或 } \cos\theta = 1(得 \theta = 0, X,Y,A \text{ 重合},不合题意,舍去)$$

所以

$$\angle AOX = \theta = \cos^{-1}\frac{c-R}{2R}$$

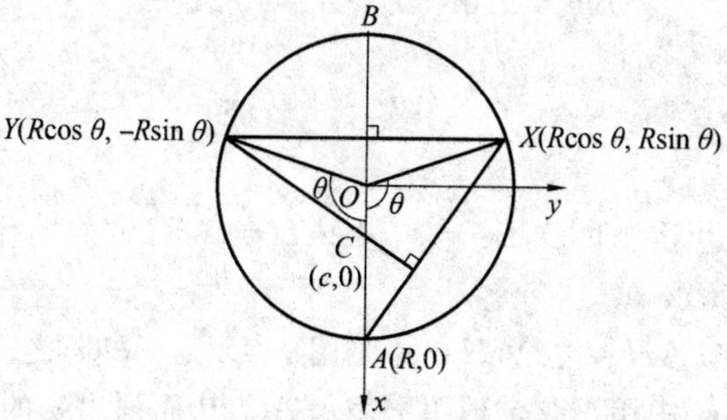

图 2.369

2.374 如图 2.370 所示,$\triangle ABC$ 中 $\angle B = 60°$,$BC = 3$,$BA = 3\sqrt{7}$,$\angle B$ 的平分线与外接圆交于 D,求 BD.

解 设 $\angle BAC = \alpha$,则

$$\tan\alpha = \frac{3\sin 60°}{3\sqrt{7} - 3\cos 60°} = \frac{3\sqrt{3}}{6\sqrt{7}-3} = \frac{\sqrt{3}}{2\sqrt{7}-1}$$

$$\sin\alpha = \frac{\sqrt{3}}{\sqrt{(2\sqrt{7}-1)^2 + \sqrt{3}^2}} = \frac{\sqrt{3}}{\sqrt{32-4\sqrt{7}}}$$

· 419 ·

用三角、解析几何等计算解来自俄罗斯的几何题

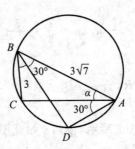

图 2.370

$$\cos \alpha = \frac{2\sqrt{7}-1}{\sqrt{32-4\sqrt{7}}}$$

外接圆直径

$$d = \frac{3}{\sin \alpha} = \sqrt{3}\sqrt{32-4\sqrt{7}}$$

$$\sin(30° + \alpha) = \frac{1}{2} \cdot \frac{2\sqrt{7}-1}{\sqrt{32-4\sqrt{7}}} + \frac{\sqrt{3}}{2} \cdot \frac{\sqrt{3}}{\sqrt{32-4\sqrt{7}}} = \frac{\sqrt{7}+1}{\sqrt{32-4\sqrt{7}}}$$

$$BD = d\sin(30° + \alpha) = \sqrt{21} + \sqrt{3}$$

2 练 习

1. 圆内接四边形 $ABCD$，$BC=3$，$\angle ACD=60°$，$DA=7$，作 $AH \perp CD$，正好 AH 平分 $\angle BAD$，求 AC。

提示 设 $\angle BAH = \angle DAH = \alpha$，先用 α 表示 $\angle ADC$，$\angle ABC$，$\angle BAC$，分别在 $\triangle BAC$，$\triangle DAC$ 中用正弦定理用 α 表示 AC，从而列出 α 的三角方程，解之可得 $\sin(\alpha - 30°)$ 的值，从而再求 $\cos \alpha = \cos[(\alpha - 30°) + 30°]$ 的值，最后求 AC。

答案 5

2. 正 $\triangle ABC$，AC 的平行线与 AB，BC 分别交于点 M，P，AP 的中点为点 E，$\triangle BMP$ 的中心为点 D，求 $\triangle CDE$ 的各角。

提示 取实 (x) 轴，虚 (y) 轴如图 2.371 所示，设 $z_B = 3ai$，$z_C = -3bi$，顺次求 $z_D, z_A, z_C, z_P, z_E, z_D - z_E, z_C - z_E, \dfrac{z_D - z_E}{z_C - z_E}$（纯虚数）。从而知 $\angle DEC = 90°$，$\dfrac{CE}{DE}$ 的值，求出 $\angle ECD$。

答案 $90°, 30°, 60°$

第2章 平面几何计算题、轨迹题及其他问题

3. ⊙O 内定点 P,过点 P 任作直线与 ⊙O 的一交点 Q,作 $OM \perp QP$ 与过点 Q 的切线交于点 M,求点 M 的轨迹.

提示 取 x,y 轴如图 2.372 所示,设半径为 r,$OP=p$,(变量)有向角 $\angle POQ=\theta$.用 r,p,θ 表示点 P 的坐标,切线方程及直线 OM 方程(按对其上任一点 $M'(x,y)$,有 $\overrightarrow{PQ} \cdot \overrightarrow{OM'}=0$).联合两方程解出交点 M 的 x_M,验证它是常数,从而所求轨迹是与 OP 垂直的一直线.

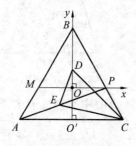

图 2.371

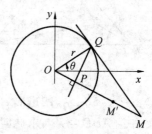

图 2.372

4. 在 Rt△ABC 斜边 AB 上任取点 X,点 X 在 AC,BC 上的射影为点 M,N,求点 X 在哪里时,四边形 $CMXN$ 面积最大?

提示 设 $CB=a,CA=b$,(变量)$XM=x,XN=y$. 据 △$BXN \sim$ △BAC,列出 a,b,x,y 的关系式,据此式用 a,b,x 表示 y. 把矩形面积 xy 视为变量 x 的函数,求此(二次)函数的极大值.

答案 X 为 AB 中点

5. 等腰 △ABC 顶角 $\angle A=80°$,在 △ABC 内取点 M,使 $\angle CBM=30°$,$\angle BCM=10°$,求 $\angle AMC$.

提示 如图 2.373 所示,不妨设 $BC=2$,先求 AC,CM,从而知 $CA=CM$.

答案 $70°$

6. 等腰 △ABC 的底边 $AC=4\sqrt{3}$,内切圆半径为 3,在高 BD 上取 $DE=2$,直线 AE 交内切圆 ⊙O 于点 M,N,如图 2.374 所示,求 EN.

提示 取坐标轴如图 2.374 所示,确定点 A,E 的坐标,直线 AE 及 ⊙O 方程,求 y_N,$x_E y_N - y_E$,EN(注意 $\angle EAD$ 是多少度).

答案 $\dfrac{1+\sqrt{33}}{2}$

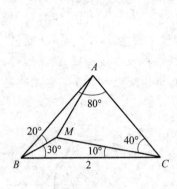
图 2.373

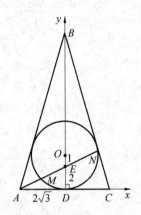
图 2.374

7. 如图 2.375 所示,四边形 $ABCD$ 的两组对边的中点连线互相垂直,$AC=4$,$\angle BAC+\angle ABD=75°$,求此四边形的面积.

提示 易证 $BD=AC$,所求面积为 $\frac{1}{2}AC \cdot BD \cdot \sin(\alpha+\beta)$.

答案 $2\sqrt{6}+2\sqrt{2}$

8. 如图 2.376 所示,半径为 2 的 $\odot O$ 直径 PR,弦 PQ,半径为 $\frac{3}{4}$ 的圆与 PR,PQ 及 $\overset{\frown}{QR}$ 相切,求 $\angle QPR$.

提示 顺次求 OO',OM,PM,$\tan \frac{\alpha}{2}$.

答案 $2\tan^{-1}\frac{1}{4}$

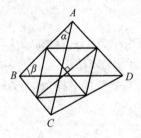
图 2.375

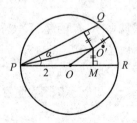
图 2.376

9. 从圆外点 A 作割线 ANB 及 AMC 如图 2.377 所示,$NB=2$,$NM=1$,$\angle BNC=45°$,$\angle ACB=60°$,求 $\angle A$.

提示 用圆直径 d 及角 α,$60°$ 表示 NM,NB,列出两方程,把消去 d 后所得

第2章 平面几何计算题、轨迹题及其他问题

方程化成 $\sin\alpha, \cos\alpha$ 的一次齐次方程,从而求 $\tan\alpha$.

答案 $45° - \tan^{-1}\dfrac{\sqrt{3}}{5}$

10. 如图2.378所示,四边形 $PQRS$ 的面积为4,$PQ = QR = 3\sqrt{2}$,$PS = SR$,半径为 $\sqrt{2}$ 的圆过点 S 且与 QP,QR 相切,求 $\angle PQR$.

提示 用 α 的三角函数表示 PR, QS,再根据面积条件列出 α 的三角方程解之.

答案 $2\sin^{-1}\dfrac{1}{3}$

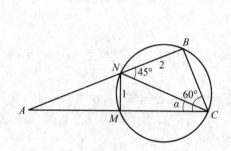

图 2.377

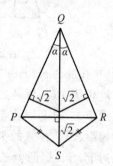

图 2.378

11. $\triangle ABC$ 内心 O,直线 AO 与 $\triangle BOC$ 外接圆又交于点 M,$BC = 2$,$\angle BAC = 30°$,求 OM.

提示 易见 $\triangle BOC$ 外接圆直径为 OM,求圆周角 $\angle BOC$ 的度数,后略.

答案 $2(\sqrt{6} - \sqrt{2})$

12. 梯形 $BCDE$,$BE \parallel CD$,$\angle C = 90°$,$CD = 10$,$BE = 14$,BC, ED 的中点分别是点 L, N,过点 B 作 DE 的垂线交 LN 于点 M,$\dfrac{LM}{MN} = \dfrac{2}{1}$,求此梯形的面积.

提示 先求中位线 LN 的长,再求 NM, ML,以点 B 为原点,直线 BE, BC 为坐标轴作坐标系,设 $BL = LC = m$,用 m 及上述已知数表示 B, E, D, M 的坐标及 $\overrightarrow{ED}, \overrightarrow{BM}$ 的坐标,据 $\overrightarrow{BM} \cdot \overrightarrow{ED} = 0$,列出方程求 m,后略.

答案 96

13. $\triangle ABC$ 中两高 AP, CR 交于点 O,$RP \parallel AC$,$AC = 4$,$\sin\angle ABC = \dfrac{24}{25}$,求 $S_{\triangle ABC}$ 与 $S_{\triangle POC}$.

提示 分 $\angle ABC$ 为锐角,钝角两种情况求 $\cos\angle ABC, \cot\angle ABC$. 易见在图2.379与图2.380中均有 $\angle ABC = 2\angle PAC$(记为 2α 图中划有弧线的角均等

于 α),由 $\cos\angle ABC = \cos 2\alpha$(分两种情况,下同),求 $\cos\alpha$,$\sin\alpha$,$\tan\alpha$,再求 AP,CP,BP,OP.

答案　$\dfrac{16}{3}$ 与 $\dfrac{21}{25}$　3 与 $\dfrac{112}{75}$

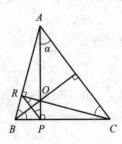

图 2.379

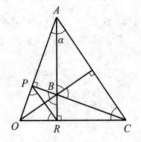

图 2.380

14. 在底边长为 1 与 4 的等腰梯形内有两圆,任一圆与另一圆,梯形两腰及一底边相切,求梯形的面积.

提示　设两圆公切线长为 x,用 x(及题目已知数)表示由公切线分出的二等腰梯形腰长,作腰的平行线如图 2.381 所示,再用 x 表示两三角形底边(在梯形底边上)长.据两个三角形相切列方程求 x,后略.

答案　$\dfrac{15}{2}\sqrt{2}$

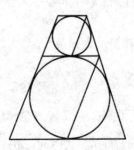

图 2.381

15. 半径为 5 的圆有内接正方形,圆上一点到正方形一顶点的距离为 8,求此点到正方形另三顶点的距离.

提示　设正方形 $ABCD$ 的顶点 A 到圆的 $\overset{\frown}{BC}$ 上点 P 的距离为 6,(用勾股定理)求 PC,BC.设 $PB=x$,据 $\angle PCB=\angle PAB$ 用余弦定理列方程求 x,最后用中线公式求 PD.

答案　8　$\sqrt{2}$　$7\sqrt{2}$

第2章　平面几何计算题、轨迹题及其他问题
DIERZHANG　PINGMIAN JIHE JISUANTI,GUIJITI JI QITA WENTI

16. Rt$\triangle ABC$ 斜边上的高为 BH, $AH=\dfrac{9}{2\sqrt{7}}$, $\triangle DHC$ 的中线 $BL=4$, 求 $\angle LBC$.

提示　设 $HL=LC=x$, 在两 Rt$\triangle ABC$, Rt$\triangle BHL$ 中用 x 表示 BH, 从而列出 x 的方程求 x, 再求 BH, $\tan\angle HBC$, $\tan\angle HBL$, $\tan\angle LBC$.

答案　$\tan^{-1}\dfrac{3\sqrt{7}}{23}$

17. 半径为 $2\sqrt{2}$ 的圆的内接四边形, 三边长均为 2, 求第四边长.

提示　先求如图 2.382 所示的 $\sin\alpha$, 再求 $\sin 3\alpha$. 后略.

图 2.382

答案　5

18. 三角形的高为 2, 分三角形的角为 2∶1, 分三角形底边所得两线段中较小者长为 1, 求三角形的面积.

提示　设分三角形所得两角为 α, 2α, 直接得 $\tan\alpha$ 的值, 再求 $\tan 2\alpha$, 求分底边所得较大线段长.

答案　$\dfrac{11}{3}$

19. 已知 $\square ABCD$, $AC=24=3BD$, 两对角线成 $60°$ 角, BC 中点为 M, 求 DM.

提示　取坐标轴如图 2.383 所示, 先求 OC, OB, OD, 从而确定点 B, D, C 坐标, 再求点 M 的坐标, DM^2, 后略.

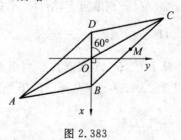

图 2.383

答案　6

20. 已知菱形 $KLMN$ 中 $\angle N=120°$,在 MN 边上取点 C 使 $CN=2CM$,求 $\dfrac{\cos\angle CLN}{\cos\angle CKM}$.

提示　不妨设 $CM=1$,求 CN,NL,KM,再用公式(已知三角形两边 b,a 及夹角 $\angle C$,求 a 边对角 $\angle A$)$\tan A=\dfrac{a\sin C}{b-a\cos C}$,先求 $\tan\angle CKN,\tan\angle CLM$,后略.

答案　$\dfrac{5\sqrt{19}}{8\sqrt{7}}$

21. $\triangle ABC$ 中,$AB=24$,$\angle A=60°$,外接圆半径为 13,求 AC.

提示　先求 $\sin C,\cos C$(二值),再求 $\sin B=\sin(A+C)$,最后求 AC.

答案　$12\pm 5\sqrt{3}$

22. 圆内接四边形 $ABCD$,AB 延长线与 DC 延长线交于点 E,$CD=2BE$,$\dfrac{AB}{CE}=\dfrac{7}{2}$,$\cos\angle EAD=\dfrac{7}{8}$,求 $\angle ADE$.

提示　设 $BE=u,DC=2u,AB=7v,CE=2v$.根据 $EA\cdot EB=EC\cdot ED$ 列出 u,v 的关系式,再用 v 表示 AE,DE,由 $\cos\angle EAD$,求 $\sin\angle EAD$,再在 $\triangle EAD$ 中用正弦定理求 $\sin\angle ADE$.

答案　$\cos^{-1}\dfrac{1}{4}$　$180°-\cos^{-1}\dfrac{1}{4}$

23. $Rt\triangle ABC$ 中斜边上的高 $CC_1=5\sqrt{2}$,$\angle A=30°$,$\angle BC_1C$ 与 $\angle AC_1C$ 的平分线分别与 BC,AC 交于点 A_1,B_1,求 A_1B_1.

提示　A_1B_1 为圆内接四边形 $CA_1C_1B_1$ 的直径,从 CC_1 及 $\angle CB_1C_1$ 的度数求之.

答案　$10(\sqrt{3}-1)$

24. 在 $\triangle ABC$ 的边 BC,AC 分别取点 P,M,使 $\angle APB=\angle BMA$,AP 与 BM 交于点 O,$S_{\triangle BOP}=S_{\triangle AOM}$,$BC=1$,$BA=\dfrac{1}{\sqrt{2}}$,求 $S_{\triangle ABC}$.

提示　由面积条件及 B,P,M,A 四点共圆列出 OA,OP,OB,OM 的两关系式,推出 $OA=OB,OP=OM$.再证 $CB=CA$,于是可求 $\cos B,\sin B$,后略.

答案　$\dfrac{\sqrt{7}}{8}$

第2章 平面几何计算题、轨迹题及其他问题

25. 梯形 $ABCD$,$AD \parallel BC$,$AD > BC$,对角线交于点 O,$S_{梯形ABCD}=128$,$S_{\triangle BOC}=2$,求 $S_{\triangle AOD}$.

提示 设 $S_{\triangle AOD}=x$,注意 $S_{\triangle AOB}=S_{\triangle COD}$ 为 $S_{\triangle BOC}$ 与 $S_{\triangle AOD}$ 的比例中项. 由四个三角形面积之和为 128 可列出关于 x 的方程,求 x.

答案 98

26. $\triangle BCD$ 中,$CD=5$,$CB=3$,在 DB 边有点 M,$\angle DCM=60°$,$\angle BCM=45°$,求 MB,MD.

提示 分别在 $\triangle CDM$,$\triangle CBM$ 中用正弦定理得 $\dfrac{CD}{DM}$,$\dfrac{CB}{BM}$(含 $\angle CMD$,$\angle CMB$),从而得 $\dfrac{MD}{MB}$,又求 DB. 后略.

答案 $\dfrac{\sqrt{6}}{5+\sqrt{6}}\sqrt{34+\dfrac{15}{\sqrt{2}}(\sqrt{3}-1)}$,$\dfrac{5}{5+\sqrt{6}}\sqrt{34+\dfrac{15}{\sqrt{2}}(\sqrt{3}-1)}$

27. $\triangle ABC$ 中,$AC=3$,$BC=9$,$\cos C=\dfrac{2}{3}$,在 CB 边取 $CD=3$,求 $\triangle ACD$ 外接圆面积与 $\triangle ADB$ 内切圆面积之比.

提示 求 AD,$\sin C$ 便可求 $\triangle ACD$ 外接圆半径. 求 $S_{\triangle ABD}=2S_{\triangle ACD}$ 及 AB 便可求 $\triangle ADB$ 内切圆半径.

答案 $\dfrac{9}{50}(11+4\sqrt{6})$

28. 圆内接四边形 $ABCD$,AB 与 DC 的延长线交于点 E,$AB=2$,$BD=2\sqrt{6}$,$CD=5$,$\dfrac{BE}{CE}=\dfrac{4}{3}$,求 $\angle BAD$.

提示 设 $BE=4x$,则 $CE=3x$,用割线定理列方程求 x,从而得 EB,EC,再用余弦定理求 $\cos\angle EBD$,$\sin\angle EBD$,最后求 $\tan\angle BAD$(用本节 21 题提示所述公式).

答案 $180°-\tan^{-1}\sqrt{15}$

29. 梯形 $ABCD$,$\angle A=\angle B=90°$,$\angle D=30°$,在边 AD 上可取点 O 为圆心作半径为 R 的圆与 AB,BC,CD 相切,求梯形面积.

提示 先求如图 2.384 所示 $\angle COH$ 的度数,便可求得 BC,AD,后略.

答案 $\dfrac{1}{2}(6-\sqrt{3})R^2$

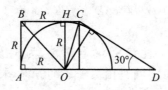

图 2.384

30. 圆中两弦 $AB=2, AC=1, \angle BAC=120°$,作 $\angle BAC$ 平分线交圆于点 D,求 AD.

提示 先求 $\angle ACB$(即 $\angle ADB$)的正切,从而求正弦、余弦,再对 $\triangle ABD$ 用正弦定理求 AD.

答案 3

31. $\triangle ABC$ 外接圆直径 AE 平分 $\angle BAC$,$\cos B=\dfrac{1}{3}$,求 $\dfrac{EC}{AB}$.

提示 AE 与 BC 交于点 D,易见 AD 为 $\triangle ABC$ 中线,$BE=CE$,$\dfrac{EC}{AB}$ 实为 $\angle B$ 的某一三角函数.

答案 $\dfrac{\sqrt{2}}{4}$

32. $\odot O_1$ 与 $\odot O_2$ 外切,半径分别为 3 与 2,外公切线为 AB, DC,点 A, B, D, C 为切点,如图 2.385 所示,求与 AB, DC, BC 相切的圆的半径.

提示 设直线 O_1O_2 与 BC 交于点 M,过点 B 作 O_2O_1 的平行线,设角 θ 如图 2.385 所示,易求 $\sin\theta, \cos\theta, BM$.作 $\angle ABM$ 的平分线与 O_1O_2 交于点 N,则 NM 为所求半径,$NM = BM\tan\dfrac{\theta+90°}{2} = \cdots$

答案 $\dfrac{12}{5}$

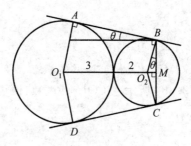

图 2.385

第 2 章 平面几何计算题、轨迹题及其他问题

33. $\triangle ABC$ 中 $\angle ACB = 120°$,角平分线 $CD = 3$,$\dfrac{AC}{BC} = \dfrac{3}{2}$,求 $\tan A$ 及 BC.

提示 可设 $CA = 3u$,$CB = 2u$,$AD = 3v$,$DC = 2v$. 可直接求 $\tan A$(用两边 $3v$,$2v$ 及夹角 $120°$),分别在 $\triangle ACD$,$\triangle BCD$ 中用余弦定理,在所得二式中消去 u 即可求 v.

答案 $\dfrac{\sqrt{3}}{4}$ 5

34. 过 $\triangle KLM$ 的顶点 M 作外接圆切线与 KL 的延长线交于点 N,圆半径长为 2,$KM = \sqrt{8}$,$\angle MNK + \angle KML = 4\angle LKM$,求 MN.

提示 如图 2.386 与图 2.387 所示,分圆心 O 与 L 在直线 KM 同侧、异侧两情况. 设角 α,β,γ,易见 $\angle O$ 及 $\angle MLK$(两情况)度数,列出 α,β,γ 的三方程,求 α 后,在 $\triangle MNK$ 用正弦定理求 MN.

答案 $2(\sqrt{3} \pm 1)$

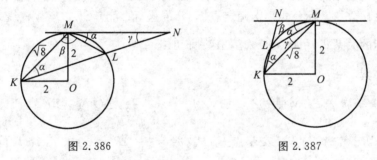

图 2.386   图 2.387

35. 等腰三角形内切圆半径为外接圆半径的 $\dfrac{1}{4}$,求其底角.

提示 设底角为 2α. 用外接圆半径 R 及 α 的三角函数顺次表示腰,底边的一半,内切圆半径 $r = \dfrac{1}{4}R$,得出 α 的三角方程,再化成 $\sin \alpha$ 的方程,解之求 $\sin^2 \alpha$,$\cos 2\alpha$.

答案 底角 $\cos^{-1} \dfrac{2 \pm \sqrt{2}}{4}$

36. 梯形 $ABCD$,$AD \parallel BC$,以 AD 为直径作圆与 CD 相切于点 D,此圆与 AB 又交于点 L,$AB = 4\sqrt{3} AL$,已知圆半径为 R,$\angle CAD = 45°$,求梯形面积.

提示 此梯形实为直角梯形. 设 $\angle BAD = \alpha$,用 R 及 α 表示 AD,CD,AL,AB. 据 $AB = 4\sqrt{3} AL$ 列出 α 适合的三角方程求得 $\sin 2\alpha$,再求 $\cos 2\alpha$(注意 2α 是锐角还是钝角),$\cot \alpha$,从而可求 BC.

答案 $(4-4\sqrt{3}+2\sqrt{11})R^2$

37. 半径为 5 的圆的内接四边形 $ABCD$，$\angle D=90°$，$\dfrac{AB}{BC}=\dfrac{3}{4}$，$S_{\text{四边形}ABCD}=40$，求此四边形周长.

提示 易见 $\angle B=90°$，设 $AB=3u$，则 $BC=4u$. 用勾股定理求 AB，BC，从而得 $S_{\triangle ABC}$，$S_{\triangle ADC}$. 设 $AD=x$，$DC=y$，用面积及勾股定理列出 x，y 的两方程，求出 x，y（先求 x^2，y^2）.

答案 $14+6\sqrt{5}$

38. $\odot O$ 外切等腰梯形 $ABCD$，$\odot O$ 与上底 BC 相切于点 M，与 CD 相切于点 N，AC 与 MN 交于点 P，$\dfrac{MP}{PN}=2$，求 $\dfrac{AD}{BC}$.

提示 设从 C，D 到 $\odot O$ 的切线长分别为 u，v，易用 u，v 表示梯形高 MT（半径 ON 的二倍）. 取直线 MT，MC 为坐标轴，用 u，v 表示点 C，A，D 坐标，再用线段的定比分点坐标公式顺次确定点 N，P 的坐标. 由点 C，A，P 共直线列出它们的坐标的关系式，由此关系式解出 $\dfrac{v}{u}$ 即可.

答案 3

39. 等腰 $\triangle PKM$ 底边为 PM，$\angle P=\tan^{-1}\dfrac{5}{12}$，$\odot O$ 与 $\angle PKM$ 两边相切，与 PK 相切于点 A，与 PM 交于点 H，E，$OK=\dfrac{13}{24}$，$AP=\dfrac{6}{5}$，求 $\triangle AHE$ 的面积.

提示 如图 2.388，设 $\angle P=\angle KOA=\theta$，先求 $\cos\theta$，OA，证 $\angle APO=\theta$，于是直线 PO，PM 重合，O 实为 PM 中点 D，$HE=2OH=\cdots$，再求 AA'.

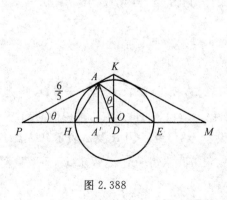

图 2.388

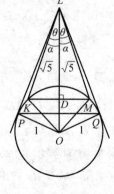

图 2.389

第2章 平面几何计算题、轨迹题及其他问题

答案 $\dfrac{3}{13}$

40. 过等腰 $\triangle LKM$ 底边端点 K, M 作圆(圆心 O 在 $\triangle LKM$ 外),过点 L 作圆二切线,切点为点 P, Q,圆半径为 1, $LK = LM = \sqrt{5}$, $\angle KLM = 2\sin^{-1}\dfrac{1}{\sqrt{10}}$,求 $S_{\triangle PLQ}$.

提示 如图 2.389 所示,从已知 $\sin\theta$ 求 KD,再求 LD, OD, LO, LP, LQ,从而可求 $\sin\alpha, \cos 2\alpha, \sin 2\alpha$.

答案 $\dfrac{7\sqrt{7}}{8}$

41. $\triangle ABC$ 中 $AB = BC$,在边 CB 上顺次取线段 $CE = ED = 2$,已知 $AE = 5$, $AD = \sqrt{33}$,求 $\triangle ABC$ 周长.

提示 先求 $\cos\angle AED$,从而得 $\cos\angle AEC, \sin\angle AEC$,再求 $AC, \tan C$(已知两边及夹角),$\cos C$.

答案 30

42. 如图 2.390 所示, $\triangle ADE$ 中, $AD = 7, DE = 9, AE = 4$,点 O 与点 A 关于直线 DE 对称,在直线 AD 与点 O 不同的一侧取点 $C, CD = 7, CA = 8$,求 OC.

提示 先求 $\sin\dfrac{1}{2}\angle CDA, \cos\dfrac{1}{2}\angle CDA, \cos\dfrac{1}{2}\angle ADO = \cos\angle ADE$, $\sin\dfrac{1}{2}\angle ADO$,再求 $\sin\dfrac{1}{2}\angle CDO = \sin(\dfrac{1}{2}\angle CDA + \dfrac{1}{2}\angle ADO)$.

答案 $\dfrac{152 + 8\sqrt{165}}{21}$

43. 四边形 $ABCD$ 的 $\angle A$ 的平分线把四边形分成等腰 $\triangle ABE$ ($AB = BE$) 与菱形 $AECD$, $\triangle EDC$ 的外接圆半径 R 是 $\triangle ABE$ 内切圆半径的 1.5 倍,求这两个三角形周长之比.

提示 设线段 a,角 θ 如图 2.391 所示.用 a 及 $\dfrac{\theta}{2}$ 的三角函数表示 R, r,从而列出关于 $\dfrac{\theta}{2}$ 的三角方程,从而求出 $\sin\dfrac{\theta}{2}$ 及 $\dfrac{\theta}{2}, \theta$ 的正弦,余弦,正切,再求所述两个三角形各边长.

答案 3

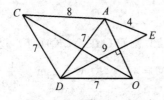
图 2.390

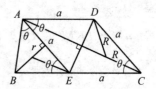
图 2.391

44. ⊙O 半径为 R,三弦 $AB=BC=CD$,AB 与 CD 交于点 E,$\angle BEC=120°$,求 $S_{\triangle BEC}$.

提示 如图 2.392 所示,$n,p,n+p$ 表示各弧的度数(易见 $\overparen{AC}=\overparen{DB}$,$\overparen{AB}=\overparen{BC}$).先列出 n,p 的两方程求 n,p,从而求得 $\angle COB$ 及 CH,再在(易见)等腰 $\triangle CEB$ 中求 EH.

答案 $\dfrac{2\sqrt{3}+3}{12}R^2$

45. 如图 2.393 所示,圆中二弦 AD,DC,直径 $AB \perp CD$,过点 C 作 AD 垂线与 AD 交于点 M,与圆又交于点 N,$\dfrac{CM}{MN}=\dfrac{5}{2}$,求 $\angle D$.

提示 设 $\angle C=\theta$,用 θ 表示三(易见)等弧 $\overparen{BC},\overparen{DN},\overparen{DB}$,从而表示 $\angle DNC$.不妨设 $CM=5,MN=2$,分别用 $5,2$ 及 θ 的三角函数表示 DM 列出 θ 的三角方程,把它化成变元 $\tan\theta$ 的方程解之.

答案 $\tan^{-1}\sqrt{5}$

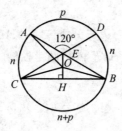
图 2.392

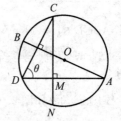
图 2.393

46. ⊙O 与 ⊙O' 半径分别为 1 与 $\sqrt{2}$,$OO'=2$,A 为其一交点,⊙O' 的弦 AC 与 ⊙O 又交于点 B,$AB=AC$,求 AC.

提示 设 $AB=x$,用 x 表示 $\angle OAB,\angle O'AC$ 的余弦及正弦,从而表示 $\cos\angle OAO'$,按余弦定理列出 x 的方程解之.

答案 $\sqrt{\dfrac{7}{2}}$

第2章 平面几何计算题、轨迹题及其他问题

47. 等腰梯形 $KLMN$，作底边的平行线把此梯形分成两等腰梯形 $KPQN$，$PLMQ$，它们分别有半径为 r,R 的内切圆，求 LM,KN。

提示 设圆心 O_1,O_2，角 θ 如图 2.394 所示．先求 $\cos\theta,\sin\theta,\tan\dfrac{\theta}{2}$，从而可求 LM,KN。

答案 $2R\sqrt{\dfrac{R}{r}}\quad 2r\sqrt{\dfrac{r}{R}}$

48. 如图 2.395 所示，$\triangle ABC$ 中 $AC=6$，在 AB 的延长线上取点 D，使 $\angle ACD=135°$，$DC=\sqrt{3}BC$，取点 D 关于直线 BC 的对称点为点 D_1，点 D_1 关于直线 AC 的对称点为点 D_2，点 D_2 在直线 BC 上，求 $S_{\triangle ABC}$。

提示 易见可如图 2.395 所示，设角 $\theta,2\theta$，按 $\angle ACD=135°$，求 θ 的度数，从而知有 $\mathrm{Rt}\triangle BCD$，求 $\angle D$，再在 $\triangle ACD$ 中用正弦定理求 CD，从而得 BC。

答案 $9-3\sqrt{3}$

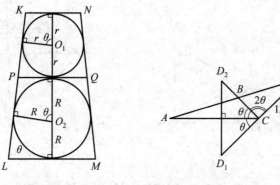

图 2.394　　　　图 2.395

49. 梯形 $MNPQ$，底边 $MQ=12$，$NP=MP=\dfrac{13}{2}$，$\angle MQN=\dfrac{1}{2}\angle MPN$，求梯形面积 S。

提示 设 $\angle MQN=\angle QNP=\alpha$，则 $\angle MPN=2\alpha$，用 α 表示 MN，$\angle PMN$，$\angle PNM$，$\angle MNQ$。在 $\triangle MNQ$ 中用正弦定理列出关于 α 的三角方程，解之求 $\cos 2\alpha,\sin 2\alpha$，从而求梯形的高。

答案 $\dfrac{185}{8}$

50. 等腰 $\triangle LKM$ 底边 $KM=\dfrac{7}{3}$，高 $LG=\dfrac{7}{10}$，又有直角梯形 $KMPN$ 与 $\triangle LKM$ 在直线 KM 的同侧，$\angle P=\angle PMK=90°$，$\angle N=150°$，$KN=KM$，求 $\triangle LKM$ 与梯形公共部分的面积。

提示 取坐标轴如图 2.396 所示. 比较 $\tan\angle LKM$ 与 $\tan\angle NKM$,断定点 N 在 $\angle LKM$ 内. 比较点 N 到 KM 的距离与 LG,断定点 N 在 $\triangle KLM$ 外. 求出点 K,M,N 的坐标,写出直线 LM,KN 的方程,联合解出交点 Q 的坐标.

答案 $\dfrac{49(3\sqrt{3}-5)}{12}$

51. 如图 2.397 所示,$\triangle ABC$,$AC=3\sqrt{3}$,$CB=\sqrt{13}$,平行于 AB 的截线 MN,$MC=2MA$,$\angle CAB$ 的平分线交直线 MN 于点 K,$\triangle MAK$ 外接圆半径为 $\sqrt{6+3\sqrt{3}}$,求 AB.

提示 设外接圆圆心为 O,先在 $\triangle OAM$ 中求 $\cos\theta$,从而得 $\cos 2\theta$,2θ(度数),$\angle CAB$,最后求 AB.

答案 7

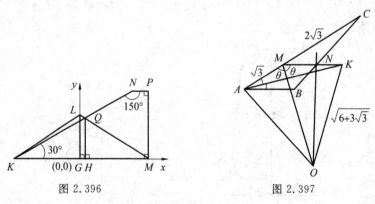

图 2.396　　　　图 2.397

52. 如图 2.398 所示,$\triangle PQR$ 的中线 $QM=\dfrac{3\sqrt{21}}{4}$,分别以 P,R 为圆心,5,1 为半径作圆互相外切,且 Q 在公切线上,已知 $S_{\triangle PQR}<6$,求 $S_{\triangle PQR}$.

提示 若点 Q 在两圆内公切线上,如图 2.399 所示,先求 QH,易求得 $S_{\triangle PQR}>6$ 不合题意,故 Q 在两圆外公切线上. 这时易求得 $\cos\theta$,$\cos\alpha$ 的值,从而得 $\sin\theta$,$\sin\alpha$,$\sin(\theta-\alpha)$,再求 $\triangle PQR$ 从点 Q 引出的高.

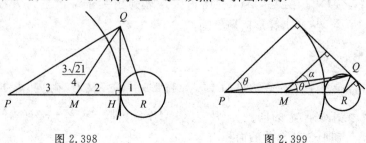

图 2.398　　　　图 2.399

第2章 平面几何计算题、轨迹题及其他问题

答案 $\dfrac{3}{2}\sqrt{5}$

53. 如图 2.400 所示，$\triangle ABC$ 中，AB 的中垂线与 AC 交于 M，$\dfrac{AM}{CM}=3$，AC 的中垂线交 AB 于 N，$\dfrac{AN}{BN}=2$，求 $\angle A$，$\angle B$，$\angle C$.

提示 由图中两直角三角形相似列出 u,v 的关系式，求 $\dfrac{u}{v}$ 的值，从而在一个直角三角形中可求得 $\sin A$ 的值，再由此求 $\cos A$，不妨设 $v=1$，求相应的 u，按已知两边及夹角求 $\angle B$，$\angle C$ 的正切.

答案 $45°$ $\tan^{-1}2$ $\tan^{-1}3$

54. $\triangle KLM$ 的角平分线为 LN，在边 ML 上取 $MA=MN$，已知 $LN=a$，$LK+KN=b$，求 LA.

提示 用如图 2.401 所示的角 α,θ 表示 $\angle M,\angle K$，再在 $\triangle LKN$ 用正弦定理求 LK，KN，把 $b=LK+KN$ 的表达式化简（和化积），最后在 $\triangle LAN$ 用正弦定理求 LA.

答案 $\dfrac{a^2}{b}$

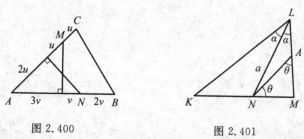

图 2.400　　　　图 2.401

55. 正方形 $ABCD$，在射线 BC 上取点 N，作正方形 $BNLK$，使它与原正方形在直线 BC 两侧，直线 AN 与 DL 交于点 E，AE 延长线为 EE'，求 $\angle LEE'$.

提示 图 402（图 2.403）表示 N 在线段 BC 上（在 BC 延长线上）的情形. 两图中都有 $\angle LEE'=\underline{\angle}LEH+\underline{\angle}HEE'=\underline{\angle}LDF+\underline{\angle}BAN$（$\underline{\angle}$ 表示有向角，以逆时针向为正向），用 a,k 表示 $\tan\underline{\angle}LDF$ 及 $\tan\underline{\angle}BAN$（在两圆中可用同一式表示 $\tan\underline{\angle}LDF$），从而求 $\tan\angle LEE'$.

答案 $45°$

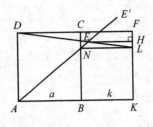

图 2.402　　　　　　　　图 2.403

56. $\triangle ABC$ 中 $AB=16$，$\angle CAB=90°$，外接圆 $\odot M$ 半径为 10，作 $\odot O$ 与 AB，AC 及 $\odot M$ 相切，求 $\odot O$ 半径 r.

提示　取坐标轴如图 2.404 所示，先求 AC，写出 A,B,M,O 的坐标（含未知数 r），求 OM. 用两点距离公式列得 r 的方程解之.

答案　8

57. 如图 2.405 所示，梯形 $KLMN$，$LM \parallel KN$，$\angle LKN=2\angle MNK$，$LM=17$，$\triangle KMN$ 的边 MN 的外旁切圆圆心 O 在 LM 的延长线上，半径为 15，求梯形周长.

提示　图中尚有 5 个角等于 α，从而知 $LK=LM=17$，注意梯形高 15，于是可求 $\sin 2\alpha$，$\cos 2\alpha$，$\sin \alpha$，$\cot \alpha$，从而求组成周长的各线段.

答案　$84+5\sqrt{34}$

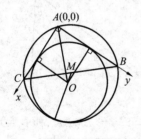 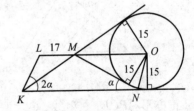

图 2.404　　　　　　　　图 2.405

58. $\triangle ABC$ 的中线 $BD=8$，其在 BA，BC 上的射影分别为 $BM=5\sqrt{2}$，$BN=6$，求 AC.

提示　在图 2.406 中，延长 BD 一倍至点 B'，先求 DM，$DN'=DN$，$\cos \alpha$，$\sin \alpha$，$\cos \beta$，$\sin \beta$，$\sin(\alpha+\beta)$，$\cos(\alpha+\beta)$，再在 $\triangle DMN'$ 中（注意 $\angle MDN'=\alpha+\beta$）用余弦定理求 MN'，最后在圆内接四边形 $DMAN'$ 中求直径 AD.

答案　$8\sqrt{2}$

59. $Rt\triangle ABC$，已知两直角边 $CA=b$，$CB=a$，在三角形外作正方形 $ABDE$，

第 2 章　平面几何计算题、轨迹题及其他问题
DIERZHANG　PINGMIAN JIHE JISUANTI,GUIJITI JI QITA WENTI

其中心为点 O,求 OC.

提示　以 C 为原点,射线 CA,CB 分别为正实轴,正虚轴取复平面确定 z_A, z_B,z_E,$z_O=\frac{1}{2}(z_B+z_E)$,或据点 B 绕点 A 旋转 $45°$(注意正、负)再缩小 $\frac{1}{\sqrt{2}}$ 得点 O(即 $AO=\frac{1}{\sqrt{2}}AB$),直接求 z_O,最后求 $CO=|z_O|$.

答案　$\frac{\sqrt{2}}{2}(a+b)$

60. 如图 2.407 所示,以点 O 为圆心,半径为 r 的 $\overset{\frown}{KQ}$ 上取点 M,OM 与 KQ 交于 A,已知 $OA=a$,$\angle KAM=\alpha$,求与 AK,AM 与 $\overset{\frown}{KM}$ 都相切的圆的半径.

提示　设所求圆的圆心为 O',半径为 x,用 a,α,x 表示 $O'A$,HA,HO, OO',从而在 $\triangle OAO'$ 中用余弦定理列方程求 x(取正根).

答案　$\dfrac{\sin\frac{\alpha}{2}}{\cos^2\frac{\alpha}{2}}[-a\cos\frac{\alpha}{2}-r\sin\frac{\alpha}{2}+\sqrt{ar\sin\alpha+r^2}]$

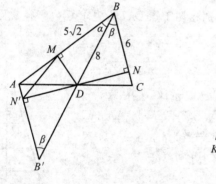

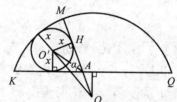

图 2.406　　　　　　　　　图 2.407

61. 直角梯形 $ABCD$ 内切圆半径为 4,另一圆与梯形两边及第一圆相切,半径为 1,求梯形面积.

提示　在图 2.408 中,在第一圆与梯形周界所围成的四区域中,两圆(圆心 O,O')只能在如图 2.408 所示区域——因在其余三区域中的圆的半径易见小于 $\dfrac{4\sqrt{2}-4}{2}<1$,设角 θ,如此图所示. 先求 $\sin\theta$,从而求 $\cos\theta$,$\tan\theta$,AN,MB.

答案　$\dfrac{196}{3}$

62. 半径为4,3的两圆外切,外公切线 PQ, SR 如图2.409所示,P,Q,S,R 为切点,求与 SR, SP, PQ 都相切的圆的半径.

提示 先求此图所示的 $\cos\theta$,从而求 $\sin\theta$, $\tan\dfrac{\theta}{2}$,最后求 PM 及所求半径 OM.

答案 $\dfrac{24}{7}$

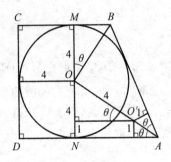

图 2.408

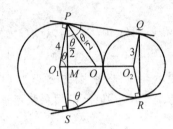

图 2.409

63. 等腰 $\triangle ABC$,已知底边 $BC=a$,底角 α,内切圆 $\odot O$,又有 $\odot O'$ 与 $\odot O$ 及 AB, AC 相切,求其半径 r'.

提示 设 $\odot O$ 与 BC, $\odot O'$ 分别相切于点 D, D',先求 $\odot O$ 半径 r 及 AD,从而得 AD',最后用比例式求 r'.

答案 $\dfrac{a}{2}\tan^3\dfrac{\alpha}{2}$

64. 等腰 $\triangle ABC$ 内切圆半径为 R,与 BC, CA, AB 分别相切于点 H, F, G,作切线与底边 BC 平行,与 AB, AC 分别交于点 M, N,$\triangle AMN$ 内切圆半径为 r,与 AM, AN 分别相切于点 E, D,AH 与 DE, FG 分别交于点 P, Q,求 BC, AD, PQ.

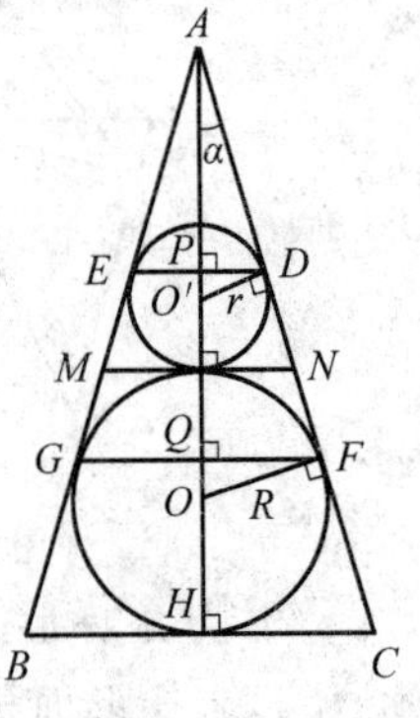

提示 设角 α 如图2.410所示,先求 $\cos C=\sin\alpha$, $\sin C$, $\cot\dfrac{1}{2}C$,从而求 BC, AD, AF, PQ.

答案 $2R\sqrt{\dfrac{R}{r}}$, $\dfrac{2r}{R-r}\sqrt{Rr}$, $\dfrac{4Rr}{R+r}$

图 2.410

65. $\triangle ABC$ 中 $\angle C=90°$,角平分线 AD 与高 CE 交于 N,$\dfrac{AN}{ND}=\dfrac{1}{\sqrt{2}}$,求 $\triangle ABC$ 的两锐角.

第 2 章 平面几何计算题、轨迹题及其他问题
DIERZHANG PINGMIAN JIHE JISUANTI,GUIJITI JI QITA WENTI

提示 不妨设 $AC=1, \angle CAD = \angle DAB = \alpha$. 先用 α 表示 $\angle BCE, \angle ACE, \angle ANC$, 再用 α 的三角函数表示 AD, AN, 据 $AD=(1+\sqrt{2})AN$ 列出 α 的三角方程求 $\cos 2\alpha$.

答案 $\angle A = \cos^{-1}(\sqrt{2}-1)$

66. 半径为 R, r 的两圆外切于 C, 外公切线与此二圆分别相切于 A, B, 求 AC, BC.

提示 如图 2.411 所示，顺次求 $\sin \angle O'OD, \cos \angle AOO', \sin \angle AOT, AC$, 类似求 BC（实际上把 AC 的表达式中 R, r 对调即可）.

答案 $2r\sqrt{\dfrac{R}{R+r}}, 2R\sqrt{\dfrac{r}{R+r}}$

67. $\triangle ABC$ 的中线 $AM=BE=3$, 交于 O, 点 O, E, C, M 共圆, 求 AB.

提示 由中线 $AM=BE$, 易证 $CA=CB$, 又易见 CO 为所述圆直径, 易见可设角 $\alpha, 2\alpha$ 如图 2.412 所示, 不妨设线段 $1, 2$ 如图 2.412 所示. 于是易在 Rt$\triangle OCM$ 中, 用 α 表示 CM, 又在 Rt$\triangle OBM$ 用 α 表示 BM. 由 $CM=MB$ 列出 α 的三角方程, 两边约去 $\cos \alpha \neq 0$, 从而求得 $\sin \alpha$（正值）, α, 最后求 AB.

答案 $2\sqrt{3}$

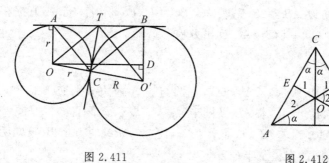

图 2.411   图 2.412

68. $\triangle ABC$ 中 $\angle C=120°, AC=1, BC=\sqrt{7}$, 作高 BM, 求过点 C, M 且与 $\triangle BMC'$ 外接圆相切于点 M 的圆的半径.

提示 如图 2.413 所示, 顺次求 CC', BC', BA, AM. 所求圆的半径即 MA 的中垂线与 OM 交点 O' 到点 M 的距离 $O'M$. 先在 $\triangle BCA$ 中求 $\tan \angle BAC$（已知两边及夹角）, 从而求 $\cos \angle BAC$, 即 $\cos \angle AMO'$, 即可求 $O'M$.

答案 $\dfrac{\sqrt{3}}{2}$

69. $\odot O$ 中弦 PQ 与直径 BC 垂直, 在 PQ 上取点 M 使 $\dfrac{PM}{MQ}=\dfrac{1}{3}, BM$ 的延长

线与⊙O交于D,已知$BD = a$及半径R,求BM.

提示 设线段$t, 2t, x$如图2.414所示.由N, C, D, M共圆据割线定理列出x, t的一方程,再在⊙O据相交弦定理又列出x, t的一方程,在两方程消去t求x.

答案 $\dfrac{4R^2 a}{16R^2 - 3a^2}$

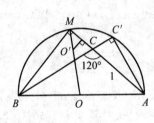

图2.413

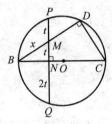

图2.414

70. 如图2.415所示,△ABC中$\angle C = 90°$, $\dfrac{AC}{AB} = \dfrac{4}{5}$,圆心$O$在$AC$边上的圆与$AC$相切于点$D$,与$CB$交于点$P$, $\dfrac{BP}{PC} = \dfrac{2}{3}$,求半径$r$与$BC$之比.

提示 不妨设$AB = 25$,先求AC, BC, BP, PC,用r表示AO(据相似三角形), OC,从而由$AO + OC = AC$列出方程求r.

答案 $\dfrac{13}{20}$

71. 如图2.416所示, $\angle A = 60°$,一圆与$\angle A$两边分别交于B, D与C, E, $AD = 3, DB = 1, EC = 4$,求AE及圆半径.

提示 先列方程求AE,从而求DC,再在△ABC,求$\tan B$(已知两边及夹角),再求$\sin B$,圆的直径及半径.

答案 $2, \sqrt{7}$

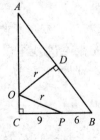

图2.415

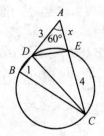

图2.416

第2章 平面几何计算题、轨迹题及其他问题
DIERZHANG PINGMIAN JIHE JISUANTI,GUIJITI JI QITA WENTI

72. $\square KLMN$, $KL=8$, 一圆与 NM, NK 相切, 过 L, 与 LM, LK 又分别交于 D, C, $\dfrac{KC}{CL}=\dfrac{4}{5}$, $\dfrac{LD}{DM}=8$, 求 NK.

提示 先求 KC, 再求 KE (用切线、割线定理), 可设线段 $x, y, 8y$ 如图 2.417 所示. 据 $NE+EK=MD+DL$ 列出 x, y 的一方程, 又据切线 MF, 割线 MDL, 再列 x, y 的一方程, 消去 y, 解之求 x.

答案 10

73. 如图 2.418 所示, 在 $\triangle ABC$ 边 AC 上取点 D, $\triangle ABD$, $\triangle CBD$ 的内切圆与 AC 分别相切于点 M, N, $AM=3$, $MD=DN=2$, $NC=4$, 求 AB, BC.

提示 设 $BD=t$, $AB=c$, $BC=a$, 据 $2DM=AD+BD-AB$, 求 c 与 t 的关系 (用 t 的式子表示 c), 类似用 t 表示 a. 在 $\triangle BAD$ ($\triangle BCD$) 用余弦定理求 $\cos\angle BDA$ (求 $\cos\angle BDC$)——用 $c, t(a, t)$ 表示. 据此两余弦之和为 0, 列出 a, c, t 的关系式, 再以前述用 t 表示 a, c 的式子代入得只含 t 的方程.

答案 10.5, 11.5

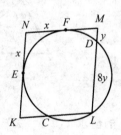

图 2.417

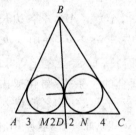

图 2.418

74. 如图 2.419 所示, $\triangle ABC$ 边 AC 上点 D, $\triangle ABD$, $\triangle CBD$ 的内切圆相切, $BD=5$, $AD=2$, $DC=4$, 求两圆半径.

提示 设 a, c 同上题. 分别在 $\triangle ABD$, $\triangle CBD$ 中用三边表示 $2BE$, 由两表示式相等可得出 a, c 的关系式, 从而可用 a 表示 c. 与上题同样用余弦定理求 $\cos\angle BDA$, $\cos\angle BDC$, 据二者和为 0 列出 a 与 c 的方程, 再用前述用 a 表示 c 的式子代入得只含 a 的方程. 得 a, c 后可据 $\triangle ABD$, $\triangle CBD$ 已知三边从而可求内切圆半径 (但 $\triangle ABD$ 为等腰三角形, 可易求其面积, 然后除以半周长得内切圆半径).

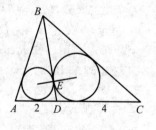

图 2.419

答案 $\dfrac{\sqrt{6}}{3}, \dfrac{\sqrt{6}}{2}$

75. △ABC 中 ∠A = 90°，已知 AC = b, AB = a，在 △ABC 外，作正方形 ACMN，正方形 CBEF，求两正方形中心的距离．

提示　仿 §2.1 节的 147 题解之．

答案　$\sqrt{\dfrac{1}{2}a^2 + ab + b^2}$

76. ⊙O 半径为 12，弦 AB = 6，弦 BC = 4，求 AC．

提示　当劣弧 $\overset{\frown}{AB}, \overset{\frown}{BC}$ 同方向（两弧不重叠）时，取点 A', C' 及角 α, β 如图 2.420 所示．先求 $\sin\alpha, \sin\beta, \cos\alpha, \cos\beta, \sin(\alpha+\beta)$，易见 $AC = 2A'C' = 2OB\sin(\alpha+\beta)$（因 OB 为四点 O, A', B', C' 共圆的直径），当 $\overset{\frown}{AB}, \overset{\frown}{BC}$ 反方向（$\overset{\frown}{BC}$ 为 $\overset{\frown}{AB}$ 一部分）时，类似作点 A', C'，角 α, β，则改 $\angle A'OC' = \alpha - \beta$，类似计之．

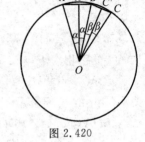

图 2.420

答案　$\sqrt{35} \pm \sqrt{15}$

77. ▱ABCD，∠B = 120°，周长为 26，△BCD 内切圆半径为 $\sqrt{3}$，AD > AB，求各边长．

提示　先求 $a + b$，再用 a, b 表示 $S_{\triangle BCD}$ 及 △BCD 的半周长，据二者之比等于内切圆半径 $\sqrt{3}$ 列出 a, b 所适合的关系式，再化成由 $a+b, ab$ 表示的关系式后，以前述 $a+b$ 之值代入得只有变元 ab 的方程，解出 ab 的（正）值，最后据 $a+b, ab$ 的值求 $a, b (b > a)$．

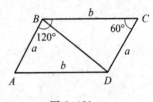

图 2.421

答案　$a = 5, b = 8$

78. △BCD，CB = CD，角平分线为 BE，已知 CE = c, ED = d，求 BE．

提示　设 ∠B = ∠D = 2α，先在等腰 △BCD 中求 $\cos 2\alpha, \cos\alpha$（用已知数 c, d 表示），从而可在 △BED 中用正弦定理求 BE．

答案　$d\sqrt{\dfrac{2c+d}{c}}$

79. 如图 2.422 所示，△ABC 中，AB = 1, AC = $\sqrt{6}$，∠A = 75°，∠BAN = 30°，AN 与边 CB 交于点 M，与 △ABC 外接圆交于点 N，求 AN．

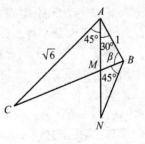

图 2.422

提示　先在 △ABC 中求 $\tan\beta$，再在 △ABN 用正弦定理，求 AN（把所得表达式用"两角和的正弦"公式展开再化成 $\tan\beta$ 的式子）．

答案 2

80. △ABC 的中线 $AD=5$,在 AB,AC 的射影分别是 $4,2\sqrt{5}$,求 BC.

提示 如图 2.423 所示,先求 D 到 AB,AC 之距离,由 $BD^2=CD^2$,求出 v,u 的关系,用 u^2(的式子)表示 v^2,再用中线公式得 u,v 的另一关系式,从两式消去 v 得只含变元 u 的方程,解之求得 u(正根),从而可求 BD,BC.

答案 $2\sqrt{10}$

81. 圆内接四边形 $ABCD$,$\angle D=60°$,$AD=4$,$CD=7$,$\sin\angle BCA=\dfrac{1}{3}$,求 BC.

提示 如图 2.424 所示,先求 AC,$\cos\alpha$,再在 △ABC 用正弦定理求 BC.

答案 $\dfrac{\sqrt{37}}{3\sqrt{3}}(2\sqrt{6}-1)$

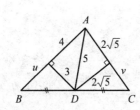

图 2.423

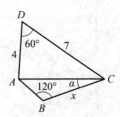

图 2.424

82. 菱形 $ABCD$,$BE \perp AD$ 于点 E,$2\sqrt{3}CE=\sqrt{7}AC$,求 $\angle BAD$.

提示 如图 2.425 所示,不妨设 $AC=2\sqrt{3}$,则 $CE=\sqrt{7}$,用 α 表示 AB,AE,从而在 △ACE 用余弦定理列出 α 的三角方程,再化成只含变元 $\cos^2\alpha$ 的方程解之.

答案 $60°$

83. △ABC 中 $\angle C=60°$,内切圆与 BC,CA,AB 分别相切于点 D,N,M,$AN=2$,$NC=3$,求 DM.

提示 如图 2.426 所示,先用余弦定理列出未知数 x 的方程,解之求 x 的值,从而再用余弦定理求 $\cos B$,再求 $\sin\dfrac{1}{2}B$,MD.

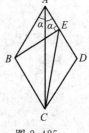

图 2.425

答案 $5\sqrt{\dfrac{3}{7}}$

84. △ABC 中 $\angle C=90°$,已知 $\angle A=\alpha$,高为 CM,角平分线为 BK,求 $\angle AMK$.

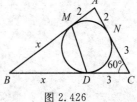

图 2.426

提示 如图 2.427 所示,不妨设 $AB=1$,顺次求(用 α 表示)AC,AM,BC, AK,再求 $\tan\angle AMK$(已知两边及夹角).

答案 $\tan^{-1}\dfrac{1}{\cos\alpha}$

85. $\triangle ABC$,$BC=2$,$\cos B=\dfrac{13}{20}$,在 AC 边取点 D 使 $\angle BDC=\angle ABC$,且 $AD=3$,求 $\triangle ABC$ 的周长.

提示 如图 2.428 所示,设 $DC=x$,$AB=y$.先据相似三角形列比例式求 x, 再在 $\triangle ABC$ 用余弦定理列未知数 y 的方程,解之求 y.

答案 11

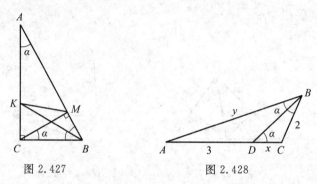

图 2.427   图 2.428

86. $\triangle ABC$ 中 $\angle C=90°$,角平分线 AP 被内心 O 分成 $\dfrac{AO}{OP}=\dfrac{\sqrt{3}+1}{\sqrt{3}-1}$,求 $\angle BAC$.

提示 不妨设如图 2.429 所示内切圆半径为 1,用 α 的三角函数表示 AO, OP,从而列出 α 的三角方程,求出 $\tan\alpha$,再求 $\tan 2\alpha$.

答案 30°

87. $\odot O$ 半径为 12,在半径延长线上取点 A,B,使 $OA=15$,$AB=5$,过 A,B 在直线 DA 的同侧分别作 $\odot O$ 切线交于 C,求 $S_{\triangle ABC}$.

提示 如图 2.430 所示,先求 $\sin B,\cos B,\sin\alpha,\cos\alpha$,再求 $\sin\angle ACB$,最后求 $S_{\triangle ABC}$(已知两角及夹边).

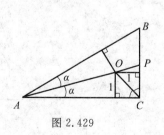

图 2.429

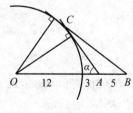

图 2.430

第 2 章　平面几何计算题、轨迹题及其他问题
DIERZHANG　PINGMIAN JIHE JISUANTI,GUIJITI JI QITA WENTI

答案　$\dfrac{150}{7}$

88. $\triangle ABC$ 中 $\angle B=90°$,过 CA 中点 M 作直线与 BC 交于点 D,与 BA 的延长线交于点 E,$CD=1$,$AE=2$,$\cos\angle BAC=\dfrac{3}{5}$,求 $S_{\triangle ABC}$.

　　提示　如图 2.431 所示,设 $AM=MC=5u$,求 AB,BC(用 u 表示),在 $\triangle AME$ 及 $\triangle CMD$ 中用两边及夹角(含 u)分别表示 $\tan\angle AMB$ 及 $\tan\angle CMD$,据两者相等得含 u 的方程解之得 u 的值,再求 $S_{\triangle ABC}=\dfrac{1}{2}AB\cdot BC$.

答案　$\dfrac{96}{25}$

89. $\odot O$ 外切等腰梯形 $ABCD$,已知联结腰上切点的线段 EF 长为 a,圆半径为 R,求梯形面积.

　　提示　如图 2.432 所示,先求 $\sin 2\alpha$(用 $EF=a$ 及直径 $2R$ 表示),再用 α 及 R 表示 CD,AB,梯形的高,从而表示梯形面积,把此表达式化为只含 R 及 $\sin 2\alpha$ 的表达式.

答案　$\dfrac{8R^3}{a}$

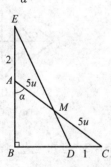

图 2.431

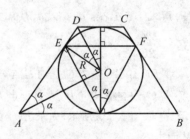

图 2.432

90. $\triangle ABC$ 的内切圆与 AB,AC 分别相切于 D,E,$\angle BCA=60°$,$AD=6$,$CE=2$,求 $S_{\triangle ADE}$.

　　提示　如图 2.433 所示,先求 OE,再求 $\tan\alpha$,$\sin A=\sin 2\alpha$.

答案　$\dfrac{27\sqrt{3}}{7}$

91. 圆内接 $\triangle ABC$,$\angle A=30°$,AB,BC 的中点分别为 T,R,$BT=6$,$TR=8$,求 $S_{\triangle ABC}$.

　　提示　如图 2.434 所示,先求 $\tan\angle ABC=\tan\angle TBR$(已知两边及夹角)及

AB,$\triangle ABC$ 中已知 $\angle A$,$\angle B$ 及夹边 AB,可求 $S_{\triangle ABC}$(把表达式化成只含 $\cot \angle ABC$ 及 $30°$ 的正弦、余弦的表达式).

答案 48

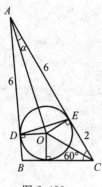

图 2.433

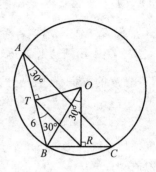

图 2.434

92. 菱形 $ABCD$,作 $\odot O$ 与直线 CB,CD 相切,且过点 B,$DO = \dfrac{3}{4}$,$OC = \dfrac{5}{4}$,求菱形面积 S.

提示 如图 2.435 所示,易见点 O 在 CA 上,$\odot O$ 半径为 $\dfrac{3}{4}$,$\odot O$ 与直线 CD 相切于点 D,易求得 $CB = CD$ 的长,再求 $\sin \theta$,$\cos \theta$,$\sin 2\theta$,从而求 S.

答案 $\dfrac{24}{25}$

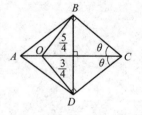

图 2.435

93. $\triangle ABC$ 中 $AC = 8$,$CB = 4$,$BA = 6$,角平分线为 CD,过点 A,C,D 的圆与 CB 又交于点 E,求 $S_{\triangle AED}$.

提示 如图 2.436 所示,先求 $ED = AD$ 的长,$\cos 2\alpha$(已知三边),$\sin \angle ADE = \sin 2\alpha$,从而求 $S_{\triangle ADE}$.

答案 $\dfrac{3}{2}\sqrt{15}$

94. $\triangle ABC$ 三边长为 2,3,4,半圆直径在长为 4 的边上,与另两边相切,求半圆面积与三角形面积之比.

提示 如图 2.437 所示,先求 AD,$\cos A$,$\sin A$,半圆半径,半圆及三角形面积.

答案 $\dfrac{3\sqrt{15}}{50}\pi$

第 2 章 平面几何计算题、轨迹题及其他问题
DIERZHANG PINGMIAN JIHE JISUANTI,GUIJITI JI QITA WENTI

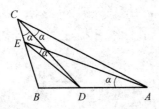

图 2.436   图 2.437

95. △ABC 中角平分线 $AM=4, BA=BC=2AC$，求 $S_{\triangle ABC}$．

提示 可设线段 $u, 2u, \frac{2}{3}u, \frac{4}{3}u$ 如图 2.438 所示．据 $AB \cdot AC = AM^2 + BM \cdot CM$（或用以三边表示角平分线公式）列出未知数 u 的方程，解之求 u, AB，再求高 BH．

答案 $\frac{18}{5}\sqrt{5}$

96. ⊙O 外切梯形 $ABCD$ 上底 AB 为 6，一腰被切点分成二线段长为 4,9，求梯形面积．

提示 如图 2.439 所示，先求圆半径即梯形的高，再用 x 表示 BO, OC，从而在 Rt△BOC 用勾股定理列出未知数 x 的方程，解之求 x．

答案 198

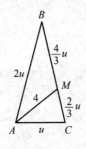 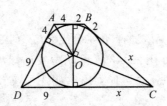

图 2.438   图 2.439

97. △ABC 三边长为 13,14,15，圆心 O 在长为 15 的边 AC 上的圆与另两边相切，求 ⊙O 半径．

提示 先求如图 2.440 所示的 AO, OC，据 $BA \cdot BC = t^2 + AO \cdot OC$，求 t，从而求 $\cos\theta, \sin\theta,$ ⊙O 半径．

答案 6

98. ▱$ABCD$ 的大边 $AD=5, \angle A, \angle B$ 的平分线交于点 $M, BM=2$，$\cos\angle BAM = \frac{4}{5}$，求 $S_{▱ABCD}$．

用三角、解析几何等计算解来自俄罗斯的几何题

提示 如图 2.441 所示,顺次求 $\sin\alpha, AB, \cos\alpha, \sin 2\alpha, S_{\square ABCD}$.

答案 16

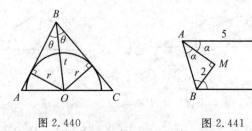

图 2.440　　　　图 2.441

99. 三角形两边长为 2,3,面积为 $\dfrac{3\sqrt{15}}{4}$,第三条边上中线小于该边的一半,求外接圆半径.

提示 用两边及夹角表示三角形面积公式求此夹角正弦,再求其余弦(先确定此夹角是锐角还是钝角),从而求第三条边长,最后求外接圆半径.

答案 $\dfrac{8}{\sqrt{15}}$

100. 圆内接梯形 $ABCD$,AD 为直径,$AB=\dfrac{3}{4}$,$AC=1$,求梯形面积 S.

提示 如图 2.442 所示,先求 $\mathrm{Rt}\triangle ACD$ 的斜边 AD,再用面积关系求高 CH,从而求梯形中位线相等的 AH.

答案 $\dfrac{12}{25}$

101. $\mathrm{Rt}\triangle ABC$ 的直角平分线为 CL,中线为 CM,已知 $LM=a$,$CM=b$,求 $S_{\triangle ABC}$.

提示 如图 2.443 所示,用 θ 及已知数 a,b 表示 AM, MB, AL, LB, CA, CB,据三角形角平分线定理列出比例式,从而求 $\tan\theta, \sin 2\theta, S_{\triangle AMC}$(已知两边及夹角),$S_{\triangle ABC}$.

答案 $\dfrac{b^2(b^2-a^2)}{b^2+a^2}$

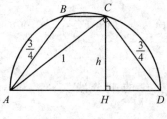 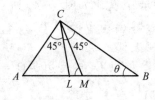

图 2.442　　　　图 2.443

第2章 平面几何计算题、轨迹题及其他问题
DIERZHANG PINGMIAN JIHE JISUANTI,GUIJITI JI QITA WENTI

102. □$ABCD$,$AB=2$,$BC=3$,AD 中点为点 E,$BE \perp AC$,求 $S_{□ABCD}$.

提示 如图 2.444 所示,先确定 $\dfrac{BM}{EM}=\dfrac{CM}{AM}$ 的值,在 Rt△ABM,Rt△CBM 用勾股定理列出关于未知数 u,v 的两个方程,解之求 u,v,从而求 $S_{△ABC}$.

答案 $\sqrt{35}$

103. 半圆 O 内接矩形 $ABCD$,AB 在直径上,点 C,D 在半圆上,半圆半径为 5,矩形面积为 24,求矩形的两邻边.

提示 如图 2.445 所示,用 θ 的三角函数及已知数 5 表示矩形的各边,从而由矩形面积为 24 列出关于 θ 的三角方程,可化成只含 $\sin 2\theta$ 的方程,解之求 $\sin 2\theta$,从而求 $\cos 2\theta$(有两相反数值),再求 $\cos \theta,\sin \theta$,最后求矩形的两邻边 AB,BC.

答案 8,3 或 6,4

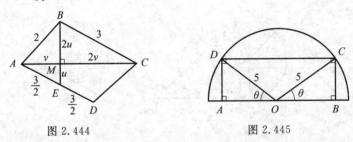

图 2.444 图 2.445

104. 梯形 $ABCD$ 中,$\angle D=90°$,$\angle A=45°$,以边 DA 上点 O 为圆心可作圆与 DC,CB,BA 相切,其半径为 R,求梯形面积 S.

提示 如图 2.446 所示,先求 $\angle AOF$,$\angle FOB$,$\angle EOB$,从而可求 EB,OA(用 R 表示,先求 $\tan 22.5°$)及梯形面积 S.

答案 $\dfrac{1+2\sqrt{2}}{2}R^2$

105. 等腰三角形底上高长 10,腰上高长 12,求其面积 S.

提示 如图 2.447 所示,用 x(及已知数 10,12) 表示 $\tan \alpha$ 及 $\sin \alpha$,两式相除求得 $\cos \alpha$ 的值,再求 $\sin \alpha$,$2x$,S 的值.

答案 75

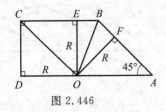

图 2.446

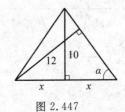

图 2.447

106. 圆外切梯形 $ABCD$，面积为 10，$BC \parallel AD$，$AB=DC$，$\angle A=45°$，求 AB。

提示 如图 2.448 所示，先求 $\angle OAF = \angle OAG = \angle BOG = \angle BOE$ 的度数，从而用 r（及三角函数）表示 EF,AF,BE，再表示梯形面积，据面积为 10，列出未知数 r 的方程，解之求 r，最后求 AB（实际长等于梯形中位线）。

答案 $\sqrt{10\sqrt{2}}$

107. 直线 l 上有动点 C，又两定点 A,B，直线 AB 与 l 交于点 O，求 $\triangle CAB$ 垂心的轨迹。

提示 如图 2.449 所示，设 $OC=c$，确定点 C 的坐标，再求重心坐标表达式，即轨迹的参数 (c) 方程，可消去参数 c 得轨迹直线的普通方程。

答案 过点 $(\dfrac{a+b}{3}, 0)$ 与 l 平行的直线

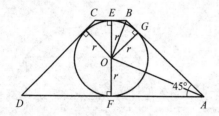

图 2.448

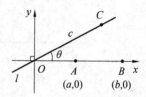

图 2.449

108. $\odot O$ 半径为 r，其上有定点 A,B 及动点 C，求 $\triangle ABC$ 重心的轨迹。

提示 如图 2.450 取坐标轴，定角 α，参数变元角 θ。

答案 以 $\triangle AOB$ 重心为圆心，半径为 $\dfrac{r}{3}$ 的圆

109. 由圆上一点作长为 9，17 的两弦，两弦中点距离为 5，求半径。

提示 如图 2.451 所示，先求 $\cos\alpha, \sin\alpha$，再用 $\sin\alpha$ 及一边 10，求圆半径。

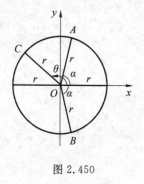

图 2.450

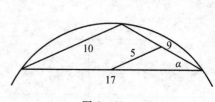

图 2.451

第2章 平面几何计算题、轨迹题及其他问题
DIERZHANG PINGMIAN JIHE JISUANTI,GUIJITI JI QITA WENTI

答案 $\dfrac{85}{8}$

110. Rt△ABC 的 $\angle BAC$ 为 $60°$,内切圆 $\odot O$ 半径为 $\sqrt{3}$,求三角形各边.

提示 如图 2.452 所示,先求 $\angle B$,$\angle OBC$,再由半角公式求 $\angle OBC$ 的某一三角函数,然后求三角形各边被切点所分得的各线段.

答案 $2\sqrt{3}+6,3\sqrt{3}+3,3+\sqrt{3}$

111. 直角梯形 $ABCD$,$\angle A=\angle B=90°$,$BC=1$,$BA=3$,$AD=4$,以 BA 为直径作半圆与 BD 又交于点 M,求 $\angle CAM$.

提示 如图 2.453 所示,先求 $\tan\angle BAM=\tan\angle ADB$,$\tan\angle BAC$,从而求 $\tan\angle CAM$.

答案 $\tan^{-1}\dfrac{1}{3}$

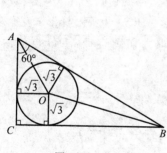

图 2.452

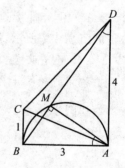

图 2.453

112. 圆的一弦长为 10,过其一端点作圆的切线,过弦的另一端点作直线与切线平行,此直线在圆内部分长 12,求圆的半径.

提示 易求如图 2.454 所示中 $\cos\alpha$ 的值,再求 $\sin\alpha$,据圆周角 α 所对弦长 10,求圆的直径,半径.

答案 $\dfrac{25}{4}$

113. 正方形 $ABCD$ 的边 BC 中点为点 M,AC 与 DM 交于点 O,求 $\angle MOC$.

提示 如图 2.455,先用 α 表示 $\angle MOC$,再求 $\tan\alpha$,$\tan\angle MOC$.

答案 $\tan^{-1}3$

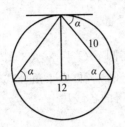

图 2.454

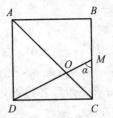

图 2.455

114. 如图 2.456 所示，四边形 $ABCD$ 中，已知 $AB=CD=a$，$\angle A=\angle C=\alpha$，$BC \neq AD$，求其周长．

提示 在两三角形中分别用 x,y（及已知量）表示 DB^2，列出 x,y 所适合的方程，移项，两边约去非零的因式 $x-y$，即可求得 $x+y$．

答案 $2a(1+\cos\alpha)$

115. 梯形 $ABCD$ 有外接圆及内切圆，两底边长为 $4,16$，求两圆半径．

提示 如图 2.457 所示，所述梯形 $ABCD$ 为等腰梯形，设底边 AB，CD 中点分别为点 M,N，可先求腰长，即可求内切圆直径 MN，再从两 Rt$\triangle OMB$，Rt$\triangle ONC$ 列方程求外接圆半径 R．

答案 内切圆半径为 4，外接圆半径为 $\dfrac{5}{4}\sqrt{41}$

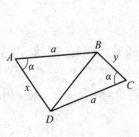

图 2.456

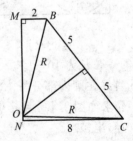

图 2.457

116. 三角形一角为 $120°$，其对边与内切圆的切点把该边分成长为 3 与 4 的两段，求三角形面积．

提示 用余弦定理列出如图 2.458 所示线段 x 的方程，求 x 后，用两边及夹角求三角形面积．

答案 $4\sqrt{3}$

117. 如图 2.459 所示，已知 $\triangle ABC$ 两边 $CB=a$，$CA=b$，中线 CM 把 $\angle C$ 分成 $1:2$ 的两部分，求 $\angle ACM$．

第 2 章 平面几何计算题、轨迹题及其他问题

提示 在 CM 的延长线上取 $MD=CM$，在 $\triangle BCD$ 用正弦定理列出 α 的三角方程，可求 $\cos\alpha$ 的值．

答案 $\cos^{-1}\dfrac{b}{2a}$

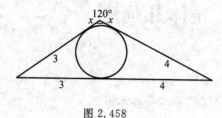

图 2.458   图 2.459

第3章 立体几何题

3.1 如图3.1所示，平行六面体 $ABCD\text{-}A'B'C'D'$，$AB=a$，$AD=b$，$AA'=c$，$\angle DAB=90°$，$\angle A'AB=\angle A'AD=\alpha$，求其体积 V.

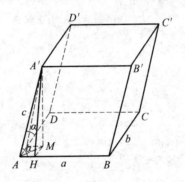

图3.1

解 设点 A' 在底面 $ABCD$ 的射影为点 M，由二面角 $B\text{-}AM\text{-}A'=90°$，$\angle MAB=\angle MAD=45°$. 由 $AH=AM\cos 45°=AA'\cos\angle A'AM\cos 45°$，又 $AH=AM\cos\alpha$ 知[①]

$$\cos\angle A'AM \cdot \cos 45° = \cos\alpha, \cos\angle A'AM = \sqrt{2}\cos\alpha$$

$$\sin\angle A'AM = \sqrt{1-2\cos^2\alpha} = \sqrt{-\cos 2\alpha}$$

$$V = ab \cdot A'M = ab \cdot c\sin\angle A'AM = abc\sqrt{-\cos 2\alpha}$$

3.2 正 n 棱锥底面边长为 $2a$，在侧棱的二面角为 2α，求其体积.

解 如图3.2所示，设此棱锥顶点为 S，底面一边 $AB=2a$，点 S 在底面的射影为点 O. 在三面角 $A\text{-}BOS$ 中，设 $\angle SAB=\theta$，其所对二面角 $S\text{-}AO\text{-}B$ 为 $90°$，

[①] 或按球面三角中边的余弦定理直接推知下式成立.

$\angle OAB = \dfrac{(n-2)\pi}{2n}$,其所对二面角为 α,据球面三角的正弦定理,得

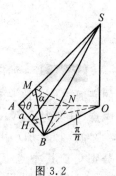

图 3.2

$$\dfrac{\sin\theta}{\sin 90°} = \dfrac{\sin\dfrac{(n-2)\pi}{2n}}{\sin\alpha} \Rightarrow \sin\theta = \dfrac{\cos\dfrac{\pi}{n}}{\sin\alpha}$$

$$\tan\theta = \dfrac{\cos\dfrac{\pi}{n}}{\sqrt{\sin^2\alpha - \cos^2\dfrac{\pi}{n}}}$$

侧面斜高

$$SH = a\tan\theta = \dfrac{a\cos\dfrac{\pi}{n}}{\sqrt{\sin^2\alpha - \cos^2\dfrac{\pi}{n}}}$$

棱锥高

$$SO = \sqrt{SH^2 - HO^2} = \sqrt{\dfrac{a^2\cos^2\dfrac{\pi}{n}}{\sin^2\alpha - \cos^2\dfrac{\pi}{n}} - \left(a\cot\dfrac{\pi}{n}\right)^2}$$

$$V = \dfrac{1}{3}\cdot na^2\cot\dfrac{\pi}{n}\cdot SO = \dfrac{n}{3}a^3\cot\dfrac{\pi}{n}\cdot\sqrt{\dfrac{\cos^2\dfrac{\pi}{n}}{\sin^2\alpha - \cos^2\dfrac{\pi}{n}} - \cot^2\dfrac{\pi}{n}}$$

3.3 正三棱锥 M-ABC 底面边长为 q,过边 AB 作平面与 MC 垂直,垂足为点 D,$\dfrac{MD}{DC}=\dfrac{n}{m}$,求棱锥全面积.

解 设 $MD = \lambda m$,则 $DC = \lambda n$,$MB^2 = MC^2 = (\lambda m + \lambda n)^2$,易见 $AD^2 = BD^2$,故

$$q^2 - (\lambda m)^2 = (\lambda m + \lambda n)^2 - (\lambda n)^2 \Rightarrow \lambda^2 = \dfrac{q^2}{2m^2 + 2mn}$$

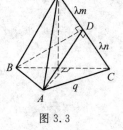

图 3.3

斜高

$$l = \sqrt{(\lambda m + \lambda n)^2 - \left(\dfrac{q}{2}\right)^2} = q\sqrt{\dfrac{1}{4} + \dfrac{n}{2m}}$$

棱锥全面积

$$\frac{\sqrt{3}}{4}q^2 + 3 \cdot \frac{1}{2}q \cdot q\sqrt{\frac{1}{4} + \frac{n}{2m}} = \left(\frac{\sqrt{3}}{4} + \frac{3}{4m}\sqrt{m^2 + 2mn}\right)q^2$$

3.4 如图 3.4 所示，正五棱锥 $S\text{-}ABCDE$ 的底面边长为 q，侧棱长为 b，求过点 A,C 及 SE,SD 中点（分别为 L,K）的截面的面积.

解 设 ED 中点为点 N，平面 SBN 与 LK,AC 分别交于其中点 T,M，易见 TM 为截面（等腰梯形）$ACKL$ 的高. 设 $TM = x$，$\angle SNB = \theta$，则 $SB = b$，$ST = TN = \frac{1}{2}\sqrt{b^2 - \left(\frac{q}{2}\right)^2}$，$NM = q\cos 18°$，$MB = q\cos 54°$. 分别在 $\triangle SNB$，$\triangle TNM$ 中用余弦定理得

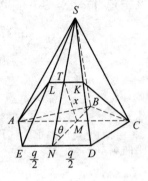

图 3.4

$$b^2 = q^2(\cos 54° + \cos 18°)^2 + (b^2 - \frac{q^2}{4}) - 2q(\cos 54° + \cos 18°)\sqrt{b^2 - \frac{q^2}{4}}\cos\theta$$

即

$$b^2 = 4q^2\cos^2 36°\cos^2 18° + b^2 - \frac{q^2}{4} - 4q\cos 36°\cos 18° \cdot \sqrt{b^2 - \frac{q^2}{4}}\cos\theta$$

$$x^2 = q^2\cos^2 18° + \frac{1}{4}(b^2 - \frac{q^2}{4}) - 2q\cos 18° \cdot \frac{1}{2}\sqrt{b^2 - \frac{q^2}{4}}\cos\theta$$

从二式消去 $\cos\theta$ 得

$$b^2 - 4x^2\cos 36° = 4q^2\cos 36°\cos^2 18° \cdot (\cos 36° - 1) + (b^2 - \frac{q^2}{4})(1 - \cos 36°)$$

$$x^2 = \frac{1}{4}\left(2q^2\sin^2 36° + b^2 + \frac{q^2}{2} \cdot \frac{\sin^2 18°}{\cos 36°}\right)$$

$$= \frac{1}{4}b^2 + q^2\left(\frac{1 - \cos 72°}{4} + \frac{1 - \cos 36°}{16\cos 36°}\right)$$

$$= \frac{1}{4}b^2 + \frac{3}{16}q^2 + \frac{q^2}{16\cos 36°}[1 - 4\cos 36° \cdot (2\cos^2 36° - 1)]$$

$$= \frac{1}{4}b^2 + \frac{3}{16}q^2 + \frac{q^2}{16\cos 36°}(-2\cos 36° - 1)(4\cos^2 36° - 2\cos 36° - 1)$$

$$= \frac{1}{4}b^2 + \frac{3}{16}q^2$$

（因 $\cos(2 \cdot 36°) = -\cos(3 \cdot 36°)$，即

$$2\cos^2 36° - 1 = -(4\cos^3 36° - 3\cos 36°)$$

$$(\cos 36° + 1)(4\cos^2 36° - 2\cos 36° - 1) = 0$$

而 $\cos 36° + 1 > 0$，故 $4\cos^2 36° - 2\cos 36° - 1 = 0$，并由此得 $\cos 36° = \dfrac{1+\sqrt{5}}{4}$）

所求截面面积为

$$\frac{1}{2}(AC + LK)x = \frac{1}{2}\left(2q\cos 36° + \frac{1}{2}q\right)\sqrt{\frac{1}{4}b^2 + \frac{3}{16}q^2}$$

$$= \left(\frac{1+\sqrt{5}}{4} + \frac{1}{4}\right)q\sqrt{\frac{1}{4}b^2 + \frac{3}{16}q^2}$$

$$= \frac{q}{16}(\sqrt{5} + 2)\sqrt{4b^2 + 3q^2}$$

3.5 正 n 棱锥底面边长 q，侧棱长 a，求其内切球的半径 r。

解 如图 3.5 所示，设底面一边为 AB，顶点 M 在底面的射影为点 O'，内切球球心为点 O，易见内切球面与侧面 MAB 的斜高 MH 相切，平面 $MO'H$ 截球面所得的圆圆心为 O，与 MH 及 $O'H$ 相切，HO 为 $\triangle MHO'$ 的角平分线

$$O'H = \frac{q}{2}\cot\frac{\pi}{n}, MH = \sqrt{a^2 - \left(\frac{q}{2}\right)^2}$$

$$MO' = \sqrt{MH^2 - O'H^2} = \sqrt{a^2 - \frac{q^2}{4\sin^2\frac{\pi}{n}}}$$

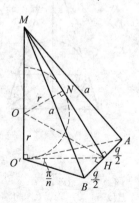

图 3.5

据角平分线定理知

$$\frac{r}{MO'-r} = \frac{\frac{q}{2}\cot\frac{\pi}{n}}{\sqrt{a^2-\frac{q^2}{4}}}$$

求得

$$r = \frac{\frac{q}{2}\cot\frac{\pi}{n}}{\sqrt{a^2-\frac{1}{4}q^2}+\frac{q}{2}\cot\frac{\pi}{n}}\sqrt{a^2-\frac{q^2}{4\sin^2\frac{\pi}{n}}} = \frac{q\cot\frac{\pi}{n}\sqrt{4a^2\sin^2\frac{\pi}{n}-q^2}}{2(\sqrt{4a^2-q^2}\sin\frac{\pi}{n}+q\cos\frac{\pi}{n})}$$

3.6 正圆锥体被过其内切球心且与其轴垂直的平面分成体积相等的两部分,求其母线与底面所成的角.

解 如图 3.6 所示为圆锥的轴截面,此截面与内切球面的截线为过球心 O 的圆,此圆与底面直径 AC 及两相对母线 BA,BC 相切.题目所述平面截原圆锥得出的小圆锥(轴截面为 $\triangle BE'E$)与原圆锥相似,体积为原圆锥的 $\frac{1}{2}$,不妨设内切球半径为 1,角 α 如图 3.6 所示,则 $\left(\frac{BO}{BD}\right)^3 = \frac{1}{2}$,则

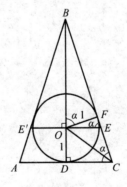

图 3.6

$$\frac{1}{\sqrt[3]{2}} = \frac{BO}{BD} = \frac{\frac{1}{\cos\alpha}}{\frac{1}{\cos\alpha}+1} = \frac{1}{1+\cos\alpha}$$

解得

$$\cos\alpha = \sqrt[3]{2}-1, \quad \alpha = \cos^{-1}(\sqrt[3]{2}-1)$$

第 3 章　立体几何题
DISANZHANG　LITI JIHETI

3.7 正圆锥体顶角为 α，其内切球半径为 r，过内切球面与圆锥面相切所得圆作平面，求此平面截圆锥体所得圆台的体积.

解 如图 3.7 所示为圆锥体的轴截面，题目所述平面与轴截面交于 $C'C$. 设所述平面截得的小圆锥体体积为 V'，原圆锥体体积为 V，则

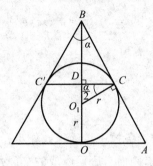

图 3.7

$$V' = \frac{\pi}{3}CD^2 \cdot BD = \frac{\pi}{3}(r\cos\frac{\alpha}{2})^2 \cdot r\cos\frac{\alpha}{2}\cot\frac{\alpha}{2} = \frac{\pi}{3}r^3\frac{\cos^4\frac{\alpha}{2}}{\sin\frac{\alpha}{2}}$$

$$\frac{V}{V'} = \left(\frac{BO}{BD}\right)^3 = \left(\frac{r + \dfrac{r}{\sin\frac{\alpha}{2}}}{r\cos\frac{\alpha}{2}\cot\frac{\alpha}{2}}\right)^3 = \left(\frac{\sin\frac{\alpha}{2}+1}{\cos^2\frac{\alpha}{2}}\right)^3$$

$$= \left(\frac{1}{1-\sin\frac{\alpha}{2}}\right)^3 = \left(\frac{1}{2\sin^2\frac{\pi-\alpha}{4}}\right)^3$$

所求圆台体积为

$$V - V' = \frac{\pi}{3}r^3 \frac{\cos^4\frac{\alpha}{2}}{\sin\frac{\alpha}{2}}\left[\left(\frac{1}{2\sin^2\frac{\pi-\alpha}{4}}\right)^3 - 1\right]$$

3.8 半径为 1 的球内接平行六面体，其体积为 $\frac{8}{9}\sqrt{3}$，求此平行六面体的全面积.

解 易见此平行六面体实际是长方体，设其交于一顶点的三棱长为 a,b,c，则

$$a^2 + b^2 + c^2 = 2^2 = 4$$

$$\sqrt[3]{abc} = \sqrt[3]{\frac{8\sqrt{3}}{9}} = \frac{2}{\sqrt{3}} \leqslant \sqrt{\frac{a^2+b^2+c^2}{3}} = \sqrt{\frac{4}{3}} = \frac{2}{\sqrt{3}}$$

故上式实为等式,因只当 $a=b=c$ 时才有等号,故

$$a = b = c = \sqrt[3]{abc} = \frac{2}{\sqrt{3}}$$

长方体(实际为立方体)全面积为

$$6 \cdot \left(\frac{2}{\sqrt{3}}\right)^2 = 8$$

3.9 以正六棱锥各棱中点为球心作半径相同的 12 球面,它们都与正六棱锥的内切球面相切,求侧面与底面所成的二面角.

解 设底面一边 AB,棱锥顶点 S 在底面的射影为点 O,AB,SA,SB 的中点分别为点 M,N',N,取 x,y,z 轴如图 3.8 所示.不妨设 $AB=2$,内切球心为点 O',设角 α 如图 3.8 所示.得点 M,B,S,O',N 坐标如图 3.8 所示,易见 $O'M^2 = O'N^2$,即

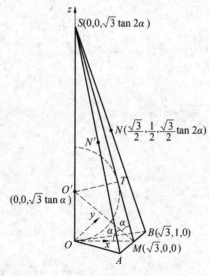

图 3.8

$$3 + 3\tan^2\alpha = \frac{3}{4} + \frac{1}{4} + \left(\frac{\sqrt{3}}{2}\tan 2\alpha - \sqrt{3}\tan\alpha\right)^2$$

$$3\tan^2 2\alpha - 12\tan 2\alpha \tan \alpha - 8 = 0$$

以 $\tan 2\alpha = \dfrac{2\tan \alpha}{1-\tan^2 \alpha}$ 代入化简得

$$4\tan^4 \alpha + \tan^2 \alpha - 2 = 0$$

求得(取正根)

$$\tan^2 \alpha = \dfrac{-1+\sqrt{33}}{8} \Rightarrow \cos 2\alpha = \dfrac{2}{1+\tan^2 \alpha} - 1 = 6 - \sqrt{33}$$

所求二面角

$$2\alpha = \cos^{-1}(6-\sqrt{33})$$

3.10 正四棱锥 $S\text{-}ABCD$ 底面边长为 $12\sqrt{2}$, 内切球面半径为 $2\sqrt{6}$, 与侧面 SAB 相切于点 M, 与棱锥的高 SO 交于点 N, 过点 M,N 作平面平行于 AB, 求此平面与棱锥所得截面的面积.

解 如图 3.9 所示, SQ 为侧面斜高, 设 $SM=x$, 因 $QM=QO=6\sqrt{2}$, $\dfrac{QO}{QS} = \dfrac{OO'}{O'S}$, 即

$$\dfrac{6\sqrt{2}}{6\sqrt{2}+x} = \dfrac{2\sqrt{6}}{\sqrt{(2\sqrt{6})^2+x^2}}$$

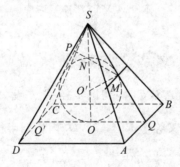

图 3.9

去分母, 两边平方后解得(正根) $x=6\sqrt{2}$, 从而 $SQ=2OQ=2AQ$, $\angle OSQ=30°$, $SN=SO-NO=\sqrt{3}\,OQ-2OO'=2\sqrt{6}$. 设直线 MN 与斜高 SQ' 交于点 P, 易见所述截面为以 PM 为两底边中点连线的等腰梯形, 设 $SP=y$, 由 $S_{\triangle SNP}+S_{\triangle SNM}=S_{\triangle SPM}$, 得

$$\frac{1}{2}y \cdot 2\sqrt{6}\sin 30° + \frac{1}{2} \cdot 6\sqrt{2} \cdot 2\sqrt{6}\sin 30° = \frac{1}{2}y \cdot 6\sqrt{2}\sin 60° \Rightarrow y = 3\sqrt{2}$$

$$PM = \sqrt{SP^2 + SM^2 - 2SP \cdot SM\cos 60°} = \sqrt{(3\sqrt{2})^2 + (6\sqrt{2})^2 - 3\sqrt{2} \cdot 6\sqrt{2}} = 3\sqrt{6}$$

注意 $\tan\angle ASQ = \tan\angle DSQ' = \frac{1}{2}$,知梯形两底的一半分别为 $\frac{1}{2}SM = 3\sqrt{2}$,

$\frac{1}{2}SP = \frac{3}{2}\sqrt{2}$,于是梯形面积为 $(\frac{3}{2}\sqrt{2} + 3\sqrt{2}) \cdot 3\sqrt{6} = 27\sqrt{3}$.

3.11 正三棱柱 ABC-$A'B'C'$ 的体积为 4,棱锥 C'-$AA'B'B$ 有内切球,求 $S_{\triangle AC'B}$ 及棱柱的外接球半径 R.

解 设线段 a,h 如图 3.10 所示,则 $\frac{\sqrt{3}}{4}a^2 \cdot h = 4$,即

$$a^2 h = \frac{16}{\sqrt{3}} \qquad ①$$

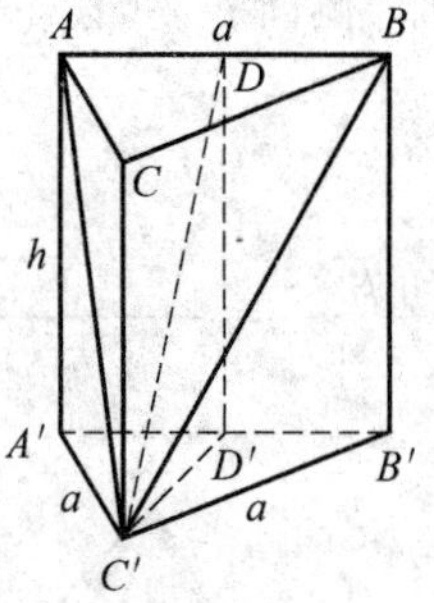

图 3.10

易见内切球半径等于 $\triangle A'B'C'$ 内切圆半径 $\frac{a}{2\sqrt{3}}$. 设 $AB,A'B'$ 的中点分别为点 D,D',易见内切球半径又等于 $\text{Rt}\triangle C'D'D$ 内切圆半径

$$\frac{1}{2}(h + \frac{\sqrt{3}}{2}a - \sqrt{h^2 + \frac{3}{4}a^2})$$

于是

$$\frac{1}{2}(h + \frac{\sqrt{3}}{2}a - \sqrt{h^2 + \frac{3}{4}a^2}) = \frac{a}{2\sqrt{3}}$$

化简得

$$2\sqrt{3}h + a = \sqrt{12h^2 + 9a^2}$$

两边平方后解得 $h=\frac{2}{\sqrt{3}}a$,再与式 ① 联合求得(正根)$a=2,h=\frac{4}{\sqrt{3}}$,即

$$S_{\triangle C'AB}=\frac{1}{2}a\sqrt{h^2+\left(\frac{\sqrt{3}}{2}a\right)^2}=\frac{5}{\sqrt{3}}$$

$$R=\sqrt{\left(\frac{h}{2}\right)^2+\left(\frac{a}{\sqrt{3}}\right)^2}=\frac{2}{3}\sqrt{6}$$

3.12 正三棱锥 S-ABC,$AB=a$,一球面与底面相切于点 C,与 SA 相切于点 M,$\frac{SM}{MA}=\frac{1}{2}$,求球面半径.

解 设球心为点 O',则 $O'C$ 与底面垂直,$O'M \perp SA$. 设棱锥高 $SO=h$,$CO'=m$,取坐标轴如图 3.11 所示,得 A,C,S,O' 坐标如图 3.11 所示,则

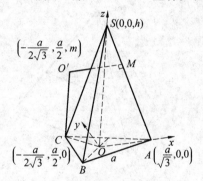

图 3.11

$$(x_M,y_M,z_M)=\frac{1}{3}(\frac{a}{\sqrt{3}},0,0)+\frac{2}{3}(0,0,h)=(\frac{a}{3\sqrt{3}},0,\frac{2}{3}h)$$

$$0=\vec{AS}\cdot\vec{O'M}=(-\frac{a}{\sqrt{3}},0,h)\cdot(\frac{5}{18}\sqrt{3}a,-\frac{a}{2},\frac{2}{3}h-m)=-\frac{5}{18}a^2+\frac{2}{3}h^2-hm$$

$$hm=\frac{12h^2-5a^2}{18}$$

又 $O'C^2=O'M^2$,即

$$m^2=(\frac{5}{18}\sqrt{3}a)^2+(-\frac{a}{2})^2+(\frac{2}{3}h-m)^2$$

化简得

$$0=\frac{13}{27}a^2+\frac{4}{9}h^2-\frac{4}{3}hm$$

以 mh 的上述表达式代入再去分母化简得

$$46a^2 - 24h^2 = 0 \Rightarrow h^2 = \frac{23}{12}a^2$$

所求半径为

$$m = \frac{12h^2 - 5a^2}{18h} = \frac{23a^2 - 5a^2}{18\sqrt{\frac{23}{12}}a} = 2\sqrt{\frac{3}{23}}a$$

3.13 棱锥 $S\text{-}LMN$ 中，$LM=5$，$MN=9$，$NL=10$，半径为 $\dfrac{5}{4\sqrt{14}}$ 的球面与底面 LMN 相切，与侧棱 SL，SM，SN 相切，切点分各侧棱所得的比相同，求棱锥的体积.

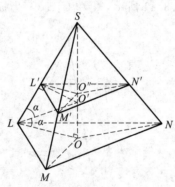

图 3.12

解 $\triangle LMN$ 的半周长为

$$\frac{5+9+10}{2} = 12$$

面积为

$$S_{\triangle LMN} = \sqrt{12(12-5)(12-9)(12-10)} = 6\sqrt{14}$$

$\triangle LMN$ 的外接圆半径为

$$R = \frac{5 \cdot 9 \cdot 10}{4 \cdot 6\sqrt{14}} = \frac{75}{4\sqrt{14}}$$

设角 α 如图 3.12 所示，设所述球的球心为点 O'，其在各侧棱的切点为 L'，M'，N'. 因切点 L'，M'，N' 分各侧棱所得的比相同，易见平面 $L'M'N'$ 与平面 LMN 平行，又从 $O'L' = O'M' = O'N'$ 易见 $SL' = SM' = SN'$，从而 $SL = SM = SN$，于是易见 S 到平面 $L'M'N'$（平面 LMN）的射影 $O'(O)$ 为

△$L'M'N'$(△LMN)之外心,又易见 S,O',O,O' 在同一直线上.从而

$$\tan \alpha = \frac{OO'}{R} = \frac{\frac{5}{4\sqrt{14}}}{\frac{75}{4\sqrt{14}}} = \frac{1}{15} \Rightarrow \tan 2\alpha = \frac{2 \cdot \frac{1}{15}}{1-\left(\frac{1}{15}\right)^2} = \frac{15}{112}$$

$$SO = R\tan 2\alpha = \frac{75}{4\sqrt{14}} \cdot \frac{15}{112}$$

所求体积为

$$V = \frac{1}{3} \cdot 6\sqrt{14} \cdot \frac{75}{4\sqrt{14}} \cdot \frac{15}{112} = \frac{75 \cdot 15}{224} = \frac{1\,125}{224}$$

3.14 (参阅3.10题图)正四棱锥 $S\text{-}ABCD$,$AB = 4\sqrt{6}$,高 $SO = 6\sqrt{2}$,内切球与侧面 SAB 相切于点 M,与 SO 交于点 N,过点 M,N 作平行于 AB 的平面,求此平面截棱锥所得截面的面积.

提示 先求斜高 SQ,同样 $\angle OSQ = 30°$,在 △SQQ' 中求内切圆半径 OO',再类似10题求 SM,SN,SP,后略.

答案 9

3.15 正 △ABC 边长为 $\sqrt{3}$,在过点 A 作平面 ABC 的垂线上取 $AD = \frac{1}{\sqrt{3}}$,求直线 AB 与 DC 的距离.

解 取坐标轴如图 3.13 所示,易得点 B,C,D 坐标如图 3.13 所示. AB 的方向向量为 $(\frac{3}{2},\frac{\sqrt{3}}{2},0)$,不妨约成 $(\sqrt{3},1,0)$,DC 的方向向量 $\overrightarrow{DC} = (\frac{3}{2},-\frac{\sqrt{3}}{2},-\frac{\sqrt{3}}{3})$,过 AB 且与 CD 平行的平面为

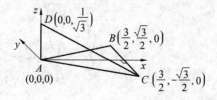

图 3.13

$$\begin{vmatrix} x & y & z \\ \sqrt{3} & 1 & 0 \\ \dfrac{3}{2} & -\dfrac{\sqrt{3}}{2} & -\dfrac{\sqrt{3}}{3} \end{vmatrix} = 0$$

即

$$-\frac{\sqrt{3}}{3}x + y - 3z = 0$$

所求距离即点 D 到此平面的距离

$$\frac{\left|-\dfrac{\sqrt{3}}{3} \cdot 0 + 1 \cdot 0 - 3 \cdot \dfrac{\sqrt{3}}{3}\right|}{\sqrt{\left(-\dfrac{\sqrt{3}}{3}\right)^2 + 1^2 + (-3)^2}} = \frac{3}{\sqrt{31}}$$

3.16 正四棱锥 $S\text{-}ABCD$，高 SO 与底面边长的比为 $\sqrt{5}$，过 BC 上点 M 与 SA 作截面，使其面积最小，求此截面分棱锥所得两部分体积的比.

解 取坐标轴如图 3.14 所示，不妨设底面边长为 1，得 A,B,C,S 的坐标如图 3.14 所示. 问题归结为：在 BC 上求点 M，使 M 到 BC 的距离（$\triangle SAM$ 边 SA 上的高）最小，此最小距离即两异面直线 BC，SA 的距离 MN，MN 应为 BC，SA 的公垂线（M,N 为垂足）. 设 $M(x, -\dfrac{1}{2}, 0)$，$\dfrac{AN}{NS} = \dfrac{1-\mu}{\mu}$，则

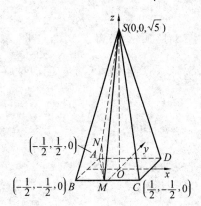

图 3.14

$$N\left(-\frac{1}{2}\mu, \frac{1}{2}\mu, \sqrt{5}(1-\mu)\right)$$

$$\overrightarrow{MN} = (-\frac{1}{2}\mu - x, \frac{1}{2}\mu + \frac{1}{2}, \sqrt{5}(1-\mu))$$

$$\overrightarrow{BC} = (1,0,0), \overrightarrow{AS} = (\frac{1}{2}, -\frac{1}{2}, \sqrt{5})$$

由

$$\overrightarrow{MN} \cdot \overrightarrow{BC} = 0$$

得

$$-\frac{1}{2}\mu - x = 0, x = -\frac{1}{2}\mu$$

由

$$\overrightarrow{MN} \cdot \overrightarrow{AS} = 0$$

即

$$(-\frac{1}{2}\mu - x) \cdot \frac{1}{2} - (\frac{1}{2}\mu + \frac{1}{2}) \cdot \frac{1}{2} + \sqrt{5}(1-\mu) \cdot \sqrt{5} = 0$$

以 $x = -\frac{1}{2}\mu$ 代入,解得

$$\mu = \frac{19}{21} \Rightarrow x = -\frac{19}{42}$$

所求两部分体积的比,即 $\triangle ABM$ 与梯形 $AMCD$ 面积的比,即

$$\frac{BM}{MC+AD} = \frac{x_M - x_B}{(x_C - x_M) + 1} = \frac{-\frac{19}{42} + \frac{1}{2}}{\frac{1}{2} + \frac{19}{42} + 1} = \frac{1}{41}$$

3.17 正三棱锥 $S\text{-}LMN$ 底面边长为 2,侧棱长为 6,SM,SN 的中点分别为点 K,P,作 $KB \parallel LN$,过点 L 作直线与直线 PM,KB 分别交于点 A,B,求 AB.

解 设 S 在底面的射影为点 O,则

$$SO = \sqrt{SL^2 - OL^2} = \sqrt{6^2 - \left(\frac{2}{\sqrt{3}}\right)^2} = 2\sqrt{\frac{26}{3}}$$

取坐标轴如图 3.15 所示,易得点 L,M,N 坐标如此图所示. 又 $S(0,0,2\sqrt{\frac{26}{3}})$,从而 $P(\frac{1}{\sqrt{3}},0,\sqrt{\frac{26}{3}})$,$K(-\frac{1}{2\sqrt{3}}, -\frac{1}{2}, \sqrt{\frac{26}{3}})$,$\overrightarrow{NL} = (-\sqrt{3},1,0)$,于是可设直线 KB 上的点

用三角、解析几何等计算解来自俄罗斯的几何题
YONGSANJIAO,JIEXI JIHE DENG JISUAN JIE LAIZI ELUOSI DE JIHETI

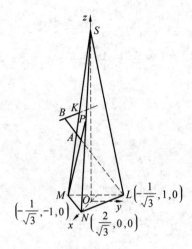

图 3.15

$$B(-\frac{1}{2\sqrt{3}}-\sqrt{3}t, -\frac{1}{2}+t, \sqrt{\frac{26}{3}})$$

设 $\dfrac{PA}{AM}=\dfrac{1-\lambda}{\lambda}$，则

$$(x_A, y_A, z_A) = (1-\lambda)(-\frac{1}{\sqrt{3}}, -1, 0) + \lambda(\frac{1}{\sqrt{3}}, 0, \sqrt{\frac{26}{3}}) = (\frac{2}{\sqrt{3}}\lambda - \frac{1}{\sqrt{3}}, \lambda - 1, \sqrt{\frac{26}{3}}\lambda)$$

$$\vec{LB} = (\frac{1}{2\sqrt{3}} - \sqrt{3}t, -\frac{3}{2}+t, \sqrt{\frac{26}{3}}), \vec{LA} = (\frac{2}{\sqrt{3}}\lambda, \lambda - 2, \sqrt{\frac{26}{3}}\lambda)$$

此二共直线向量的对应坐标应成比例

$$\frac{\frac{1}{2\sqrt{3}} - \sqrt{3}t}{\frac{2}{\sqrt{3}}\lambda} = \frac{-\frac{3}{2}+t}{\lambda - 2} = \frac{1}{\lambda} \qquad ①$$

由 $\dfrac{\frac{1}{2\sqrt{3}} - \sqrt{3}t}{\frac{2}{\sqrt{3}}\lambda} = \dfrac{1}{\lambda}$ 得

$$\frac{1}{2\sqrt{3}} - \sqrt{3}t = \frac{2}{\sqrt{3}} \Rightarrow t = -\frac{1}{2}$$

再代入式 ① 中第二、三比得

$$\frac{-2}{\lambda - 2} = \frac{1}{\lambda} \Rightarrow \lambda = \frac{2}{3}$$

从而得
$$A\left(\frac{1}{3\sqrt{3}}, -\frac{1}{3}, \frac{2}{3}\sqrt{\frac{26}{3}}\right), B\left(\frac{1}{3}\sqrt{3}, -1, \sqrt{\frac{26}{3}}\right)$$
$$AB = \sqrt{\left(\frac{1}{3\sqrt{3}} - \frac{1}{3}\sqrt{3}\right)^2 + \left(-\frac{1}{3}+1\right)^2 + \left(\frac{2}{3}\sqrt{\frac{26}{3}} - \sqrt{\frac{26}{3}}\right)^2} = \frac{\sqrt{14}}{3}$$

3.18 正四棱锥 S-$ABCD$，在 SA，SB，SC 上分别取 $SA_1 = \frac{3}{7}SA$，$SB_1 = \frac{2}{7}SB$，$SC_1 = \frac{4}{9}SC$，平面 $A_1B_1C_1$ 与 SD 交于点 D_1，求 $\frac{SD_1}{SD}$ 及两棱锥 S-$A_1B_1C_1D_1$，V-$ABCD$ 的体积之比.

解 设底面中心 O，角 θ 如图 3.16 所示. 不妨设各侧棱长为 1，平面 $A_1B_1C_1$ 与 SO 交于点 M，设 $SM = m$，$\frac{SD_1}{SD} = \lambda$，由 $S_{\triangle SA_1M} + S_{\triangle SC_1M} = S_{\triangle SA_1C_1}$，得

$$\frac{1}{2} \cdot \frac{3}{7}m\sin\theta + \frac{1}{2} \cdot \frac{4}{9}m\sin\theta = \frac{1}{2} \cdot \frac{3}{7} \cdot \frac{4}{9}\sin 2\theta$$

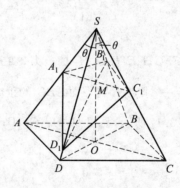

图 3.16

即
$$\frac{3}{7}m + \frac{4}{9}m = \frac{3}{7} \cdot \frac{4}{9} \cdot 2\cos\theta$$

同理
$$\frac{2}{7}m + \lambda m = \frac{2}{7}\lambda \cdot 2\cos\theta$$

两式相除得

用三角、解析几何等计算解来自俄罗斯的几何题

$$\frac{\frac{3}{7}+\frac{4}{9}}{\frac{2}{7}+\lambda}=\frac{\frac{3}{7}\cdot\frac{4}{9}}{\frac{2}{7}\lambda}$$

两边分子同乘 63,分母同乘 7 得

$$\frac{55}{2+7\lambda}=\frac{12}{2\lambda}$$

解得

$$\frac{SD_1}{SD}=\lambda=\frac{12}{13}$$

$$\frac{V_{S-A_1B_1C_1D_1}}{V_{S-ABCD}}=\frac{1}{2}\cdot\frac{V_{S-A_1D_1C_1}}{V_{S-ADC}}+$$

$$\frac{1}{2}\cdot\frac{V_{S-A_1B_1C_1}}{V_{S-ABC}}$$

$$=\frac{1}{2}\cdot\frac{3}{7}\cdot\frac{4}{9}\cdot\frac{12}{13}+\frac{1}{2}\cdot\frac{3}{7}\cdot\frac{4}{9}\cdot\frac{2}{7}①$$

$$=\frac{2}{21}\left(\frac{12}{13}+\frac{2}{7}\right)=\frac{2}{21}\cdot\frac{110}{91}=\frac{220}{1911}$$

3.19 正方体 $EFGH\text{-}E_1F_1G_1H_1$ 棱长为 2,在棱 EH,HH_1 上分别取点 A,B,使 $\frac{EA}{AH}=2,\frac{HB}{BH_1}=\frac{1}{2}$,求点 E 到平面 ABG 的距离.

解 取坐标轴如图 3.17 所示,易得 H,H_1,G_1,E,A,B 坐标如图 3.17 所示. 平面 ABG 为

$$\begin{vmatrix} x-0 & y-0 & z-\frac{2}{3} \\ 0-0 & \frac{2}{3}-0 & 0-\frac{2}{3} \\ 2-0 & 0-0 & 2-\frac{2}{3} \end{vmatrix}=0$$

即

$$\frac{8}{9}x-\frac{4}{3}y-\frac{4}{3}\left(z-\frac{2}{3}\right)=0$$

---

① 易证三侧棱分别共直线的两个三棱锥体积的比等于三侧棱的比的积.

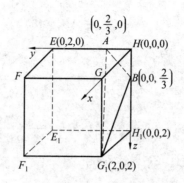

图 3.17

$$2x - 3y - 3z + 2 = 0$$

点 $E(0,2,0)$ 到其距离为

$$\frac{|-3 \cdot 2 + 2|}{\sqrt{2^2 + (-3)^2 + (-3)^2}} = \frac{2}{11}\sqrt{22}$$

3.20 三棱锥 S-ABC 底面为正三角形，边长为 $2\sqrt{2}$，$SA = \frac{3}{2}\sqrt{2}$，$SB = SC$，一球面与 $\triangle ABC$ 各边相切，与侧面 SBC 相切，与 SA 相切，求其半径 r.

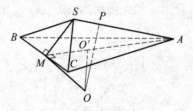

图 3.18

解 设球面与 SA 相切于点 P，易见球心 O 在底面的射影为 $\triangle ABC$ 的内心 O'，故

$$AO' = \frac{2\sqrt{2}}{\sqrt{3}}, O'M = \frac{1}{2}OO' = \frac{\sqrt{2}}{\sqrt{3}}, OO'^2 = r^2 - \frac{2}{3}$$

$$OA^2 = OO'^2 + O'A^2 = r^2 + 2, AP^2 = OA^2 - r^2 = 2, AP = \sqrt{2}$$

$$SM = SP = SA - AP = \frac{3}{2}\sqrt{2} - \sqrt{2} = \frac{1}{2}\sqrt{2}$$

又

$$AM = \frac{\sqrt{3}}{2}AB = \sqrt{6}$$

$$\cos\angle MSA = \frac{(\frac{3}{2}\sqrt{2})^2 + (\frac{1}{2}\sqrt{2})^2 - \sqrt{6}^2}{2 \cdot \frac{3}{2}\sqrt{2} \cdot \frac{1}{2}\sqrt{2}} = -\frac{1}{3} \Rightarrow \sin\angle MSA = \frac{\sqrt{8}}{3}$$

$$\tan\angle MSO = \tan\frac{1}{2}\angle MSA = \frac{\sin\angle MSA}{1+\cos\angle MSA} = \sqrt{2}$$

$$r = SM\tan\angle MSO = \frac{1}{2}\sqrt{2} \cdot \sqrt{2} = 1$$

3.21 正三棱锥高为 $\frac{5}{4}$, 底面边长为 $\sqrt{15}$, 在其内放置五个同样半径的球, 其中一个与棱锥底面相切于中心, 另三个球与侧面相切, 切点在斜高上分斜高为 $1:2$(从顶点算起), 第五个球与前述四球相切, 求球的半径 r.

解 设正三棱锥顶点 S 在底面的射影为 O, 一斜高为 SD, 如图 3.19 所示, 只画出 $\triangle SOD$ 及平面 SOD 截球面所得大圆(以球心为圆心). 设第一、五球的球心分别为 O_1, O_5, 与此斜高所在侧面相切于此斜高点 M 的球的球心为 O_2, 取 x, y 轴如图 3.19 所示, 因底面外接圆半径 $\frac{\sqrt{15}}{\sqrt{3}} = \sqrt{5}$, 从而 $OD = \frac{\sqrt{5}}{2}$, 易得 D, S, O_5, M 的坐标如此图所示, 设角 α 如此图所示, 则

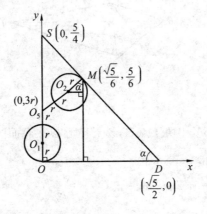

图 3.19

$$\tan \alpha = \frac{\frac{5}{4}}{\frac{\sqrt{5}}{2}} = \frac{\sqrt{5}}{2} \Rightarrow \sin \alpha = \frac{\sqrt{5}}{3}, \cos \alpha = \frac{2}{3}$$

$$x_{O_2} = x_M - r\sin \alpha = \frac{\sqrt{5}}{6} - \frac{\sqrt{5}}{3}r, y_{O_2} = y_M - r\cos \alpha = \frac{5}{6} - \frac{2}{3}r$$

$$(2r)^2 = O_2 O_5^2 = \left(\frac{\sqrt{5}}{6} - \frac{\sqrt{5}}{3}r - 0\right)^2 + \left(\frac{5}{6} - \frac{2}{3}r - 3r\right)^2$$

去分母后化简得
$$360r^2 - 240r + 30 = 0$$
即
$$12r^2 - 8r + 1 = 0$$
解得
$$r = \frac{1}{6}, \frac{1}{2}$$

但 $r = \frac{1}{2}$ 时,$x_{O_5} = \frac{3}{2} > \frac{5}{4} = x_S$,故舍去,所以 $r = \frac{1}{6}$.

3.22 正三棱锥 $S\text{-}KLM$,KL 中点为点 N,$SN = \sqrt{17}$,一球面过 L, M,N 且与棱 SK 相切于点 P,$\frac{KP}{PS} = \frac{1}{2}$,求棱锥的高 SO.

解 易见所述球面中心 O' 在底面的射影点 Q 为 Rt$\triangle LMN$ 的外心,即斜边 LM 的中点. 设 $SO = h, ON = m$,取坐标轴如图 3.20 所示,得 $S(0,0,h), M(-2m,0,0), L(m, \sqrt{3}m, 0), K(m, -\sqrt{3}m, 0), Q(-\frac{1}{2}m, \frac{\sqrt{3}}{2}m, 0), P(\frac{2}{3}m, -\frac{2\sqrt{3}}{3}m, \frac{h}{3})$.

可设 $O'(-\frac{1}{2}m, \frac{\sqrt{3}}{2}m, n)$,易见
$$m^2 + h^2 = 17 \qquad ①$$
由 $O'L^2 = O'P^2$,得
$$\left(\frac{3}{2}m\right)^2 + \left(\frac{\sqrt{3}}{2}m\right)^2 + n^2 = \left(\frac{7}{6}m\right)^2 + \left(\frac{7\sqrt{3}}{6}m\right)^2 + \left(n - \frac{h}{3}\right)^2$$

化简得
$$22m^2 + h^2 = 6nh \qquad ②$$

用三角、解析几何等计算解来自俄罗斯的几何题

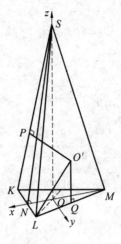

图 3.20

由 $\overrightarrow{O'P} \cdot \overrightarrow{SK} = 0$,得

$$\left(\frac{7}{6}m, -\frac{7\sqrt{3}}{6}m, \frac{h}{3} - n\right) \cdot (m, -\sqrt{3}m, -h) = 0$$

化简得

$$14m^2 - h^2 = -3nh \qquad ③$$

从式 ②③ 消去 nh,得

$$h^2 = 50m^2$$

联合式 ①③ 解得(取正根)

$$m = \frac{1}{\sqrt{3}}, \quad SO = h = \frac{5}{3}\sqrt{6}$$

3.23 四面体 $S\text{-}ABC$ 中,$\angle SAB = \angle ABC = 90°$,二面角 $S\text{-}AB\text{-}C = \tan^{-1}\frac{2\sqrt{10}}{3}$,$AB = 4$,$BC = 7$,求此四面体从点 B 到平面 SAC 的高 h'.

解 设从 S 到底面 ABC 的高 $SO = h$,则易见 $\angle SAO$ 为二面角 $S\text{-}AB\text{-}C$ 的平面角 α

$$\tan \alpha = \frac{2\sqrt{10}}{3}, \sin \alpha = \frac{2\sqrt{10}}{7}$$

$$\cos \alpha = \frac{3}{7}, SA = \frac{h}{\sin \alpha} = \frac{7}{2\sqrt{10}}h$$

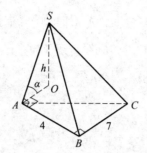

图 3.21

由二面角 S-OA-C 等于 $90°$，作 $OH \perp AC$ 于 H，联 SH，由三垂线定理易得（或由球面三角"边的余弦定理"推出）

$$\cos \angle SAC = \cos \alpha \cos \angle OAC = \frac{3}{7} \cdot \frac{7}{\sqrt{4^2+7^2}} = \frac{3}{\sqrt{65}} \Rightarrow \sin \angle SAC = \sqrt{\frac{56}{65}}$$

$$S_{\triangle SAC} = \frac{1}{2} SA \cdot AC \cdot \sin \angle SAC = \frac{1}{2} \cdot \frac{7}{2\sqrt{10}} h \cdot \sqrt{65} \cdot \sqrt{\frac{56}{65}} = \frac{7\sqrt{7}}{\sqrt{20}} h$$

而（两边均为四面体 S-ABC 的体积）

$$\frac{1}{3} \cdot \frac{7\sqrt{7}}{\sqrt{20}} h \cdot h' = \frac{1}{3} \cdot \frac{4 \cdot 7}{2} \cdot h \Rightarrow h' = 4\sqrt{\frac{5}{7}}$$

3.24 三棱锥 S-ABC，SA 与底面 ABC 垂直，$\angle SCB = 90°$，$BC = \sqrt{5}$，$AC = \sqrt{7}$，点 O_1 为此棱锥的外接球球心，对每个自然数 $n \geq 2$，点 O_n 为棱锥 O_{n-1}-ABC 的外接球球心，要使集合 $\{O_n\}$ 正好由两个点组成，求 SA.

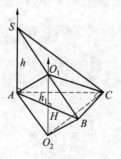

图 3.22

解 易见有 $\text{Rt}\triangle ABC$，故点 O_1 在过斜边 AB 中点 H 作平面 ABC 的垂线（在平面 SAB 上）上．又由 $O_1A = O_1B = O_1S$ 知，点 O_1 为 $\text{Rt}\triangle SAB$ 的斜边 SB

的中点. 记 $AS=h$, 以射线 HO_1 为正向, 设有向线段 $\overline{HO_1}=h_1=\frac{1}{2}h$. 棱锥 $O_1\text{-}ABC$ 的外接球球心为 O_2, 亦应在直线 HO_1 上, 记 $\overline{HO_2}=h_2$, 则

$$HB^2=\frac{1}{4}AB^2=\frac{1}{4}(AC^2+BC^2)=\frac{1}{4}\cdot(5+7)=3$$

由 $O_2B^2=O_2O_1{}^2$, 得

$$h_2{}^2+3=(h_1-h_2)^2 \Rightarrow h_2=\frac{h_1{}^2-3}{2h_1}$$

记 $\overline{HO_3}=h_3$, 同理 $h_3=\frac{h_2{}^2-3}{2h_2}$. 因集 $\{O_n\}$ 正好由两点组成, 易见 $h_2\neq h_1$, $h_3\neq h_2$, 故 O_3 应与 O_1 重合, $h_3=h_1$, 于是

$$h_1=\frac{h_2{}^2-3}{2h_2}=\frac{\left(\frac{h_1{}^2-3}{2h_1}\right)^2-3}{\frac{h_1{}^2-3}{h_1}}=\frac{(h_1{}^2-3)^2-12h_1{}^2}{4h_1^3-12h_1}$$

去分母化简得

$$3h_1^4+6h_1{}^2-9=0 \Rightarrow h_1{}^2=1, h_1{}^2=-3(舍去)$$

于是 $h_1=1, AS=h=2h_1=2$ (这时同理 O_4 与 O_2 重合, O_5 与 O_3 重合, $\cdots$)

3.25 四面体 $A\text{-}BCD$, BC, CD, DA 的中点分别是点 M, K, F, 在线段 CF, MA 上各取点 Q, P, 使 $QP\parallel KB$, 求 $\dfrac{QP}{KB}$.

解 延长 CF 一倍至 F', 不妨取斜坐标系如图 3.23 所示, 得点 C, B, A, D 坐标, 从而得点 M, K, F' 坐标如此图所示. 因 F', A 到平面 BCD 等距, 又 QP 必须平行于平面 BCD, 从而 Q, P 到其等距, 故有 $\dfrac{AP}{PM}=\dfrac{F'Q}{QC}=\dfrac{\lambda}{1-\lambda}$ (设), 从而有

$$P(\lambda a,0,2(1-\lambda)c), Q(0,2(1-\lambda)b,2(1-\lambda)c)$$
$$\overrightarrow{PQ}=(-\lambda a,2(1-\lambda)b,0)$$

又因 $QP\parallel KB$, 而

$$\overrightarrow{KB}=(2a,-b,0)$$

得

$$\frac{-\lambda a}{2a}=\frac{2(1-\lambda)b}{-b}$$

$$\lambda=4(1-\lambda)\Rightarrow\lambda=\frac{4}{5}$$

$$\frac{QP}{KB} = \left|\frac{x_P - x_Q}{x_B - x_K}\right| = \frac{\lambda a}{2a} = \frac{2}{5}$$

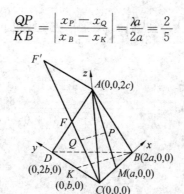

图 3.23

3.26 矩形 $ABCD$,$AB=3$,$BC=4$,取空间点 K,使 $KA=\sqrt{10}$,$KB=2$,$KC=3$,求 CK 与 BD 所成的(锐)角 θ.

解 取坐标轴如图 3.24 所示,可设 A,B,C,D,K 坐标如图 3.24 所示,由已知 KA,KB,KC 的值得

$$m^2 + (n-3)^2 + h^2 = (\sqrt{10})^2$$
$$m^2 + n^2 + h^2 = 2^2$$
$$(m-4)^2 + n^2 + h^2 = 3^2$$

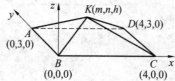

图 3.24

由第二式分别减第一、三式得
$$6n - 9 = -6, 8m - 16 = -5$$

从而
$$n = \frac{1}{2}, m = \frac{11}{8}$$
$$h = \sqrt{2^2 - n^2 - m^2} = \frac{\sqrt{119}}{8}$$
$$K\left(\frac{11}{8}, \frac{1}{2}, \frac{\sqrt{119}}{8}\right)$$

$$\overrightarrow{CK} = \left(\frac{11}{8} - 4, \frac{1}{2}, \frac{\sqrt{119}}{8}\right) = \left(-\frac{21}{8}, \frac{1}{2}, \frac{\sqrt{119}}{8}\right), \overrightarrow{BD} = (4, 3, 0)$$

对锐角 θ

$$\cos\theta = \left|\frac{\overrightarrow{CK} \cdot \overrightarrow{BD}}{CK \cdot BD}\right| = \left|\frac{-\frac{21}{8} \cdot 4 + \frac{1}{2} \cdot 3 + \frac{\sqrt{119}}{8} \cdot 0}{3\sqrt{4^2 + 3^2 + 0^2}}\right| = \frac{9}{3 \cdot 5} = \frac{3}{5}$$

$$\theta = \cos^{-1}\frac{3}{5}$$

3.27 平行六面体 $ABCD$-$A_1B_1C_1D_1$,在 AD 上取点 M 使 $\frac{AM}{AD} = \frac{1}{5}$,在 A_1C 上取点 N,使 MN 与平面 BC_1D 平行,求 $\frac{CN}{CA_1}$.

解 设 $CD = d, CC_1 = c, CB = b$,取斜坐标轴如图 3.25 所示①,则

$$D(0,0,d), A(0,b,d), M(0,\frac{4}{5}b,d), A_1(c,b,d)$$

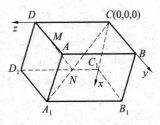

图 3.25

平面 BC_1D 为

$$\frac{x}{c} + \frac{y}{b} + \frac{z}{d} = 1$$

过点 M 且与平面 BC_1D 平行的平面为

$$\frac{x}{c} + \frac{y - \frac{4}{5}b}{b} + \frac{z-d}{d} = 0$$

直线 CA_1(参数 t)为

$$x = ct, y = bt, z = dt$$

---

① 下文计算不涉及向量积,(三向量)混合积,有向体积,三坐标轴不必适合右手系.

代入以上方程求 CA_1 与上述平面交点 N 所相应的参数 t 值

$$t+(t-\frac{4}{5})+(t-1)=0 \Rightarrow t=\frac{3}{5}, N(\frac{3}{5}c,\frac{3}{5}b,\frac{3}{5}d)$$

于是

$$\frac{CN}{CA_1}=\frac{x_N-x_C}{x_{A_1}-x_C}=\frac{3}{5}$$

3.28 三棱柱 $ABC\text{-}A_1B_1C_1$，AA_1，CC_1 的中点分别为点 M,N，在 CM，AB_1 分别取点 E,F，使 $EF \parallel BN$，求 $\dfrac{EF}{BN}$.

解 不妨取斜坐标系如图 3.26 所示，得 A,B,C,A_1,B_1,C_1 坐标，从而得 M,N 坐标，则 $\overrightarrow{BN}=(-2b,2c,-a)$. 与解 3.25 题类似知

$$\frac{AF}{FB_1}=\frac{ME}{EC}=\frac{\lambda}{1-\lambda}(设)$$

$F(2\lambda b,0,2(1-\lambda)a), E(0,2\lambda c,2a\lambda+(1-\lambda)a)$

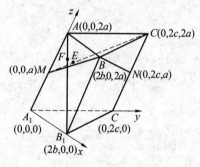

图 3.26

即

$$E(0,2\lambda c,(1+\lambda)a)$$

由 $EF \parallel BN$，得

$$\frac{x_F-x_E}{x_N-x_B}=\frac{y_F-y_E}{y_N-y_B}=\frac{z_F-z_E}{z_N-z_B}$$

$$\frac{2\lambda b}{-2b}=\frac{-2\lambda c}{2c}=\frac{(1-3\lambda)a}{-a}\Rightarrow -\lambda=-\lambda=3\lambda-1$$

解得

$$\lambda=\frac{1}{4}, \frac{EF}{BN}=\left|\frac{x_F-x_E}{x_N-x_B}\right|=\frac{2\lambda b}{2b}=\lambda=\frac{1}{4}$$

3.29 平行六面体 $ABCD$-$A_1B_1C_1D_1$,AD,CC_1 的中点分别为点 M,N,求过 M,N 且与 DB_1 平行的平面截 BB_1 所得两线段的比.

解 不妨取斜坐标系如图 3.27 所示.可设 B_1,C_1,A_1,B,A,D,C 坐标从而得 M,N 坐标如图 3.27 所示.$\overrightarrow{NM}=(-c,2a,b)$,$\overrightarrow{B_1D}=(2c,2a,2b)$,所述平面为过点 N 且与二向量 $\overrightarrow{NM},\overrightarrow{B_1D}$ 平行的平面,其方程为①

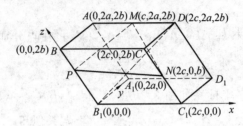

图 3.27

$$\begin{vmatrix} x-2c & y-0 & z-b \\ -c & 2a & b \\ 2c & 2a & 2b \end{vmatrix}=0$$

即
$$2ab(x-2c)+4bcy-6ac(x-b)=0$$

因点 P 在 z 轴上,$x_P=y_P=0$,以 $x=0,y=0$ 代入上式求得 $z=z_P=\frac{1}{3}b$,则

$$\frac{BP}{PB_1}=\frac{z_B-z_P}{z_P-z_{B_1}}=\frac{2b-\frac{1}{3}b}{\frac{1}{3}b-0}=5$$

---

① 已知平面上一点 $P_0(x_0,y_0,z_0)$ 及其上不共线二向量 $\boldsymbol{n}_1=(A_1,B_1,C_1)$,$\boldsymbol{n}_2=(A_2,B_2,C_2)$,则平面方程为

$$\begin{vmatrix} x-x_0 & y-y_0 & z-z_0 \\ A_1 & B_1 & C_1 \\ A_2 & B_2 & C_2 \end{vmatrix}=0 \qquad ①$$

此公式适用于斜坐标系,可不用向量积(只适于直角坐标系),另行在斜坐标系证明:

对以 P_0 为起点且取 $\boldsymbol{n}_1(\boldsymbol{n}_2)$ 方向的向量 $\overrightarrow{P_0P}$,因 $\overrightarrow{P_0P}=(x_p-x_0,y_p-y_0,z_p-z_0)$,与向量 $\boldsymbol{n}_1=(A_1,B_1,C_1)$(向量 $\boldsymbol{n}_2=(A_2,B_2,C_2)$)的各分量成比例,故 $(x,y,z)=(x_p,y_p,z_p)$ 时方程①左边行列式第一、二行(第一、三行)成比例,其值为0,于是 $\overrightarrow{P_0P}$ 在平面① 上——易见方程①中 x,y,z 系数不全为0,因 $\boldsymbol{n}_1$ 与 $\boldsymbol{n}_2$ 不共线,其各分量不成比例.又显然点 P_0 在平面① 上,于是方程① 为所求平面的方程.

3.30 正三棱锥 $A\text{-}BCD$,底面面积为 S,一个侧面面积为 Q,求过 BC 及 AD 中点 M 的截面 $\triangle BCM$ 的面积.

解 如图 3.28 所示,取 BC 中点 N,设 $DN=h_1$,$AN=h_2$,$MN=h$,$\angle DNA=\theta$,$S_{\triangle BCM}=S'$,则

$$\cos\theta = \dfrac{\dfrac{1}{3}h_1}{h_2} = \dfrac{h_1}{3h_2} = \dfrac{S}{3Q}$$

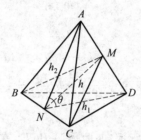

图 3.28

延长 NM 一倍至点 N' 可得 $\square ANDN'$,对角线 $MN'=2h$,$\angle NAN'=180°-\theta$,故

$$(2h)^2 = h_2^2 + h_1^2 + 2h_2h_1\cos\theta$$

因 S',Q,S 与 h,h_2,h_1 成比例,故

$$4S'^2 = Q^2 + S^2 + 2QS\cos\theta = Q^2 + S^2 + \dfrac{2}{3}S^2 = Q^2 + \dfrac{5}{3}S^2$$

$$S' = \sqrt{\dfrac{1}{4}Q^2 + \dfrac{5}{12}S^2}$$

3.31 四面体 $ABCD$,AB,CD 的中点分别为点 M,N,在 AD 上取点 K,使 $\dfrac{AK}{KD}=3$,求平面 MNK 把棱 BC 分成的比.

解 不妨取斜坐标系如图 3.29 所示,得 C,B,A,D,M,N,K 坐标如图 3.29 所示.设平面 MNK 与 BC 交于点 L.

所述平面过点 N 且与 $\overrightarrow{NK}=(d,0,a)$,$\overrightarrow{NM}=(-2d,2b,2a)$ 平行,其方程为

$$\begin{vmatrix} x-2d & y-0 & z-0 \\ d & 0 & a \\ -2d & 2b & 2a \end{vmatrix} = 0$$

即

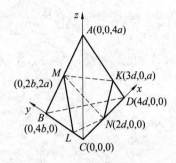

图 3.29

$$-2ab(x-2d)-4ady+2dbz=0$$

令 $x=x_L=0, z=z_L=0$，求得 $y=y_L=b, \dfrac{BL}{LC}=\dfrac{y_B-y_L}{y_L-y_C}=\dfrac{4b-b}{b-0}=3.$

3.32 如图 3.30 所示，四面体 $A\text{-}BCD$，在棱 AD, BC, DC 上分别取点 M, N, K，使 $\dfrac{AM}{MD}=\dfrac{1}{3}, \dfrac{BN}{NC}=1, \dfrac{CK}{KD}=\dfrac{1}{2}$，求平面 MNK 把棱 AB 分成的比.

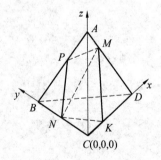

图 3.30

提示 仿上题解的，下同.

答案 $\dfrac{AP}{PB}=\dfrac{2}{3}$

3.33 如图 3.31 所示，四面体 $A\text{-}BCD$，在棱 AB, BC, AD 上分别取点 K, N, M，使 $\dfrac{AK}{KB}=\dfrac{BN}{NC}=2, \dfrac{AM}{MD}=3$，求平面 KMN 截棱 CD 所得二线段的比.

答案 $\dfrac{CP}{PD}=\dfrac{3}{4}$

第 3 章 立体几何题
DISANZHANG LITI JIHETI

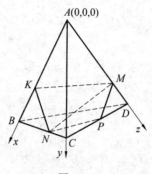

图 3.31

3.34 四棱锥 S-$ABCD$, 底面为 $\square ABCD$, 在棱 SA, SB, SC 上分别取点 M, N, K, 使 $\dfrac{AM}{MS}=\dfrac{1}{2}$, $\dfrac{BN}{NS}=\dfrac{1}{3}$, $\dfrac{CK}{KS}=1$, 求平面 MNK 截棱 SD 所得二线段的比.

解 不妨取斜坐标系如图 3.32 所示，可取 S, A, B, C 的坐标，从而得 M, N, P 的坐标如此图所示，设平面 MNK 与 SD 交于点 L. 所述平面过点 M, 且与二向量 $\overrightarrow{MN}=(-8a,9b,0)$, $\overrightarrow{MK}=(-8a,0,6c)$ 平行，其方程为

$$\begin{vmatrix} x-8a & y-0 & z-0 \\ -8a & 9b & 0 \\ -8a & 0 & 6c \end{vmatrix}=0$$

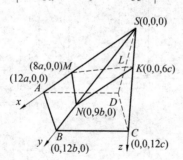

图 3.32

即
$$54bc(x-8a)+48acy+72abz=0$$
$\overrightarrow{SD}=\overrightarrow{SA}+\overrightarrow{SC}-\overrightarrow{SB}=(12a,-12b,12c)$（即 $D(12a,-12b,12c)$）
为直线 SD 的方向向量，不妨约成 $(a,-b,c)$，于是直线 SD（参数 t）为
$$x=at, y=-bt, z=ct$$
代入平面 NMK 方程求与交点 L 相应的参数 t 值

$$9bc(at-8a)+8ac\cdot(-bt)+12ab\cdot ct=0 \Rightarrow t=\frac{72}{13}$$

则

$$\frac{SL}{LD}=\frac{x_L-x_S}{x_D-x_L}=\frac{\frac{72}{13}a}{12a-\frac{72}{13}a}=\frac{6}{7}$$

3.35 正方体 $ABCD$-$A_1B_1C_1D_1$ 棱长为 a，AB 中点为点 M，过点 M 作平面与 BD_1 及 A_1C 平行，求其截正方体所得截面面积.

解 取坐标轴如图 3.33 所示，为使计算过程少出现分数，设 $a=2b$（改用 b 计算）. 因所作平面与 A_1C_1，AC 平行，故其与底面 $ABCD$ 的截线 $MN \parallel AC$，从而 $MN=\frac{1}{2}AC=\frac{1}{2}\cdot 2\sqrt{2}b=\sqrt{2}b$. 设所述截面与 AA_1，CC_1，BD，DD_1 分别交于点 P,Q,R,S，RS 与 PQ 交于点 T. 易见 $PQ=A_1C_1=2\sqrt{2}b$. 易得 B,C,A,A_1,B_1，D_1,M,N 坐标如图所示，则

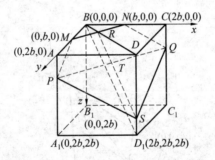

图 3.33

$$RS=\frac{3}{4}BD_1=\frac{3}{4}\cdot\sqrt{3}\cdot 2b=\frac{3\sqrt{3}}{2}b$$

$$\overrightarrow{MN}\times\overrightarrow{BD_1}=(b,-b,0)\times(2b,2b,2b)=(-2b^2,-2b^2,4b^2)$$

为平面 MNS 的法向量，不妨约成 $(-1,-1,2)$.

平面 MNS 为

$$-(x-b)-y+2z=0$$

令 $x=x_P=0, y=y_P=2b$，代入求得 $z=z_P=\frac{1}{2}b$.

令 $x=x_S=2b, y=y_S=2b$ 代入求得 $z=z_S=\frac{3}{2}b$.

因 $z_T = z_P = \frac{1}{2}b$,故

$$\frac{RT}{TS} = \frac{z_T - z_R}{z_S - z_T} = \frac{\frac{1}{2}b - 0}{\frac{3}{2}b - \frac{1}{2}b} = \frac{1}{2}$$

$$RT = \frac{1}{3}RS = \frac{\sqrt{3}}{2}b, \quad TS = RS - RT = \sqrt{3}\,b$$

截面面积为

$$\frac{1}{2}(MN + PQ)RT + \frac{1}{2}PQ \cdot TS$$

$$= \frac{1}{2}(\sqrt{2}b + 2\sqrt{2}b)\frac{\sqrt{3}}{2}b + \frac{1}{2} \cdot 2\sqrt{2}b \cdot \sqrt{3}\,b$$

$$= \frac{7}{4}\sqrt{6}\,b^2 = \frac{7}{16}\sqrt{6}\,a^2$$

3.36 如图 3.34 所示,直平行六面体 $ABCD$-$A_1B_1C_1D_1$ 中,$AD = BD = 25$,$AB = 29$,$AA_1 = 48$,求截面 AB_1C_1D 的面积.

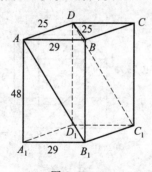

图 3.34

解 $$AB_1 = \sqrt{29^2 + 48^2} = \sqrt{3\,145}$$

$$\cos\angle DAB = \frac{\frac{29}{2}}{25} = \frac{29}{50}$$

$$\cos\angle BAB_1 = \frac{29}{\sqrt{3\,145}}$$

又注意二面角 B_1-AB-$D = 90°$,由球面三角"边的余弦定理"得

$$\cos\angle DAB_1 = \cos\angle BAB_1 \cos\angle DAB + \sin\angle BAB_1 \sin\angle DAB \cos 90°$$

用三角、解析几何等计算解来自俄罗斯的几何题

$$= \frac{29}{\sqrt{3\,145}} \cdot \frac{29}{50} = \frac{29^2}{50\sqrt{3\,145}}$$

$$\sin\angle DAB_1 = \frac{\sqrt{50^2 \cdot 3\,145 - 29^4}}{50\sqrt{3\,145}} = \frac{\sqrt{7\,155\,219}}{50\sqrt{3\,145}}$$

则

$$S_{\Box AB_1CD} = 25\sqrt{3\,145} \cdot \frac{\sqrt{7\,155\,219}}{50\sqrt{3\,145}} = \frac{1}{2}\sqrt{7\,155\,219}$$

3.37 正方体 $ABCD\text{-}A_1B_1C_1D_1$ 的棱长为 1,BB_1 中点为 M. 求异面直线 AB_1,CM 的夹角 θ 及距离,公垂线分 CM 所得的比.

解 为计算中避免分数,令 $a=\dfrac{1}{2}$(用 a 计算). 取坐标系如图 3.35 所示,得 B_1,A_1,B,C,A,M 坐标如此图所示,则

$$\cos\theta = \frac{\overrightarrow{MC}\cdot\overrightarrow{B_1A}}{MC\cdot B_1A} = \frac{(2a,0,a)\cdot(0,2a,2a)}{\sqrt{(2a)^2+0^2+a^2}\cdot\sqrt{0^2+(2a)^2+(2a)^2}} = \frac{1}{\sqrt{10}}$$

$$\theta = \cos^{-1}\frac{1}{\sqrt{10}}$$

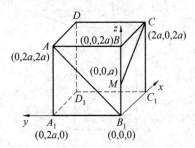

图 3.35

$\overrightarrow{MC}\times\overrightarrow{B_1A} = (-2a^2,-4a^2,4a^2)$ 为过 B_1A 且与 MC 平行的平面的法向量,不妨约成 $(1,2,-2)$,故此平面方程为

$$x+2y-2z=0$$

与点 $M(0,0,a)$ 的距离(即所求 AB_1 与 CM 距离)

$$\left|\frac{0+2\cdot 0-2\cdot a}{\sqrt{1^2+2^2+(-2)^2}}\right| = \frac{2a}{3} = \frac{1}{3}$$

现求过直线 B_1A 及所述公垂线之平面的方程:实际上前已求得的向量 $(1,2,-2)$,即公垂线之方向向量,所求平面过点 $B_1(0,0,0)$,其法向量为

$$\overrightarrow{B_1A} \times (1,2,-2) = (0,2a,2a) \times (1,2,-2) = (-8a,2a,-2a)$$

不妨约成 $(4,-1,1)$,故所求平面为

$$4x - y + z = 0 \qquad ①$$

此平面与 MC 交点 P 即公垂线与 MC 交点,设有向线段的比(以射线 CM 为正向) $\dfrac{\overline{CP}}{\overline{PM}} = \dfrac{\lambda}{1-\lambda}$,则点 P 的坐标

$$(x,y,z) = \lambda(x_M, y_M, z_M) + (1-\lambda)(x_C, y_C, z_C)$$
$$= ((2-2\lambda)a, 0, (2-\lambda)a)$$

代入方程式 ① 得

$$4(2-2\lambda)a + (2-\lambda)a = 0 \Rightarrow \lambda = \frac{10}{9}$$

$$\frac{\overline{CP}}{\overline{PM}} = \frac{\lambda}{1-\lambda} = \frac{\frac{10}{9}}{-\frac{1}{9}} = \frac{10}{-1}$$

即点 P 在 CM 延长线上,外分 CM 为 $10:1$.

3.38 如图 3.35 所示,求异面直线 AB_1 与 DM 所成的角 θ 与距离,公垂线把 DM 分成的比.

提示 仿上题解,下两题同.

答案 $\theta = 45°, \dfrac{1}{3}, 8:1$

3.39 如图 3.35 所示,求异面直线 AC_1 与 DM 所成的角 θ 与距离,公垂线把 DM 分成的比.

答案 $\theta = \cos^{-1}\dfrac{\sqrt{3}}{9}, \dfrac{1}{\sqrt{26}}, 7:6$

3.40 如图 3.35 所示,求异面直线 A_1B, CM 所成的角 θ 及距离,公垂线分 CM 所成的比.

答案 $\theta = \cos^{-1}\dfrac{1}{10}, \dfrac{1}{3}, 8:1$

3.41 正四面体 $A\text{-}BCD$ 棱长为 1,AB 中点为点 M,求直线 AD, CM 所

成角 θ 及距离,公垂线分 CM 所成的比.

解 以正 $\triangle BCD$ 中心 O 为原点取坐标轴如图 3.36 所示.设 BC 中点为点 N, $ON=a=\dfrac{DB}{2\sqrt{3}}=\dfrac{1}{2\sqrt{3}}$,得 N,D,B,C 坐标如图 3.36 所示,则

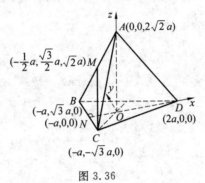

图 3.36

$$AD=BD=2\sqrt{3}\,a$$
$$AO=\sqrt{AD^2-OD^2}=\sqrt{(2\sqrt{3}\,a)^2-(2a)^2}=2\sqrt{2}\,a$$

故得 $A(0,0,2\sqrt{2}\,a)$.

以下略(仿 3.37 题解).

答案 $\theta=\cos^{-1}\dfrac{1}{2\sqrt{3}},\sqrt{\dfrac{2}{11}},10:1$

3.42 如图 3.36 所示,BC 中点为点 N,求异面直线 CM 与 DN 所成角 θ 及距离,公垂线分 DN 所成的比.

提示 仿 3.37 与 3.41 题解,下同.

答案 $\theta=\cos^{-1}\dfrac{1}{6},\sqrt{\dfrac{2}{35}},32:3$

3.43 如图 3.36 所示,CD 中点为点 K,求异面直线 CM 与 BK 所成角 θ 及距离,公垂线分 CM 所成的比.

答案 $\theta=\cos^{-1}\dfrac{2}{3},\dfrac{1}{\sqrt{10}},3:2$

3.44 正三棱柱 $ABC\text{-}A_1B_1C_1$,底面 ABC,$A_1B_1C_1$ 的中心分别为点 O,

第3章 立体几何题

O_1,底面边长为 a,AO_1 在 B_1O 的射影为 $\frac{5}{6}a$,求棱柱的高 h.

解 设 $a'=OM=\frac{1}{2\sqrt{3}}a$,则 $\frac{5}{6}a=\frac{5}{6}\cdot 2\sqrt{3}\,a'=\frac{5}{3}\sqrt{3}\,a'$,取坐标轴如图 3.37 所示. 易见 $\overrightarrow{AO_1}=(2a',0,-h)$,$\overrightarrow{B_1O}=(-a',\sqrt{3}a',h)$,不管 $\overrightarrow{AO_1}$ 与 $\overrightarrow{B_1O}$ 之间的角 θ 为锐角还是钝角、直角,无向线段之长 $\frac{5}{3}\sqrt{3}\,a'=AO_1\cdot\cos\theta$

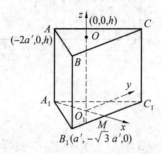

图 3.37

$$\frac{5}{3}\sqrt{3}\,a'=AO_1\cdot\frac{|\overrightarrow{AO_1}\cdot\overrightarrow{B_1O}|}{AO_1\cdot B_1O}=\frac{|-2a'^2-h^2|}{\sqrt{(-a')^2+(\sqrt{3}a')^2+h^2}}=\frac{2a'^2+h^2}{\sqrt{4a'^2+h^2}}$$

$$\sqrt{3}(2a'^2+h^2)=5a'\sqrt{4a'^2+h^2}$$

两边平方得

$$12a'^4+12a'^2h^2+3h^4=100a'^4+25a'^2h^2$$

求得(正值)

$$h^2=8a'^2,\quad h=2\sqrt{2}\,a'=\sqrt{\frac{2}{3}}\,a$$

3.45 如图 3.35 所示,求 A_1D 与 D_1C 的距离.

答案 $\dfrac{1}{\sqrt{3}}$

3.46 正方体 $ABCD\text{-}A_1B_1C_1D_1$ 的棱长为 12,延长 BC 至点 K,使 $CK=9$,在 AB 上取 $AL=5$,在 A_1C_1 上取点 M,使 $\dfrac{A_1M}{MC_1}=\dfrac{1}{3}$,求平面 KLM 被正方体表面所截得的截面积.

解 取坐标轴如图 3.38 所示,易得 B,C,A,A_1,C_1,L,K 坐标如此图所示.

从 $CG \parallel BL$ 易求得 $CG=3$,故 $G(12,3,0)$,又易得 $M(3,9,12)$.
$$\vec{LK} \times \vec{LM} = (21,-7,0) \times (3,2,12) = (-84,-252,63)$$

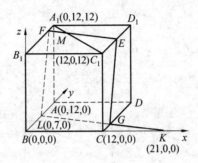

图 3.38

为平面 LKM 的法向量,不妨约成 $(-4,-12,3)$.

平面 LMK 为
$$-4(x-21)-12y+3z=0$$

设它与 C_1D_1 交于点 E,以 $x=x_E=12, z=z_E=12$ 代入得 $y=y_E=6$,得 $E(12,6,12)$.又设平面 LMK 与直线 $B_1A_1:x=0,z=12$,交于点 F,则求得
$$y_F=10, F(0,10,12)$$
$$\cos\angle GLF = \frac{\vec{LF} \cdot \vec{LG}}{LF \cdot LG} = \frac{(0,3,12)\cdot(12,-4,0)}{\sqrt{0^2+3^2+12^2}\cdot\sqrt{12^2+(-4)^2+0^2}}$$
$$= \frac{-12}{3\sqrt{17} \cdot 4\sqrt{10}} = \frac{-1}{\sqrt{170}}$$

所求截面积
$$S_{\square LGEF} = LF \cdot LG \cdot \sin\angle GLF = 3\sqrt{17} \cdot 4\sqrt{10} \cdot \sqrt{1-\left(\frac{-1}{\sqrt{170}}\right)^2} = 156$$

3.47 正方体 $ABCD\text{-}A_1B_1C_1D_1$ 棱长为 1,绕对角线 AC_1 旋转 α 角使 A_1B_1 上点 K 转至 A_1D_1 上点 M,求 A_1K.

解 设 $A_1K=A_1M=x$,如图 3.39 所示
$$AK=\sqrt{1^2+x^2}, C_1K=\sqrt{1^2+(1-x)^2}, AC_1=\sqrt{3}$$
$$\cos\angle KAC_1 = \frac{AK^2+AC_1^2-C_1K^2}{2\cdot AK \cdot AC_1} = \frac{1+x}{\sqrt{3(1+x^2)}}$$
$$\sin\angle KAC_1 = \sqrt{1-\frac{(1+x)^2}{3+3x^2}} = \sqrt{\frac{2-2x+2x^2}{3+3x^2}}$$

第 3 章 立体几何题
DISANZHANG LITI JIHETI

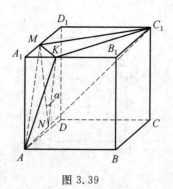

图 3.39

易见 K,M 在 AC_1 的射影重合,设为 N

$$\angle KNM = \alpha, MK = \sqrt{2}x$$

$$NK = NM = AK\sin\angle KAC_1 = \sqrt{\frac{2-2x+2x^2}{3}}$$

$$\sin\frac{\alpha}{2} = \frac{\frac{MK}{2}}{NK} = \frac{\sqrt{3}x}{2\sqrt{1-x+x^2}} \Rightarrow 4(1-x+x^2)\sin^2\frac{\alpha}{2} = 3x^2$$

解得正根

$$x = \frac{-2\sin^2\frac{\alpha}{2} + \sqrt{4\sin^4\frac{\alpha}{2} + 4\sin^2\frac{\alpha}{2}\cdot(3-4\sin^2\frac{\alpha}{2})}}{3-4\sin^2\frac{\alpha}{2}}$$

$$= \frac{2\sqrt{3}\sin\frac{\alpha}{2}\cos\frac{\alpha}{2} - 2\sin^2\frac{\alpha}{2}}{3\cos^2\frac{\alpha}{2} - \sin^2\frac{\alpha}{2}}$$

$$= \frac{2\sin\frac{\alpha}{2}}{\sqrt{3}\cos\frac{\alpha}{2} + \sin\frac{\alpha}{2}} = \frac{2\tan\frac{\alpha}{2}}{\sqrt{3} + \tan\frac{\alpha}{2}}$$

3.48 正方体 $ABCD\text{-}A_1B_1C_1D_1$ 棱长为 1,直线 $l \parallel C_1A$ 且与 A_1D,BD,B_1C 等距,求此距离.

解 取坐标轴如图 3.40 所示,得 C_1,B_1,B,A,C,D 坐标如图 3.40 所示.
$\overrightarrow{C_1A} \times \overrightarrow{BD} = (1,1,1) \times (1,-1,0) = (1,1,-2)$.

设直线 l 与平面 $A_1B_1C_1D_1$ 交于点 $(m,n,0)$,则过 l 且与 BD 平行的平面(法

用三角、解析几何等计算解来自俄罗斯的几何题
YONGSANJIAO,JIEXI JIHE DENG JISUAN JIE LAIZI ELUOSI DE JIHETI

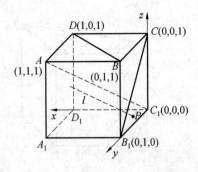

图 3.40

向量 $(1,1,-2))$
$$1(x-m)+1(y-n)-2z=0$$

与点 $B(0,1,1)$ 的距离(即 l 与 BD 距离)
$$\frac{|(0-m)+(1-n)-2\cdot 1|}{\sqrt{1^2+1^2+(-2)^2}}=\frac{|m+n+1|}{\sqrt{6}}$$

$$\overrightarrow{C_1A}\times\overrightarrow{DA_1}=(1,1,1)\times(0,1,0)=(-1,0,1)$$

过 l 且与 DA_1 平行的平面
$$-(x-m)+z=0$$

与 $D(1,0,0)$ 的距离(即 l 与 DA_1 距离)
$$\frac{|m-1|}{\sqrt{(-1)^2+0^2+1^2}}=\frac{|m-1|}{\sqrt{2}}$$

$$\overrightarrow{C_1A}\times\overrightarrow{B_1C}=(1,1,1)\times(0,-1,1)=(2,-1,-1)$$

过 l 且与 B_1C 平行的平面
$$2(x-m)-(y-n)-z=0$$

与 $C(0,0,1)$ 的距离(即 l 与 B_1C 距离)
$$\frac{|-2m+n-1|}{\sqrt{2^2+(-1)^2+(-1)^2}}=\frac{|-2m+n-1|}{\sqrt{6}}$$

故得
$$\frac{|m+n+1|}{\sqrt{6}}=\frac{|m-1|}{\sqrt{2}}=\frac{|-2m+n-1|}{\sqrt{6}}$$

即
$$m+n+1=\pm(-2m+n-1),m+n+1=\pm\sqrt{3}(m-1)(正、负号任意搭配)$$

分如下情况解答:

(1) $m+n+1=-2m+n-1 \Rightarrow m=-\dfrac{2}{3}$

所求距离
$$d=\dfrac{|m-1|}{\sqrt{2}}=\dfrac{5}{6}\sqrt{2}$$

(2) $m+n+1=-(-2m+n-1), m+n+1=\sqrt{3}(m-1)$

即
$$m=2n, 3n+1=\sqrt{3}(2n-1) \Rightarrow n=\dfrac{1+\sqrt{3}}{2\sqrt{3}-3}=\dfrac{9+5\sqrt{3}}{3}$$

所求距离
$$d=\dfrac{|m-1|}{\sqrt{2}}=\dfrac{|2n-1|}{\sqrt{2}}=\dfrac{15+10\sqrt{3}}{3\sqrt{2}}=\dfrac{15\sqrt{2}+10\sqrt{6}}{6}$$

(3) $m+n+1=-(-2m+n-1), m+n+1=-\sqrt{3}(m-1)$

即
$$m=2n, 3n+1=-\sqrt{3}(2n-1) \Rightarrow n=\dfrac{\sqrt{3}-1}{3+2\sqrt{3}}=\dfrac{9-5\sqrt{3}}{3}$$

所求距离
$$d=\dfrac{|m-1|}{\sqrt{2}}=\dfrac{|2n-1|}{\sqrt{2}}=\dfrac{-15+10\sqrt{3}}{3\sqrt{2}}=\dfrac{10\sqrt{6}-15\sqrt{2}}{6}$$

3.49 长方体 $ABCD\text{-}A_1B_1C_1D_1$, $AB=a$, $BC=b$, $AA_1=c$, 过 BD_1 作平面与 AC 平行, 求它与底面所成的角.

解 取坐标轴如图 3.41 所示, 易见 $D_1(b,a,c)$, $C(b,0,0)$, $A(0,a,0)$, 所述平面的法向量

$$\overrightarrow{BD_1} \times \overrightarrow{AC} = (b,a,c) \times (b,-a,0) = (ac,bc,-2ab)$$

底面的法向量 $(0,0,1)$

$$\cos\theta = \dfrac{|(ac,bc,-2ab)\cdot(0,0,1)|}{\sqrt{(ac)^2+(bc)^2+(-2ab)^2}\cdot\sqrt{0^2+0^2+1^2}} = \dfrac{2ab}{\sqrt{a^2c^2+b^2c^2+4a^2b^2}}$$

所求角

$$\theta = \cos^{-1}\dfrac{2ab}{\sqrt{a^2c^2+b^2c^2+4a^2b^2}}$$

用三角、解析几何等计算解来自俄罗斯的几何题

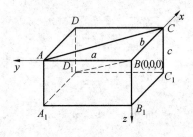

图 3.41

3.50 如图 3.42 所示，正三角形在一平面的射影为边长 $\sqrt{6}, 3, \sqrt{14}$ 的三角形，求正三角形边长.

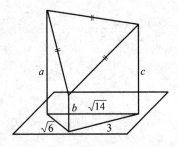

图 3.42

解 设正三角形各顶点在平面的射影到相应顶点的有向线段值为 a, b, c（取定正向使 $a \geqslant 0$），易见

$$(a-b)^2 + \sqrt{6}^2 = (c-b)^2 + 3^2 = (a-c)^2 + \sqrt{14}^2$$

设 $x = a-b, y = b-c$，则

$$x + y = a - c$$
$$x^2 + 6 = y^2 + 9 = (x+y)^2 + 14 \qquad ①$$

从后二式相等求得 $y = \dfrac{-x^2 - 5}{2x}$，再从式 ① 中前二式相等得

$$x^2 = \left(\dfrac{x^2+5}{2x}\right)^2 + 3$$

解得（正值）

$$x^2 = \dfrac{25}{3}$$

正三角形边长为

$$\sqrt{x^2 + 6} = \sqrt{\dfrac{43}{3}}$$

3.51 如图 3.43 所示,三棱锥 $S\text{-}ABC$,$\angle ACB = 90°$,所有侧面与底面所成角为 $\sin^{-1}\dfrac{5}{13}$,高为 SO,$OA = 1$,$OB = 3\sqrt{2}$,求棱锥侧面积.

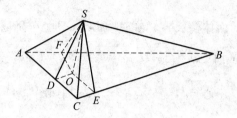

图 3.43

解 易见 O 为 $\triangle ABC$ 的内心,设内切圆半径为 r,与 AC,CB,BA 的切点分别为点 D,E,F,则 $AD = AF = \sqrt{1^2 - r^2}$,$BE = BF = \sqrt{(3\sqrt{2})^2 - r^2} = \sqrt{18 - r^2}$,$CD = CE = r$. 由 $CA^2 + CB^2 = AB^2$,得

$$(\sqrt{1-r^2}+r)^2 + (\sqrt{18-r^2}+r)^2 = (\sqrt{1-r^2}+\sqrt{18-r^2})^2$$

化简得

$$r\sqrt{1-r^2} + r\sqrt{18-r^2} = \sqrt{(1-r^2)(18-r^2)} - r^2 \qquad ①$$

两边平方化简得

$$2r^4 - 19r^2 + 9 = 2r^2\sqrt{(1-r^2)(18-r^2)}$$

再两边平方化简得

$$325r^4 - 342r^2 + 81 = 0$$

解得

$$r^2 = \dfrac{9}{25},\quad \text{或}\ r^2 = \dfrac{9}{13}$$

经检验,只有 $r^2 = \dfrac{9}{25}$,$r = \dfrac{3}{5}$ 才是方程 ① 的解.

因 $\sin^{-1}\dfrac{5}{13} = \cos^{-1}\dfrac{12}{13}$,故知斜高

$$SD = SE = SF = \dfrac{\dfrac{3}{5}}{\dfrac{12}{13}} = \dfrac{13}{20}$$

所求侧面积

$$\frac{1}{2}(AB+BC+CA)\cdot\frac{13}{20}=(\sqrt{1-r^2}+\sqrt{18-r^2}+r)\cdot\frac{13}{20}$$
$$=\left(\frac{4}{5}+\frac{21}{5}+\frac{3}{5}\right)\cdot\frac{13}{20}=\frac{28}{5}\cdot\frac{13}{20}=\frac{91}{25}$$

3.52 正四面体棱长为1,在 AB,BC,CD 上分别取点 P,Q,R,使 $AP=\frac{1}{2}$,$BQ=CR=\frac{1}{3}$,平面 PQR 与 AD 交于点 S,求 $\angle PSQ$.

解 以 $\triangle BCD$ 中心点 O 为原点取 x,y,z 轴如图3.44所示.因 $OB=\frac{BD}{\sqrt{3}}=\frac{1}{\sqrt{3}}$,故得 B,C,D 坐标如图3.44所示,又 $OA=\sqrt{BA^2-BO^2}=\sqrt{1^2-\left(\frac{1}{\sqrt{3}}\right)^2}=\sqrt{\frac{2}{3}}$,故 $A(0,0,\sqrt{\frac{2}{3}})$,从而得(注意 $\frac{AP}{PB}=1,\frac{BQ}{QC}=\frac{CR}{RD}=\frac{1}{2}$),$P(\frac{1}{2\sqrt{3}},0,\sqrt{\frac{1}{6}})$,$Q(\frac{1}{2\sqrt{3}},\frac{1}{6},0),R(-\frac{1}{2\sqrt{3}},\frac{1}{6},0)$.

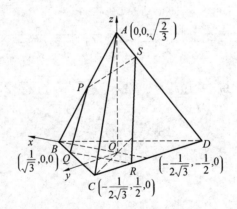

图 3.44

$$\vec{PQ}\times\vec{PR}=(0,\frac{1}{6},-\sqrt{\frac{1}{6}})\times(-\frac{1}{\sqrt{3}},\frac{1}{6},-\sqrt{\frac{1}{6}})=(0,\frac{1}{3\sqrt{2}},\frac{1}{6\sqrt{3}})$$

为平面 PQR 的法向量,不妨约成 $(0,2\sqrt{3},\sqrt{2})$.

平面 PQR 为
$$2\sqrt{3}(y-\frac{1}{6})+\sqrt{2}z=0$$

直线 AD(参数 t) 为

$$x=\frac{1}{2\sqrt{3}}t, y=\frac{1}{2}t, z=\sqrt{\frac{2}{3}}t+\sqrt{\frac{2}{3}}$$

代入平面 PQR 的方程求交点 S 相应的 t 值

$$2\sqrt{3}(\frac{1}{2}t-\frac{1}{6})+\sqrt{2}(\sqrt{\frac{2}{3}}t+\sqrt{\frac{2}{3}})=0 \Rightarrow t=-\frac{1}{5}$$

求得

$$S(-\frac{1}{10\sqrt{3}}, -\frac{1}{10}, \frac{4}{15}\sqrt{6})$$

$$\cos\angle PSQ = \frac{\overrightarrow{SP}\cdot\overrightarrow{SQ}}{SP\cdot SQ} = \frac{(\frac{\sqrt{3}}{5},\frac{1}{10},-\frac{1}{10}\sqrt{6})\cdot(\frac{\sqrt{3}}{5},\frac{4}{15},-\frac{4}{15}\sqrt{6})}{\sqrt{\frac{3}{25}+\frac{1}{100}+\frac{6}{100}}\cdot\sqrt{\frac{3}{25}+\frac{16}{225}+\frac{96}{225}}} = \frac{46}{\sqrt{2\,641}}$$

$$\angle PSQ = \cos^{-1}\frac{46}{\sqrt{2\,641}}$$

3.53 空间四点 A,B,C,D, $AD=BD=CD$, $\angle ADB=90°$, $\angle ADC=50°$, $\angle BDC=140°$, 求 $\triangle ABC$ 各角.

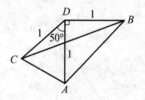

图 3.45

解 易见 DA,DB,DC 共平面（否则三面角 D-ABC 中 $\angle BDA+\angle ADC>\angle BDC$ 与 $90°+50°=140°$ 矛盾）. 不妨设 $AD=BD=CD=1$, 则

$$AB=\sqrt{2}, AC=2\sin 25°, BC=2\sin 70°$$

$$\cos\angle ACB = \frac{AC^2+BC^2-AB^2}{2AC\cdot BC} = \frac{2\sin^2 25°+2\sin^2 70°-1}{4\sin 25°\sin 70°}$$

$$= \frac{1-\cos 50°+1-\cos 140°-1}{4\sin 25°\sin 70°}$$

$$= \frac{1-2\cos 95°\cos 45°}{2(\cos 45°-\cos 95°)}$$

$$= \frac{1-\sqrt{2}\cos 95°}{\sqrt{2}-2\cos 95°} = \frac{1}{\sqrt{2}}$$

$$\angle ACB = 45°$$

$$\cos\angle BAC = \frac{BA^2 + AC^2 - BC^2}{2BA \cdot AC} = \frac{1 + 2\sin^2 25° - 2\sin^2 70°}{2\sqrt{2}\sin 25°}$$

$$= \frac{-2\sin 95°\sin 45° + 1}{2\sqrt{2}\sin 25°}$$

$$= \frac{1 - \sqrt{2}\sin 95°}{2\sqrt{2}\sin 25°} = \frac{\sin 45° - \sin 95°}{2\sin 25°}$$

$$= \frac{-2\sin 25°\cos 70°}{2\sin 25°} = \cos 110°$$

$$\angle BAC = 110°, \angle CAB = 180° - 45° - 110° = 25°$$

3.54 正四棱锥 P-$ABCD$,PA 与底面所成角等于 PA 与平面 PBC 所成角,求此角 α.

解 设 AC,BD 交于点 O,取坐标轴如图 3.46 所示,不妨设 $OA = OB = OC = OD = 1$,得 A,B,C,P 坐标如此图所示

$$\vec{BP} \times \vec{CP} = (0,-1,\tan\alpha) \times (1,0,\tan\alpha) = (-\tan\alpha,\tan\alpha,1)$$

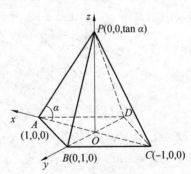

图 3.46

为平面 BPC 的法向量,又 $\vec{AP} = (-1,0,\tan\alpha)$,因 PA 与平面 BPC 所成角 α 与 "PA 与上述法向量所成角" 互为余角,故

$$\sin\alpha = \frac{|\vec{AP} \cdot (-\tan\alpha,\tan\alpha,1)|}{AP \cdot \sqrt{(-\tan\alpha)^2 + \tan^2\alpha + 1^2}} = \frac{2\tan\alpha}{\sqrt{1+\tan^2\alpha}\sqrt{1+2\tan^2\alpha}}$$

$$= \frac{2\sin\alpha}{\sqrt{1+2\tan^2\alpha}}$$

故

$$\sqrt{1+2\tan^2\alpha} = 2, \quad 1+2\tan^2\alpha = 4$$

$$（正值）\tan\alpha = \sqrt{\frac{3}{2}}, \quad \alpha = \tan^{-1}\sqrt{\frac{3}{2}}$$

3.55 正四棱锥 S-$ABCD$ 的高 SO 为底面边长的 $\sqrt{3}$ 倍,侧面 SAB 的斜高 SM 的中点为点 E,求直线 DE 与平面 SAC 所成角.

解 取坐标轴如图 3.47 所示,不妨设 $OA=OB=OC=OD=4$,则 $OS = AB \cdot \sqrt{3} = 4\sqrt{2} \cdot \sqrt{3} = 4\sqrt{6}$,$S(0,0,4\sqrt{6})$,易得 A,B,D,M 坐标如此图所示,从而 $E(1,1,2\sqrt{6})$,$\overrightarrow{DE}=(1,5,2\sqrt{6})$. 又平面 SAC 的法线向量为 $(0,1,0)$,与 $\overrightarrow{DE}$ 夹角的余弦为

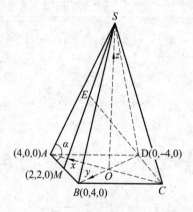

图 3.47

$$\frac{|(0,1,0)\cdot(1,5,2\sqrt{6})|}{\sqrt{0^2+1^2+0^2}\sqrt{1^2+5^2+(2\sqrt{6})^2}} = \frac{5}{\sqrt{50}} = \frac{1}{\sqrt{2}}$$

故此夹角为 $45°$,所求角为 $90°-45°=45°$.

3.56 正三棱锥 P-ABC,过 PC 作平面与 AB 平行,此平面与直线 PA 所成角为 $\sin^{-1}\frac{\sqrt{2}}{3}$,求侧棱与底面所成角 α.

解 以正 $\triangle ABC$ 中心 O 为原点取 x,y,z 轴如图 3.48 所示,不妨设 $OC=$

用三角、解析几何等计算解来自俄罗斯的几何题

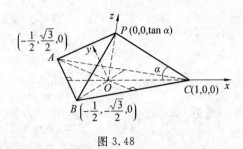

图 3.48

1,易得 C,A,P 坐标如此图所示,则

$$\overrightarrow{CP} \times \overrightarrow{BA} = (-1,0,\tan\alpha) \times (0,\sqrt{3},0) = (-\sqrt{3}\tan\alpha, 0, -\sqrt{3})$$

为题目所述平面的法向量,不妨约成 $(\tan\alpha, 0, 1)$. 又 $\overrightarrow{AP} = (\frac{1}{2}, -\frac{\sqrt{3}}{2}, \tan\alpha)$,故所述平面与 PA 所成角的正弦为

$$\frac{\left|(\tan\alpha,0,1)\cdot(\frac{1}{2},-\frac{\sqrt{3}}{2},\tan\alpha)\right|}{\sqrt{\tan^2\alpha + 0^2 + 1^2} \cdot \sqrt{(\frac{1}{2})^2 + (-\frac{\sqrt{3}}{2})^2 + \tan^2\alpha}} = \frac{\sqrt{2}}{3}$$

化简得

$$\frac{3}{2}\sin\alpha\cos\alpha = \frac{\sqrt{2}}{3} \Rightarrow \sin 2\alpha = \frac{4\sqrt{2}}{9}, \cos 2\alpha = \pm\frac{7}{9}$$

$$\sin\alpha = \sqrt{\frac{1 \pm \frac{7}{9}}{2}} = \frac{1}{3}, \frac{2\sqrt{2}}{3}, \quad \alpha = \sin^{-1}\frac{1}{3} \text{ 或 } \alpha = \sin^{-1}\frac{2\sqrt{2}}{3}$$

3.57 正三棱柱 $ABC\text{-}A_1B_1C_1$ 底面边长为 6,高为 $\frac{3}{\sqrt{7}}$,在 AC, A_1C_1, BB_1 上分别取点 P, F, K,使 $AP=1, A_1F=3, BK=KB_1$,求平面 PFK 与底面所成角,及此平面截三棱柱所得截面的面积.

解 以 A_1B_1 中点 M 为原点,取 x, y, z 轴如图 3.49 所示,易得 A_1, B_1, C_1, B, K, F 坐标如此图所示. 又由 $C(3\sqrt{3}, 0, \frac{3}{\sqrt{7}}), A(0, -3, \frac{3}{\sqrt{7}})$ 及 $AP:PC = 1:5$,求得

$$P\left(\frac{1}{2}\sqrt{3}, -\frac{5}{2}, \frac{3}{\sqrt{7}}\right)$$

第3章 立体几何题

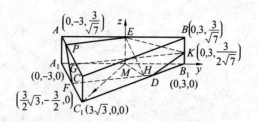

图 3.49

$$\vec{FP} \times \vec{FK} = (-\sqrt{3}, -1, \frac{3}{\sqrt{7}}) \times (-\frac{3}{2}\sqrt{3}, \frac{9}{2}, \frac{3}{2\sqrt{7}}) = \left(-\frac{15}{\sqrt{7}}, -\frac{3\sqrt{3}}{\sqrt{7}}, -6\sqrt{3}\right)$$

为平面 PFK 的法向量,不妨约成 $(5, \sqrt{3}, 2\sqrt{21})$,而底面法向量为 $(0,0,1)$,故对所求角 θ(锐角)

$$\cos\theta = \frac{|(5,\sqrt{3},2\sqrt{21}) \cdot (0,0,1)|}{\sqrt{5^2+\sqrt{3}^2+(2\sqrt{21})^2} \cdot \sqrt{0^2+0^2+1^2}} = 2\sqrt{\frac{21}{112}} = 2\sqrt{\frac{3}{16}} = \frac{\sqrt{3}}{2}$$

$$\theta = 30°$$

平面 PFK 为

$$5(x-\frac{3}{2}\sqrt{3}) + \sqrt{3}(y+\frac{3}{2}) + 2\sqrt{21}z = 0$$

直线 B_1C_1 为

$$\frac{x}{3\sqrt{3}} + \frac{y}{3} = 1, z = 0$$

即

$$x = \sqrt{3}(3-y), z = 0$$

代入平面 PFK 的方程求得交点 $D\left(\frac{3}{4}\sqrt{3}, \frac{9}{4}, 0\right)$.

直线 AB 为

$$x = 0, z = \frac{3}{\sqrt{7}}$$

代入平面 PFK 的方程求得交点 $E\left(0, 0, \frac{3}{\sqrt{7}}\right)$.

因 $PE \parallel FD$,作 $KG \parallel PE$,易见必与 PF 交于其中点 $G(\sqrt{3}, -2, \frac{3}{2\sqrt{7}})$,把截面五边形 $EPFDK$ 分成两梯形 $EPGK$,$KGFD$,在此截面作 $EH \perp FD$,易见

$MH \perp FD$，故 $\angle MHE = \theta = 30°$，$EH = \dfrac{EM}{\sin 30°} = \dfrac{\frac{3}{\sqrt{7}}}{\frac{1}{2}} = \dfrac{6}{\sqrt{7}}$，两梯形的高 $\dfrac{6}{\sqrt{7}} \cdot \dfrac{1}{2} = \dfrac{3}{\sqrt{7}}$，截面面积

$$\dfrac{1}{2}(PE + FD + 2KG) \cdot \dfrac{3}{\sqrt{7}}$$

$$= \dfrac{3}{2\sqrt{7}} \left[\sqrt{\left(\dfrac{\sqrt{3}}{2}\right)^2 + \left(\dfrac{5}{2}\right)^2} + \sqrt{\left(\dfrac{3}{4}\sqrt{3}\right)^2 + \left(\dfrac{15}{4}\right)^2} + 2\sqrt{(\sqrt{3})^2 + 5^2} \right]$$

$$= \dfrac{3}{2\sqrt{7}} \cdot \dfrac{13}{2}\sqrt{7} = \dfrac{39}{4}$$

3.58 正三棱柱 ABC-$A_1B_1C_1$ 边长为 4，高为 $\dfrac{\sqrt{42}}{7}$，AB，BB_1，A_1C_1 中点分别为点 D，F，E，求平面 DEF 与底面所成角及此平面截三棱柱所得截面的面积。

解 取坐标轴如图 3.50 所示，得

$$B\left(0, 0, \dfrac{\sqrt{42}}{7}\right), E(2\sqrt{3}, 0, 0), F\left(0, 0, \dfrac{\sqrt{42}}{14}\right)$$

$$A\left(2\sqrt{3}, 2, \dfrac{\sqrt{42}}{7}\right), D\left(\sqrt{3}, 1, \dfrac{\sqrt{42}}{7}\right)$$

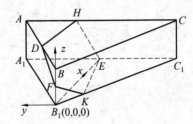

图 3.50

$$\overrightarrow{ED} \times \overrightarrow{EF} = \left(-\sqrt{3}, 1, \dfrac{\sqrt{42}}{7}\right) \times \left(-2\sqrt{3}, 0, \dfrac{\sqrt{42}}{14}\right) = \left(\dfrac{\sqrt{42}}{14}, -\dfrac{9}{14}\sqrt{14}, 2\sqrt{3}\right)$$

为平面 EDF 的法向量，不妨约成 $(1, -3\sqrt{3}, 2\sqrt{14})$。又底面的法向量为 $(0, 0, 1)$，对所求角 θ

$$\cos\theta = \frac{(1,-3\sqrt{3},2\sqrt{14})\cdot(0,0,1)}{\sqrt{1^2+(-3\sqrt{3})^2+(2\sqrt{14})^2}\sqrt{0^2+0^2+1^2}}$$

$$=\frac{2\sqrt{14}}{\sqrt{84}}=\sqrt{\frac{2}{3}} \Rightarrow \theta=\cos^{-1}\sqrt{\frac{2}{3}}$$

平面 DEF 为

$$(x-2\sqrt{3})-3\sqrt{3}y+2\sqrt{14}z=0$$

直线 AC 为

$$x=2\sqrt{3}, z=\frac{\sqrt{42}}{7}$$

代入上方程求得交点

$$H(2\sqrt{3},\frac{4}{3},\frac{\sqrt{42}}{7})$$

直线 $B_1 C_1$ 为

$$z=0, x=-\sqrt{3}y$$

与平面 DEF 方程联合求得交点 $K(\frac{\sqrt{3}}{2},-\frac{1}{2},0)$.

求得 D,F,K,E,H 在底面 $A_1 B_1 C_1$(即 $z=0$)的射影在此 xy 平面的坐标分别为 $D'(\sqrt{3},1), B_1(0,0), K(\frac{\sqrt{3}}{2},-\frac{1}{2}), E(2\sqrt{3},0), H'(2\sqrt{3},\frac{4}{3})$(按逆时针方向顺序,下同,使求得有向面积为正),则得有向面积(用 $\bar{S}$ 表示)

$$\bar{S}_{\text{五边形}D'B_1KFH'} = \bar{S}_{\triangle B_1 KE}+\bar{S}_{\triangle B_1 EH'}+\bar{S}_{\triangle B_1 H'D'}$$

$$=\frac{1}{2}\begin{vmatrix}\frac{\sqrt{3}}{2} & -\frac{1}{2} \\ 2\sqrt{3} & 0\end{vmatrix}+\frac{1}{2}(\frac{4}{3}-0)\cdot 2\sqrt{3}+\frac{1}{2}\begin{vmatrix}2\sqrt{3} & \frac{4}{3} \\ \sqrt{3} & 1\end{vmatrix}$$

$$=\frac{1}{2}\sqrt{3}+\frac{4}{3}\sqrt{3}+\frac{1}{3}\sqrt{3}=\frac{13}{6}\sqrt{3}$$

截面五边形 $DFKEH$ 的面积为

$$\frac{\frac{13}{6}\sqrt{3}}{\cos\theta}=\frac{\frac{13}{6}\sqrt{3}}{\sqrt{\frac{2}{3}}}=\frac{13}{4}\sqrt{2}$$

3.59 正四棱锥底面边长为 a,顶点上的面角等于侧棱与底面所成角,求其体积.

解 设所述正四棱锥 S-$ABCD$,其底面中心为 O,所述两角 α 如图 3.51 所示,则

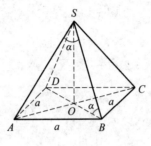

图 3.51

$$SB = \frac{OB}{\cos \alpha} = \frac{a}{\sqrt{2}\cos \alpha}, \quad \sin \frac{\alpha}{2} = \frac{\frac{a}{2}}{SB} = \frac{\cos \alpha}{\sqrt{2}}$$

$$\sqrt{2}\sin \frac{\alpha}{2} = \cos \alpha = 1 - 2\sin^2 \frac{\alpha}{2} \Rightarrow (\text{正值})\sin \frac{\alpha}{2} = \frac{-\sqrt{2}+\sqrt{10}}{4}$$

$$\cos \frac{\alpha}{2} = \frac{1}{4}\sqrt{4^2 - (-\sqrt{2}+\sqrt{10})^2} = \frac{\sqrt{1+\sqrt{5}}}{2}$$

$$\tan \alpha = \frac{2\sin \frac{\alpha}{2} \cos \frac{\alpha}{2}}{2\cos^2 \frac{\alpha}{2} - 1} = \frac{\frac{1}{4}\sqrt{1+\sqrt{5}}(\sqrt{10}-\sqrt{2})}{\frac{1}{2}(\sqrt{5}-1)} = \frac{\sqrt{2}\sqrt{1+\sqrt{5}}}{2}$$

棱锥的高

$$h = \frac{a}{\sqrt{2}} \tan \alpha = \frac{\sqrt{1+\sqrt{5}}}{2}a$$

所求体积

$$\frac{1}{3}a^2 h = \frac{\sqrt{1+\sqrt{5}}}{6}a^3$$

3.60 正三棱锥 P-ABC 底面边长为 2,在 PA 上取点 M,使 $\frac{PM}{MA}=\frac{1}{3}$,截面 $\triangle MBC$ 面积为 3,求棱锥的高.

解 如图 3.52 所示,设棱锥高 $PO=h$,易见 $AD=\sqrt{3}$,$OD=\frac{1}{3}\sqrt{3}$,$AO=$

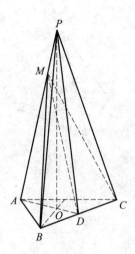

图 3.52

$\frac{2}{3}\sqrt{3}, PD = \sqrt{h^2 + \frac{1}{3}}, PA = \sqrt{h^2 + \frac{4}{3}}, MD = \frac{2S_{\triangle MBC}}{BC} = 3, PM = \frac{1}{4}\sqrt{h^2 + \frac{4}{3}},$

$MA = \frac{3}{4}\sqrt{h^2 + \frac{4}{3}}.$ 由 $\cos\angle PMD + \cos\angle AMD = 0$ 及余弦定理得

$$\frac{3^2 + \left(\frac{1}{4}\sqrt{h^2+\frac{4}{3}}\right)^2 - \sqrt{h^2+\frac{1}{3}}^2}{2\cdot 3\cdot\frac{1}{4}\sqrt{h^2+\frac{4}{3}}} + \frac{3^2 + \left(\frac{3}{4}\sqrt{h^2+\frac{4}{3}}\right)^2 - \sqrt{3}^2}{2\cdot 3\cdot\frac{3}{4}\sqrt{h^2+\frac{4}{3}}} = 0$$

去分母化简得

$$33 + \frac{3}{4}h^2 - 3h^2 = 0 \Rightarrow h = 2\sqrt{\frac{11}{3}}$$

3.61 正三棱锥底面边长为 a, 侧棱长为 b, 求与所有棱所在直线都相切的球的半径.

解 设所述正三棱锥 $S\text{-}ABC$, 底面中心为 M. 所述球球心 O 必在 SM 上, 设 O 到 SC 的距离为 y, 以射线 MS 为正向, 设有向线段 $\overline{MO} = x$. BC 中点为点 D, 易见 $MC = \frac{a}{\sqrt{3}}, MD = \frac{a}{2\sqrt{3}}, OD = \sqrt{x^2 + \left(\frac{a}{2\sqrt{3}}\right)^2} = \sqrt{x^2 + \frac{1}{12}a^2}, MS = \sqrt{b^2 - \frac{a^2}{3}}.$

由 $S_{\triangle SMC} = S_{\triangle SOC} + \overline{S}_{\triangle OMC}$ 得(当 O 在 SM 的延长线上, $x < 0$, 上式右边第二项应为 $-S_{\triangle OMC} = \overline{S}_{OMC} < 0$ 仍等于 $\frac{1}{2}\cdot\frac{a}{\sqrt{3}}x$)

用三角、解析几何等计算解来自俄罗斯的几何题
YONGSANJIAO,JIEXI JIHE DENG JISUAN JIE LAIZI ELUOSI DE JIHETI

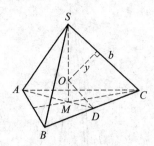

图 3.53

$$\frac{1}{2}by + \frac{1}{2} \cdot \frac{a}{\sqrt{3}}x = \frac{1}{2} \cdot \frac{a}{\sqrt{3}}\sqrt{b^2 - \frac{a^2}{3}}$$

$$y = \frac{a}{\sqrt{3}\,b}\sqrt{b^2 - \frac{a^2}{3}} - \frac{ax}{\sqrt{3}\,b}$$

由 $y = OD$ 得

$$\frac{a}{\sqrt{3}}\sqrt{b^2 - \frac{a^2}{3}} - \frac{ax}{\sqrt{3}} = b\sqrt{x^2 + \frac{1}{12}a^2}$$

两边乘 6 得

$$2a\sqrt{3b^2 - a^2} - 2\sqrt{3}\,ax = b\sqrt{36x^2 + 3a^2} \qquad ①$$

两边平方得

$$12a^2b^2 - 4a^4 + 12a^2x^2 - 8\sqrt{3}\,a^2x\sqrt{3b^2 - a^2} = 36b^2x^2 + 3a^2b^2$$

$$12(\sqrt{3b^2 - a^2}\,x)^2 + 8\sqrt{3}\,a^2(\sqrt{3b^2 - a^2}\,x) + (4a^4 - 9a^2b^2) = 0$$

$$x = \frac{1}{\sqrt{3b^2 - a^2}} \cdot \frac{-4\sqrt{3}\,a^2 \pm 6\sqrt{3}\,ab}{12} = \frac{a(-2a \pm 3b)}{2\sqrt{3} \cdot \sqrt{3b^2 - a^2}}$$

因 $b > MC = \frac{a}{\sqrt{3}}$,故 $\sqrt{3b^2 - a^2}$ 为正实数,当求得 x 为负数时,式①两边为正数,此负数不是增根,当求得 x 为正数 $(x = \frac{a(3b - 2a)}{2\sqrt{3}\sqrt{3b^2 - a^2}}, b > \frac{2}{3}a)$,这时式①左边为 $\frac{3ab}{\sqrt{3b^2 - a^2}}(2b - a) > 0$,此正数也不是增根,求得 x 有二值表示可求得两个球,分别与各棱相切,或与各棱的延长线相切.

所求(二球)半径

$$\sqrt{x^2 + DM^2} = \sqrt{\frac{a^2(-2a \pm 3b)^2}{12(3b^2 - a^2)} + \frac{a^2}{12}} = a\sqrt{\frac{4b^2 \mp 4ab + a^2}{4(3b^2 - a^2)}} = \frac{a(2b \mp a)}{2\sqrt{3b^2 - a^2}}$$

3.62 正四棱锥底面边长为a,侧棱长为b,求与所有棱所在直线都相切的球的半径.

解 设所述正四棱锥$S\text{-}ABCD$,底面中心为点M,BC中点为点E,所求球心O必在SM上,设O到SC距离为y,以射线MO为正向,设$\overline{MO}=x$,如图3.54所示,易见

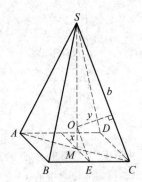

图 3.54

$$ME=\frac{a}{2},\ MC=\frac{\sqrt{2}}{2}a,\ OE=\sqrt{x^2+\frac{a^2}{4}},\ SM=\sqrt{b^2-\frac{1}{2}a^2}$$

$$\frac{1}{2}yb+\frac{1}{2}\cdot\frac{a}{\sqrt{2}}x=\frac{a}{2\sqrt{2}}\sqrt{b^2-\frac{1}{2}a^2}$$

$$y=\frac{a}{\sqrt{2}b}(\sqrt{b^2-\frac{1}{2}a^2}-x)=OE=\sqrt{x^2+\frac{a^2}{4}}$$

$$a^2(b^2-\frac{1}{2}a^2+x^2-2x\sqrt{b^2-\frac{1}{2}a^2})=2b^2(x^2+\frac{a^2}{4})$$

$$(\sqrt{4b^2-2a^2}\,x)^2+2a^2(\sqrt{4b^2-2a^2}\,x)+(a^4-a^2b^2)=0$$

$$x=\frac{a(-a\pm b)}{\sqrt{4b^2-2a^2}}$$

(与上题类似)经检验x的二根不是增根,所求(二球)半径

$$\sqrt{x^2+\frac{1}{4}a^2}=\sqrt{a^2\frac{b^2\mp 2ab+a^2+b^2-\frac{1}{2}a^2}{4b^2-a^2}}=\frac{a(2b\mp a)}{2\sqrt{2b^2-a^2}}$$

3.63 正六棱柱底面边长为a,侧棱长为b,求与所有棱所在直线都相切

的球的半径.

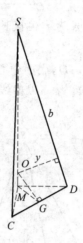

图 3.55

解 设所述正六棱柱底面正六边形的中心为点 M,CD 为此正六边形一边,有正 $\triangle MCD$,设 CD 中点为点 G. 所求球中心 O 必在 SM 上,设 O 到 SD 距离为 y,如图 3.55 所示,易见 $MD=a$,$MG=\dfrac{\sqrt{3}}{2}a$. 以射线 MO 为正向,设 $\overline{MO}=x$,则

$$OG=\sqrt{x^2+\dfrac{3}{4}a^2},\quad SM=\sqrt{b^2-a^2}$$

$$yb+xa=a\sqrt{b^2-a^2}$$

$$y=\dfrac{a}{b}(\sqrt{b^2-a^2}-x)=OG=\sqrt{x^2+\dfrac{3}{4}a^2}$$

$$a^2(b^2-a^2+x^2-2x\sqrt{b^2-a^2})=b^2x^2+\dfrac{3}{4}a^2b^2$$

$$(\sqrt{b^2-a^2}\,x)^2+2a^2(\sqrt{b^2-a^2}\,x)+(a^4-\dfrac{1}{4}a^2b^2)=0$$

$$x=\dfrac{-a^2\pm\dfrac{1}{2}ab}{\sqrt{b^2-a^2}}$$

经检验知两根都不是增根. 所求(二球)半径

$$\sqrt{x^2+\dfrac{3}{4}a^2}=\sqrt{\dfrac{a^4\mp a^3b+\dfrac{1}{4}a^2b^2+\dfrac{3}{4}(a^2b^2-a^4)}{b^2-a^2}}=\dfrac{a(2b\mp a)}{2\sqrt{b^2-a^2}}$$

3.64 正四棱锥 $S\text{-}ABCD$，SB，SC 中点分别为 B'，C'，过 $B'C'$ 作平面垂直于平面 SAD，截正四棱锥所得截面四边形 $B'C'C''B''$ 的面积为底面的 $\dfrac{1}{8}$，求侧面与底面所成角 α.

解 如图 3.56 所示，易见 $B'C' \parallel BC \parallel AD$，从而 $B'C' \parallel$ 平面 SAD，$B'C' \parallel B''C''$，又易见 $B''B' = C''C'$，于是有等腰梯形 $B'C'C''B''$，其二底 $B'C'$，$B''C''$ 中点连线 $M'M''$ 为其高. 又由于截面与平面 SAD 垂直，故 $\angle M'M''S = 90°$. 又 $\angle M'SM'' = 180° - 2\alpha$，设 $BC = a$，BC 中点为 M，易见 $\angle OMS = \alpha$，故

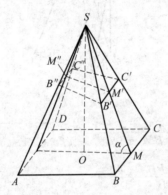

图 3.56

$$M''M' = SM'\sin(180° - 2\alpha) = \frac{1}{2}SM\sin 2\alpha = \frac{1}{2} \cdot \frac{a}{2\cos\alpha}\sin 2\alpha = \frac{a\sin\alpha}{2}$$

$$SM'' = SM'\cos(180° - 2\alpha) = \frac{a}{4\cos\alpha} \cdot (-\cos 2\alpha) = \frac{-a\cos 2\alpha}{4\cos\alpha}$$

$$\tan\frac{1}{2}\angle B''SC'' = \tan\frac{1}{2}\angle BSC = \frac{BM}{SM} = \frac{OM}{SM} = \cos\alpha$$

$$B''C'' = 2SM''\tan\frac{1}{2}\angle S'SC'' = 2\,\frac{-a\cos 2\alpha}{4\cos\alpha}\cos\alpha = -\frac{a\cos 2\alpha}{2}$$

$$\frac{a^2}{8} = S_{\text{梯形}B'C'C''B''} = \frac{1}{2}(B'C' + B''C'')M'M''$$

$$= \frac{1}{2}\left(\frac{1}{2}a - \frac{1}{2}a\cos 2\alpha\right)\frac{a\sin\alpha}{2} = \frac{a^2\sin^3\alpha}{4}$$

故

$$\sin^3\alpha = \frac{1}{2},\quad \alpha = \sin^{-1}\sqrt[3]{\frac{1}{2}}$$

3.65 正三棱锥 $P\text{-}ABC$ 底面边长为 a,侧棱长为 b,一球面与底面相切于点 A,又与侧棱 PB 相切,求其半径 r.

解 如图 3.57 所示,设球心为 O,则点 O 到 PB 的距离为 r,设底面中心为点 M.

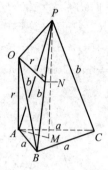

图 3.57

$$OP = \sqrt{AM^2 + (PM-OA)^2} = \sqrt{\frac{1}{3}a^2 + (\sqrt{b^2 - \frac{1}{3}a^2} - r)^2}$$

$$\cos\angle OBP = \frac{OB^2 + PB^2 - OP^2}{2OB \cdot PB}$$

$$= \frac{(r^2+a^2) + b^2 - [\frac{1}{3}a^2 + (b^2 - \frac{1}{3}a^2) - 2r\sqrt{b^2 - \frac{1}{3}a^2} + r^2]}{2b\sqrt{r^2+a^2}}$$

$$= \frac{a^2 + 2r\sqrt{b^2 - \frac{1}{3}a^2}}{2b\sqrt{r^2+a^2}}$$

$$\sin\angle OBP = \frac{\sqrt{4b^2(r^2+a^2) - (a^2 + 2r\sqrt{b^2 - \frac{1}{3}a^2})^2}}{2b\sqrt{r^2+a^2}}$$

$$r = OB\sin\angle OBP = \frac{1}{2b}\sqrt{4b^2(r^2+a^2) - (a^2 + 2r\sqrt{b^2 - \frac{1}{3}a^2})^2}$$

两边平方化简得

$$(2\sqrt{b^2 - \frac{1}{3}a^2}\, r)^2 + 2a^2(2\sqrt{b^2 - \frac{1}{3}a^2}\, r) + a^4 - 4b^2a^2 = 0$$

求得(正值)

$$r = \frac{-a^2 + 2ab}{2\sqrt{b^2 - \frac{1}{3}a^2}} = \frac{\sqrt{3}a(2b-a)}{2\sqrt{3b^2 - a^2}}$$

3.66 正三棱锥 S-ABC 底面边长为 a,侧棱长为 b,一球面过点 A,并与 SB,SC 相切于其中点,求它的半径.

解 设底面中心为 O,SB,SC 中点分别为 M,N,取坐标轴如图 3.58 所示,易得 A,B,C,S 坐标如此图所示,从而 $M(-\frac{a}{4\sqrt{3}}, \frac{a}{4}, \frac{1}{2}\sqrt{b^2 - \frac{a^2}{3}})$,$MA$ 中点 $(\frac{\sqrt{3}}{8}a, \frac{a}{8}, \frac{1}{4}\sqrt{b^2 - \frac{a^2}{3}})$,$\overrightarrow{AM} = (-\frac{5a}{4\sqrt{3}}, \frac{a}{4}, \frac{1}{2}\sqrt{b^2 - \frac{a^2}{3}})$,$\overrightarrow{BS} = (\frac{a}{2\sqrt{3}}, -\frac{a}{2}, \sqrt{b^2 - \frac{a^2}{3}})$.

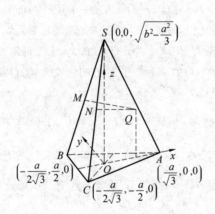

图 3.58

过点 M 且与 BS 垂直的平面(球心 Q 在其上)为

$$\frac{a}{2\sqrt{3}}(x + \frac{a}{4\sqrt{3}}) - \frac{a}{2}(y - \frac{a}{4}) + \sqrt{b^2 - \frac{a^2}{3}}(z - \frac{1}{2}\sqrt{b^2 - \frac{a^2}{3}}) = 0$$

它与 MN 的中垂面($y = 0$)的交线(球心 Q 所在直线)为

$$\begin{cases} \sqrt{3}ax + 2\sqrt{3}\sqrt{3b^2 - a^2}\,z = 3b^2 - 2a^2 \\ y = 0 \end{cases} \quad ①$$

(由对称性,过点 N 且与 CS 垂直的平面与 MN 中垂面的交线亦为此式)

MA 的中垂面(Q 亦在其上)为

$$-\frac{5a}{4\sqrt{3}}(x-\frac{\sqrt{3}}{8}a)+\frac{a}{4}(y-\frac{1}{8}a)+\frac{1}{2}\sqrt{b^2-\frac{a^2}{3}}(z-\frac{1}{4}\sqrt{b^2-\frac{a^2}{3}})=0$$

两边乘 24 化简得

$$-10\sqrt{3}ax+6ay+4\sqrt{3}\sqrt{3b^2-a^2}z=3b^2-4a^2 \qquad ②$$

联合方程 ①② 解得球心

$$Q\left(\frac{b^2}{4\sqrt{3}a},0,\frac{11b^2-8a^2}{8\sqrt{3}\sqrt{3b^2-a^2}}\right)$$

所求半径

$$QA=\sqrt{\left(\frac{b^2}{4\sqrt{3}a}-\frac{a}{\sqrt{3}}\right)^2+\left(\frac{11b^2-8a^2}{8\sqrt{3}\sqrt{3b^2-a^2}}\right)^2}=\frac{b}{8a}\sqrt{\frac{4b^4+7b^2a^2+16a^4}{3b^2-a^2}}$$

3.67 球心为 O,O' 的两等球外切于点 C,且都与大小为 α 的二面角的二面相切,球心为 $O(O')$ 的球与二面角的一面(另一面)相切于点 $A(B)$,求 AB 在球外部分与 AB 的比.

解 设二球半径为 R,球心为 $O(O')$ 的球与二面角的二面分别相切于点 A,$A'(B',B)$,平面 $OAA'(O'B'B)$ 与二面角的棱交于点 $D(D')$,DO 与 AA' 交于点 M.易见两四边形 $DAOA'$,$D'B'O'B$ 全等,$Rt\triangle ODA\cong Rt\triangle ODA'$,$AM=A'M$,设角 α,$\frac{\alpha}{2}$ 如图 3.59 所示,易见有矩形 $AA'BB'$.平面 $AA'BB'$ 与两球面的交线分别为以 AA' 中点 M,BB' 中点为圆心的圆,半径为 $MA=R\cos\frac{\alpha}{2}$.又 $AB'=A'B=OO'=2R$,设 AB 与两圆又分别交于点 P,Q,又设角 θ 如图 3.60 所示,则

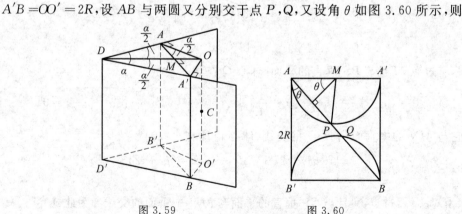

图 3.59　　　　　　　图 3.60

$$AB=\sqrt{AB'^2+AA'^2}=\sqrt{(2R)^2+(2R\cos\frac{\alpha}{2})^2}=2R\sqrt{1+\cos^2\frac{\alpha}{2}}$$

$$AP = BQ = 2AM\sin\theta = 2R\cos\frac{\alpha}{2} \cdot \frac{BB'}{AB} = 2R\cos\frac{\alpha}{2} \cdot \frac{2R\cos\frac{\alpha}{2}}{2R\sqrt{1+\cos^2\frac{\alpha}{2}}}$$

$$= \frac{2R\cos^2\frac{\alpha}{2}}{\sqrt{1+\cos^2\frac{\alpha}{2}}}$$

所求的比

$$\frac{AB-AP-BQ}{AB} = \frac{2R\sqrt{1+\cos^2\frac{\alpha}{2}} - 2\cdot\frac{2R\cos^2\frac{\alpha}{2}}{\sqrt{1+\cos^2\frac{\alpha}{2}}}}{2R\sqrt{1+\cos^2\frac{\alpha}{2}}}$$

$$= \frac{(1+\cos^2\frac{\alpha}{2}) - 2\cos^2\frac{\alpha}{2}}{1+\cos^2\frac{\alpha}{2}}$$

$$= \frac{1-\frac{1+\cos\alpha}{2}}{1+\frac{1+\cos\alpha}{2}} = \frac{1-\cos\alpha}{3+\cos\alpha}$$

3.68 正方体 $ABCD$-$A_1B_1C_1D_1$ 的棱长为 a,在 BD,CC_1 上分别有点 M,N,直线 MN 与底面 $ABCD$ 成 $45°$ 角,与侧面 BB_1C_1C 成 $30°$ 角,求线段 MN,又求球心在 MN 且与平面 $ABCD$,BB_1C_1C 相切的球的半径.

解 如图 3.61[①],设 M 在 BC 上的射影为 P,易见 $MP = BP = m$(设),又由所述 $45°$ 角易知

$$MN = \sqrt{2}MC = \sqrt{2}\sqrt{(a-m)^2 + m^2} = \sqrt{2a^2 - 4am + 4m^2}$$

于是

$$m = MP = MN\sin 30° = \frac{1}{2}\sqrt{2a^2 \cdot 4am + 4m^2}$$

[①] 按计算结果画图,在未验证 $BP = \frac{a}{2}$ 之前不认为 M 为 AC 与 BD 之交点.

用三角、解析几何等计算解来自俄罗斯的几何题

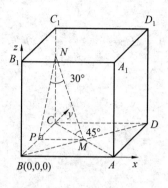

图 3.61

两边平方得

$$m^2 = \frac{1}{4}(2a^2 - 4am + 4m^2) \Rightarrow m = \frac{1}{2}a$$

从而知 M 为 BD 与 AC 交点.

如图取坐标轴,则得

$$M(\frac{1}{2}a, \frac{1}{2}a, 0), N(0, a, \frac{\sqrt{2}}{2}a), \overrightarrow{MN} = (-\frac{1}{2}a, \frac{1}{2}a, \frac{\sqrt{2}}{2}a)$$

直线 MN(参数 t)为

$$x = \frac{1}{2}a - \frac{1}{2}at, y = \frac{1}{2}a + \frac{1}{2}at, z = \frac{\sqrt{2}}{2}at$$

二面角 $A-BB_1-C$ 的平分面为

$$x = z$$

二者交点 Q 为题目所述球的球心,联合两方程解得

$$t = \sqrt{2} - 1, z = \frac{2-\sqrt{2}}{2}a$$

分别为 Q 所对应 t 值及 z 坐标,易见后者即所求半径.

3.69 如图 3.62 所示,正三棱锥中有一球与一半球,半球底面为正三棱锥底面的内切圆,球半径为 1,与半球相切于正三棱锥高的中点,与正三棱锥各侧面相切,求棱锥侧面积与两侧面所成的角 α.

解 设所述正三棱锥 $S-ABC$ 的高 SO 中点为 M. 显然所述半球球心为 O,所述球球心 O' 在 SM 上,与侧面 SAB 相切于斜高 SD 上一点,在截面 SCD 上得半圆(圆心 O) 及 $\odot O'$. 设 $SO = h, \angle OSD = \theta, O$ 在 SD 上的射影为 H,易见

第3章 立体几何题
DISANZHANG LITI JIHETI

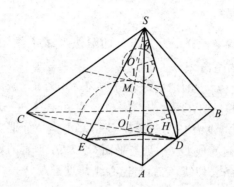

图 3.62

$$\tan\theta = \frac{OD}{OS} = \frac{OM}{OS} = \frac{1}{2}, \sin\theta = \frac{1}{\sqrt{5}}, OH = \frac{h}{\sqrt{5}}$$

$$\frac{1}{\frac{h}{\sqrt{5}}} = \frac{SO'}{SO} = \frac{\frac{h}{2}-1}{h} \Rightarrow \sqrt{5} = \frac{h}{2} - 1, h = 2\sqrt{5} + 2$$

$$AD = OD \cdot \sqrt{3} = \frac{h}{2} \cdot \sqrt{3} = \sqrt{15} + \sqrt{3}$$

斜高

$$SD = \sqrt{h^2 + \left(\frac{h}{2}\right)^2} = \frac{\sqrt{5}}{2}h = 5 + \sqrt{5}$$

所求侧面积

$$3AD \cdot SD = 18\sqrt{15} + 30\sqrt{3}$$

设侧面 SAC 斜高为 AE,易见 D,E 在 SA 射影重合于(设)G,又设 $\angle EGD = \alpha$,则

$$EG = DG = \frac{SD \cdot AD}{SA} = \frac{\frac{\sqrt{5}}{2}h \cdot \frac{\sqrt{3}}{2}h}{\sqrt{\left(\frac{\sqrt{5}}{2}h\right)^2 + \left(\frac{\sqrt{3}}{2}h\right)^2}} = \frac{\sqrt{15}}{2\sqrt{8}}h$$

$$\sin\frac{\alpha}{2} = \sin\frac{1}{2}\angle EGD = \frac{\frac{DE}{2}}{DG} = \frac{AD}{2DG} = \frac{\frac{\sqrt{3}}{2}h}{\sqrt{\frac{15}{8}}h} = \sqrt{\frac{2}{5}}$$

$$\alpha = 2\sin^{-1}\sqrt{\frac{2}{5}}$$

3.70 三球半径分别为 $1,2,5$，两两外切，都与两定平面相切，求半径为 1 的球的两切点间的距离.

解 设半径为 $1,2,5$ 的球的球心分别为 O_1,O_2,O_3，如图 3.63 所示，在平面 $O_1O_2O_3$ 上易见 $O_1O_2=3, O_2O_3=7, O_3O_1=6$. 由对称性三球的两公切面与平面 $O_1O_2O_3$ 的交线重合，设为 l. 设直线 O_3O_1, O_3O_2 与 l 分别交于点 A, B，点 O_1 在 l 的射影为点 D. 在过直线 O_1O_3 且与平面 $O_1O_2O_3$ 垂直的截面上得半径为 $1,5$，互相外切的圆及两条公切线，它们与连心线共点于点 A.

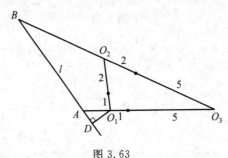

图 3.63

对如图 3.64 所示角 α 有

$$\sin\alpha = \frac{5-1}{5+1} = \frac{2}{3}, AO_1 = \frac{1}{\sin\alpha} = \frac{3}{2}, AO_3 = AO_1 + 6 = \frac{15}{2}$$

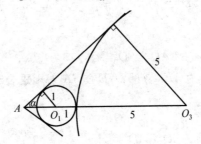

图 3.64

类似知

$$BO_3 = \frac{2}{\frac{5-2}{5+2}} + 7 = \frac{14}{3} + 7 = \frac{35}{3}$$

$$\cos\angle O_1O_3O_2 = \frac{6^2+7^2-3^2}{2\cdot 6\cdot 7} = \frac{19}{21}$$

$$\sin\angle O_1O_3O_2=\sqrt{1-\left(\frac{19}{21}\right)^2}=\frac{\sqrt{80}}{21}$$

$$\tan\angle O_3AB=\frac{O_3B\sin\angle O_1O_3O_2}{O_3A-O_3B\cos\angle O_1O_3O_2}=\frac{10\sqrt{80}}{135-190}=-\frac{8\sqrt{5}}{11}$$

$$\sin\angle O_3AB=\frac{8\sqrt{5}}{\sqrt{(-11)^2+(8\sqrt{5})^2}}=\frac{8\sqrt{5}}{21}$$

$$O_1D=O_1A\sin\angle O_3AB=\frac{3}{2}\cdot\frac{8\sqrt{5}}{21}=\frac{4}{7}\sqrt{5}$$

在过 O_1D 且与平面 $O_1O_2O_3$ 垂直的平面上,设此平面与三球的两公切面交于直线 l,l',则以 O_1 为球心的球与二公切面的切点 T,T' 如图 3.65 所示,设角 δ 如此图所示,则

$$\sin\delta=\frac{1}{O_1D}=\frac{7}{4\sqrt{5}}$$

$$\cos\delta=\sqrt{1-\left(\frac{7}{4\sqrt{5}}\right)^2}=\frac{\sqrt{31}}{4\sqrt{5}}$$

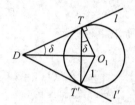

图 3.65

所求距离

$$TT'=2\cdot 1\cdot\cos\delta=\frac{\sqrt{31}}{2\sqrt{5}}$$

3.71 三面角每个面角等于 α,一个球与其所有棱相切,与三面角每个面交线为半径为 r 的圆,求球半径.

解 如图 3.66 所示,设所述三面角 $S-ABC$. 所述球的球心为点 O',与三条棱切于点 A,B,C. 易见有正三棱锥 $S-ABC,O'$ 在其高 SO 所在直线上. 如图3.67 所示,在面 SAB 上,易见

$$SA=SB=SC=r\cot\frac{\alpha}{2},AB=2r\cos\frac{\alpha}{2}$$

于是在平面 ABC 上

$$AO=BO=CO=\frac{AB}{\sqrt{3}}=\frac{2r}{\sqrt{3}}\cos\frac{\alpha}{2}$$

$$SO=\sqrt{SA^2-OA^2}=r\sqrt{\cot^2\frac{\alpha}{2}-\frac{4}{3}\cos^2\frac{\alpha}{2}}$$

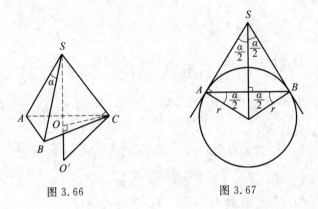

图 3.66　　　　图 3.67

所求半径

$$O'C = OC \cdot \frac{SC}{SO} = \frac{2r}{\sqrt{3}}\cos\frac{\alpha}{2} \cdot \frac{r\cot\frac{\alpha}{2}}{r\sqrt{\cot^2\frac{\alpha}{2} - \frac{4}{3}\cos^2\frac{\alpha}{2}}}$$

$$= 2r\cos^2\frac{\alpha}{2} \cdot \frac{1}{\sqrt{3\cos^2\frac{\alpha}{2} - 4\cos^2\frac{\alpha}{2}\sin^2\frac{\alpha}{2}}}$$

$$= \frac{2r\cos\frac{\alpha}{2}}{\sqrt{3 - 4\sin^2\frac{\alpha}{2}}}$$

3.72　如图 3.68 所示，三棱锥 $A\text{-}BCD$，$AC \perp$ 平面 ABD，$AD = BD$，$CD = 9$，一个球半径为 2，球与 CD，平面 ABC 相切，又与平面 ABD 相切于 $\triangle ABD$ 的重心点 G，求棱锥体积.

解　取 AB 中点 M，设 $AM = MB = m$，$AC = h$. 易见 $DM \perp$ 平面 ABC，设所述球的球心为点 O，因 OG 与平面 ABC 同垂直于平面 ABD，故 $OG \parallel$ 平面 ABC，从而 GM 等于球半径 2（分别为 G，O 到平面 ABC 的距离），于是

$$DM = 6$$
$$h^2 + m^2 = CM^2 = CD^2 - MD^2 = 9^2 - 6^2 = 45$$
$$OD^2 = OG^2 + GD^2 = 2^2 + 4^2 = 20$$
$$CO^2 = (h-2)^2 + m^2 + 2^2 = (h^2 + m^2) - 4h + 8 = 53 - 4h$$
$$\cos\angle OCD = \frac{(53 - 4h) + 9^2 - 20}{2\sqrt{53 - 4h} \cdot 9} = \frac{57 - 2h}{9\sqrt{53 - 4h}}$$

第3章 立体几何题

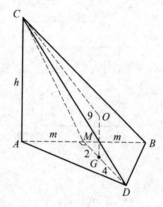

图 3.68

$$\sin\angle OCD = \frac{\sqrt{81(53-4h)-(57-2h)^2}}{9\sqrt{53-4h}} = \frac{\sqrt{1\,044-96h-4h^2}}{9\sqrt{53-4h}}$$

因球半径为 2，与 CD 相切，故

$$2 = OC\sin\angle OCD = \sqrt{53-4h}\sin\angle OCD = \frac{1}{9}\sqrt{1\,044-96h-4h^2}$$

从而

$$18^2 = 1\,044 - 96h - 4h^2 \Rightarrow (\text{正值})h = 6, m = \sqrt{45-h^2} = 3$$

所求体积

$$\frac{1}{3}AM \cdot MD \cdot AC = \frac{1}{3} \cdot 3 \cdot 6 \cdot 6 = 36$$

3.73 正方体 $ABCD\text{-}A'B'C'D'$ 棱长为 1，一球与棱 DA,DC,DD' 及直线 BC' 相切，求其半径。

解 所述球球心 O 显然在线段 $B'D$ 上，取坐标轴如图 3.69 所示，则点 $O(m,m,m)$，点 O 到 x 轴射影为点 $(m,0,0)$，故球半径为

$$\sqrt{(m-m)^2+(m-0)^2+(m-0)^2} = \sqrt{2}m$$

又球半径等于点 O 到 BC' 的距离，因

$$\overrightarrow{BO} \times \overrightarrow{BC'} = (m-1, m-1, m) \times (0, -1, 1) = (2m-1, -m+1, -m+1)$$

其模等于

$$|BO| \cdot |BC'| \cdot |\sin\angle OBC'|$$

所求距离又可表示为

$$|BO| \cdot |\sin\angle OBC| = \frac{|\overrightarrow{BO} \cdot \overrightarrow{BC'}|}{|\overrightarrow{BC'}|} = \frac{\sqrt{(2m-1)^2+2(1-m)^2}}{\sqrt{2}}$$

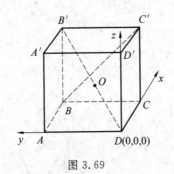

图 3.69

故

$$\frac{(2m-1)^2+2(1-m)^2}{2}=(\sqrt{2}m)^2$$

$$m=\frac{4\pm\sqrt{10}}{2}$$

但 $m=\dfrac{4+\sqrt{10}}{2}>1$，点 O 不在对角线 DB' 上，舍去，$m=\dfrac{4-\sqrt{10}}{2}$，球半径为

$$\sqrt{2}m=2\sqrt{2}-\sqrt{5}$$

3.74 如图 3.70 所示，正四棱锥 $S\text{-}ABCD$，$SA=AC=a$，过点 A 作平面与 BD 平行，且与 AD 成角 $\sin^{-1}\dfrac{\sqrt{2}}{4}$，求正四棱锥被此平面所截的截面面积. 又一球面与四侧棱及此平面相切，求其半径.

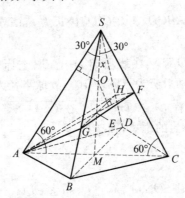

图 3.70

解 设所述平面与 SB,SC,SD 分别交于点 G,F,H，易见棱锥高 SM,AF，

GH 共点于点 E(设),点 M 到 AE 的距离即点 M 到截面 $AGFH$ 的距离,等于点 D 到此截面的距离(因 MD 与截面平行),它等于 $AD \cdot \dfrac{\sqrt{2}}{4} = \dfrac{a}{\sqrt{2}} \cdot \dfrac{\sqrt{2}}{4} = \dfrac{a}{4}$

$$\sin\angle EAM = \dfrac{\frac{a}{4}}{AM} = \dfrac{a}{4 \cdot \frac{a}{2}} = \dfrac{1}{2}, \angle EAM = 30°$$

又 $\angle FCA = 60°$,故

$$\angle AFC = 90°, AF = a\sin 60° = \dfrac{\sqrt{3}}{2}a$$

$$EM = AM\tan 30° = \dfrac{a}{2\sqrt{3}}$$

$$GE = BM \cdot \dfrac{SM - EM}{SM} = \dfrac{a}{2} \cdot \dfrac{\frac{\sqrt{3}}{2}a - \frac{a}{2\sqrt{3}}}{\frac{\sqrt{3}}{2}a} = \dfrac{3-1}{6}a = \dfrac{1}{3}a$$

截面面积为

$$AF \cdot GE = \dfrac{\sqrt{3}}{2}a \cdot \dfrac{1}{3}a = \dfrac{\sqrt{3}}{6}a^2$$

易见所述球面的球心 O 在 SM 上,设 $SO = x$,则球半径 $SO\sin 30° = EO\sin 60°$,即

$$\dfrac{1}{2}x = \dfrac{\sqrt{3}}{2}\left(\dfrac{\sqrt{3}}{2}a - x - \dfrac{a}{2\sqrt{3}}\right)$$

$$x = \dfrac{2a}{2 + 2\sqrt{3}} = \dfrac{\sqrt{3}-1}{2}a$$

球半径为

$$\dfrac{1}{2}x = \dfrac{\sqrt{3}-1}{4}a$$

3.75 正三棱锥 S-KLM,$\tan\angle AKM = \dfrac{2}{\sqrt{3}}$,一球半径为 $2\sqrt{3}$,与射线 LA,平面 AKM 相切,又与平面 KLM 相切于射线 LM 的点,求 LM 的可能最小值.

解 设棱锥高 SH,所述球的球心为点 O,与平面 KLM 相切于点 O',以 KM

用三角、解析几何等计算解来自俄罗斯的几何题

中点 D 为原点取坐标轴如图 3.71 所示. 设 $HD = a$, $\angle AKM = \alpha$, 则 $H(0, -a, 0)$, $L(0, -3a, 0)$, $M(\sqrt{3}a, 0, 0)$, $K(-\sqrt{3}a, 0, 0)$, 以射线 LM 为正向, 设有向线段的比 $\dfrac{\overline{LO'}}{\overline{O'M}} = \dfrac{\lambda}{1-\lambda}$, 易求得 $O'(\sqrt{3}\lambda a, -3(1-\lambda)a, 0)$, 从而点 $O(\sqrt{3}\lambda a, -3(1-\lambda)a, 2\sqrt{3})$, 因球与射线 LM 相切, 故 $\lambda > 0$, 或 $\lambda < -1$ (即 O' 在 LM 或其延长线上, 从而球与直线 LA 的切点在射线 LA 上)

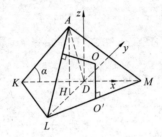

图 3.71

$$\tan\alpha = \frac{2}{\sqrt{3}}, \cos\alpha = \frac{\sqrt{3}}{\sqrt{7}}, AD = KD\tan\alpha = \sqrt{3} \cdot \frac{2}{\sqrt{3}} = 2a$$

$$AL = AK = \frac{KD}{\cos\alpha} = \sqrt{7}a$$

$$AH = \sqrt{AD^2 - HD^2} = \sqrt{3}a, A(0, -a, \sqrt{3}a)$$

$$OL^2 = (\sqrt{3}\lambda a - 0)^2 + (-3(1-\lambda)a + 3a)^2 + (2\sqrt{3} - 0)^2 = 12\lambda^2 a^2 + 12$$

$$AL^2 = (0-0)^2 + (-a + 3a)^2 + (\sqrt{3}a - 0)^2 = 7a^2$$

$$OA^2 = (\sqrt{3}\lambda a - 0)^2 + (-3(1-\lambda)a + a)^2 + (2\sqrt{3} - \sqrt{3}a)^2$$
$$= 12\lambda^2 a^2 - 12\lambda a^2 + 7a^2 + 12 - 12a$$

$$\cos\angle OLA = \frac{OL^2 + LA^2 - OA^2}{2OL \cdot LA} = \frac{12\lambda a + 12}{2\sqrt{12\lambda^2 a^2 + 12}\sqrt{7}} = \frac{\sqrt{3}(\lambda a + 1)}{\sqrt{7}\sqrt{\lambda^2 a^2 + 1}}$$

$$\sin\angle OLA = \frac{\sqrt{7(\lambda^2 a^2 + 1) - 3(\lambda a + 1)^2}}{\sqrt{7}\sqrt{\lambda^2 a^2 + 1}} = \frac{\sqrt{4\lambda^2 a^2 + 4 - 6\lambda a}}{\sqrt{7}\sqrt{\lambda^2 a^2 + 1}}$$

点 O 到 LA 距离 (即球半径 $2\sqrt{3}$) 为

$$OL\sin\angle OLA = \sqrt{12\lambda^2 a^2 + 12}\sin\angle OLA = \sqrt{\frac{12}{7}}\sqrt{4\lambda^2 a^2 + 4 - 6\lambda a} = 2\sqrt{3}$$

解得

$$\lambda a = \frac{3 \pm \sqrt{21}}{4} \qquad \qquad ①$$

易见在 yz 平面上,直线 AD 的方程为 $\sqrt{3}y+z=0$. 因平面 AKM 包含 x 轴,故以上方程即平面 AKM 的方程.

点 O 到平面 AKM 距离为

$$\frac{|-3\sqrt{3}(1-\lambda)a+2\sqrt{3}|}{\sqrt{(\sqrt{3})^2+1^2}}=2\sqrt{3}$$

即

$$-3(1-\lambda)a+2=\pm 4$$

由 $-3(1-\lambda)a+2=4$ 及式① 得 $a=\frac{1+3\sqrt{21}}{12}$(取正值,从而 $\lambda>0$),

由 $-3(1-\lambda)a+2=-4$ 及式① 得(正值)$a=\frac{11\pm\sqrt{21}}{4}$,但 $a=\frac{11-\sqrt{21}}{4}$ 时求

得 $\lambda=\frac{12-11\sqrt{21}}{100}\in(-1,0)$,$O'$ 在 ML 的延长线上舍去,因 $\frac{1+3\sqrt{21}}{12}<$

$\frac{11+\sqrt{21}}{4}$,故取前者为 a 之可能最小值,所求 LM 之可能最小值

$$LM=2\sqrt{3}a=\frac{\sqrt{3}+3\sqrt{63}}{6}=\frac{\sqrt{3}+9\sqrt{7}}{6}$$

3.76 正方体 $ABCD$-$A_1B_1C_1D_1$,有两球相切,第一球半径为 13,与侧面 $ABCD$,AA_1D_1D,AA_1B_1B 相切,第二球半径为 5,与侧面 $ABCD$,AA_1D_1D,CC_1D_1D 相切,延长 DC 一倍至点 E,在棱 BC 取点 F,平面 C_1EF 与第一球截面圆半径为与第二球截面圆半径的 2.6 倍,求 $\frac{BF}{FC}$.

解 设正方体棱长为 a,取坐标轴如图 3.72 所示.设第一(二)球球心为 $O_1(O_2)$,易见点 O_1 在正方体对角线 AC_1 上,可设 $O_1(13,13,13)$,O_2 在正方体对角线 BD_1 上,可设 $O_2(5,a-5,5)$. 由 $O_1O_2{}^2=18^2$,知

$$(13-5)^2+[13-(a-5)]^2+(13-5)^2=18^2 \Rightarrow (正值)a=32 \text{ 或 } 4$$

当 $a=32$ 时 $O_2(5,27,5)$.设 $BF=m$,则 $F(32,m,0)$,又

$$E(64,32,0),C_1(32,32,32)$$

$$\overrightarrow{C_1F}\times\overrightarrow{C_1E}=(0,m-32,-32)\times(32,0,-32)$$
$$=(-32m+32^2,-32^2,-32m+32^2)$$

· 523 ·

用三角、解析几何等计算解来自俄罗斯的几何题

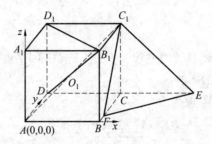

图 3.72

为平面 C_1EF 的法向量,不妨约成
$$(-m+32, -32, -m+32)$$

平面 C_1EF 为
$$(-m+32)(x-64) - 32(y-32) + (-m+32)(z-0) = 0$$

距 $O_1(13,13,13)$
$$\frac{|(-m+32)(13-64) - 32(13-32) + (-m+32) \cdot 13|}{\sqrt{(-m+32)^2 + (-32)^2 + (-m+32)^2}}$$
$$= \frac{|38m - 608|}{\sqrt{1\,024 + 2(32-m)^2}}$$

距 $O_2(5,27,5)$
$$\frac{|(-m+32)(5-64) - 32(27-32) + (-m+32) \cdot 5|}{\sqrt{1\,024 + 2(32-m)^2}}$$
$$= \frac{|54m - 1\,568|}{\sqrt{1\,024 + 2(32-m)^2}}$$

此平面与第一球的截面圆半径的平方为
$$13^2 - \frac{(38m-608)^2}{1\,024 + 2(32-m)^2} = \frac{-1\,106m^2 + 24\,576m + 149\,504}{1\,024 + 2(32-m)^2}$$

与第二球的截面圆半径的平方为
$$5^2 - \frac{(54m-1\,568)^2}{1\,024 + 2(32-m)^2} = \frac{-2\,866m^2 + 166\,144m - 2\,381\,824}{1\,024 + 2(32-m)^2}$$

由题设两圆半径关系得
$$-1\,106m^2 + 24\,576m + 149\,504 = (-2\,866m^2 + 166\,144m - 2\,381\,824) \cdot 2.6^2$$

化简得
$$18\,268.16m^2 - 1\,098\,557.44m + 16\,250\,634.24 = 0$$

各项约去 1 024 得
$$17.84m^2 - 1\,072.81m + 15\,869.76 = 0$$

第 3 章 立体几何题
DISANZHANG LITI JIHETI

解得 $m = \dfrac{271}{8}$(大于 BC,舍去),或 $m = \dfrac{5\,856}{223}$(小于 32),则

$$\frac{BF}{FC} = \frac{m}{32-m} = \frac{5\,856}{1\,280} = \frac{183}{40}$$

当 $a = 4$ 时,类似求得

$$m = \frac{5.59 \pm \sqrt{5.59^2 + 4 \cdot 4.64 \cdot 246.99}}{9.28}$$

m 的一值小于 0,另一值大于 a,均舍去.

3.77 四棱锥 S-$ABCD$ 底面是菱形,$\angle BAD = 60°$,棱锥高 $SK = 1$,点 K 为菱形对角线交点,棱锥内切球半径为 $\dfrac{3}{8}$,其一切面与棱 AB,AD 分别交于点 M,N,$MN = \dfrac{4}{5}\sqrt{3}$,切点与 M,N 等距,此切面与 SK 延长线交于点 E,求 SE.

解 设菱形边长 $AD = a$,点 K 在 AD 上的射影为点 H,如图 3.73 所示,易见

$$KH = AK\sin 30° = \frac{1}{2}a\cos 30° = \frac{\sqrt{3}}{4}a$$

$$SH = \sqrt{SK^2 + KH^2} = \sqrt{1 + \frac{3}{16}a^2}$$

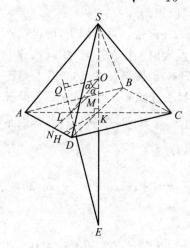

图 3.73

点 K 到 SH 的距离为

$$KU = \frac{KH \cdot SK}{SH} = \frac{\frac{\sqrt{3}}{4}a \cdot 1}{\sqrt{\left(\frac{\sqrt{3}}{4}a\right)^2 + 1}} = \frac{\sqrt{3}a}{\sqrt{16 + 3a^2}}$$

内切球心 O 到 SH 的距离(内切球半径)为

$$OV = KU \cdot \frac{SO}{SK} = \frac{\sqrt{3}a}{\sqrt{16 + 3a^2}} \cdot \frac{\frac{5}{8}}{1} = \frac{3}{8}$$

求得

$$a = \sqrt{3}, AK = a\cos 30° = \frac{3}{2}$$

$$AL = \frac{MN}{2} \cdot \cot 30° = \frac{6}{5}, LK = AK - AL = \frac{3}{10}$$

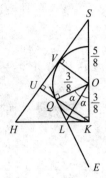

图 3.74

对如图 3.74 所示角 α 有

$$\tan \alpha = \frac{LK}{OK} = \frac{4}{5}, \cos 2\alpha = \frac{1 - \tan^2 \alpha}{1 + \tan^2 \alpha} = \frac{9}{41}$$

$$SE = SO + OE = \frac{5}{8} + \frac{OQ}{\cos 2\alpha} = \frac{5}{8} + \frac{41}{24} = \frac{7}{3}$$

3.78 以圆锥的高为直径作一球面,其位于圆锥外部分的面积等于圆锥底面面积,求圆锥轴截面顶角.

解 如图 3.75 所示,在圆锥轴截面图上,圆锥顶点为点 S,底面中心为点 M,设底面半径 $MA = MB = r$,球心为点 O,轴截面顶角 $\angle ASB = 2\theta$,圆锥母线 SA,SB 与球面分别交于点 C,D,CD 与 SM 交于点 H. 球面位于圆锥外部分即以 SH 为高的球冠(由 $\overset{\frown}{SC}$ 绕轴 SM 旋转所得),球面半径 $OM = \frac{1}{2}SM = \frac{1}{2}r\cot\theta$,球冠高

$$SH = OS + OD\cos 2\theta = \frac{1}{2}r\cot\theta \cdot (1 + \cos 2\theta)$$

图 3.75

故由面积条件得

$$2\pi \cdot \frac{1}{2}r\cot\theta \cdot \frac{1}{2}r\cot\theta \cdot (1 + \cos 2\theta) = \pi r^2$$

$$1 + \cos 2\theta = 2\tan^2\theta$$

即

$$1 + \frac{1-\tan^2\theta}{1+\tan^2\theta} = 2\tan^2\theta$$

求得正值

$$\tan\theta = \sqrt{\frac{\sqrt{5}-1}{2}}$$

所求顶角

$$2\theta = 2\tan^{-1}\sqrt{\frac{\sqrt{5}-1}{2}}$$

3.79 正方体 $ABCD\text{-}A_1B_1C_1D_1$，A,B,D_1 在圆柱侧面上，圆柱轴与 DC_1 平行，求圆柱半径.

解 取坐标轴如图 3.76 所示，得 B,A,D_1,D,C_1 坐标如图 3.76 所示.设圆柱轴与平面 $ABCD$ 交于点 $P(m,n,0)$，轴方向向量 $l = \overrightarrow{C_1D} = (0,1,-1)$.

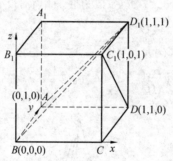

图 3.76

点 B 到此轴距离

$$\frac{|\overrightarrow{BP} \times l|}{|l|} = \frac{|(m,n,0) \times (0,1,-1)|}{\sqrt{0^2+1^2+(-1)^2}} = \frac{1}{\sqrt{2}}|(-n,m,m)| = \sqrt{\frac{n^2+2m^2}{2}}$$

点 A 到此轴距离

$$\frac{|\overrightarrow{AP} \times l|}{|l|} = \frac{1}{\sqrt{2}}|(m,n-1,0) \times (0,1,-1)| = \frac{1}{\sqrt{2}}|(1-n,m,m)|$$
$$= \sqrt{\frac{(n-1)^2+2m^2}{2}}$$

点 D_1 到此轴距离

$$\frac{|\overrightarrow{D_1P} \times l|}{|l|} = \frac{1}{\sqrt{2}}|(m-1,n-1,-1) \times (0,1,-1)|$$

$$= \frac{1}{\sqrt{2}} | (2-n, m-1, m-1) |$$

$$= \sqrt{\frac{(n-2)^2 + 2(m-1)^2}{2}}$$

三距离(圆柱半径)相等,故

$$2m^2 + n^2 = (n-1)^2 + 2m^2 = (n-2)^2 + 2(m-1)^2 \Rightarrow n = \frac{1}{2}, m = 1$$

所求半径

$$\sqrt{\frac{2m^2 + n^2}{2}} = \sqrt{\frac{9}{8}} = \frac{3}{4}\sqrt{2}$$

3.80 正三棱锥 P-ABC,侧棱为底面边长的 2 倍,一圆锥顶点 A,侧面过点 P, B, C,求此圆锥的轴截面顶角.

解 取坐标轴如图 3.77 所示(O 为底面中心,D 为 BC 中点). 设 $OD = 1$,则 $PC = 2BC = 4CD = 4\sqrt{3}, OC = 2OD = 2, PO = \sqrt{PC^2 - OC^2} = 2\sqrt{11}$,得 $D(1,0,0), C(1,\sqrt{3},0), P(0,0,2\sqrt{11}), A(-2,0,0)$. 由对称性,圆柱轴应过 $\triangle PBC$ 高 PD 上点 M. 设 $\frac{PM}{MD} = \frac{1-\lambda}{\lambda}$,则

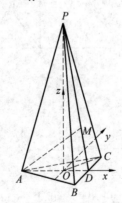

图 3.77

$$M(1-\lambda, 0, 2\sqrt{11}\lambda)$$

$$\overrightarrow{AC} = (3, \sqrt{3}, 0), \overrightarrow{AP} = (2, 0, 2\sqrt{11}), \overrightarrow{AM} = (3-\lambda, 0, 2\sqrt{11}\lambda)$$

$$\cos\angle CAM = \frac{\overrightarrow{AC} \cdot \overrightarrow{AM}}{|\overrightarrow{AC}| \cdot |\overrightarrow{AM}|} = \frac{(3, \sqrt{3}, 0) \cdot (3-\lambda, 0, 2\sqrt{11}\lambda)}{\sqrt{3^2 + \sqrt{3}^2 + 0^2}\sqrt{(3-\lambda)^2 + 0^2 + (2\sqrt{11}\lambda)^2}}$$

$$= \frac{3(3-\lambda)}{2\sqrt{3}\sqrt{45\lambda^2-6\lambda+9}}$$

$$\cos\angle PAM = \frac{\overrightarrow{AP} \cdot \overrightarrow{AM}}{|\overrightarrow{AP}| \cdot |\overrightarrow{AM}|} = \frac{(2,0,2\sqrt{11}) \cdot (3-\lambda,0,2\sqrt{11}\lambda)}{\sqrt{2^2+0^2+(2\sqrt{11})^2} \cdot \sqrt{(3-\lambda)^2+0^2+(2\sqrt{11}\lambda)^2}}$$

$$= \frac{6+42\lambda}{4\sqrt{3}\sqrt{45\lambda^2-6\lambda+9}}$$

因圆锥的轴 AM 分别与母线 AC,AP 的夹角相等,故 $\cos\angle CAM = \cos\angle PAM$,即

$$\frac{3(3-\lambda)}{2} = \frac{6+42\lambda}{4} \Rightarrow \lambda = \frac{1}{4}$$

$$\cos\angle CAM = \frac{3(3-\lambda)}{2\sqrt{3}\sqrt{45\lambda^2-6\lambda+9}} = \frac{3-\lambda}{2\sqrt{15\lambda^2-2\lambda+3}}$$

$$= \frac{3-\frac{1}{4}}{2\sqrt{\frac{15}{16}-\frac{1}{2}+3}} = \frac{\sqrt{55}}{10}$$

所求顶角

$$2\angle CAM = 2\cos^{-1}\frac{\sqrt{55}}{10}$$

3.81 如图 3.78 所示,圆柱底面半径为 r,高为 r,外切一个直平行六面体,其体积与圆柱体体积的比为 $\frac{5}{\pi}$,求直平行六面体较长的对角线在圆柱内的线段长.

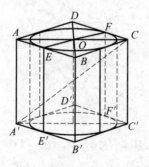

图 3.78

解 因平行六面体上底面 $\square ABCD$ 为圆柱上底面圆的外切四边形,两组对边的和相等,故易见此四边形为菱形,其对角线交点为圆柱上底面圆心 O,菱形

的高 $EF = 2r$. 易见 $\angle OAE = \angle EOB = \alpha$（设）,$AB = AE + EB = OE(\cot\alpha + \tan\alpha) = \dfrac{r}{\sin\alpha\cos\alpha}$，所述体积比,即

$$\frac{S_{\square ABCD}}{S_{\odot O}} = \frac{\dfrac{r}{\sin\alpha\cos\alpha} \cdot 2r}{\pi r^2} = \frac{5}{\pi} \Rightarrow \sin\alpha\cos\alpha = \frac{2}{5}, \sin 2\alpha = \frac{4}{5}$$

$$\cos 2\alpha = \frac{3}{5}, \sin\alpha = \sqrt{\frac{1-\cos 2\alpha}{2}} = \sqrt{\frac{1}{5}}$$

$$AC = 2AO = 2\frac{r}{\sin\alpha} = 2\sqrt{5}\,r$$

$$A'C = \sqrt{AC^2 + CC'^2} = \sqrt{(2\sqrt{5}\,r)^2 + r^2} = \sqrt{21}\,r$$

所求长等于

$$A'C \cdot \frac{2r}{AC} = \sqrt{21}\,r \cdot \frac{2r}{2\sqrt{5}\,r} = \sqrt{\frac{21}{5}}\,r$$

3.82 两圆锥的公共底面半径为 R，顶点 V, V' 分别在公共底面两侧，高分别为 H, h，在公共底面圆取 $\overparen{AB} = 90°$，求 $V'A$ 与 VB 的距离及所成角 θ.

解 以公共底面圆心 O 为原点，取坐标轴如图 3.79 所示. 易见

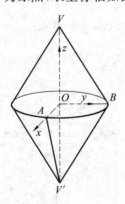

图 3.79

$$A(R,0,0), B(0,R,0), V(0,0,H), V'(0,0,-h)$$

$$\cos\theta = \frac{\overrightarrow{BV} \cdot \overrightarrow{V'A}}{|\overrightarrow{BV}| \cdot |\overrightarrow{V'A}|} = \frac{(0,-R,H)\cdot(R,0,h)}{\sqrt{0^2+(-R)^2+H^2}\cdot\sqrt{R^2+0^2+h^2}}$$

$$= \frac{Hh}{\sqrt{(R^2+H^2)(R^2+h^2)}}$$

$\overrightarrow{BV} \times \overrightarrow{V'A} = (-Rh, HR, R^2)$ 为过 $V'A$ 且与 VB 平行的平面的法向量，不妨设为 $(-h, H, R)$，于是此平面方程为
$$-h(x-R) + Hy + Rz = 0$$
所求距离即 $V(0,0,H)$ 到此平面距离
$$\frac{|-h(0-R) + H \cdot 0 + RH|}{\sqrt{(-h)^2 + H^2 + R^2}} = \frac{R(h+H)}{\sqrt{h^2 + H^2 + R^2}}$$

3.83 正四棱锥 P-$ABCD$ 的底面边长为 a，侧棱长为 $\frac{5}{2}a$，圆柱一底面于平面 PAB 上，另一底面为棱锥的一截面内切圆，求此圆柱的侧面积。

解 所述截面必平行于平面 SAB，如图 3.80 所示（易见为）等腰梯形 $A'B'C'D'$，且有内切圆（圆柱底面），二底 $A'B' \parallel D'C' \parallel AB$，腰 $C'B' \parallel PB$，$D'A' \parallel PA$. 设角 2θ 如图 3.80 所示，则

$$\cos 2\theta = \frac{MB}{PB} = \frac{\frac{a}{2}}{\frac{5}{2}a} = \frac{1}{5}$$

$$\sin 2\theta = \frac{2\sqrt{6}}{5}, \tan\theta = \frac{\sin 2\theta}{1+\cos 2\theta} = \frac{\sqrt{6}}{3}$$

设 $AB, A'B', D'C', DC$ 中点分别为点 M, S, Q, N，易见 N, S, M 共直线，N, Q, P 亦然. QS 为梯形高及内切圆直径. 在平面 PNM 作 $SH \perp PM$ 于点 H，则 SH 为圆柱的高. 作截面 $A'B'C'D'$ 的（实际）平面图如图 3.81 所示，易见

$$a = A'B' = 2SB' = 2r\cot\theta = 2r\frac{3}{\sqrt{6}} = \sqrt{6}r \Rightarrow r = \frac{a}{\sqrt{6}}$$

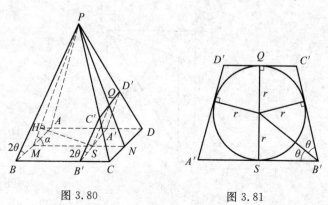

图 3.80   图 3.81

设 $\dfrac{CB'}{CB} = \dfrac{CC'}{CP} = \lambda$,则 $CB' = \lambda a$,$B'C' = \dfrac{5}{2}\lambda a$,$C'D' = \dfrac{PC'}{PC} \cdot CD = (1-\lambda)a$. 由 $2B'C' = A'B' + D'C'$ 得

$$2 \cdot \dfrac{5}{2}\lambda a = a + (1-\lambda)a$$

即

$$5\lambda = 2 - \lambda, \lambda = \dfrac{1}{3}$$

在截面 PMN 上,设 $\angle PMN = \alpha$,则

$$PM = \sqrt{PB^2 - MB^2} = \sqrt{\left(\dfrac{5}{2}a\right)^2 - \left(\dfrac{1}{2}a\right)^2} = \sqrt{6}\,a$$

$$\cos\alpha = \dfrac{\dfrac{a}{2}}{\sqrt{6}\,a} = \dfrac{1}{2\sqrt{6}},\ \sin\alpha = \dfrac{\sqrt{23}}{2\sqrt{6}}$$

圆柱高

$$SH = SM\sin\alpha = (1-\lambda)a\sin\alpha = (1-\dfrac{1}{3})a\dfrac{\sqrt{23}}{2\sqrt{6}} = \dfrac{\sqrt{23}}{3\sqrt{6}}a$$

圆柱侧面积

$$2\pi r \cdot SH = 2\pi \cdot \dfrac{a}{\sqrt{6}} \cdot \dfrac{\sqrt{23}}{3\sqrt{6}}a = \dfrac{\sqrt{23}}{9}\pi a^2$$

3.84 正三棱柱 ABC-$A_1B_1C_1$ 每条棱长为 a,一圆柱侧面与平面 BB_1C_1C 相切,过 A,A_1,圆柱轴与 BC_1 平行,求圆柱面半径.

解 易见 BC_1 为圆柱一母线,设 BC_1,B_1C 交于点 M,取坐标轴如图 3.82 所

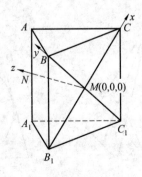

图 3.82

示①,则 $B(0,\frac{\sqrt{2}}{2}a,0)$,$C(\frac{\sqrt{2}}{2}a,0,0)$,$BC$ 中点为 $(\frac{\sqrt{2}}{4}a,\frac{\sqrt{2}}{4}a,0)$. 设 AA_1 中点为点 N,因 MN 等于正 $\triangle ABC$ 的高 $\frac{\sqrt{3}}{2}a$,故 $A(\frac{\sqrt{2}}{4}a,\frac{\sqrt{2}}{4}a,\frac{\sqrt{3}}{2}a)$,$A_1(-\frac{\sqrt{2}}{4}a,-\frac{\sqrt{2}}{4}a,\frac{\sqrt{3}}{2}a)$. 因圆柱轴与 x 轴 BC_1 平行,故为:$y=y_0$,$z=z_0$. 点 A 在其射影为 $(\frac{\sqrt{2}}{4}a,y_0,z_0)$,故点 A 到轴的距离的平方为

$$(\frac{\sqrt{2}}{4}a-\frac{\sqrt{2}}{4}a)^2+(\frac{\sqrt{2}}{4}a-y_0)^2+(\frac{\sqrt{3}}{2}a-z_0)^2$$

同理点 A_1 到轴的距离的平方为

$$\left[\left(-\frac{\sqrt{2}}{4}a\right)-\left(-\frac{\sqrt{2}}{4}a\right)\right]^2+\left(-\frac{\sqrt{2}}{4}a-y_0\right)^2+\left(\frac{\sqrt{3}}{2}a-z_0\right)^2$$

此二式应相等,从而

$$\left(\frac{\sqrt{2}}{4}a-y_0\right)^2=\left(-\frac{\sqrt{2}}{4}a-y_0\right)^2$$

易知 $y_0=0$,故此轴为 $y=0$,$z=z_0$,点 A 到轴的距离为

$$\sqrt{\left(\frac{\sqrt{2}}{4}a\right)^2+\left(\frac{\sqrt{3}}{2}a-z_0\right)^2}$$

又此轴到切面 BB_1C_1C(坐标面 xy)的距离为 $|z_0|$,而上二距离均为圆柱半径,故

$$\left(\frac{\sqrt{2}}{4}a\right)^2+\left(\frac{\sqrt{3}}{2}a-z_0\right)^2=z_0^2 \Rightarrow z_0=\frac{7\sqrt{3}}{24}a$$

所求半径 $|z_0|=\frac{7\sqrt{3}}{24}a$.

3.85 三个有公共顶点的全等圆锥两两相切,又都与一平面相切,求每个圆锥的轴截面顶角.

解 以公共顶点为球心,相等母线为半径作球面,则球面与三圆锥面交于三个圆(圆锥底面),两两相切,且都与球面的一个大圆相切(如图只画出球面前方的一个圆及一个半圆),其中两圆在球面的中心为点 S,S',切点 N 在过点 S,S' 的大圆上,上述球面大圆(与三个圆相切)与上述二圆相切于点 A,A'. 过点 N 作

---

① 下文计算不涉及向量积,混合积,有向体积,故 x,y,z 轴不必适合右手系.

大圆弧与两圆相切,与上述(过 A,A')大圆交于点 M. 大圆弧 $\overset{\frown}{SN},\overset{\frown}{S'N},\overset{\frown}{SA},\overset{\frown}{S'A'}$(度数)等于所求顶角的 $\frac{1}{2}$(设为 θ). 过 A,N 作大圆弧(即过点 A,N 及球心的平面与上述球面交线),由大圆弧 $\overset{\frown}{AN}$ 分别与大圆弧 $\overset{\frown}{AS},\overset{\frown}{AM}$ 所成球面角记为 $\gamma,\delta,\gamma+\delta=90°$. 取大圆弧 $\overset{\frown}{AN}$ 的中点 H,则大圆弧 $\overset{\frown}{HS},\overset{\frown}{HA}$ 所成球面角为 $90°$. 又易见大圆弧 $\overset{\frown}{AA'}=120°,\overset{\frown}{AM}=\overset{\frown}{MN}=60°$,设大圆弧(度数)$\overset{\frown}{AN}=2\beta$,则(度数)$\overset{\frown}{AH}=\beta$. 又设大圆弧 $\overset{\frown}{SA}$ 与大圆弧 $\overset{\frown}{SN}(\overset{\frown}{SH})$ 所成球面角为 2α(易见为 α).

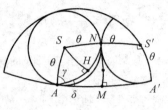

图 3.83

在球面 $\triangle SAH$ 中分别按(球面三角)正弦定理、角的余弦定理得

$$\frac{\sin\beta}{\sin\alpha}=\frac{\sin\theta}{\sin 90°} \qquad ①$$

$$\cos 90°=-\cos\alpha\cos\gamma+\sin\alpha\sin\gamma\cos\theta \Rightarrow \tan\delta=\cot\gamma=\cos\theta\tan\alpha$$

在球面 $\triangle AMN$ 中按边的余弦定理(注意球面角 AMN 为 $90°$),角的余弦定理分别得

$$\cos 2\beta=\cos^2 60°+\sin^2 60°\cos 90°=\frac{1}{4} \qquad ②$$

$$\cos 90°=-\cos^2\delta+\sin^2\delta\cos 2\beta \Rightarrow \cos 2\beta=\cot^2\delta \qquad ③$$

由式①②得

$$\frac{1}{4}=1-2\sin^2\beta=1-2\sin^2\theta\sin^2\alpha$$

$$\sin^2\alpha=\frac{3}{8\sin^2\theta},\cos^2\alpha=\frac{8\sin^2\theta-3}{8\sin^2\theta},\tan^2\alpha=\frac{3}{8\sin^2\theta-3}$$

又由式②③得

$$\frac{1}{4}=\frac{1}{\tan^2\delta}=\frac{1}{\cos^2\theta\tan^2\alpha}$$

$$\frac{4}{\cos^2\theta}=\tan^2\alpha=\frac{3}{8\sin^2\theta-3}=\frac{3}{5-8\cos^2\theta}$$

求得(正值)$\cos\theta=\frac{2}{\sqrt{7}}$,所求顶角 $2\theta=2\cos^{-1}\frac{2}{\sqrt{7}}$.

3.86 两相等圆锥有公共顶点,相切于公共母线,轴截面顶角为 $60°$,两个不通过公共母线的平面与两圆锥相切,求两平面所成的角.

解 以公共顶点为球心,相等母线为半径作球面,它与两圆锥面交于两圆(设圆心为 O, O'),与所述两平面交于两大圆弧,都与两圆相切.设其中一大圆弧上切点为 M, N.过两圆切点 K 作大圆弧与两圆相切(即过点 K 与球心作平面垂直于过 O, O' 及球心的平面,所作平面与球面交线),与大圆弧 $\overparen{MN}$ 交于点 L.易见大圆弧(度数) $\overparen{OM}=\overparen{OK}=\overparen{O'K}=\overparen{O'N}=30°$,大圆弧(度数) $\overparen{LM}=\overparen{LK}=\overparen{LN}=a$(设),如图 3.84 所示有三个球面角为直角.又过 L, O' 作大圆弧,由对称性知由大圆弧 $\overparen{LK}, \overparen{LO'}$ 所成球面角为 $45°$,在球面 $\triangle O'LN$ 中按余切定理知

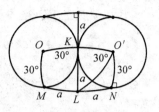

图 3.84

$$\cot 30° \sin \alpha = \cos \alpha \cos 90° + \sin 90° \cot 45° \Rightarrow \sin \alpha = \tan 30° = \frac{1}{\sqrt{3}}$$

所求顶角

$$2\alpha = 2\sin^{-1} \frac{1}{\sqrt{3}}$$

3.87 正四棱柱 $ABCD\text{-}A_1B_1C_1D_1$ 的底面边长为 6,侧棱长为 $\sqrt{14}$,一圆锥底面圆与 $\triangle BDC_1$ 的三边相切,顶点在平面 BAD_1C_1 上,求圆锥体积 V.

解 取坐标轴如图 3.85 所示,BD 与 CA 交于点 M,易见 $\triangle BDC_1$ 内心(即圆锥底面中心)O 在 C_1M 上,设内切圆(圆锥底面圆)半径为 r,则

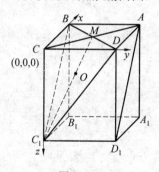

图 3.85

$$BC_1 = DC_1 = \sqrt{6^2 + \sqrt{14}^2} = 5\sqrt{2}$$

$$DM = \frac{1}{2}BD = \frac{1}{2} \cdot 6\sqrt{2} = 3\sqrt{2}$$

$$C_1M = \sqrt{DC_1^2 - DM^2} = 4\sqrt{2}$$

因 DO 为 $\triangle BDC_1$ 的角平分线,故

$$r = OM = C_1M \cdot \frac{DM}{DM+DC_1} = 4\sqrt{2} \cdot \frac{3\sqrt{2}}{3\sqrt{2}+5\sqrt{2}} = \frac{3}{2}\sqrt{2}$$

$$(x_O, y_O, z_O) = \frac{5}{8}(x_M, y_M, z_M) + \frac{3}{8}(x_{C_1}, y_{C_1}, z_{C_1})$$

$$= \frac{5}{8}(3,3,0) + \frac{3}{8}(0,0,\sqrt{14})$$

$$= \left(\frac{15}{8}, \frac{15}{8}, \frac{3}{8}\sqrt{14}\right)$$

$\overrightarrow{C_1B} \times \overrightarrow{C_1D} = (0,6,-\sqrt{14}) \times (6,0,-\sqrt{14}) = (-6\sqrt{14}, -6\sqrt{14}, -36)$ 为平面 BDC_1 的法向量,不妨约成 $(\sqrt{14}, \sqrt{14}, 6)$,要化为单位法向量,只要各分量除以它们的平方和的平方根,得 $\left(\frac{\sqrt{14}}{8}, \frac{\sqrt{14}}{8}, \frac{6}{8}\right)$.

平面 BDC_1 过点 O 的垂线(参数 $t = OP$, P 为垂线动点,以斜下方为正向)

$$x = \frac{15}{8} + \frac{\sqrt{14}}{8}t, y = \frac{15}{8} + \frac{\sqrt{14}}{8}t, z = \frac{3}{8}\sqrt{14} + \frac{6}{8}t$$

平面 BAD_1C_1 为

$$\frac{x}{6} + \frac{z}{\sqrt{14}} = 1$$

即 $\sqrt{14}x + 6z = 6\sqrt{14}$,以上述垂线方程代入得(已去分母)

$$\sqrt{14}(15+\sqrt{14}t) + 6(3\sqrt{14}+6t) = 48\sqrt{14} \Rightarrow t = \frac{3}{10}\sqrt{14}$$

此(正)t 值为从 O 到此垂线与此平面交点距离,即圆锥的高

$$V = \frac{\pi}{3}\left(\frac{3}{2}\sqrt{2}\right)^2 \cdot \frac{3}{10}\sqrt{14} = \frac{9}{20}\sqrt{14}$$

3.88 正四棱锥 $S\text{-}ABCD$ 的底面边长为 6,侧棱长为 5,一圆柱底面圆与 $\triangle SAB$ 的三边相切,另一底面中心于侧面 SBC 上,求圆柱体积 V.

解 以底面中心 H 为原点取坐标轴如图 3.86 所示. $\triangle SAB$ 内心 O(圆柱底面中心)在中线 SM 上, $SM = \sqrt{5^2 - \left(\frac{6}{2}\right)^2} = 4$,则圆柱半径

$$r = OM = SM \cdot \frac{BM}{BS+BM} = 4 \cdot \frac{3}{5+3} = \frac{3}{2}$$

$$SH = \sqrt{SM^2 - MH^2} = \sqrt{4^2 - \left(\frac{6}{2}\right)^2} = \sqrt{7}$$

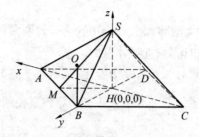

图 3.86

易得 $A(3\sqrt{2},0,0), B(0,3\sqrt{2},0), M(\frac{3}{2}\sqrt{2},\frac{3}{2}\sqrt{2},0), S(0,0,\sqrt{7})$. 点 O 的坐标为

$$\frac{5}{8}(\frac{3}{2}\sqrt{2},\frac{3}{2}\sqrt{2},0)+\frac{3}{8}(0,0,\sqrt{7})=\left(\frac{15\sqrt{2}}{16},\frac{15\sqrt{2}}{16},\frac{3\sqrt{7}}{8}\right)$$

$$\vec{SA}\times\vec{SB}=(3\sqrt{2},0,-\sqrt{7})\times(0,3\sqrt{2},-\sqrt{7})=(3\sqrt{14},3\sqrt{14},18)$$

平面 SAB 的法向量（上式约去 $3\sqrt{2}$）为 $(\sqrt{7},\sqrt{7},3\sqrt{2})$, 改为单位法向量 $\left[\frac{\sqrt{7}}{4\sqrt{2}},\frac{\sqrt{7}}{4\sqrt{2}},\frac{3}{4}\right]$.

平面 SAB 过点 O 的垂线（参数 t）

$$x=y=\frac{15\sqrt{2}}{16}+\frac{\sqrt{7}}{4\sqrt{2}}t, z=\frac{3\sqrt{7}}{8}+\frac{3}{4}t$$

平面 SBC 为

$$\frac{x}{-3\sqrt{2}}+\frac{y}{3\sqrt{2}}+\frac{z}{\sqrt{7}}=1$$

即

$$-\sqrt{7}x+\sqrt{7}y+3\sqrt{2}z=3\sqrt{14}$$

以上述垂线方程代入得

$$3\sqrt{2}\left(\frac{3\sqrt{7}}{8}+\frac{3}{4}t\right)=3\sqrt{14}$$

求得圆柱半径

$$|t|=\left|\frac{5}{6}\sqrt{7}\right|=\frac{5}{6}\sqrt{7}$$

则

$$V=\pi\left(\frac{3}{2}\right)^2\cdot\frac{5}{6}\sqrt{7}=\frac{15\sqrt{7}}{8}\pi$$

用三角、解析几何等计算解来自俄罗斯的几何题

3.89 半径为 2 的球面上三个半径为 1 的圆两两相切,球面上一圆半径小于 1,与三个等圆都相切,求此圆半径.

解 设三个等圆圆心为 O_1,O_2,O_3,两两相切于点 K,L,M 如图 3.87 所示. 设球面角 θ,大圆弧(度数) $\dfrac{a}{2}$ 如图. 易见三个等圆直径所对球心角为 $60°$,故它们在球面上的半径(大圆弧) $\dfrac{a}{2}=30°$,大圆弧 $\widehat{O_1O_2}=\widehat{O_2O_3}=\widehat{O_3O_1}=60°$. 在球面 $\triangle O_1O_2O_3$ 按边的余弦定理得

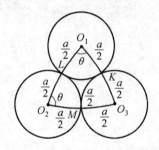

图 3.87

$$\cos 60°=\cos^2 60°+\sin^2 60°\cos\theta$$

求得

$$\cos\theta=\frac{1}{3},\cos\frac{\theta}{2}=\sqrt{\frac{1+\cos\theta}{2}}=\sqrt{\frac{2}{3}},\sin\frac{\theta}{2}=\sqrt{\frac{1}{3}}$$

过点 K,L,M 作大圆弧作为三等圆中两两等圆的公切大圆,易证它们交于一点(类似平面几何的三角形外心定理)S. 设 $\odot O_3$ 的弧 $\widehat{KM}$ 与大圆弧 $\widehat{SO_3}$ 交于点 H,则大圆弧 $\widehat{O_3K}=\widehat{O_3H}=\widehat{O_3M}=30°$. 又球面角 $\dfrac{\theta}{2}$ 如图 3.88 所示,设大圆弧 $\widehat{O_3S}=a$(度数).

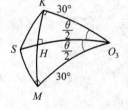

图 3.88

在球面 $\triangle O_3KS$ 用余切定理得

$$\cot a\sin 30°=\cos 30°\cos\frac{\theta}{2}+\sin\frac{\theta}{2}\cot 90°=\frac{\sqrt{3}}{2}\cdot\sqrt{\frac{2}{3}}=\frac{\sqrt{2}}{2}$$

$$\cot a=\sqrt{2}$$

$$\sin a=\frac{1}{\sqrt{1+\cot^2\alpha}}=\frac{1}{\sqrt{3}},\cos a=\frac{\sqrt{2}}{\sqrt{3}}$$

所求小圆的球面半径(度数)为
$$SH = a - 30°$$
$$\sin(a-30°) = \frac{1}{\sqrt{3}} \cdot \frac{\sqrt{3}}{2} - \sqrt{\frac{2}{3}} \cdot \frac{1}{2} = \frac{\sqrt{3}-\sqrt{2}}{2\sqrt{3}}$$

在过点 S, H 与球心 O 的截面上,设点 H 在 OS 的射影为点 O',如图 3.89 所示,则球半径 $OH = 2$, $\angle SOH = a - 30°$,所求半径

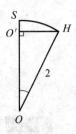

图 3.89

$$O'H = 2\sin(a-30°) = 1 - \sqrt{\frac{2}{3}}$$

3.90 两个有公共顶点 D 的全等圆锥位于平面 α 两侧,与平面 α 分别相切于母线所在射线 DE, DF, $\angle EDF = \varphi$,两圆锥底平面的交线与平面 α 所成角为 β,求圆锥高与母线所成角 θ.

解 设圆锥高 $DO = DO' = l$.以点 D 为原点取坐标轴如图 3.90 所示.易见 $O(l\cos\theta, 0, l\sin\theta)$,所在底平面:$x\cos\theta + y\sin\theta = l$;$O'(l\cos\theta\cos\varphi, l\cos\theta\sin\varphi, -l\sin\theta)$,所在底平面:$x\cos\varphi\cos\theta + y\sin\varphi\sin\theta - z\sin\theta = 0$.二平面法向量的向量积为交线的方向向量

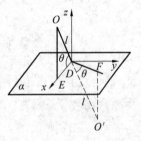

图 3.90

$$(\cos\theta, 0, \sin\theta) \times (\cos\theta\cos\varphi, \cos\theta\sin\varphi, -\sin\theta)$$
$$= (-\sin\theta\cos\theta\sin\varphi, 2\sin\theta\cos\theta\cos^2\frac{\varphi}{2}, \cos^2\theta\sin\varphi)$$

不妨约去 $2\cos\theta\cos\frac{\varphi}{2}$,得 $\left(-\sin\frac{\varphi}{2}\sin\theta, \sin\theta\cos\frac{\varphi}{2}, \sin\frac{\varphi}{2}\cos\theta\right)$,其与 z 轴(方向向量 $(0,0,1)$ 夹角余弦即所述角 β 的正弦)

$$\sin\beta = \frac{(-\sin\frac{\varphi}{2}\sin\theta, \sin\theta\cos\frac{\varphi}{2}, \sin\frac{\varphi}{2}\cos\theta) \cdot (0,0,1)}{\sqrt{(-\sin\frac{\varphi}{2}\sin\theta)^2 + (\sin\theta\cos\frac{\varphi}{2})^2 + (\sin\frac{\varphi}{2}\cos\theta)^2} \cdot \sqrt{0^2+0^2+1^2}}$$

$$= \frac{\sin\frac{\varphi}{2}\cos\theta}{\sqrt{\sin^2\theta + \sin^2\frac{\varphi}{2}\cos^2\theta}}$$

$$\sin^2\beta\sin^2\theta + \sin^2\beta\sin^2\frac{\varphi}{2}\cos^2\theta = \sin^2\frac{\varphi}{2}\cos^2\theta$$

$$\Rightarrow \sin^2\beta\sin^2\theta = \sin^2\frac{\varphi}{2}\cos^2\theta\cos^2\beta$$

$$\tan^2\theta = \frac{\sin^2\frac{\varphi}{2}}{\tan^2\beta}, (正值)\tan\theta = \frac{\sin\frac{\varphi}{2}}{\tan\beta}, \theta = \tan^{-1}\frac{\sin\frac{\varphi}{2}}{\tan\beta}$$

3.91 正四面体一顶点在圆柱轴上,其余顶点在圆柱侧面上,圆柱底面半径为 R,求正四面体棱长.

解 如图 3.91,设正四面体一顶点于圆柱轴(OM)上点 O,过点 O 作与轴垂直的平面 α,α 与圆柱侧面交于一圆(圆中只画半圆).正四面体另三顶点 A,B,C 于圆柱侧面上,它们分别在 α 的射影为点 A',B',C',在上述圆上,易见 $AA' = BB' = CC' = h$(设)——因它们都等于棱长与 R 的平方差的平方根.有两种情况:

(1) A,B,C 同在平面 α 一侧,从而在与轴垂直的另一平面上,为此平面与圆柱侧面交线圆(半径 R)的内接正三角形的顶点,故知所求棱长(上述正三角形边长)为 $\sqrt{3}R$;

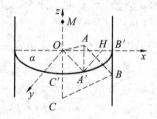

图 3.91

(2) 如图所示,A,B,C 中二点(如 B,C)于平面 α 一侧(不妨设下侧),第三点(A)在平面 α 另一侧(上侧).取坐标轴如图 3.91 所示,由对称性,二面角 A-OM-B 等于二面角 A-OM-C(其平面角 $\angle A'OB' = \angle A'OC' = \theta$(设)).易见 $O(0,0,0),A(R,0,h),B(R\cos\theta, R\sin\theta, -h),C(R\cos\theta, -R\sin\theta, -h)$.

由 $OA^2 = BC^2 = AB^2$,得

$$R^2 + h^2 = (2R\sin\theta)^2 = (R - R\cos\theta)^2 + (R\sin\theta)^2 + (2h)^2$$

即

$$R^2 + h^2 = 4R^2\sin^2\theta, 4R^2\sin^2\theta = 2R^2 - 2R^2\cos\theta + 4h^2$$

消去 h(再约去 R^2) 得

$$12\cos^2\theta + 2\cos\theta - 10 = 0$$

解得(正值,因 $0 < 2\theta < 180°, 0 < \theta < 90°$)

$$\cos\theta = \frac{5}{6}, \sin\theta = \frac{\sqrt{11}}{6}$$

所求棱长

$$BC = 2R\sin\theta = \frac{\sqrt{11}}{3}R$$

3.92 两圆锥有公共顶点 S,第一圆锥轴截面顶角为 $120°$,第二圆锥轴截面顶角 $2\theta = \cos^{-1}\dfrac{1}{3}$,第二圆锥的一母线为第一圆锥的轴,求两圆锥侧面相交的二母线所成的角.

解 $\cos 2\theta = \dfrac{1}{3}$,$\cos\theta = \sqrt{\dfrac{1+\dfrac{1}{3}}{2}} = \sqrt{\dfrac{2}{3}}$,$\sin\theta = \sqrt{\dfrac{1}{3}}$. 以 S 为球心作球面截二圆锥轴于点 O,O',截二圆锥面得二圆交于点 A,B. 球面上 O,O',A,B 及相互联结所得大圆弧如图 3.92 所示. 设大圆弧 $\overset{\frown}{OO'}$ 所在圆与大圆弧 $\overset{\frown}{AB}$ 交于点 H,易见大圆弧 $\overset{\frown}{OA} = \overset{\frown}{OB} = 60°$,球面直角及球面角 α 如图 3.93 所示,大圆弧(度数)$\overset{\frown}{O'O} = \overset{\frown}{O'A} = \overset{\frown}{O'B} = \theta$. 在球面三角形 $OO'A$ 用边的余弦定理得

$$\cos 60° = \cos^2\theta + \sin^2\theta\cos\alpha = \dfrac{2}{3} + \dfrac{1}{3}\cos\alpha$$

$$\Rightarrow \cos\alpha = -\dfrac{1}{2},\ \alpha = 120°$$

从而由大圆弧 $\overset{\frown}{O'A}$,$\overset{\frown}{O'H}$ 所成球面角 $60°$,在球面三角形 $O'HA$ 用正弦定理得(其中大圆弧 $\overset{\frown}{AH}$ 为其度数)

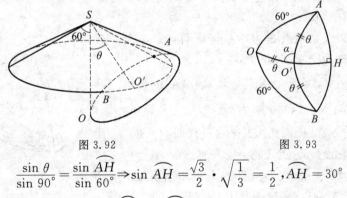

图 3.92   图 3.93

$$\dfrac{\sin\theta}{\sin 90°} = \dfrac{\sin\overset{\frown}{AH}}{\sin 60°} \Rightarrow \sin\overset{\frown}{AH} = \dfrac{\sqrt{3}}{2}\cdot\sqrt{\dfrac{1}{3}} = \dfrac{1}{2},\ \overset{\frown}{AH} = 30°$$

所求角 $\angle ASB$ 度数为大圆弧 $\overset{\frown}{AB} = 2\overset{\frown}{AH} = 60°$.

3.93 三个圆锥轴截面顶角均为 $\alpha(\leqslant 120°)$,有公共顶点,沿母线 l,k,m 互相外切,求母线 l,k 所成的角.

解 以公共顶点为球心作球面(见 3.89 题图)截三圆锥轴于点 O_1,O_2,O_3,截三圆锥面得 $\odot O_1,\odot O_2,\odot O_3$,截母线 l,k,m 分别于点 K,L,M,即三个圆两

两的切点. 设大圆弧(未画出)$\widehat{LK}=\varphi$(度数),分别在二球面三角形 $O_1O_2O_3$ 及三角形 O_1LK 中用边的余弦定理得

$$\cos a = \cos^2 a + \sin^2 a \cos\theta$$

$$\cos\varphi = \cos^2\frac{a}{2} + \sin^2\frac{a}{2}\cos\theta$$

$$\frac{\cos a - \cos^2 a}{\cos\varphi - \cos^2\dfrac{a}{2}} = \frac{\sin^2 a}{\sin^2\dfrac{a}{2}} = 4\cos^2\frac{a}{2}$$

$$\cos\varphi = \frac{\cos a - \cos^2 a}{4\cos^2\dfrac{a}{2}} + \cos^2\frac{\varphi}{2} = \frac{\cos a - \cos^2 a + (1+\cos a)^2}{2(1+\cos a)} = \frac{3\cos a + 1}{2\cos a + 2}$$

$$\sin\frac{\varphi}{2} = \sqrt{\frac{1-\cos\varphi}{2}} = \sqrt{\frac{1-\cos a}{4(1+\cos a)}} = \frac{1}{2}\tan\frac{a}{2}$$

所求角度数为

$$\varphi = 2\sin^{-1}\left(\frac{1}{2}\tan\frac{a}{2}\right)$$

3.94 两相等圆锥有公共顶点,轴与母线夹角为 γ,二轴夹角为 β,二圆锥与同一平面 α 相切,且在 α 的同一侧,求一圆锥与平面 α 相切的母线与另一圆锥底面所成的角.

解 以公共顶点 S 为球心作球面与二轴交于点 O,O',与二圆锥面交于二小圆如图 3.94 所示,与平面 α 交于大圆,其上点 A,A' 为二小圆与大圆弧 $\widehat{AA'}$ 的切点. 易见大圆弧(度数,下同)$\widehat{OO'}=\beta$,大圆弧 $\widehat{OA}=\widehat{O'A'}=\gamma$,因 SO' 与圆锥底面垂直,大圆弧 $\widehat{AO'}=\varphi$(设)(即 $\angle ASO'$)为所求的角的余角. 设过点 O,A 的大圆与过点 O',A' 的大圆的一交点(与 O,O' 在平面 α 同侧)为点 P. 因平面 α 与二平面 SPA,SPA' 都垂直(即球面角 $PAA',PA'A$ 均为直角),故

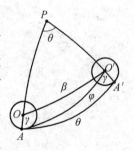

图 3.94

SP 与平面 α 垂直,故二面角 A-PS-A' 的平面角为 $\angle ASA'$,二者度数分别与球面角 APA',大圆弧 $\widehat{AA'}$ 相同,设均为 θ. 又因 $\angle PSA = \angle PSA' = 90°$,故大圆弧 $\widehat{PA} = \widehat{PA'} = 90°$,大圆弧 $\widehat{PO} = \widehat{PO'} = 90° - \gamma$. 在球面三角形 PAA' 用边的余弦定理得

$$\cos\beta = \cos^2(90°-\gamma) + \sin^2(90°-\gamma)\cos\theta$$

$$\cos\theta = \frac{\cos\beta - \sin^2\gamma}{\cos^2\gamma} = \frac{\cos^2\gamma - (1-\cos\beta)}{\cos^2\gamma} = 1 - \frac{2\sin^2\frac{\beta}{2}}{\cos^2\gamma}$$

在球面三角形 $AA'O'$ 用边的余弦定理得

$$\cos\varphi = \cos\theta\cos\gamma + \sin\theta\sin\gamma\cos 90° = \cos\gamma - \frac{2\sin^2\frac{\beta}{2}}{\cos\gamma}$$

所求的角

$$90° - \varphi = 90° - \cos^{-1}\left[\cos\gamma - \frac{2\sin^2\frac{\beta}{2}}{\cos\gamma}\right] = \sin^{-1}\left[\cos\gamma - \frac{2\sin^2\frac{\beta}{2}}{\cos\gamma}\right]$$

3.95 正三棱锥底面边长为 a,两侧面所成角为 γ,求体积 V.

解 设所述正三棱锥 $S\text{-}ABC$,设 BC 中点 M,如图 3.95 所示,在平面 SAM 上作 $MH \perp SA$ 于点 H. 因 $BC \perp MS$ 及 MA,故 $BC \perp MH$, $BC \perp SA$,从而 $SA \perp HB$ 及 HC, $\angle BHC$ 为二面角 $B\text{-}SA\text{-}C$ 的平面角, $\angle BHC = \gamma$. 又二面角 $H\text{-}AM\text{-}C$ 为 $90°$ 角(注意 BC 垂直于平面 MAH),在三面角 $A\text{-}HMC$ 中,设 $\angle HAC = \alpha'$,所对二面角 $H\text{-}AM\text{-}C$ 为 $90°$,显然 $\angle MAC = 30°$,所对二面角 $M\text{-}AH\text{-}C$ 为 $\frac{\gamma}{2}$,据球面三角的正弦定理得

$$\frac{\sin\alpha'}{\sin 90°} = \frac{\sin 30°}{\sin\frac{\gamma}{2}} \Rightarrow \sin\alpha' = \frac{1}{2\sin\frac{\gamma}{2}}, \cos\alpha' = \frac{\sqrt{4\sin^2\frac{\gamma}{2} - 1}}{2\sin\frac{\gamma}{2}}$$

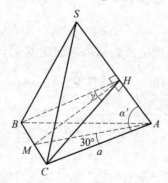

图 3.95

$$\tan\alpha' = \frac{1}{\sqrt{4\sin^2\frac{\gamma}{2}-1}}$$

又侧面斜高等于 $\frac{a}{2}\tan\alpha' = \frac{a}{2\sqrt{4\sin^2\frac{\gamma}{2}-1}}$，底面中心距 AC 中点 $\frac{a}{2\sqrt{3}}$，故正三棱锥高

$$h = \sqrt{\left(\frac{a}{2\sqrt{4\sin^2\frac{\gamma}{2}-1}}\right)^2 - \left(\frac{a}{2\sqrt{3}}\right)^2} = a\sqrt{\frac{3-(4\sin^2\frac{\gamma}{2}-1)}{12(4\sin^2\frac{\gamma}{2}-1)}}$$

$$= \frac{a\cos\frac{\gamma}{2}}{\sqrt{3(4\sin^2\frac{\gamma}{2}-1)}}$$

所求体积

$$V = \frac{1}{3}S_{\triangle ABC} \cdot h = \frac{1}{3} \cdot \frac{\sqrt{3}}{4}a^2 \cdot \frac{a\cos\frac{\gamma}{2}}{\sqrt{3(4\sin^2\frac{\gamma}{2}-1)}}$$

$$= \frac{a^3}{12\sqrt{4\tan^2\frac{\gamma}{2}-\sec^2\frac{\gamma}{2}}}$$

$$= \frac{a^3}{12\sqrt{3\tan^2\frac{\gamma}{2}-1}}$$

3.96 正三棱锥侧棱长为 b，两侧面所成角 γ，求体积 V.

解 按上题图及其中量 a, α', h，易见 $a = 2b\cos\alpha'$，底面中心距点 A 为 $\frac{a}{\sqrt{3}}$，故

$$h = \sqrt{b^2 - \left(\frac{a}{\sqrt{3}}\right)^2} = b\sqrt{1-\frac{4}{3}\cos^2\alpha'}$$

$$V = \frac{1}{3} \cdot \frac{\sqrt{3}}{4}(2b\cos\alpha')^2 \cdot b\sqrt{1-\frac{4}{3}\cos^2\alpha'}$$

$$= \frac{b^3}{3}\cos^2\alpha' \cdot \sqrt{3-4\cos^2\alpha'} \quad (\text{按 3.95 题解})$$

第3章 立体几何题
DISANZHANG LITI JIHETI

$$= \frac{b^3}{3} \cdot \frac{4\sin^2 \frac{\gamma}{2} - 1}{4\sin^2 \frac{\gamma}{2}} \cdot \sqrt{3 - \frac{4\sin^2 \frac{\gamma}{2} - 1}{\sin^2 \frac{\gamma}{2}}}$$

$$= \frac{b^3}{12} \cdot \frac{(4\sin^2 \frac{\gamma}{2} - 1)\cos \frac{\gamma}{2}}{\sin^3 \frac{\gamma}{2}}$$

3.97 已知正三棱锥高 h,两侧面所成的角为 γ,求体积.

解 按 3.95 题解有

$$a = \frac{h\sqrt{3(4\sin^2 \frac{\gamma}{2} - 1)}}{\cos \frac{\gamma}{2}} = \sqrt{3}h\sqrt{3\tan^2 \frac{\gamma}{2} - 1}$$

$$V = \frac{1}{12\sqrt{3\tan^2 \frac{\gamma}{2} - 1}} (\sqrt{3}h\sqrt{3\tan^2 \frac{\gamma}{2} - 1})^3 = \frac{\sqrt{3}}{4} h^3 (3\tan^2 \frac{\gamma}{2} - 1)$$

3.98 正四棱锥侧棱长为 b,相邻侧面所成角为 γ,求体积 V.

解 设所述正四棱锥 S-$ABCD$,过底面中心 O 在平面 OSB 作 $OM \perp SB$ 于点 M,如图 3.96 所示,则 $\angle CMA = \gamma$. 设 $\angle ABS = \alpha'$,易见底面边长 $a = 2b\cos \alpha'$. 在三面角 B-OAM 中,面角 α 所对二面角 M-OB-A 为 $90°$,面角 $\angle OBA = 45°$ 所对二面角 A-BM-O 为 $\frac{\gamma}{2}$,按球面三角正弦定理得

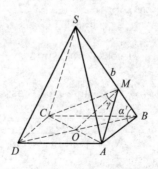

图 3.96

$$\frac{\sin \alpha'}{\sin 90°} = \frac{\sin 45°}{\sin \frac{\gamma}{2}}, \sin \alpha' = \frac{1}{\sqrt{2} \sin \frac{\gamma}{2}}, \cos^2 \alpha' = 1 - \frac{1}{2\sin^2 \frac{\gamma}{2}}$$

棱锥高

$$SO = \sqrt{SB^2 - OB^2} = \sqrt{b^2 - \left(\frac{a}{\sqrt{2}}\right)^2} = \sqrt{b^2 - \frac{a^2}{2}} = \sqrt{b^2 - 2b^2\cos^2\alpha}$$

$$= b\sqrt{1 - 2\left[1 - \frac{1}{2\sin^2 \frac{\gamma}{2}}\right]} = b\cot \frac{\gamma}{2}$$

则

$$V = \frac{1}{3}(2b\cos\alpha')^2 \cdot b\cot \frac{\gamma}{2} = \frac{4b^3}{3}\left[1 - \frac{1}{2\sin^2 \frac{\gamma}{2}}\right]\cot \frac{\gamma}{2} = \frac{2b^3}{3}\left[2 - \frac{1}{\sin^2 \frac{\gamma}{2}}\right]\cot \frac{\gamma}{2}$$

3.99 正四棱锥一个侧面面积为 Q,侧棱与底面所成角 α,求体积 V.

解 如图3.97所示,设所述正四棱锥 S-$ABCD$,底面中心为 O,高为 h,侧棱长为 b,底面边长为 a,斜高 l 与底面所成角为 β,则

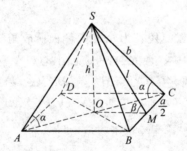

图 3.97

$$l^2 = h^2 + \left(\frac{a}{2}\right)^2 = b^2\sin^2\alpha + \frac{b^2}{2}\cos^2\alpha = b^2\left(\sin^2\alpha + \frac{1}{2}\cos^2\alpha\right) = \frac{1}{2}b^2(1 + \sin^2\alpha)$$

$$Q^2 = \left(\frac{la}{2}\right)^2 = l^2\left(\frac{a}{2}\right)^2 = \frac{b^2}{2}(1 + \sin^2\alpha) \cdot \frac{b^2}{2}\cos^2\alpha = \frac{b^4}{4}(1 + \sin^2\alpha)\cos^2\alpha$$

$$b = \sqrt[4]{\frac{4Q^2}{(1 + \sin^2\alpha)\cos^2\alpha}}$$

$$V = \frac{1}{3}a^2 h = \frac{1}{3}(\sqrt{2}b\cos\alpha)^2(b\sin\alpha) = \frac{2}{3}\cos^2\alpha\sin\alpha \cdot \left[\frac{4Q^2}{(1 + \sin^2\alpha)\cos^2\alpha}\right]^{\frac{3}{4}}$$

$$= \frac{4\sqrt{2}}{3}Q^{\frac{3}{2}} \cdot \frac{\sin\alpha \cdot \sqrt{\cos\alpha}}{(1+\sin^2\alpha)^{\frac{3}{4}}}$$

3.100 正六棱锥底面边长为 a，相邻两侧面所成角 γ，求体积 V.

解 设侧面等腰三角形底角为 α'，因底面正六边形内角为 $120°$，其一半为 $60°$，与 3.95，3.98 题解类似得

$$\frac{\sin\alpha'}{\sin 90°} = \frac{\sin 60°}{\sin\frac{\gamma}{2}}, \sin\alpha' = \frac{\sqrt{3}}{2\sin\frac{\gamma}{2}}, \cos\alpha' = \frac{\sqrt{4\sin^2\frac{\gamma}{2}-3}}{2\sin\frac{\gamma}{2}}$$

设侧棱长为 b，因底面正六边形顶点到中心距离（外接圆半径）为 a，故棱柱高

$$h = \sqrt{b^2-a^2} = \sqrt{\left[\frac{\frac{a}{2}}{\cos\alpha'}\right]^2 - a^2} = a\sqrt{\frac{\sin^2\frac{\gamma}{2}}{4\sin^2\frac{\gamma}{2}-3}-1} = \frac{\sqrt{3}a\cos\frac{\gamma}{2}}{\sqrt{4\sin^2\frac{\gamma}{2}-3}}$$

$$= \frac{\sqrt{3}a}{\sqrt{4\tan^2\frac{\gamma}{2}-3\sec^2\frac{\gamma}{2}}} = \frac{\sqrt{3}a}{\sqrt{\tan^2\frac{\gamma}{2}-3}}$$

则

$$V = \frac{1}{3}\left(6 \cdot \frac{\sqrt{3}}{4}a^2\right)h = \frac{3a^3}{2\sqrt{\tan^2\frac{\gamma}{2}-3}}$$

3.101 正六棱锥侧棱长为 b，相邻侧面所成角为 γ，求体积 V.

解 设角 α' 同 3.100 题，则底面边长

$$a = 2b\cos\alpha' = 2b\sqrt{\frac{4\sin^2\frac{\gamma}{2}-3}{4\sin^2\frac{\gamma}{2}}}$$

棱锥高

$$h = \sqrt{b^2-a^2} = b\sqrt{1-\frac{4\sin^2\frac{\gamma}{2}-3}{\sin^2\frac{\gamma}{2}}} = \sqrt{3}b\cot\frac{\gamma}{2}$$

$$V = \frac{1}{3}\left(6 \cdot \frac{\sqrt{3}}{4}a^2\right)h = \frac{\sqrt{3}}{2} \cdot b^2 \frac{4\sin^2\frac{\gamma}{2} - 3}{\sin^2\frac{\gamma}{2}} \cdot \sqrt{3}b\cot\frac{\gamma}{2}$$

$$= \frac{3}{2}b^3 \frac{4\sin^2\frac{\gamma}{2} - 3}{\sin^3\frac{\gamma}{2}} \cdot \cos\frac{\gamma}{2}$$

3.102 已知正六棱锥高 h,γ 同 3.101 题,求体积 V.

解 由 3.100 题解知

$$V = \frac{3a^3}{2\sqrt{\tan^2\frac{\gamma}{2} - 3}} = \frac{3}{2\sqrt{\tan^2\frac{\gamma}{2} - 3}} \left(\frac{h\sqrt{\tan^2\frac{\gamma}{2} - 3}}{\sqrt{3}}\right)^3 = \frac{\tan^2\frac{\gamma}{2} - 3}{2\sqrt{3}}h^3$$

3.103 $CD = 1$ 与平面 ABC 垂直,$CB = 3$,$BA = 2$,$\angle CBA = 90°$,求四面体 $ABCD$ 的内切球半径.

解 取坐标轴如图 3.98 所示,得点 C,D,B,A 坐标如此图所示.

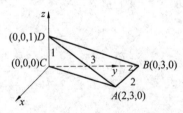

图 3.98

平面 ABC 为
$$z = 0$$

平面 BCD 为
$$x = 0$$

平面 ACD(已法化,即使各一次项系数平方和为 1,下同)为
$$\frac{3}{\sqrt{13}}x - \frac{2}{\sqrt{13}}y = 0$$

平面 ABD 为

第 3 章　立体几何题
DISANZHANG　LITI JIHETI

即

$$\begin{vmatrix} x-0 & y-0 & z-1 \\ 2-0 & 3-0 & 0-1 \\ 0-0 & 3-0 & 0-1 \end{vmatrix} = 0$$

即

$$\frac{1}{\sqrt{10}}y + \frac{3}{\sqrt{10}}(z-1) = 0$$

求内切球球心 $P(x,y,z)$, $x,y,z>0$, 因点 P 到上述四平面等距（即内切球半径）, 故

$$z = x = -\frac{3x-2y}{\sqrt{13}} = -\frac{y+3z-3}{\sqrt{10}}$$

（因在平面 ACD（平面 ABD）方程中 y 的系数为负（正）, 故对平面 ACD 右方（平面 ABD 左方）, 即 y 轴正（负）向的点 P, 已法化的方程左边值, 点 P 到平面有向距离为负, 要改号才得正的绝对距离）, 即

$$\sqrt{13}x = -3x + 2y, \quad \sqrt{10}x = -y - 3x + 3$$

消去 y 后求得所求半径

$$x = \frac{6}{2\sqrt{10} + \sqrt{13} + 9}$$

3.104　圆锥体积与其内切球体积的比为 2, 求圆锥全面积与内切球表面积的比.

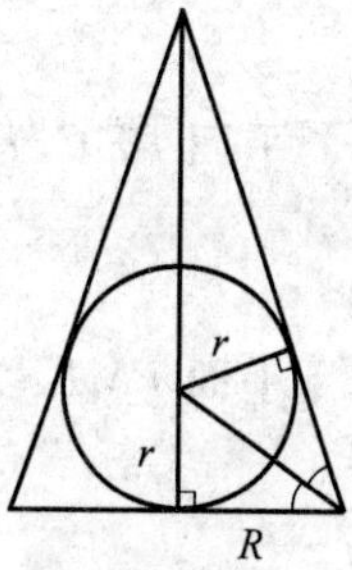

解　如图 3.99 所示, 在圆锥轴截面图中, 圆锥高为 h, 底面半径为 R, 内切球半径为 r. 因球心在直角三角形一锐角平分线上, 故

$$\frac{r}{h-r} = \frac{R}{\sqrt{R^2+h^2}} \Rightarrow \frac{r}{h} = \frac{R}{\sqrt{R^2+h^2}+R},$$

$$r = \frac{Rh}{R+\sqrt{R^2+h^2}}$$

$$2 = \frac{\frac{1}{3}\pi R^2 h}{\frac{4}{3}\pi r^3} = \frac{1}{4} \cdot \frac{R^2 h (R+\sqrt{R^2+h^2})^3}{R^3 h^3} = \frac{(R+\sqrt{R^2+h^2})^3}{4Rh^2}$$

$$= \frac{(1+\sqrt{1+\lambda^2})^3}{4\lambda^2} \quad (\lambda = \frac{h}{R})$$

即

图 3.99

$$\sqrt[3]{8\lambda^2} = 1 + \sqrt{1+\lambda^2}, \quad 2\lambda^{\frac{2}{3}} - 1 = \sqrt{1+\lambda^2}$$

两边平方得

$$4\lambda^{\frac{4}{3}} - 4\lambda^{\frac{2}{3}} + 1 = 1 + \lambda^2$$

解得(正值)

$$\lambda^{\frac{2}{3}} = 2, \lambda = \sqrt{8}$$

所求面积比

$$\frac{\pi R^2 + \pi R\sqrt{R^2+h^2}}{4\pi R^2} = \frac{1}{4}(1+\sqrt{1+\lambda^2}) = \frac{1}{4}(1+\sqrt{1+8}) = 1$$

3.105 正四棱锥 $P\text{-}ABCD$ 底面边长为 6,高 $PO=4$,BC,CD 的中点分别为点 M,K,求三棱锥 $P\text{-}MKC$ 的内切球半径.

解 取坐标轴如图 3.100 所示,得 C,P,M,K 坐标如图所示.

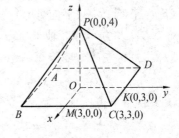

图 3.100

平面 MKC 为

$$z = 0$$

平面 PMC(已法化,下同) 为

$$\frac{4x+3z-12}{5} = 0$$

平面 PKC 为

$$\frac{4y+3z-12}{5} = 0$$

平面 PMK 为

$$\frac{x}{3} + \frac{y}{3} + \frac{z}{4} = 1$$

即

$$\frac{4x+4y+3z-12}{\sqrt{41}} = 0$$

三棱锥 $P\text{-}MKC$ 的内切球心 Q 到上述四平面等距(即内切球半径),故设 $Q(x,y,z)$ 得

$$z = -\frac{4x+3z-12}{5} = -\frac{4y+3z-12}{5} = \frac{4x+4y+3z-12}{\sqrt{41}}$$

(因后三个方程左边 z 的系数为正,而 Q 在平面 PKC 及平面 PMC 下方,在平面

PMK 上方,故前二(第三)有向距离为负(正))由上第二、三式相等知 $x=y$,于是得

$$z=-\frac{4x+3z-12}{5}=\frac{8x+3z-12}{\sqrt{41}}$$

即

$$\begin{cases} 5z=-4x-3z+12 \\ \sqrt{41}z=8x+3z-12 \end{cases}$$

消去 x 求得(内切球半径)

$$z=\frac{12}{13+\sqrt{41}}$$

3.106 棱锥底面为顶角是 α 的等腰三角形,其外接圆半径 R,底面上所有二面角等于 β,棱锥顶点在底面的射影在上述等腰三角形内,求棱锥体积 V.

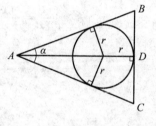

图 3.101

解 设所述等腰 $\triangle ABC$ 底边上的高为 AD,内切圆半径为 r(易见其圆心为棱锥顶点在底面的射影),$\angle BAC=\alpha$. 易见

$$BC=2R\sin\alpha,\quad AD=\frac{BC}{2}\cot\frac{\alpha}{2}=2R\cos^2\frac{\alpha}{2}$$

则

$$S_{\triangle ABC}=\frac{1}{2}BC\cdot AD=2R^2\sin\alpha\cos^2\frac{\alpha}{2}$$

$$r=AD\cdot\frac{BD}{AB+BD}=2R\cos^2\frac{\alpha}{2}\cdot\frac{\frac{BD}{AB}}{1+\frac{BD}{AB}}$$

$$=2R\cos^2\frac{\alpha}{2}\cdot\frac{\sin\frac{\alpha}{2}}{1+\sin\frac{\alpha}{2}}$$

棱锥高

$$h=r\tan\beta=\frac{2R\cos^2\frac{\alpha}{2}\sin\frac{\alpha}{2}\tan\beta}{1+\sin\frac{\alpha}{2}}$$

$$V = \frac{1}{3}S_{\triangle ABC}h = \frac{4R^3\sin\alpha\cos^4\dfrac{\alpha}{2}\sin\dfrac{\alpha}{2}\tan\beta}{3(1+\sin\dfrac{\alpha}{2})} = \frac{2R^3\sin^2\alpha\cos^3\dfrac{\alpha}{2}\tan\beta}{3(1+\sin\dfrac{\alpha}{2})}$$

3.107 正三棱锥内切球半径为 r,侧棱与底面所成角 α,求体积.

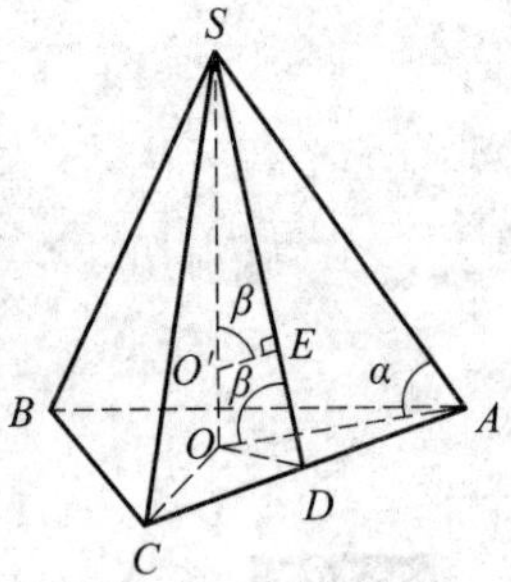

解 设所述正三棱锥 $S\text{-}ABC$,底面中心 O,CA 中点 D,则角 α,侧面与底面所成角 β 如图 3.102 所示,内切球心 O' 必在 SO 上. O 为内切球与底面的切点,内切球与平面 SCA 切点 E 必在 SD 上,易见

$$\angle SO'E = \beta, \quad OO' = O'E = r$$

$$\tan\beta = \frac{OS}{OD} = \frac{OS}{\dfrac{1}{2}OA} = 2\frac{OS}{OA} = 2\tan\alpha$$

图 3.102

$$\Rightarrow \cos\beta = \frac{1}{\sqrt{1+4\tan^2\alpha}}$$

$$\sin^2\frac{\beta}{2} = \frac{1-\cos\beta}{2} = \frac{\sqrt{1+4\tan^2\alpha}-1}{2\sqrt{1+4\tan^2\alpha}}$$

$$\cos^2\frac{\beta}{2} = \frac{1+\cos\beta}{2} = \frac{\sqrt{1+4\tan^2\alpha}+1}{2\sqrt{1+4\tan^2\alpha}}$$

$$S_{\triangle ABC} = 3S_{\triangle OCA} = 3AD \cdot OD = \sqrt{3}\,OD^2 = 3\sqrt{3}\,r^2\cot^2\frac{\beta}{2}$$

棱锥高

$$h = OS = OO' + O'S = r + \frac{O'E}{\cos\beta} = r\left(1+\frac{1}{\cos\beta}\right) = 2r\frac{\cos^2\dfrac{\beta}{2}}{\cos\beta}$$

$$V = \frac{1}{3}S_{\triangle ABC}h = \sqrt{3}\,r^2\cot^2\frac{\beta}{2} \cdot 2r\frac{\cos^2\dfrac{\beta}{2}}{\cos\beta} = 2\sqrt{3}\,r^3\frac{\cos^4\dfrac{\beta}{2}}{\sin^2\dfrac{\beta}{2}\cos\beta}$$

$$= \frac{2\sqrt{3}\,r^3\left[\dfrac{1+\sqrt{1+4\tan^2\alpha}}{2\sqrt{1+4\tan^2\alpha}}\right]^2}{\dfrac{\sqrt{1+4\tan^2\alpha}-1}{2\sqrt{1+4\tan^2\alpha}} \cdot \dfrac{1}{\sqrt{1+4\tan^2\alpha}}} = \frac{\sqrt{3}\,r^3}{4\tan^2\alpha}(\sqrt{1+4\tan^2\alpha}+1)^3$$

第3章 立体几何题

3.108 已知正三棱锥一个侧面面积为 Q，侧棱与底面所成角 α，求体积 V.

解 如图 3.102 所示，设 $\angle DAS = \theta$，因 $\angle DAO = 30°$，$\angle DAS$ 所对二面角 $D\text{-}OA\text{-}S$ 为 $90°$，在三面角 $A\text{-}ODS$ 中按边的余弦定理得

$$\cos\theta = \cos\alpha\cos 30° + \sin\alpha\sin 30°\cos 90° = \frac{\sqrt{3}}{2}\cos\alpha$$

$$\tan\theta = \frac{\sqrt{1-\left(\frac{\sqrt{3}}{2}\cos\alpha\right)^2}}{\frac{\sqrt{3}}{2}\cos\alpha} = \frac{\sqrt{4-3\cos^2\alpha}}{\sqrt{3}\cos\alpha} = \frac{\sqrt{1+3\sin^2\alpha}}{\sqrt{3}\cos\alpha}$$

设 $AD = x$，易见 $Q = AD \cdot DS = x \cdot x\tan\theta = x^2\tan\theta \Rightarrow x = \sqrt{\frac{Q}{\tan\theta}}$，又

$$AC = 2x$$

$$OS = AO\tan\alpha = \frac{2x}{\sqrt{3}}\tan\alpha$$

$$V = \frac{1}{3} \cdot \frac{\sqrt{3}}{4}(2x)^2 \cdot OS = \frac{2}{3}x^3\tan\alpha = \frac{2}{3}\left(\frac{Q}{\tan\theta}\right)^{\frac{3}{2}}\tan\alpha$$

$$= \frac{2Q^{\frac{3}{2}}\tan\alpha}{3\left[\frac{\sqrt{1+3\sin^2\alpha}}{\sqrt{3}\cos\alpha}\right]^{\frac{3}{2}}} = \frac{2}{3}Q^{\frac{3}{2}}\tan\alpha \cdot \frac{3^{\frac{3}{4}}(\cos\alpha)^{\frac{3}{2}}}{(1+3\sin^2\alpha)^{\frac{3}{4}}}$$

$$= \frac{2}{\sqrt[4]{3}}Q^{\frac{3}{2}}\frac{\sin\alpha \cdot \sqrt{\cos\alpha}}{(1+3\sin^2\alpha)^{\frac{3}{4}}}$$

3.109 正三棱锥一个侧面面积为 Q，侧面与底面所成角为 β，求体积 V.

解 由上题答案及题 3.107 解知

$$V = \frac{2}{\sqrt[4]{3}}Q^{\frac{3}{2}}\frac{\sin\alpha \cdot \sqrt{\cos\alpha}}{(1+3\sin^2\alpha)^{\frac{3}{4}}} = \frac{2}{\sqrt[4]{3}}Q^{\frac{3}{2}}\frac{\tan\alpha}{(\sec^2\alpha + 3\tan^2\alpha)^{\frac{3}{4}}}$$

$$= \frac{2}{\sqrt[4]{3}}Q^{\frac{3}{2}}\frac{\tan\alpha}{(1+4\tan^2\alpha)^{\frac{3}{4}}} = \frac{1}{\sqrt[4]{3}}Q^{\frac{3}{2}}\frac{\tan\beta}{(1+\tan^2\beta)^{\frac{3}{4}}}$$

$$= \frac{1}{\sqrt[4]{3}}Q^{\frac{3}{2}}\frac{\sin\beta \cdot (\cos\beta)^{\frac{3}{2}}}{\cos\beta}$$

$$= \frac{1}{\sqrt[4]{3}}Q^{\frac{3}{2}}\sin\beta \cdot \sqrt{\cos\beta}$$

用三角、解析几何等计算解来自俄罗斯的几何题

3.110 已知正三棱锥一个侧面面积为 Q,两侧面所成角为 γ,求体积.

解 在题 3.107 图的三面角 A-SOD 中,面角 $\angle OAD = 30°$,$\angle OAS = \alpha$,二者所夹二面角 D-AO-S 等于 $90°$,$30°$ 的面角所对二面角 D-AS-O 等于 $\dfrac{\gamma}{2}$,按球面三角的余切定理得

$$\cot 30° \sin\alpha = \cos\alpha \cos 90° + \sin 90° \cot\frac{\gamma}{2}$$

$$\sin\alpha = \frac{\cot\dfrac{\gamma}{2}}{\sqrt{3}}, \quad \tan\alpha = \frac{\cot\dfrac{\gamma}{2}}{\sqrt{3-\cot^2\dfrac{\gamma}{2}}}$$

再由上题解知

$$V = \frac{2}{\sqrt[4]{3}} Q^{\frac{3}{2}} \frac{\tan\alpha}{(1+4\tan^2\alpha)^{\frac{3}{4}}} = \frac{2}{\sqrt[4]{3}} Q^{\frac{3}{2}} \frac{\dfrac{\cot\dfrac{\gamma}{2}}{\sqrt{3-\cot^2\dfrac{\gamma}{2}}}}{\left[1+\dfrac{4\cot^2\dfrac{\gamma}{2}}{3-\cot^2\dfrac{\gamma}{2}}\right]^{\frac{3}{4}}}$$

$$= \frac{2}{\sqrt[4]{3}} Q^{\frac{3}{2}} \frac{\cot\dfrac{\gamma}{2} \cdot \sqrt[4]{3-\cot^2\dfrac{\gamma}{2}} (\sin\dfrac{\gamma}{2})^{\frac{3}{2}}}{3^{\frac{3}{4}}}$$

$$= \frac{2}{3} Q^{\frac{3}{2}} \cos\frac{\gamma}{2} \cdot \sqrt{\sin\frac{\gamma}{2}} \sqrt[4]{3-\cot^2\frac{\gamma}{2}}$$

$$= \frac{2}{3} Q^{\frac{3}{2}} \cos\frac{\gamma}{2} \cdot \sqrt[4]{3\sin^2\frac{\gamma}{2} - \cos^2\frac{\gamma}{2}} = \frac{2}{3} Q^{\frac{3}{2}} \cos\frac{\gamma}{2} \cdot \sqrt[4]{4\sin^2\frac{\gamma}{2} - 1}$$

3.111 已知正四棱锥外接球面半径为 R,侧面与底面所成角为 β,求体积.

解 在题 3.99 图中易见外接球面半径为 R,即 $\triangle SAC$ 外接圆半径为 R

$$\tan\alpha = \frac{h}{\dfrac{\sqrt{2}}{2}a} = \frac{1}{\sqrt{2}} \cdot \frac{h}{\dfrac{a}{2}} = \frac{1}{\sqrt{2}}\tan\beta$$

从而

$$\sin^2\alpha = \frac{\tan^2\beta}{2+\tan^2\beta}, \cos^2\alpha = \frac{2}{2+\tan^2\beta}$$

又在 $\triangle SAC$ 中

$$\sqrt{2}a = AC = 2R\sin\angle ASC = 2R\sin 2\alpha, a = \sqrt{2}R\sin 2\alpha$$

则

$$V = \frac{1}{3}a^2 \cdot OS = \frac{1}{3}a^2 \cdot \frac{a}{2}\tan\beta = \frac{1}{6}(\sqrt{2}R\sin 2\alpha)^3\tan\beta$$

$$= \frac{8\sqrt{2}}{3}R^3\sin^3\alpha\cos^3\alpha\tan\beta$$

$$= \frac{8\sqrt{2}}{3}R^3\left(\frac{\tan^2\beta}{2+\tan^2\beta}\right)^{\frac{3}{2}}\left(\frac{2}{2+\tan^2\beta}\right)^{\frac{3}{2}}\tan\beta$$

$$= \frac{32}{3}R^3\frac{\tan^4\beta}{(2+\tan^2\beta)^3}$$

3.112 已知正四棱锥外接球面半径为 R，相邻侧面所成角为 γ，求体积 V.

解 把 3.110 题的正三棱锥改成正四棱锥，则 $\angle OAD = 30°$ 改成 $45°$，$\cot 30° = \sqrt{3}$ 改成 $\cot 45° = 1$，相应得

$$\sin\alpha = \cot\frac{\alpha}{2} \Rightarrow \cos^2\alpha = 1 - \cot^2\frac{\alpha}{2}$$

再由上题知

$$V = \frac{8}{3}\sqrt{2}R^3\sin^3\alpha\cos^3\alpha\tan\beta$$

$$= \frac{8}{3}\sqrt{2}R^3\sin^3\alpha\cos^3\alpha \cdot \sqrt{2}\tan\alpha$$

$$= \frac{16}{3}R^3\sin^4\alpha\cos^2\alpha$$

$$= \frac{16}{3}R^3\cot^4\frac{\gamma}{2}\left(1-\cot^2\frac{\gamma}{2}\right)$$

3.113 已知正四棱锥外接球面半径为 R，顶点上的面角为 φ，求体积.

解 在题 3.99 图中

$$\angle BSC = \varphi, \angle MSC = \frac{\varphi}{2}$$

$$SM\cos\beta = OM = MC = SM\tan\frac{\varphi}{2}, \cos\beta = \tan\frac{\varphi}{2}$$

$$\tan^2\beta = \cot^2\frac{\varphi}{2} - 1$$

再由题 3.111 答案知

$$V = \frac{32}{3}R^3\frac{\tan^4\beta}{(2+\tan^2\beta)^3} = \frac{32}{3}R^3\frac{(\cot^2\frac{\varphi}{2}-1)^2}{(2+\cot^2\frac{\varphi}{2}-1)^3}$$

$$= \frac{32}{3}R^3(\cot^2\frac{\varphi}{2}-1)^2\sin^6\frac{\varphi}{2}$$

$$= \frac{32}{3}R^3\sin^2\frac{\varphi}{2}\cdot\left(\cos^2\frac{\varphi}{2}-\sin^2\frac{\varphi}{2}\right)^2$$

$$= \frac{32}{3}R^3\sin^2\frac{\varphi}{2}\cos^2\varphi$$

3.114 已知正四棱锥内切球半径为 r,侧棱与底面所成角为 α,求体积 V.

解 在题 3.99 图中,因内切球心在角 β 的平分线上,则

$$\frac{a}{2} = OM = r\cot\frac{\beta}{2}, a = 2r\cot\frac{\beta}{2}$$

$$h = OS = OO' + O'S = r + \frac{r}{\cos\beta} = \frac{2\cos^2\frac{\beta}{2}}{\cos\beta}r$$

又由 3.111 题解知

$$\tan\beta = \sqrt{2}\tan\alpha \Rightarrow \cos\beta = \frac{1}{\sqrt{1+2\tan^2\alpha}}$$

$$\cos^2\frac{\beta}{2} = \frac{1+\cos\beta}{2} = \frac{\sqrt{1+2\tan^2\alpha}+1}{2\sqrt{1+2\tan^2\alpha}}$$

$$\sin^2\frac{\beta}{2} = \frac{1-\cos\beta}{2} = \frac{\sqrt{1+2\tan^2\alpha}-1}{\sqrt{1+2\tan^2\alpha}}$$

则

$$V = \frac{1}{3}a^2h = \frac{8}{3}r^3\frac{\cos^4\frac{\beta}{2}}{\sin^2\frac{\beta}{2}\cos\beta} = \frac{4}{3}r^3\frac{(\sqrt{1+2\tan^2\alpha}+1)^2}{\sqrt{1+2\tan^2\alpha}-1}$$

$$= \frac{2r^3}{3\tan^2\alpha}(\sqrt{1+2\tan^2\alpha}+1)^3$$

第3章 立体几何题

3.115 已知正四棱锥内切球半径为 r，顶点上的面角为 φ，求体积 V.

解 在题 3.99 图中 $\angle SCM = 90° - \dfrac{\varphi}{2}$，为三面角 $C\text{-}OMS$ 中直二面角 $M\text{-}CO\text{-}S$ 所对面角，另两个面角 $\angle OCS = \alpha$，$\angle OCM = 45°$，由球面三角的边的余弦定理得

$$\cos(90° - \dfrac{\varphi}{2}) = \cos\alpha\cos 45° + \sin\alpha\sin 45°\cos 90°$$

$$\cos\alpha = \sqrt{2}\sin\dfrac{\varphi}{2}, \quad \tan\alpha = \dfrac{\sqrt{1 - 2\sin^2\dfrac{\varphi}{2}}}{\sqrt{2}\sin\dfrac{\varphi}{2}}$$

代入上题答案得

$$V = \dfrac{4r^3}{3\sin\dfrac{\varphi}{2}\cdot\left(\cos^2\dfrac{\varphi}{2} - \sin^2\dfrac{\varphi}{2}\right)}\left(\sqrt{1 - \sin^2\dfrac{\varphi}{2}} + \sin\dfrac{\varphi}{2}\right)^3$$

$$= \dfrac{4r^3}{3\sin\dfrac{\varphi}{2}\cdot\left(\cos\dfrac{\varphi}{2} - \sin\dfrac{\varphi}{2}\right)}\left(\cos\dfrac{\varphi}{2} + \sin\dfrac{\varphi}{2}\right)^2$$

$$= \dfrac{4r^3(1 + \tan\dfrac{\varphi}{2})^2}{3\tan\dfrac{\varphi}{2}\cdot(1 - \tan\dfrac{\varphi}{2})}$$

3.116 已知正四棱锥内切球半径为 r，相邻侧面所成角为 γ，求体积.

解 在题 3.99 图的三面角 $C\text{-}OMS$ 中，角 α 与 $\angle MCO = 45°$ 所夹二面角 $M\text{-}CO\text{-}S$ 为 $90°$，$\angle MCO$ 所对二面角 $M\text{-}CO\text{-}S$ 为 $\dfrac{\gamma}{2}$，由球面三角的余切定理知

$$\cot 45°\sin\alpha = \cos\alpha\cos 90° + \sin 90°\cot\dfrac{\gamma}{2}$$

即

$$\sin\alpha = \cot\dfrac{\gamma}{2}$$

$$\tan\alpha = \dfrac{\cot\dfrac{\gamma}{2}}{\sqrt{1 - \cot^2\dfrac{\gamma}{2}}} = \dfrac{1}{\sqrt{\tan^2\dfrac{\gamma}{2} - 1}}$$

代入题 3.114 答案得

$$V = \frac{2r^3}{3\tan^2\alpha}(\sqrt{1+2\tan^2\alpha}+1)^3$$

$$= \frac{3r^3}{3\sqrt{\tan^2\frac{\gamma}{2}-1}}(\sqrt{\tan^2\frac{\gamma}{2}+1}+\sqrt{\tan^2\frac{\gamma}{2}-1})^3$$

再在分子,分母同乘 $\cos^3\frac{\gamma}{2}$ 得

$$V = \frac{2r^3}{3\cos^2\frac{\gamma}{2}\cdot\sqrt{-\cos\gamma}}(1+\sqrt{-\cos\gamma})^3$$

3.117 已知正四棱锥一个侧面面积为 Q,顶点上的面角为 φ,求体积 V.

解 在题 3.99 图中,$\frac{1}{2}al = Q$,$\frac{a}{2l} = \frac{\frac{a}{2}}{l} = \tan\frac{\varphi}{2}$,解得(正值)

$$a = 2\sqrt{Q\tan\frac{\varphi}{2}}, l = \sqrt{Q\cot\frac{\varphi}{2}}$$

$$h = \sqrt{l^2-\left(\frac{a}{2}\right)^2} = \sqrt{Q\cot\frac{\varphi}{2}-Q\tan\frac{\varphi}{2}} = \sqrt{2Q\cot\varphi}$$

则

$$V = \frac{1}{3}a^2h = \frac{4}{3}Q\tan\frac{\varphi}{2}\cdot\sqrt{2Q\cot\varphi} = \frac{4\sqrt{2}}{3}Q^{\frac{3}{2}}\tan\frac{\varphi}{2}\cdot\sqrt{\cot\varphi}$$

3.118 已知正四棱锥一个侧面面积为 Q,相邻侧面所成角为 γ,求体积 V.

解 在题 3.99 图中,对上题所述角 φ,由球面三角的正弦定理得

$$\frac{\sin(90°-\frac{\varphi}{2})}{\sin 90°} = \frac{\sin 45°}{\sin\frac{\gamma}{2}} \Rightarrow \cos\frac{\varphi}{2} = \frac{1}{\sqrt{2}\sin\frac{\gamma}{2}},$$

$$\tan\frac{\varphi}{2} = \sqrt{2\sin^2\frac{\gamma}{2}-1} = \sqrt{-\cos\gamma}$$

$$\cot\varphi = \frac{1-\tan^2\frac{\varphi}{2}}{2\tan\frac{\varphi}{2}} = \frac{1+\cos\gamma}{2\sqrt{-\cos\gamma}} = \frac{\cos^2\frac{\gamma}{2}}{\sqrt{-\cos\gamma}}$$

代入题 3.117 答案得

$$V = \frac{4\sqrt{2}}{3}Q^{\frac{3}{2}}\sqrt{-\cos\gamma} \cdot \frac{\cos\frac{\gamma}{2}}{\sqrt[4]{-\cos\gamma}} = \frac{4\sqrt{2}}{3}Q^{\frac{3}{2}}\cos\frac{\gamma}{2}\sqrt[4]{-\cos\gamma}$$

3.119 已知正六棱锥外接球面半径为 R，侧面与底面所成角为 β，求体积 V.

解 设所述正六棱锥顶点为 S，底面中心为 O，底面正六边形一边 $AB=a$，中点为 M，则有正 $\triangle OAB$，角 α（侧棱与底面所成角），β 如图 3.103 所示，正六棱锥高 $SO=h$，则

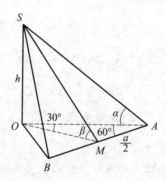

图 3.103

$$\tan\alpha = \frac{OS}{OA} = \frac{h}{a} = \frac{\sqrt{3}\,h}{2OM} = \frac{\sqrt{3}}{2}\tan\beta$$

$$\sin 2\alpha = \frac{2\tan\alpha}{1+\tan^2\alpha} = \frac{\sqrt{3}\tan\beta}{1+\frac{3}{4}\tan^2\beta} = \frac{4\sqrt{3}\tan\beta}{4+3\tan^2\beta}$$

延长 AO 一倍至点 D，点 D 亦为底面正六边形顶点，易见 $\triangle SAD$ 外接圆直径为 $2R$，外接圆圆周角 $\angle ADS = \alpha$，$\angle ASD = 180° - 2\alpha$

$$h = SA\sin\alpha = 2R\sin^2\alpha$$

$$2a = AD = 2R\sin(180° - 2\alpha), \quad a = R\sin 2\alpha$$

$$V = \frac{1}{3}\left(6 \cdot \frac{\sqrt{3}}{4}(R\sin 2\alpha)^2\right) \cdot 2R\sin^2\alpha = \sqrt{3}R^3\sin^2 2\alpha\sin^2\alpha$$

$$= \frac{\sqrt{3}}{2}R^3\sin^3 2\alpha\tan\alpha$$

$$= \frac{\sqrt{3}}{2}R^3 \left(\frac{4\sqrt{3}\tan\beta}{4+3\tan^2\beta}\right)^3 \cdot \frac{\sqrt{3}}{2}\tan\beta$$

$$= \frac{144\sqrt{3}R^3\tan^4\beta}{(4+3\tan^2\beta)^3}$$

3.120 已知正六棱锥外接球面半径为 R,顶点上的面角为 φ,求体积 V.

解 题 3.119 图中 $\angle ASB = \varphi$,在三面角 $A\text{-}SOM$ 中,$\angle SAM = 90° - \frac{\varphi}{2}$,所对二面角 $M\text{-}AO\text{-}S$ 为 $90°$,另两个面角分别为 $60°,\alpha$. 由球面三角的边的余弦定理得

$$\cos(90°-\frac{\varphi}{2}) = \cos 60°\cos\alpha + \sin 60°\sin\alpha\cos 90° \Rightarrow \cos\alpha = 2\sin\frac{\varphi}{2}$$

$$\sin^2\alpha = 1 - 4\sin^2\frac{\varphi}{2} = 2\cos\varphi - 1$$

按题 3.119 解有

$$V = \sqrt{3}R^3\sin^2 2\alpha\sin^2\alpha = 4\sqrt{3}R^3\sin^4\alpha\cos^2\alpha = 16\sqrt{3}R^3(2\cos\varphi-1)^2 \cdot \sin^2\frac{\varphi}{2}$$

3.121 已知正六棱锥内切球半径为 r,侧棱与底面所成角为 β,求体积 V.

解 设所述正六棱锥顶点为 S,底面两平行边中点为 M,M',易见 $\triangle SMM'$ 的内心 I 即所述内切球心,故半径 r 如图 3.104 所示,侧面与底面所成角 β 如此图所示,MI 为 $\angle SMO = \beta$ 的平分线,OS 为正六棱锥的高 h,设底面边长为 a,易见

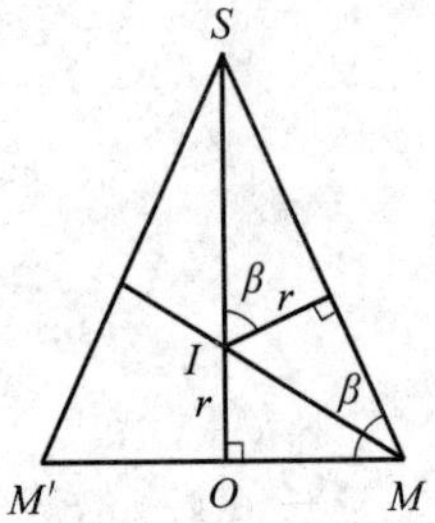

$$\frac{\sqrt{3}}{2}a = OM = r\cot\frac{\beta}{2} \Rightarrow a = \frac{2}{\sqrt{3}}r\cot\frac{\beta}{2}$$

$$h = OI + IS = r + \frac{r}{\cos\beta} = \frac{2r\cos^2\frac{\beta}{2}}{\cos\beta}$$

$$V = \frac{1}{3} \cdot 6 \cdot \frac{\sqrt{3}}{4}a^2h = \frac{4}{\sqrt{3}}r^3\frac{\cos^4\frac{\beta}{2}}{\cos\beta\sin^2\frac{\beta}{2}} = \frac{4}{\sqrt{3}}r^3\frac{\left(\frac{1+\cos\beta}{2}\right)^2}{\cos\beta \cdot \frac{1-\cos\beta}{2}}$$

$$= \frac{2}{\sqrt{3}}r^3\frac{(1+\cos\beta)^3}{\cos\beta\sin^2\beta}$$

图 3.104

3.122 已知正六棱锥内切球半径为 r,相邻侧面所成角为 γ,求体积.

解 在题 3.119 图三面角 A-SOM 中,二面角 O-AM-S 等于 β,二面角 M-AO-S 为 $90°$,所夹面角 $\angle MAO=60°$,其所对二面角 M-AS-O 等于 $\dfrac{\gamma}{2}$,由球面三角中角的余弦定理得

$$\cos\dfrac{\gamma}{2} = -\cos\beta\cos 90° + \sin\beta\sin 90°\cos 60° \Rightarrow \sin\beta = 2\cos\dfrac{\gamma}{2}$$

$$\cos\beta = \sqrt{1-4\cos^2\dfrac{\gamma}{2}}$$

代入上题答案得

$$V = \dfrac{2r^3}{\sqrt{3}} \cdot \dfrac{(1+\cos\beta)^3}{\cos\beta\sin^2\beta} = \dfrac{2}{\sqrt{3}}r^3 \cdot \dfrac{(1+\sqrt{1-4\cos^2\dfrac{\gamma}{2}})^3}{\sqrt{1-4\cos^2\dfrac{\gamma}{2}} \cdot 4\cos^2\dfrac{\gamma}{2}}$$

$$= \dfrac{r^3(1+\sqrt{1-4\cos^2\dfrac{\gamma}{2}})^3}{2\sqrt{3}\cos^2\dfrac{\gamma}{2} \cdot \sqrt{1-4\cos^2\dfrac{\gamma}{2}}}$$

3.123 已知正六棱锥一侧面面积为 Q,顶点上的面角为 φ,求体积 V.

解 由题 3.117 知底面边长 $a=2\sqrt{Q\tan\dfrac{\varphi}{2}}$,斜高 $l=\sqrt{\dfrac{Q}{\tan\dfrac{\varphi}{2}}}$,又按题 3.119 图知正六棱锥高

$$h = \sqrt{SM^2-OM^2} = \sqrt{l^2-\left(\dfrac{\sqrt{3}}{2}a\right)^2} = \sqrt{\dfrac{Q}{\tan\dfrac{\varphi}{2}}-3Q\tan\dfrac{\varphi}{2}}$$

$$V = \dfrac{1}{3} \cdot 6 \cdot \dfrac{\sqrt{3}}{4}a^2 \cdot h = 2\sqrt{3}Q^{\frac{3}{2}}\sqrt{\tan\dfrac{\varphi}{2} \cdot \left(1-3\tan^2\dfrac{\varphi}{2}\right)}$$

3.124 已知正六棱锥一侧面面积为 Q,两相邻侧面所成角为 γ,求体积 V.

解 在题 3.119 图三面角 A-SOM 中，$\angle MAO = 60°$ 所对二面角 M-AS-O 等于 $\frac{\gamma}{2}$，$\angle SAM = 90° - \frac{\varphi}{2}$（$\varphi$ 如上题所述）所对二面角 M-AO-S 为 $90°$，按球面三角正弦定理得

$$\frac{\sin 60°}{\sin \frac{\gamma}{2}} = \frac{\sin(90° - \frac{\varphi}{2})}{\sin 90°} \Rightarrow \cos \frac{\varphi}{2} = \frac{\sqrt{3}}{2\sin \frac{\gamma}{2}}$$

$$\tan \frac{\varphi}{2} = \sqrt{\frac{4\sin^2 \frac{\gamma}{2} - 3}{3}}$$

代入上题答案得

$$V = 2\sqrt{3}\, Q^{\frac{3}{2}} \sqrt{\tan \frac{\varphi}{2} \cdot (1 - 3\tan^2 \frac{\varphi}{2})} = 2\sqrt{3}\, Q^{\frac{3}{2}} \cdot 2\cos \frac{\gamma}{2} \cdot \sqrt[4]{\frac{4\sin^2 \frac{\gamma}{2} - 3}{3}}$$

$$= 4\sqrt[4]{3}\, Q^{\frac{3}{2}} \cos \frac{\gamma}{2} \sqrt[4]{2(1 - \cos \gamma) - 3} = 4Q^{\frac{3}{2}} \cos \frac{\gamma}{2} \sqrt[4]{-3(1 + 2\cos \gamma)}$$

3.125 三棱锥 S-ABC，在 SB 上取点 M，使 $\frac{SM}{MB} = \frac{3}{5}$，$\triangle ABC$ 的中线为 BD，求过 AM 且平行于 BD 的平面截此三棱锥所得两部分体积的比.

解 下文解中把体积比化为共直线的线段比，不妨取斜坐标轴如图 3.105 所示. 又不妨设 $SA = 8$，$SC = 8m$，$SB = 8n$，得 A, B, C 坐标如图 3.105 所示，得 $D(4, 4m, 0)$，$M(0, 0, 3n)$. 设所述平面与 SC 交于点 E.

所述截面过点 A 且与 $\overrightarrow{AM} = (-8, 0, 3n)$，$\overrightarrow{BD} = (4, 4m, -8n)$ 平行，其方程为①

$$\begin{vmatrix} x-8 & y-0 & z-0 \\ -8 & 0 & 3n \\ 4 & 4m & -8n \end{vmatrix} = 0$$

即

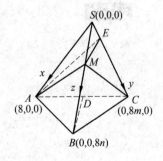

图 3.105

---

① 见 3.29 题解中注.

第3章 立体几何题
DISANZHANG LITI JIHETI

$$-12mn(x-8)-52ny-32mz=0$$

令 $x=x_E=0, z=z_E=0$，代入求得

$$y=y_E=\frac{24}{13}m$$

$$\frac{V_{\text{四面体}MSAC}}{V_{\text{四面体}BSAC}}=\frac{MS}{BS}=\frac{3}{8}$$

$$\frac{V_{\text{四面体}ESAM}}{V_{\text{四面体}MSAC}}=\frac{SE}{SC}=\frac{y_E}{y_C}=\frac{\frac{24}{13}m}{8m}=\frac{3}{13}$$

故

$$\frac{V_{\text{四面体}ESAM}}{V_{\text{四面体}BSAC}}=\frac{3}{8}\cdot\frac{3}{13}=\frac{9}{104}$$

从而

$$\frac{V_{\text{四面体}ESAM}}{V_{\text{四面体}BSAC\text{其余部分}}}=\frac{9}{104-9}=\frac{9}{95}$$

3.126 三棱锥 S-ABC 底面为正 $\triangle ABC$，边长为 $\sqrt{3}$，S 在底面的射影 O 在 $\triangle ABC$ 内，距 AC 为 1，$\dfrac{\sin\angle OBA}{\sin\angle OBC}=2$，$S_{\triangle SAB}=\sqrt{\dfrac{5}{6}}$，求体积 V。

解 设 $\triangle SAB$ 高 $SM=l$，点 O 在 AC 的射影为点 H，$AH=m$，$HC=n$，$OB=p$，角 α,β 如图 3.106 所示

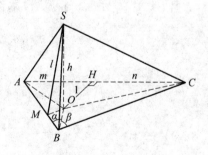

图 3.106

$$m+n=\sqrt{3}, \alpha+\beta=60°, OS=h(\text{棱锥高})$$

$$\sqrt{\frac{5}{6}}=\frac{1}{2}(\sqrt{3}\,l) \Rightarrow l=\sqrt{\frac{5}{6}}\cdot\frac{2}{\sqrt{3}}=\frac{\sqrt{10}}{3}$$

$$\sin\alpha=2\sin\beta=2\sin(60°-\alpha)=\sqrt{3}\cos\alpha-\sin\alpha$$

解得
$$\tan\alpha=\frac{\sqrt{3}}{2},\cos\alpha=\frac{2}{\sqrt{7}},\sin\alpha=\frac{\sqrt{3}}{\sqrt{7}}$$
$$\sin\beta=\frac{\sqrt{3}}{2\sqrt{7}},\cos\beta=\frac{5}{2\sqrt{7}}$$

在 $\triangle OBA$, $\triangle OBC$ 中,由余弦定理得
$$p^2+\sqrt{3}^2-2\sqrt{3}p\cdot\frac{2}{\sqrt{7}}=OA^2=m^2+1 \quad ①$$
$$p^2+\sqrt{3}^2-2\sqrt{3}p\cdot\frac{5}{2\sqrt{7}}=OC^2=n^2+1 \quad ②$$

两式相减得
$$\frac{\sqrt{3}}{\sqrt{7}}p=m^2-n^2=m^2-(\sqrt{3}-m)^2=\sqrt{3}(2m-\sqrt{3})$$
$$m=\frac{p+\sqrt{21}}{2\sqrt{7}}$$

代入式 ① 得
$$p^2-\frac{4\sqrt{3}}{\sqrt{7}}p=\frac{p^2+2\sqrt{21}p+21}{28}-2$$

解得
$$p=\frac{\sqrt{21}}{9} \text{ 或 } p=\frac{5}{9}\sqrt{21}(\text{大于}\triangle ABC\text{ 边长}\sqrt{3},O\text{ 不在 }\triangle ABC\text{ 内,舍去})$$
$$OM=p\sin\alpha=\frac{\sqrt{21}}{9}\cdot\frac{\sqrt{3}}{\sqrt{7}}=\frac{1}{3}$$
$$h=\sqrt{l^2-OM^2}=\sqrt{\left(\frac{\sqrt{10}}{3}\right)^2-\left(\frac{1}{3}\right)^2}=1$$
$$V=\frac{1}{3}\cdot\frac{\sqrt{3}}{4}\sqrt{3}^2\cdot 1=\frac{\sqrt{3}}{4}$$

3.127 棱锥 P-$ABCD$,底面为 $\square ABCD$,PA 中点为点 N,$\triangle PBC$ 中线 PL 中点为点 K,在 PB 上取点 M,使 $PM=5MB$,求过点 N,M,K 的平面分棱锥的体积所得的比.

解 设底面对角线交于点 O,与题 3.125 同样不妨取斜坐标系如图 3.107 所示,其中 x,y 轴分别与 OB,OA 平行.不妨设 $PO=6,OB=6m,OA=6n$,得 $A,B,$

C,D,L 坐标如图 3.107 所示,易得 $M(5m,0,5)$, $K(\frac{3}{2}m,-\frac{3}{2}n,3)$, $N(0,3n,3)$.

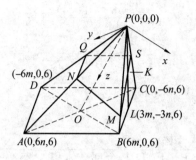

图 3.107

平面 MNK 过点 N 且与 $\overrightarrow{NM}=(5m,-3n,2)$, $\overrightarrow{NK}=(\frac{3}{2}m,-\frac{9}{2}n,0)$ 平行, 其方程为

$$\begin{vmatrix} x-0 & y-3n & z-3 \\ 5m & -3n & 2 \\ \frac{3}{2}m & -\frac{9}{2}n & 0 \end{vmatrix}=0$$

即

$$9nx+3m(y-3n)-18mn(z-3)=0$$

直线 PC 为

$$x=0, y=-nz$$

代入平面 MNK 方程求得交点 S

$$z_S=\frac{15}{7}, \frac{PS}{PC}=\frac{z_S}{z_C}=\frac{\frac{15}{7}}{6}=\frac{5}{14}$$

直线 PD 为

$$y=0, x=-mz$$

代入平面 MNK 方程求得交点 Q

$$z_Q=\frac{5}{3}, \frac{PQ}{PD}=\frac{\frac{5}{3}}{6}=\frac{5}{18}$$

体积

$$V_{四棱锥 P\text{-}MNQS}=V_{三棱锥 P\text{-}MNS}+V_{三棱锥 P\text{-}QNS}$$

$$= V_{三棱锥 P\text{-}ABC} \frac{PS}{PC} \cdot \frac{PN}{PA} \cdot \frac{PM}{PB} + V_{三棱锥 P\text{-}CAD} \frac{PS}{PC} \cdot \frac{PN}{PA} \cdot \frac{PQ}{PD}$$

$$= \frac{1}{2} V_{四棱锥 P\text{-}ABCD} \cdot \frac{5}{14} \cdot \frac{1}{2} \cdot \frac{5}{6} + \frac{1}{2} V_{四棱锥 P\text{-}ABCD} \cdot \frac{5}{14} \cdot \frac{1}{2} \cdot \frac{5}{18}$$

$$= \frac{1}{2} \cdot \frac{5}{14} \cdot \frac{1}{2} \left(\frac{5}{6} + \frac{5}{18} \right) V_{四棱锥 P\text{-}ABCD}$$

$$= \frac{25}{252} V_{四棱锥 P\text{-}ABCD}$$

即

$$\frac{V_{四棱锥 P\text{-}MNQS}}{四棱锥 P\text{-}ABCD \text{ 其余部分体积}} = \frac{25}{252 - 25} = \frac{25}{227}$$

3.128 棱锥 $P\text{-}ABCD$ 底面为 $\square ABCD$，在 AB，CP 分别取点 K，M，使 $\frac{AK}{KB} = \frac{CM}{MP} = \frac{1}{2}$，过 K，M 作平行于 BD 的截面，求此截面与棱锥 $P\text{-}ABCD$ 所得两部分体积的比.

解 设 AC 与 BD 交于点 O，如图 3.108 所示，所述截面与 PB，PD，PO，AC，AD 分别交于点 L，N，T，U，Q. 易见 $KQ \parallel LN \parallel BD$，$UO = \frac{2}{3} AO = \frac{2}{3} CO$，$\frac{UO}{UC} = \frac{2}{5}$，$\triangle PCO$ 被直线 UM 所截，按 Menelaus 定理得

$$1 = \frac{TP}{TO} \cdot \frac{UO}{UC} \cdot \frac{MC}{MP} = \frac{TP}{TO} \cdot \frac{2}{5} \cdot \frac{1}{2}, \quad \frac{TP}{TO} = 5$$

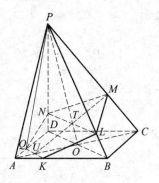

图 3.108

从而

$$\frac{PL}{PB} = \frac{PN}{PD} = \frac{PT}{PO} = \frac{5}{6}$$

$$V_{\text{三棱锥}P\text{-}LMN} = V_{\text{三棱锥}P\text{-}BCD} \cdot \frac{PM}{PC} \cdot \frac{PL}{PB} \cdot \frac{PN}{PD}$$

$$= \frac{1}{2}V_{\text{四棱锥}P\text{-}ABCD} \cdot \frac{2}{3} \cdot \frac{5}{6} \cdot \frac{5}{6} = \frac{25}{108}V_{\text{四棱锥}P\text{-}ABCD}$$

多面体 $BCD\text{-}LMN$ 体积 $= \left(\frac{1}{2} - \frac{25}{108}\right)V_{\text{四棱锥}P\text{-}ABCD} = \frac{29}{108}V_{\text{四棱锥}P\text{-}ABCD}$

为求多面体 $KBL\text{-}QDN$ 体积,过点 Q 作与平面 KBL 平行的平面,它与 BD,LN 分别交于点 B',L'(见图 3.109).设 KQ 与平面 $BDNL$ 的距离为 h',四棱锥 $P\text{-}ABCD$ 高为 h,A 到 BD 的距离为 h'',易见 LL' 到平面 $KBB'Q$ 的距离为 $\frac{1}{6}h$,KQ 到 BB' 的距离为 $\frac{2}{3}h''$.

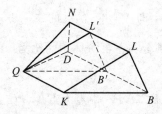

图 109

$$B'D = BD - BB' = BD - KQ = BD - \frac{1}{3}BD = \frac{2}{3}BD$$

$$L'N = LN - LL' = BD \cdot \frac{PL}{PB} - KQ = \frac{5}{6}BD - \frac{1}{3}BD = \frac{1}{2}BD$$

$$\frac{V_{\text{四棱锥}Q\text{-}B'DNL'}}{V_{\text{柱体}BKL\text{-}B'QL'}} = \frac{\frac{1}{3}S_{\text{梯形}B'DNL'} \cdot h'}{\frac{1}{2}S_{\square KBB'Q} \cdot h'} \quad ①$$

---

① 当母线 KL 与底面 BLK 垂直(即直柱体)时,易证柱体 $BKL\text{-}B'QL'$ 体积等于 $\frac{1}{2}S_{\square KBB'Q} \cdot h'$. 当母线 KL 与底面 BLK 不垂直时(即斜柱体),可把底面 $\triangle B'KL'$ 在其所在平面平移(按祖恒定理或用定积分易知其体积不变)至母线与底面垂直的位置,从而知上述体积公式亦成立.

$$= \frac{2}{3} \cdot \frac{B'D + L'N}{BB'} = \frac{2}{3} \cdot \frac{\left(\frac{2}{3} + \frac{1}{2}\right)BD}{\frac{1}{3}BD} = \frac{7}{3}$$

故

多面体 $KBL\text{-}QDN$ 的体积 $= \frac{10}{3} \cdot V_{柱体 BKL-B'QL'}$

$$= \frac{10}{3} \cdot \frac{1}{2} S_{\Box KBB'Q} \cdot \frac{1}{6} h = \frac{5}{18} h \cdot \left(\frac{1}{3}BD \cdot \frac{2}{3} h''\right)$$

$$= \frac{5}{27} \cdot \frac{1}{3}(BD \cdot h'' \cdot h) = \frac{5}{27} \cdot \frac{1}{3} S_{\Box ABCD} h$$

$$= \frac{5}{27} V_{四棱锥 P\text{-}ABCD}$$

四棱锥 $P\text{-}ABCD$ 在所述截面下的部分的体积为多面体 $BCD\text{-}LMN$ 与多面体 $KBL\text{-}QDN$ 体积的和，即 $V_{四棱锥 P\text{-}ABCD}$ 的 $\frac{29}{108} + \frac{5}{27} = \frac{49}{108}$ 倍. 于是四棱锥 $P\text{-}ABCD$ 在所述截面上部分与下部分体积的比为 $(108 - 49) : 49 = 59 : 49$.

3.129 棱锥 $P\text{-}ABCD$, PA 中点为点 K, PC 上点 N, 且 $\frac{CN}{NP} = \frac{1}{3}$, 延长 CB 至点 M 使 $BM = 2CB$, 求平面 KMN 截棱锥所得两部分体积的比.

解 设 MN 与 PB 交于点 Q, $\triangle PBC$ 被直线 MN 所截

$$1 = \frac{PQ}{QB} \cdot \frac{BM}{MC} \cdot \frac{CN}{NP} = \frac{PQ}{QB} \cdot \frac{2}{3} \cdot \frac{1}{3}, \quad \frac{PQ}{QB} = \frac{9}{2}, \frac{PQ}{PB} = \frac{9}{11}$$

取斜坐标轴如图 3.110 所示，其中 x, y 轴分别平行于 OA, OB[①]. 不妨设 $PO = 44$, $OB = 44n$, $OA = 44m$, 得 A, B, C, D 坐标如图 3.110 所示，易求得 $K(22m, 0, 22), N(-33m, 0, 33), Q(0, 36n, 36)$. 平面 KMN 过点 K 且与 $\overrightarrow{KN} = (-55m, 0, 11)$, $\overrightarrow{KQ} = (-22m, 36n, 14)$ 平行，故其方程为

$$\begin{vmatrix} x - 22m & y - 0 & z - 22 \\ -55m & 0 & 11 \\ -22m & 36n & 14 \end{vmatrix} = 0$$

即

[①] 下文计算不涉及"向量积"及"有向面积"，故正半 x, y, z 轴可不符合右手系.

第3章 立体几何题
DISANZHANG LITI JIHETI

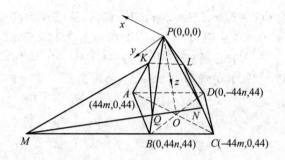

图 3.110

$$\begin{vmatrix} x-22m & y & z-22 \\ -5m & 0 & 1 \\ -11m & 18n & 7 \end{vmatrix} = 0$$

$$-18n(x-22m) + 24my - 90mn(z-22) = 0$$

直线 PD 为

$$x = 0, y = -nz$$

代入平面 KMN 方程求得交点 L 的 z 坐标

$$z_L = \frac{18 \cdot 22}{19}$$

$$\frac{PL}{PD} = \frac{z_L}{z_D} = \frac{\frac{18 \cdot 22}{19}}{44} = \frac{9}{19}$$

$$V_{四棱锥 P-KQNL} = V_{三棱锥 P-KQN} + V_{三棱锥 P-KLN}$$

$$= \frac{1}{2} V_{四棱锥 P-ABCD} \left(\frac{PK}{PA} \cdot \frac{PQ}{PB} \cdot \frac{PN}{PC} + \frac{PK}{PA} \cdot \frac{PL}{PD} \cdot \frac{PN}{PC} \right)$$

$$= \frac{1}{2} V_{四棱锥 P-ABCD} \cdot \frac{1}{2} \cdot \frac{3}{4} \left(\frac{9}{11} + \frac{9}{19} \right) = \frac{405}{1\,672} V_{四棱锥 P-ABCD}$$

四棱锥 P-ABCD 被截面 KQNL 所分成的上、下部分体积比为

$$405 : (1\,672 - 405) = 405 : 1\,267$$

3.130 棱锥 $P-ABCD$，底面为 $\Box ABCD$，在 PC 上取点 K，$\frac{PK}{KC} = \frac{2}{3}$，在 AB 上取点 M，$\frac{AM}{MB} = \frac{1}{3}$，作过点 M, K 且与 BD 平行的截面，求此截面分棱锥所得两部分体积的比.

解 以 AC, BD 交点 O 为原点，射线 OA, OB, OP 分别为正半 x, y, z 轴作

斜坐标系,不妨设 $OA=20m$,$OB=20n$,$OP=20h$,易得 A,B,P 坐标如图 3.111 所示,又 $C(-20m,0,0)$,从而得点 M,K 坐标如图 3.111 所示.设所述截面与 PB,AC 分别交于点 N,S. 所述截面过点 M 且与 $\overrightarrow{DB}=(0,40n,0)$,$\overrightarrow{KM}=(23m,5n,-12h)$ 平行,其方程为

$$\begin{vmatrix} x-15m & y-5n & z \\ 0 & 40n & 0 \\ 23m & 5n & -12h \end{vmatrix}=0$$

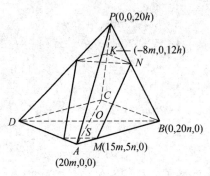

图 3.111

即

$$\begin{vmatrix} x-15m & y-5n & z \\ 0 & 1 & 0 \\ 23m & 5n & -12h \end{vmatrix}=0$$

$$-12h(x-15m)-23mz=0$$

直线 PB 为

$$x=0,\frac{y}{20n}+\frac{z}{20h}=1$$

与截面方程联合解得交点

$$N(0,\frac{280}{23}n,\frac{180}{23}h)$$

易见 $MS \parallel BO$,故

$$S_{\triangle AMS}=\left(\frac{1}{4}\right)^2 S_{\triangle ABO}=\frac{1}{32}S_{\triangle ABC},\ S_{\text{四边形}MBCS}=\frac{31}{32}S_{\triangle ABC}$$

又易见点 K,P 到平面 ABC 的距离的比为 $\frac{3}{5}$,故体积

$$V_{\text{棱锥}K\text{-}MBCS}=\frac{31}{32}\cdot\frac{3}{5}V_{\text{棱锥}P\text{-}ABC}=\frac{93}{160}V_{\text{棱锥}P\text{-}ABC}$$

$$\overrightarrow{BM}=(15m,-15n,0), \overrightarrow{BK}=(-8m,-20n,12h)$$

$$\overrightarrow{BN}=\left(0,-\frac{180}{23}n,\frac{180}{23}h\right)$$

$$V_{三棱锥 B\text{-}MKN}=\left|\frac{1}{6}V_0\begin{vmatrix}15m & -15n & 0\\ -8m & -20n & 12h\\ 0 & -\frac{180}{23}n & \frac{180}{23}h\end{vmatrix}\right|=\frac{7\,200}{23}mnhV_0$$

(其中 V_0 为以正半 x,y,z 轴上单位向量为(交于一点的)三棱所构成的平行六面体的体积) $V_{三棱锥 P\text{-}ABC}=2V_{三棱锥 P\text{-}OAB}$, $V_{三棱锥 P\text{-}OAB}$ 为以 $OA=20m$, $OB=20n$, $OP=20h$ 为三棱所构成的平行六面体体积的 $\frac{1}{6}$,而此平行六面体体积为

$$20m \cdot 20n \cdot 20h \cdot V_0=8\,000mnhV_0$$

$$V_{三棱锥 P\text{-}ABC}=\frac{8\,000}{3}mnhV_0$$

$$V_{三棱锥 B\text{-}MKN}=\frac{\frac{7\,200}{23}mnhV_0}{\frac{8\,000}{3}mnhV_0}V_{三棱锥 P\text{-}ABC}=\frac{27}{230}V_{三棱锥 P\text{-}ABC}$$

由对称性,所求体积比等于截面 $SMNK$ 截三棱锥 $P\text{-}ABC$ 所得两部分体积的比.而三棱锥 $P\text{-}ABC$ 在截面 $SMNK$ 下部分又被平面 KMB 分成四棱锥 $K\text{-}MBCS$ 与三棱锥 $K\text{-}BMN$(即三棱锥 $B\text{-}MKN$),故此下部分体积为

$$\left(\frac{93}{160}+\frac{27}{230}\right)V_{三棱锥 P\text{-}ABC}=\frac{2\,571}{3\,680}V_{三棱锥 P\text{-}ABC}$$

于是所求体积比(题述截面上、下部分体积比)

$$(3\,680-2\,571):2\,571=1\,109:2\,571$$

3.131 已知正三棱锥内切球半径为 r,顶点上的面角为 φ,求体积 V.

解 在题 3.107 图的三面角 $A\text{-}ODS$ 中,$\angle CSA=\varphi$,$\angle DAS=90°-\frac{\varphi}{2}$,所对二面角 $D\text{-}OA\text{-}S$ 为 $90°$,另两个面角 $\angle OAD=30°$,$\angle OAS=\alpha$,由球面三角中边的余弦定理得

$$\cos(90°-\frac{\varphi}{2})=\cos 30°\cos\alpha+\sin 30°\sin\alpha\cos 90° \Rightarrow \cos\alpha=\frac{2}{\sqrt{3}}\sin\frac{\varphi}{2}$$

$$\tan\alpha=\sqrt{\frac{3}{4\sin^2\frac{\varphi}{2}}-1}=\sqrt{\frac{3}{4}\cot^2\frac{\varphi}{2}-\frac{1}{4}}$$

据题 3.107 解得

$$V = \frac{\sqrt{3} r^3}{4\tan^2\alpha}(\sqrt{1+4\tan^2\alpha}+1)^3 = \frac{\sqrt{3} r^3}{3\cot^2\frac{\varphi}{2}-1}(\sqrt{1+(3\cot^2\frac{\varphi}{2}-1)}+1)^3$$

$$= \frac{\sqrt{3} r^3}{3\cot^2\frac{\varphi}{2}-1}(\sqrt{3}\cot\frac{\varphi}{2}+1)^3$$

3.132 已知正三棱锥内切球半径为 r，两侧面所成角为 γ，求体积 V.

解 在题 3.107 图的三面角 A-ODS 中，面角 $\angle DAO=30°$，$\angle OAS=\alpha$，所夹二面角 D-AO-S 为 $90°$，$\angle DAO$ 所对二面角 D-AS-O 等于 $\frac{\gamma}{2}$，据球面三角余切定理得

$$\cot 30°\sin\alpha = \cos\alpha\cos 90° + \sin 90°\cot\frac{\gamma}{2} \Rightarrow \sin\alpha = \frac{1}{\sqrt{3}}\cot\frac{\gamma}{2}$$

$$\tan\alpha = \frac{1}{\cot\alpha} = \frac{1}{\sqrt{3\tan^2\frac{\gamma}{2}-1}}$$

据题 3.107 解得

$$V = \frac{\sqrt{3} r^3}{\frac{4}{3\tan^2\frac{\gamma}{2}-1}}\left[\sqrt{1+\frac{4}{3\tan^2\frac{\gamma}{2}-1}}-1\right]^3$$

$$= \frac{\sqrt{3} r^3}{4}\sqrt{3\tan^2\frac{\gamma}{2}-1}\left(\sqrt{3\tan^2\frac{\gamma}{2}-1+4}-\sqrt{3\tan^2\frac{\gamma}{2}-1}\right)^3$$

$$= \frac{\sqrt{3} r^3}{4}\sqrt{3\tan^2\frac{\gamma}{2}-1}\left[\frac{\sqrt{3}}{\cos\frac{\gamma}{2}}-\sqrt{3\tan^2\frac{\gamma}{2}-1}\right]^3$$

3.133 三棱锥的两面为正三角形，其边长为 1，另两面为等腰直角三角形，求内切球半径.

解 设所述三棱锥 S-ABC，正 $\triangle ABS$，正 $\triangle ABC$，两等腰直角三角形为 $\triangle SAC$，$\triangle SBC$，设 AB 中点为点 D，易见 $SD=DC=\frac{\sqrt{3}}{2}$，$SC=\sqrt{2}$. 显然 $SD^2+DC^2<SC^2$，$\angle SDC>90°$，点 S 在平面 ABC 的射影 O 在 CD 延长线上，取坐标

轴如图 3.112 所示,设 SC 中点为 M,则 $DM = \sqrt{DS^2 - SM^2} = \frac{1}{2}$,又易见(用面积)$SO \cdot DC = SC \cdot DM$,从而 $SO = \frac{\sqrt{6}}{3}$,$OD = \sqrt{SD^2 - SO^2} = \frac{\sqrt{3}}{6}$,$OC = OD + DC = \frac{2\sqrt{3}}{3}$,得点 S,A,B,C 的坐标如图 3.112 所示,又 $D(0, \frac{\sqrt{3}}{6}, 0)$.

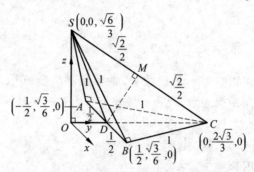

图 3.112

平面 SAB(即直线 SD 在 yOz 平面的方程)为

$$\frac{y}{\frac{\sqrt{3}}{6}} + \frac{z}{\frac{\sqrt{6}}{3}} = 1$$

即

$$\sqrt{12}\,y + \sqrt{\frac{3}{2}}\,z = 1$$

法化(使 y,z 系数平方和为 1,只要两边除以 $\sqrt{\sqrt{12}^2 + \sqrt{\frac{3}{2}}^2} = \frac{3\sqrt{3}}{\sqrt{2}}$)得

$$\frac{2\sqrt{2}}{3}y + \frac{1}{3}z - \frac{\sqrt{6}}{9} = 0$$

内切球心 O' 显然在平面 SDC,即 $x = 0$ 内,可设 $O'(0, m, n)$. 易见内切球半径 $r = n$,点 O' 到上述平面 SAB 的有向距离(因平面方程常数项为负,点 O' 与点 O 在平面 SAB 异侧,故有向距离为正,易见亦即内切球半径 $r = n$)为

$$\frac{2\sqrt{2}}{3}m + \frac{1}{3}n - \frac{\sqrt{6}}{9} = n \qquad ①$$

平面 SBC 过点 S,且与向量 $\overrightarrow{SB} = \left(\frac{1}{2}, \frac{\sqrt{3}}{6}, -\frac{\sqrt{6}}{3}\right)$,$\overrightarrow{SC} = \left(0, \frac{2\sqrt{3}}{3}, -\frac{\sqrt{6}}{3}\right)$ 平行,故其方程为

$$\begin{vmatrix} x-0 & y-0 & z-\frac{\sqrt{6}}{3} \\ \frac{1}{2} & \frac{\sqrt{3}}{6} & -\frac{\sqrt{6}}{3} \\ 0 & \frac{2\sqrt{3}}{3} & -\frac{\sqrt{6}}{3} \end{vmatrix} = 0$$

即

$$\frac{\sqrt{2}}{2}x + \frac{\sqrt{6}}{6}y + \frac{\sqrt{3}}{3}\left(z - \frac{\sqrt{6}}{3}\right) = 0$$

x,y,z 系数平方和正好为 1,即已法化,常数项亦为负,但 O,O' 在平面 SBC 同侧,故 O' 到其有向距离为负,取相反数才等于内切球半径 $r=n$,于是

$$-\left[\frac{\sqrt{6}}{6}m + \frac{\sqrt{3}}{3}\left(n - \frac{\sqrt{6}}{3}\right)\right] = n \qquad ②$$

由 ①② 解得(即内切球半径)

$$n = \frac{1}{2\sqrt{2}+\sqrt{6}} = \frac{2\sqrt{2}-\sqrt{6}}{2}$$

3.134 已知四面体 $ABCD$ 的体积为 V,在 AB,BC,CD,DA 上分别取点 K,L,M,N,使 $2AK=AB,3BL=BC,4CM=CD,5DN=DA$,求四面体 $KLMN$ 的体积.

解 取斜坐标轴如图 3.113 所示,不妨设 $CD=60u,CB=60v,CA=60t$,得 C,A,B,D 坐标如图 3.113 所示,易求得 $K(0,30v,30t),L(0,40v,0),M(15u,0,0)$,$N(48u,0,12t)$,则

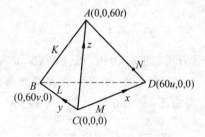

图 3.113

$\overrightarrow{ML}=(-15u,40v,0),\overrightarrow{MN}=(33u,0,12t),\overrightarrow{MK}=(-15u,30v,30t)$

$$V_{\text{四面体}KLMN} = \left| \frac{1}{6}V_0 \begin{vmatrix} -15u & 40v & 0 \\ 33u & 0 & 12t \\ -15u & 30v & 30t \end{vmatrix} \right| = 6\,900uvtV_0$$

（V_0 的意义如 3.130 题解所述）

类似题 3.130 求 $V_{\text{三棱锥}P\text{-}OAB}$（即 $V_{\text{三棱锥}O\text{-}ABP}$）知

$$V = V_{\text{三棱锥}C\text{-}DBA} = \frac{1}{6}V_0 \cdot 60u \cdot 60v \cdot 60t = 36\,000uvtV_0$$

于是

$$V_{\text{四面体}KLMN} = \frac{6\,900uvtV_0}{36\,000uvtV_0}V = \frac{23}{120}V$$

3.135 已知正三棱锥内切球半径为 r，侧棱上的二面角为 γ，求以内切球心及内切球与三侧面的切点为顶点的四面体体积.

解 在题 3.107 图的三面角 $S\text{-}OAD$ 中，二面角 $O\text{-}SA\text{-}D$ 为 $\frac{\gamma}{2}$ 所对面角 $\angle DSO = 90° - \beta$，另两个二面角 $D\text{-}SO\text{-}A$ 为 $60°$，$O\text{-}SD\text{-}A$ 为 $90°$，按球面三角中角的余弦定理得

$$\cos\frac{\gamma}{2} = -\cos 60°\cos 90° + \sin 90°\sin 60°\cos(90° - \beta)$$

$$\sin\beta = \frac{2}{\sqrt{3}}\cos\frac{\gamma}{2},\quad \cos\beta = \sqrt{1 - \frac{4}{3}\cos^2\frac{\gamma}{2}}$$

题述四面体显然为正三棱锥，以内切球心 O' 为顶点，底面为三切点（其一为 E）所确定的正三角形，其底面中心为 E 在 $O'S$ 的射影 M，侧棱长（如 $O'E$）等于 r，侧棱与高 $O'M$ 夹角为 β. 于是高 $O'M = r\cos\beta = r\sqrt{1 - \frac{4}{3}\cos^2\frac{\gamma}{2}}$，底面外接圆半径为 $r\sin\beta$，从而底面边长为 $\sqrt{3}r\sin\beta = 2r\cos\frac{\gamma}{2}$. 所求体积

$$\frac{1}{3} \cdot \frac{\sqrt{3}}{4}(2r\cos\frac{\gamma}{2})^2 \cdot r\sqrt{1 - \frac{4}{3}\cos^2\frac{\gamma}{2}} = \frac{1}{3}r^3\cos^2\frac{\gamma}{2} \cdot \sqrt{3 - 4\cos^2\frac{\gamma}{2}}$$

$$= \frac{1}{3}r^3\cos^2\frac{\gamma}{2} \cdot \sqrt{1 - 2\cos\gamma}$$

3.136 四面体中两对棱长为 4，12，其余各棱长为 7，求内切球心到长为 12 的棱的距离.

解 见图 3.114,设所述四面体 $SABC$,$AB=4$,$SC=12$,$SA=SB=CA=CB=7$,AB,SC 中点分别为点 D,M,则 $SD=CD=\sqrt{7^2-2^2}=3\sqrt{5}$. 易见 $SD^2+CD^2<SC^2$,$\angle SDC>90°$. 点 S 在直线 DC 射影为点 O(SO 即底面 ABC 上的高)在 CD 延长线上,等腰 $\triangle DSC$ 底边上的高

$$DM=\sqrt{(3\sqrt{5})^2-6^2}=3, SO=\frac{12\cdot 3}{3\sqrt{5}}=\frac{12}{\sqrt{5}}$$

$$OD=\sqrt{(3\sqrt{5})^2-\left(\frac{12}{\sqrt{5}}\right)^2}=\frac{9}{5}\sqrt{5}$$

$$OC=3\sqrt{5}+\frac{9}{5}\sqrt{5}=\frac{24}{5}\sqrt{5}$$

取坐标轴如图所示,于是得 $B(2,\frac{9}{5}\sqrt{5},0)$,$A(-2,\frac{9}{5}\sqrt{5},0)$,$C(0,\frac{24}{5}\sqrt{5},0)$,$S(0,0,\frac{12}{5}\sqrt{5})$,$D(0,\frac{9}{5}\sqrt{5},0)$. 设内切球心 $O'(0,m,n)$,其中 n 为内切球半径.

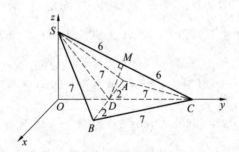

图 3.114

平面 SAB(即直线 SD 在 yOz 平面的方程)为

$$\frac{y}{\frac{9}{5}\sqrt{5}}+\frac{z}{\frac{12}{5}\sqrt{5}}=1$$

即

$$\frac{4\sqrt{5}y+3\sqrt{5}z-36}{5\sqrt{5}}=0$$

(各项除以 $5\sqrt{5}$(即 $\sqrt{(4\sqrt{5})^2+(3\sqrt{5})^2}$)),使 x,y,z 系数平方和为 1,即得(去化方程)与题 3.133 解同样知点 O' 到此平面的有向距离为正,故

$$\frac{4\sqrt{5}m+3\sqrt{5}n-36}{5\sqrt{5}}=n \qquad ①$$

平面 SBC 过点 S 且与向量 $\overrightarrow{SB} = (2, \frac{9}{5}\sqrt{5}, -\frac{12}{5}\sqrt{5}), \overrightarrow{SC} = (0, \frac{24}{5}\sqrt{5}, -\frac{12}{5}\sqrt{5})$ 平行,故其方程为

$$\begin{vmatrix} x & y & z-\frac{12}{\sqrt{5}} \\ 2 & \frac{9}{5}\sqrt{5} & -\frac{12}{\sqrt{5}} \\ 0 & \frac{24}{5}\sqrt{5} & -\frac{12}{\sqrt{5}} \end{vmatrix} = 0$$

即

$$\begin{vmatrix} x & y & z-\frac{12}{\sqrt{5}} \\ 2 & \frac{9}{5}\sqrt{5} & -\frac{12}{\sqrt{5}} \\ 0 & 2 & -1 \end{vmatrix} = 0$$

即(已法化)

$$\frac{3\sqrt{5}\,x + 2y + 4(z - \frac{12}{\sqrt{5}})}{\sqrt{65}} = 0$$

点 O' 到此平面的有向距离为负(类似 3.133 题解),故

$$-\frac{2m + 4n - \frac{48}{\sqrt{5}}}{\sqrt{65}} = n \qquad ②$$

联合 ①② 解得

$$m = \frac{12\sqrt{5} + 9\sqrt{13}}{5 + \sqrt{65}}, n = \frac{6}{\sqrt{13} + \sqrt{5}}$$

求平面 yOz 上点 O' 到其上直线 SC 的距离(易见即题目所求距离):因在 yOz 平面上坐标 $O'\left(\dfrac{12\sqrt{5}+9\sqrt{13}}{5+\sqrt{65}}, \dfrac{6}{\sqrt{13}+\sqrt{5}}\right)$,直线 SC 方程为

$$\frac{y}{\frac{24}{\sqrt{5}}} + \frac{z}{\frac{12}{\sqrt{5}}} = 1$$

即

$$\frac{\sqrt{5}\,y + 2\sqrt{5}\,z - 24}{5} = 0 \text{(已法化)}$$

故所求距离为

$$\frac{1}{5}\left|\sqrt{5} \cdot \frac{12\sqrt{5}+9\sqrt{13}}{5+\sqrt{65}}+2\sqrt{5} \cdot \frac{6}{\sqrt{13}+\sqrt{5}}-24\right|=\frac{1}{5}\left|\frac{24\sqrt{5}+9\sqrt{13}}{\sqrt{5}+\sqrt{13}}-24\right|$$
$$=\frac{3\sqrt{13}}{\sqrt{13}+\sqrt{5}}=\frac{3}{8}(13-\sqrt{65})$$

3.137 正四棱锥 $S\text{-}ABCD$ 高为 8,底面边长为 $3\sqrt{2}$,两平行截面分别过点 A,过两点 B,D,面积相等. 求:

(1) 两平行截面分 SC 所得线段的比;

(2) 两平行截面的距离;

(3) 两平行截面分正四棱锥所得三部分体积的比.

解 见图 3.115,设 AC,BD 交于点 O,过 B,D 的截面与 SC 交于点 E,过点 A 的截面与 SC,SB,SD 分别交于点 F,M,M'. 易见 $AF \parallel OE$,$MM' \parallel BD$,有等腰 $\triangle EBD$,OE 为其底边上的高,AF,MM',OS 共点于点 K(设)(因 AF 与 SO,MM' 与 SO,AF 与 MM' 分别在平面 SAB,平面 SCD,"上述过 A 之截面"内相交),$MM' \perp AF$,$MK = M'K$. $OA = OB = OC = OD = \frac{3\sqrt{2}}{\sqrt{2}} = 3$,$OS = 8$,设角 α,θ 如图所示,则

$$\tan \alpha = \frac{OS}{AO} = \frac{8}{3}, \sin \alpha = \frac{8}{\sqrt{73}}, \cos \alpha = \frac{3}{\sqrt{73}}$$

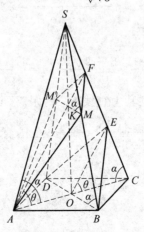

图 3.115

$$\sin(\alpha+\theta)=\frac{8\cos\theta+3\sin\theta}{\sqrt{73}},\sin(\alpha-\theta)=\frac{8\cos\theta-3\sin\theta}{\sqrt{73}}$$

$$OE=\frac{3\sin\alpha}{\sin(\alpha+\theta)}=\frac{24}{8\cos\theta+3\sin\theta},AF=2OE=\frac{48}{8\cos\theta+3\sin\theta}$$

$$S_{\triangle BDE}=OD\cdot OE=\frac{72}{8\cos\theta+3\sin\theta}$$

$$SC=AS=\sqrt{AO^2+OS^2}=\sqrt{73}$$

$$\frac{\sqrt{73}}{\sin\angle AKS}=\frac{SK}{\sin\angle SAK}$$

$$SK=\frac{\sqrt{73}\sin\angle SAK}{\sin\angle AKS}=\frac{\sqrt{73}\sin(\alpha-\theta)}{\sin(\theta+90°)}=\sqrt{73}\left(\frac{8}{\sqrt{73}}-\frac{3}{\sqrt{73}}\tan\theta\right)=8-3\tan\theta$$

$$KM=SK\cot\alpha=(8-3\tan\theta)\cdot\frac{3}{8}=3-\frac{9}{8}\tan\theta$$

$$S_{\text{四边形}AMFM'}=AF\cdot KM=\frac{144-54\tan\theta}{8\cos\theta+3\sin\theta}=\frac{144\cos\theta-54\sin\theta}{(8\cos\theta+3\sin\theta)\cos\theta}$$

由题设知

$$\frac{72}{8\cos\theta+3\sin\theta}=\frac{144\cos\theta-54\sin\theta}{(8\cos\theta+3\sin\theta)\cos\theta}\Rightarrow\tan\theta=\frac{4}{3},\cos\theta=\frac{3}{5},\sin\theta=\frac{4}{5}$$

$$AF=\frac{48}{8\cdot\frac{3}{5}+3\cdot\frac{4}{5}}=\frac{20}{3},OE=\frac{1}{2}AF=\frac{10}{3}$$

$$\tan(\alpha-\theta)=\frac{\tan\alpha-\tan\theta}{1+\tan\alpha\tan\theta}=\frac{12}{41}$$

$$\cos(\alpha-\theta)=\frac{41}{\sqrt{1\,825}}=\frac{41}{5\sqrt{73}}$$

$$\sin(\alpha-\theta)=\frac{12}{5\sqrt{73}}$$

$$FS=\sqrt{AS^2+AF^2-2AS\cdot AF\cos(\alpha-\theta)}=\sqrt{73+\frac{400}{9}-\frac{8}{3}\cdot 41}$$

$$=\frac{\sqrt{73}}{3}=\frac{1}{3}SC$$

易见

$$CE=EF=\frac{1}{2}(SC-FS)=\frac{1}{3}SE$$

故

$$CE=EF=FS$$

两平行截面距离即两平行线 OE, AF 的距离,等于
$$AO\sin\theta = 3 \cdot \frac{4}{5} = \frac{12}{5}$$
$$V_{\text{三棱锥}E\text{-}BCD} = \frac{1}{3} \cdot 3^2 \cdot OE\sin\theta = 3 \cdot \frac{10}{3} \cdot \frac{4}{5} = 8$$
$$KM = 3 - \frac{9}{8}\tan\theta = 3 - \frac{9}{8} \cdot \frac{4}{3} = \frac{3}{2}$$
$$V_{\text{四棱锥}S\text{-}AMFM'} = \frac{1}{3}AF \cdot KM \cdot AS\sin(\alpha-\theta) = \frac{1}{3} \cdot \frac{20}{3} \cdot \frac{3}{2}\sqrt{73} \cdot \frac{12}{5\sqrt{73}} = 8$$
$$V_{\text{四棱锥}S\text{-}ABCD} = \frac{1}{3}(3\sqrt{2})^2 \cdot 8 = 48$$

正四棱锥 $S\text{-}ABCD$ 在两平行截面间部分的体积为 $48-8-8=32$. 所求体积的比为 $8:32:8=1:4:1$.

3.138 平行六面体 $ABCD\text{-}A_1B_1C_1D_1$, AB, BC, CD_1 中点分别是点 M, N, K, 求平面 MNK 分别截 CC_1, B_1D 所得两线段的比,并求此平面分平行六面体所得两部分体积的比.

解 取斜坐标轴如图 3.116 所示,设 $DC=4u, DA=4v, DD_1=4t$,易得 $M(2u, 4v, 0), N(4u, 2v, 0), K(2u, 0, 2t)$. 设平面 MNK 与 CC_1, DD_1, AA_1 分别交于点 P, Q, S. 此平面过点 K 且与 $\overrightarrow{KM}=(0, 4v, -2t), \overrightarrow{KN}=(2u, 2v, -2t)$ 平行,其方程为
$$\begin{vmatrix} x-2u & y-0 & z-2t \\ 0 & 4v & -2t \\ 2u & 2v & -2t \end{vmatrix} = 0$$

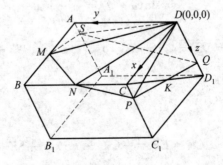

图 3.116

即

$$-4vt(x-2u)-4uty-8uv(z-2t)=0 \qquad ①$$

易见 $x_P=4u, y_P=0$，以 $x=4u, y=0$ 代入上方程求得 $z=z_P=t$，于是所求

$$\frac{CP}{PC_1}=\frac{z_P-z_C}{z_{C_1}-z_P}=\frac{t}{3t}=\frac{1}{3}$$

设此截面与 B_1D 交于点 U，设 $\dfrac{DU}{DB_1}=\lambda$，则 $U(4\lambda u, 4\lambda v, 4\lambda t)$，以点 U 的坐标代入式 ① 得

$$vt(4u\lambda-2u)+4utv\lambda+2uv(4t\lambda-2t)=0$$

解得 $\lambda=\dfrac{3}{8}$，所求

$$\frac{B_1U}{UD}=\frac{(1-\lambda)DB_1}{\lambda DB_1}=\frac{5}{3}$$

因 $P(4u,0,t), Q, P$ 对 K 对称易知 $Q(0,0,3t)$. 又易见 MN 与平面 AA_1C_1C 平行，从而 $PS \parallel MN \parallel CA, z_S=z_P=t$，得 $S(0,4v,t)$，平行六面体在平面 MNK 上部分可分为五棱锥 D-$NPQSM$ 及两个三棱锥 A-SMD, C-PND，此五棱锥又可分为三个三棱锥 D-NPQ, D-NQS, D-NSM. 由于点 D 为原点，向量 $\overrightarrow{DN}, \overrightarrow{DP}, \overrightarrow{DQ}, \overrightarrow{DS}, \overrightarrow{DM}$ 的分量分别为 N, P, Q, S, M 的坐标，故得（其中 V_0 的意义见 3.130 题解所述，因 $\overrightarrow{DN}, \overrightarrow{DP}, \overrightarrow{DQ}$ 适合左手系，故下式中第一个行列式（三行分别为 $\overrightarrow{DN}, \overrightarrow{DP}, \overrightarrow{DQ}$ 的分量）所表示的有向体积为负要乘 -1 及 $\dfrac{1}{6}$ 后才等于（一般所述）正体积，下列中第二、第三行列式亦有类似情形，故

$$V_{\text{三棱锥}D\text{-}NPQ}+V_{\text{三棱锥}D\text{-}NQS}+V_{\text{三棱锥}D\text{-}NSM}$$

$$=-\frac{1}{6}V_0\left(\begin{vmatrix}4u & 2v & 0\\4u & 0 & t\\0 & 0 & 3t\end{vmatrix}+\begin{vmatrix}4u & 2v & 0\\0 & 0 & 3t\\0 & 4v & t\end{vmatrix}+\begin{vmatrix}4u & 2v & 0\\0 & 4v & t\\2u & 4v & 0\end{vmatrix}\right)$$

$$=-\frac{1}{6}uvtV_0(-24-48-12)=14uvtV_0$$

而

$$V_{\text{平行六面体}ABCD\text{-}A_1B_1C_1D_1}=V_0\cdot 4u\cdot 4v\cdot 4t=64uvtV_0$$

故上述五棱锥的体积为平行六面体的 $\dfrac{14}{64}=\dfrac{7}{32}$ 倍.

而易见三棱锥 A-SMD 的体积为平行六面体的 $\left(\dfrac{1}{4}\cdot\dfrac{1}{2}\cdot 1\right)\cdot\dfrac{1}{6}=\dfrac{1}{48}$，三棱锥 C-PND 亦然，故平行六面体在平面 MNK 上部分的体积为平行六面体的 $\dfrac{7}{32}+$

$\frac{1}{48}+\frac{1}{48}=\frac{25}{96}$,于是平行六面体在平面 MNK 的上、下部分体积比为 $25:(96-25)=25:71$.

3.139 四面体 $ABCD$,在 BC,DC 上分别取点 N,K,使 $CN=2BN$,$\frac{DK}{KC}=\frac{3}{2}$,$\triangle ABC$ 重心为点 M,过 N,K,M 作截面,求此截面分此三棱锥所得两部分体积的比.

解 取斜坐标轴如图 3.117 所示.设 $AD=30u,AB=30v,AC=30t$,得点 B,C,D 坐标如图 3.117 所示,从而得点 N,K 坐标如图所示.又易见 $M(10u,10v,0)$. 设平面 MNK 与 AD,AB 分别交于点 P,Q,此平面过点 M 且与两向量 $\overrightarrow{MK}=(2u,-10v,18t)$,$\overrightarrow{MN}=(-10u,10v,10t)$ 平行,故其方程为

$$\begin{vmatrix} x-10u & y-10v & z-0 \\ 2u & -10v & 18t \\ -10u & 10v & 10t \end{vmatrix}=0$$

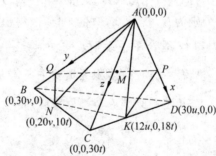

图 3.117

即

$$\begin{vmatrix} x-10u & y-10v & z \\ u & -5v & 9t \\ -u & v & t \end{vmatrix}=0$$

$$-14vt(x-10u)-10ut(y-10v)-4uvz=0$$

因 $x_Q=z_Q=0$,令 $x=z=0$,从上方程得 $y=24v$,得 $Q(0,24v,0)$;因 $y_P=z_P=0$,令 $y=z=0$,从上方程得 $x=\frac{120}{7}$,得 $P(\frac{120}{7},0,0)$.

四面体 $ABCD$ 在截面 $NKPQ$ 以上部分可分为四棱锥 $A\text{-}NKPQ$ 及三棱锥 $C\text{-}NAK$,前者又可分为两个三棱锥 $A\text{-}NKP$,$A\text{-}NPQ$. 又 $\overrightarrow{AN},\overrightarrow{AK},\overrightarrow{AP},\overrightarrow{AQ}$ 的分

量分别为 N,K,P,Q 的坐标,故(因 $\overrightarrow{AN},\overrightarrow{AK},\overrightarrow{AP}$ 适合右手系,$\overrightarrow{AN},\overrightarrow{AP},\overrightarrow{AQ}$ 亦然,用行列式求得有向体积为正)

$$V_{三棱锥A\text{-}NKP}+V_{三棱锥A\text{-}NPQ}=\frac{1}{6}V_0\left(\begin{vmatrix}0 & 20v & 10t \\ 12u & 0 & 18t \\ \frac{120}{7}u & 0 & 0\end{vmatrix}+\begin{vmatrix}0 & 20v & 10t \\ \frac{120}{7}u & 0 & 0 \\ 0 & 24v & 0\end{vmatrix}\right)$$

$$=\frac{20}{7}uV_0(360vt+240vt)=\frac{12\ 000}{7}uvtV_0.$$

而四面体 $ABCD$ 的体积为

$$\frac{1}{6}V_0\cdot 30u\cdot 30v\cdot 30t=4\ 500uvtV_0.$$

故四棱锥 $A\text{-}NKPQ$ 的体积为四面体 $ABCD$ 的 $\dfrac{\frac{12\ 000}{7}}{4\ 500}=\dfrac{8}{21}$.

又易见三棱锥 $C\text{-}NAK$ 的体积为四面体 $ABCD$ 的 $\dfrac{2}{3}\cdot\dfrac{2}{5}\cdot 1=\dfrac{4}{15}$.

故四面体 $ABCD$ 在截面 $NKPQ$ 以上部分的体积为此四面体的 $\dfrac{8}{21}+\dfrac{4}{15}=\dfrac{68}{105}$,于是此四面体在此截面上、下部分体积的比为 $\dfrac{105-68}{68}=\dfrac{37}{68}$.

3.140 四面体 $ABCD$,在 BC,CD,DA 上分别取点 K,M,N,使 $\dfrac{BK}{KC}=\dfrac{2}{3}$,$\dfrac{CM}{MD}=\dfrac{1}{2}$,$\dfrac{AN}{ND}=3$,求过点 K,M,N 的截面分此四面体所得两部分体积的比.

解 取斜坐标轴如图 3.118 所示,设 $AB=60u,AC=60v,AD=60t$,得点 B, C,D 坐标,从而求得 K,M,N 坐标如图所示. 设平面 KMN 与 AB 交于点 L,此平面过点 N 且与两向量 $\overrightarrow{NM}=(0,40v,-25t),\overrightarrow{NK}=(36u,24v,-45t)$ 平行,其方程为

$$\begin{vmatrix}x-0 & y-0 & z-45t \\ 0 & 40v & -25t \\ 36u & 24v & -45t\end{vmatrix}=0$$

即

$$-1\ 200vtx-900uty-1\ 440uv(z-45t)=0$$

因 $y_L=z_L=0$,在上方程中,令 $y=z=0$,求得 $x=54u$,得 $L(54u,0,0)$.

用三角、解析几何等计算解来自俄罗斯的几何题

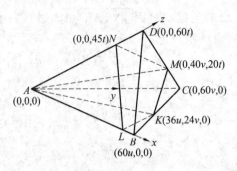

图 3.118

四面体 $ABCD$ 在截面 $LKMN$ 左边部分可分为四棱锥 $A\text{-}KLMN$ 与三棱锥 $C\text{-}AMK$，前者又可分为两个三棱锥 $A\text{-}LKM$，$A\text{-}LMN$。因 $\overrightarrow{AL}, \overrightarrow{AK}, \overrightarrow{AM}, \overrightarrow{AN}$ 的分量分别为 L, K, M, N 的坐标，故（因 $\overrightarrow{AL}, \overrightarrow{AK}, \overrightarrow{AM}$ 适合右手系，$\overrightarrow{AL}, \overrightarrow{AM}, \overrightarrow{AN}$ 亦然，用行列式所得有向体积为正）

$$V_{\text{三棱锥}A\text{-}LKM} + V_{\text{三棱锥}A\text{-}LMN} = \frac{1}{6}V_0 \left(\begin{vmatrix} 54u & 0 & 0 \\ 36u & 24v & 0 \\ 0 & 40v & 20t \end{vmatrix} + \begin{vmatrix} 54u & 0 & 0 \\ 0 & 40v & 20t \\ 0 & 0 & 45t \end{vmatrix} \right)$$

$$= 9uvtV_0(24v \cdot 20t + 40v \cdot 45t)$$

$$= 9 \cdot 2\,280 uvtV_0$$

而四面体 $ABCD$ 的体积为

$$\frac{1}{6}V_0 \cdot 60u \cdot 60v \cdot 60t = 36\,000 uvtV_0$$

故四棱锥 $A\text{-}KLMN$ 的体积为四面体 $ABCD$ 的 $\dfrac{9 \cdot 2\,280}{36\,000} = \dfrac{57}{100}$。

又易见三棱锥 $C\text{-}AMK$ 的体积为四面体 $ABCD$ 的 $\dfrac{1}{3} \cdot \dfrac{3}{5} \cdot 1 = \dfrac{1}{5}$，故四面体 $ABCD$ 在截面 $LKMN$ 左边部分体积为此四面体的 $\dfrac{57}{100} + \dfrac{1}{5} = \dfrac{77}{100}$，于是此四面体在此截面左、右部分体积的比为 $\dfrac{77}{100-77} = \dfrac{77}{23}$。

3.141 正三棱锥 $S\text{-}ABC$ 底面边长为 a，侧棱长为 b，以点 O_1 为球心的球面与平面 SAC，SAB 分别相切于点 C，B，以点 O_2 为球心的球面与平面 SCA，SCB 相切于点 A，B，求四面体 SO_1BO_2 的体积。

解 设 $\triangle ABC$ 中心为点 O，AC 中点为点 M，延长 AO 一倍至点 D，易见

$DC \parallel OM$, $DC = 2OM$. 过点 D 作直线 $DE \perp$ 平面 ABC, 易见 $AC \perp$ 平面 CDE, 从而平面 $SAC \perp$ 平面 CDE. 又因 $O_1C \perp$ 平面 SAC, 故 O_1C 在平面 CDE 上, O_1 在平面 CDE 上, 同理 O_1 在平面 BDE 上, 故 O_1 在二平面交线 DE 上. 为求 O_1, 只要在 DE 上求一点 O_1, 使 $O_1C \perp SC$.

取坐标轴如图 3.119 所示, 易见 $C(\frac{a}{2}, \frac{\sqrt{3}}{6}a, 0)$, $M(0, \frac{\sqrt{3}}{6}, 0)$, $S(0, 0, \sqrt{b^2 - \frac{a^2}{3}})$ (注意 $OC = \frac{a}{\sqrt{3}}$).

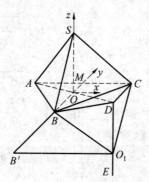

图 3.119

平面 SAC 的方程(即直线 SM 在 yOz 平面的方程)为

$$\frac{y}{\frac{\sqrt{3}}{6}a} + \frac{z}{\sqrt{b^2 - \frac{a^2}{3}}} = 1$$

即

$$\sqrt{12}\sqrt{3b^2 - a^2}\, y + \sqrt{3}\, az = a\sqrt{3b^2 - a^2}$$

其法向量为 $(0, \sqrt{12}\sqrt{3b^2 - a^2}, \sqrt{3}a)$, 可约成 $(0, 2\sqrt{3b^2 - a^2}, a)$. 又易见 $D(\frac{a}{2}, -\frac{\sqrt{3}}{6}a, 0)$, 故可设 $O_1(\frac{a}{2}, -\frac{\sqrt{3}}{6}a, z_1)$, $\overrightarrow{CO_1} = (0, -\frac{\sqrt{3}}{3}a, z_1)$ 与上述法向量平行, 故

$$\frac{2\sqrt{3b^2 - a^2}}{-\frac{1}{\sqrt{3}}a} = \frac{a}{z_1} \Rightarrow z_1 = -\frac{a^2}{2\sqrt{9b^2 - 3a^2}}$$

$$O_1\left(\frac{a}{2}, -\frac{\sqrt{3}}{6}a, -\frac{a^2}{2\sqrt{9b^2 - 3a^2}}\right)$$

设点 O_1 在平面 SOB 的射影为点 B',易见

$$B(0,-\frac{\sqrt{3}}{3}a,0), B'(0,-\frac{\sqrt{3}}{6}a,\frac{-a^2}{2\sqrt{9b^2-3a^2}})$$

由对称性知

$$V_{四面体 SO_1BO_2}=2V_{三棱锥 B\text{-}SB'O_1}=2\left|\frac{1}{6}(\overrightarrow{BO_1},\overrightarrow{BS},\overrightarrow{BB'})\right|$$

$$=\frac{1}{3}\left\|\begin{array}{ccc}\frac{1}{2}a & \frac{\sqrt{3}}{6}a & \frac{a^2}{-2\sqrt{9b^2-3a^2}} \\ 0 & \frac{\sqrt{3}}{3}a & \sqrt{b^2-\frac{1}{3}a^2} \\ 0 & \frac{\sqrt{3}}{6}a & \frac{a^2}{-2\sqrt{9b^2-3a^2}}\end{array}\right\|$$

$$=\frac{1}{3}\cdot\frac{a}{2}\cdot\frac{\sqrt{3}}{6}a\left\|\begin{array}{ccc}1 & 1 & \frac{a^2}{-2\sqrt{9b^2-3a^2}} \\ 0 & 2 & \sqrt{b^2-\frac{1}{3}a^2} \\ 0 & 1 & \frac{a^2}{-2\sqrt{9b^2-3a^2}}\end{array}\right\|$$

$$=\frac{\sqrt{3}a^2}{36}\left|-\frac{a^2}{\sqrt{9b^2-3a^2}}-\sqrt{b^2-\frac{1}{3}a^2}\right|$$

$$=\frac{a^2}{36}\left(\frac{a^2}{\sqrt{3b^2-a^2}}+\sqrt{3b^2-a^2}\right)$$

$$=\frac{a^2b^2}{12\sqrt{3b^2-a^2}}$$

3.142 长方体 $ABCD\text{-}A_1B_1C_1D_1$,$AB=4$,$AD=6$,$AA_1=6$,N 为 DC 中点,CC_1 上有点 M,且 $\frac{C_1M}{CM}=\frac{1}{2}$,$AD_1$ 与 A_1D 交于点 K,求直线 KM 与 A_1N 之间的角 θ.

解 取坐标轴如图 3.120 所示,易得 $K(0,3,3)$,$M(4,6,4)$,$A_1(0,0,6)$,$N(2,6,0)$,则

$$\cos\theta=\frac{\overrightarrow{KM}\cdot\overrightarrow{A_1N}}{|KM|\cdot|A_1N|}=\frac{(4,3,1)\cdot(2,6,-6)}{\sqrt{4^2+3^2+1^2}\cdot\sqrt{2^2+6^2+(-6)^2}}$$

$$= \frac{8+18-6}{\sqrt{26} \cdot \sqrt{76}} = \frac{20}{\sqrt{26 \cdot 76}} = \frac{10}{\sqrt{494}}$$

$$\theta = \cos^{-1} \frac{10}{\sqrt{494}}$$

图 3.120

3.143 长方体 $ABCD$-$A_1B_1C_1D_1$，$AB=4$，$AD=6$，$AA_1=2$，点 F,K 分别在 AD,B_1C_1 上，$\dfrac{AF}{FD}=\dfrac{C_1K}{KB_1}=\dfrac{1}{2}$，$AC$ 与 BD 交于点 P，求直线 PK 与 FB_1 所成角 θ.

（仿上题解之）

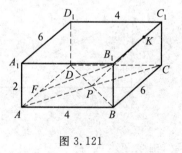

图 3.121

答案 $\cos^{-1} \dfrac{5\sqrt{6}}{18}$

3.144 如图 3.122 所示，正方体 $ABCD$-$A_1B_1C_1D_1$ 的棱长为 a，在 AB_1，BC_1 上分别取点 P,Q，$\dfrac{AP}{PB_1}=\dfrac{C_1Q}{QB}=2$. 求证：$PQ \perp AB_1$，$PQ \perp BC_1$. 求 PQ 的长.

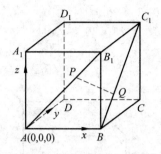

图 3.122

提示 仿 3.142 题，验证 $\overrightarrow{PQ} \cdot \overrightarrow{AB_1} = 0, \cdots$

答案 $|PQ| = \dfrac{\sqrt{3}}{3}a$

3.145 四面体 $ABCD$ 中 $AB=3, BC=4, CA=5, DA=DB=2, DC=4$，求点 D 至 $\triangle ABC$ 重心 M 的距离.

解 设 AB 中点 N，如图 3.123 所示，易见 $\angle ABC=90°$，从而

$$NC = \sqrt{4^2 + \left(\dfrac{3}{2}\right)^2} = \dfrac{\sqrt{73}}{2}, NM = \dfrac{1}{3}NC = \dfrac{\sqrt{73}}{6}$$

$$MC = \dfrac{\sqrt{73}}{3}, DN^2 = 2^2 - \left(\dfrac{3}{2}\right)^2 = \dfrac{7}{4}$$

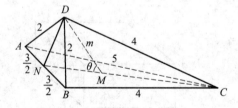

图 3.123

设 $DM=m, \angle NMD=\theta$，由余弦定理得

$$m^2 + \left(\dfrac{\sqrt{73}}{6}\right)^2 - 2m \cdot \dfrac{\sqrt{73}}{6} \cos\theta = \dfrac{7}{4}$$

$$m^2 + \left(\dfrac{\sqrt{73}}{3}\right)^2 + 2m \cdot \dfrac{\sqrt{73}}{3} \cos\theta = 4^2$$

由二式消去 $\cos\theta$ 得

$$3m^2 + \frac{73}{6} = \frac{39}{2}, m = \frac{\sqrt{22}}{3}$$

3.146 如图 3.124 所示,四面体 $ABCD$, $BC = BA = 3$, $CD = CA = 5$, $DB = DA = 4$,求点 A 至 $\triangle BCD$ 重心 M 的距离.

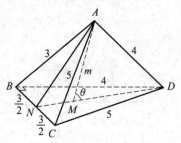

图 3.124

提示　仿上题,但在 $\triangle ABC$ 中改用中线公式求 AN^2.

答案　$\dfrac{10}{3}$

3.147 (莱布尼兹公式)$\triangle ABC$ 的重心为点 M,空间任一点 O,求证:
$OM^2 = \dfrac{1}{3}(OA^2 + OB^2 + OC^2) - \dfrac{1}{9}(AB^2 + BC^2 + CA^2)$.

解　$OM^2 = \overrightarrow{OM}^2 = [\dfrac{1}{3}(\overrightarrow{OA} + \overrightarrow{OB} + \overrightarrow{OC})]^2$

$\quad = \dfrac{1}{9}(\overrightarrow{OA}^2 + \overrightarrow{OB}^2 + \overrightarrow{OC}^2) + \dfrac{2}{9}(\overrightarrow{OA} \cdot \overrightarrow{OB} + \overrightarrow{OB} \cdot \overrightarrow{OC} + \overrightarrow{OC} \cdot \overrightarrow{OA})$

$\dfrac{1}{3}(OA^2 + OB^2 + OC^2) - \dfrac{1}{9}(AB^2 + BC^2 + CA^2)$

$= \dfrac{1}{3}(\overrightarrow{OA}^2 + \overrightarrow{OB}^2 + \overrightarrow{OC}^2) - \dfrac{1}{9}[(\overrightarrow{OA} - \overrightarrow{OB})^2 + (\overrightarrow{OB} - \overrightarrow{OC})^2 + (\overrightarrow{OC} - \overrightarrow{OA})^2]$

$= \dfrac{1}{3}(\overrightarrow{OA}^2 + \overrightarrow{OB}^2 + \overrightarrow{OC}^2) - \dfrac{1}{9}(\overrightarrow{OA}^2 - 2\overrightarrow{OA} \cdot \overrightarrow{OB} + \overrightarrow{OB}^2 + \overrightarrow{OB}^2 - 2\overrightarrow{OB} \cdot \overrightarrow{OC} + \overrightarrow{OC}^2 + \overrightarrow{OC}^2 - 2\overrightarrow{OC} \cdot \overrightarrow{OA} + \overrightarrow{OA}^2)$

$= \dfrac{1}{9}(\overrightarrow{OA}^2 + \overrightarrow{OB}^2 + \overrightarrow{OC}^2) + \dfrac{2}{9}(\overrightarrow{OA} \cdot \overrightarrow{OB} + \overrightarrow{OB} \cdot \overrightarrow{OC} + \overrightarrow{OC} \cdot \overrightarrow{OA})$

故所证成立.

3.148 正方体 $ABCD$-$A_1B_1C_1D_1$ 棱长为 4,过 DD_1 中点 N 及 A_1C_1 作平面 π,求 CD 中点 M 到平面 π 的距离.

解 取坐标轴如图 3.125 所示,易得 A_1,C_1,N,M 坐标如图所示.平面 π 过点 A_1 且与 $\overrightarrow{AC_1},\overrightarrow{AN}$(分量分别同 C_1,N 坐标)平行,故其方程为

$$\begin{vmatrix} x & y & z \\ 4 & 4 & 0 \\ 4 & 0 & 2 \end{vmatrix}=0$$

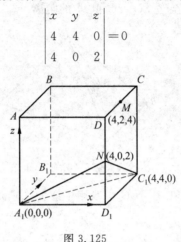

图 3.125

即
$$8x-8y-16z=0, x-y-2z=0$$

故点 M 到 π 的距离为

$$\frac{|4-2-2\cdot 4|}{\sqrt{1^2+(-1)^2+(-2)^2}}=\frac{6}{\sqrt{6}}=\sqrt{6}$$

3.149 如图 3.126 所示,正方体 $ABCD-A_1B_1C_1D_1$ 棱长为 6,过 A_1,C,D_1C_1 中点 N 作平面 π,求 D_1 到平面 π 的距离.

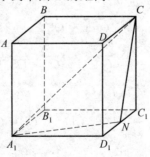

图 3.126

(仿 3.148 题解)

答案 $\sqrt{6}$

3.150 三棱锥 H-PQR, $HR=1$, $HR \perp$ 平面 PQR, 正 $\triangle PQR$ 边长为 $2\sqrt{2}$, QR, QP 的中点分别为点 M, N, 求直线 HM, RN 所成的角 θ 及距离.

解 取坐标轴如图 3.127 所示, $x_N = 2\sqrt{2} \cdot \dfrac{\sqrt{3}}{2} = \sqrt{6}$, 故 $N(\sqrt{6}, 0, 0)$, 又易得 $Q(\sqrt{6}, \sqrt{2}, 0)$, $M(\dfrac{\sqrt{6}}{2}, \dfrac{\sqrt{2}}{2}, 0)$, $H(0, 0, 1)$, 从而 $\overrightarrow{HM} = (\dfrac{\sqrt{6}}{2}, \dfrac{\sqrt{2}}{2}, -1)$, $\overrightarrow{RN} = (\sqrt{6}, 0, 0)$. 过 RN 且与 HM 平行的平面的法向量 $\overrightarrow{HM} \times \overrightarrow{RN} = (0, -\sqrt{8}, -\sqrt{3})$, 可约成 $(0, \sqrt{2}, 1)$, 故此平面方程为

$$\sqrt{2}y + z = 0$$

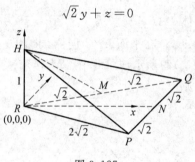

图 3.127

它距 $H(0,0,1)$ 为

$$\dfrac{|\sqrt{2} \cdot 0 + 1|}{\sqrt{0^2 + \sqrt{2}^2 + 1^2}} = \dfrac{1}{\sqrt{3}}$$

$$\cos \theta = \dfrac{(\dfrac{\sqrt{6}}{2}, \dfrac{\sqrt{2}}{2}, -1) \cdot (\sqrt{6}, 0, 0)}{\sqrt{\left(\dfrac{\sqrt{6}}{2}\right)^2 + \left(\dfrac{\sqrt{2}}{2}\right)^2 + 1^2} \cdot \sqrt{\sqrt{6}^2 + 0^2 + 0^2}} = \dfrac{3}{\sqrt{3} \cdot \sqrt{6}} = \dfrac{1}{\sqrt{2}}, \theta = 45°$$

3.151 三棱锥 H-PQR, $HR=1$, $HR \perp$ 平面 PQR, 如图 3.128 所示, $\mathrm{Rt}\triangle PRQ$, $RP=RQ=2$, RP, PQ 中点分别为点 M, N, 求 HM, RN 所成的角及距离.

提示 易见 $NR = NQ = NP = \sqrt{2}$, 仿上题解.

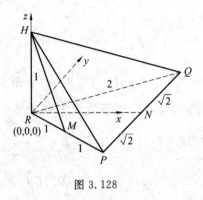

图 3.128

答案 $60°, \dfrac{1}{\sqrt{3}}$

3.152 正四面体 $PABC$ 棱长为 1,$\triangle ABC$ 高为 BD,正 $\triangle BDE$ 位于与 AC 成角 φ 的平面上,且 E,P 在平面 ABC 同侧,求 PE.

解 取坐标轴如图 3.129 所示,设 DB 中点 M,作 $MN \parallel AC$,易见 $\angle NME = \varphi$,设 $\triangle ABC$ 中心为点 O,则

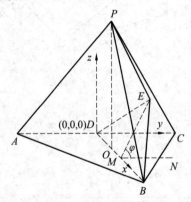

图 3.129

$$x_E = \frac{1}{2}BD = \frac{1}{2}\cdot\frac{\sqrt{3}}{2} = \frac{\sqrt{3}}{4}$$

$$EM = BD \cdot \frac{\sqrt{3}}{2} = \frac{\sqrt{3}}{2}\cdot\frac{\sqrt{3}}{2} = \frac{3}{4}$$

从而

第3章 立体几何题

$$E(\frac{\sqrt{3}}{4},\frac{3}{4}\cos\varphi,\frac{3}{4}\sin\varphi)$$

$$OD=\frac{AD}{\sqrt{3}}=\frac{1}{2\sqrt{3}}, PO=\sqrt{PD^2-OD^2}=\sqrt{\left(\frac{\sqrt{3}}{2}\right)^2-\left(\frac{1}{2\sqrt{3}}\right)^2}=\sqrt{\frac{2}{3}},$$

$$P\left[\frac{1}{2\sqrt{3}},0,\sqrt{\frac{2}{3}}\right]$$

$$PE=\sqrt{\left[\frac{\sqrt{3}}{4}-\frac{1}{2\sqrt{3}}\right]^2+\left(\frac{3}{4}\cos\varphi-0\right)^2+\left(\frac{3}{4}\sin\varphi-\sqrt{\frac{2}{3}}\right)^2}$$

$$=\sqrt{\left(\frac{\sqrt{3}}{12}\right)^2+\frac{9}{16}-\frac{3\sqrt{2}}{2\sqrt{3}}\sin\varphi+\frac{2}{3}}$$

$$=\sqrt{\frac{1+27+32}{48}-\frac{\sqrt{6}}{2}\sin\varphi}=\frac{\sqrt{5-2\sqrt{6}\sin\varphi}}{2}$$

3.153 正方体 $ABCD$-$A_1B_1C_1D_1$,在 D_1A,A_1B,B_1C,C_1D 上分别取点 M,N,P,Q,使 $\frac{DM}{D_1A}=\frac{BN}{BA_1}=\frac{B_1P}{CB_1}=\frac{DQ}{DC_1}=\mu, MN \perp PQ$,求 μ.

解 取坐标轴如图 3.130 所示,得正方体各顶点坐标如图所示,易见 $M(\mu,0,\mu), N(1,1-\mu,1-\mu), P(1-\mu,1,\mu), Q(0,\mu,1-\mu)$,则

$$0=\overrightarrow{MN}\cdot\overrightarrow{PQ}=(1-\mu,1-\mu,1-2\mu)\cdot(\mu-1,\mu-1,1-2\mu)$$
$$=-2(1-\mu)^2+(1-2\mu)^2$$

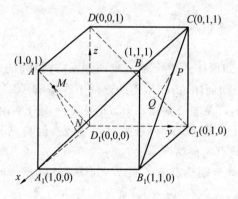

图 3.130

$$1-2\mu=\pm\sqrt{2}(1-\mu)$$

$$\mu = \frac{\sqrt{2}-1}{-2+\sqrt{2}} < 0 \text{(舍去)}$$

$$\mu = \frac{-\sqrt{2}-1}{-2-\sqrt{2}} = \frac{1}{\sqrt{2}}$$

3.154 如图 3.131 所示，长方体 $ABCD\text{-}A_1B_1C_1D_1$，$AB=3$，$BC=2$，$CC_1=4$，在 AB 上取点 M，使 $\dfrac{AM}{MB} = \dfrac{1}{2}$，侧面 CC_1D_1D 中心为点 K，求 D_1M，B_1K 所成的角及距离.

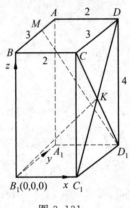

图 3.131

提示 仿 3.150 题解.

答案 $\cos^{-1}\dfrac{5}{\sqrt{861}}$，$\dfrac{20}{\sqrt{209}}$

3.155 正四面体各棱长为 1，求两侧面的两异面中线所成的角及距离.

解 设所述正四面体 $ABCD$，不妨设两中线是面 ABC 与面 ADC 的中线，此二面有公共顶点 A,C 及非公共顶点 B,D. 易见两面分别由 B,D 出发的中线共面，不合题意，故两中线至少有一条从 A,C 出发，但易见又不能从同一点出发（否则亦共面），故只有两种情况：

（1）二面的中线分别从点 A,C 出发，如图 3.132 所示的 AM 及 CN. 设正四面体高为 AO，取坐标轴如图所示，易见 $x_C = OC = \dfrac{1}{\sqrt{3}}$，故 $C(\dfrac{1}{\sqrt{3}}, 0, 0)$. 又易见

$$D(-\dfrac{1}{2\sqrt{3}}, \dfrac{1}{2}, 0), B(-\dfrac{1}{2\sqrt{3}}, -\dfrac{1}{2}, 0)$$

第3章 立体几何题
DISANZHANG LITI JIHETI

$$OA = \sqrt{CA^2 - CO^2} = \sqrt{1^2 - \left(\frac{1}{\sqrt{3}}\right)^2} = \sqrt{\frac{2}{3}}, A(0, 0, \sqrt{\frac{2}{3}})$$

易求得 $M(\frac{1}{4\sqrt{3}}, -\frac{1}{4}, 0), N(-\frac{1}{4\sqrt{3}}, \frac{1}{4}, \frac{1}{\sqrt{6}})$. 设 AM 与 CN 所成（锐）角为 θ_1

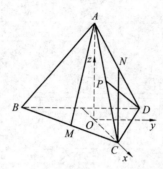

图 3.132

$$\cos\theta_1 = \frac{|\overrightarrow{MA} \cdot \overrightarrow{CN}|}{|\overrightarrow{MA}| \cdot |\overrightarrow{CN}|} = \frac{\left|\left(-\frac{1}{4\sqrt{3}}, \frac{1}{4}, \sqrt{\frac{2}{3}}\right) \cdot \left(-\frac{5}{4\sqrt{3}}, \frac{1}{4}, \frac{1}{\sqrt{6}}\right)\right|}{\sqrt{\frac{1}{48} + \frac{1}{16} + \frac{2}{3}} \cdot \sqrt{\frac{25}{48} + \frac{1}{16} + \frac{1}{6}}}$$

$$= \frac{5 + 3 + 16}{\sqrt{1 + 3 + 32} \cdot \sqrt{25 + 3 + 8}} = \frac{24}{36} = \frac{2}{3}, \theta_1 = \cos^{-1}\frac{2}{3}$$

把 $\overrightarrow{MA}$ 改成同向的 $(-1, \sqrt{3}, 4\sqrt{2})$，把 $\overrightarrow{CN}$ 改成同向的 $(-5, \sqrt{3}, 2\sqrt{2})$，二者向量积 $(-2\sqrt{6}, -18\sqrt{2}, 4\sqrt{3})$ 为过 CN 且与 MA 平行的平面的法向量，故此平面为

$$-2\sqrt{6}(x - \frac{1}{\sqrt{3}}) - 18\sqrt{2}y + 4\sqrt{3}z = 0$$

即

$$-2(x - \frac{1}{\sqrt{3}}) - 6\sqrt{3}y + 2\sqrt{2}z = 0$$

它与 $A(0, 0, \sqrt{\frac{2}{3}})$ 的距离（即所求 AM 与 CN 的距离）为

$$\frac{\left|-2\left(0 - \frac{1}{\sqrt{3}}\right) - 6\sqrt{3} \cdot 0 + 2\sqrt{2}\sqrt{\frac{2}{3}}\right|}{\sqrt{(-2)^2 + (-6\sqrt{3})^2 + (2\sqrt{2})^2}} = \frac{2\sqrt{3}}{2\sqrt{30}} = \frac{1}{\sqrt{10}}$$

(2) 两条中线中只有一条从 A 或 C 出发（如 AM），另一条从非公共顶点出发

(取中线 AM 后唯有再取如 DP). 如同(1)取坐标轴,已得 A,M,D,C 坐标,又易得 $P\left(\dfrac{1}{2\sqrt{3}}, 0, \dfrac{1}{\sqrt{6}}\right)$. 设 AM 与 DP 所成(锐)角为 θ_2,则

$$\cos\theta_2 = \frac{|\overrightarrow{MA}\cdot\overrightarrow{DP}|}{|\overrightarrow{MA}|\cdot|\overrightarrow{DP}|} = \frac{\left|\left(-\dfrac{1}{4\sqrt{3}},\dfrac{1}{4},\sqrt{\dfrac{2}{3}}\right)\cdot\left(\dfrac{1}{\sqrt{3}},-\dfrac{1}{2},\dfrac{1}{\sqrt{6}}\right)\right|}{\sqrt{\dfrac{1}{48}+\dfrac{1}{16}+\dfrac{2}{3}}\cdot\sqrt{\dfrac{1}{3}+\dfrac{1}{4}+\dfrac{1}{6}}}$$

$$= \frac{\left|-\dfrac{1}{12}-\dfrac{1}{8}+\dfrac{1}{3}\right|}{\sqrt{\dfrac{1}{48}+\dfrac{1}{16}+\dfrac{2}{3}}\cdot\sqrt{\dfrac{1}{3}+\dfrac{1}{4}+\dfrac{1}{6}}}$$

$$= \frac{|-4-6+16|}{\sqrt{1+3+32}\cdot\sqrt{16+12+8}} = \frac{6}{36} = \frac{1}{6}$$

$$\theta_2 = \cos^{-1}\frac{1}{6}$$

把 $\overrightarrow{MA}$ 改成同方向的 $(-1,\sqrt{3},4\sqrt{2})$,把 $\overrightarrow{DP}$ 改成同方向的 $(2,-\sqrt{3},\sqrt{2})$,二者向量积 $(5\sqrt{6},9\sqrt{2},-\sqrt{3})$ 为过 MA 且与 DP 平行的平面的法向量,可再约成 $(5\sqrt{2},3\sqrt{6},-1)$,故得此平面方程为

$$5\sqrt{2}\,x + 3\sqrt{6}\,y - \left(z - \sqrt{\dfrac{2}{3}}\right) = 0$$

它与 $D\left(-\dfrac{1}{2\sqrt{3}},\dfrac{1}{2},0\right)$ 的距离(即所求 AM 与 DP 的距离)为

$$\frac{\left|5\sqrt{2}\left(-\dfrac{1}{2\sqrt{3}}\right) + 3\sqrt{6}\cdot\dfrac{1}{2} - \left(0-\sqrt{\dfrac{2}{3}}\right)\right|}{\sqrt{(5\sqrt{2})^2+(3\sqrt{6})^2+(-1)^2}} = \frac{\left|\left(-\dfrac{5}{6}+\dfrac{3}{2}+\dfrac{1}{3}\right)\sqrt{6}\right|}{\sqrt{105}}$$

$$= \sqrt{\dfrac{6}{105}} = \sqrt{\dfrac{2}{35}}$$

3.156 正方体 $ABCD\text{-}A_1B_1C_1D_1$ 棱长为 1,在 D_1A, A_1B 上分别取点 M,N,使 $\dfrac{D_1M}{D_1A}=\dfrac{NB}{A_1B}=\dfrac{1}{3}$,求点 C 到 MN 的距离.

解 取坐标轴如图 3.133 所示,易得 $C(1,1,0), N\left(\dfrac{2}{3},0,\dfrac{1}{3}\right), M\left(0,\dfrac{2}{3},\dfrac{2}{3}\right)$, $\overrightarrow{NC}=\left(\dfrac{1}{3},1,-\dfrac{1}{3}\right), \overrightarrow{NM}=\left(-\dfrac{2}{3},\dfrac{2}{3},\dfrac{1}{3}\right)$,则

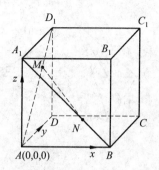

图 3.133

$$\cos\angle CNM = \frac{\overrightarrow{NC}\cdot\overrightarrow{NM}}{|\overrightarrow{NC}|\cdot|\overrightarrow{NM}|}$$

$$= \frac{-\frac{2}{9}+\frac{2}{3}-\frac{1}{9}}{\sqrt{\left(\frac{1}{3}\right)^2+1^2+\left(-\frac{1}{3}\right)^2}\cdot\sqrt{\left(-\frac{2}{3}\right)^2+\left(\frac{2}{3}\right)^2+\left(\frac{1}{3}\right)^2}}$$

$$= \frac{-2+6-1}{\sqrt{1+9+1}\cdot\sqrt{4+4+1}} = \frac{1}{\sqrt{11}}$$

$$\sin\angle CNM = \sqrt{\frac{10}{11}}$$

所求距离为

$$|NC|\sin\angle CNM = \sqrt{\frac{11}{9}}\sqrt{\frac{10}{11}} = \frac{\sqrt{10}}{3}$$

3.157 已知正三棱锥 P-ABC 底面边长为 a，侧棱长为 b，作与 BC，PA 平行的截面 $MNQS$，当此截面与 BC 距离为何值时，截面面积最大？

解 易证 $PA\perp BC$，故截面为矩形 $MNQS$，如图 3.134 所示，$MS\parallel NQ\parallel PA$，$MN\parallel SQ\parallel BC$．设 $\dfrac{PM}{BP}=\lambda$，则 $\dfrac{BM}{PB}=1-\lambda$，$MN=\lambda a$，$MS=(1-\lambda)b$．截面面积为 $\lambda(1-\lambda)ab$，故 $\lambda=\dfrac{1}{2}$ 时，截面有最大面积 $\dfrac{1}{4}ab$．于是易见这时 BC 到截面距离为 BC 中点 D 到 PA 距离的 $\dfrac{1}{2}$．由 $PA=b$，$AD=\dfrac{\sqrt{3}}{2}a$，$PD=\sqrt{b^2-\left(\dfrac{a}{2}\right)^2}$ 知

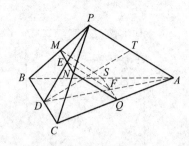

图 3.134

$$\cos\angle PAD = \frac{b^2 + \left(\frac{\sqrt{3}}{2}a\right)^2 - \left(b^2 - \frac{1}{4}a^2\right)}{2 \cdot b \cdot \frac{\sqrt{3}}{2}a} = \frac{a^2}{\sqrt{3}\,ab} = \frac{a}{\sqrt{3}\,b}$$

$$\sin\angle PAD = \frac{\sqrt{3b^2 - a^2}}{\sqrt{3}\,b}$$

所求距离为

$$\frac{1}{2}DA\sin\angle PAD = \frac{1}{2}\cdot\frac{\sqrt{3}}{2}a\cdot\frac{\sqrt{3b^2-a^2}}{\sqrt{3}\,b} = \frac{a\sqrt{3b^2-a^2}}{4b}$$

3.158 求半径为 R 的球面的内接正四棱锥的体积的最大值.

解 作球面与其内接正四棱锥过正四棱锥的高 PM 及底面对角线 AC 的截面图.即图 3.135,设球心(即截面圆心)O,截面圆半径为 R,易见点 M 为等腰 $\triangle MAC$ 的底边 AC 的中点,设 $\angle POC = \theta$,则正四棱锥高 $h = MP = R(1-\cos\theta)$(无论 θ 为锐角、直角、钝角,下同),$\frac{a}{\sqrt{2}} = MC = R\sin\theta, a = \sqrt{2}R\sin\theta$,则正四

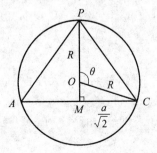

图 3.135

第 3 章 立体几何题
DISANZHANG LITI JIHETI

棱锥体积
$$V = \frac{1}{3}a^2 h = \frac{2}{3}R^3 \sin^2\theta \cdot (1-\cos\theta)$$

导数
$$V'_\theta = \frac{2}{3}R^2[2\sin\theta\cos\theta \cdot (1-\cos\theta) + \sin^3\theta]$$
$$= \frac{2}{3}R^2 \sin\theta \cdot (1-\cos\theta)(3\cos\theta + 1)$$

函数 V 定义于 $\theta \in [0,\pi]$,导数 V'_θ 的零点为 $\theta = 0, \pi, \cos^{-1}(-\frac{1}{3})$. 当 $\theta = 0$, π 时, $V = 0$, 因 $V \geqslant 0$, 故 $\theta = \cos^{-1}\left(-\frac{1}{3}\right)$ (即 $\cos\theta = -\frac{1}{3}$) 为 V 的最大值点. 这时 $\sin^2\theta = \frac{8}{9}$, V 的最大值为

$$\frac{2}{3}R^3 \cdot \frac{8}{9} \cdot (1 + \frac{1}{3}) = \frac{64}{81}R^3$$

又解
$$V = \frac{2}{3}R^3 \sin^2\theta \cdot (1-\cos\theta) = \frac{1}{3}R^3(2+2\cos\theta)(1-\cos\theta)(1-\cos\theta)$$

除去常数因式 $\frac{1}{3}R^3$ 外,后三(变动)因式的和为定值 4,故(由几何平均值不大于算术平均值知),当

$$2 + 2\cos\theta = 1 - \cos\theta = 1 - \cos\theta (即 \cos\theta = -\frac{1}{3})$$

时 V 有最大值.

3.159 过圆锥顶点作面积最大的截面,其面积为圆锥轴截面面积的两倍,求轴截面顶角.

解 设所述圆锥顶点为 P, 高为 PO, 底面半径为 r, 轴截面顶角为 2θ. 所述面积最大截面为如图 3.136 所示等腰 $\triangle PCD$, 底边 CD 中点为点 M, 设 $\angle MOD = \alpha$. 易见

$$MD = r\sin\alpha, PM = \sqrt{PO^2 + OM^2} \cdot \sqrt{r^2\cot^2\theta + r^2\cos^2\alpha}$$

此截面面积

$$S = MD \cdot PM = r^2 \sin\alpha \cdot \sqrt{\cot^2\theta + \cos^2\alpha}$$

因 S 与 S^2 同时取最大值,故考虑

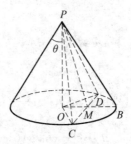

图 3.136

$$S^2 = r^4(\sin^2\alpha\cot^2\theta + \sin^2\alpha - \sin^4\alpha) = r^4(\csc^2\theta\sin^2\alpha - \sin^4\alpha)$$
$$= r^4\sin^2\alpha \cdot (\csc^2\theta - \sin^2\alpha)$$
$$\leqslant r^4\left[\frac{\sin^2\alpha + (\csc^2\theta - \sin^2\alpha)}{2}\right]^2 = \frac{1}{4}r^4\csc^4\theta$$

其中"$\leqslant$"中的等号仅在当 $\sin^2\alpha = \csc^2\theta - \sin^2\alpha$,即 $\sin^2\alpha = \frac{1}{2}\csc^2\theta$ 时成立. 于是求得 S^2 的最大值为 $\frac{1}{4}r^4\csc^4\theta$,$S$ 的最大值为 $\frac{1}{2}r^2\csc^2\theta$.

又圆锥轴截面面积为 $r \cdot r\cot\theta$,故从题设得

$$\frac{1}{2}r^2\csc^2\theta = 2r^2\cot\theta \Rightarrow \cot^2\theta + 1 = 4\cot\theta, \cot\theta = 2 \pm \sqrt{3}$$

但 $\cot\theta = 2 + \sqrt{3}$ 时,$\sin^2\alpha = \frac{1}{2}\csc^2\theta = 2\cot\theta > 1$,不合理,舍去.

于是唯有

$$\cot\theta = 2 - \sqrt{3}, \tan\theta = \frac{1}{2-\sqrt{3}} = 2+\sqrt{3}$$

$$\tan 2\theta = \frac{2(2+\sqrt{3})}{1-(2+\sqrt{3})^2} = \frac{4+2\sqrt{3}}{-6-4\sqrt{3}} = -\frac{1}{\sqrt{3}} = \tan 150°$$

所求轴截面顶角 $2\theta = 150°$.

3.160 (变动)正四棱锥内可放置两个半径为 r(定值)的球,它们相切且都与正四棱锥底面相切于两对边中点连线,又分别与正四棱锥一侧面相切,求使正四棱锥体积最小时正四棱锥的高.

解 见图 3.137,设 MN 为底面对边中点连线(含二球与底面切点),作过正四棱锥高 SO 及 MN 的截面,则此截面截二球所得的二圆为 $\triangle SOM$,$\triangle SON$ 的内切圆. 二圆的圆心 O',O'' 及半径分别为二球中心及半径 r,截面 $\triangle SMN$ 的高

为 SO,设角 α 如图所示. 易见正棱锥底面边长 $a = MN = 2r + 2r\cot\alpha$, 高 $h = SO = OM\tan 2\alpha = r(1+\cot\alpha)\tan 2\alpha$, 从而其体积

$$V = \frac{1}{3}a^2 h = \frac{4}{3}r^3(1+\cot\alpha)^3\tan 2\alpha$$

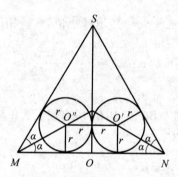

图 3.137

导数

$$V'_\alpha = \frac{4}{3}r^3\left[3(1+\cot\alpha)^2 \cdot \frac{-1}{\sin^2\alpha}\tan 2\alpha + (1+\cot\alpha)^3 \frac{2}{\cos^2 2\alpha}\right]$$

解 $V'_\alpha = 0$,即

$$\frac{2(1+\cot\alpha)}{\cos^2 2\alpha} = \frac{3\tan 2\alpha}{\sin^2\alpha}(\text{注意 } 0 < \alpha < 45°, \cot\alpha + 1 \neq 0)$$

去分母得

$$3\sin 2\alpha\cos 2\alpha = 2\sin\alpha \cdot (\sin\alpha + \cos\alpha) = 1 - \cos 2\alpha + \sin 2\alpha$$

$$(3\sin 2\alpha + 1)\sqrt{1-\sin^2 2\alpha} = 1 + \sin 2\alpha$$

两边平方化简得

$$9\sin^4 2\alpha + 6\sin^3 2\alpha - 7\sin^2 2\alpha - 4\sin 2\alpha = 0$$

$$\sin 2\alpha \cdot (\sin 2\alpha + 1)(9\sin^2 2\alpha - 3\sin 2\alpha - 4) = 0$$

求得正解

$$\sin 2\alpha = \frac{3+\sqrt{153}}{18} = \frac{1+\sqrt{17}}{6}$$

$$\cos 2\alpha = \frac{\sqrt{6^2-(1+\sqrt{17})^2}}{6} = \frac{\sqrt{18-2\sqrt{17}}}{6} = \frac{\sqrt{17}-1}{6}$$

$$\tan 2\alpha = \frac{\sqrt{17}+1}{\sqrt{17}-1} = \frac{(\sqrt{17}+1)^2}{16} = \frac{9+\sqrt{17}}{8}$$

$$\cot\alpha = \frac{1+\cos 2\alpha}{\sin 2\alpha} = \frac{5+\sqrt{17}}{\sqrt{17}+1} = \frac{(5+\sqrt{17})(\sqrt{17}-1)}{16} = \frac{3+\sqrt{17}}{4}$$

因 α 在区间 $(0, \frac{\pi}{4})$ 内趋向端点 0 或 $\frac{\pi}{4}$ 时,易见 V 相应趋向 $+\infty$,故 α 等于上述求得的在 $(0, \frac{\pi}{4})$ 内的唯一点时 V 取最小值,这时相应的

$$h = r(1+\cot\alpha)\tan 2\alpha = r \cdot \frac{80+16\sqrt{17}}{32} = \frac{5+\sqrt{17}}{2}r$$

3.161 正三棱柱 $ABC-A_1B_1C_1$ 所有棱长为 1,在 BC_1,CA_1 分别取点 M,N,使 $MN \parallel$ 平面 A_1ABB_1.

(1) 当 $\frac{BM}{BC_1} = \frac{1}{3}$ 时,求 MN;

(2) 求所有 MN 长的最小值.

解 取坐标轴如图 3.138 所示,易得 A_1,B,C 坐标如图所示. 设 $\frac{C_1M}{C_1B} = \frac{CN}{CA_1} = \lambda$,则 $\frac{BM}{BC_1} = \frac{A_1N}{A_1C} = 1-\lambda$. 易求得

$$M(\frac{\sqrt{3}}{2}\lambda, \frac{1}{2}\lambda, \lambda), N(\frac{\sqrt{3}}{2}\lambda, -\frac{1}{2}\lambda, 1-\lambda)$$

$$MN = \sqrt{\lambda^2 + (2\lambda-1)^2} = \sqrt{5\lambda^2 - 4\lambda + 1} = \sqrt{5(\lambda-\frac{2}{5})^2 + \frac{1}{5}} \geq \sqrt{\frac{1}{5}}$$

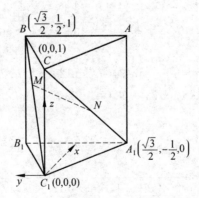

图 3.138

于是当 $\lambda = \dfrac{2}{5}$ 时, MN 取得最小值 $\sqrt{\dfrac{1}{5}}$.

当 $\dfrac{BM}{BC_1} = \dfrac{1}{3}$, 即 $\lambda = \dfrac{2}{3}$ 时

$$MN = \sqrt{5\left(\dfrac{2}{3} - \dfrac{2}{5}\right)^2 + \dfrac{1}{5}} = \sqrt{\dfrac{25}{45}} = \dfrac{\sqrt{5}}{3}$$

3.162 正方体 $ABCD\text{-}A_1B_1C_1D_1$, 在 AB, CC_1 上分别取点 M, N, 使 MN 与平面 $ABCD$ 成 $30°$ 角, 与平面 BB_1C_1C 所成角为 $\sin^{-1}\dfrac{1}{3}$, 求 MN; 并求球心在 MN 上且与两平面 $ABCD$, BB_1C_1C 相切的球的半径.

解 如图 3.139 所示, 易见 $\angle CMN = 30°$, $\angle BNM = \sin^{-1}\dfrac{1}{3}$. 在三面角 $N\text{-}BMC$ 中, $\angle MNC = 60°$, $\cos\angle BNM = \sqrt{1-\left(\dfrac{1}{3}\right)^2} = \dfrac{2\sqrt{2}}{3}$, 二面角 $M\text{-}BN\text{-}C$ 为 $90°$, 由球面三角中边的边的余弦定理得

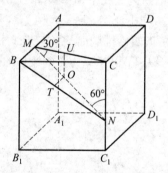

图 3.139

$$\cos 60° = \cos\angle BNM \cdot \cos\angle BNC + \sin\angle BNM \cdot \sin\angle BNC \cdot \cos 90°$$

$$\cos\angle BNC = \dfrac{\cos 60°}{\dfrac{2\sqrt{2}}{3}} = \dfrac{3\sqrt{2}}{8}$$

$$\sin\angle BNC = \dfrac{\sqrt{46}}{8}, \cot\angle BNC = \dfrac{3\sqrt{2}}{\sqrt{46}} = \dfrac{3}{\sqrt{23}}$$

$$CN = 1\cot\angle BNC = \dfrac{3}{\sqrt{23}}, MN = 2CN = \dfrac{6}{\sqrt{23}}$$

设所求球的球心为点 O,易见它与平面 $ABCD$, BB_1C_1C 的切点分别在 MC, BN 上,分别设为 U, T,则 $OU=OT=r$, $OU\perp MC$, $OT\perp BN$. 设 $MO=x$,则

$$ON=\frac{6}{\sqrt{23}}-x$$

$$x\sin 30°=r=\left(\frac{6}{\sqrt{23}}-x\right)\sin\angle BNM=\left(\frac{6}{\sqrt{23}}-x\right)\cdot\frac{1}{3}\Rightarrow x=\frac{12}{5\sqrt{23}}$$

$$r=x\sin 30°=\frac{6}{5\sqrt{23}}$$

3.163 正四棱锥 S-$ABCD$,高 $OS=2AC$,已知体积为 V,(变动)正四棱柱一侧面在平面 $ABCD$ 上,侧棱与 AC 平行,此侧面所对的侧面的四顶点分别在正四棱锥四个侧面上.

(1) 当正四棱柱一侧面分 SO 为 $4:1$ 的两段(从 S 算起)时,求正四棱柱的体积;

(2) 所有这些正四棱柱体积的最大值.

解 如图 3.140,设正四棱柱在平面 $ABCD$ 上的侧面为矩形 $TUVW$,由对称性,它与矩形 $ABCD$ 有共同中心 O,于是矩形 $TUVW$ 的边分别与 CA, BD 平行. 设此侧面所对的侧面在正四棱锥侧面 SCD, SBA 上的顶点分别为点 Q, P,易见 $QP \underline{\parallel} WU$, $PU \underline{\parallel} QW \parallel SO$. $TW=UV$ 为正四棱柱的高,即侧棱长, $TU=WV=UP=WQ$ 为底面边长.

设正四棱锥底面边长为 a,高为 h,则

$$h=2(\sqrt{2}a), a=\frac{h}{2\sqrt{2}}$$

$$V=\frac{1}{3}a^2h=\frac{1}{3}\left(\frac{h}{2\sqrt{2}}\right)^2 h=\frac{1}{24}h^3, h=\sqrt[3]{24V}$$

设正四棱柱底面边长为 a',高即侧棱长为 h'. 在平面 $ABCD$ 取坐标轴如图所示. 设直线 WOU 与 BA, CD 分别交于点 M, N,易见 $U\left(\frac{h'}{2},\frac{a'}{2}\right)$,从而直线 OM 的方程为 $y=\frac{a'}{h'}x$. 又因 $OA=OB=\frac{a}{\sqrt{2}}$,故直线 AB 的方程为 $x+y=\frac{a}{\sqrt{2}}$. 联合两方程解得交点 $M\left(\frac{ah'}{\sqrt{2}(a'+h')},\frac{aa'}{\sqrt{2}(a'+h')}\right)$,从而

$$OM=\sqrt{x_M^2+y_M^2}=\frac{a\sqrt{a'^2+h'^2}}{\sqrt{2}(a'+h')}$$

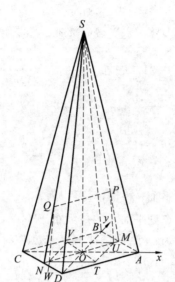

图 3.140

$$MN = 2OM = \frac{a\sqrt{2a'^2 + 2h'^2}}{a' + h'}$$

又

$$QP = WU = \sqrt{a'^2 + h'^2}$$

由 $\triangle SQP \backsim \triangle SNM$,对应高为 $h - a', h$(注意 $UP = a'$) 故

$$\frac{\sqrt{a'^2 + h'^2}}{\dfrac{a\sqrt{2a'^2 + 2h'^2}}{a' + h'}} = \frac{h - a'}{h}$$

即

$$\frac{a' + h'}{\sqrt{2}a} = \frac{h - a'}{2\sqrt{2}a} \Rightarrow h' = \frac{h - a'}{2} - a' = \frac{h - 3a'}{2}$$

正四棱柱体积

$$V' = a'^2 h' = \frac{1}{2}(ha'^2 - 3a'^3)$$

右边定义于 $[0, \dfrac{2\sqrt{2}}{3}a]$(因 h' 及体积不能为负),其对 a' 的导数为

$$\frac{1}{2}(2ha' - 9a'^2) = \frac{1}{2}a'(2h - 9a')$$

其零点为 $a' = 0, a' = \dfrac{2}{9}h$. V' 在其对 a' 的定义域边界点 $a' = 0$ 及 $a' = \dfrac{2\sqrt{2}}{3}a$ 的值

用三角、解析几何等计算解来自俄罗斯的几何题
YONGSANJIAO,JIEXI JIHE DENG JISUAN JIE LAIZI ELUOSI DE JIHETI

为 0,在定义域内点取正值,故在定义域内部唯一零点 $a' = \frac{2}{9}h$ 取最大值[①]

$$\frac{1}{2}\left[h\left(\frac{2}{9}h\right)^2 - 3\left(\frac{2}{9}h\right)^3\right] = \frac{2}{243}h^3 = \frac{2}{243} \cdot 24V = \frac{16}{81}V$$

在(1)所述情况易见 $a' = \frac{1}{5}h, h' = \frac{h-3a'}{2} = \frac{1}{5}h$,所求

$$V' = a'^2 h' = \left(\frac{1}{5}h\right)^2 \cdot \frac{1}{5}h = \frac{1}{125}h^3 = \frac{24}{125}V$$

3.164 圆锥体与平面 α 相切,侧面积为 S_2,底面积为 S_1,求圆锥体各点到平面 α 的最大距离.

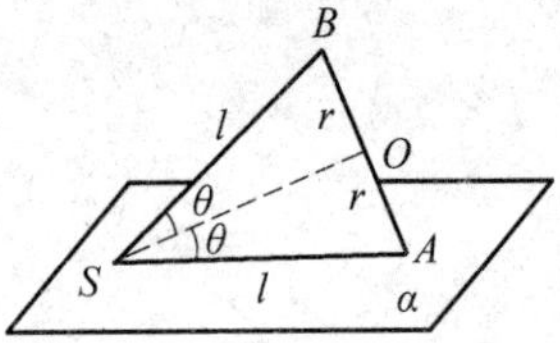

解 设圆锥母线长为 l,底面圆半径为 r,则 $\pi r l = S_2, \pi r^2 = S_1$,解得 $r = \sqrt{\frac{S_1}{\pi}}, l = \frac{S_2}{\sqrt{\pi S_1}}$.

图 3.141

设圆锥体与平面 α 相切的母线为 SA,过 SA 及圆锥轴(高)SO 的截面为等腰 $\triangle SAB$,此截面与平面 α 垂直,易见如图 3.141 有所示线段 r, l,设角 θ 如图 3.141 所示. 易见所求最大距离为点 B 到 SA 的距离 $l\sin 2\theta$. 因 $\sin \theta = \frac{r}{l} = \frac{S_1}{S_2}, \cos \theta = \frac{\sqrt{S_2^2 - S_1^2}}{S_2}$,所求最大距离

$$l\sin 2\theta = 2l\sin\theta\cos\theta = 2 \cdot \frac{S_2}{\sqrt{\pi S_1}} \cdot \frac{S_1}{S_2} \cdot \frac{\sqrt{S_2^2 - S_1^2}}{S_2}$$

$$= \frac{2\sqrt{S_1(S_2^2 - S_1^2)}}{\sqrt{\pi} S_2}$$

3.165 正三棱柱 $ABC\text{-}A_1B_1C_1$ 所有棱长为 1,对两端点分别在 BC_1,AB_1 上且与 AC_1 垂直的所有线段,求其长的最小值.

解 设所述线段 MN 如图 3.142 所示,取坐标轴如图所示,易得 B_1, B, A 坐标如图所示. 设 $\frac{C_1M}{MB} = \frac{\lambda}{1-\lambda}, \frac{B_1N}{NA} = \frac{1-\mu}{\mu}$,易得 $M\left(\frac{1}{2}\lambda, \frac{\sqrt{3}}{2}\lambda, \lambda\right), N\left(1 - \frac{1}{2}\mu,\right.$

[①] 或由 $V' = \frac{3}{4}a'a'\left(\frac{2}{3}h - 2a'\right)$,后三因式的和为常数 $\frac{2}{3}h$,故当 $a' = a' = \frac{2}{3}h - 2a'$,即 $a' = \frac{2}{9}h$ 时,V' 有最大值(仿 3.158 题"又解").

$\frac{\sqrt{3}}{2}\mu, 1-\mu)$. 由 $MN \perp AC_1$ 得

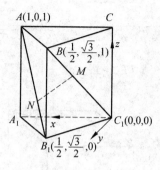

图 3.142

$$0 = \overrightarrow{MN} \cdot \overrightarrow{C_1A} = (1-\frac{\mu}{2}-\frac{\lambda}{2}, \frac{\sqrt{3}}{2}(\mu-\lambda), 1-\mu-\lambda) \cdot (1,0,1) = 2 - \frac{3}{2}(\mu+\lambda)$$

$$\mu+\lambda = \frac{4}{3}, \lambda = \frac{4}{3}-\mu$$

$$MN^2 = \left(1-\frac{\mu+\lambda}{2}\right)^2 + \frac{3}{4}(\mu-\lambda)^2 + [1-(\mu+\lambda)]^2$$

$$= \left(1-\frac{2}{3}\right)^2 + \frac{3}{4}(2\mu-\frac{4}{3})^2 + (1-\frac{4}{3})^2$$

$$= \frac{2}{9} + \frac{3}{4}(2\mu-\frac{4}{3})^2 \geqslant \frac{2}{9}$$

当 $2\mu - \frac{4}{3} = 0$,即 $\mu = \frac{2}{3}$ 时,MN^2 有最小值 $\frac{2}{9}$,即 MN 最小值为 $\frac{\sqrt{2}}{3}$.

3.166 (变动)正四棱柱 $ABCD\text{-}A_1B_1C_1D_1$,求 BD_1 与平面 BDC_1 所成(锐)角 θ 的最大值.

解 不妨设底面边长为 1,设高为 h,取坐标轴如图 3.143 所示,得 D_1, C_1, B, D 坐标如图 3.143 所示. 平面 BDC_1 的法向量为

$$\overrightarrow{C_1B} \times \overrightarrow{C_1D} = (-1,0,h) \times (0,-1,h) = (h,h,1)$$

而 $\overrightarrow{D_1B} = (-1,1,h)$. 因平面 BDC_1 的法线(垂线)与直线 D_1B 所成(锐)角 φ 与 θ 互余,故

$$\sin\theta = \cos\varphi = \frac{|(h,h,1) \cdot (-1,1,h)|}{\sqrt{h^2+h^2+1^2} \cdot \sqrt{(-1)^2+1^2+h^2}}$$

$$= \frac{h}{\sqrt{2h^2+1} \cdot \sqrt{h^2+2}} = \frac{1}{\sqrt{(2+h^{-2})(h^2+2)}}$$

$$= \frac{1}{\sqrt{5+2(h^2+h^{-2})}} \leqslant \frac{1}{\sqrt{5+2 \cdot 2\sqrt{h^2 \cdot h^{-2}}}} = \frac{1}{3}$$

当 $h^2 = h^{-2}$，即 $h=1$ 时，$\sin\theta$ 取得最大值 $\frac{1}{3}$，θ 有最大值为 $\sin^{-1}\frac{1}{3}$.

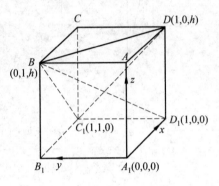

图 3.143

3.167 正三棱锥 S-ABC，侧棱长为 4，在 CS 上取 $CD=3$，点 A 到 BD 的距离为 2，求此正三棱锥的体积.

解 设底面中心为点 O，取坐标轴如图 3.144 所示，设 $OC=m$，易得 C,B,A 坐标如图所示. 又 $OS = \sqrt{SC^2 - OC^2} = \sqrt{4^2 - m^2}$，故 $S(0,0,\sqrt{16-m^2})$. 而 $\frac{CD}{DS} = \frac{3}{1}$，可得点 D 坐标如图所示，则

$$\cos\angle ABD = \frac{\overrightarrow{BA} \cdot \overrightarrow{BD}}{|\overrightarrow{BA}| \cdot |\overrightarrow{BD}|}$$

$$= \frac{(-\sqrt{3}m, 0, 0) \cdot (-\frac{\sqrt{3}}{2}m, \frac{3}{4}m, \frac{3}{4}\sqrt{16-m^2})}{\sqrt{(-\sqrt{3}m)^2 + 0^2 + 0^2} \cdot \sqrt{\left(-\frac{\sqrt{3}}{2}m\right)^2 + \left(\frac{3}{4}m\right)^2 + \left(\frac{3}{4}\sqrt{16-m^2}\right)^2}}$$

$$= \frac{\sqrt{3}m}{\sqrt{3m^2+36}} = \frac{m}{\sqrt{m^2+12}}$$

$$\sin\angle ABD = \frac{\sqrt{12}}{\sqrt{m^2+12}} = \frac{2\sqrt{3}}{\sqrt{m^2+12}}$$

点 A 到 BD 的距离为

第3章 立体几何题
DISANZHANG LITI JIHETI

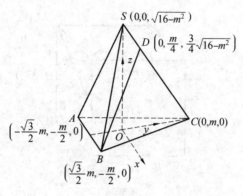

图 3.144

$$|BA|\sin\angle ABD = 2$$

即

$$\sqrt{3}m \cdot \frac{2\sqrt{3}}{\sqrt{m^2+12}} = 2$$

解得（正值）

$$m = \sqrt{\frac{3}{2}}, AC = \sqrt{3}\,m = \frac{3}{\sqrt{2}}$$

所求体积为

$$\frac{1}{3} \cdot \frac{\sqrt{3}}{4} AC^2 \cdot OS = \frac{1}{4\sqrt{3}} \cdot \frac{9}{2} \cdot \sqrt{16-m^2} = \frac{3\sqrt{3}}{8} \cdot \sqrt{16-\frac{3}{2}} = \frac{3\sqrt{87}}{8\sqrt{2}}$$

3.168　正方体 $ABCD\text{-}A_1B_1C_1D_1$ 棱长为 1，BB_1，CC_1 中点分别为点 E，F，平行于底面 $ABCD$ 的平面与 AC_1，CE，DF 分别交于点 M，N，P。

(1) 当上述平面过 CF 中点 Q 时，求 $\triangle MNP$ 的面积；

(2) 求 $\triangle MNP$ 面积的最大值.

解　取坐标轴如图 3.145 所示，得 C_1，A，C，D，E，F 坐标如图所示. 设所述平面为 $z = n$.

直线 AC_1 为

$$\frac{x-0}{1-0} = \frac{y-0}{1-0} = \frac{z-1}{0-1}$$

即

$$x = y = 1-z$$

609

用三角、解析几何等计算解来自俄罗斯的几何题

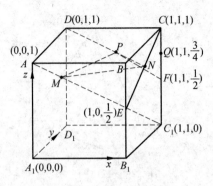

图 3.145

令 $z = n$,求得

$$M(1-n, 1-n, n)$$

直线 EC 为

$$x = 1, \frac{y-0}{1-0} = \frac{z-\frac{1}{2}}{1-\frac{1}{2}} (\text{即 } y = 2z-1)$$

令 $z = n$,求得

$$N(1, 2n-1, n)$$

直线 DF 为

$$y = 1, \frac{x-0}{1-0} = \frac{z-1}{\frac{1}{2}-1} (\text{即 } x = 2-2z)$$

令 $z = n$,求得

$$P(2-2n, 1, n)$$

$$S_{\triangle MNP} = \frac{1}{2} |\overrightarrow{NM} \times \overrightarrow{NP}| = \frac{1}{2} |(-n, 2-3n, 0) \times (1-2n, 2-2n, 0)|$$

$$= \frac{1}{2} |(0, 0, -4n^2 + 5n - 2)|$$

$$= \frac{1}{2} |-4n^2 + 5n - 2| = \frac{1}{2} |-4(n-\frac{5}{8})^2 - \frac{7}{16}|$$

$$= 2(n-\frac{5}{8})^2 + \frac{7}{32} \geq \frac{7}{32}$$

当 $n = \frac{5}{8}$ 时,$S_{\triangle MNP}$ 取得最小值 $\frac{7}{32}$.

当所述平面过 CF 中点(z 坐标为 $\frac{3}{4}$)时,$n=\frac{3}{4}$
$$S_{\triangle MNP}=2\left(\frac{3}{4}-\frac{5}{8}\right)^2+\frac{7}{32}=\frac{1}{4}$$

3.169 棱锥 S-$ABCD$ 底面为矩形,$AB=1$,$BC=3$,棱锥高过矩形对角线交点 O,BC 中点 E,点 F 在 SA 上,$\frac{SF}{FA}=\frac{1}{7}$,$EF=\frac{7}{16}\sqrt{2}$.求棱锥体积;在过 EF 的所有平面中求一平面,使 SO 在此平面的射影最短,求此平面分 AC 所得两线段的比.

解 取坐标轴如图 3.146 所示,设 $SO=h$,得 $E(\frac{1}{2},0,0)$,$A(-\frac{1}{2},-\frac{3}{2},0)$,$S(0,0,h)$,易求得 $F(-\frac{1}{16},-\frac{3}{16},\frac{7}{8}h)$.由 $EF^2=(\frac{7}{16}\sqrt{2})^2=\frac{49}{128}$,得

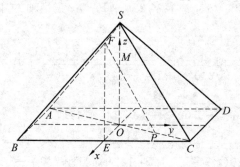

图 3.146

$$\left(\frac{1}{2}+\frac{1}{16}\right)^2+\left(\frac{3}{16}\right)^2+\left(-\frac{7}{8}h\right)^2=\frac{49}{128}\Rightarrow(\text{正值})h=\frac{\sqrt{2}}{7}$$

所求体积为

$$\frac{1}{3}\cdot(1\cdot3)\cdot\frac{\sqrt{2}}{7}=\frac{\sqrt{2}}{7}$$

设所述平面过 SO 上点 $M(0,0,\frac{\sqrt{2}}{7}\lambda)$($\lambda=\frac{OM}{OS}$),它过点 $E(\frac{1}{2},0,0)$ 且与向量 $\overrightarrow{EF}=\left(-\frac{9}{16},-\frac{3}{16},\frac{\sqrt{3}}{8}\right)$ 及 $\overrightarrow{EM}=(-\frac{1}{2},0,\frac{\sqrt{2}}{7}\lambda)$ 平行,故其方程为

$$\begin{vmatrix} x-\frac{1}{2} & y-0 & z-0 \\ -\frac{9}{16} & -\frac{3}{16} & \frac{\sqrt{2}}{8} \\ -\frac{1}{2} & 0 & \frac{\sqrt{2}}{7}\lambda \end{vmatrix} = 0$$

即

$$\begin{vmatrix} x-\frac{1}{2} & y & z \\ -9 & -3 & 2\sqrt{2} \\ -7 & 0 & 2\sqrt{2}\lambda \end{vmatrix} = 0$$

$$-6\sqrt{2}\lambda(x-\frac{1}{2}) + (18\lambda-14)\sqrt{2}y - 2|z=0$$

其法线向量$(-6\sqrt{2}\lambda, (18\lambda-14)\sqrt{2}, -21)$与$z$正半轴(方向向量$(0,0,1)$)所成(锐)角$\theta$适合

$$\cos\theta = \frac{|(-6\sqrt{2}\lambda, (18\lambda-14)\sqrt{2}, -21)\cdot(0,0,1)|}{\sqrt{(-6\sqrt{2}\lambda)^2+(18\lambda-14)^2\cdot 2+(-21)^2}\cdot\sqrt{0^2+0^2+1^2}}$$

$$= \frac{21}{\sqrt{720\lambda^2-1008\lambda+(2\cdot 14^2+441)}}$$

$$= \frac{21}{\sqrt{720(\lambda-\frac{7}{10})^2+2\cdot 14^2+441-720\cdot\frac{49}{100}}}$$

当$\lambda=\frac{7}{10}$时,被开方数取得最小值(后三项的和,正数),从而$\cos\theta$取最大值,于是所述射影$OS\cdot\sin\theta$取最小值. 这时$\frac{OM}{OS}=\frac{7}{10}$. 设此截面与$AC$交于$P$,因$F, M, P$同在此截面上,又在平面$SAC$上,故共直线对$\triangle SAO$及其截线$PMF$用Menelaus定理得

$$\frac{SF}{FA}\cdot\frac{AP}{PO}\cdot\frac{OM}{MS}=1$$

即

$$\frac{1}{7}\cdot\frac{AP}{PO}\cdot\frac{7}{3}=1, \frac{AP}{PO}=3$$

从而$AO=OC=2OP, AP:PC=3:1$.

第3章 立体几何题

3.170 正四棱锥 $S\text{-}MNPQ$，MN,NP 中点分别为点 H,F，$SH=3$，在 SH 上取 $SE=\dfrac{9}{4}$，点 S 到 EF 的距离为 $\sqrt{5}$，求棱锥体积 V。

解 设正四棱锥底面边长为 a，高为 h，则
$$h^2+\left(\dfrac{a}{2}\right)^2=SH^2=9, a^2=36-4h^2$$

取坐标轴如图 3.147 所示，得 $F(\dfrac{a}{2},0,0), H(0,-\dfrac{a}{2},0), S(0,0,h), \dfrac{SE}{SH}=\dfrac{\frac{9}{4}}{3}=\dfrac{3}{4}, \dfrac{EH}{SH}=\dfrac{1}{4}$，从而得

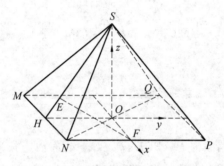

图 3.147

$$E(0,-\dfrac{3}{8}a,\dfrac{1}{4}h)$$

$$\cos\angle SEF=\dfrac{\overrightarrow{ES}\cdot\overrightarrow{EF}}{|\overrightarrow{ES}|\cdot|\overrightarrow{EF}|}$$

$$=\dfrac{\left(0,\dfrac{3}{8}a,\dfrac{3}{4}h\right)\cdot\left(\dfrac{1}{2}a,\dfrac{3}{8}a,-\dfrac{1}{4}h\right)}{\sqrt{0^2+\left(\dfrac{3}{8}a\right)^2+\left(\dfrac{3}{4}h\right)^2}\cdot\sqrt{\left(\dfrac{1}{2}a\right)^2+\left(\dfrac{3}{8}a\right)^2+\left(-\dfrac{1}{4}h\right)^2}}$$

$$=\dfrac{\dfrac{9}{64}(36-4h^2)-\dfrac{3}{16}h^2}{\sqrt{\dfrac{9}{64}(36-4h^2)+\dfrac{9}{16}h^2}\cdot\sqrt{\dfrac{25}{64}(36-4h^2)+\dfrac{1}{16}h^2}}$$

$$=\dfrac{324-48h^2}{18\sqrt{900-96h^2}}=\dfrac{27-4h^2}{3\sqrt{225-24h^2}}$$

$$\sin\angle SEF=\dfrac{\sqrt{9(225-24h^2)-(27-4h^2)^2}}{3\sqrt{225-24h^2}}=\dfrac{\sqrt{1\,296-16h^4}}{3\sqrt{225-24h^2}}$$

点 S 到 EF 的距离

$$\sqrt{5} = |SE| \cdot \sin\angle SEF = \sqrt{\frac{9}{64}(36-4h^2)+\frac{9}{16}h^2} \cdot \frac{\sqrt{1296-16h^4}}{3\sqrt{225-24h^2}}$$

$$= \frac{9}{4} \frac{\sqrt{1296-16h^4}}{3\sqrt{225-24h^2}} = \frac{3\sqrt{81-h^4}}{\sqrt{225-24h^2}}$$

$$\sqrt{5}\sqrt{225-24h^2} = 3\sqrt{81-h^4}, 5(225-24h^2) = 729-9h^4$$

解得 $h^2 = \frac{22}{3}, 6, h = \sqrt{\frac{22}{3}}, \sqrt{6}$.

当 $h = \sqrt{\frac{22}{3}}$ 时

$$V = \frac{1}{3}a^2 h = \frac{1}{3}(36-4h^2)h = \frac{1}{3}(36-\frac{88}{3})\sqrt{\frac{22}{3}} = \frac{20}{9}\sqrt{\frac{22}{3}}$$

当 $h = \sqrt{6}$ 时

$$V = \frac{1}{3}(36-4\cdot 6)\sqrt{6} = 4\sqrt{6}$$

3.171 正四棱锥 $P\text{-}ABCD$,高 $PO=4$,底面边长为 6,BC,CD 中点分别为点 M,N,求棱锥 $P\text{-}MNC$ 的内切球半径.

解 如图 3.148 所示,只画出正四棱锥在直二面角 $M\text{-}PO\text{-}N$ 内的部分. 取坐标轴如图所示,得各点坐标如图. 易见所述内切球心 O' 在平面 POC 上,可设 $O'(m,m,r)$,其中 r 为内切球半径.

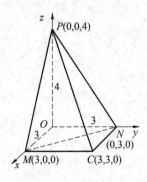

图 3.148

平面 PNC 为

即
$$\frac{y}{3}+\frac{z}{4}=1$$
$$4y+3z=12$$

右边常数项为正，O' 与原点 O 在此平面同侧，故 O' 到此平面的有向距离为负，因（绝对）距离应为内切球半径 r，故

$$\frac{4m+3r-12}{\sqrt{0^2+4^2+3^2}}=-r$$

即
$$4m+8r=12 \qquad ①$$

平面 PMN 为
$$\frac{x}{3}+\frac{y}{3}+\frac{z}{4}=1$$

即
$$4x+4y+3z=12$$

右边常数项为正，但 O' 与 O 在此平面异侧，O' 到此平面有向距离为正，故

$$\frac{4m+4m+3r-12}{\sqrt{4^2+4^2+3^2}}=r$$

即
$$8m+(3-\sqrt{41})r=12 \qquad ②$$

由式①② 解得
$$r=\frac{12}{13+\sqrt{41}}$$

3.172 四棱锥 $P\text{-}ABCD$，高 $PA=6$，底面正方形 $ABCD$ 边长为 8，AD，DC 的中点分别为点 M，N，求棱锥 $P\text{-}DMN$ 的内切球半径.

解 取坐标轴如图 3.149 所示，得 P,D,M,N 坐标如图所示．因内切球心 O' 到直二面角 $P\text{-}MD\text{-}N$ 两面距离为半径 r，故可设 $O'(m,r,r)$．

平面 PDN 为
$$\frac{x}{8}+\frac{z}{6}=1$$

即
$$3x+4y=24$$

其右边常数项为正，O' 与原点 A 在此平面同侧，故如下有向距离为 $-r$

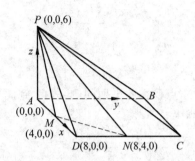

图 3.149

$$\frac{3m+4r-24}{\sqrt{3^2+0^2+4^2}}=-r$$

即
$$3m+9r=24 \qquad ①$$

平面 PMN 为

$$\begin{vmatrix} x & y & z-6 \\ 4 & 0 & -6 \\ 8 & 4 & -6 \end{vmatrix}=0$$

即
$$24x-24y+16(z-6)=0$$
$$3x-3y+2z=12$$

右边常数项为正,O' 与 A 在此平面两侧,故如下有向距离为(正)r

$$\frac{3m-3r+2r-12}{\sqrt{3^2+(-3)^2+2^2}}=r$$

即
$$3m-(1+\sqrt{22})r=12 \qquad ②$$

由式 ①② 解得

$$r=\frac{12}{10+\sqrt{22}}$$

3.173 正四棱锥 $P\text{-}KLMN$,它过点 L 且与 PN 垂直的截面面积为底面的 $\frac{1}{3}$,求 PK 与棱锥高的比.

解 不妨设棱锥高 $PO=1$,设所述截面与 PN,PM,PK 分别交于点 R,S,

T, LR 与 ST 交于点 Q, 设角 θ 如图 3.150 所示, 则 $PL = \dfrac{1}{\cos\theta}$. 因 $PR \perp LR$, 故

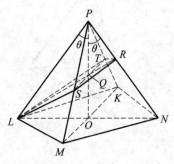

图 3.150

$LR = PL\sin 2\theta = 2\sin\theta$, $LO = 1 \cdot \tan\theta$, $S_{\text{正方形}KLMN} = 2LO^2 = 2\tan^2\theta$

$$PQ = \dfrac{PR}{\cos\theta} = \dfrac{PL\cos 2\theta}{\cos\theta} = \dfrac{\cos 2\theta}{\cos^2\theta}$$

$S_{\text{四边形}LSRT} = LR \cdot QT = 2\sin\theta \cdot (OK \cdot \dfrac{PQ}{PO}) = 2\sin\theta \cdot \tan\theta \cdot \dfrac{\cos 2\theta}{\cos^2\theta}$

$$= \dfrac{2\sin^2\theta\cos 2\theta}{\cos^3\theta}$$

依题意

$$\dfrac{2\sin^2\theta\cos 2\theta}{\cos^3\theta} = \dfrac{1}{3} \cdot 2\tan^2\theta$$

即

$$3(2\cos^2\theta - 1) = \cos\theta$$

(正值)

$$\cos\theta = \dfrac{1+\sqrt{73}}{12}, \dfrac{PK}{PO} = \dfrac{1}{\cos\theta} = \dfrac{12}{\sqrt{73}+1} = \dfrac{\sqrt{73}-1}{6}$$

3.174 棱锥 S-ABC, 底面为正 $\triangle ABC$, 边长为 2, 高为 SO, 点 O 在 $\triangle ABC$ 内, $\dfrac{\sin\angle OAB}{\sin\angle OAC} = \dfrac{2}{3}$, $\dfrac{\sin\angle OCB}{\sin\angle OCA} = \dfrac{4}{3}$, $S_{\triangle SAC} = \sqrt{\dfrac{13}{3}}$, 求高 SO.

解 设点 O 在 AC 上的射影为点 M, 角 α, β 如图 3.151 所示, 则

$$\dfrac{2}{3} = \dfrac{\sin(60°-\alpha)}{\sin\alpha} = \dfrac{\sqrt{3}}{2}\cot\alpha - \dfrac{1}{2} \Rightarrow \cot\alpha = \dfrac{7}{3\sqrt{3}}$$

$$\dfrac{4}{3} = \dfrac{\sin(60°-\beta)}{\sin\beta} = \dfrac{\sqrt{3}}{2}\cot\beta - \dfrac{1}{2} \Rightarrow \cot\beta = \dfrac{11}{3\sqrt{3}}$$

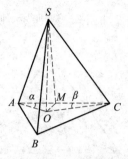

图 3.151

$$OM(\cot \alpha + \cot \beta) = 2 \Rightarrow OM = \frac{2\sqrt{3}}{6} = \frac{\sqrt{3}}{3}$$

$$\frac{1}{2} SM \cdot AC = S_{\triangle SAC} = \sqrt{\frac{13}{3}}, AC = 2 \Rightarrow SM = \sqrt{\frac{13}{3}}$$

$$SO = \sqrt{SM^2 - OM^2} = \sqrt{\frac{13}{3} - \frac{1}{3}} = 2$$

3.175 正方体 $ABCD$-$A_1B_1C_1D_1$ 的棱长为 2，过 D_1A_1，D_1C_1 的中点及点 D 作平面，求 AB 中点 M 到此平面的距离.

提示 取坐标轴如图 3.152 所示，求点 M 坐标及所述平面方程（用截距式）.

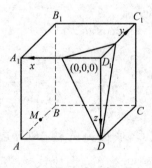

图 3.152

答案 2

3.176 从正三棱锥高的中点到侧棱距离为 a，到侧面距离为 b，求三棱锥的体积 V.

解 设所述正三棱锥 S-ABC，高 SO 中点为点 M，侧面 SAC 斜高为 SD，距

离为 a,b,如图 3.153 所示.设正三棱锥高为 h,底面边长为 m,则 $OB=\dfrac{m}{\sqrt{3}}$, $OD=\dfrac{m}{2\sqrt{3}}$.由 $S_{\triangle SOB}=2S_{\triangle SMB}$ 可得

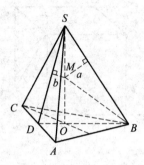

图 3.153

$$\frac{m}{\sqrt{3}}h=2\sqrt{h^2+\left(\frac{m}{\sqrt{3}}\right)^2}\,a$$

即

$$m^2h^2=12a^2h^2+4a^2m^2, 12m^{-2}+4h^{-2}=a^{-2}$$

类似得

$$\frac{m}{2\sqrt{3}}h=2\sqrt{h^2+\left(\frac{m}{2\sqrt{3}}\right)^2}\,b$$

即

$$m^2h^2=48b^2h^2+4b^2m^2, 48m^{-2}+4h^{-2}=b^{-2}$$

联合二式解得

$$m^{-2}=\frac{1}{36}(b^{-2}-a^{-2}),\quad h^{-2}=\frac{1}{12}(4a^{-2}-b^{-2})$$

$$m=\frac{6ab}{\sqrt{a^2-b^2}},\quad h=\frac{\sqrt{12}\,ab}{\sqrt{4b^2-a^2}}$$

则

$$V=\frac{1}{3}\cdot\frac{\sqrt{3}}{4}m^2\cdot h=\frac{18a^3b^3}{(a^2-b^2)\sqrt{4b^2-a^2}}$$

3.177 正方体 $ABCD\text{-}A_1B_1C_1D_1$, B_1C_1 中点为点 N, AA_1 上有点 M, $AM=2A_1M$,过点 B,M,N 作截面,求正方体被截面所分含 B_1 部分体积与正方

体体积的比.

解 不妨设正方体棱长为 6,取坐标轴如图 3.154 所示,得点 A_1,B,N,M 坐标如图所示.

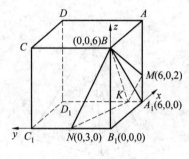

图 3.154

平面 BMN 为

$$\begin{vmatrix} x & y & z-6 \\ 0 & 3 & -6 \\ 6 & 0 & 2-6 \end{vmatrix} = 0$$

即

$$-12x - 36y - 18(z-6) = 0$$

直线 A_1D_1 为

$$x = 6, z = 0$$

代入上平面方程求得 $y=1$,故得交点 $K(6,1,0)$.

所述部分体积为

$$V_{\text{四棱锥} B \text{-} A_1B_1NK} + V_{\text{三棱锥} B \text{-} A_1KM} = \frac{1}{3}\left[(3+1)\cdot 6 \cdot \frac{1}{2}\right]\cdot 6 + \frac{1}{3}\left[(2\cdot 1)\cdot \frac{1}{2}\right]\cdot 6$$

$$= 24 + 2 = 26$$

正方体体积为 $6^3 = 216$,所求比为 $\frac{26}{216} = \frac{13}{108}$.

3.178 正四棱锥 $S\text{-}PQRT$ 底面边长为 12,侧棱长为 10,在 ST 延长线上取点 B,使点 B 到平面 SPQ 距离为 $\frac{9}{2}\sqrt{7}$,求 BT.

解 $OS = \sqrt{SP^2 - OP^2} = \sqrt{10^2 - \left(\frac{12}{\sqrt{2}}\right)^2} = 2\sqrt{7}$. 以底面中心 O 为原点,x,y 轴分别与 RT,TP 平行取坐标轴如图 3.155 所示,得 $S(0,0,2\sqrt{7})$,$T(6,6,0)$.

设 $\dfrac{\overline{TB}}{\overline{BS}} = \dfrac{1-\lambda}{\lambda}$,得 $B(6\lambda, 6\lambda, 2\sqrt{7}(1-\lambda))$. 又平面 SPQ 方程为 $\dfrac{x}{-6} + \dfrac{z}{2\sqrt{7}} = 1$,即 $-\sqrt{7}x + 3z = 6\sqrt{7}$. 右边常数项为正,$B,O$ 在此平面同侧,故 B 到此平面的有向距离为 $-\dfrac{9}{2}\sqrt{7}$,于是

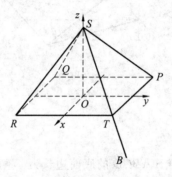

图 3.155

$$\dfrac{-\sqrt{7} \cdot 6\lambda + 3 \cdot 2\sqrt{7}(1-\lambda) - 6\sqrt{7}}{\sqrt{(-\sqrt{7})^2 + 0^2 + 3^2}} = -\dfrac{9}{2}\sqrt{7} \Rightarrow \lambda = \dfrac{3}{2}, B(9, 9, -\sqrt{7})$$

$$BT = \sqrt{(9-6)^2 + (9-6)^2 + (-\sqrt{7}-0)^2} = 5$$

3.179 正四棱锥 S-$EFGH$ 底面边长为 20,侧棱长为 15,在 SE 延长线上取 $EQ = 5$,求点 Q 到平面 SGF 的距离.

提示 仿题 3.178,把 P, Q, R, S 分别改为 F, G, H, E,可直接求 $\lambda = \dfrac{\overline{QS}}{\overline{ES}}$(即 $\dfrac{\overline{EQ}}{\overline{QS}} = \dfrac{1-\lambda}{\lambda}$),从而得 Q 的坐标,后略.

答案 $\dfrac{16}{3}\sqrt{5}$

3.180 三棱锥 S-ABC,正 $\triangle ABC$ 边长为 $4\sqrt{2}$,$SC \perp$ 平面 ABC,$SC = 2$,AB, CB 的中点分别为点 M, N,求直线 CM, SN 所成角及距离.

提示 取坐标轴如图 3.156 所示. 顺次求 CM, MB, MA,确定 S, M, B, N 的坐标,从而求 $\overrightarrow{CM}, \overrightarrow{SN}$,用二者数量积求所述的(锐)角,再求过 CM 且与 SN 平行的平面的方程——实即混合积 $(((x,y,z) - (0,0,0)) \times \overrightarrow{CM}) \cdot \overrightarrow{SN} = 0$(左边可

简记为$((x,y,z),\overrightarrow{CN},SN)$,用行列式表示,第一行为$(x,y,z)-(0,0,0)$,第二、三行分别为$\overrightarrow{CM},\overrightarrow{SN}$的各分量(参考3.151,3.156题解)).

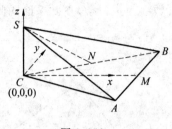

图 3.156

答案　$45°; \dfrac{2}{\sqrt{3}}$

3.181　正四棱锥$S\text{-}ABCD$的底面边长为a,侧棱长为b,以O为球心的球面与底面相切于点A,又与SB相切,求棱锥$O\text{-}ABCD$的体积.

解　取坐标轴如图3.157所示(以AC,BD交点O'为原点),设所述球面半径为r,易得A,B,S,O坐标如图所示.设点O在SB的射影为点M,则

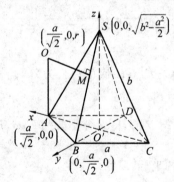

图 3.157

$$r=|OM|=\dfrac{2S_{\triangle BOS}}{|SB|}=\dfrac{|\overrightarrow{BO}\times\overrightarrow{BS}|}{b}$$

$$=\dfrac{1}{b}\left|\left(\dfrac{a}{\sqrt{2}},-\dfrac{a}{\sqrt{2}},r\right)\times\left(0,-\dfrac{a}{\sqrt{2}},\sqrt{b^2-\dfrac{a^2}{2}}\right)\right|$$

$$=\dfrac{1}{b}\left|\left(-\dfrac{a}{2}\sqrt{2b^2-a^2}+\dfrac{ar}{\sqrt{2}},-\dfrac{a}{2}\sqrt{2b^2-a^2},-\dfrac{a^2}{2}\right)\right|$$

$$= \frac{1}{b}\sqrt{\left(-\frac{a}{2}\sqrt{2b^2-a^2}+\frac{ar}{\sqrt{2}}\right)^2 + \frac{a^2}{4}(2b^2-a^2) + \frac{a^4}{4}}$$

$$r = \frac{1}{b}\sqrt{a^2b^2 + \frac{1}{2}a^2r^2 - \frac{a^4}{4} - \frac{a^2r}{\sqrt{2}}\sqrt{2b^2-a^2}}$$

去分母并两边平方化简得

$$(b^2 - \frac{a^2}{2})r^2 + a^2(\sqrt{b^2 - \frac{a^2}{2}}r) + (\frac{1}{4}a^4 - a^2b^2) = 0$$

解得

$$\sqrt{b^2 - \frac{a^2}{2}}r = \pm ab - \frac{1}{2}a^2 (分解方程左边常数项)$$

$$r = \frac{2ab - a^2}{\sqrt{4b^2 - 2a^2}} (舍去负根)$$

则

$$V_{棱锥O-ABCD} = \frac{1}{3}a^2 r = \frac{a^3(2b-a)}{3\sqrt{4b^2-a^2}}$$

3.182 四棱锥 S-$ABCD$ 底面为菱形，$\angle BAD = 60°$, $SD = SB$, $SA = SC = AB$，在 DC 上取点 E，使 $\triangle BSE$ 面积最小，求 $\dfrac{DE}{EC}$.

解 见图 3.158，设菱形中心为 O，易见 OS 垂直于平面 $ABCD$. 又易见 $SA = SC = AB = BC = CD = DA = BD = 1$（不妨设）. $SO = \sqrt{SA^2 - AO^2} = \sqrt{1^2 - \left(\frac{\sqrt{3}}{2}\right)^2} = \frac{1}{2} = BO = DO$，故 $SB = SD = \frac{1}{2}\sqrt{2}$. 设 $CE = x$，则 $ED = 1 - x$.

取坐标轴如图 3.158 所示，易得 B, S, C 坐标如图 3.158 所示，$D(0, \frac{1}{2}, 0)$，于是 $E(\frac{\sqrt{3}}{2}(1-x), \frac{1}{2}x, 0)$，则

$$S_{\triangle BSE} = \frac{1}{2}|\overrightarrow{SE} \times \overrightarrow{SB}| = \frac{1}{2}\left|(\frac{\sqrt{3}}{2}(1-x), \frac{1}{2}x, -\frac{1}{2}) \times (0, -\frac{1}{2}, -\frac{1}{2})\right|$$

$$= \frac{1}{2}\left|\left(-\frac{1}{4}x - \frac{1}{4}, \frac{\sqrt{3}}{4}(1-x), -\frac{\sqrt{3}}{4}(1-x)\right)\right|$$

$$= \frac{1}{2}\sqrt{(-\frac{1}{4}x - \frac{1}{4})^2 + 2 \cdot \frac{3}{16}(1-x)^2}$$

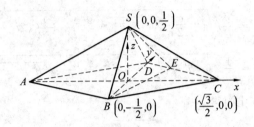

图 3.158

$$= \frac{1}{8}\sqrt{7x^2 - 10x + 7} = \frac{1}{8}\sqrt{7(x-\frac{5}{7})^2 + \frac{24}{7}} \geq \frac{1}{4}\sqrt{\frac{6}{7}}$$

于是当 $x = \frac{5}{7}$ 时,$S_{\triangle BSE}$ 取最小值 $\frac{1}{4}\sqrt{\frac{6}{7}}$,这时 $\frac{DE}{EC} = \frac{2}{5}$.

3.183　正四棱柱 $ABCD$-$A_1B_1C_1D_1$,高为 1,底面边长为 2,在 D_1A,B_1D 分别取点 M,N,使 MN // 平面 $ABCD$.

(1) 求 MN 长的最小值;

(2) 当 $\frac{AM}{AD_1} = \frac{2}{3}$ 时,求 MN.

解　取坐标轴如图 3.159 所示,得 D,A,B_1 坐标如图 3.159 所示.设 $\frac{AM}{MD_1} = \frac{1-\lambda}{\lambda}$,则易见 $\frac{DN}{NB_1} = \frac{1-\lambda}{\lambda}$,从而

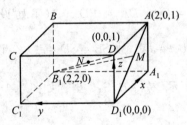

图 3.159

$$M(2\lambda, 0, \lambda), N(2-2\lambda, 2-2\lambda, \lambda)$$

$$MN^2 = (4\lambda-2)^2 + (2-2\lambda)^2 = 20\lambda^2 - 24\lambda + 8 = 20(\lambda - \frac{3}{5})^2 + \frac{4}{5} \geq \frac{4}{5}$$

于是当 $\lambda = \frac{3}{5}$ 时,MN^2 取最小值,MN 取最小值 $\frac{2}{\sqrt{5}}$.

当 $\dfrac{AM}{AD_1}=\dfrac{2}{3}$, $\dfrac{MD_1}{AD_1}=\dfrac{1}{3}=\lambda$ 时

$$MN=\sqrt{\left(\dfrac{4}{3}-2\right)^2+\left(2-\dfrac{2}{3}\right)^2}=\dfrac{2\sqrt{5}}{3}$$

3.184 在正四棱锥内放置两个球,第一个球为正四棱锥内切球,半径为 2,第二个球与第一个球外切,与棱锥各侧面相切,半径为 1,求棱锥侧面积及相邻侧面所成的角.

解 设所述正四棱锥 $S-ABCD$,画出过轴 SO 及两相对斜高 SM,SN 的截面图. 它与二球的截面圆 $\odot O_1$,$\odot O_2$ 如图 3.160 所示. 设底面边长为 a,斜高为 b,$\angle OSN=\theta$. 易见

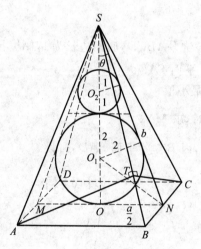

图 3.160

$$\sin\theta=\dfrac{2-1}{2+1}=\dfrac{1}{3},\ \cos\theta=\dfrac{2\sqrt{2}}{3},\ \tan\angle ONO_1=\tan\dfrac{90°-\theta}{2}=\dfrac{\cos\theta}{1+\sin\theta}=\dfrac{\sqrt{2}}{2}$$

$$\dfrac{a}{2}=OO_1\cot\angle ONO_1=2\sqrt{2}$$

$$b=\dfrac{\dfrac{a}{2}}{\sin\theta}=\dfrac{2\sqrt{2}}{\dfrac{1}{3}}=6\sqrt{2}$$

所求侧面积为

$$4\cdot\dfrac{a}{2}b=4\cdot 2\sqrt{2}\cdot 6\sqrt{2}=96$$

易见 A,C 在 SB 的射影为同一点 T，$\angle ATC$ 为所求的角

$$SB = \sqrt{b^2 + \left(\frac{a}{2}\right)^2} = \sqrt{72+8} = 4\sqrt{5}$$

$$TC = \frac{2S_{\triangle SBC}}{SB} = \frac{BC \cdot SN}{SB} = \frac{4\sqrt{2} \cdot 6\sqrt{2}}{4\sqrt{5}} = \frac{12}{\sqrt{5}}$$

则

$$\sin \frac{1}{2}\angle ATC = \frac{\frac{1}{2}AC}{TC} = \frac{\frac{1}{2} \cdot \sqrt{2} \cdot 4\sqrt{2}}{\frac{12}{\sqrt{5}}} = \frac{\sqrt{5}}{3}$$

$$\angle ATC = 2\sin^{-1}\frac{\sqrt{5}}{3}$$

3.185 设四棱锥 $S\text{-}ABCD$，底面边长为 1，侧棱长为 2，在 BD，SC 上分别取点 M,N，使 MN // 平面 SAD.

(1) 求 MN 长的最小值；

(2) 当 $\dfrac{DM}{DB} = \dfrac{1}{3}$ 时，求 MN.

解 见图 3.161，因 BC // 平面 SAD，可设

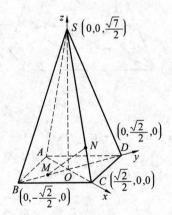

图 3.161

$$\frac{DM}{MB} = \frac{SN}{NC} = \frac{1-\lambda}{\lambda}$$

$$OS = \sqrt{SD^2 - OD^2} = \sqrt{2^2 - \left(\frac{1}{\sqrt{2}}\right)^2} = \sqrt{\frac{7}{2}}$$

取坐标轴如图 3.161 所示(以 AC,BD 交点 O 为原点),易得 B,C,D,S 坐标如图所示,从而求得

$$M(0,\frac{\sqrt{2}}{2}(2\lambda-1),0), N(\frac{\sqrt{2}}{2}(1-\lambda),0,\sqrt{\frac{7}{2}}\lambda)$$

$$MN^2 = \frac{1}{2}(1-\lambda)^2 + \frac{1}{2}(2\lambda-1)^2 + \frac{7}{2}\lambda^2 = 6\lambda^2 - 3\lambda + 1 = 6(\lambda - \frac{1}{4})^2 + \frac{5}{8} \geqslant \frac{5}{8}$$

当 $\lambda = \frac{1}{4}$ 时,MN^2 取最小值 $\frac{5}{8}$,MN 取最小值 $\sqrt{\frac{5}{8}} = \frac{\sqrt{10}}{4}$.

当 $\frac{DM}{BD} = \frac{1}{3}$ 时,$\lambda = \frac{2}{3}$,则

$$MN = \sqrt{6\left(\frac{2}{3} - \frac{1}{4}\right)^2 + \frac{5}{8}} = \sqrt{\frac{5}{3}} = \frac{\sqrt{15}}{3}$$

3.186 平行六面体 $ABCD$-$A_1B_1C_1D_1$,在 B_1C,C_1A 分别取点 M,N,使 $MN \mathbin{/\mkern-4mu/} BD$,求 $\frac{MN}{BD}$.

解 取斜坐标轴如图 3.162 所示. 设 $AA_1 = a, AB = b, AD = d$,得 D,B,C,C_1,B_1 坐标如图所示. 可设 $\frac{CN}{NB_1} = \frac{AM}{MC_1} = \frac{\lambda}{1-\lambda}$,求得 $M(\lambda b, \lambda d, \lambda a), N(b,(1-\lambda)d,\lambda a)$. $\overrightarrow{MN} = ((1-\lambda)b,(1-2\lambda)d,0), \overrightarrow{BD} = (-b,d,0)$,于是由 $MN \mathbin{/\mkern-4mu/} BD$,两向量的分量成比例得

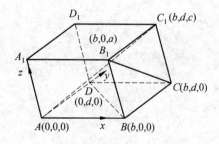

图 3.162

$$\frac{(1-\lambda)b}{-b} = \frac{(1-2\lambda)d}{d} \Rightarrow \lambda = \frac{2}{3}$$

$$\overrightarrow{MN} = (\frac{1}{3}b, -\frac{1}{3}d, 0)$$

$$\frac{MN}{BD} = \left|\frac{\frac{1}{3}b}{-b}\right| = \frac{1}{3}$$

3.187 三棱锥 $P\text{-}ABC$，$PB \perp$ 平面 ABC，$PB = 6$，$BA = BC = \sqrt{15}$，$AC = 2\sqrt{3}$，球心在平面 ABP 上的球面与棱锥其余各面相切，求球心到 AC 的距离.

解 取坐标轴如图 3.163 所示，得 P,A 坐标如图所示. 设点 C 在 BA 的射影为点 N，设球心 $O(m,0,r)$，r 为球半径，又设点 O 在 BA 的射影为点 O'，点 O 在 AC 的射影为点 H，AC 中点为点 M，则

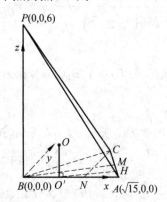

图 3.163

$$BM = \sqrt{BC^2 - \left(\frac{AC}{2}\right)^2} = \sqrt{15-3} = 2\sqrt{3}$$

$$CN = \frac{BM \cdot AC}{AB} = \frac{2\sqrt{3} \cdot 2\sqrt{3}}{\sqrt{15}} = \frac{12}{\sqrt{15}} = 4\sqrt{\frac{3}{5}}$$

$$BN = \sqrt{BC^2 - CN^2} = \sqrt{15 - \frac{48}{5}} = 3\sqrt{\frac{3}{5}}$$

得 $C\left(3\sqrt{\frac{3}{5}}, 4\sqrt{\frac{3}{5}}, 0\right)$.

平面 PBC 为

$$\frac{y}{4\sqrt{\frac{3}{5}}} = \frac{x}{3\sqrt{\frac{3}{5}}} = 0$$

即

$$4x - 3y = 0$$

它距球心 O 为 r，即

$$\frac{|4m - 3 \cdot 0|}{\sqrt{4^2 + (-3)^2 + 0^2}} = r$$

即

$$\frac{4m}{5} = r, 5r - 4m = 0$$

平面 PAC 为

$$\begin{vmatrix} x & y & z-6 \\ \sqrt{15} & 0 & -6 \\ 3\sqrt{\frac{3}{5}} & 4\sqrt{\frac{3}{5}} & -6 \end{vmatrix} = 0$$

即

$$24\sqrt{\frac{3}{5}}x + 6 \cdot \frac{2}{5}\sqrt{15}y + 12(z-6) = 0$$

$$2\sqrt{15}x + \sqrt{15}y + 5z = 30$$

它距点 O 为 r，但右边常数项为正，点 O 与原点 A 在平面同一侧，故点 O 到平面的有向距离为 $-r$，即

$$\frac{2\sqrt{15}m + \sqrt{15} \cdot 0 + 5r - 30}{\sqrt{(2\sqrt{15})^2 + (\sqrt{15})^2 + 5^2}} = -r$$

即

$$2\sqrt{15}m + 5r - 30 = -10r$$

与上述 $5r - 4m = 0$ 联合解得

$$r = \frac{12}{6 + \sqrt{15}} = \frac{4(6 - \sqrt{15})}{7}, m = \frac{5(6 - \sqrt{15})}{7}$$

$$O'H = BM \cdot \frac{BA - BO'}{BA} = 2\sqrt{3}\frac{\sqrt{15} - \frac{5(6-\sqrt{15})}{7}}{\sqrt{15}} = \frac{12}{7}(2\sqrt{3} - \sqrt{15})$$

所求距离为

$$\sqrt{O'H^2 + OO'^2} = \sqrt{\left[\frac{12}{7}(2\sqrt{3}-\sqrt{5})\right]^2 + r^2}$$

$$= \sqrt{\left(\frac{12}{7}\right)^2(2\sqrt{3}-\sqrt{5})^2 + \left(\frac{4}{7}\right)^2 \cdot 3 \cdot (2\sqrt{3}-\sqrt{5})^2}$$

$$= \sqrt{\frac{192}{49}(2\sqrt{3}-\sqrt{5})^2}$$

$$= \frac{8\sqrt{3}}{7}(2\sqrt{3}-\sqrt{5}) = \frac{48-8\sqrt{15}}{7}$$

3.188 （变动）圆锥体内两个半径为 1 的球互相外切，每一球与圆锥底面及侧面相切，它们与底面的切点对底面中心对称，要使圆锥体积最小，求母线与底面所成的角.

解 作圆锥的轴（SO）截面图（图 3.164），所求角 2θ 如图所示. 易见 $\angle OSO_1 = 45° - \theta$，底面半径 $r = 1 + 1\cot\theta$，圆锥高

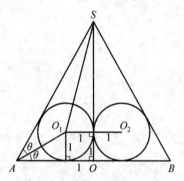

图 3.164

$$h = 1 + 1\cot(45° - \theta) = 1 + \tan(45° + \theta) = 1 + \frac{1+\tan\theta}{1-\tan\theta} = \frac{2}{1-\tan\theta}$$

圆锥体积

$$V = \frac{\pi}{3}r^2 h = \frac{\pi}{3}(1+\cot\theta)^2 \cdot \frac{2}{1-\tan\theta} = \frac{2\pi}{3} \cdot \frac{c+2c^2+c^3}{c-1} \quad (c = \cot\theta)$$

对 c 的导数

$$V'_c = \frac{2\pi}{3} \cdot \frac{(1+4c+3c^2)(c-1) - (c+2c^2+c^3)}{(c-1)^2} = \frac{2\pi}{3} \cdot \frac{2c^3 - c^2 - 4c - 1}{(c-1)^2}$$

$$= \frac{2\pi(c+1)(2c^2 - 3c - 1)}{3(c-1)^2}$$

因 $\theta \in (0, \frac{\pi}{4})$，$c = \cot\theta > 1$，取 V'_c 对 c 的比 1 大的零点 $c = \frac{3+\sqrt{17}}{4}$。因 θ 从区间 $(0, \frac{\pi}{4})$ 内趋于 0 或 $\frac{\pi}{4}$ 时，c 在区间 $(1, +\infty)$ 内分别趋于 $+\infty$ 或 1，易见这时 V 都趋向 $+\infty$，于是当 c 取 $(1, +\infty)$ 内的唯一零点 $\frac{3+\sqrt{17}}{4}$ 时，V 取最小值。所求角 $2\theta = 2\cot^{-1}\frac{3+\sqrt{17}}{4}$。

3.189 正方体 $ABCD\text{-}A_1B_1C_1D_1$ 棱长为 1，半径为 $\frac{1}{3}$ 的球与平面 ABC 相切于点 B，在 C_1D_1 上取点 E，使 $\frac{CE}{ED} = \frac{1}{2}$，另一球与平面 $A_1B_1C_1$ 相切于点 E，且与第一球互相外切，求切点与点 C 的距离。

解 取坐标轴如图 3.165 所示，易见第一球球心 $O(0,0,\frac{1}{3})$，$C_1E = \frac{1}{3}$，$E(1,\frac{1}{3},1)$。设第二球半径为 r，则球心 $O'(1,\frac{1}{3},1-r)$。由 $OO' = \frac{1}{3}+r$，得

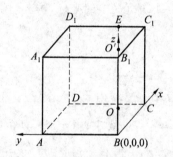

图 3.165

$$(1-0)^2 + (\frac{1}{3}-0)^2 + (1-r-\frac{1}{3})^2 = (\frac{1}{3}+r)^2 \Rightarrow r = \frac{13}{18}, O'(1,\frac{1}{3},\frac{5}{18})$$

设两球切点为点 M，因 $\frac{OM}{MO_1} = \frac{\frac{1}{3}}{\frac{13}{18}} = \frac{6}{13}$，故

$$(x_M, y_M, z_M) = \frac{13(0,0,\frac{1}{3}) + 6(1,\frac{1}{3},\frac{5}{18})}{13+6} = \left(\frac{6}{19}, \frac{2}{19}, \frac{6}{19}\right)$$

而 $C(1,0,0)$,故

$$MC = \sqrt{\left(\frac{6}{19}-1\right)^2 + \left(\frac{2}{19}\right)^2 + \left(\frac{6}{19}\right)^2} = \frac{\sqrt{209}}{19}$$

3.190 如图 3.166 所示,正方体 $ABCD$-$A_1B_1C_1D_1$ 棱长为 1,半径为 $\frac{1}{4}$ 的球与平面 $ABCD$ 相切于点 A,另一球与平面 $A_1B_1C_1D_1$ 相切于 B_1C_1 上点 E, $\frac{B_1E}{EC_1}=2$,两球互相外切,求两球切点到点 D 的距离.

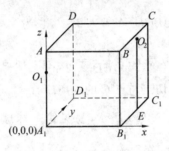

图 3.166

提示 先求 E 及第一球球心 O_1 的坐标,仿上题解.

答案 $\dfrac{\sqrt{146}}{4\sqrt{11}}$

3.191 球半径为 10,过球内点 M 作三弦 AA',BB',CC' 两两垂直, $AA'=12, BB'=18, \dfrac{CM}{MC'}=\dfrac{3}{11}$,求从球心 O 到点 M 的距离.

解 设 $A'A, B'B, C'C$ 的中点分别为 K, H, G,如图 3.167 所示,球心 O 在平面 $ABA'B'$ 的射影为点 O',则 $A'A, B'B$ 为此平面截球面所得圆的相交弦,此圆圆心为点 O'. 设点 M 到 A, A', B, B', C, C' 的距离分别为 a, a', b, b', c, c',则 $a+a'=12, b+b'=18$. 又可设 $c=3t, c'=11t$,则 $aa'=bb'=cc'=33t^2$,此图实为所述截面图除 $C'C, OO', OA, OG$ 外其余点线均在此截面上,易见有二矩形 $O'HMK, OGMO'$

$$10^2 = OA^2 = OO'^2 + O'A^2 = GM^2 + O'K^2 + KA^2$$
$$= \left(\frac{c'-c}{2}\right)^2 + HM^2 + KA^2 = \left(\frac{c'-c}{2}\right)^2 + \left(\frac{b'-b}{2}\right)^2 + \left(\frac{a+a'}{2}\right)^2$$

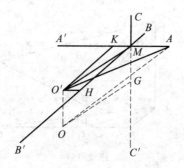

图 3.167

$$= 16t^2 + \left(\frac{b+b'}{2}\right)^2 - bb' + 36 = 16t^2 + 81 - 33t^2 + 36$$

解得（正值）$t=1$，从而

$$c'-c=8, aa'=bb'=33$$

$$\left(\frac{a'-a}{2}\right)^2 = \left(\frac{a'+a}{2}\right)^2 - aa' = 36 - 33 = 3$$

$$\left(\frac{b-b'}{2}\right)^2 = \left(\frac{b'+b}{2}\right)^2 - bb' = 81 - 33 = 48$$

$$OM = \sqrt{OO'^2 + O'K^2 + KM^2} = \sqrt{MG^2 + HM^2 + KM^2}$$

$$= \sqrt{\left(\frac{c-c'}{2}\right)^2 + \left(\frac{b'-b}{2}\right)^2 + \left(\frac{a'-a}{2}\right)^2} = \sqrt{16 + 48 + 3} = \sqrt{67}$$

3.192 半径为 $1,4,3$ 的三个球两两外切，它们都与两平面相切，求半径为 1 的球与两平面的切点的距离.

解 如图 3.168 所示，设半径为 $1,4,3$ 的球的球心分别为 O_1, O_2, O_3，则 $O_1O_2=5, O_1O_3=4, O_2O_3=7$. 设 O_1, O_2, O_3 在所述一平面的射影分别为点 O'_1, O'_2, O'_3（分别为三球与此平面的切点），则 $O_1O'_1=1, O_2O'_2=4, O_3O'_3=3$，从而

$$O'_1O'_2 = \sqrt{5^2 - (4-1)^2} = 4, O'_2O'_3 = \sqrt{7^2 - (4-3)^2} = 4\sqrt{3}$$

$$O'_1O'_3 = \sqrt{4^2 - (3-1)^2} = 2\sqrt{3}$$

$$\cos\angle O'_2 O'_1 O'_3 = \frac{4^2 + (2\sqrt{3})^2 - (4\sqrt{3})^2}{2 \cdot 4 \cdot 2\sqrt{3}} = -\frac{5}{4\sqrt{3}}$$

故 $\angle O'_2 O'_1 O'_3$ 为钝角. 设点 O'_2 在直线 $O'_1 O'_3$ 的射影为点 D，取坐标轴如图所示.

$$O'_1 D = O'_2 O'_1 \cos\angle D O'_1 O'_2 = 4 \cdot \frac{5}{4\sqrt{3}} = \frac{5}{\sqrt{3}}$$

用三角、解析几何等计算解来自俄罗斯的几何题
YONGSANJIAO,JIEXI JIHE DENG JISUAN JIE LAIZI ELUOSI DE JIHETI

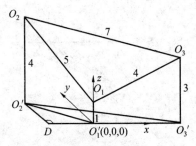

图 3.168

$$DO_2' = \sqrt{O_1'O_2'^2 - O_1'D^2} = \sqrt{\frac{23}{3}}$$

于是 $O_2\left(-\frac{5}{\sqrt{3}}, \sqrt{\frac{23}{3}}, 4\right)$. 又 $O_1(0,0,1), O_3(2\sqrt{3}, 0, 3)$

$$\overrightarrow{O_1O_3} \times \overrightarrow{O_1O_2} = (2\sqrt{3}, 0, 2) \times \left(-\frac{5}{\sqrt{3}}, \sqrt{\frac{23}{3}}, 3\right) = \frac{2}{\sqrt{3}}(\sqrt{3}, 0, 1) \times (-5, \sqrt{23}, 3\sqrt{3})$$

$$= \frac{2}{\sqrt{3}}(-\sqrt{23}, -14, \sqrt{69})$$

为平面 $O_1O_2O_3$ 的法向量,不妨约去 $\frac{2}{\sqrt{3}}$ 得 $(-\sqrt{23}, -14, \sqrt{69})$. 又平面 $O_1'O_2'O_3'$ 的法向量为 $(0,0,1)$,于是二者所成角 θ 有

$$\cos\theta = \frac{(-\sqrt{23}, -14, \sqrt{69}) \cdot (0,0,1)}{\sqrt{(-\sqrt{23})^2 + (-14)^2 + \sqrt{69}^2} \cdot \sqrt{0^2+0^2+1^2}} = \sqrt{\frac{69}{288}} = \sqrt{\frac{23}{96}}$$

$$\sin\theta = \sqrt{\frac{73}{96}} = \frac{1}{4}\sqrt{\frac{73}{6}}$$

设第一球(半径 1)与题目所述两平面的切点为 O_1', O_1'',作过点 O_1, O_1', O_1'' 的截面如图 3.169 所示,则易见所求距离 $O_1'O_1'' = 2 \cdot 1\sin\theta = \frac{1}{2}\sqrt{\frac{73}{6}}$.

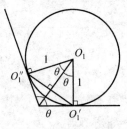

图 3.169

3.193 已知正四棱锥 S-$ABCD$ 底面边长为 a,侧棱长为 b,一球以点 O_1 为球心,与平面 SAD, SBC 分别相切于点 A, B. 另一球以点 O_2 为球心,与平面 SAB, SCD 分别相切于点 B, C,求四面体 O_1O_2BC 的体积 V.

解 以底面中心 O 为原点取坐标轴如图 3.170 所示(x 轴过 DA, CB 中点 E, G). 在平面 SEG 上作 $GF \perp SG$ 与直线 SO 交于点 F. 易求得 $SO = \sqrt{b^2 - \dfrac{a^2}{2}}$,故

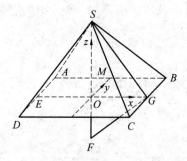

图 3.170

$$OF = \frac{OG^2}{SO} = \frac{\left(\dfrac{a}{2}\right)^2}{\sqrt{b^2 - \dfrac{a^2}{2}}} = \frac{a^2}{2\sqrt{4b^2 - 2a^2}}$$

设 AB 中点 M,易见 $MB \underline{\parallel} OG$, $O_1B \parallel FG$, $O_1M \parallel FO$ (FO 与底面垂直,又 O_1B 垂直于 GB 及 OM,同理 $O_1A \perp OM$,于是 OM 垂直于平面 O_1AB 中的 O_1M,又易见 $AB \perp O_1M$,故 O_1M 亦与底面垂直). 从而易证 $O_1M \underline{\parallel} FO$,于是 $O_1\left(0, \dfrac{a}{2}, \dfrac{a^2}{2\sqrt{4b^2 - 2a^2}}\right)$,同理 $O_2\left(\dfrac{a}{2}, 0, \dfrac{a^2}{2\sqrt{4b^2 - 2a^2}}\right)$. 又 $B\left(\dfrac{a}{2}, \dfrac{a}{2}, 0\right)$, $C\left(\dfrac{a}{2}, -\dfrac{a}{2}, 0\right)$.

$$V = \frac{1}{6} |(\overrightarrow{BC}, \overrightarrow{BO_1}, \overrightarrow{BO_2})| = \frac{1}{6} \begin{vmatrix} 0 & -a & 0 \\ -\dfrac{a}{2} & 0 & \dfrac{a^2}{2\sqrt{4b^2 - 2a^2}} \\ 0 & -\dfrac{a}{2} & \dfrac{a^2}{2\sqrt{4b^2 - 2a^2}} \end{vmatrix}$$

$$= \frac{1}{6} \left| \frac{-a^4}{4\sqrt{4b^2 - 2a^2}} \right| = \frac{a^4}{24\sqrt{4b^2 - 2a^2}}$$

3.194 棱锥 S-PQR 底面为直角三角形,斜边 $QR=2, PR=1, SP=SQ=SR$,半径为 $\frac{\sqrt{2}}{2}$ 的球与 QS 的延长线及 RS,PS 相切,与平面 PQR 相切,求点 Q 到球的切线长.

解 易见 S 到平面 PQR 的射影 H 为 $\text{Rt}\triangle PQR$ 的外心,即斜边 QR 中点 H,从而 $HR=HP=HQ=1$. 取坐标轴如图 3.171 所示(x,y 轴分别与 PQ,PR 平行). 设 O 到 $SP(SR)$ 的射影为 $P'(R')$,易见 $\text{Rt}\triangle OSP' \cong \text{Rt}\triangle OSR'$,$\angle OSP = \angle OSR$,从而 $\triangle OSP \cong \triangle OSR$,$OP=OR$,$O$ 在 PR 的中垂面(易见为 $y=0$)上,可设 $O(l,0,\frac{\sqrt{2}}{2})$,$l$ 待定. 由上述可设 $S(0,0,h)$,又易见 $P\left(\frac{\sqrt{3}}{2},\frac{1}{2},0\right)$,$R\left(\frac{\sqrt{3}}{2},-\frac{1}{2},0\right)$,$Q\left(-\frac{\sqrt{3}}{2},\frac{1}{2},0\right)$,于是

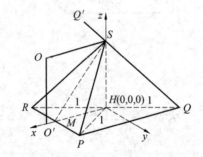

图 3.171

$$\vec{SO}=(l,0,\frac{\sqrt{2}}{2}-h), \vec{SP}=(\frac{\sqrt{3}}{2},\frac{1}{2},-h),$$

$$\vec{SR}=(\frac{\sqrt{3}}{2},-\frac{1}{2},-h), \vec{SQ}=(-\frac{\sqrt{3}}{2},\frac{1}{2},-h),$$

$$\cos\angle OSP = \frac{\vec{SO}\cdot\vec{SP}}{|SO|\cdot|SP|} = \frac{\frac{\sqrt{3}}{2}l - \frac{\sqrt{2}}{2}h + h^2}{\sqrt{l^2+\left(\frac{\sqrt{2}}{2}-h\right)^2}\sqrt{1+h^2}}$$

$$\cos\angle OSR = \frac{\vec{SO}\cdot\vec{SR}}{|SO|\cdot|SR|} = \frac{\frac{\sqrt{3}}{2}l - \frac{\sqrt{2}}{2}h + h^2}{\sqrt{l^2+\left(\frac{\sqrt{2}}{2}-h\right)^2}\sqrt{1+h^2}}$$

$$\cos\angle OSQ = \frac{\overrightarrow{SO} \cdot \overrightarrow{SQ}}{|SO| \cdot |SQ|} = \frac{-\frac{\sqrt{3}}{2}l - \frac{\sqrt{2}}{2}h + h^2}{\sqrt{l^2 + \left(\frac{\sqrt{2}}{2} - h\right)^2}\sqrt{1 + h^2}}$$

由于 O 到三直线 SP, SR, SQ 等距,即

$$|SO|\sin\angle OSP = |SO|\sin\angle OSR = |SO|\sin\angle OSQ$$

故

$$|\cos\angle OSP| = |\cos\angle OSR| = |\cos\angle OSQ|$$

即

$$\left|\frac{\sqrt{3}}{2}l - \frac{\sqrt{2}}{2}h + h^2\right| = \left|-\frac{\sqrt{3}}{2}l - \frac{\sqrt{2}}{2}h + h^2\right|$$

$$\pm\left(\frac{\sqrt{3}}{2}l - \frac{\sqrt{2}}{2}h + h^2\right) = -\frac{\sqrt{3}}{2}l - \frac{\sqrt{2}}{2}h + h^2$$

因 $l \neq 0$,故左边括号外不能取正号,只能取负号,从而 $\frac{\sqrt{2}}{2}h - h^2 = 0$,又因 $h \neq 0$,故 $h = \frac{\sqrt{2}}{2}$.

$$\cos\angle OSP = \frac{\overrightarrow{SO} \cdot \overrightarrow{SP}}{|SO| \cdot |SP|} = \frac{(l, 0, 0) \cdot \left(\frac{\sqrt{3}}{2}, \frac{1}{2}, -\frac{\sqrt{2}}{2}\right)}{\sqrt{l^2 + 0^2 + 0^2} \cdot \sqrt{\left(\frac{\sqrt{3}}{2}\right)^2 + \left(\frac{1}{2}\right)^2 + \left(-\frac{\sqrt{2}}{2}\right)^2}}$$

$$= \frac{\frac{\sqrt{3}}{2}l}{\sqrt{\frac{3}{2}}\,l} = \frac{\sqrt{2}}{2}$$

从而 $\sin\angle OSP = \frac{\sqrt{2}}{2}$,又 O 到 SP 的距离为

$$\frac{\sqrt{2}}{2} = SO\sin\angle OSP = l \cdot \frac{\sqrt{2}}{2} \Rightarrow l = 1, O\left(1, 0, \frac{\sqrt{2}}{2}\right)$$

而 $Q\left(-\frac{\sqrt{3}}{2}, \frac{1}{2}, 0\right)$,所求切线长

$$\sqrt{OQ^2 - r^2} = \sqrt{\left[\left(1 + \frac{\sqrt{3}}{2}\right)^2 + \left(0 - \frac{1}{2}\right)^2 + \left(\frac{\sqrt{2}}{2} - 0\right)^2\right] - \left(\frac{\sqrt{2}}{2}\right)^2}$$

$$= \sqrt{2 + \sqrt{3}} = \sqrt{\frac{4 + 2\sqrt{3}}{2}}$$

$$= \frac{\sqrt{3}+1}{\sqrt{2}} = \frac{\sqrt{6}+\sqrt{2}}{2}$$

3.195 正三棱柱 ABC-$A_1B_1C_1$ 底面边长为 2，高为 $\frac{1}{\sqrt{7}}$，BA，A_1C_1，BB_1 中点分别是 N,M,L. 求平面 LMN 与底面所成角，及此平面截三棱柱所得截面面积.

解 取坐标轴如图 3.172 所示（x,y 轴分别与 B_1C_1 垂直，平行）. 易求得

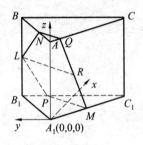

图 3.172

$$M\left(\frac{\sqrt{3}}{2},-\frac{1}{2},0\right), L(\sqrt{3},1,\frac{1}{2\sqrt{7}}), N(\frac{\sqrt{3}}{2},\frac{1}{2},\frac{1}{\sqrt{7}})$$

$$\overrightarrow{ML}\times\overrightarrow{MN}=\left(\frac{\sqrt{3}}{2},\frac{3}{2},\frac{1}{2\sqrt{7}}\right)\times(0,1,\frac{1}{\sqrt{7}})=\left(\frac{1}{\sqrt{7}},-\frac{\sqrt{3}}{2\sqrt{7}},\frac{\sqrt{3}}{2}\right)$$

为平面 LMN 的法向量，不妨约为 $(2,-\sqrt{3},\sqrt{21})$，故此平面方程为

$$2(x-\frac{\sqrt{3}}{2})-\sqrt{3}(y+\frac{1}{2})+\sqrt{21}(z-0)=0 \qquad ①$$

求上述法向量与底面法向量 $(0,0,1)$ 的夹角 θ

$$\cos\theta=\frac{(2,-\sqrt{3},\sqrt{21})\cdot(0,0,1)}{\sqrt{2^2+(-\sqrt{3})^2+\sqrt{21}^2}\cdot\sqrt{0^2+0^2+1^2}}=\sqrt{\frac{21}{28}}=\frac{\sqrt{3}}{2}$$

$\theta=30°$ 为锐角，正是所求二平面所成（锐）角.

直线 B_1C_1 为 $x=\sqrt{3}, z=0$，与平面 LMN 方程 ① 联合解得交点 $P(\sqrt{3},\frac{1}{2},0)$.

直线 AC 为 $x=-\sqrt{3}y, z=\frac{1}{\sqrt{7}}$，与平面 LMN 方程 ① 联合解得交点 $Q\left(\frac{\sqrt{3}}{6},-\frac{1}{6},\frac{1}{\sqrt{7}}\right)$，又 QM 中点 $R\left(\frac{\sqrt{3}}{3},-\frac{1}{3},\frac{1}{2\sqrt{7}}\right)$. 所述截面五边形 $PMQNL$ 分

成两梯形 $PMRL, LRQN$

$$PM = \sqrt{\left(\frac{\sqrt{3}}{2}\right)^2 + 1^2 + 0^2} = \frac{\sqrt{7}}{2}$$

$$NQ = \sqrt{\left(\frac{\sqrt{3}}{3}\right)^2 + \left(\frac{2}{3}\right)^2 + 0^2} = \frac{\sqrt{7}}{3}$$

$$LR = \sqrt{\left(\frac{2\sqrt{3}}{3}\right)^2 + \left(\frac{4}{3}\right)^2 + 0^2} = \frac{2}{3}\sqrt{7}$$

LR 与 PM, NQ 的距离（两梯形的高）$\dfrac{\frac{1}{2\sqrt{7}}}{\sin 30°} = \dfrac{1}{\sqrt{7}}$，故所求截面面积为

$$\frac{1}{2} \cdot \frac{1}{\sqrt{7}} \cdot \left[\left(\frac{\sqrt{7}}{3} + \frac{2\sqrt{7}}{3}\right) + \left(\frac{\sqrt{7}}{2} + \frac{2\sqrt{7}}{3}\right)\right] = \frac{1}{2}\left(1 + \frac{7}{6}\right) = \frac{13}{12}$$

3.196 正三棱柱 ABC-$A_1B_1C_1$ 底面边长为 12，高为 $\dfrac{6\sqrt{6}}{7}$，AB, C_1A_1 中点分别为点 E, F，在 AC 上取 $AP = 2$。求平面 EFP 与底面所成角，及此平面截棱柱所得截面面积。

提示 宜取坐标轴如图 3.173 所示。先求 $\dfrac{AP}{PC}$，从而可得 P 的坐标，再求 E，F 的坐标，仿上题解（求得 $z_R = \dfrac{1}{2}(z_F + z_P)$ 知 R 到 FG, PE 等距，作 $RL \parallel GF \parallel EP$，$RL$ 与 PF 交于点 L，亦有点 L 为 PF 中点，RL 到 GF, EP 等距）。

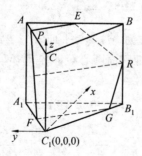

图 3.173

答案 $\cos^{-1}\dfrac{\sqrt{7}}{3}, \dfrac{117}{2}\sqrt{\dfrac{3}{7}}$

用三角、解析几何等计算解来自俄罗斯的几何题

3.197 四棱锥 $S\text{-}KLMN$ 底面为等腰梯形,$NK = LM = 4$,$KL = 2$,$NM = 6$,侧面 SNK,SLM 都与底面垂直,$SM = 12$.

(1) 求 M 到平面 SKL 的距离 h;

(2) 一圆锥的底面为 $\triangle SNM$ 的内切圆,顶点在平面 SKL 上,求圆锥的高 h'.

解 易见直线 NK,ML 交点 H 与 NM,KL 的中点 C,B 共直线,$MH = 6$,SH 为四棱锥的高. 又易知

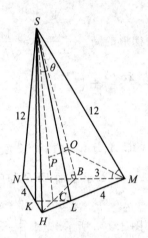

图 3.174

$$BC = 2\sqrt{3},\ HC = \sqrt{3},\ SH = \sqrt{12^2 - 6^2} = 6\sqrt{3},\ SC = \sqrt{(6\sqrt{3})^2 + \sqrt{3}^2} = \sqrt{111}$$

$$S_{\triangle SCB} = \frac{1}{2}CB \cdot SH = \frac{1}{2} \cdot 2\sqrt{3} \cdot 6\sqrt{3} = 18 = \frac{1}{2}\sqrt{111}\,h \Rightarrow h = \frac{36}{\sqrt{111}} = \frac{12}{37}\sqrt{111}$$

(注意 M,B 与平面 SKL 等距)

设 $\angle CSB = \theta$. 所述圆锥底面圆心 O 即 $\triangle SNM$ 的内心,它为 $\angle NMS$ 平分线与高 SB 的交点 O,从而

$$SO = SB \cdot \frac{12}{12+3} = \sqrt{12^2 - 3^2} \cdot \frac{4}{5} = 3\sqrt{15} \cdot \frac{4}{5} = \frac{12}{5}\sqrt{15}$$

$$\sin\theta = \frac{h}{SB} = \frac{\frac{12}{37}\sqrt{111}}{3\sqrt{15}} = \frac{4}{37}\sqrt{\frac{111}{15}} = \frac{4}{\sqrt{185}}$$

$$\cos\theta = \frac{13}{\sqrt{185}},\ \tan\theta = \frac{4}{13}$$

易见所述圆锥顶点为在平面 SCB 上过点 O 作 SB 的垂线与 SC 的交点 P,从而

$$h' = OP = SO\tan\theta = \frac{48}{65}\sqrt{15}$$

3.198 正三棱柱 $ABC\text{-}A_1B_1C_1$ 底面边长为 a,侧棱长为 $\frac{a}{2}$,A_1C_1 中点 M 在平面 AB_1C 的射影为点 D,点 D 在平面 AA_1B_1B 的射影为点 E,求四面体 A_1B_1DE 的体积 V.

解 取坐标轴如图 3.175 所示(O 为 AC 中点),易得 A,B,M 坐标如图所示. 又 $B_1\left(0,\frac{\sqrt{3}}{2}a,\frac{1}{2}a\right)$,平面 AB_1C 方程为 $y=\sqrt{3}z$,改用标准方程(使左边 x,y,z 系数平方和为 1,右边常数项非负) $\frac{1}{2}y-\frac{\sqrt{3}}{2}z=0$)① 求 $M\left(0,0,\frac{a}{2}\right)$ 在此平面射影 D(注意 $\cos\alpha=0,\cos\beta=\frac{1}{2},\cos\gamma=-\frac{\sqrt{3}}{2},\sin^2\alpha=1,\sin^2\beta=\frac{3}{4},\sin^2\gamma=\frac{1}{4}$)

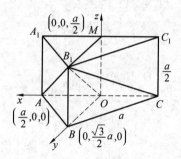

图 3.175

$$x_D=-\frac{a}{2}\cdot 0\cdot\left(-\frac{\sqrt{3}}{2}\right)=0, y_D=-\frac{a}{2}\left(-\frac{\sqrt{3}}{2}\right)\cdot\frac{1}{2}=\frac{\sqrt{3}}{8}a, z_D=\frac{a}{2}\cdot\frac{1}{4}=\frac{1}{8}a$$

---

① 设平面的标准方程
$$x\cos\alpha+y\cos\beta+z\cos\gamma=p(\text{其中}\cos^2\alpha+\cos^2\beta+\cos^2\gamma=1,p\geqslant 0)$$
则点 $M_0(x_0,y_0,z_0)$ 在此平面的射影见序言所述拙作
$$M(p\cos\alpha+x_0\sin^2\alpha-y_0\cos\alpha\cos\beta-z_0\cos\alpha\cos\gamma,$$
$$p\cos\beta-x_0\cos\beta\cos\alpha+y_0\sin^2\beta-z_0\cos\beta\cos\gamma,$$
$$p\cos\gamma-x_0\cos\gamma\cos\alpha-y_0\cos\gamma\cos\beta+z_0\sin^2\gamma)$$

用三角、解析几何等计算解来自俄罗斯的几何题
YONGSANJIAO,JIEXI JIHE DENG JISUAN JIE LAIZI ELUOSI DE JIHETI

得 $D\left(0,\dfrac{\sqrt{3}}{8}a,\dfrac{1}{8}a\right)$. 又平面 ABB_1A_1 的方程为 $\dfrac{x}{\dfrac{a}{2}}+\dfrac{y}{\dfrac{\sqrt{3}}{2}a}=1$，即 $2\sqrt{3}x+2y=\sqrt{3}a$. 改为标准方程(各项同除以 x,y,z 系数平方和的平方根)得

$$\dfrac{\sqrt{3}}{2}x+\dfrac{1}{2}y=\dfrac{\sqrt{3}}{4}a$$

同样求 D 在其上射影 E

$$x_E=\dfrac{\sqrt{3}}{4}a\cdot\dfrac{\sqrt{3}}{2}-\dfrac{\sqrt{3}}{8}a\cdot\dfrac{\sqrt{3}}{2}\cdot\dfrac{1}{2}=\dfrac{9}{32}a$$

$$y_E=\dfrac{\sqrt{3}}{4}a\cdot\dfrac{1}{2}+\dfrac{\sqrt{3}}{8}a\cdot\dfrac{3}{4}=\dfrac{7}{32}\sqrt{3}a$$

$$z_E=\dfrac{1}{8}a\cdot 1=\dfrac{1}{8}a$$

得 $E\left(\dfrac{9}{32}a,\dfrac{7}{32}\sqrt{3}a,\dfrac{1}{8}a\right)$. 再由 $A_1\left(\dfrac{1}{2}a,0,\dfrac{1}{2}a\right),B_1\left(0,\dfrac{\sqrt{3}}{2}a,\dfrac{1}{2}a\right)$ 得

$$V=\dfrac{1}{6}\mid(\overrightarrow{B_1A_1},\overrightarrow{B_1D},\overrightarrow{B_1E})\mid=\dfrac{1}{6}\begin{Vmatrix}\dfrac{1}{2}a & -\dfrac{\sqrt{3}}{2}a & 0\\ 0 & -\dfrac{3\sqrt{3}}{8}a & -\dfrac{3}{8}a\\ \dfrac{9}{32}a & -\dfrac{9}{32}\sqrt{3}a & -\dfrac{3}{8}a\end{Vmatrix}$$

$$=\dfrac{a^3}{6}\cdot\dfrac{1}{2}\cdot\dfrac{3}{8}\cdot\dfrac{3}{32}\cdot\sqrt{3}\begin{Vmatrix}1 & -1 & 0\\ 0 & -1 & -1\\ 3 & -3 & -4\end{Vmatrix}$$

$$=\dfrac{3\sqrt{3}}{32^2}a^3\mid 4+3-3\mid=\dfrac{3\sqrt{3}}{256}a^3$$

3.199 在平行六面体 $ABCD$-$A_1B_1C_1D_1$ 中，在 AC,BA_1 上分别取点 K, M，使 $KM\parallel DB_1$，求 $KM:DB_1$.

解 由于 AB 与对角面 A_1B_1CD 平行，C,A_1 及 DB_1 均在此对角面内，故与 3.25 题同样有 $\dfrac{AK}{KC}=\dfrac{BM}{MA_1}=\lambda$(设)，得 $K(\lambda c,(1-\lambda)a,0),M(0,\lambda a,\lambda b),\overrightarrow{MK}=(\lambda c,(1-2\lambda)a,-\lambda b)$，又 $\overrightarrow{B_1D}=(c,a,-b)$，由 $MK\parallel B_1D$ 得

$$\dfrac{\lambda c}{c}=\dfrac{(1-2\lambda)a}{a}=\dfrac{-\lambda b}{-b}$$

即
$$\lambda = 1 - 2\lambda = \lambda \Rightarrow \lambda = \frac{1}{3}$$

所求 $\dfrac{KM}{DB_1}$ 等于两平行向量 $\overrightarrow{MK}$ 与 $\overrightarrow{B_1D}$ 的（任一）对应分量之比 $\dfrac{\lambda c}{c} = \dfrac{1}{3}$.

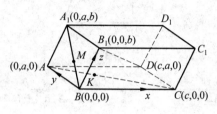

图 3.176

3.200 在二面角一个面上有图形 F，它在另一个面上的射影图面积为 S，而 F 在此二面角的平分面上的射影图面积为 Q，求 F 的面积.

解 设 F 的面积为 S'，二面角（度数，下同）为 2α，则每一个面与平分面所成二面角为 α，于是

$$\cos\alpha = \frac{Q}{S'}$$

$$\frac{S}{S'} = \cos 2\alpha = 2\cos^2\alpha - 1 = 2\left(\frac{Q}{S'}\right)^2 - 1$$

$$S'^2 + SS' - 2Q^2 = 0$$

解得所求（正值）

$$S' = \frac{-S + \sqrt{S^2 + 8Q^2}}{2}$$

3.201 如图 3.177 所示，四面体 $DABC$ 在顶点 D 的三个面角都等于 $90°$，记 $S_{\triangle DAB} = S_1$, $S_{\triangle DBC} = S_2$, $S_{\triangle DCA} = S_3$, $S_{\triangle ABC} = Q$，棱 AB, BC, CA 上的二面角（度数）分别为 α, β, γ.

(1) 用 S_1, S_2, S_3, Q 表示 α, β, γ；
(2) 证 $S_1^2 + S_2^2 + S_3^2 = Q^2$；
(3) 证 $\cos^2\alpha + \cos^2\beta + \cos^2\gamma = 1$.

解 易见 $\cos\alpha = \dfrac{S_1}{Q}$, $\alpha = \cos^{-1}\dfrac{S_1}{Q}$. 同理 $\beta = \cos^{-1}\dfrac{S_2}{Q}$, $\gamma = \cos^{-1}\dfrac{S_3}{Q}$.

设 $DA = a, DB = b, DC = c, \angle ABC = \theta$，则

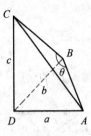

图 3.177

$$\cos^2\theta = \left(\frac{AB^2 + BC^2 - AC^2}{2AB \cdot BC}\right)^2 = \frac{[(a^2+b^2)+(b^2+c^2)-(c^2+a^2)]^2}{4(a^2+b^2)(b^2+c^2)}$$

$$= \frac{b^4}{(a^2+b^2)(b^2+c^2)}$$

$$\sin^2\theta = 1 - \cos^2\theta = \frac{a^2b^2 + a^2c^2 + b^2c^2}{(a^2+b^2)(b^2+c^2)}$$

$$Q^2 = \frac{1}{4}AB^2 \cdot BC^2 \cdot \sin^2\theta = \frac{1}{4}(a^2b^2 + a^2c^2 + b^2c^2)$$

$$= \left(\frac{ab}{2}\right)^2 + \left(\frac{ac}{2}\right)^2 + \left(\frac{bc}{2}\right)^2 = S_1^2 + S_3^2 + S_2^2$$

从而

$$\cos^2\alpha + \cos^2\beta + \cos^2\gamma = \frac{S_1^2}{Q^2} + \frac{S_2^2}{Q^2} + \frac{S_3^2}{Q^2} = 1$$

3.202 等腰直角三角形在一平面 α 的射影是正三角形,求斜边与此平面所成角.

解 设等腰 Rt$\triangle ABC$ 直角顶点 C,如图 3.178 所示,因平行移动 α 所得射影不变,故不妨把 α 移到过点 C 的位置,即 C 在 α 上. $\triangle ABC$ 在 α 的射影为正 $\triangle A'B'C$,设其边长为 a,A,B 在 α 上的射影分别为点 A',B'. 设有向线段 $\overline{A'A} = x$(以射线 $A'A$ 为正向,即 $x > 0$),$\overline{B'B} = y$. 由 $AB^2 = 2AC^2 = 2BC^2$,得

$$a^2 + (x-y)^2 = 2(x^2 + a^2) = 2(y^2 + a^2)$$

于是 $x^2 = y^2$,$y = \pm x$. 但当 $y = x$ 时,得 $a^2 = 2x^2 + a^2$,这显然不可能,于是只有 $y = -x$,从而

$$a^2 + (2x)^2 = 2x^2 + 2a^2 \Rightarrow (\text{正值}) x = \frac{1}{\sqrt{2}}a, y = -\frac{1}{\sqrt{2}}a$$

注意 $A'A$,$B'B$ 同在与 α 垂直的平面上,故

$$\tan\theta = \frac{x-y}{a} = \sqrt{2}, \theta = \tan^{-1}\sqrt{2}$$

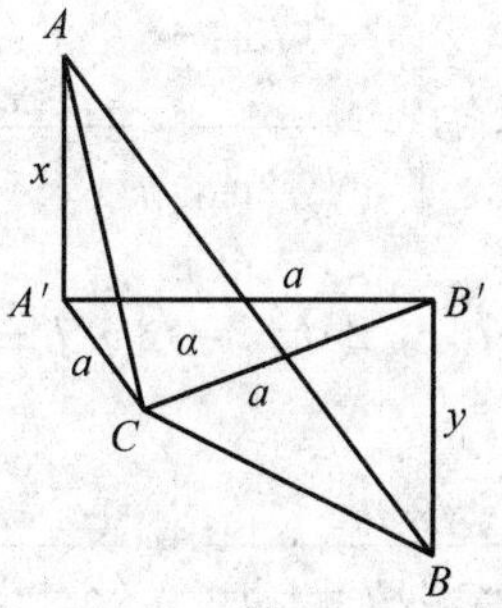

图 3.178

3.203 正方体的下底面在正三棱锥底面上,上底面各顶点在此正三棱锥侧面上,正三棱锥底面边长为 a,高为 h,求正方体棱长.

解 设所述正三棱锥 $S\text{-}ABC$,正方体上底面正方形 $DEFG$,其中必有一边(不妨设 DG)在正三棱锥一侧面(设为 SAB)上,另二顶点在另二侧面上如图 3.179 所示. 过此上底面作正三棱锥截面得正 $\triangle A'B'C'$,设 $\triangle ABC$,$\triangle A'B'C'$ 中心分别为点 O, O'. 设正方体棱长 $DG = GF = FE = ED = OO' = x$,则 $SO' = SO - OO' = h - x$,易见 $\dfrac{A'B'}{AB} = \dfrac{SO'}{SO}$,故 $A'B' = \dfrac{SO'}{SO} \cdot AB = \dfrac{h-x}{h}a$,正 $\triangle A'B'C'$ 高 $C'M = \dfrac{\sqrt{3}}{2}A'B'$. 由 $\triangle A'B'C'$ 有内接正方形 $DEFG$ 易见

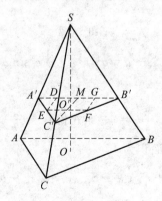

图 3.179

$$\frac{C'M-x}{C'M}=\frac{x}{A'B'}=\frac{C'M}{C'M+A'B'}(据等比定理)$$

$$x=\frac{C'M}{C'M+A'B'}A'B'=\frac{\frac{\sqrt{3}}{2}}{\frac{\sqrt{3}}{2}+1}\cdot\frac{h-x}{h}a=\frac{\sqrt{3}}{\sqrt{3}+2}\cdot\frac{h-x}{h}a$$

$$(\sqrt{3}+2)hx=\sqrt{3}a(h-x)$$

所求

$$x=\frac{\sqrt{3}ah}{(\sqrt{3}+2)h+\sqrt{3}a}=\frac{3ah}{(3+2\sqrt{3})h+3a}$$

3.204 正四棱锥(全)侧面积为 b^2,过其底面一边作平面在相对侧面截得的三角形面积为 a^2,求此平面截正四棱锥所得四棱锥的侧面积.

解 设所述正四棱锥 $S\text{-}ABCD$,作截面 $ABMN$. 易见 $SM=SN=x$(设),设正四棱锥侧棱长为 c,顶点 S 处的四个面角为 α,则

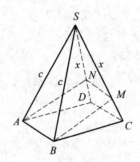

图 3.180

$$\frac{1}{2}x^2\sin\alpha=a^2,\quad 4\cdot\frac{1}{2}c^2\sin\alpha=b^2$$

二式相除得

$$\frac{x^2}{4c^2}=\frac{a^2}{b^2}\quad(正值)\ x=\frac{2ac}{b}$$

所求四棱锥 $S\text{-}ABMN$ 侧面积为

$$S_{\triangle SMN}+S_{\triangle SAB}+S_{\triangle SBM}+S_{\triangle SAN}=a^2+\frac{1}{4}b^2+2(\frac{1}{2}cx\sin\alpha)$$

$$=a^2+\frac{1}{4}b^2+\frac{2ac^2}{b}\sin\alpha$$

$$= a^2 + \frac{1}{4}b^2 + \frac{2a}{b} \cdot \frac{b^2}{2}$$

$$= a^2 + \frac{1}{4}b^2 + ab$$

$$= (a + \frac{1}{2}b)^2$$

3.205 直角三角形一直角边长为 1,其对角为 $30°$,三个球两两外切,且与此三角形所在平面相切于此三角形的三顶点,求各球半径.

解 设三球球心为 O_1, O_2, O_3,相应半径为 r_1, r_2, r_3. 由如图 3.181 所示三个直角梯形得

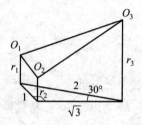

图 3.181

$$(r_1 - r_2)^2 + 1^2 = (r_2 + r_1)^2$$
$$(r_3 - r_2)^2 + \sqrt{3}^2 = (r_3 + r_2)^2$$
$$(r_3 - r_1)^2 + 2^2 = (r_3 + r_1)^2$$

即

$$r_1 r_2 = \frac{1}{4}, r_2 r_3 = \frac{3}{4}, r_3 r_1 = 1$$

从而

$$r_3 = \sqrt{3}, r_2 = \frac{\sqrt{3}}{4}, r_1 = \frac{\sqrt{3}}{3}$$

3.206 已知正三棱锥外接球半径为 R,侧棱与底面所成角 α,求体积 V.

解 设所述正三棱锥 $S\text{-}ABC$,如图 3.182 所示,外接球球心 O 显然在正三棱锥高 SO' 上,$\angle SAO' = \alpha$,易知

$$\angle AOO' = 2(90° - \alpha)$$

$$SO' = R + R\cos(2(90° - \alpha)) = R(1 - \cos 2\alpha) = 2R\sin^2\alpha$$

$$AC = \sqrt{3} AO' = \sqrt{3} R\sin(2(90°-\alpha)) = \sqrt{3} R\sin 2\alpha$$

$$V = \frac{1}{3} \cdot \frac{\sqrt{3}}{4} AC^2 \cdot SO' = \frac{\sqrt{3}}{2} R^3 \sin^2 2\alpha \sin^2 \alpha$$

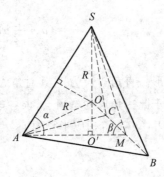

图 3.182

3.207 已知正三棱锥外接球半径为 R，侧面与底面所成角 β，求体积 V.

解 在题 3.206 图中设 M 为 BC 中点，易见 $\angle O'MS = \beta$，则

$$\tan \alpha = \frac{O'S}{AO'} = \frac{O'S}{2O'M} = \frac{1}{2}\tan\beta \Rightarrow$$

$$\sin^2 \alpha = \frac{\tan^2\beta}{4+\tan^2\beta}$$

$$= \sin 2\alpha = \frac{2\tan\alpha}{1+\tan^2\alpha} = \frac{4\tan\beta}{4+\tan^2\beta}$$

再由上题答案得

$$V = \frac{\sqrt{3}}{2}R^3 \cdot \frac{16\tan^4\beta}{(4+\tan^2\beta)^3} = 8\sqrt{3} R^3 \frac{\tan^4\beta}{(4+\tan^2\beta)^3}$$

3.208 正四棱柱 $ABCD\text{-}A_1B_1C_1D_1$ 的高为底面边长的 2 倍，C_1D 与 CD_1 交于点 M，求直线 BD_1 与 AM 所成角.

提示 宜取坐标轴如图 3.183 所示，确定 A,C,D_1,M 的坐标，再求 $\overrightarrow{BD_1}$，$\overrightarrow{AM}$（分量），用数量积（绝对值）求所求（锐）角的余弦.

答案 $\cos^{-1}\dfrac{5}{3\sqrt{6}}$

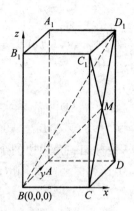

图 3.183

3.209 已知四面体 $ABCD$ 顶点 D 处三个面角均为直角,$DA=1,DB=2,DC=3$,求点 D 到 $\triangle ABC$ 重心的距离.

提示 宜取 D 为原点,射线 DA,DB,DC 为正半坐标轴.确定 A,B,C 及 $\triangle ABC$ 重心的坐标,从而求 DM.

答案 $\dfrac{\sqrt{14}}{3}$

3.210 长方体交于一点的三棱长为 a,b,c,求以长为 a 的公共棱的两个面的异面对角线所成的角.

提示 如图 3.184 所示,$AA_1=a,AB=b,AD=c$,取坐标轴如图 3.184 所示.确定 B,A_1,D_1 的坐标,再求 $\overrightarrow{BA_1},\overrightarrow{AD_1}$(分量),…

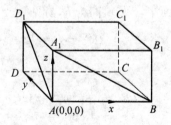

图 3.184

答案 $\cos^{-1}\dfrac{a^2}{\sqrt{b^2+a^2}\ \sqrt{c^2+a^2}}$

3.211 长方体两相邻侧面上不相交的对角线与底面所成角为 α,β,求此二对角线所成角.

解 在题 3.210 图中 $\angle ABA_1=\alpha$,$\angle DAD_1=\beta$,不妨设 $AA_1=1$.先求 AB,AD,确定 B,A_1,D_1 的坐标,……

答案 $\cos^{-1}(\sin\alpha\sin\beta)$.

又解 联结 BC_1,因 $BC_1\ /\!/\ AD_1$,故所求的角为 $\angle A_1BC_1$.在三面角 $B\text{-}ACC_1$ 中,面角 $\angle A_1BB_1=90°-\alpha$,$\angle C_1BB_1=90°-\angle CBC_1=90°-\beta$,二者所夹二面角 $A_1\text{-}BB_1\text{-}C_1$ 为 $90°$,按球面三角中边的余弦定理得

$$\cos\angle A_1BC_1=\cos(90°-\alpha)\cos(90°-\beta)+\sin(90°-\alpha)\sin(90°-\beta)\cos 90°$$
$$=\sin\alpha\sin\beta$$

故

$$\angle A_1BC_1=\cos^{-1}(\sin\alpha\sin\beta)$$

3.212 在每个侧面周长为 6 的所有正四棱柱中求体积 V 的最大值.

解 设正四棱柱底面边长为 x,侧棱长为 y,则

$$2x+2y=6\Rightarrow y=3-x$$

$$V=x^2y=x^2(3-x)=\frac{1}{2}x\cdot x\cdot(6-2x)$$

后三变动因式的和为定值 6,故当 $x=6-2x$ 时,即 $x=2,y=1$ 时,V 最大,此最大值为 $\frac{1}{2}\cdot 2\cdot 2\cdot(6-2\cdot 2)=4$.

3.213 求半径为 R 的球的内接圆柱中体积最大值.

解 设内接圆柱底面半径为 r,高为 h,易见

$$(2r)^2+h^2=(2R)^2\Rightarrow r^2=R^2-\frac{1}{4}h^2$$

圆柱体积

$$V=\pi r^2h=\pi(R^2-\frac{1}{4}h^2)h=\pi(R^2h-\frac{1}{4}h^3)$$

对 h 取导数

$$V'_h=\pi(R^2-\frac{3}{4}h^2)$$

求得 V'_h 的(正值)零点 $h=\frac{2}{\sqrt{3}}R$.

V 对 h 定义于区间 $[0,2R]$,在区间端点 $h=0,2R$ 时,均有 $V=0$,而在区间内

第3章 立体几何题
DISANZHANG LITI JIHETI

点 V 取正值,故在唯一零点 $h=\frac{2}{\sqrt{3}}R$ 时,V 有最大值. 这时

$$r=\sqrt{R^2-\frac{1}{4}h^2}=\sqrt{R^2-\frac{1}{4}\left(\frac{2}{\sqrt{3}}R\right)^2}=\sqrt{\frac{2}{3}}R$$

而最大体积

$$V=\pi \cdot \frac{2}{3}R^2 \cdot \frac{2}{\sqrt{3}}R=\frac{4}{3\sqrt{3}}\pi R^3$$

3.214 在(变动)正四棱锥内放置两个半径为 r 的球,它们的中心在正四棱锥的对称轴上,第一球与棱锥所有侧面相切,第二球与第一球及正四棱锥底面相切,求正四棱锥体积最小时正四棱锥的高.

解 由对称性,第一球与各侧面的切点在斜高上,作过两相对斜高的截面如图 3.185 所示,SM,SN 为相对斜高,设正四棱锥的高 $SO=h$,设 $MN=a$ 为底面边长,第一、二球的球心分别为 O_1,O_2. 易见 $r \cdot SN = SO_1 \cdot ON$(即 $2S_{\triangle SON}$),即

$$r\sqrt{\left(\frac{a}{2}\right)^2+h^2}=(h-3r)\frac{a}{2}$$

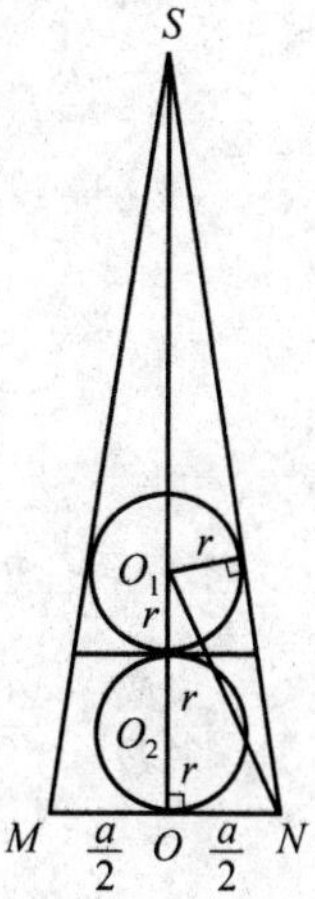

两边平方后解得

$$a^2=\frac{4r^2h^2}{(h-3r)^2-r^2}$$

正四棱锥体积

$$V=\frac{1}{3}a^2h=\frac{4r^2}{3} \cdot \frac{h^3}{(h-3r)^2-r^2}$$

对 h 取导数

$$V'_h=\frac{4r^2}{3} \cdot \frac{3h^2[(h-3r)^2-r^2]-2h^3(h-3r)}{[(h-3r)^2-r^2]^2}$$

求 V'_h 的零点,解 $V'_h=0$,即

$$h^2[3(h-3r)^2-3r^2-2h^2+6hr]=0$$

求得(正根)

$$h=(6+2\sqrt{3})r$$

从实际意义知,V 对 h 定义于区间 $(4r,+\infty)$,易见 h 从区间内趋于 $4r$ 或 $+\infty$ 时,V 趋于 $+\infty$,故 V 在区间内有唯一零点 $h=(6+2\sqrt{3})r$ 时,V 有最小值,即所求高为 $(6+2\sqrt{3})r$.

图 3.185

3.215 正四棱锥 $P\text{-}ABCD$ 底面边长为 a,侧棱长为 $2a$,考察端点 M,U 分别在 AD,PC 上并且与平面 PAB 平行的线段 MU.

(1) 当 $\dfrac{AM}{AD}=\dfrac{3}{4}$ 时,求 MU;

(2) 求所有线段 MU 长的最小值.

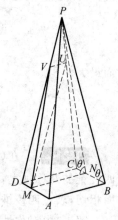

图 3.186

解 设 $\angle ABP=\theta$,易见 $\cos\theta=\dfrac{\frac{a}{2}}{PB}=\dfrac{1}{4}$. 又因 $MU\parallel$ 平面 PAB,可过 MU 作截面 $MNUV$ 与平面 PAB 平行,如图 3.186 所示,则 $MN\parallel VU\parallel AB\parallel CD$,$MN=a$,$UN\parallel PB$,$VM\parallel PA$,从而 $\angle MNU=\theta$. 设 $NU=\lambda a$,则

$$\lambda=\dfrac{NU}{a}=2\dfrac{NU}{PB}$$

$$MU=\sqrt{MN^2+NU^2-2MN\cdot NU\cdot\cos\theta}$$
$$=\sqrt{a^2+\lambda^2 a^2-2a\cdot\lambda a\cdot\dfrac{1}{4}}$$
$$=a\sqrt{\lambda^2-\dfrac{1}{2}\lambda+1}$$
$$=a\sqrt{(\lambda-\dfrac{1}{4})^2+\dfrac{15}{16}}\geq\dfrac{\sqrt{15}}{4}a$$

当 $\lambda=\dfrac{1}{4}$ 时,MU 取最小值 $\dfrac{1}{4}$.

当 $\dfrac{AM}{AD}=\dfrac{3}{4}$ 时

$$\dfrac{\lambda}{2}=\dfrac{NU}{PB}=\dfrac{CN}{CB}=\dfrac{DM}{DA}=1-\dfrac{3}{4}=\dfrac{1}{4},\lambda=\dfrac{1}{2}$$

$$MU=a\sqrt{\left(\dfrac{1}{2}\right)^2-\dfrac{1}{2}\cdot\dfrac{1}{2}+1}=a$$

3.216 正四棱锥底面边长为 a,高为 h,正方体的下底面在正四棱锥底面上,而上底面四顶点分别在正四棱锥的四个侧面上,求正方体的棱长的取值范围.

解 设所述正四棱锥 $S\text{-}ABCD$,设正方体上底面正方形 $K'L'M'N'$. 在正四棱锥每个侧面分别延长 SK',SL',SM',SN',与 AB,BC,CD,DA 分别交于点 K,L,M,N,易见有正方形 $KLMN$. 它与正方形 $ABCD$ 有共同中心 O,又正方形 $K'L'M'N'$ 中心 O' 必在 SO 上. OO' 等于正方体棱长(设为)x, $O'M' = \frac{1}{\sqrt{2}}x$,易见 $\frac{a}{2} \leqslant OM \leqslant \frac{a}{\sqrt{2}}$. 显然 $\frac{SO'}{SO} = \frac{O'M'}{OM}$,即

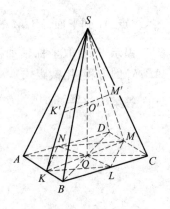

图 3.187

$$\frac{h-x}{h} = \frac{\frac{x}{\sqrt{2}}}{OM} \Rightarrow \frac{\sqrt{2}h}{x} - \sqrt{2} = \frac{h}{OM}$$

$$x = \frac{\sqrt{2}h}{\frac{h}{OM} + \sqrt{2}}$$

因 $\frac{a}{2} \leqslant OM \leqslant \frac{a}{\sqrt{2}}$,故

$$\frac{\sqrt{2}h}{\frac{2h}{a} + \sqrt{2}} \leqslant x \leqslant \frac{\sqrt{2}h}{\frac{\sqrt{2}h}{a} + \sqrt{2}}$$

即

$$\frac{ha}{\sqrt{2}h + a} \leqslant x \leqslant \frac{ha}{h + a}$$

3.217 长方体 $ABCD\text{-}A_1B_1C_1D_1$,$AB=2$,$AD=4$,$BB_1=12$,点 M,K 分别在 CC_1,AD 上,$\frac{CM}{MC_1} = \frac{1}{2}$,$AK = KD$,求直线 AM 与 KB_1 所成角.

提示 宜取 A 或 C 为原点,交于 A 或 C 的三棱所在直线为坐标轴. 先定 A,M,B_1,K 的坐标,再求 $\overrightarrow{AM},\overrightarrow{KB_1}$,用数量积(取绝对值)求所求角的余弦.

答案 $\cos^{-1} \frac{11}{3\sqrt{38}}$

3.218 正方体 $ABCD\text{-}A_1B_1C_1D_1$ 棱长为 a,在 A_1D_1 上取点 M,$\frac{A_1M}{M_1D_1} =$

$\frac{1}{2}$,求点 A_1 到平面 AB_1M 的距离.

提示 宜取坐标轴如图 3.188 所示. 先确定 A,B_1,M 的坐标,再求平面 AB_1M 的方程(用截距式),从而求点 A 到此平面的距离.

答案 $\dfrac{a}{\sqrt{11}}$

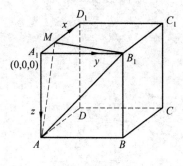

图 3.188

3.219 四面体 $ABCD$ 中,$AB=AC=5$,$AD=BC=4$,$BD=CD=3$,$\triangle ABC$ 的重心为点 M,求 DM.

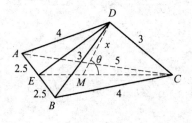

图 3.189

解 易见有 $\text{Rt}\triangle DAB$,斜边中线 $DE=2.5$,又由($\triangle CAB$ 的)中线公式

$$CE=\frac{1}{2}\sqrt{2(5^2+4^2)-5^2}=\frac{1}{2}\sqrt{57}$$

于是

$$EM=\frac{1}{3}CE=\frac{1}{6}\sqrt{57},CM=\frac{1}{3}\sqrt{57}$$

设 $DM=x$,$\angle DMC=\theta$,由余弦定理得

$$x^2 + \left(\frac{1}{6}\sqrt{57}\right)^2 - 2x \cdot \frac{\sqrt{57}}{6}\cos(180°-\theta) = 2.5^2 \qquad ①$$

$$x^2 + \left(\frac{1}{3}\sqrt{57}\right)^2 - 2x \cdot \frac{\sqrt{57}}{3}\cos\theta = 3^2 \qquad ②$$

①×2+② 得

$$3x^2 + \frac{19}{2} = \frac{43}{2}$$

所求 $DM = x = 2$.

3.220 四面体 $ABCD$ 中，$AB=6, AC=7, AD=3, BC=8, BD=4, CD=5$，$\triangle ADB$ 重心为点 M，求 CM.

提示 仿上题，先用中线公式求 $CE, BE, \cdots$

答案 $\dfrac{\sqrt{353}}{3}$

3.221 三棱锥 $P-RSQ$ 底面为正三角形，高为 PM，点 M 为 RS 中点，$PQ=m, QR=n$，作与 PQ, RS 平行的截面 $NTUV$. 要使此截面面积最大，求点 Q 到此截面的距离.

解 易见有 $\square NTUV$. 设 $\dfrac{NT}{RS} = \lambda$，则 $\dfrac{QN}{QR} = \lambda$，$\dfrac{RN}{QR} = 1-\lambda$，从而 $\dfrac{NV}{QP} = 1-\lambda$. 因 $\angle VNT$ 为 QP 与 RS 所成角 φ，为定值

$$S_{\square NTUV} = NT \cdot NV \cdot \sin\varphi = \lambda n \cdot (1-\lambda)m \cdot \sin\varphi$$
$$= \lambda(1-\lambda)nm\sin\varphi$$

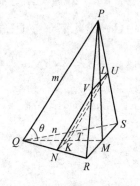

图 3.190

易见 $\lambda = \dfrac{1}{2}$ 时，此面积最大，于是这时 N,T,U,V 为所在棱中点. 设 MP, MQ 分别与 VU, NT 交于点 L, K，易见 $KL \parallel PQ$. 又显然 $RS \perp$ 平面 PQM，从而 NT 亦然，于是平面 $PQM \perp$ 平面 $NTUV$，所求距离即 QP 与 KL 的距离. 它等于 $QK \cdot \sin\theta$，其中 $\theta = \angle PQK$，$QK = \dfrac{1}{2}QM = \dfrac{\sqrt{3}}{4}n$，而 $\angle PMQ = 90°$，故

$$\cos\theta = \dfrac{QM}{m} = \dfrac{\sqrt{3}n}{2m}, \sin\theta = \sqrt{1 - \dfrac{3n^2}{4m^2}} = \dfrac{\sqrt{4m^2-3n^2}}{2m}$$

所求距离
$$QK \cdot \sin\theta = \frac{\sqrt{3}}{4}n \cdot \frac{\sqrt{4m^2-3n^2}}{2m} = \frac{n}{8m}\sqrt{12m^2-9n^2}$$

3.222 正方体 $ABCD$-$A_1B_1C_1D_1$ 棱长为 3，AD 中点 M，求 AB 中点到平面 A_1C_1M 的距离。

提示 宜取 A_1 为原点，坐标轴与各棱平行，仿题 3.218 解。

答案 2

3.223 正三棱柱所有棱长为 a，点 M,N 分别在 BC_1,A_1C 上，MN // 平面 BB_1A_1A。

(1) 求适合上述条件的(所有)线段 MN 长的最小值；

(2) 当 $\dfrac{BM}{BC_1} = \dfrac{1}{3}$ 时，求 MN。

解 由 MN // 平面 BB_1A_1A 知，MN 在与平面 BB_1A_1A 平行的一平面(图中已画出此平面与正三棱柱的截面)上，此平面又与 CC_1 平行，故 $\dfrac{BM}{MC_1} = \dfrac{A_1N}{NC}$，设此比为 $\dfrac{1-\lambda}{\lambda}$ ($\lambda = \dfrac{C_1M}{C_1B}$)。取坐标轴如图 3.191 所示($O$ 为 AB 中点)，得 $B(\dfrac{1}{2}a,0,0), C_1(0,\dfrac{\sqrt{3}}{2}a,a), C(0,\dfrac{\sqrt{3}}{2}a,0), A_1(-\dfrac{1}{2}a,0,a)$，求得

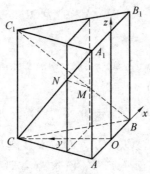

图 3.191

$$M(\tfrac{1}{2}\lambda a, \tfrac{\sqrt{3}}{2}(1-\lambda)a, (1-\lambda)a), N(-\tfrac{1}{2}\lambda a, \tfrac{\sqrt{3}}{2}(1-\lambda)a, \lambda a)$$

$$MN = \sqrt{\lambda^2 a^2 + (1-2\lambda)^2 a^2} = \sqrt{a^2(5\lambda^2 - 4\lambda + 1)}$$

$$=a\sqrt{5(\lambda-\frac{2}{5})^2+\frac{1}{5}}$$

故当 $\lambda=\frac{2}{5}$ 时，MN 有最小值 $\sqrt{\frac{1}{5}}$.

当 $\frac{BM}{BC_1}=\frac{1}{3}$ 时，$\lambda=\frac{MC_1}{BC_1}=\frac{2}{3}$，$MN=a\sqrt{\left(\frac{2}{3}\right)^2+\left(2\cdot\frac{2}{3}-1\right)^2}=\frac{\sqrt{5}}{3}$

3.224 如图 3.192 所示，直线 l 上顺次三点 A,B,C，$AB=10$，$BC=22$，A,B,C 与直线 m 的距离分别为 12，13，20，求直线 l 与 m 的距离.

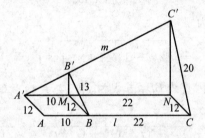

图 3.192

解 设点 A,B,C 在 m 上的射影分别为点 A',B',C'，则 $AA'=12$，$BB'=13$，$CC'=20$. 顺次作 $A'M\underline{\parallel}AB$，$MN\underline{\parallel}BC$，易见 m 与平面 MBB'，NCC' 及直线 BM 都垂直，于是易见 $MB'\parallel NC'$，$\frac{MB'}{NC'}=\frac{10}{10+22}=\frac{5}{16}$. 可设 $MB'=5t$，$NC'=16t$. 因 $\angle BMB'=\angle CNC'$，由余弦定理得

$$\frac{12^2+(5t)^2-13^2}{2\cdot 12\cdot 5t}=\frac{12^2+(16t)^2-20^2}{2\cdot 12\cdot 16t}\Rightarrow 5(t^2-1)=16(t^2-1)$$

解得（正值）$t=1$，从而 $MB'=5$，易见 $\angle BMB'=90°$，从而易见 BM 及 AA' 都垂直于平面 $A'MB'$，于是 AA' 垂直于 $A'M$ 及 l，AA' 为 l 与 m 的公垂线，其长 12 为 l,m 的距离.

3.225 正方体 $ABCD$-$A_1B_1C_1D_1$ 的棱长为 1，一个球与直线 AC，CB_1，B_1A，BB_1 相切，与 BB_1 相切于 BB_1 延长线上，求球半径.

解 取坐标轴如图 3.193 所示，得 A,B_1,C 的坐标如图所示. 据对称性知球心在直线 D_1B（其方程为 $x=y=z$）上，故设球心为 $O(t,t,t)$，则

$$OA^2=OB_1^2=2(t-1)^2+t^2$$

用三角、解析几何等计算解来自俄罗斯的几何题

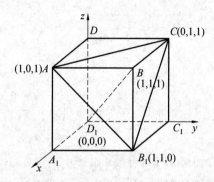

图 3.193

点 O 到 AB_1 的距离为

$$\sqrt{OA^2-\left(\frac{AB_1}{2}\right)^2}=\sqrt{2(t-1)^2+t^2-\left(\frac{1}{\sqrt{2}}\right)^2}=\sqrt{2(t-1)^2+t^2-\frac{1}{2}}$$

求点 O 到 BB_1 距离:因直线 BB_1 方程为 $x=1,y=1$,点 O 在其上射影为 $(1,1,t)$,故此距离为

$$\sqrt{(t-1)^2+(t-1)^2+(t-t)^2}=\sqrt{2(t-1)^2}$$

上二距离应相等,故

$$2(t-1)^2+t^2-\frac{1}{2}=2(t-1)^2\Rightarrow t=\pm\frac{1}{\sqrt{2}}$$

当 $t=\frac{1}{\sqrt{2}}$ 时,球在直线 BB_1 上的切点为 $(1,1,\frac{1}{\sqrt{2}})$,在棱 BB_1 内,不合题意;当 $t=-\frac{1}{\sqrt{2}}$ 时,上述切点 $(1,1,-\frac{1}{\sqrt{2}})$,显然在 BB_1 延长线上,合题意.所求半径

$$\sqrt{2(t-1)^2}=\sqrt{2(-\frac{1}{\sqrt{2}}-1)^2}=\sqrt{2(\frac{1}{\sqrt{2}}+1)^2}=\sqrt{(1+\sqrt{2})^2}=1+\sqrt{2}$$

刘培杰数学工作室
已出版(即将出版)图书目录——初等数学

书 名	出版时间	定 价	编号
新编中学数学解题方法全书(高中版)上卷(第2版)	2018—08	58.00	951
新编中学数学解题方法全书(高中版)中卷(第2版)	2018—08	68.00	952
新编中学数学解题方法全书(高中版)下卷(一)(第2版)	2018—08	58.00	953
新编中学数学解题方法全书(高中版)下卷(二)(第2版)	2018—08	58.00	954
新编中学数学解题方法全书(高中版)下卷(三)(第2版)	2018—08	68.00	955
新编中学数学解题方法全书(初中版)上卷	2008—01	28.00	29
新编中学数学解题方法全书(初中版)中卷	2010—07	38.00	75
新编中学数学解题方法全书(高考复习卷)	2010—01	48.00	67
新编中学数学解题方法全书(高考真题卷)	2010—01	38.00	62
新编中学数学解题方法全书(高考精华卷)	2011—03	68.00	118
新编平面解析几何解题方法全书(专题讲座卷)	2010—01	18.00	61
新编中学数学解题方法全书(自主招生卷)	2013—08	88.00	261
数学奥林匹克与数学文化(第一辑)	2006—05	48.00	4
数学奥林匹克与数学文化(第二辑)(竞赛卷)	2008—01	48.00	19
数学奥林匹克与数学文化(第二辑)(文化卷)	2008—07	58.00	36′
数学奥林匹克与数学文化(第三辑)(竞赛卷)	2010—01	48.00	59
数学奥林匹克与数学文化(第四辑)(竞赛卷)	2011—08	58.00	87
数学奥林匹克与数学文化(第五辑)	2015—06	98.00	370
世界著名平面几何经典著作钩沉——几何作图专题卷(上)	2009—06	48.00	49
世界著名平面几何经典著作钩沉——几何作图专题卷(下)	2011—01	88.00	80
世界著名平面几何经典著作钩沉(民国平面几何老课本)	2011—03	38.00	113
世界著名平面几何经典著作钩沉(建国初期平面三角老课本)	2015—08	38.00	507
世界著名解析几何经典著作钩沉——平面解析几何卷	2014—01	38.00	264
世界著名数论经典著作钩沉(算术卷)	2012—01	28.00	125
世界著名数学经典著作钩沉——立体几何卷	2011—02	28.00	88
世界著名三角学经典著作钩沉(平面三角卷Ⅰ)	2010—06	28.00	69
世界著名三角学经典著作钩沉(平面三角卷Ⅱ)	2011—01	38.00	78
世界著名初等数论经典著作钩沉(理论和实用算术卷)	2011—07	38.00	126
发展你的空间想象力	2017—06	38.00	785
空间想象力进阶	2019—05	68.00	1062
走向国际数学奥林匹克的平面几何试题诠释.第1卷	2019—07	88.00	1043
走向国际数学奥林匹克的平面几何试题诠释.第2卷	2019—09	78.00	1044
走向国际数学奥林匹克的平面几何试题诠释.第3卷	2019—03	78.00	1045
走向国际数学奥林匹克的平面几何试题诠释.第4卷	2019—09	98.00	1046
平面几何证明方法全书	2007—08	35.00	1
平面几何证明方法全书习题解答(第2版)	2006—12	18.00	10
平面几何天天练上卷·基础篇(直线型)	2013—01	58.00	208
平面几何天天练中卷·基础篇(涉及圆)	2013—01	28.00	234
平面几何天天练下卷·提高篇	2013—01	58.00	237
平面几何专题研究	2013—07	98.00	258

刘培杰数学工作室
已出版(即将出版)图书目录——初等数学

书 名	出版时间	定 价	编号
最新世界各国数学奥林匹克中的平面几何试题	2007—09	38.00	14
数学竞赛平面几何典型题及新颖解	2010—07	48.00	74
初等数学复习及研究(平面几何)	2008—09	58.00	38
初等数学复习及研究(立体几何)	2010—06	38.00	71
初等数学复习及研究(平面几何)习题解答	2009—01	48.00	42
几何学教程(平面几何卷)	2011—03	68.00	90
几何学教程(立体几何卷)	2011—07	68.00	130
几何变换与几何证题	2010—06	88.00	70
计算方法与几何证题	2011—06	28.00	129
立体几何技巧与方法	2014—04	88.00	293
几何瑰宝——平面几何500名题暨1000条定理(上、下)	2010—07	138.00	76,77
三角形的解法与应用	2012—07	18.00	183
近代的三角形几何学	2012—07	48.00	184
一般折线几何学	2015—08	48.00	503
三角形的五心	2009—06	28.00	51
三角形的六心及其应用	2015—10	68.00	542
三角形趣谈	2012—08	28.00	212
解三角形	2014—01	28.00	265
三角学专门教程	2014—09	28.00	387
图天下几何新题试卷.初中(第2版)	2017—11	58.00	855
圆锥曲线习题集(上册)	2013—06	68.00	255
圆锥曲线习题集(中册)	2015—01	78.00	434
圆锥曲线习题集(下册·第1卷)	2016—10	78.00	683
圆锥曲线习题集(下册·第2卷)	2018—01	98.00	853
论九点圆	2015—05	88.00	645
近代欧氏几何学	2012—03	48.00	162
罗巴切夫斯基几何学及几何基础概要	2012—07	28.00	188
罗巴切夫斯基几何学初步	2015—06	28.00	474
用三角、解析几何、复数、向量计算解数学竞赛几何题	2015—03	48.00	455
美国中学几何教程	2015—04	88.00	458
三线坐标与三角形特征点	2015—04	98.00	460
平面解析几何方法与研究(第1卷)	2015—05	18.00	471
平面解析几何方法与研究(第2卷)	2015—06	18.00	472
平面解析几何方法与研究(第3卷)	2015—07	18.00	473
解析几何研究	2015—01	38.00	425
解析几何学教程.上	2016—01	38.00	574
解析几何学教程.下	2016—01	38.00	575
几何学基础	2016—01	58.00	581
初等几何研究	2015—02	58.00	444
十九和二十世纪欧氏几何学中的片段	2017—01	58.00	696
平面几何中考.高考.奥数一本通	2017—07	28.00	820
几何学简史	2017—08	28.00	833
四面体	2018—01	48.00	880
平面几何证明方法思路	2018—12	68.00	913
平面几何图形特性新析.上篇	2019—01	68.00	911
平面几何图形特性新析.下篇	2018—06	88.00	912
平面几何范例多解探究.上篇	2018—04	48.00	910
平面几何范例多解探究.下篇	2018—12	68.00	914
从分析解题过程学解题:竞赛中的几何问题研究	2018—07	68.00	946
从分析解题过程学解题:竞赛中的向量几何与不等式研究(全2册)	2019—06	138.00	1090
二维、三维欧氏几何的对偶原理	2018—12	38.00	990
星形大观及闭折线论	2019—03	68.00	1020
圆锥曲线之设点与设线	2019—05	60.00	1063

刘培杰数学工作室
已出版(即将出版)图书目录——初等数学

书　名	出版时间	定　价	编号
俄罗斯平面几何问题集	2009—08	88.00	55
俄罗斯立体几何问题集	2014—03	58.00	283
俄罗斯几何大师——沙雷金论数学及其他	2014—01	48.00	271
来自俄罗斯的5000道几何习题及解答	2011—03	58.00	89
俄罗斯初等数学问题集	2012—05	38.00	177
俄罗斯函数问题集	2011—03	38.00	103
俄罗斯组合分析问题集	2011—01	48.00	79
俄罗斯初等数学万题选——三角卷	2012—11	38.00	222
俄罗斯初等数学万题选——代数卷	2013—08	68.00	225
俄罗斯初等数学万题选——几何卷	2014—01	68.00	226
俄罗斯《量子》杂志数学征解问题100题选	2018—08	48.00	969
俄罗斯《量子》杂志数学征解问题又100题选	2018—08	48.00	970
463个俄罗斯几何老问题	2012—01	28.00	152
《量子》数学短文精粹	2018—09	38.00	972
谈谈素数	2011—03	18.00	91
平方和	2011—03	18.00	92
整数论	2011—05	38.00	120
从整数谈起	2015—10	28.00	538
数与多项式	2016—01	38.00	558
谈谈不定方程	2011—05	28.00	119
解析不等式新论	2009—06	68.00	48
建立不等式的方法	2011—03	98.00	104
数学奥林匹克不等式研究	2009—08	68.00	56
不等式研究(第二辑)	2012—02	68.00	153
不等式的秘密(第一卷)(第2版)	2014—02	38.00	286
不等式的秘密(第二卷)	2014—01	38.00	268
初等不等式的证明方法	2010—06	38.00	123
初等不等式的证明方法(第二版)	2014—11	38.00	407
不等式·理论·方法(基础卷)	2015—07	38.00	496
不等式·理论·方法(经典不等式卷)	2015—07	38.00	497
不等式·理论·方法(特殊类型不等式卷)	2015—07	48.00	498
不等式探究	2016—03	38.00	582
不等式探秘	2017—01	88.00	689
四面体不等式	2017—01	68.00	715
数学奥林匹克中常见重要不等式	2017—09	38.00	845
三正弦不等式	2018—09	98.00	974
函数方程与不等式:解法与稳定性结果	2019—04	68.00	1058
同余理论	2012—05	38.00	163
[x]与{x}	2015—04	48.00	476
极值与最值.上卷	2015—06	28.00	486
极值与最值.中卷	2015—06	38.00	487
极值与最值.下卷	2015—06	28.00	488
整数的性质	2012—11	38.00	192
完全平方数及其应用	2015—08	78.00	506
多项式理论	2015—10	88.00	541
奇数、偶数、奇偶分析法	2018—01	98.00	876
不定方程及其应用.上	2018—12	58.00	992
不定方程及其应用.中	2019—01	78.00	993
不定方程及其应用.下	2019—02	98.00	994

刘培杰数学工作室
已出版(即将出版)图书目录——初等数学

书 名	出版时间	定 价	编号
历届美国中学生数学竞赛试题及解答(第一卷)1950—1954	2014—07	18.00	277
历届美国中学生数学竞赛试题及解答(第二卷)1955—1959	2014—04	18.00	278
历届美国中学生数学竞赛试题及解答(第三卷)1960—1964	2014—06	18.00	279
历届美国中学生数学竞赛试题及解答(第四卷)1965—1969	2014—04	28.00	280
历届美国中学生数学竞赛试题及解答(第五卷)1970—1972	2014—06	18.00	281
历届美国中学生数学竞赛试题及解答(第六卷)1973—1980	2017—07	18.00	768
历届美国中学生数学竞赛试题及解答(第七卷)1981—1986	2015—01	18.00	424
历届美国中学生数学竞赛试题及解答(第八卷)1987—1990	2017—05	18.00	769
历届中国数学奥林匹克试题集(第2版)	2017—03	38.00	757
历届加拿大数学奥林匹克试题集	2012—08	38.00	215
历届美国数学奥林匹克试题集:多解推广加强(第2版)	2016—03	48.00	592
历届波兰数学竞赛试题集.第1卷,1949~1963	2015—03	18.00	453
历届波兰数学竞赛试题集.第2卷,1964~1976	2015—03	18.00	454
历届巴尔干数学奥林匹克试题集	2015—05	38.00	466
保加利亚数学奥林匹克	2014—10	38.00	393
圣彼得堡数学奥林匹克试题集	2015—01	38.00	429
匈牙利奥林匹克数学竞赛题解.第1卷	2016—05	28.00	593
匈牙利奥林匹克数学竞赛题解.第2卷	2016—05	28.00	594
历届美国数学邀请赛试题集(第2版)	2017—10	78.00	851
全国高中数学竞赛试题及解答.第1卷	2014—07	38.00	331
普林斯顿大学数学竞赛	2016—06	38.00	669
亚太地区数学奥林匹克竞赛题	2015—07	18.00	492
日本历届(初级)广中杯数学竞赛试题及解答.第1卷(2000~2007)	2016—05	28.00	641
日本历届(初级)广中杯数学竞赛试题及解答.第2卷(2008~2015)	2016—05	38.00	642
360个数学竞赛问题	2016—08	58.00	677
奥数最佳实战题.上卷	2017—06	38.00	760
奥数最佳实战题.下卷	2017—05	58.00	761
哈尔滨市早期中学数学竞赛试题汇编	2016—07	28.00	672
全国高中数学联赛试题及解答:1981—2017(第2版)	2018—05	98.00	920
20世纪50年代全国部分城市数学竞赛试题汇编	2017—07	28.00	797
国内外数学竞赛题及精解:2017~2018	2019—06	45.00	1092
许康华竞赛优学精选集.第一辑	2018—08	68.00	949
天问叶班数学问题征解100题.Ⅰ,2016—2018	2019—05	88.00	1075
美国初中数学竞赛:AMC8准备(共6卷)	2019—07	138.00	1089
美国高中数学竞赛:AMC10准备(共6卷)	2019—08	158.00	1105
高考数学临门一脚(含密押三套卷)(理科版)	2017—01	45.00	743
高考数学临门一脚(含密押三套卷)(文科版)	2017—01	45.00	744
新课标高考数学题型全归纳(文科版)	2015—05	72.00	467
新课标高考数学题型全归纳(理科版)	2015—05	82.00	468
洞穿高考数学解答题核心考点(理科版)	2015—11	49.80	550
洞穿高考数学解答题核心考点(文科版)	2015—11	46.80	551

刘培杰数学工作室
已出版(即将出版)图书目录——初等数学

书 名	出版时间	定价	编号
高考数学题型全归纳:文科版.上	2016—05	53.00	663
高考数学题型全归纳:文科版.下	2016—05	53.00	664
高考数学题型全归纳:理科版.上	2016—05	58.00	665
高考数学题型全归纳:理科版.下	2016—05	58.00	666
王连笑教你怎样学数学:高考选择题解题策略与客观题实用训练	2014—01	48.00	262
王连笑教你怎样学数学:高考数学高层次讲座	2015—02	48.00	432
高考数学的理论与实践	2009—08	38.00	53
高考数学核心题型解题方法与技巧	2010—01	28.00	86
高考思维新平台	2014—03	38.00	259
30分钟拿下高考数学选择题、填空题(理科版)	2016—10	39.80	720
30分钟拿下高考数学选择题、填空题(文科版)	2016—10	39.80	721
高考数学压轴题解题诀窍(上)(第2版)	2018—01	58.00	874
高考数学压轴题解题诀窍(下)(第2版)	2018—01	48.00	875
北京市五区文科数学三年高考模拟题详解:2013~2015	2015—08	48.00	500
北京市五区理科数学三年高考模拟题详解:2013~2015	2015—09	68.00	505
向量法巧解数学高考题	2009—08	28.00	54
高考数学万能解题法(第2版)	即将出版	38.00	691
高考物理万能解题法(第2版)	即将出版	38.00	692
高考化学万能解题法(第2版)	即将出版	28.00	693
高考生物万能解题法(第2版)	即将出版	28.00	694
高考数学解题金典(第2版)	2017—01	78.00	716
高考物理解题金典(第2版)	2019—05	68.00	717
高考化学解题金典(第2版)	2019—05	58.00	718
我一定要赚分:高中物理	2016—01	38.00	580
数学高考参考	2016—01	78.00	589
2011~2015年全国及各省市高考数学文科精品试题审题要津与解法研究	2015—10	68.00	539
2011~2015年全国及各省市高考数学理科精品试题审题要津与解法研究	2015—10	88.00	540
最新全国及各省市高考数学试卷解法研究及点拨评析	2009—02	38.00	41
2011年全国及各省市高考数学试题审题要津与解法研究	2011—10	48.00	139
2013年全国及各省市高考数学试题解析与点评	2014—01	48.00	282
全国及各省市高考数学试题审题要津与解法研究	2015—02	48.00	450
高中数学章节起始课的教学研究与案例设计	2019—05	28.00	1064
新课标高考数学——五年试题分章详解(2007~2011)(上、下)	2011—10	78.00	140,141
全国中考数学压轴题审题要津与解法研究	2013—04	78.00	248
新编全国及各省市中考数学压轴题审题要津与解法研究	2014—05	58.00	342
全国及各省市5年中考数学压轴题审题要津与解法研究(2015版)	2015—04	58.00	462
中考数学专题总复习	2007—04	28.00	6
中考数学较难题常考题型解题方法与技巧	2016—09	48.00	681
中考数学难题常考题型解题方法与技巧	2016—09	48.00	682
中考数学中档题常考题型解题方法与技巧	2017—08	68.00	835
中考数学选择填空压轴好题妙解365	2017—05	38.00	759
高考数学之九章演义	2019—08	68.00	1044
化学可以这样学:高中化学知识方法智慧感悟疑难辨析	2019—07	58.00	1103

— 5 —

刘培杰数学工作室
已出版(即将出版)图书目录——初等数学

书　名	出版时间	定　价	编号
中考数学小压轴汇编初讲	2017—07	48.00	788
中考数学大压轴专题微言	2017—09	48.00	846
怎么解中考平面几何探索题	2019—06	48.00	1093
北京中考数学压轴题解题方法突破(第4版)	2019—01	58.00	1001
助你高考成功的数学解题智慧:知识是智慧的基础	2016—01	58.00	596
助你高考成功的数学解题智慧:错误是智慧的试金石	2016—04	58.00	643
助你高考成功的数学解题智慧:方法是智慧的推手	2016—04	68.00	657
高考数学奇思妙解	2016—04	38.00	610
高考数学解题策略	2016—05	48.00	670
数学解题泄天机(第2版)	2017—10	48.00	850
高考物理压轴题全解	2017—04	48.00	746
高中物理经典问题25讲	2017—05	28.00	764
高中物理教学讲义	2018—01	48.00	871
2016年高考文科数学真题研究	2017—04	58.00	754
2016年高考理科数学真题研究	2017—04	78.00	755
2017年高考理科数学真题研究	2018—01	58.00	867
2017年高考文科数学真题研究	2018—01	48.00	868
初中数学、高中数学脱节知识补缺教材	2017—06	48.00	766
高考数学小题抢分必练	2017—10	48.00	834
高考数学核心素养解读	2017—09	38.00	839
高考数学客观题解题方法和技巧	2017—10	38.00	847
十年高考数学精品试题审题要津与解法研究.上卷	2018—01	68.00	872
十年高考数学精品试题审题要津与解法研究.下卷	2018—01	58.00	873
中国历届高考数学试题及解答.1949—1979	2018—01	38.00	877
历届中国高考数学试题及解答.第二卷,1980—1989	2018—10	28.00	975
历届中国高考数学试题及解答.第三卷,1990—1999	2018—10	48.00	976
数学文化与高考研究	2018—03	48.00	882
跟我学解高中数学题	2018—07	58.00	926
中学数学研究的方法及案例	2018—05	58.00	869
高考数学抢分技能	2018—07	48.00	934
高一新生常用数学方法和重要数学思想提升教材	2018—06	38.00	921
2018年高考数学真题研究	2019—01	68.00	1000
高考数学全国卷16道选择、填空题常考题型解题诀窍:理科	2018—09	88.00	971
高中数学一题多解	2019—06	58.00	1087
新编640个世界著名数学智力趣题	2014—01	88.00	242
500个最新世界著名数学智力趣题	2008—06	48.00	3
400个最新世界著名数学最值问题	2008—09	48.00	36
500个世界著名数学征解问题	2009—06	48.00	52
400个中国最佳初等数学征解老问题	2010—01	48.00	60
500个俄罗斯数学经典老题	2011—01	28.00	81
1000个国外中学物理好题	2012—05	48.00	174
300个日本高考数学题	2012—05	38.00	142
700个早期日本高考数学试题	2017—02	88.00	752
500个前苏联早期高考数学试题及解答	2012—05	28.00	185
546个早期俄罗斯大学生数学竞赛题	2014—03	38.00	285
548个来自美苏的数学好问题	2014—11	28.00	396
20所苏联著名大学早期入学试题	2015—02	18.00	452
161道德国工科大学生必做的微分方程习题	2015—05	28.00	469
500个德国工科大学生必做的高数习题	2015—06	28.00	478
360个数学竞赛问题	2016—08	58.00	677
200个趣味数学故事	2018—02	48.00	857
470个数学奥林匹克中的最值问题	2018—10	88.00	985
德国讲义日本考题.微积分卷	2015—04	48.00	456
德国讲义日本考题.微分方程卷	2015—04	38.00	457
二十世纪中叶中、英、美、日、法、俄高考数学试题精选	2017—06	38.00	783

刘培杰数学工作室
已出版(即将出版)图书目录——初等数学

书　名	出版时间	定　价	编号
中国初等数学研究　2009卷(第1辑)	2009—05	20.00	45
中国初等数学研究　2010卷(第2辑)	2010—05	30.00	68
中国初等数学研究　2011卷(第3辑)	2011—07	60.00	127
中国初等数学研究　2012卷(第4辑)	2012—07	48.00	190
中国初等数学研究　2014卷(第5辑)	2014—02	48.00	288
中国初等数学研究　2015卷(第6辑)	2015—06	68.00	493
中国初等数学研究　2016卷(第7辑)	2016—04	68.00	609
中国初等数学研究　2017卷(第8辑)	2017—01	98.00	712
几何变换(Ⅰ)	2014—07	28.00	353
几何变换(Ⅱ)	2015—06	28.00	354
几何变换(Ⅲ)	2015—01	38.00	355
几何变换(Ⅳ)	2015—12	38.00	356
初等数论难题集(第一卷)	2009—05	68.00	44
初等数论难题集(第二卷)(上、下)	2011—02	128.00	82,83
数论概貌	2011—03	18.00	93
代数数论(第二版)	2013—08	58.00	94
代数多项式	2014—06	38.00	289
初等数论的知识与问题	2011—02	28.00	95
超越数论基础	2011—03	28.00	96
数论初等教程	2011—03	28.00	97
数论基础	2011—03	18.00	98
数论基础与维诺格拉多夫	2014—03	18.00	292
解析数论基础	2012—08	28.00	216
解析数论基础(第二版)	2014—01	48.00	287
解析数论问题集(第二版)(原版引进)	2014—05	88.00	343
解析数论问题集(第二版)(中译本)	2016—04	88.00	607
解析数论基础(潘承洞,潘承彪著)	2016—07	98.00	673
解析数论导引	2016—07	58.00	674
数论入门	2011—03	38.00	99
代数数论入门	2015—03	38.00	448
数论开篇	2012—07	28.00	194
解析数论引论	2011—03	48.00	100
Barban Davenport Halberstam 均值和	2009—01	40.00	33
基础数论	2011—03	28.00	101
初等数论100例	2011—05	18.00	122
初等数论经典例题	2012—07	18.00	204
最新世界各国数学奥林匹克中的初等数论试题(上、下)	2012—01	138.00	144,145
初等数论(Ⅰ)	2012—01	18.00	156
初等数论(Ⅱ)	2012—01	18.00	157
初等数论(Ⅲ)	2012—01	28.00	158

刘培杰数学工作室
已出版(即将出版)图书目录——初等数学

书　　名	出版时间	定　价	编号
平面几何与数论中未解决的新老问题	2013—01	68.00	229
代数数论简史	2014—11	28.00	408
代数数论	2015—09	88.00	532
代数、数论及分析习题集	2016—11	98.00	695
数论导引提要及习题解答	2016—01	48.00	559
素数定理的初等证明.第2版	2016—09	48.00	686
数论中的模函数与狄利克雷级数(第二版)	2017—11	78.00	837
数论:数学导引	2018—01	68.00	849
范氏大代数	2019—02	98.00	1016
解析数学讲义.第一卷,导来式及微分、积分、级数	2019—04	88.00	1021
解析数学讲义.第二卷,关于几何的应用	2019—04	68.00	1022
解析数学讲义.第三卷,解析函数论	2019—04	78.00	1023
分析·组合·数论纵横谈	2019—04	58.00	1039
数学精神巡礼	2019—01	58.00	731
数学眼光透视(第2版)	2017—06	78.00	732
数学思想领悟(第2版)	2018—01	68.00	733
数学方法溯源(第2版)	2018—08	68.00	734
数学解题引论	2017—05	58.00	735
数学史话览胜(第2版)	2017—01	48.00	736
数学应用展观(第2版)	2017—08	68.00	737
数学建模尝试	2018—04	48.00	738
数学竞赛采风	2018—01	68.00	739
数学测评探营	2019—05	58.00	740
数学技能操握	2018—03	48.00	741
数学欣赏拾趣	2018—02	48.00	742
从毕达哥拉斯到怀尔斯	2007—10	48.00	9
从迪利克雷到维斯卡尔迪	2008—01	48.00	21
从哥德巴赫到陈景润	2008—05	98.00	35
从庞加莱到佩雷尔曼	2011—08	138.00	136
博弈论精粹	2008—03	58.00	30
博弈论精粹.第二版(精装)	2015—01	88.00	461
数学 我爱你	2008—01	28.00	20
精神的圣徒　别样的人生——60位中国数学家成长的历程	2008—09	48.00	39
数学史概论	2009—06	78.00	50
数学史概论(精装)	2013—03	158.00	272
数学史选讲	2016—01	48.00	544
斐波那契数列	2010—02	28.00	65
数学拼盘和斐波那契魔方	2010—07	38.00	72
斐波那契数列欣赏(第2版)	2018—08	58.00	948
Fibonacci 数列中的明珠	2018—06	58.00	928
数学的创造	2011—02	48.00	85
数学美与创造力	2016—01	48.00	595
数海拾贝	2016—01	48.00	590
数学中的美(第2版)	2019—04	68.00	1057
数论中的美学	2014—12	38.00	351

刘培杰数学工作室
已出版（即将出版）图书目录——初等数学

书　名	出版时间	定　价	编号
数学王者　科学巨人——高斯	2015—01	28.00	428
振兴祖国数学的圆梦之旅:中国初等数学研究史话	2015—06	98.00	490
二十世纪中国数学史料研究	2015—10	48.00	536
数字谜、数阵图与棋盘覆盖	2016—01	58.00	298
时间的形状	2016—01	38.00	556
数学发现的艺术:数学探索中的合情推理	2016—07	58.00	671
活跃在数学中的参数	2016—07	48.00	675
数学解题——靠数学思想给力(上)	2011—07	38.00	131
数学解题——靠数学思想给力(中)	2011—07	48.00	132
数学解题——靠数学思想给力(下)	2011—07	38.00	133
我怎样解题	2013—01	48.00	227
数学解题中的物理方法	2011—06	28.00	114
数学解题的特殊方法	2011—06	48.00	115
中学数学计算技巧	2012—01	48.00	116
中学数学证明方法	2012—01	58.00	117
数学趣题巧解	2012—03	28.00	128
高中数学教学通鉴	2015—05	58.00	479
和高中生漫谈：数学与哲学的故事	2014—08	28.00	369
算术问题集	2017—03	38.00	789
张教授讲数学	2018—07	38.00	933
自主招生考试中的参数方程问题	2015—01	28.00	435
自主招生考试中的极坐标问题	2015—04	28.00	463
近年全国重点大学自主招生数学试题全解及研究.华约卷	2015—02	38.00	441
近年全国重点大学自主招生数学试题全解及研究.北约卷	2016—05	38.00	619
自主招生数学解证宝典	2015—09	48.00	535
格点和面积	2012—07	18.00	191
射影几何趣谈	2012—04	28.00	175
斯潘纳尔引理——从一道加拿大数学奥林匹克试题谈起	2014—01	28.00	228
李普希兹条件——从几道近年高考数学试题谈起	2012—10	18.00	221
拉格朗日中值定理——从一道北京高考试题的解法谈起	2015—10	18.00	197
闵科夫斯基定理——从一道清华大学自主招生试题谈起	2014—01	28.00	198
哈尔测度——从一道冬令营试题的背景谈起	2012—08	28.00	202
切比雪夫逼近问题——从一道中国台北数学奥林匹克试题谈起	2013—04	38.00	238
伯恩斯坦多项式与贝齐尔曲面——从一道全国高中数学联赛试题谈起	2013—03	38.00	236
卡塔兰猜想——从一道普特南竞赛试题谈起	2013—06	18.00	256
麦卡锡函数和阿克曼函数——从一道前南斯拉夫数学奥林匹克试题谈起	2012—08	18.00	201
贝蒂定理与拉姆贝克莫斯尔定理——从一个拣石子游戏谈起	2012—08	18.00	217
皮亚诺曲线和豪斯道夫分球定理——从无限集谈起	2012—08	18.00	211
平面凸图形与凸多面体	2012—10	28.00	218
斯坦因豪斯问题——从一道二十五省市自治区中学数学竞赛试题谈起	2012—07	18.00	196

刘培杰数学工作室
已出版(即将出版)图书目录——初等数学

书　名	出版时间	定　价	编号
纽结理论中的亚历山大多项式与琼斯多项式——从一道北京市高一数学竞赛试题谈起	2012—07	28.00	195
原则与策略——从波利亚"解题表"谈起	2013—04	38.00	244
转化与化归——从三大尺规作图不能问题谈起	2012—08	28.00	214
代数几何中的贝齐定理(第一版)——从一道 IMO 试题的解法谈起	2013—08	18.00	193
成功连贯理论与约当块理论——从一道比利时数学竞赛试题谈起	2012—04	18.00	180
素数判定与大数分解	2014—08	18.00	199
置换多项式及其应用	2012—10	18.00	220
椭圆函数与模函数——从一道美国加州大学洛杉矶分校(UCLA)博士资格考题谈起	2012—10	28.00	219
差分方程的拉格朗日方法——从一道 2011 年全国高考理科试题的解法谈起	2012—08	28.00	200
力学在几何中的一些应用	2013—01	38.00	240
高斯散度定理、斯托克斯定理和平面格林定理——从一道国际大学生数学竞赛试题谈起	即将出版		
康托洛维奇不等式——从一道全国高中联赛试题谈起	2013—03	28.00	337
西格尔引理——从一道第 18 届 IMO 试题的解法谈起	即将出版		
罗斯定理——从一道前苏联数学竞赛试题谈起	即将出版		
拉克斯定理和阿廷定理——从一道 IMO 试题的解法谈起	2014—01	58.00	246
毕卡大定理——从一道美国大学数学竞赛试题谈起	2014—07	18.00	350
贝齐尔曲线——从一道全国高中联赛试题谈起	即将出版		
拉格朗日乘子定理——从一道 2005 年全国高中联赛试题的高等数学解法谈起	2015—05	28.00	480
雅可比定理——从一道日本数学奥林匹克试题谈起	2013—04	48.00	249
李天岩-约克定理——从一道波兰数学竞赛试题谈起	2014—06	28.00	349
整系数多项式因式分解的一般方法——从克朗耐克算法谈起	即将出版		
布劳维不动点定理——从一道前苏联数学奥林匹克试题谈起	2014—01	38.00	273
伯恩赛德定理——从一道英国数学奥林匹克试题谈起	即将出版		
布查特-莫斯特定理——从一道上海市初中竞赛试题谈起	即将出版		
数论中的同余数问题——从一道普特南竞赛试题谈起	即将出版		
范·德蒙行列式——从一道美国数学奥林匹克试题谈起	即将出版		
中国剩余定理:总数法构建中国历史年表	2015—01	28.00	430
牛顿程序与方程求根——从一道全国高考试题解法谈起	即将出版		
库默尔定理——从一道 IMO 预选试题谈起	即将出版		
卢丁定理——从一道冬令营试题的解法谈起	即将出版		
沃斯滕霍姆定理——从一道 IMO 预选试题谈起	即将出版		
卡尔松不等式——从一道莫斯科数学奥林匹克试题谈起	即将出版		
信息论中的香农熵——从一道近年高考压轴题谈起	即将出版		
约当不等式——从一道希望杯竞赛试题谈起	即将出版		
拉比诺维奇定理	即将出版		
刘维尔定理——从一道《美国数学月刊》征解问题的解法谈起	即将出版		
卡塔兰恒等式与级数求和——从一道 IMO 试题的解法谈起	即将出版		
勒让德猜想与素数分布——从一道爱尔兰竞赛试题谈起	即将出版		
天平称重与信息论——从一道基辅市数学奥林匹克试题谈起	即将出版		
哈密尔顿-凯莱定理:从一道高中数学联赛试题的解法谈起	2014—09	18.00	376
艾思特曼定理——从一道 CMO 试题的解法谈起	即将出版		

刘培杰数学工作室
已出版(即将出版)图书目录——初等数学

书 名	出版时间	定价	编号
阿贝尔恒等式与经典不等式及应用	2018-06	98.00	923
迪利克雷除数问题	2018-07	48.00	930
糖水中的不等式——从初等数学到高等数学	2019-07	48.00	1093
帕斯卡三角形	2014-03	18.00	294
蒲丰投针问题——从2009年清华大学的一道自主招生试题谈起	2014-01	38.00	295
斯图姆定理——从一道"华约"自主招生试题的解法谈起	2014-01	18.00	296
许瓦兹引理——从一道加利福尼亚大学伯克利分校数学系博士生试题谈起	2014-08	18.00	297
拉姆塞定理——从王诗宬院士的一个问题谈起	2016-04	48.00	299
坐标法	2013-12	28.00	332
数论三角形	2014-04	38.00	341
毕克定理	2014-07	18.00	352
数林掠影	2014-09	48.00	389
我们周围的概率	2014-10	38.00	390
凸函数最值定理:从一道华约自主招生题的解法谈起	2014-10	28.00	391
易学与数学奥林匹克	2014-10	38.00	392
生物数学趣谈	2015-01	18.00	409
反演	2015-01	28.00	420
因式分解与圆锥曲线	2015-01	18.00	426
轨迹	2015-01	28.00	427
面积原理:从常庚哲命的一道CMO试题的积分解法谈起	2015-01	48.00	431
形形色色的不动点定理:从一道28届IMO试题谈起	2015-01	38.00	439
柯西函数方程:从一道上海交大自主招生的试题谈起	2015-02	28.00	440
三角恒等式	2015-02	28.00	442
无理性判定:从一道2014年"北约"自主招生试题谈起	2015-01	38.00	443
数学归纳法	2015-03	18.00	451
极端原理与解题	2015-04	28.00	464
法雷级数	2014-08	18.00	367
摆线族	2015-01	38.00	438
函数方程及其解法	2015-05	38.00	470
含参数的方程和不等式	2012-09	28.00	213
希尔伯特第十问题	2016-01	38.00	543
无穷小量的求和	2016-01	28.00	545
切比雪夫多项式:从一道清华大学金秋营试题谈起	2016-01	38.00	583
泽肯多夫定理	2016-03	38.00	599
代数等式证题法	2016-01	28.00	600
三角等式证题法	2016-01	28.00	601
吴大任教授藏书中的一个因式分解公式:从一道美国数学邀请赛试题的解法谈起	2016-06	28.00	656
易卦——类万物的数学模型	2017-08	68.00	838
"不可思议"的数与数系可持续发展	2018-01	38.00	878
最短线	2018-01	38.00	879
幻方和魔方(第一卷)	2012-05	68.00	173
尘封的经典——初等数学经典文献选读(第一卷)	2012-07	48.00	205
尘封的经典——初等数学经典文献选读(第二卷)	2012-07	38.00	206
初级方程式论	2011-03	28.00	106
初等数学研究(Ⅰ)	2008-09	68.00	37
初等数学研究(Ⅱ)(上、下)	2009-05	118.00	46,47

— 11 —

刘培杰数学工作室
已出版（即将出版）图书目录——初等数学

书　名	出版时间	定　价	编号
趣味初等方程妙题集锦	2014—09	48.00	388
趣味初等数论选美与欣赏	2015—02	48.00	445
耕读笔记(上卷)：一位农民数学爱好者的初数探索	2015—04	28.00	459
耕读笔记(中卷)：一位农民数学爱好者的初数探索	2015—05	28.00	483
耕读笔记(下卷)：一位农民数学爱好者的初数探索	2015—05	28.00	484
几何不等式研究与欣赏.上卷	2016—01	88.00	547
几何不等式研究与欣赏.下卷	2016—01	48.00	552
初等数列研究与欣赏·上	2016—01	48.00	570
初等数列研究与欣赏·下	2016—01	48.00	571
趣味初等函数研究与欣赏.上	2016—09	48.00	684
趣味初等函数研究与欣赏.下	2018—09	48.00	685
火柴游戏	2016—05	38.00	612
智力解谜.第1卷	2017—07	38.00	613
智力解谜.第2卷	2017—07	38.00	614
故事智力	2016—07	48.00	615
名人们喜欢的智力问题	即将出版		616
数学大师的发现、创造与失误	2018—01	48.00	617
异曲同工	2018—09	48.00	618
数学的味道	2018—01	58.00	798
数学千字文	2018—10	68.00	977
数贝偶拾——高考数学题研究	2014—04	28.00	274
数贝偶拾——初等数学研究	2014—04	38.00	275
数贝偶拾——奥数题研究	2014—04	48.00	276
钱昌本教你快乐学数学(上)	2011—12	48.00	155
钱昌本教你快乐学数学(下)	2012—03	58.00	171
集合、函数与方程	2014—01	28.00	300
数列与不等式	2014—01	38.00	301
三角与平面向量	2014—01	28.00	302
平面解析几何	2014—01	38.00	303
立体几何与组合	2014—01	28.00	304
极限与导数、数学归纳法	2014—01	38.00	305
趣味数学	2014—03	28.00	306
教材教法	2014—04	68.00	307
自主招生	2014—05	58.00	308
高考压轴题(上)	2015—01	48.00	309
高考压轴题(下)	2014—10	68.00	310
从费马到怀尔斯——费马大定理的历史	2013—10	198.00	Ⅰ
从庞加莱到佩雷尔曼——庞加莱猜想的历史	2013—10	298.00	Ⅱ
从切比雪夫到爱尔特希(上)——素数定理的初等证明	2013—07	48.00	Ⅲ
从切比雪夫到爱尔特希(下)——素数定理100年	2012—12	98.00	Ⅲ
从高斯到盖尔方特——二次域的高斯猜想	2013—10	198.00	Ⅳ
从库默尔到朗兰兹——朗兰兹猜想的历史	2014—01	98.00	Ⅴ
从比勃巴赫到德布朗斯——比勃巴赫猜想的历史	2014—02	298.00	Ⅵ
从麦比乌斯到陈省身——麦比乌斯变换与麦比乌斯带	2014—02	298.00	Ⅶ
从布尔到豪斯道夫——布尔方程与格论漫谈	2013—10	198.00	Ⅷ
从开普勒到阿诺德——三体问题的历史	2014—05	298.00	Ⅸ
从华林到华罗庚——华林问题的历史	2013—10	298.00	Ⅹ

刘培杰数学工作室
已出版(即将出版)图书目录——初等数学

书　名	出版时间	定价	编号
美国高中数学竞赛五十讲.第1卷(英文)	2014—08	28.00	357
美国高中数学竞赛五十讲.第2卷(英文)	2014—08	28.00	358
美国高中数学竞赛五十讲.第3卷(英文)	2014—09	28.00	359
美国高中数学竞赛五十讲.第4卷(英文)	2014—09	28.00	360
美国高中数学竞赛五十讲.第5卷(英文)	2014—10	28.00	361
美国高中数学竞赛五十讲.第6卷(英文)	2014—11	28.00	362
美国高中数学竞赛五十讲.第7卷(英文)	2014—12	28.00	363
美国高中数学竞赛五十讲.第8卷(英文)	2015—01	28.00	364
美国高中数学竞赛五十讲.第9卷(英文)	2015—01	28.00	365
美国高中数学竞赛五十讲.第10卷(英文)	2015—02	38.00	366
三角函数(第2版)	2017—04	38.00	626
不等式	2014—01	38.00	312
数列	2014—01	38.00	313
方程(第2版)	2017—04	38.00	624
排列和组合	2014—01	28.00	315
极限与导数(第2版)	2016—04	38.00	635
向量(第2版)	2018—08	58.00	627
复数及其应用	2014—08	28.00	318
函数	2014—01	38.00	319
集合	即将出版		320
直线与平面	2014—01	28.00	321
立体几何(第2版)	2016—04	38.00	629
解三角形	即将出版		323
直线与圆(第2版)	2016—11	38.00	631
圆锥曲线(第2版)	2016—09	48.00	632
解题通法(一)	2014—07	38.00	326
解题通法(二)	2014—07	38.00	327
解题通法(三)	2014—05	38.00	328
概率与统计	2014—01	28.00	329
信息迁移与算法	即将出版		330
IMO 50年.第1卷(1959—1963)	2014—11	28.00	377
IMO 50年.第2卷(1964—1968)	2014—11	28.00	378
IMO 50年.第3卷(1969—1973)	2014—09	28.00	379
IMO 50年.第4卷(1974—1978)	2016—04	38.00	380
IMO 50年.第5卷(1979—1984)	2015—04	38.00	381
IMO 50年.第6卷(1985—1989)	2015—04	58.00	382
IMO 50年.第7卷(1990—1994)	2016—01	48.00	383
IMO 50年.第8卷(1995—1999)	2016—06	38.00	384
IMO 50年.第9卷(2000—2004)	2015—04	58.00	385
IMO 50年.第10卷(2005—2009)	2016—01	48.00	386
IMO 50年.第11卷(2010—2015)	2017—03	48.00	646

刘培杰数学工作室
已出版(即将出版)图书目录——初等数学

书 名	出版时间	定价	编号
数学反思(2006—2007)	即将出版		915
数学反思(2008—2009)	2019—01	68.00	917
数学反思(2010—2011)	2018—05	58.00	916
数学反思(2012—2013)	2019—01	58.00	918
数学反思(2014—2015)	2019—03	78.00	919
历届美国大学生数学竞赛试题集.第一卷(1938—1949)	2015—01	28.00	397
历届美国大学生数学竞赛试题集.第二卷(1950—1959)	2015—01	28.00	398
历届美国大学生数学竞赛试题集.第三卷(1960—1969)	2015—01	28.00	399
历届美国大学生数学竞赛试题集.第四卷(1970—1979)	2015—01	18.00	400
历届美国大学生数学竞赛试题集.第五卷(1980—1989)	2015—01	28.00	401
历届美国大学生数学竞赛试题集.第六卷(1990—1999)	2015—01	28.00	402
历届美国大学生数学竞赛试题集.第七卷(2000—2009)	2015—08	18.00	403
历届美国大学生数学竞赛试题集.第八卷(2010—2012)	2015—01	18.00	404
新课标高考数学创新题解题诀窍:总论	2014—09	28.00	372
新课标高考数学创新题解题诀窍:必修1~5分册	2014—08	38.00	373
新课标高考数学创新题解题诀窍:选修2—1,2—2,1—1,1—2分册	2014—09	38.00	374
新课标高考数学创新题解题诀窍:选修2—3,4—4,4—5分册	2014—09	18.00	375
全国重点大学自主招生英文数学试题全攻略:词汇卷	2015—07	48.00	410
全国重点大学自主招生英文数学试题全攻略:概念卷	2015—01	28.00	411
全国重点大学自主招生英文数学试题全攻略:文章选读卷(上)	2016—09	38.00	412
全国重点大学自主招生英文数学试题全攻略:文章选读卷(下)	2017—01	58.00	413
全国重点大学自主招生英文数学试题全攻略:试题卷	2015—07	38.00	414
全国重点大学自主招生英文数学试题全攻略:名著欣赏卷	2017—03	48.00	415
劳埃德数学趣题大全.题目卷.1:英文	2016—01	18.00	516
劳埃德数学趣题大全.题目卷.2:英文	2016—01	18.00	517
劳埃德数学趣题大全.题目卷.3:英文	2016—01	18.00	518
劳埃德数学趣题大全.题目卷.4:英文	2016—01	18.00	519
劳埃德数学趣题大全.题目卷.5:英文	2016—01	18.00	520
劳埃德数学趣题大全.答案卷:英文	2016—01	18.00	521
李成章教练奥数笔记.第1卷	2016—01	48.00	522
李成章教练奥数笔记.第2卷	2016—01	48.00	523
李成章教练奥数笔记.第3卷	2016—01	38.00	524
李成章教练奥数笔记.第4卷	2016—01	38.00	525
李成章教练奥数笔记.第5卷	2016—01	38.00	526
李成章教练奥数笔记.第6卷	2016—01	38.00	527
李成章教练奥数笔记.第7卷	2016—01	38.00	528
李成章教练奥数笔记.第8卷	2016—01	48.00	529
李成章教练奥数笔记.第9卷	2016—01	28.00	530

刘培杰数学工作室
已出版(即将出版)图书目录——初等数学

书　名	出版时间	定　价	编号
第19～23届"希望杯"全国数学邀请赛试题审题要津详细评注(初一版)	2014—03	28.00	333
第19～23届"希望杯"全国数学邀请赛试题审题要津详细评注(初二、初三版)	2014—03	38.00	334
第19～23届"希望杯"全国数学邀请赛试题审题要津详细评注(高一版)	2014—03	28.00	335
第19～23届"希望杯"全国数学邀请赛试题审题要津详细评注(高二版)	2014—03	38.00	336
第19～25届"希望杯"全国数学邀请赛试题审题要津详细评注(初一版)	2015—01	38.00	416
第19～25届"希望杯"全国数学邀请赛试题审题要津详细评注(初二、初三版)	2015—01	58.00	417
第19～25届"希望杯"全国数学邀请赛试题审题要津详细评注(高一版)	2015—01	48.00	418
第19～25届"希望杯"全国数学邀请赛试题审题要津详细评注(高二版)	2015—01	48.00	419
物理奥林匹克竞赛大题典——力学卷	2014—11	48.00	405
物理奥林匹克竞赛大题典——热学卷	2014—04	28.00	339
物理奥林匹克竞赛大题典——电磁学卷	2015—07	48.00	406
物理奥林匹克竞赛大题典——光学与近代物理卷	2014—06	28.00	345
历届中国东南地区数学奥林匹克试题集(2004～2012)	2014—06	18.00	346
历届中国西部地区数学奥林匹克试题集(2001～2012)	2014—07	18.00	347
历届中国女子数学奥林匹克试题集(2002～2012)	2014—08	18.00	348
数学奥林匹克在中国	2014—06	98.00	344
数学奥林匹克问题集	2014—01	38.00	267
数学奥林匹克不等式散论	2010—06	38.00	124
数学奥林匹克不等式欣赏	2011—09	38.00	138
数学奥林匹克超级题库(初中卷上)	2010—01	58.00	66
数学奥林匹克不等式证明方法和技巧(上、下)	2011—08	158.00	134,135
他们学什么:原民主德国中学数学课本	2016—09	38.00	658
他们学什么:英国中学数学课本	2016—09	38.00	659
他们学什么:法国中学数学课本.1	2016—09	38.00	660
他们学什么:法国中学数学课本.2	2016—09	28.00	661
他们学什么:法国中学数学课本.3	2016—09	38.00	662
他们学什么:苏联中学数学课本	2016—09	28.00	679
高中数学题典——集合与简易逻辑·函数	2016—07	48.00	647
高中数学题典——导数	2016—07	48.00	648
高中数学题典——三角函数·平面向量	2016—07	48.00	649
高中数学题典——数列	2016—07	58.00	650
高中数学题典——不等式·推理与证明	2016—07	38.00	651
高中数学题典——立体几何	2016—07	48.00	652
高中数学题典——平面解析几何	2016—07	78.00	653
高中数学题典——计数原理·统计·概率·复数	2016—07	48.00	654
高中数学题典——算法·平面几何·初等数论·组合数学·其他	2016—07	68.00	655

刘培杰数学工作室
已出版（即将出版）图书目录——初等数学

书　名	出版时间	定价	编号
台湾地区奥林匹克数学竞赛试题.小学一年级	2017—03	38.00	722
台湾地区奥林匹克数学竞赛试题.小学二年级	2017—03	38.00	723
台湾地区奥林匹克数学竞赛试题.小学三年级	2017—03	38.00	724
台湾地区奥林匹克数学竞赛试题.小学四年级	2017—03	38.00	725
台湾地区奥林匹克数学竞赛试题.小学五年级	2017—03	38.00	726
台湾地区奥林匹克数学竞赛试题.小学六年级	2017—03	38.00	727
台湾地区奥林匹克数学竞赛试题.初中一年级	2017—03	38.00	728
台湾地区奥林匹克数学竞赛试题.初中二年级	2017—03	38.00	729
台湾地区奥林匹克数学竞赛试题.初中三年级	2017—03	28.00	730
不等式证题法	2017—04	28.00	747
平面几何培优教程	2019—08	88.00	748
奥数鼎级培优教程.高一分册	2018—09	88.00	749
奥数鼎级培优教程.高二分册.上	2018—04	68.00	750
奥数鼎级培优教程.高二分册.下	2018—04	68.00	751
高中数学竞赛冲刺宝典	2019—04	68.00	883
初中尖子生数学超级题典.实数	2017—07	58.00	792
初中尖子生数学超级题典.式、方程与不等式	2017—08	58.00	793
初中尖子生数学超级题典.圆、面积	2017—08	38.00	794
初中尖子生数学超级题典.函数、逻辑推理	2017—08	48.00	795
初中尖子生数学超级题典.角、线段、三角形与多边形	2017—07	58.00	796
数学王子——高斯	2018—01	48.00	858
坎坷奇星——阿贝尔	2018—01	48.00	859
闪烁奇星——伽罗瓦	2018—01	58.00	860
无穷统帅——康托尔	2018—01	48.00	861
科学公主——柯瓦列夫斯卡娅	2018—01	48.00	862
抽象代数之母——埃米·诺特	2018—01	48.00	863
电脑先驱——图灵	2018—01	58.00	864
昔日神童——维纳	2018—01	48.00	865
数坛怪侠——爱尔特希	2018—01	68.00	866
当代世界中的数学.数学思想与数学基础	2019—01	38.00	892
当代世界中的数学.数学问题	2019—01	38.00	893
当代世界中的数学.应用数学与数学应用	2019—01	38.00	894
当代世界中的数学.数学王国的新疆域（一）	2019—01	38.00	895
当代世界中的数学.数学王国的新疆域（二）	2019—01	38.00	896
当代世界中的数学.数林撷英（一）	2019—01	38.00	897
当代世界中的数学.数林撷英（二）	2019—01	48.00	898
当代世界中的数学.数学之路	2019—01	38.00	899

刘培杰数学工作室
已出版（即将出版）图书目录——初等数学

书　　名	出版时间	定价	编号
105个代数问题：来自AwesomeMath夏季课程	2019-02	58.00	956
106个几何问题：来自AwesomeMath夏季课程	即将出版		957
107个几何问题：来自AwesomeMath全年课程	即将出版		958
108个代数问题：来自AwesomeMath全年课程	2019-01	68.00	959
109个不等式：来自AwesomeMath夏季课程	2019-04	58.00	960
国际数学奥林匹克中的110个几何问题	即将出版		961
111个代数和数论问题	2019-05	58.00	962
112个组合问题：来自AwesomeMath夏季课程	2019-05	58.00	963
113个几何不等式：来自AwesomeMath夏季课程	即将出版		964
114个指数和对数问题：来自AwesomeMath夏季课程	即将出版		965
115个三角问题：来自AwesomeMath夏季课程	2019-09	58.00	966
116个代数不等式：来自AwesomeMath全年课程	2019-04	58.00	967
紫色彗星国际数学竞赛试题	2019-02	58.00	999
澳大利亚中学数学竞赛试题及解答(初级卷)1978~1984	2019-02	28.00	1002
澳大利亚中学数学竞赛试题及解答(初级卷)1985~1991	2019-02	28.00	1003
澳大利亚中学数学竞赛试题及解答(初级卷)1992~1998	2019-02	28.00	1004
澳大利亚中学数学竞赛试题及解答(初级卷)1999~2005	2019-02	28.00	1005
澳大利亚中学数学竞赛试题及解答(中级卷)1978~1984	2019-03	28.00	1006
澳大利亚中学数学竞赛试题及解答(中级卷)1985~1991	2019-03	28.00	1007
澳大利亚中学数学竞赛试题及解答(中级卷)1992~1998	2019-03	28.00	1008
澳大利亚中学数学竞赛试题及解答(中级卷)1999~2005	2019-03	28.00	1009
澳大利亚中学数学竞赛试题及解答(高级卷)1978~1984	2019-05	28.00	1010
澳大利亚中学数学竞赛试题及解答(高级卷)1985~1991	2019-05	28.00	1011
澳大利亚中学数学竞赛试题及解答(高级卷)1992~1998	2019-05	28.00	1012
澳大利亚中学数学竞赛试题及解答(高级卷)1999~2005	2019-05	28.00	1013
天才中小学生智力测验题.第一卷	2019-03	38.00	1026
天才中小学生智力测验题.第二卷	2019-03	38.00	1027
天才中小学生智力测验题.第三卷	2019-03	38.00	1028
天才中小学生智力测验题.第四卷	2019-03	38.00	1029
天才中小学生智力测验题.第五卷	2019-03	38.00	1030
天才中小学生智力测验题.第六卷	2019-03	38.00	1031
天才中小学生智力测验题.第七卷	2019-03	38.00	1032
天才中小学生智力测验题.第八卷	2019-03	38.00	1033
天才中小学生智力测验题.第九卷	2019-03	38.00	1034
天才中小学生智力测验题.第十卷	2019-03	38.00	1035
天才中小学生智力测验题.第十一卷	2019-03	38.00	1036
天才中小学生智力测验题.第十二卷	2019-03	38.00	1037
天才中小学生智力测验题.第十三卷	2019-03	38.00	1038

刘培杰数学工作室
已出版(即将出版)图书目录——初等数学

书　名	出版时间	定　价	编号
重点大学自主招生数学备考全书:函数	即将出版		1047
重点大学自主招生数学备考全书:导数	即将出版		1048
重点大学自主招生数学备考全书:数列与不等式	即将出版		1049
重点大学自主招生数学备考全书:三角函数与平面向量	即将出版		1050
重点大学自主招生数学备考全书:平面解析几何	即将出版		1051
重点大学自主招生数学备考全书:立体几何与平面几何	即将出版		1052
重点大学自主招生数学备考全书:排列组合.概率统计.复数	即将出版		1053
重点大学自主招生数学备考全书:初等数论与组合数学	2019—08	48.00	1054
重点大学自主招生数学备考全书:重点大学自主招生真题.上	2019—04	68.00	1055
重点大学自主招生数学备考全书:重点大学自主招生真题.下	2019—04	58.00	1056
高中数学竞赛培训教程:平面几何问题的求解方法与策略.上	2018—05	68.00	906
高中数学竞赛培训教程:平面几何问题的求解方法与策略.下	2018—06	78.00	907
高中数学竞赛培训教程:整除与同余以及不定方程	2018—01	88.00	908
高中数学竞赛培训教程:组合计数与组合极值	2018—04	48.00	909
高中数学竞赛培训教程:初等代数	2019—04	78.00	1042
高中数学讲座:数学竞赛基础教程(第一册)	2019—06	48.00	1094
高中数学讲座:数学竞赛基础教程(第二册)	即将出版		1095
高中数学讲座:数学竞赛基础教程(第三册)	即将出版		1096
高中数学讲座:数学竞赛基础教程(第四册)	即将出版		1097

联系地址:哈尔滨市南岗区复华四道街 10 号　哈尔滨工业大学出版社刘培杰数学工作室
网　　址:http://lpj.hit.edu.cn/
邮　　编:150006
联系电话:0451—86281378　　　13904613167
E-mail:lpj1378@163.com